中国地质大学“211 工程”建设重点资助教材

地下水动力学

陈崇希　林　敏　编

中国地质大学出版社

图书在版编目(CIP)数据

地下水动力学/陈崇希，林敏编. —武汉：中国地质大学出版社，1999.10（2019.10 重印）

ISBN 978-7-5625-1391-9

Ⅰ.地…
Ⅱ.①陈…②林…
Ⅲ.地下水动力学-高等学校-教材
Ⅳ.P641.2

中国版本图书馆 CIP 数据核字(2009)第 101649 号

地下水动力学　　陈崇希　林敏

责任编辑：贾晓青　　责任校对：杨　霖

出版发行：中国地质大学出版社（武汉市洪山区鲁磨路 388 号）　邮编：430074
电话：(027)67883511　传真：67883580　E-mail：cbb @ cug. edu. cn
经　　销：全国新华书店　http://www. cugp. cn

开本：787 毫米×1092 毫米　1/16　字数：500 千字　印张：19.5　插页：1
版次：1999 年 10 月第 1 版　印次：2019 年 10 月第 9 次印刷
印刷：荆州市鸿盛印务有限公司　印数：12501－13500 册

ISBN 978-7-5625-1391-9　定价：26.00 元

前　言

地下水动力学是地下水文学与水资源、环境工程、水文地质与工程地质等专业的一门十分重要的专业基础课，近二三十年来，随着国民经济的发展，特别是电子计算机的广泛使用而得到很大的发展。就其研究内容来说，地下水动力学涉及饱和的与非饱和的地下水运动规律的研究，单一均匀流体和多种流体（后者又分为不同流体间可溶混的和不可溶混的）运动的研究；依解决问题的方法，可分为解析法、数值模拟法和物理模拟法。我们将上述有关内容和研究方法，根据当前教学需要，组合成五个方面的教材：①单一均匀流体饱和流动的解析方法（含物理模拟方法简介），目前仍称为《地下水动力学》，实际上是“狭义”的地下水动力学；②均匀流体饱和流动数值（模拟）方法，这部分除了具体解决均匀流体饱和流动问题之外，还重点介绍数值模拟技术的基本原理，这部分已有相应的教材《地下水流动问题数值方法》（陈崇希、唐仲华，中国地质大学出版社，1990、1994）；③饱和溶质运移问题（含解析法和数值法），它涉及地下水水质问题，这部分也有相应的教材《地下水溶质运移理论及模型》（陈崇希、李国敏，中国地质大学出版社，1996）；④地下水非饱和流动及其溶质运移理论；⑤地下水优化管理。

考虑到国民经济发展和学科发展及教材建设的需要，我们将地下水动力学分成上述五个部分的系列教材。至于不同学校、不同专业，可依其特点和需要，选择某些教材作为大学本科的必修课或选修课，某些作为研究生的学位课或选修课等，也可根据专业的要求和学时数，对本教材的具体章节作适当的取舍。

本书的特色，在内容上十分讲究其系统性、科学性和严密性，概念上力求准确性。我国50年代地下水动力学主要以苏联卡明斯基（Г. Н. Каменский）《地下水动力学原理》为主要参考书。那时误把裘布依（J. Dupuit）稳定井流刻画成水平方向无限延伸含水层中引入“影响半径”的模式，这种模式在我国沿用了二十来年。虽然笔者在60年代已对稳定井流的“影响半径”提出疑问和分析①，70年代对裘布依方程对应的模型提出见解②，但直至80年代初我们才收集到裘布依的原著。经过考证之后，本教材在概念上严格区分裘布依稳定井流、齐姆（A. Thiem）稳定井流与泰斯（C. V. Theis）不稳定井流之间基本条件（模型）的差别，以免导致概念上的混乱和地下水资源评价上的失误。“平均布井法”和前苏联普洛特尼柯夫（Н. И. Плотников）等提出的“单位静储量法”等地下水资源评价方法都是在上述错误概念（模型）的基础上提出的，在我国影响很深，后果严重。由于自然界很少具备圆岛模型或者相近的条件，因此，对于改正了的裘布依稳定井流系统（圆岛模型），本书仅用二三个学时介绍单个完整井流问题，而不涉及其井群干扰、边界附近井流等问题。本教材直接介绍客观普遍

---

① 陈崇希（1966），《地下水动力学》（函授教材），北京地质学院。
② 陈崇希（1974），《地下水不稳定流计算》，山东地质局第一地质队印。

存在的不稳定井流问题，其解析解 $s(t)$，当 $t \to \infty$ 时，若 $s \to \infty$ 则说明此条件不可能存在稳定井流；若 $s \to s_{max}$（有限值），则其极限就是稳定井流的解，因此，无需辟出几章专门讨论（裘布依）稳定井流问题。这样不仅节约了大量的篇幅，更主要的是避免了某些理论上的不严密性。本教材较系统地介绍了井流问题，凡是水文地质勘探、预测经常遇到，而其理论又比较成熟的内容，基本上都选入。其中包括无越流和越流含水系统的井流，几种潜水井流和二元结构含水系统的井流，各向异性含水系统的井流及非完整井流等，并介绍了源汇理论及其应用。

本教材把重点放在基本概念、原理的阐明，模型和建模基本条件的准确描述和应用上。在分析的方法上尽力深入浅出，便于读者自学。

本教材附有复习思考题，以帮助读者深入理解有关原理和方法，初步学会灵活应用。

与教材配套出版的有实验及习题单行本，它是多年教学实践的总结，由靳孟贵、陈刚执笔编写。

限于笔者的水平，不妥和错误之处，恳请读者批评指正。

作　者
于中国地质大学（武汉）
1998 年 10 月

目　　录

绪　言 …………………………………………………………………………………… (1)
第一章　地下水运动的基本概念与基本定律 …………………………………………… (3)
§1.1　地下水运动的基本概念 ……………………………………………………… (3)
一、渗流与典型体元……………………………………………………………… (3)
二、渗流的运动要素……………………………………………………………… (4)
（一）孔(空)隙平均流速(地下水实际流速)与渗透流速(达西流速)………… (4)
（二）压强、水头和水力坡度…………………………………………………… (5)
§1.2　渗流基本定律 ………………………………………………………………… (7)
一、线性渗流定律及渗透系数…………………………………………………… (7)
（一）达西实验（稳定流） ……………………………………………………… (7)
（二）不稳定条件下渗流实验…………………………………………………… (8)
（三）渗透系数（水力传导系数） ……………………………………………… (9)
（四）线性定律的适用条件 ……………………………………………………… (10)
二、非线性渗流定律 ……………………………………………………………… (12)
三、各向异性岩层中地下水的运动规律 ………………………………………… (12)
（一）岩层按透水性分类 ………………………………………………………… (12)
（二）各向异性介质中地下水流的达西定律 …………………………………… (13)
§1.3　地下水通过非均质岩层突变界面的折射现象……………………………… (15)
§1.4　流网…………………………………………………………………………… (17)
一、各向同性岩层地下水的流网特征 …………………………………………… (17)
二、各向异性岩层地下水的流网特征 …………………………………………… (17)
复习思考题 ………………………………………………………………………… (19)
第二章　地下水运动的基本微分方程及定解条件 ……………………………………… (20)
§2.1　渗流连续性方程……………………………………………………………… (20)
§2.2　水和多孔介质的压缩性……………………………………………………… (21)
一、地下水弹性储存的概念 ……………………………………………………… (21)
二、水的压缩方程 ………………………………………………………………… (22)
三、多孔介质（岩土）的压缩方程 ……………………………………………… (23)
§2.3　渗流基本微分方程…………………………………………………………… (24)
§2.4　潜水流动的布西涅斯克微分方程…………………………………………… (28)

一、裘布依假定 …………………………………………………………………… (29)
二、布西涅斯克微分方程 ………………………………………………………… (29)
§2.5 **定解条件及数学模型**…………………………………………………… (31)
一、定解条件 ……………………………………………………………………… (31)
(一) 边界条件 …………………………………………………………………… (31)
(二) 初始条件 …………………………………………………………………… (33)
二、数学模型及其解法 …………………………………………………………… (33)
复习思考题 ……………………………………………………………………… (34)
第三章 地下水向河渠的运动 ……………………………………………… (35)
§3.1 **均质含水层中地下水向河渠的运动**……………………………………… (35)
一、承压含水层中地下水向河渠一维稳定运动 ………………………………… (35)
二、无入渗潜水含水层中地下水向河渠二维稳定运动 ………………………… (36)
(一) 隔水底板水平的潜水运动 ………………………………………………… (36)
(二) 隔水底板倾斜的潜水运动 ………………………………………………… (38)
三、无入渗潜水含水层中地下水向河渠三维稳定运动 ………………………… (39)
(一) 平面上流线呈辐射状的潜水运动 ………………………………………… (39)
(二) 渗流断面复杂变化的潜水运动 …………………………………………… (40)
四、均匀稳定入渗的潜水向河渠二维稳定运动 ………………………………… (40)
(一) 流量方程 …………………………………………………………………… (40)
(二) 水头线(浸润曲线)方程 ………………………………………………… (43)
(三) 地下分水岭位置的确定 …………………………………………………… (43)
(四) 入渗强度(W)的计算 ………………………………………………… (44)
五、承压含水层中地下水向河渠一维不稳定运动 ……………………………… (45)
(一) 定流量沟(渠)流 ………………………………………………………… (45)
(二) 定降深沟(渠)流 ………………………………………………………… (46)
§3.2 **非均质含水层中地下水向河渠的运动**…………………………………… (48)
一、分段法 ………………………………………………………………………… (48)
(一) 分段法求解水平层状非均质含水层中地下水稳定运动问题 …………… (48)
(二) 分段法求解透水性沿流向突变的非均质含水层中地下水稳定运动问题 ……………………………………………………………………………… (49)
(三) 分段法小结 ………………………………………………………………… (50)
二、等效厚度法 …………………………………………………………………… (51)
三、吉林斯基势函数法 …………………………………………………………… (52)
(一) 原理 ………………………………………………………………………… (53)

（二）算例 …………………………………………………………………………………（55）
四、直接积分法 ……………………………………………………………………………（55）
（一）渗透系数呈线性变化的含水层中的地下水运动 ………………………………（56）
（二）渗透系数变化复杂的含水层中的地下水运动 …………………………………（56）
复习思考题 ………………………………………………………………………………（57）
第四章　裘布依稳定井流 ………………………………………………………………（59）
§4.1　**裘布依稳定井流的基本方程**……………………………………………………（59）
一、裘布依稳定潜水井流 …………………………………………………………………（59）
二、裘布依稳定潜水井流基本方程的讨论 ………………………………………………（61）
（一）水跃及裘布依漏斗曲线方程的误差 ……………………………………………（61）
（二）裘布依稳定潜水稳定井流涌水量方程的正确性 ………………………………（62）
三、裘布依稳定承压井流 …………………………………………………………………（64）
§4.2　**齐姆模型与裘布依模型的区别**…………………………………………………（66）
复习思考题 ………………………………………………………………………………（69）
第五章　无越流含水层中的完整井流……………………………………………………（70）
§5.1　**无限含水层中单个定流量井流**…………………………………………………（70）
一、基本方程 ………………………………………………………………………………（70）
二、泰斯公式的讨论 ………………………………………………………………………（77）
§5.2　**井群干扰**…………………………………………………………………………（84）
一、点井渗流叠加法 ………………………………………………………………………（84）
二、面井法 …………………………………………………………………………………（87）
（一）矩形开采地段 ……………………………………………………………………（87）
（二）圆形开采地段 ……………………………………………………………………（90）
（三）面井-点井井群干扰…………………………………………………………………（96）
（四）开采区内抽水井中水位降深的计算 ……………………………………………（96）
§5.3　**直线边界附近的井流——反映法**………………………………………………（98）
一、半无限含水层 …………………………………………………………………………（98）
（一）直线隔水边界附近的井流 ………………………………………………………（98）
（二）直线定水头边界附近的井流 ……………………………………………………（99）
二、扇形含水层………………………………………………………………………………（101）
三、带状含水层………………………………………………………………………………（102）
（一）两条平行的直线隔水边界…………………………………………………………（103）
（二）两条平行的定水头边界……………………………………………………………（104）
（三）一条定水头边界平行于一条隔水边界……………………………………………（104）

四、矩形含水层……………………………………………………………………………………（105）
§5.4 **变流量井流** ……………………………………………………………………………（105）
§5.5 **无限含水层中单个定降深井流** …………………………………………………………（106）
§5.6 **无限含水层中地下水承压-无压井流**……………………………………………………（109）
一、基本方程……………………………………………………………………………………（110）
二、计算方法……………………………………………………………………………………（112）
复习思考题……………………………………………………………………………………（114）
第六章 无越流含水层中完整井的井流试验…………………………………………………（116）
§6.1 **定流量抽（注）水试验** …………………………………………………………………（116）
一、标准曲线对比法……………………………………………………………………………（116）
（一）原理………………………………………………………………………………………（116）
（二）步骤………………………………………………………………………………………（117）
二、直线图解法…………………………………………………………………………………（120）
（一）原理………………………………………………………………………………………（120）
（二）步骤………………………………………………………………………………………（121）
§6.2 **水位恢复试验** ……………………………………………………………………………（122）
一、水位恢复试验的基本原理及其应用………………………………………………………（122）
二、水位回升值 s' 的近似式及其应用 ………………………………………………………（123）
三、最高水位回升法……………………………………………………………………………（124）
§6.3 **边界附近定流量井流试验** ………………………………………………………………（126）
一、计算含水层参数……………………………………………………………………………（126）
（一）特定条件直线图解法……………………………………………………………………（126）
（二）特定条件下标准曲线法…………………………………………………………………（128）
（三）实例………………………………………………………………………………………（129）
二、近似确定直线边界的位置…………………………………………………………………（135）
（一）抽水试验…………………………………………………………………………………（135）
（二）水位恢复试验……………………………………………………………………………（137）
§6.4 **多主井和阶梯流量井流试验** ……………………………………………………………（139）
一、同时开泵的多主井井流试验………………………………………………………………（139）
（一）直线图解法………………………………………………………………………………（139）
（二）特定条件标准曲线法……………………………………………………………………（140）
二、不同时开泵的多主井井流试验和阶梯流量井流试验……………………………………（140）
§6.5 **定降深井流试验** …………………………………………………………………………（143）
一、试算法………………………………………………………………………………………（143）

二、标准曲线对比法…………………………………………………………………………（143）
三、直线图解法……………………………………………………………………………（145）
§6.6 **瞬时抽（注）水法** ……………………………………………………………（148）
§6.7 **确定井损系数和井孔有效半径的井流试验** …………………………………（148）
一、概述……………………………………………………………………………………（151）
二、阶梯流量井流试验……………………………………………………………………（155）
三、多次定流量井流试验…………………………………………………………………（160）
四、水位恢复试验…………………………………………………………………………（162）
复习思考题………………………………………………………………………………（164）
第七章 无越流潜水含水层中的完整井流 ………………………………………（166）
§7.1 **概述** ………………………………………………………………………………（166）
§7.2 **考虑滞后给水的分析方法——博尔顿法** ……………………………………（166）
一、理论……………………………………………………………………………………（167）
二、抽水试验确定含水层参数……………………………………………………………（169）
（一）标准曲线的绘制…………………………………………………………………（169）
（二）标准曲线的使用方法……………………………………………………………（172）
三、滞后指数………………………………………………………………………………（174）
四、实例……………………………………………………………………………………（175）
（一）标准曲线对比法…………………………………………………………………（175）
（二）直线图解法………………………………………………………………………（176）
§7.3 **二元结构的含水系统** ……………………………………………………………（177）
§7.4 **考虑流速垂直分量和弹性储量的分析方法——纽曼法** ……………………（179）
一、理论……………………………………………………………………………………（179）
（一）假定条件及定解问题的建立……………………………………………………（180）
（二）降深方程…………………………………………………………………………（180）
（三）纽曼解的特点……………………………………………………………………（182）
二、井流试验………………………………………………………………………………（187）
（一）抽水试验…………………………………………………………………………（187）
（二）恢复试验法………………………………………………………………………（193）
（三）降深-距离标准曲线对比法适用性的分析 ……………………………………（194）
（四）雅可布修正法的应用……………………………………………………………（194）
三、实例……………………………………………………………………………………（195）
（一）技术资料…………………………………………………………………………（195）
（二）标准曲线对比法…………………………………………………………………（195）

（三）单对数法……………………………………………………………………（196）
（四）恢复试验法…………………………………………………………………（198）
复习思考题……………………………………………………………………………（199）
第八章　越流系统中的承压完整井流 ………………………………………………（200）
§8.1　**第一类越流系统中的定流量井流** …………………………………………（200）
一、基本方程……………………………………………………………………………（200）
二、井流试验确定越流系统的参数………………………………………………（217）
（一）不稳定井流试验……………………………………………………………（217）
（二）稳定抽水试验…………………………………………………………………（232）
§8.2　**第二类越流系统中的定流量井流** …………………………………………（234）
一、基本方程……………………………………………………………………………（234）
（一）定解问题的建立………………………………………………………………（234）
（二）定解问题的解…………………………………………………………………（237）
（三）方程讨论…………………………………………………………………………（240）
二、井流试验确定越流系统的参数………………………………………………（241）
（一）短时间抽水……………………………………………………………………（241）
（二）长时间抽水……………………………………………………………………（242）
§8.3　**第一类越流系统中的定降深井流** …………………………………………（242）
一、基本方程……………………………………………………………………………（242）
二、井流试验确定越流系统的参数………………………………………………（244）
（一）不稳定抽（放）水试验……………………………………………………（244）
（二）稳定抽（放）水试验…………………………………………………………（247）
§8.4　**第二类越流系统中的定降深井流** …………………………………………（247）
复习思考题……………………………………………………………………………（248）
第九章　均质各向异性含水层中的完整井流…………………………………（249）
§9.1　**概述** ……………………………………………………………………………（249）
§9.2　**基本方程** ……………………………………………………………………（250）
一、微分方程和定解条件…………………………………………………………（250）
二、均质各向异性介质中渗流问题的解法——坐标变换法……………（251）
三、均质各向异性含水层中定流量井流等降深线的特点………………（255）
§9.3　**井流试验** ……………………………………………………………………（256）
一、具有等降深曲线资料的情况…………………………………………………（257）
二、缺乏等降深曲线资料的情况…………………………………………………（257）
（一）已知主方向……………………………………………………………………（258）

（二）未知主方向…………………………………………………………………（259）
复习思考题……………………………………………………………………………（260）
第十章　承压非完整井流及源汇理论的应用……………………………………（261）
§10.1　基本方程……………………………………………………………………（261）
一、微分方程和定解条件…………………………………………………………（261）
二、降深方程………………………………………………………………………（262）
（一）测压计降深方程……………………………………………………………（262）
（二）长时间抽水的降深方程……………………………………………………（263）
（三）稳定状态降深方程…………………………………………………………（264）
（四）远离抽水井的降深方程……………………………………………………（264）
（五）观测孔中的平均降深方程…………………………………………………（264）
（六）抽水井中的降深……………………………………………………………（265）
（七）无越流含水层中不完整井流的降深方程…………………………………（265）
三、小结……………………………………………………………………………（266）
§10.2　源汇理论的应用……………………………………………………………（267）
一、空间点汇………………………………………………………………………（267）
二、平面点汇………………………………………………………………………（269）
（一）平面瞬时点汇………………………………………………………………（269）
（二）平面连续点汇………………………………………………………………（270）
三、空间线汇………………………………………………………………………（270）
（一）空间瞬时线汇………………………………………………………………（270）
（二）空间连续线汇………………………………………………………………（271）
四、半无限空间线汇………………………………………………………………（272）
五、有限空间线汇…………………………………………………………………（273）
六、抽水早期测压计降深的特点…………………………………………………（273）
§10.3　井流试验确定含水层参数…………………………………………………（275）
一、完整井流法……………………………………………………………………（275）
二、修正非完整性附加水头损失的直线图解法（用于各向同性含水层）……（275）
三、拐点法（用于各向同性含水层）……………………………………………（276）
四、标准曲线对比法（用于各向同性含水层）…………………………………（277）
（一）用于抽水早期………………………………………………………………（277）
（二）用于非淹没式等长滤管的观测孔…………………………………………（277）
五、s-lg$r$ 曲线图解法…………………………………………………………（280）
复习思考题……………………………………………………………………………（281）

第十一章　研究地下水运动的物理模拟方法……………………………………（282）
§11.1　砂槽（渗流槽）模拟方法…………………………………………………（282）
一、砂槽结构…………………………………………………………………（282）
二、砂槽模拟的基本原理……………………………………………………（283）
（一）几何相似………………………………………………………………（283）
（二）动力相似………………………………………………………………（283）
（三）运动相似………………………………………………………………（284）
（四）边界条件一致…………………………………………………………（284）
§11.2　连续型电模拟方法…………………………………………………………（284）
一、连续型电模拟基本原理…………………………………………………（285）
二、电模型设计要求…………………………………………………………（285）
三、模型的截取和合理简化…………………………………………………（286）
四、模型试验的材料选择……………………………………………………（287）
五、电模型的装置及工作方法………………………………………………（287）
§11.3　流网计算渗流区的运动要素及渗流量…………………………………（288）
附录Ⅰ　泰斯公式的博尔兹门变换解法……………………………………（290）
附录Ⅱ　主要符号一览表……………………………………………………（293）
主要参考文献…………………………………………………………………（298）

绪　言

流体在多孔介质中的运动称为“渗流”。地下流体包括水、油和气；孔隙岩土、裂隙岩土及孔隙-裂隙岩土属典型的多孔介质。岩溶含水介质是一种相当复杂的或者说是不够典型的多孔介质。研究流体在多孔介质中运动规律及其应用的科学称为多孔介质流体动力学，也称为渗流力学。研究地下水在岩土体中运动的规律及其应用的科学，称为地下水动力学。它研究在水文地质、工程地质与环境地质、农田水利、水利水电工程、岩土工程等专业中所涉及的渗流问题，主要是地下水、气在多孔介质中的流动问题，有的也涉及地下水热迁移问题。

地下水动力学是水文地质学的重要组成部分，它的任务是对地下水的量和质诸方面进行计算，为评价和管理提供科学依据。本课程与经济建设、环境保护息息相关，大体上可归纳为如下几个方面：

(1) 地下水是人类赖以生存的水资源的重要组成部分。本课程研究如何计算、评价、预测地下水的量和质；如何合理、经济地开发地下水，保护地下水资源。

(2) 在人类生产活动中，为克服地下水产生的负面效应，对包括在矿山采矿、建筑基础施工和防止土壤盐渍化、沼泽化等方面的降低地下水位和土壤改良等问题做出相应的论证。

(3) 在水利水电工程建筑中，涉及坝基渗漏、绕坝渗漏、库区渗漏、库岸地下水壅水以及渠道渗漏等问题的定量研究。

(4) 在环境地质保护与地质灾害防治方面的研究，例如不合理开采地下水导致地下水资源枯竭、泉水消失、海水（咸水）入侵、地面沉降、地面（岩溶）塌陷、土地沙漠化，地下水污染造成水质恶化，甚至引起生态环境蜕化，滑坡中的地下水活动和对核废料地质处置等问题的论证、评价（包括演化趋势的预测和防治措施的论证等）。

学习地下水动力学需要有一定的基础知识和理论，其相关学科包括水文地质学、数学、物理学、水力学以及计算机技术等。

地下水动力学的发展与其他学科一样，与人类的生产、生存密切相关，大体上可以分为几个阶段。

1856 年法国水力工程师达西（Henry Darcy）根据在砂柱中水的渗透实验，总结出水在孔隙介质中流动的基本定律，后人为纪念他，称之为达西定律。该定律至今仍是地下水动力学最基本、最重要的定律。

1863 年，法国水力工程师裘布依（J. Dupuit）提出圆岛状含水层中心一口完整抽水井条件下的地下水稳定流动的方程。19 世纪 80 年代，福希海默（P. Fachheimer）开始研究比较复杂的稳定流动问题。1889 年俄国数学和力学家茹可夫斯基（Н. Е. Жуковский）提出稳定渗流的微分方程。1904 年，法国水力学家布西涅斯克（J. Boussinesq）导出潜水不稳定流的微分方程。1922 年，苏联学者巴夫洛夫斯基（Н. Н. Павловский）在水工建筑物的渗流理论和应用方面做出重要贡献。但这阶段研究主要属于地下水稳定流动问题。

到 20 世纪 20 年代，美国已大规模地开采地下水，使得地下水的水位明显地随时间而变化。1935 年，美国学者泰斯（C. V. Theis）在数学家的帮助下首次提出地下水向井孔的不稳定流动公式，称为泰斯公式。这是地下水动力学发展的一个新里程碑。泰斯公式的出现，不仅在理论上，而且在实际应用上为研究地下水流向井孔的运动奠定了基础。从此以后，许多学者例如雅各布（C. E. Jacob）、汉图什（M. S. Hantush）、博尔顿（N. S. Boulton）和纽曼（S. P. Neuman）等，在地下水向井孔不稳定流动问题的研究方面做出了重要的贡献。

水文地质学和其他学科一样，随着生产不断发展而趋向成熟，使得各类水文地质问题由定性分析向着定量评价方向发展。因此，地下水动力学（或称渗流力学）这门学科也就愈加显得重要。

第一章　地下水运动的基本概念与基本定律

§1.1　地下水运动的基本概念

一、渗流与典型体元

地下水动力学是研究地下水在多孔介质（岩、土体）中运动规律和应用的学科。多孔介质是由固体和空隙两部分组成。水受固体边界的约束，只能在空隙中流动。由于固体边界的几何形状十分复杂，使得空隙中地下水的运动要素（例如流速矢量）的分布变化无常，若从这个微观水平上研究地下水的运动规律，实际上是不可能的，也是没有必要的。

人们研究地下水流动规律，必须从宏观水平上来考察，为此要设计一个假想的流场。这个流场首先不能将水流约束在空隙之中，否则不仅涉及复杂固体表面边界的刻画，而且水流在空间上是不连续的，使得一切基于连续函数的微积分手段都不能利用。因此，我们必须引入一个假想的水流代替真实的地下水流。这种假想水流是：充满整个多孔介质（包括空隙和固体部分）的连续体；而且这种假想水流的阻力与实际水流在空隙中所受的阻力相同；它的任意一点水头 H 和流速矢量 $\mathbf{v}$ 等要素与实际水流在该点周围一个小范围内的平均值相等。这种假想水流便是宏观水平的地下水流，我们称之为“渗流”，它所占据的空间称“渗流场”。

如何实现上述设想？这就要引入典型体元（Representative Elementary Volume）REV 的概念。我们以孔隙率 n 为例来阐明。假设 P 是多孔介质中一数学点，以 P 为形心取一体积 V，则依孔隙率的定义

$$n=\frac{V_v}{V} \tag{1-1-1}$$

其中 V_v 是 V 中的孔隙体积。那么，V 究竟取多大才能真正反映渗流场内各物理量的特征呢？该式表明，若 P 点位于固体颗粒中心，且 V 只取小于或等于颗粒的体积时，则孔隙率 $n=0$；若 P 点位于孔隙中心且 V 只取小于或等于孔隙的体积，则孔隙率 $n=1$。显然，上述情况都不能刻画多孔介质的孔隙率。当 V 取值由一个颗粒或一个孔隙逐渐放大时，n 值会因随机划进的颗粒或孔隙体积而产生明显的波动，但随着 V 取值再增大，n 值波动逐渐减小。当 V 取至某个体积时，孔隙率趋于某一平均值 n，此时的 V 称为典型体元(REV)记为 V_0(图 1-1-1)。若再增大 V 使其大于 V_0，则有可能将 P 点外围的非均质区也划进来平均，这显然不能表示 P 点的孔隙率，此时 n 值可能又产生明显的变化。通过

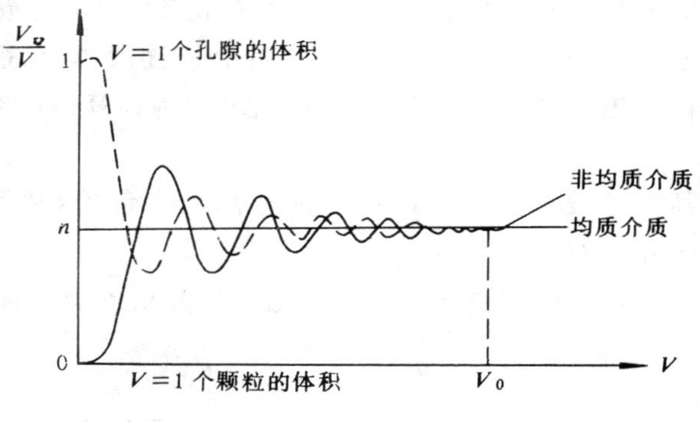

图 1-1-1　典型体元定义

（据 J. 贝尔，并修改）

上述分析，我们可以利用典型体元V_0来定义任意点P的孔隙率$n(P)$，即

$$n(P)=\lim_{V\to V_0}\frac{V_v}{V} \tag{1-1-2}$$

或

$$n(P)=\frac{V_{0v}}{V_0} \tag{1-1-3}$$

式中：V_{0v}是典型体元V_0中的孔隙体积。

上述孔隙率是在一定体积范围内取平均值，属于体（积）孔隙率；它也可在面积上或线上取平均值，则称面孔隙率或线孔隙率，即

$$n(P)=\frac{A_{0v}}{A_0} \quad 和 \quad n(P)=\frac{L_{0v}}{L_0} \tag{1-1-4}$$

式中：A_0和A_{0v}分别是典型面元（REA）的面积和其中的孔隙面积；L_0和L_{0v}分别是典型线元（REL）的长度和其中的孔隙长度。

用同样的方法，P点的其他物理量，如水头H、水压p等标量及流速$\boldsymbol{v}$等矢量都可通过在典型体元内取平均值，获得P点相应的物理量。这样，我们通过典型体元，就能以假想的连续体（Continuum）代替实际的多孔介质。

二、渗流的运动要素

描写渗流场运动特征的各物理量（水头、水压、流速等）称为运动要素。

（一）孔（空）隙平均流速（地下水实际流速）和渗透流速（达西流速）

地下水只能在多孔介质的空隙中流动，如果从微观水平，即从空隙中地下水的质点流速矢量来研究地下水运动，将是十分困难的。为此，采用上述典型体元的方法，将真实的地下水质点流速矢量引至多孔介质连续体上的流速矢量，我们可采用两种平均的方法。

若将空隙中地下水质点流速矢量$\boldsymbol{u}'$在整个典型体元V_0(包括空隙和固体两部分）上取平均值，即

$$\boldsymbol{v}(P)=\frac{1}{V_0}\int_{V_{0v}}\boldsymbol{u}'\mathrm{d}V_v=\frac{1}{V_0}\int_{V_0}\boldsymbol{u}'\mathrm{d}V_v \tag{1-1-5}$$

称$\boldsymbol{v}(P)$为多孔介质连续体中P点的渗流速度矢量(欧美文献中多称之为比流量，即单位面积的流量）或达西流速矢量。方程中第二个等号的成立是由于在固体部分中$\boldsymbol{u}'=0$。显然，渗透流速是个假想的流速，它假定多孔介质连续体(包括空隙和固体部分）都能过水的流动速度。这种假想的流速使用起来比较方便，因为计算通过某断面的流量Q时，只要依下式计算即可

$$Q=vA$$

其中A是多孔介质连续体的过水断面(包括空隙和固体部分）的面积，这在连续体内取值是十分方便的。

若将空隙中地下水质点流速矢量$\boldsymbol{u}'$在典型体元的空隙部分V_{0v}中取平均值，即

$$\boldsymbol{u}(P)=\frac{1}{V_{0v}}\int_{V_{0v}}\boldsymbol{u}'\mathrm{d}V_v \tag{1-1-6}$$

则$\boldsymbol{u}(P)$为多孔介质连续体中P点的孔隙平均流动速度，前苏联习惯上称之为地下水实际流速(不要和地下水的质点流速相混淆)。孔隙平均流速在研究地下水溶质运移问题中比较方便，这方面内容将在后续课程“地下水溶质运移理论及模型”中介绍。

至此，我们定义了地下水的三种流速，即质点流速$\boldsymbol{u}'$(图 1-1-2a)、孔隙平均流速$\boldsymbol{u}$和渗透流速$\boldsymbol{v}$；图 1-1-2b 表示三者之间的关系。

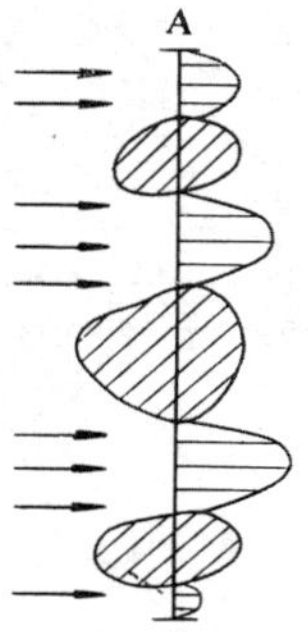

图 1-1-2a　质点流速分布图

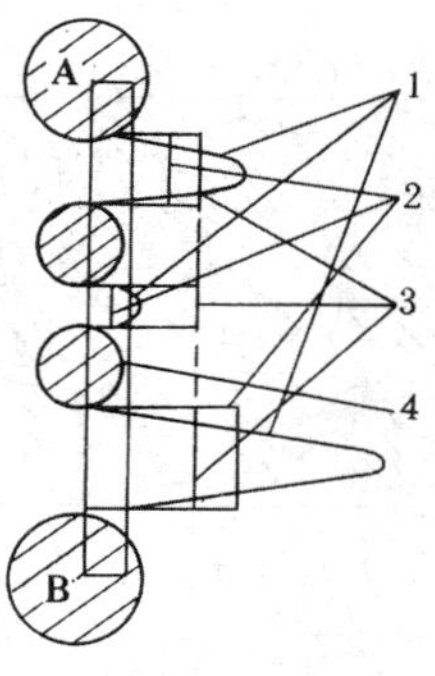

图 1-1-2b　地下水各种流速关系概念图

（据陈崇希，1966①）

1—质点流速分布曲线；2—单个孔隙断面质点流速的平均流速；3—地下水孔隙平均流速；4—地下水渗透流速

由（1-1-5）式和（1-1-6）式可看出孔隙平均流速 $\boldsymbol{u}$ 与渗透流速 $\boldsymbol{v}$ 之间存在下列关系

$$\boldsymbol{v}=\frac{V_{0v}}{V_0}\boldsymbol{u}=n\boldsymbol{u} \tag{1-1-7}$$

我们注意到，多孔介质中互不连通的孤立孔隙对地下水的储存与运动都是没有意义的；盲孔隙只有一个小口与空隙系统相联系，对于地下水的运动几乎没有意义（仅在地下水溶质运移上有意义）。另外，研究地下水的运动时，一般情况下可以忽略结合水的运动，从而可略去结合水所占据的空隙空间。我们仅将那些对地下水储存和运动有意义的空隙体积与相应典型体元的体积之比称有效空隙率 n_e（严格地讲，关于运动的有效空隙率与关于储存的有效空隙率是有差别的）。因此，地下水渗透流速与孔隙平均流速之间的关系可改为

$$\boldsymbol{v}=n_e\boldsymbol{u} \tag{1-1-8}$$

为方便起见，在不致引起误会的情况下，本教材后文所说的空隙率 n，实指有效空隙率。

引进渗透流速的概念之后，渗流场内地下水流的实际流线（图 1-1-3a）则可以用渗流速度为基础的虚构流线来表示（图 1-1-3b）。垂直于所有流线的断面 AB 称为渗流断面（过水断面）。它可以是平面也可以是曲面。单位时间内通过渗流断面的地下水体积称渗透流量。

渗透流速是个矢量，因而根据渗透流速方向与空间坐标轴的关系把地下水流分为：只沿一个坐标方向运动的称为一维流动；沿两个坐标方向有分流速的称二维流动；而沿三个坐标方向都有分流速的则称三维流动。

（二）压强、水头和水力坡度

宏观水平的地下水压强 p（也称水压）定义为

$$p(P)=\frac{1}{V_{0v}}\int_{V_{0v}}p\mathrm{d}V_v \tag{1-1-9}$$

由于自然界中的地下水都承受大气压力，所以习惯上地下水压强一般不考虑（不计算）大气压强。与水力学一样，地下水压强的大小也可用水柱高度表示为

$$h_p=\frac{p}{\gamma}$$

式中：h_p 称为测压高度；p 为地下水压强（不计大气压强）；γ 为地下水的重率。图 1-1-4a 和

① 陈崇希（1966），地下水动力学（函授教材），北京地质学院。

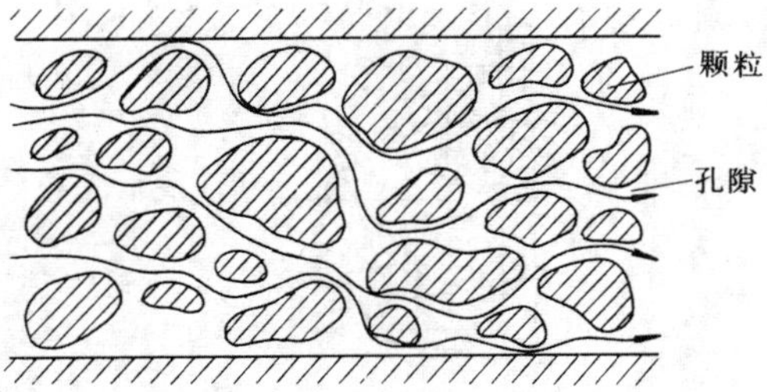

图 1-1-3a　地下水实际流线

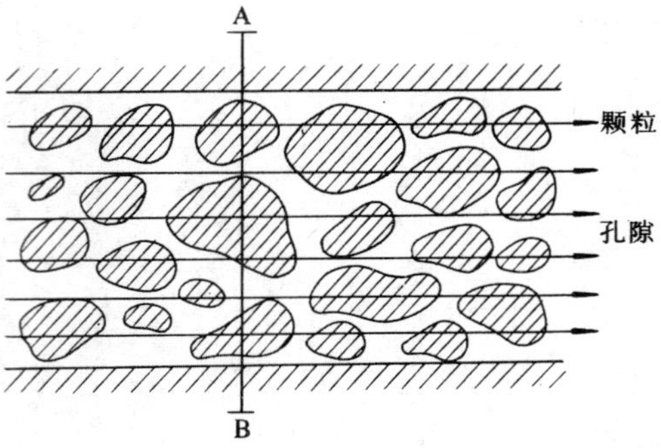

图 1-1-3b　基于渗透流速的流线

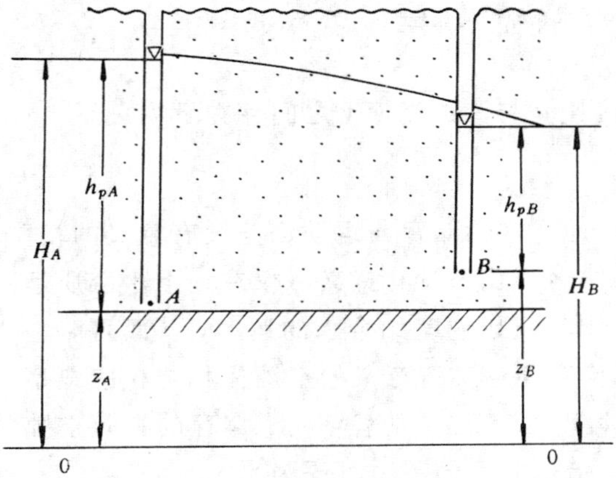

图 1-1-4a　潜水含水层中的压强及水头

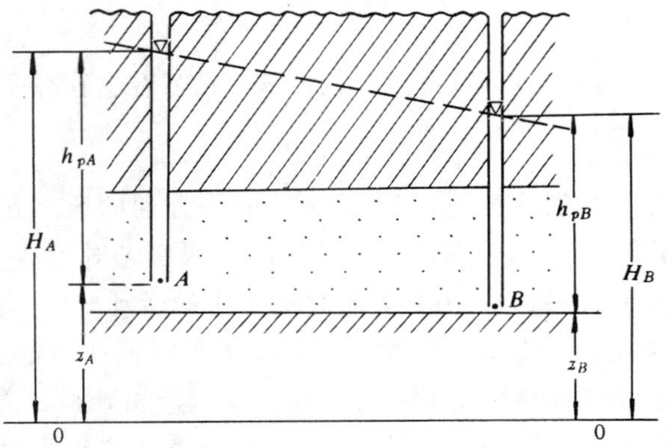

图 1-1-4b　承压含水层中的压强及水头

1-1-4b分别表示潜水含水层和承压含水层孔底进水条件下，孔底点的测压高度 h_p 。

宏观水平的水头 H 定义为

$$H(P) = \frac{1}{V_{0v}} \int_{V_{0v}} H \mathrm{d} V_v \tag{1-1-10}$$

水力学中已学过，总水头应表征流场中任意点具有的位置势能、压力势能、动能三者总和，即

$$H = z + \frac{p}{\gamma} + \frac{\alpha u^2}{2g} \tag{1-1-11}$$

式中：z 为位置高度；α 是动能修正系数；u 是过水断面平均流速，对应地下水流则是孔隙平均流速；g 是重力加速度。

我们知道，地下水的孔隙平均流速是很小的（岩溶管道流除外），上式右端第三项比第一、二项之和小得多，一般情况可以忽略不计。因此地下水动力学中通常近似表示为

$$H \approx z + \frac{p}{\gamma} = H_p \tag{1-1-12}$$

实用上一般不去严格区分总水头或测压水头，而通称为水头，以 H 表示。

水头 H 随着位置高度 z 而变，位置高度又取决于基准面的选取。如何选取基准面？主要考虑使用方便。一般地说，隔水底板水平的潜水含水层，其基准面取在隔水底板处，其他情况，通常以海平面为基准面。

水头值（H）的大小可用水柱高度表示，量纲为［L］。因而，渗流场内任意点水头值的

大小可以从基准面到揭穿该点井孔的水位处的垂直距离来表示(图 1-1-4a 和图 1-1-4b)。研究地下水水头的时空分布规律是地下水动力学的重要研究内容之一。

地下水在空隙介质中流动会引起水头损失（机械能转化为热能）。渗流场内，沿着流线各点的水头值不等，若用铅直线段表示各点的水头值并将线段顶端连成线，则此线称为该流线的水头线。它沿着流向倾斜（降落），说明地下水是由水头高处向低处运动。但水头线的形状可能是下降的直线，也可能是下降的曲线（包括上凸型或下凹型）。

渗流场内水头值相等的点连成的面（线）称为等水头面（线），即 H_1、H_2、H_3。沿等水头面（线）的法线方向（n_1,n_2,n_3）水头的变化率最大。沿法线方向的水头变化率称为水力坡度（图 1-1-5），即

$$J = -\frac{\mathrm{d}H}{\mathrm{d}n} \tag{1-1-13}$$

式中：H 为水头；n 为等水头面的法线，并指向水头减小的方向。此式的负号表示沿 n 方向水头值减小。

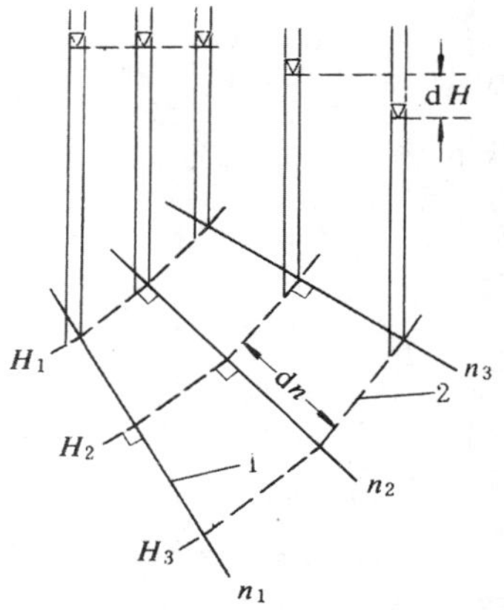

图 1-1-5　水力坡度概念图

1—等水头面（线）的法线；2—等水头线

在各向同性岩层中，流线垂直穿越等水头面，与等水头面的法线 n 相重合，因而水力坡度可以表示为

$$J = -\frac{\mathrm{d}H}{\mathrm{d}s} \tag{1-1-14}$$

式中的 s 是指流线方向(也即等水头面的法线方向)。在此条件下，水力坡度 J 表示水头 H 沿流线方向的变化率(最大变化率)。J 在空间直角坐标系中可表达为三个分量，即

$$J_x = -\frac{\partial H}{\partial x} \qquad J_y = -\frac{\partial H}{\partial y} \qquad J_z = -\frac{\partial H}{\partial z} \tag{1-1-15}$$

§1.2　渗流基本定律

一、线性渗流定律及渗透系数

（一）达西实验（稳定流）

法国水力工程师亨利·达西（Henry Darcy）在装有均质砂土滤料的圆柱形筒中做了大量的渗流实验（图 1-2-1），于 1856 年得到渗流基本定律，后人称之为达西定律，其形式为

$$Q = KA\frac{H_1 - H_2}{L} = KAJ \tag{1-2-1}$$

式中：Q 为渗透流量；A 为渗流断面面积；H_1、H_2 为 1 和 2 断面上的测压水头值；L 为 1 和 2 两断面间的距离；J 为水力坡度，圆筒中渗流属于均匀介质一维流动，渗流段内各点的水力坡度均相等；K 为比例系数，称为砂土的渗透系数(也称水力传导系数)。达西定律的另一表达形式为

$$v = \frac{Q}{A} = KJ \tag{1-2-2}$$

式中：v 为渗流速度，又称达西速度，量纲为 $[\mathrm{LT}^{-1}]$。渗流速度与水力坡度成正比，所以称它为线性渗透定律，说明此时地下水的流动状态为层流。

若将达西定律用于二维或三维的地下水运动，则水力坡度不是常量，沿流向可以变大也

可以变小（在§3.1节中详述），它应该用微分形式表示，即

$$v = KJ = -K\frac{\mathrm{d}H}{\mathrm{d}s} \tag{1-2-3}$$

式中：$-\frac{\mathrm{d}H}{\mathrm{d}s}$是沿流线任意点的水力坡度。在直角坐标系中可表示为

$$\begin{aligned} v_x &= -K\frac{\partial H}{\partial x} \\ v_y &= -K\frac{\partial H}{\partial y} \\ v_z &= -K\frac{\partial H}{\partial z} \end{aligned} \tag{1-2-4}$$

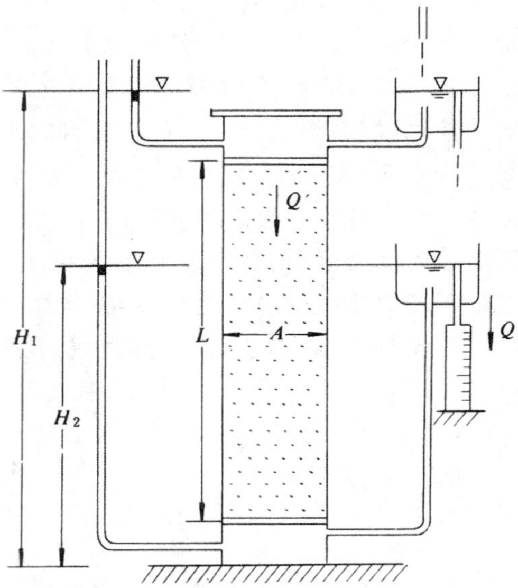

图 1-2-1　达西实验装置图

（二）不稳定条件下渗流实验①

达西实验是在定水头稳定流条件下进行的，那么在变水头条件下的不稳定渗流是否同样满足线性渗流定律呢？我们曾利用变水头渗流实验装置（图 1-2-2），验证了达西线性定律同样适用于不稳定渗流。

根据达西定律

$$Q(t) = K\frac{H(t)}{l}A \tag{1-2-5}$$

式中：$H(t)$是随时间变化的水头差；l为砂柱的长度；A为砂柱的横断面积；$Q(t)$是随时间变化的流量。

在$\mathrm{d}t$时段内，通过砂柱断面的体积为

$$\mathrm{d}V = K\frac{H(t)}{l}A\mathrm{d}t \tag{1-2-6}$$

按水均衡原理，通过砂柱断面的水体积为

$$\mathrm{d}V = -A\mathrm{d}H \tag{1-2-7}$$

式中的负号表示了随着通过砂柱断面水体积（V）的增加，水头（H）值在减小。由（1-2-6）式和（1-2-7）式得到

$$K\frac{H(t)}{l}A\mathrm{d}t = -A\mathrm{d}H$$

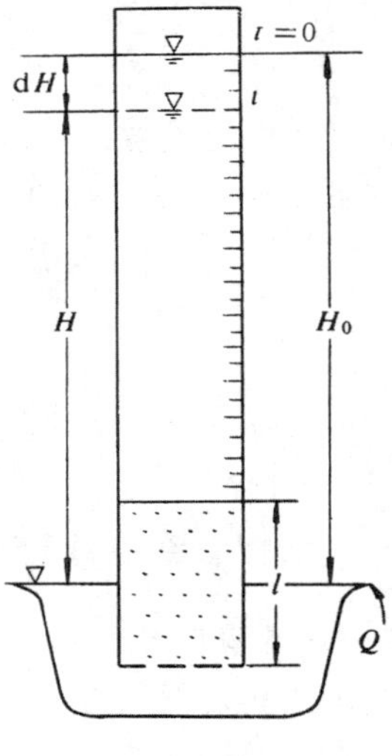

图 1-2-2　变水头渗流实验装置
（据林敏，1982①）

则

$$\frac{K}{l}\mathrm{d}t = -\frac{\mathrm{d}H}{H}$$

积分

$$\frac{K}{l}\int_0^t \mathrm{d}t = -\int_{H_0}^{H}\frac{\mathrm{d}H}{H}$$

得

$$\frac{K}{l}t = \ln\frac{H_0}{H}$$

则

---

① 林敏（1982），《渗流理论基础》，武汉地质学院。

$$t = \frac{l}{K}\ln H_0 - \frac{l}{K}\ln H \tag{1-2-8}$$

由（1-2-8）式说明，如果不稳定渗流服从达西定律，则观测数据 (t, H) 在 t-lg$H$ 坐标系中呈线性关系；否则呈非线性关系。反之，我们可根据实验曲线 t-lg$H$ 的形态来判断渗流是否服从达西线性定律。图 1-2-3 表示遵循达西定律的一次实验数据。显然我们也可以通过不稳定渗流实验利用（1-2-8）式求得砂样的渗透系数值。

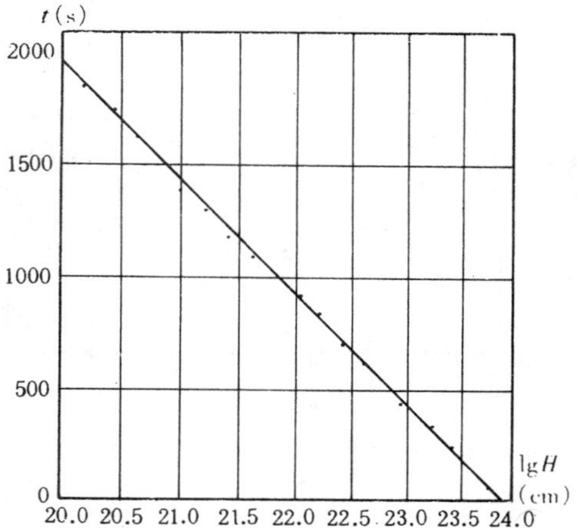

图 1-2-3　变水头渗流实验的 t-lg$H$ 图

（三）渗透系数（水力传导系数）

由达西定律 $v = KJ$ 可知，渗透系数 K 是 v 与 J 间的比例常数，但我们必须了解它的物理意义。

渗透系数是一个极其重要的水文地质参数。它反映岩层的透水性能，是地下水计算中一个不可缺少的指标。那么渗透系数的大小取决于哪些因素呢？

我们做一个试验：在同样大小的水头差作用下，用油和水分别去渗透同一块土，尽管它们的水力坡度相等，然而，由于油的粘滞性大和重率小，使得两者的渗透流速不相等，即 $v_{油} < v_{水}$。根据达西定律可以得出结论 $K_{油} < K_{水}$（因为 $J_{油} = J_{水}$）。这个事实说明，一块土的渗透系数的大小不仅决定于介质的空隙性，而且还决定于渗流液体的物理性质。

下面通过两个简单的理想模型，以帮助我们从本质上理解渗透系数的概念。

水力学中曾得到：在层流条件下，圆管中过水断面的平均流速为

$$u = \frac{d^2}{32} \cdot \frac{\gamma}{\mu} \cdot J \tag{1-2-9}$$

式中：d 为圆管的内直径；μ 为液体的粘滞动力系数，$\mu = \rho\nu$；ρ 为液体的密度；ν 为液体的粘滞运动系数；γ 为液体的重率。

若把孔隙岩层的透水介质理想化，看成由一系列细小的圆管组成而保留其孔隙率不变（图 1-2-4），则沿圆管方向的渗透流速为

$$v = nu = \frac{nd^2}{32} \cdot \frac{\gamma}{\mu} J \tag{1-2-10}$$

地下水在裂隙岩层中的运动，可以利用两平行板间液体的运动来对比。两平行板间的宽度可视为理想化的裂隙岩层的裂隙宽度。当液体作层流运动时，其平均流速为

$$u = \frac{B^2}{12} \cdot \frac{\gamma}{\mu} J \tag{1-2-11}$$

式中：B 为两平行板的宽度。

若将裂隙系统想象成一系列等宽的、平直的裂隙所组成（图 1-2-5），则沿裂隙组的交线方向的渗透流速为

$$v = \frac{nB^2}{12} \cdot \frac{\gamma}{\mu} J \tag{1-2-12}$$

现将（1-2-10）式和（1-2-12）式与线性渗透定律 $v = KJ$ 进行比较，得出下列结论：

(1) 上述两式中，渗流速度和水力坡度都成正比关系。说明它们和达西定律的条件相同，都属于层流状态。

(2) 渗透系数 K 在孔隙岩层中相当于 $\frac{nd^2}{32} \cdot \frac{\gamma}{\mu}$，在裂隙岩层中相当于 $\frac{nB^2}{12} \cdot \frac{\gamma}{\mu}$。前面的因子

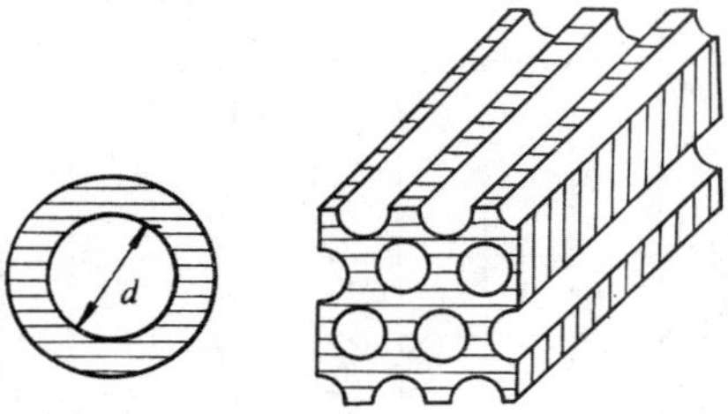

（a） （b）

图 1-2-4　孔隙介质透水性理想模型

（据陈崇希[①]）

(a) 圆管的横断面；(b) 理想化的孔隙岩层透水介质

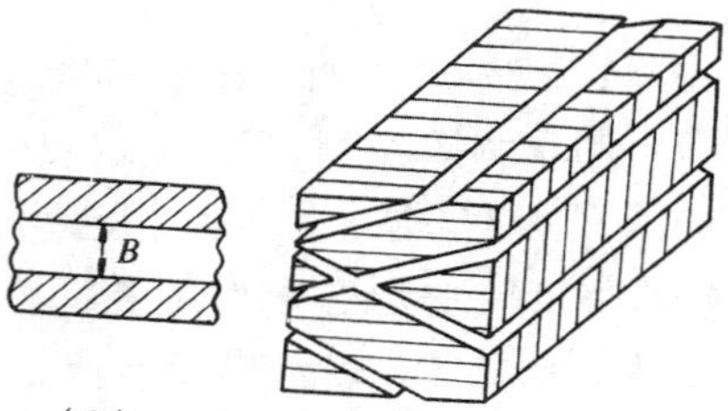

（a） （b）

图 1-2-5　裂隙介质透水性理想模型

（据陈崇希[①]）

(a) 两平行板的横截面；(b) 理想化的裂隙岩层透水介质

表示透水岩层的空隙性，后面的因子表示液体的物理性质。从而进一步证明了这样一个结论：渗透系数的大小不仅取决于岩石的空隙性，而且与渗透液体的物理性质有关。

若以 k 表示纯粹由岩石空隙性所决定的渗透性能，则

$$K = k\frac{\gamma}{\mu} \tag{1-2-13}$$

k 称为渗透度(也称渗透率)，$k=\frac{nd^2}{32}$(或 $k=\frac{nB^2}{12}$)。它是不随液体的物理性质而变化的。显然，k 的数值决定于空隙的大小(d 和 B)和空隙率(n)，这是对上述理想化了的空隙介质而言的，至于对实际的介质，k 还与空隙形状、空隙的曲折性、连通性等有关。从上式可以看出：空隙的大小(d，B)对 k 起主要作用(因为它们是平方关系)，而空隙率起次要作用。实际资料表明：粘土的孔隙率一般为50%～60%，但它的渗透率仅是粗砂土(孔隙率约为30%～40%)的0.000 1～0.000 01。这充分说明了上述结论的正确性。当然，这里还存在结合水几乎不参与流动的问题。

(3) 液体的物理性质对渗透系数的大小有直接的影响。它与 γ 成正比，与粘滞动力系数 μ 成反比。可以想象，若 $\gamma=0$(例如在失重的人造卫星上)，即使有水头差，液体也不会运动；在其他条件相同的情况下，γ 愈大则愈易流动。但若液体粘滞性愈大，则愈不易流动，例如油不如水容易流动。对于地下水来讲，γ 和 μ 决定于水的矿化度、水温和压力等因素。其中温度对粘滞性 μ 的影响较大。例如：

水温＝0℃　　$\mu=0.018$ (泊)

水温＝10℃　　$\mu=0.013$ (泊)

水温＝20℃　　$\mu=0.010$ (泊)

由此可知，水温差10℃，K 值差30%～40%。因此，在地下水温度变化较大的地区工作时，要十分重视液体的物理性质对渗透系数的影响。

水文地质工作者在矿化度和地下水温差别不大的地区工作时，经常忽略水的物理性质对岩层透水性的影响，而用渗透系数 K 这个综合性参数来表征岩层的透水性能。

(四) 线性定律的适用条件

许多研究者做了大量的实验，证实了线性定律有一定的适用范围。J. 贝尔把在多孔介质中的地下水流按渗透流速由低至高划分为三种情况（表 1-2-1）。

---

① 陈崇希 (1966)，《地下水动力学》(函授试用教材)，北京地质学院，18～19 页。

实验证明，仅当$R_e<10$的条件下，通过多孔介质的流体作层流运动，渗流才满足达西定律，即渗透流速v和水力坡度J呈线性关系；当$R_e>10$时，渗透流速和水力坡度呈现曲线关系，达西定律不再适用（图1-2-6）。

表1-2-1 达西定律适用范围

（据J. 贝尔）

达西定律成立	达西定律不成立	
$R_e<10$	$R_e=10\sim100$	$R_e>100$
层流区	过渡区	紊流区
粘滞力起主导作用	粘滞力、惯性力并存	惯性力起主导作用

由于不同流动状态的地下水遵循不同的流动规律，所以确定渗流场内流动状态是属于层流还是紊流就显得十分重要，通常采用临界速度v_c或临界雷诺数R_e来判定。下边介绍两个常用的判别式。

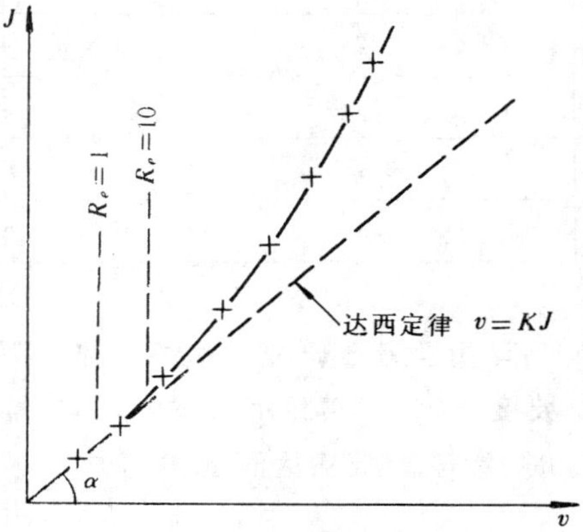

图1-2-6 渗流速度和水力坡度的实验关系曲线

（据J. 贝尔）

对于孔隙岩层，应用前苏联学者巴甫洛夫斯基（Н. Н. Павловский）公式：

$$v_c = R_e(0.75n + 0.23)\frac{\nu}{d_0} \tag{1-2-14}$$

式中：v_c为临界渗透流速；R_e为临界雷诺数，对于同类结构的岩层，其值相同，一般取7～9；n为岩层孔隙率；ν为液体粘滞运动系数；d_0为土的有效直径①。

当$v<v_c$时，地下水呈层流状态；当$v>v_c$时，地下水呈紊流状态。实际资料说明，自然界孔隙岩层中的地下水运动基本上属于层流状态。我们以砾石层为例进行计算，若$n=0.3$，$\nu=0.013\text{cm}^2/\text{s}$（当水温为10℃时），$R_e=8$，$d_0=1.0\text{mm}$，则其临界速度为

$$v_c = 8(0.75\times0.3+0.23)\frac{0.013}{0.1}$$

$$=0.473\text{cm/s}\approx408\text{m/昼夜}$$

而自然界砾石层的渗透系数通常为500～1 000m/昼夜，即使水力坡度取1/100，据此计算得的渗透流速也只为5～10m/昼夜，远远小于上述临界速度。由此可得结论：在自然条件下，孔隙岩层中的地下水运动一般属于层流状态。

对于裂隙岩层，罗米捷（Г. М. Ломизе）在裂隙模型中做了大量实验，得到判别裂隙岩层流动状态的临界水力坡度J_c、裂隙宽度及裂隙相对粗糙度间关系的经验公式为

$$J_c = 0.002\,52\frac{(1-0.96\alpha^{0.4})^{1.5}(1+6\alpha^{1.5})}{\delta} \tag{1-2-15}$$

式中：δ为裂隙宽度（cm）（图1-2-7）；α为裂隙相对粗糙度，$\alpha=\frac{e}{\delta}$；e为裂隙绝对粗糙度（cm）。

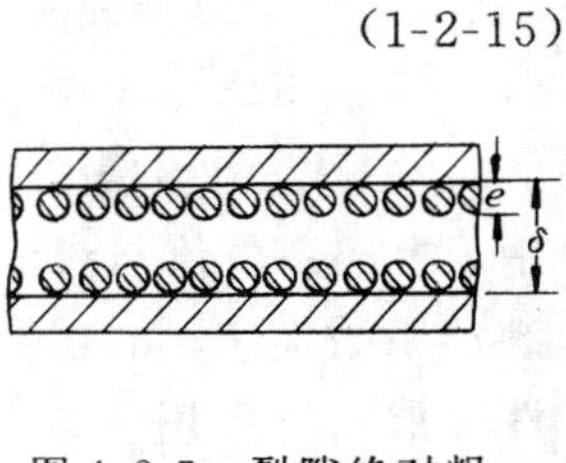

图1-2-7 裂隙绝对粗糙度和相对粗糙度图

根据罗米捷经验公式，取不同的裂隙宽度δ和相对粗糙度α，计算得到临界水力坡度J_c列于表1-2-2。

自然界的裂隙岩层从整体裂隙系统来看，通常裂隙宽度在1～2mm以下，从表中查得临界水力坡度为14%～250%。显然，天然条

① 有效直径是这样一种直径，土中小于该直径的土颗粒重量占全部土颗粒重量的10%。

件下的地下水水力坡度难以达到该数值。所以，可以认为裂隙含水介质中一般情况下的地下水运动也是呈层流状态。仅仅在宽裂隙和溶洞发育地区可以形成局部的紊流地段。

表 1-2-2　不同裂隙宽度 δ 和相对粗糙度 α 计算得到的临界水力坡度

J_c \ α \ δ	0	0.1	0.2	0.3	0.4	0.5
0.1	2.520	1.455	1.354	1.299	1.228	1.118
0.2	0.315	0.182	0.169	0.161	0.153	0.139
0.3	0.093	0.054	0.050	0.048	0.045	0.041
0.4	0.039	0.023	0.021	0.020	0.019	0.017
0.5	0.020	0.012	0.011	0.010	0.010	0.009

有些学者还研究了达西定律的下限问题。他们通过实验发现某些粘性土存在一个起始水力坡度 J_0。若实际水力坡度 $J < J_0$ 时，渗流速度和水力坡度之间不呈线性关系；只有当 $J > J_0$ 时，渗流才服从达西定律。

二、非线性渗流定律

1901 年，福希海默（Forchheimer）提出在大雷诺数（$R_e > 10$）条件下，渗流速度和水力坡度之间的非线性关系式，即

$$J = Av + Bv^2 \tag{1-2-16}$$

式中：A 和 B 都是系数，它们取决于流动状态，若渗流属层流，则系数 $B = 0$，$J = Av$，这与线性定律（$v = KJ$）的表达形式一致，此时 $K = \frac{1}{A}$；反之，若渗流属紊流，系数 $A = 0$，$J = Bv^2$。

1912 年，克拉斯诺波里斯基（Краснопольский）提出了当地下水呈紊流状态时的渗流基本定律表示形式

$$v = KJ^{1/2} \tag{1-2-17}$$

这表达式和福希海默提出的（1-2-16）式呈紊流态时的表达式一致。

三、各向异性岩层中地下水的运动规律

（一）岩层按透水性分类

从地下水动力学观点出发，根据含水层的透水性随空间和方向变化特点作如下分类。

按岩土的渗透性是否随方向变化，将岩土分为各向同性和各向异性两类。各向同性岩土中，渗透系数值与渗流方向无关。或者说，同一点在不同渗流方向上的渗透系数都相等，若用渗透系数图表示，它是一个圆［图 1-2-8（a）］。若渗透系数值随渗流方向而变化，则是各向异性岩层，它可用渗透系数平方根椭圆来表示［图 1-2-8（b）］。

按岩土透水性在空间上是否变化分为均质岩土和非均质岩土。若空间各点同方向上渗透系数相等，称为均质岩土；否则为非均质岩土。

自然界中，根据岩土结构的特点可以存在：①均质各向同性岩土，如均匀砂或砾石土；②均质各向异性岩土，如均质并发育垂直大孔隙的黄土层；③非均质各向同性岩土，如双层

结构的土层；④非均质各向异性，裂隙、岩溶含水介质大多属于此类岩土。

（二）各向异性介质中地下水流的达西定律

前述的达西定律为

$$v=-K\frac{\partial H}{\partial s}\quad 或\quad \boldsymbol{v}=-K\mathrm{grad}H$$

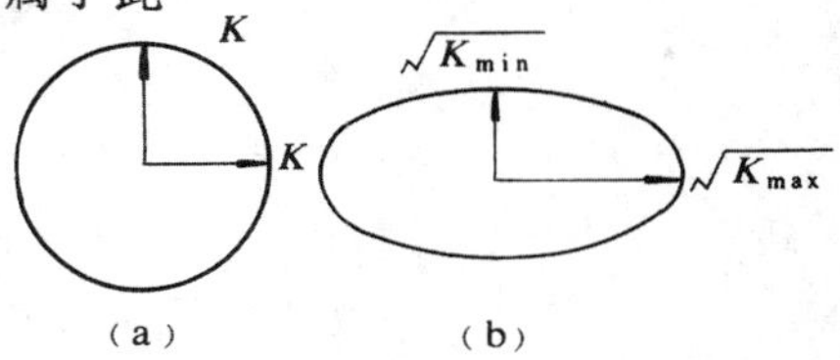

图 1-2-8 各向同性 (a) 及各向异性 (b) 渗透系数图

式中：s 是沿流线的方向。在地下水流中，只有极其特殊的情况下流向是已知的。通常，流场内不同点处具有不同的流向，而流向本身又是待定的问题。因此，将上述流速矢量 $\boldsymbol{v}$ 写成 x、y 和 z 坐标上的分量形式是一种恰当的表示方法，即

$$v_x=-K\frac{\partial H}{\partial x}=KJ_x$$
$$v_y=-K\frac{\partial H}{\partial y}=KJ_y$$
$$v_z=-K\frac{\partial H}{\partial z}=KJ_z \tag{1-2-18}$$

式中：J_x、J_y 和 J_z 分别是水力坡度在 x、y、z 轴向上的分量。该方程表明 J_x、J_y 和 J_z 是按同一比例系数 K 分别影响 v_x、v_y 和 v_z，显然它仅适用于各向同性介质。

对于各向异性介质，其达西定律的推广形式为

$$v_x=K_{xx}J_x+K_{xy}J_y+K_{xz}J_z$$
$$v_y=K_{yx}J_x+K_{yy}J_y+K_{yz}J_z$$
$$v_z=K_{zx}J_x+K_{zy}J_y+K_{zz}J_z \tag{1-2-19}$$

K_{xx}、K_{xy}、K_{xz} 分别指 K_x 在 x、y、z 方向上的投影；K_{yx}、K_{yy}、K_{yz} 分别指 K_y 在 x、y、z 方向上的投影；K_{zx}、K_{zy}、K_{zz} 分别指 K_z 在 x、y、z 方向上的投影。

或用矩阵表示为

$$\begin{Bmatrix}v_x\\v_y\\v_z\end{Bmatrix}=\begin{bmatrix}K_{xx}&K_{xy}&K_{xz}\\K_{yx}&K_{yy}&K_{yz}\\K_{zx}&K_{zy}&K_{zz}\end{bmatrix}\begin{Bmatrix}J_x\\J_y\\J_z\end{Bmatrix} \tag{1-2-20}$$

或简单地表示为

$$\boldsymbol{v}=\boldsymbol{K}\cdot\boldsymbol{J}$$

式中：v_x、v_y 和 v_z 是渗透流速矢量 $\boldsymbol{v}$ 分别在 x、y 和 z 方向的分量；J_x、J_y 和 J_z 是水力坡度矢量 $\boldsymbol{J}$ 分别在 x、y 和 z 方向的分量；K_{xx}、K_{xy}、K_{xz}、…K_{zz}9 个系数构成的矩阵是各向异性介质渗透系数张量 $\boldsymbol{K}$ 的分量。

在各向同性介质中，仅有 J_x 对 v_x 有贡献，J_y 和 J_z 对 v_x 均无贡献。但各向异性介质不同，不仅 J_x 对 v_x 有贡献，而且 J_y 和 J_z 对 v_x 都有贡献，其关系分别用系数 K_{xx}、K_{xy} 和 K_{xz} 线性构成。v_y 和 v_z 也具类似关系。

如何理解 J_y、J_z 对 v_x 有贡献？我们以 x、y 二维问题为例加以分析。若(x,y)平面上有一根与 x 轴夹角为 θ 的毛管（图 1-2-9），J_y 对毛管中地下水流的贡献使其能沿着 θ 方向运动，毛管以 $v_{\theta y}$ 表示 J_y 对该水流的贡献。显然，$v_{\theta y}$ 应具有在 x 方向的分量 v_{xy}，它可理解为 J_y 对 v_x 的贡献，其关系可表示为

$$v_{xy}=K_{xy}J_y$$

通过上述分析，我们可将（1-2-20）式改写为

$$v_x = v_{xx} + v_{xy} + v_{xz}$$
$$v_y = v_{yx} + v_{yy} + v_{yz}$$
$$v_z = v_{zx} + v_{zy} + v_{zz} \quad (1\text{-}2\text{-}21)$$

其中

$$v_{xx} = K_{xx}J_x,\quad v_{xy} = K_{xy}J_y,\quad v_{xz} = K_{xz}J_z$$
$$v_{yx} = K_{yx}J_x,\quad v_{yy} = K_{yy}J_y,\quad v_{yz} = K_{yz}J_z$$
$$v_{zx} = K_{zx}J_x,\quad v_{zy} = K_{zy}J_y,\quad v_{zz} = K_{zz}J_z \quad (1\text{-}2\text{-}22)$$

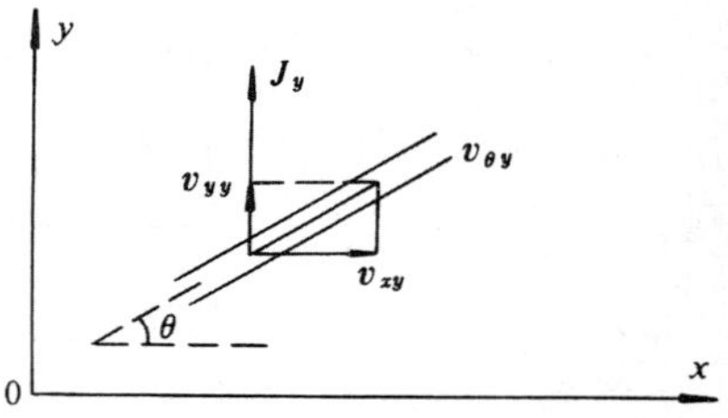

图 1-2-9　J_y 对 v_x 贡献的分析图

（据陈崇希等，1991①）

式中：$v_{ij}(i,j = x、y、z)$ 表示 j 方向水力坡度分量对 i 方向渗流速度的贡献；$K_{ij}(i,j = x、y、z)$ 则表示上述对应关系的比例系数 —— 渗透系数张量的分量。通过上述分析，我们对渗透系数张量 $\boldsymbol{K}$ 的分量 K_{xx}、K_{yy}、$\cdots K_{zz}$ 的理解就比较直观了。

一个客观存在的各向异性介质，其渗透系数张量 $\boldsymbol{K}$ 的分量 K_{xx}、K_{xy}、K_{xz}、K_{yx}、$\cdots K_{zz}$ 会随着坐标轴 x、y 和 z 的取向而变化。这正如一个确定的矢量，如流速 $\boldsymbol{v}$ 的三个分量 v_x、v_y 和 v_z 会随 x、y 和 z 轴的取向而变，但张量 $\boldsymbol{K}$ 和矢量 $\boldsymbol{v}$ 又是确定的。我们知道，转动坐标轴，当某轴（例如 x 轴）的轴向与矢量 $\boldsymbol{v}$ 方向一致时，$v_x = |\boldsymbol{v}|$，且 $v_y = v_z = 0$。同样，当坐标轴转到某个合适的方向时，$K_{xy} = K_{xz} = K_{yx} = K_{yz} = K_{zx} = K_{zy} = 0$，即渗透系数张量变换为对角线张量，即

$$\boldsymbol{K} = \begin{bmatrix} K_{xx} & 0 & 0 \\ 0 & K_{yy} & 0 \\ 0 & 0 & K_{zz} \end{bmatrix} \quad (1\text{-}2\text{-}23)$$

这时的 x、y 和 z 方向称为各向异性介质渗透系数的主方向。若 K_{xx}、K_{yy} 和 K_{zz} 互不相等，则介质属于三度各向异性介质；若 $K_{xx} = K_{yy} \neq K_{zz}$，则属于二度各向异性介质；若 $K_{xx} = K_{yy} = K_{zz}$，则属于各向同性介质。显然，当坐标轴取向与各向异性介质渗透系数主方向一致时，渗透流速 $\boldsymbol{v}$ 的三个分量为

$$v_x = K_{xx}J_x = -K_{xx}\frac{\partial H}{\partial x}$$
$$v_y = K_{yy}J_y = -K_{yy}\frac{\partial H}{\partial y} \quad (1\text{-}2\text{-}24)$$
$$v_z = K_{zz}J_z = -K_{zz}\frac{\partial H}{\partial z}$$

一个经常遇到的实际问题是，应用中通常取用正东方向和正北方向为 x 轴向和 y 轴向，而实际的各向异性含水层的主方向往往与此坐标系统不吻合，甚至一个研究区的不同地段具不同的各向异性主方向。这种情况便要将坐标轴旋转一个角度，因此需建立不同坐标系下渗透系数张量 $\boldsymbol{K}$ 的各分量间的关系。

现讨论平面二维流问题。取 $\zeta o\eta$ 坐标系的坐标轴与各向异性介质主方向一致，该坐标系称局部坐标系；xoy 为整体坐标系；前者对后者逆时针旋转 θ 角（图 1-2-10）。

依上面讨论，对于 $x0y$ 坐标系，渗流速度分量

$$v_x = K_{xx}J_x + K_{xy}J_y$$
$$v_y = K_{yx}J_x + K_{yy}J_y \quad (1\text{-}2\text{-}25)$$

① 陈崇希、李国敏（1991），《地下水水动力弥散理论及水质模型》，中国地质大学（武汉）。

对于 $\zeta o\eta$ 坐标系，渗透流速分量

$$\begin{aligned} v_\zeta &= K_{\zeta\zeta}J_\zeta \\ v_\eta &= K_{\eta\eta}J_\eta \end{aligned} \tag{1-2-26}$$

两者存在下列关系

$$\begin{aligned} v_\zeta &= \cos\theta v_x + \sin\theta v_y \\ v_\eta &= -\sin\theta v_x + \cos\theta v_y \end{aligned} \tag{1-2-27}$$

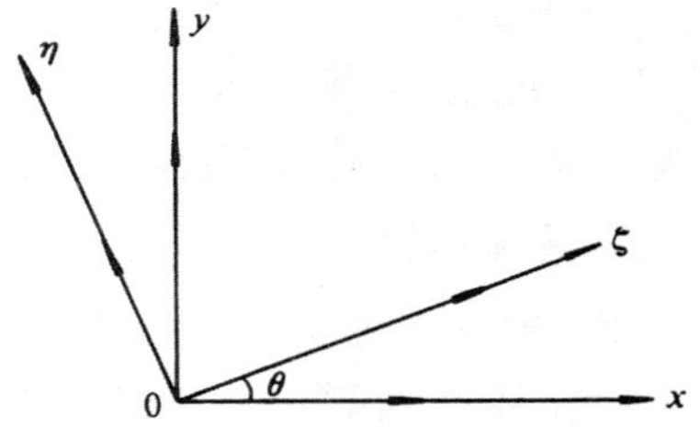

图 1-2-10　局部坐标系与整体坐标系图

设旋转矩阵〔R〕

$$[R] = \begin{pmatrix} \cos\theta & \sin\theta \\ -\sin\theta & \cos\theta \end{pmatrix} \tag{1-2-28}$$

则（1-2-27）式可表示为

$$\begin{bmatrix} v_\zeta \\ v_\eta \end{bmatrix} = [R]\begin{bmatrix} v_x \\ v_y \end{bmatrix} \tag{1-2-29}$$

两个坐标系下的水力坡度分量间的关系为

$$\begin{aligned} J_\zeta &= \cos\theta J_x + \sin\theta J_y \\ J_\eta &= -\sin\theta J_x + \cos\theta J_y \end{aligned} \tag{1-2-30}$$

以（1-2-27）式与（1-2-30）式代入（1-2-26）式

$$\begin{aligned} \cos\theta v_x + \sin\theta v_y &= K_{\zeta\zeta}(\cos\theta J_x + \sin\theta J_x) \\ -\sin\theta v_x + \cos\theta v_y &= K_{\eta\eta}(-\sin\theta J_x + \cos\theta J_y) \end{aligned} \tag{1-2-31}$$

解得

$$\begin{aligned} v_x &= (K_{\zeta\zeta}\cos^2\theta + K_{\eta\eta}\sin^2\theta)J_x + (K_{\zeta\zeta} - K_{\eta\eta})\sin\theta\cos\theta J_y \\ v_y &= (K_{\zeta\zeta} - K_{\eta\eta})\sin\theta\cos\theta J_x + (K_{\zeta\zeta}\sin^2\theta + K_{\eta\eta}\cos^2\theta)J_y \end{aligned} \tag{1-2-32}$$

对比（1-2-32）式与（1-2-25）式得

$$\begin{aligned} K_{xx} &= K_{\zeta\zeta}\cos^2\theta + K_{\eta\eta}\sin^2\theta \\ K_{xy} &= (K_{\zeta\zeta} - K_{\eta\eta})\sin\theta\cos\theta \\ K_{yx} &= (K_{\zeta\zeta} - K_{\eta\eta})\sin\theta\cos\theta \\ K_{yy} &= K_{\zeta\zeta}\sin^2\theta + K_{\eta\eta}\cos^2\theta \end{aligned} \tag{1-2-33}$$

由此，我们建立起局部坐标渗透系数张量的分量与整体坐标系相应量间的关系。而且得出一个重要的结论，渗透系数张量分量所构成的矩阵

$$[K] = \begin{bmatrix} K_{xx} & K_{xy} \\ K_{yx} & K_{yy} \end{bmatrix}$$

是对称的，即 $K_{xy} = K_{yx}$。关于这一点，读者可以从图 1-2-9 中，J_y 对 v_x 的贡献和 J_x 对 v_y 的贡献的物理意义来理解。

上述讨论的是关于各向异性介质中的线性流问题。有关非线性流问题，有兴趣的读者可参阅有关文献。

§1.3　地下水通过非均质岩层突变界面的折射现象

地下水在非均质岩层中运动，当水流通过渗透系数突变的分界面时，出现一种重要的现象——流线折射。这种现象与光线和磁力线由一种介质传到另一种传导介质时所发生的折射现象相似，如图 1-3-1 所示。

图 1-3-1 中，$\overline{AB}$ 是两条流线在层界面上所限定的渗流宽度。假定下层渗透系数为 K_1，上层为 K_2，且 $K_1 > K_2$。$\overline{AC}$、$\overline{BD}$ 是两条流线分别在 K_1 和 K_2 岩层中所限定的渗流宽度；$\overline{AD}$、$\overline{BC}$ 是两条流线在两渗流断面之间各自的渗流长度；ΔH_1、ΔH_2 是渗流段 $\overline{AD}$ 和 $\overline{BC}$ 之间的水头差 $\Delta H_1 = \Delta H_2$。

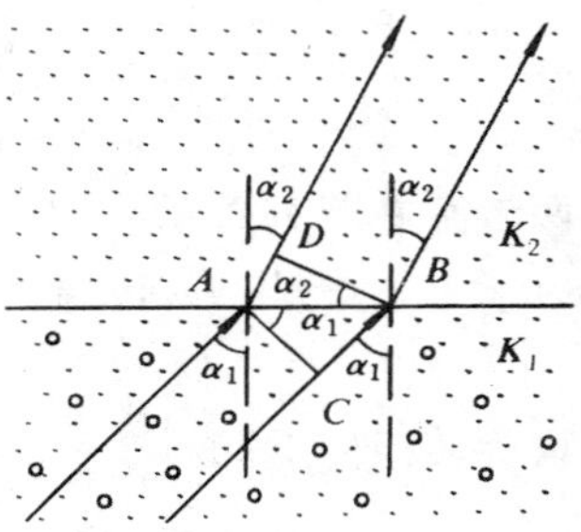

图 1-3-1　地下水流线折射原理概念图

折射现象应满足下列的关系式

$$\frac{\mathrm{tg}\alpha_1}{\mathrm{tg}\alpha_2} = \frac{K_1}{K_2} \tag{1-3-1}$$

式中：α_1 为 K_1 含水层中流线与层界面法线的夹角(入射角)；α_2 为 K_2 含水层中流线与层界面法线的夹角(折射角)。

下面对（1-3-1）式的折射定律做一证明。依达西定律，上下层分别有

$$q_1 = -K_1 \overline{AC} \frac{\Delta H_1}{\overline{BC}}$$

$$q_2 = -K_2 \overline{BD} \frac{\Delta H_2}{\overline{AD}}$$

按照几何三角关系

$$\overline{AC} = \overline{AB}\cos\alpha_1 \qquad \overline{BD} = \overline{AB}\cos\alpha_2$$

$$\overline{BC} = \overline{AB}\sin\alpha_1 \qquad \overline{AD} = \overline{AB}\sin\alpha_2$$

根据水均衡原理，各渗流断面的流量相等，则

$$-K_1 \overline{AC} \frac{\Delta H_1}{\overline{BC}} = -K_2 \overline{BD} \frac{\Delta H_2}{\overline{AD}}$$

$$-K_1 \overline{AB}\cos\alpha_1 \frac{\Delta H_1}{\overline{AB}\sin\alpha_1} = -K_2 \overline{AB}\cos\alpha_2 \frac{\Delta H_2}{\overline{AB}\sin\alpha_2}$$

简化后得

$$\frac{K_1}{\mathrm{tg}\alpha_1} = \frac{K_2}{\mathrm{tg}\alpha_2}$$

或

$$\frac{\mathrm{tg}\alpha_1}{\mathrm{tg}\alpha_2} = \frac{K_1}{K_2} \tag{1-3-2}$$

(1-3-2) 式是水流折射须满足的方程，称为折射定律。由该方程的推导过程和其结果可以看出下列几点：

(1) 当 $K_2 \neq K_1$，且 $\alpha_1 \neq 0$ 时，为什么流线穿过层界面时会发生折射？折射的根本原因是为了改变渗流断面的面积，以满足渗流连续性原理。

(2) 当 $K_1 = K_2$ 时，$\alpha_1 = \alpha_2$，说明在均质岩层中流线无折射现象。

(3) 当 $K_1 \neq K_2$ 时，若 $\alpha_1 = 0°$，则 α_2 亦等于 0°；若 $\alpha_1 = 90°$，则 α_2 也等于 90°。也就是说，当水流平行或垂直层界面时，流线不发生折射而仍然平行或垂直于层界面流动。因此，只有当 $0° < \alpha < 90°$ 时，才有折射现象产生。

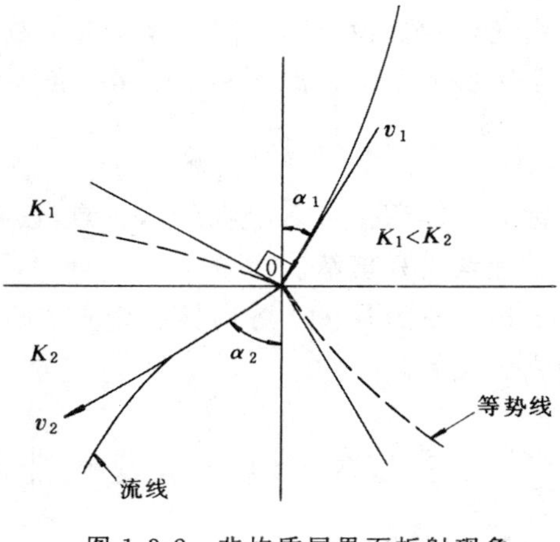

图 1-3-2　非均质层界面折射现象
(据 J. 贝尔)

(4) 在层界面上发生的流线折射并不改变地下水流动的总方向，地下水流动的方向仍然受边界条件和源汇项等的控制（图 1-3-2）。

§1.4 流　　网

渗流场内由一系列等水头线（面）和一系列流线（面）组成的网格称为流网。各向同性和各向异性岩层的流网特征不同，下面我们将分别叙述。

一、各向同性岩层地下水的流网特征

各向同性的岩层由于各方向的透水性（K 值）均相等，所以流线（面）和等水头线（面）必定互相垂直。由它们组成的网格是一系列矩形网格。若为非均质各向同性岩层，流线通过层界面产生折射现象。

流网能集中反映渗流场地下水运动的水动力特征，因此对流网的分析可以了解地下水运动方向及补排关系。图 1-4-1 的剖面流网表示了地下水与地表水之间的水力联系。图中 aa 是条分流线。在 aa 分流线以上，一侧的地下水先流入河槽转变为地表水，再由河槽流向另一侧，转变为地下水。然而在 aa 分流线以下的地下水由河流的一侧直接向河流的另一侧流动。流网也可显示含水层内部结构的变化，图 1-4-2 (a) 及图 1-4-2 (b) 的平面流网表示存在强透水和隔水的透镜体附近的流网特征。

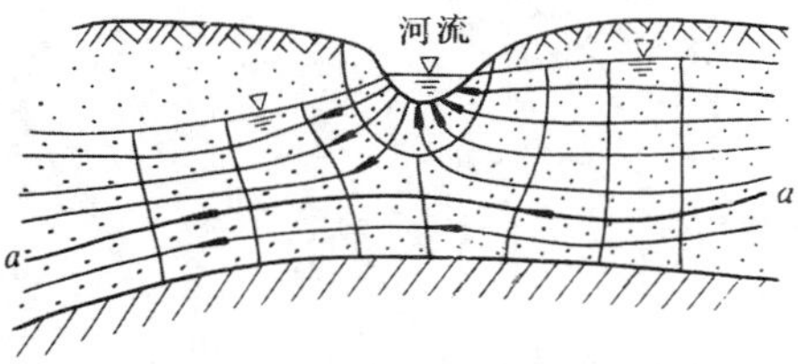

图 1-4-1　河床附近地下水流网图

流网的研究对水文地质计算方法的选择有重要意义。如河岸平直边界附近一口井抽水的计算所采用的“反映法”（第五章讲授）和非均质含水层计算采用的“分段法”（第三章介绍）等都建立在流网分析的基础上。

流网特征的分析还可以确定渗流场的边界性质，若流线和已知边界平行，说明没有水流通过该边界，为不透水边界［图 1-4-3 (a)］；若流线和边界相正交，该边界为等水头边界［图 1-4-3 (b)］；假如流线和边界斜交，则它是属于非等水头的补给或排泄边界［图 1-4-3 (c)］。

精确的流网可用来计算渗流区的渗流速度、渗流量以及区内任意点的水力坡度（第十一章介绍）。对于不稳定的流场，可以分别作出不同时间的流网图，即可用来分析水文地质条件的变化，也可求得各渗流要素随时间的变化。因此，流网有很重要的实用意义。

绘制流网的方法很多，我们既可以利用野外实地观测到渗流区各已知点的水位资料结合边界条件来绘制，也可采用物理模拟或数值模拟方法获得（这将在以后章节和后续课程中讲解）。有时为了分析渗流区的水文地质条件，通常根据研究区已知的补给、排泄及边界特征来绘制信手流网以加深对水文地质条件的认识。总之，获得流网是水文地质工作的重要目的之一。

二、各向异性岩层地下水的流网特征

由上述各向同性介质达西定律 $\boldsymbol{v}=K\boldsymbol{J}$ 式可以看出，其中 K 是标量而 $\boldsymbol{v}$ 和 $\boldsymbol{J}$ 是矢量，因此渗透流速 $\boldsymbol{v}$ 与水力坡度 $\boldsymbol{J}$ 具相同的方向。而水力坡度 $\boldsymbol{J}$ 与等水头线正交，因此各向同性介质中

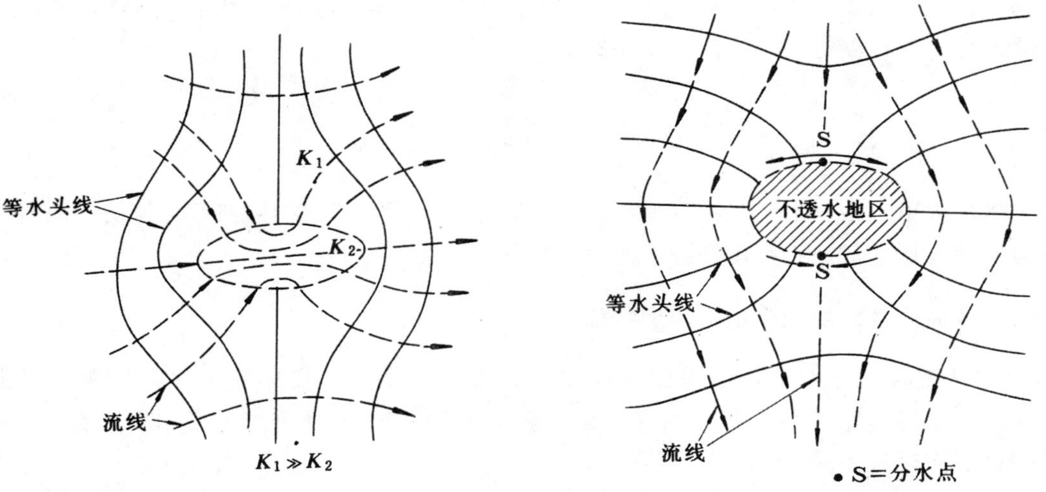

图 1-4-2　透镜体附近的流网

(a) 强透水透镜体附近的流网（据 J. 贝尔，并修改）；(b) 隔水透镜体附近的流网（据 J. 贝尔）

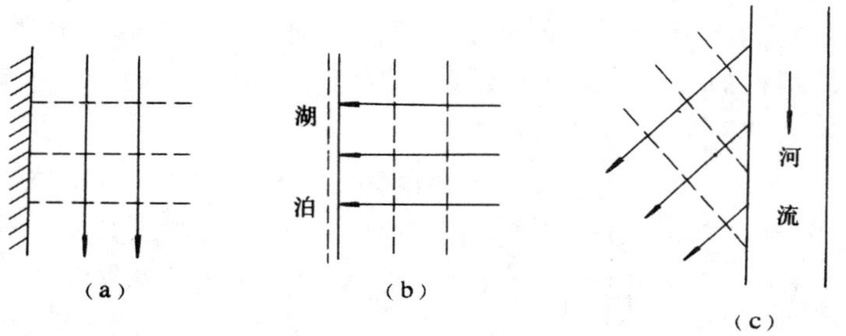

图 1-4-3　边界附近的流网特征

（据 R. A. 弗里兹，并修改）

(a) 不渗透边界；(b) 等水头边界；(c) 不等水头边界

的流线与等水头线正交。可见矩形正交流网是各向同性介质中地下水流的基本特征。

然而，在各向异性介质中，流线和等水头一般不再呈正交关系。以地下水向井径无限小水平井运动的剖面二维流（图 1-4-4）为例加以论证。我们取坐标轴与各向异性主方向一致，按(1-2-24) 式，有

$$v_x = K_{xx}J_x \qquad v_z = K_{zz}J_z$$

则

$$\frac{v_z}{v_x} = \frac{K_{zz}}{K_{xx}} \cdot \frac{J_z}{J_x}$$

由于 $\frac{K_{zz}}{K_{xx}} \neq 1$，因此一般情况下 $\frac{v_z}{v_x} \neq \frac{J_z}{J_x}$，这意味着流速方向和水力坡度方向是不相同的，即流线与等水头线不正交；只有当等水头线（或水力坡度方向）与各向异性主方向一致时，流线才与等水头正交（图 1-4-4）。

假定 $K_{xx} > K_{zz}$，即 $\frac{K_{zz}}{K_{xx}} < 1$，由上式可以看出，当流向与水力坡度方向不一致时，流速方向倾向主渗透系数大值(K_{xx})的方向(x 轴)，对此由图 1-4-4 (c) 可以看出。

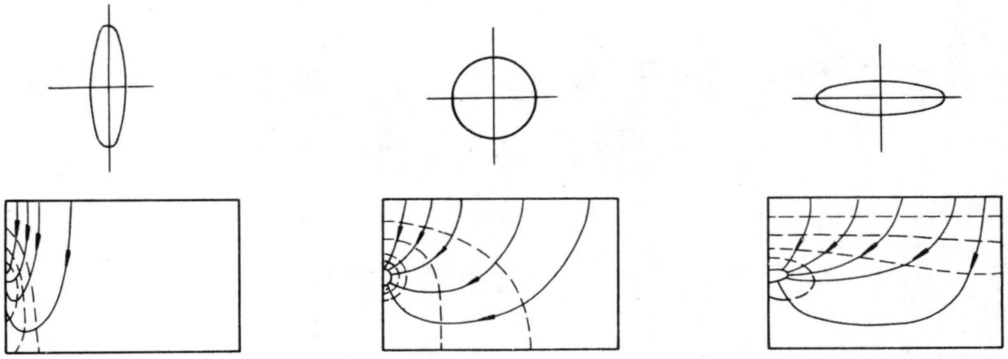

（a）　　（b）　　（c）

图 1-4-4　均质各向异性和各向同性介质中的流网

（据马斯兰德）

(a) $\sqrt{K_{xx}}\Big/\sqrt{K_{zz}}=1/4$；　(b) $\sqrt{K_{xx}}\Big/\sqrt{K_{zz}}=1$；　(c) $\sqrt{K_{xx}}\Big/\sqrt{K_{zz}}=4$

同理，当 $K_{zz}>K_{xx}$，即 $\frac{K_{zz}}{K_{xx}}>1$ 时，流速方向倾向 K_{zz} 的方向（z 轴），对此由图 1-4-4 (a) 可见。

上述流网特征将在§9.2之三中做进一步分析。

复习思考题

1. 何谓渗流？为什么要通过渗流来研究真实的地下水流。

2. 什么是典型体元？为何要引入典型体元？

3. 什么是地下水质点流速、实际流速和渗透流速？三者有何关系？

4. 地下水一维、二维、三维流的划分原则，结合自然界情况试表示平面二维流和剖面二维流的图式。

5. 水力坡度 $J=\frac{H_1-H_2}{l}$ 和 $J=-\frac{\mathrm{d}H}{\mathrm{d}s}$ 有何差别？

6. 达西实验的条件是什么？（均质与非均质，各向同性与各向异性，稳定流与非稳定流等）达西定律的适用条件是什么？

7. 渗透系数 K 的概念。为什么在地下水计算中，通常用 K 来表征地层的透水性能，而在油区或高温的热水区就必须用 k 来表示。

8. 有人说："地下水总是从高处向低处流向。"也有人说："地下水总是从高压处向低压处流动。"你作何评价，试举例说明。

9. 对于 K_1、K_2 互层的土层，试作其剖面流线（流线不垂直也不平行层界面）。

10. 从地下水流折射机理上说明，为什么当流线垂直一侧层界面时不发生折射，而不垂直层界面时则必折射。

11. 你如何体会各向异性介质的流网不同于各向同性介质？

12. 试画出潜水面附近的流网。条件包括有、无垂向入渗补给，有、无垂向蒸发排泄与地下水属稳定流和非稳定流的各种组合条件。

第二章 地下水运动的基本微分方程及定解条件

§2.1 渗流连续性方程

所谓连续性方程就是质量守恒方程，也称为水均衡方程。为了反映含水层中地下水运动的普遍规律，我们选定在各向异性多孔介质中建立地下水三维不稳定流动连续性方程。假定水是可压缩的，多孔介质骨架在垂直方向可压缩，但水平方向不可变形。为了方便起见，取直角坐标系的 x、y、z 轴分别平行于各向异性岩层渗透系数主方向。

我们在各向异性含水介质中取一微小立方体（图 2-1-1），使它的三组平行面分别垂直于 x、y 和 z 轴。它的棱长分别为 Δx、Δy 和 Δz，各侧面面积分别为 $\Delta y\Delta z$、$\Delta z\Delta x$ 和 $\Delta x\Delta y$。设与 x、y 和 z 主方向对应的主渗透系数分别为 K_{xx}、K_{yy} 和 K_{zz}。

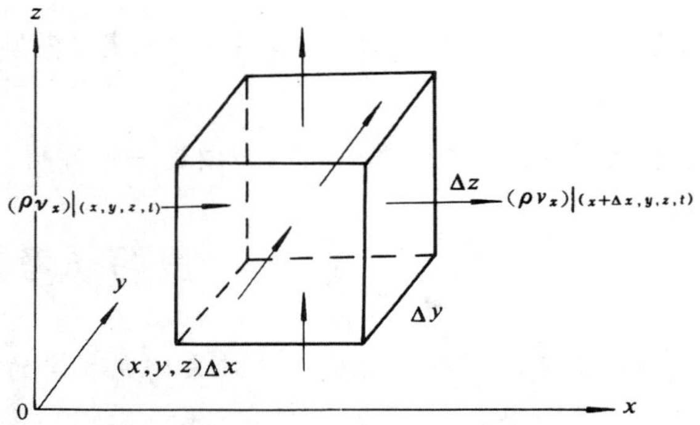

图 2-1-1 多孔介质单元水均衡要素图

我们以上述微小立方体的多孔介质为均衡体，以 Δt 为均衡时段，建立其质量守恒方程。

在 Δt 时段内，沿 x 方向通过左侧 x 断面流入的质量为

$$(\rho v_x)|_{(x,y,z,t)}\Delta y\Delta z\Delta t$$

同一 Δt 时段内，沿 x 方向通过右侧 $x+\Delta x$ 断面流出的质量为

$$(\rho v_x)|_{(x+\Delta x,y,z,t)}\Delta y\Delta z\Delta t$$

在 x 方向上，左右侧面净流入微小均衡体的质量为

$$[(\rho v_x)|_{(x,y,z,t)}-(\rho v_x)|_{(x+\Delta x,y,z,t)}]\Delta y\Delta z\Delta t$$

同理，在 Δt 时段内，沿 y 和 z 方向净流入均衡体的质量分别为

$$[(\rho v_y)|_{(x,y,z,t)}-(\rho v_y)|_{(x,y+\Delta y,z,t)}]\Delta z\Delta x\Delta t$$

和

$$[(\rho v_z)|_{(x,y,z,t)}-(\rho v_z)|_{(x,y,z+\Delta z,t)}]\Delta x\Delta y\Delta t$$

因此，Δt 时段内，上述三个方向净流入均衡体的质量为

$$\Delta m=\left\{\frac{[(\rho v_x)|_{(x,y,z,t)}-(\rho v_x)|_{(x+\Delta x,y,z,t)}]}{\Delta x}+\frac{[(\rho v_y)|_{(x,y,z,t)}-(\rho v_y)|_{(x,y+\Delta y,z,t)}]}{\Delta y}+\frac{[(\rho v_z)|_{(x,y,z,t)}-(\rho v_z)|_{(x,y,z+\Delta z,t)}]}{\Delta z}\right\}\Delta x\Delta y\Delta z\Delta t \quad (*)$$

当地下水为不稳定流动时，$\Delta m \neq 0$，这个增量 Δm 将表现为均衡体内所储存的地下水质量的变化，即

$$\Delta m = (\rho n \Delta x \Delta y \Delta z)\big|_{(x,y,z,t+\Delta t)} - (\rho n \Delta x \Delta y \Delta z)\big|_{(x,y,z,t)}$$

当多孔介质垂向可变形而水平方向不变形时，则

$$\Delta m = \left\{ \frac{(\rho n \Delta z)\big|_{(x,y,z,t+\Delta t)} - (\rho n \Delta z)\big|_{(x,y,z,t)}}{\Delta t} \right\} \Delta x \Delta y \Delta t \qquad (＊＊)$$

依质量守恒原理，令（＊）式与（＊＊）式相等，方程两端除以 Δt，并取 $\Delta x \to 0$、$\Delta y \to 0$、$\Delta z \to 0$ 和 $\Delta t \to 0$，则得

$$-\left[\frac{\partial(\rho v_x)}{\partial x} + \frac{\partial(\rho v_y)}{\partial y} + \frac{\partial(\rho v_z)}{\partial z}\right]\Delta x \Delta y \Delta z = \frac{\partial}{\partial t}(\rho n \Delta z)\Delta x \Delta y \qquad (2\text{-}1\text{-}1)$$

该式是考虑了水与饱和多孔介质垂向可压缩变形的，其均衡时段 $\Delta t = 1$，即表示单位时间微小立方体的地下水运动连续性方程。

包含 v_x、v_y、v_z 和 ρ、n、Δz 等变量的地下水运动连续性方程只是建立地下水运动（渗流）基本微分方程的基础之一。为建立以水头 H 为因变量的地下水运动的基本微分方程，要引入渗流基本定律（达西流或非达西流），将 v_x、v_y、v_z 转化为以水头 H 为变量的关系式。至于要解决 ρ、n、Δz 三者与水头 H 或水压 p 的关系，便涉及水和多孔介质的压缩性（变形）问题，这将在下节中讨论。

§2.2 水和多孔介质的压缩性

一、地下水弹性储存的概念

对于一个处于平衡状态的饱和含水介质，取出一典型的地层柱体来研究（图2-2-1）。为了简化讨论，这里只考虑垂直一维压密，忽略侧面上粒间力（包括内聚力和摩擦力）的作用。我们在含水层中作一近似的水平面，使其从粒间通过，含水层上覆岩土体、地表建筑物和大气压力等荷载形成的总压应力 σ 由粒间应力的垂向分量 σ_s 和孔隙水应力 p 两者来平衡，即

$$\sigma = m\sigma_s + (1 - m)p \qquad (2\text{-}2\text{-}1)$$

式中：m 为单位水平面积中颗粒间接触面积的水平投影；σ_s 为粒间应力的垂向分量。

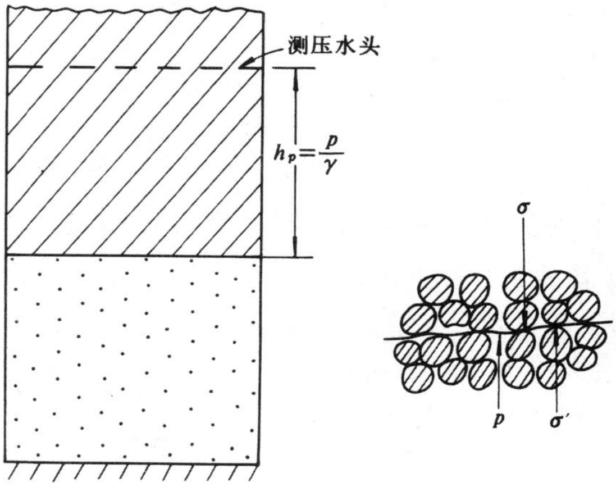

图2-2-1 饱和含水介质中受力情况

实际上 m 是个很小的百分数，σ_s 值却很大。由于 $m \ll 1$，美国学者太沙基(K. Terzaghi)把乘积 $m\sigma_s$ 定义为 σ'，称为固体骨架的有效应力。由于 $(1 - m)p \approx p$，故方程(2-2-1)式改写为

$$\sigma = \sigma' + p \qquad (2\text{-}2\text{-}2)$$

因此，多孔介质总应力 σ 由有效应力 σ' 和孔隙水应力 p 两者与之平衡。当然，这里的 σ、σ' 和 p 都具有前述的宏观意义。

如果由于某种原因，例如因抽水导致饱和多孔介质（包括含水层与含水层间的弱透水层）水头（即水压）的减小，它将引起下列作用：①由于水压的减小，地下水的体积发生膨胀，从而释放出部分地下水；②水压 p 的降低，即地下水对上覆岩土体浮力的降低，为了维持平衡，这部分力将转嫁到多孔介质固体骨架上，即增大有效应力 σ'，从而压缩多孔介质，其结果是含水介质的厚度变薄和空隙率 n 变小，这两个因素均使得从多孔介质中释放出部分地下水；③由于水压降低，多孔介质固体颗粒也会膨胀，而有效应力的增大又会影响固体颗粒的变形。综合起来，这种现象比较复杂。考虑到固体颗粒的压缩性比多孔介质要小得多，因此通常忽略多孔介质固体颗粒的压缩性。

如果含水介质中测压水头上升，则发生相反的过程。

上述分析表明：假如水头（水压）降低，含水层、弱透水层会释放出部分地下水；如果水头升高，含水层、弱透水层会储存部分地下水。这种性能，人们习惯上称之为“弹性储存”，以区别潜水位升降引起的“重力储存”。然而进一步研究表明。许多情况下（与含水层、弱透水层的压缩历史等因素有关），当地下水水头（水压）减小之后再恢复至原来状态，多孔介质的变形一般不能完全恢复；能够恢复的部分称为弹性变形，不能恢复的部分属塑性变形，这一概念在地面沉降中尤为重要。由此可见，上述的“弹性储存”并不与这里的“弹性变形”相对应，否则还应有“塑性储存”了。从物理意义上，上述“弹性储存”宜理解为“变形储存”。

要注意的是，不仅承压含水层有弹性储存，两含水层之间的细粒弱透水层也有弹性储存（这对于分析地面沉降机理更为重要），而且对于无压含水层也存在弹性储存，只是其释放量与由于潜水位升降引起的重力储存或释放量相比要少得多。尽管如此，无压含水层的弹性储存并非都可忽略不计的，否则自然界某些物理现象不好解释（这点将留在下文做进一步分析）。因此，为建立地下水流动基本微分方程，必须首先建立水和多孔介质压缩的状态方程。

二、水的压缩方程

假定水近似地符合弹性变形，依虎克定律，有

$$\mathrm{d}p = -\frac{1}{\beta}\frac{\mathrm{d}V}{V} \tag{2-2-3}$$

或

$$\beta = -\frac{1}{V}\frac{\mathrm{d}V}{\mathrm{d}p}$$

式中：p 为水压；V 为水的体积；β 为水的体积弹性压缩（或膨胀）系数。因为 V 随 p 的增大而减小，即 $\frac{\mathrm{d}V}{\mathrm{d}p} < 0$，而 β 规定为正值，所以上两式右侧有一负号。

β 的倒数称为体积弹性模量 E，E 愈大，愈不易变形。β 与 E 值也随温度而变化，但变化不大，一般可视为常数。β 的单位是 1/MPa，E 的单位是 MPa。当改变 1 个大气压时，水的体积只改变大约十万分之 4.6。

对方程（2-2-3）式进行积分

$$-\beta\int_{p_0}^{p}\mathrm{d}p = \int_{V_0}^{V}\frac{\mathrm{d}V}{V}$$

$$\beta(p_0 - p) = \ln\frac{V}{V_0}$$

$$e^{\beta(p_0-p)} = \frac{V}{V_0} \tag{2-2-4}$$

依照马克劳林级数

$$e^x = 1 + x + \frac{x^2}{2!} + \frac{x^3}{3!} + \cdots$$

故有

$$e^{\beta(p_0-p)} = 1 + \beta(p_0 - p) + \frac{1}{2!}\beta^2(p_0 - p)^2 + \frac{1}{3!}\beta^3(p_0 - p)^3 + \cdots$$

考虑到 β 值很小，在压力变化不大的条件下，上式可近似取头两项，因此（2-2-4）式可改写为

$$V = V_0[1 + \beta(p_0 - p)]$$

或

$$\frac{\Delta V}{V} = \frac{V - V_0}{V} = \beta(p_0 - p) = -\beta\Delta p \tag{2-2-5}$$

该式就是水的压缩状态方程，它表征 V 与 p 间的关系。

水压 p 的变化引起水体积 V 的变化，但水的质量 m 是不变的。由 $V\rho = m$ 的关系可知：若体积 V 增大，则密度 ρ 相应减小；反之，若体积 V 减小，则 ρ 增大。因此，由方程(2-2-3)式也可引出 ρ 与 p 的关系。由于 $V = \frac{m}{\rho}$，有

$$\frac{dV}{V} = \frac{d\left(\frac{m}{\rho}\right)}{\frac{m}{\rho}} = \rho d\left(\frac{1}{\rho}\right) = \rho\left(\frac{-1}{\rho^2}\right)d\rho = -\frac{d\rho}{\rho}$$

将此关系代入方程（2-2-3）式，得

$$dp = \frac{1}{\beta}\frac{d\rho}{\rho} \tag{2-2-6}$$

即

$$\frac{d\rho}{dp} = \rho\beta \tag{2-2-6$'$}$$

三、多孔介质（岩土）的压缩方程

同样，假定多孔介质变形符合弹性规律，于是按虎克定律，有

$$d\sigma' = -\frac{1}{\alpha}\frac{dV_b}{V_b} \tag{2-2-7}$$

式中：σ' 为作用在岩土骨架上的有效应力；V_b 为岩土的体积；α 为岩土的体积压缩系数。

前已分析，如果上覆荷载不变化，那么作用在岩土骨架上有效应力 σ' 的变化，正是由水压 p 的变化所引起的，但它们变化的方向相反。即依（2-2-2）式，有

$$d\sigma' = -dp$$

将此关系代入方程（2-2-7），得到水压的变化与岩土体积变形之间的关系

$$dp = \frac{1}{\alpha}\frac{dV_b}{V_b} \tag{2-2-8}$$

岩土的体积 V_b 包括固体部分的体积 V_s 和空隙的体积 V_v 两部分，即 $V_b = V_s + V_v$。前已假定，近似认为岩土固体部分是不可压缩的。因此，由水压的变化 dp 引起岩土体积的变化 dV_b，实际上就是岩土空隙体积的变化 dV_v，从这一观点出发，上式可写为

$$dp = \frac{1}{\alpha}\frac{dV_v}{V_b} = \frac{1}{\alpha}\frac{d\left(\frac{V_v}{V_s}\right)}{\frac{V_b}{V_s}} = \frac{1}{\alpha}\frac{de}{1+e} \tag{2-2-9}$$

即

$$\frac{\partial e}{\partial p} = \alpha(1+e) \tag{2-2-9}'$$

式中：$e = \frac{V_v}{V_s}$ 为岩土的空隙比〔无因次〕。

如果取出水平面积为1个单位，高度为 m 的岩土柱体(其体积 $V_b = m \times 1$) 来分析，而且近似认为该柱体不发生侧向变形(因为含水层中水头的变化总是大面积范围内连续发生的)，那么体积的变形直接反映在该柱体的高度 m 的变化上。这时方程(2-2-8) 可改写为

$$\mathrm{d}p = \frac{1}{\alpha}\frac{\mathrm{d}m}{m}$$

与推导方程 (2-2-5) 式相似，对此式积分，得

$$m = m_0[1 + \alpha\Delta p] \tag{2-2-10}$$

这就是岩土 (空隙介质) 的压缩状态方程。

上面叙述的弹性变形规律，都是以水压 p 来描写的，而地下水动力学通常用水头 H 来描写渗流场，为此还要建立它们间的关系。众所周知，实用上水头值近似认为(忽略速度、高度)

$$H = z + \frac{p}{\gamma}$$

故

$$\mathrm{d}p = \gamma \mathrm{d}H \tag{2-2-11}$$

本节所引出的弹性储存概念和水及多孔介质的压缩方程的关系式，为§2.3建立地下水运动的基本微分方程打下基础。

顺便说明，这里指出："假定多孔介质变形符合弹性规律。"对于地下水开采引发地面沉降问题，有时符合弹性变形，有时存在非弹性变形，应用时要注意这个差别。

§2.3 渗流基本微分方程

在前两节中已根据质量守恒原理建立了渗流连续性方程 (2-1-1) 式，也称水均衡方程；依据虎克定律建立了水和多孔介质的压缩方程 (2-2-6) 式和 (2-2-9) 式；在第一章中，由实验获得达西线性渗透定律 (适用于 $R_e < 10$ 的流动条件)；综合这些关系为建立以水头 H 为因变量的渗流基本微分方程做了必要的准备。

首先解决渗流连续性方程 (2-1-1) 式的右端项中的 $\frac{\partial}{\partial t}(\rho n \Delta z)$，已知

$$n = \frac{e}{1+e}$$

由于

$$\frac{\Delta z}{1+e} = \frac{\Delta z}{1 + \frac{V_v}{V_s}} = \frac{\Delta z}{\frac{V}{V_s}} = \Delta z \frac{V_s}{V}$$

可见，$\frac{\Delta z}{1+e}$ 是多孔介质均衡体中固体部分的厚度。前已假定，固体颗粒部分视为不可压缩，即多孔介质单元中固体厚度不随时间变化。也就是说，虽然 Δz 和 $e\left(=\frac{V_v}{V_s}\right)$ 随时间都可发生变化，但 $\frac{\Delta z}{1+e}$ 不随时间变化。因此，将上述关系代入(2-1-1) 式的右端项得

$$\frac{\partial}{\partial t}(\rho n \Delta z) = \frac{\partial}{\partial t}\left(\rho \frac{\Delta z}{1+e} e\right) = \frac{\Delta z}{1+e}\frac{\partial}{\partial t}(\rho e)$$
$$= \frac{\Delta z}{1+e}\left(\rho \frac{\partial e}{\partial t} + e \frac{\partial \rho}{\partial t}\right) \tag{2-3-1}$$

根据（2-2-9）′式和（2-2-11）式，得

$$\frac{\partial e}{\partial t}=\frac{\mathrm{d}e}{\mathrm{d}p}\frac{\partial p}{\partial t}=\alpha(1+e)\gamma\frac{\partial H}{\partial t}$$

根据（2-2-6）′式和（2-2-11）式，得

$$\frac{\partial \rho}{\partial t}=\frac{\mathrm{d}\rho}{\mathrm{d}p}\frac{\partial p}{\partial t}=\beta\rho\gamma\frac{\partial H}{\partial t}$$

将上述两式代入方程（2-3-1）式，得

$$\begin{aligned}\frac{\partial}{\partial t}(\rho n\Delta z)&=\frac{\Delta z}{1+e}\left[\rho\alpha(1+e)\gamma\frac{\partial H}{\partial t}+e\beta\rho\gamma\frac{\partial H}{\partial t}\right]\\&=\Delta z\rho\gamma(\alpha+n\beta)\frac{\partial H}{\partial t}\end{aligned}\tag{2-3-2}$$

关于方程（2-1-1）的左端项，当渗流满足达西定律，且坐标轴取向与各向异性主方向一致时，由（1-2-24）式知

$$v_x=-K_{xx}\frac{\partial H}{\partial x}\qquad v_y=-K_{yy}\frac{\partial H}{\partial y}\qquad v_z=-K_{zz}\frac{\partial H}{\partial z}$$

则（2-1-1）式左端方括号内第一项可写成

$$\frac{\partial(\rho v_x)}{\partial x}=-\frac{\partial}{\partial x}\left(\rho K_{xx}\frac{\partial H}{\partial x}\right)=-\left[\frac{\partial \rho}{\partial x}K_{xx}\frac{\partial H}{\partial x}+\rho\frac{\partial}{\partial x}\left(K_{xx}\frac{\partial H}{\partial x}\right)\right]$$

因为一般条件下，满足

$$\frac{\partial \rho}{\partial x}K_{xx}\frac{\partial H}{\partial x}\ll\rho\frac{\partial}{\partial x}\left(K_{xx}\frac{\partial H}{\partial x}\right)\tag{2-3-3}$$

故

$$\begin{aligned}\frac{\partial(\rho v_x)}{\partial x}&\approx-\rho\frac{\partial}{\partial x}\left(K_{xx}\frac{\partial H}{\partial x}\right)\\\frac{\partial(\rho v_y)}{\partial y}&\approx-\rho\frac{\partial}{\partial y}\left(K_{yy}\frac{\partial H}{\partial y}\right)\\\frac{\partial(\rho v_z)}{\partial z}&\approx-\rho\frac{\partial}{\partial z}\left(K_{zz}\frac{\partial H}{\partial z}\right)\end{aligned}\tag{2-3-4}$$

将（2-3-2）式和（2-3-4）式代入方程（2-1-1）式，方程两端同除以 $\rho\Delta x\Delta y\Delta z$ ，得

$$\frac{\partial}{\partial x}\left(K_{xx}\frac{\partial H}{\partial x}\right)+\frac{\partial}{\partial y}\left(K_{yy}\frac{\partial H}{\partial y}\right)+\frac{\partial}{\partial z}\left(K_{zz}\frac{\partial H}{\partial z}\right)=\gamma(\alpha+n\beta)\frac{\partial H}{\partial t}\tag{2-3-5}$$

定义

$$\mu_s=\gamma(\alpha+n\beta)\tag{2-3-6}$$

则（2-3-5）式可表示为

$$\frac{\partial}{\partial x}\left(K_{xx}\frac{\partial H}{\partial x}\right)+\frac{\partial}{\partial y}\left(K_{yy}\frac{\partial H}{\partial y}\right)+\frac{\partial}{\partial z}\left(K_{zz}\frac{\partial H}{\partial z}\right)=\mu_s\frac{\partial H}{\partial t}\tag{2-3-7}$$

该式是各向异性含水层中地下水三维流的基本微分方程。它表示在达西流动条件下，单位体积、单位时间的水均衡关系。

在建立（2-3-7）式基本微分方程的过程中，由于 Δz 发生变形，因此 z 是动坐标（由于假定 Δx 和 Δy 不变形，所以 x 和 y 是固定坐标）。若记 u_s 为固体骨架的变形速率（或沉降速率），则动坐标 z 相对于固定坐标 z' 的关系为 $z=z'-u_st$。达西定律（或其他基本渗流定律）所描述的是水相对于固体骨架的流动。显然，如果水与变形的固体骨架等速运动，则水相对于固体骨架未作运动。因此对于可变形的空隙介质是以划定的空隙介质（而不是固定空间）为均衡区建立水均衡方程和流动基本微分方程的。实际上，在应用中我们认定的是某沉降含水层、弱透水层的顶、底面（即动坐标 z），而不是其绝对标高（固定坐标 z'）。

下面讨论单位弹性给水度或单位储水系数 μ_s（有的文献记为 S_s）的物理意义。

将（2-3-6）式右端分解为 $\gamma n\beta$ 和 $\gamma\alpha$ 两项。已知(2-2-5) 式表征在等温条件下，水的体积与水压之间的变化关系，如果式中的 V 取 1 个单位孔隙介质中水的体积，即 $V=1\times n$，并考虑(2-2-11) 式，将水压转化为用水头 H 表示，那么(2-2-5) 式可写为

$$-\frac{\Delta V}{n}=\beta\gamma\Delta H$$

或

$$-\Delta V=\gamma n\beta\Delta H$$

可见，$\gamma n\beta$ 表示单位空隙介质体积中，当水头下降一个单位时($\Delta H=1$)，由于水的膨胀而释放出来的水量（体积)。式中左端的负号表示 ΔV 与 ΔH 的变化方向相反。

关于第二项 $\gamma\alpha$ 的物理意义，显然它与空隙介质骨架受压缩而释放水量有关。为了便于分析，我们取边长均为 1 个单位的立方体的多孔介质来研究，当然该立方体的底面积也是一个单位。设该立方体的初始高度和孔隙率分别为 m_0 和 n_0，当空隙介质中地下水的水头 H(水压 p) 发生变化，例如 H 降低，空隙介质受压缩使高度和空隙率分别变小为 m 和 n(忽略侧向变形)，该立方体中的水量由初始的 $m_0\times 1\times n_0(m_0=1)$ 减小到 Δt 时刻后的 $m\times 1\times n$。因此，由于空隙介质的压缩所释放的水量为

$$\Delta V=(m_0n_0-mn)\times 1$$

由于

$$n=\frac{e}{1+e}=1-\frac{1}{1+e}$$

因此

$$\Delta V=\left(m_0-\frac{m_0}{1+e_0}\right)-\left(m-\frac{m}{1+e}\right)$$

前已证明，$\frac{m}{1+e}$是立方体空隙介质固体部分的厚度。在空隙介质变形过程中，虽然 m 和 e 都发生变化，但$\frac{m}{1+e}$却不变，即

$$\frac{m_0}{1+e_0}=\frac{m}{1+e}$$

于是

$$\Delta V=m_0-m \tag{2-3-8}$$

将方程（2-2-10）式的 m 代入上式，并考虑（2-2-11）式得

$$-\Delta V=\gamma\alpha\Delta H \tag{2-3-9}$$

可见，构成 μ_s 的第二项 $\gamma\alpha$ 的物理意义是：当水头下降一个单位时，由于空隙介质受压缩(厚度变薄，空隙率变小)，从单位体积空隙介质中所释放的水量。同样，式中的负号表示 ΔV 与 ΔH 变化的方向相反。

综上所述，μ_s 表示：当水头下降一个单位时，从单位体积空隙介质中释放的水量(体积)，其量纲为 L^{-1}。这就是我们所要讨论的 μ_s 的物理意义。

下面针对地下水流动基本微分方程做几点讨论：

(1) 对于解析方法而言，非均质含水层是很难求解的，因而往往引入均质含水层的条件，并忽略含水介质在压缩过程所引起介质渗透性的变化，于是（2-3-7）式可写成

$$K_{xx}\frac{\partial^2 H}{\partial x^2}+K_{yy}\frac{\partial^2 H}{\partial y^2}+K_{zz}\frac{\partial^2 H}{\partial z^2}=\mu_s\frac{\partial H}{\partial t} \tag{2-3-10}$$

自然界经常是水平方向渗透系数为各向同性，即 $K_{xx}=K_{yy}\triangleq K_{rr}$，而垂向与水平向间形

成各向异性，即为“铁饼”状的各向异性介质。于是上式常改写为

$$K_{rr}\left(\frac{\partial^2 H}{\partial x^2}+\frac{\partial^2 H}{\partial y^2}\right)+K_{zz}\frac{\partial^2 H}{\partial z^2}=\mu_s\frac{\partial H}{\partial t} \tag{2-3-11}$$

式中：K_{rr} 表示水平方向渗透系数。

对于轴对称流动问题（单井的井流一般属于此类问题），即 $H=f(r,z)$，而 H 与 θ 无关，采用柱坐标系更方便。这种情况下，上式可改写为

$$K_{rr}\left(\frac{\partial^2 H}{\partial r^2}+\frac{1}{r}\frac{\partial H}{\partial r}\right)+K_{zz}\frac{\partial^2 H}{\partial z^2}=\mu_s\frac{\partial H}{\partial t} \tag{2-3-12}$$

（2）对于等厚的承压含水层，若属于平面二维流，则其基本微分方程可由上述三维流方程出发，令其 $\frac{\partial H}{\partial z}=0$ 而得，如由(2-3-10)式得

$$K_{xx}\frac{\partial^2 H}{\partial x^2}+K_{yy}\frac{\partial^2 H}{\partial y^2}=\mu_s\frac{\partial H}{\partial t} \tag{2-3-13}$$

若记

$$T_{xx}=K_{xx}M \qquad T_{yy}=K_{yy}M \tag{2-3-14}$$

和

$$\mu_e=\mu_s M \tag{2-3-15}$$

则可写成

$$T_{xx}\frac{\partial^2 H}{\partial x^2}+T_{yy}\frac{\partial^2 H}{\partial y^2}=\mu_e\frac{\partial H}{\partial t} \tag{2-3-16}$$

式中：T_{xx} 和 T_{yy} 为主方向的含水层导水系数(L^2/T)；M 为承压含水层厚度(L)；μ_e 为承压含水层的储水系数或弹性给水度(有的文献用 S 表示)。其物理意义是：单位水平面积承压含水层柱体，当水头下降一个单位时所释放的水量(无量纲)。上述方程也可以取单位水平面积承压含水层柱体为均衡体，用类似三维流的推导方法直接获得。

同样，由方程（2-3-12）式可得极坐标下均质、等厚、各向同性承压含水层轴对称流（径向流）基本微分方程

$$T\left(\frac{\partial^2 H}{\partial r^2}+\frac{1}{r}\frac{\partial H}{\partial r}\right)=\mu_e\frac{\partial H}{\partial t} \tag{2-3-17}$$

或记

$$a=\frac{T}{\mu_e}=\frac{K}{\mu_s} \tag{2-3-18}$$

则

$$a\left(\frac{\partial^2 H}{\partial r^2}+\frac{1}{r}\frac{\partial H}{\partial r}\right)=\frac{\partial H}{\partial t} \tag{2-3-19}$$

式中：a 称为含水层水头扩散系数或含水层压力传导系数 (L^2/T)。

（3）如果我们研究的属于稳定流，只要令上述诸方程中 $\frac{\partial H}{\partial t}=0$，即可得对应条件的稳定流基本微分方程。例如由(2-3-17)式可得

$$\frac{\partial^2 H}{\partial r^2}+\frac{1}{r}\frac{\partial H}{\partial r}=0 \tag{2-3-20}$$

然而必须注意，某些渗流问题，例如坝下渗流与无压流等问题，有时忽略其弹性释水，即令 $\mu_s=0$，也可获得同样形式的基本微分方程，但这并不意味着这些方程必是属于“稳定流”。它们可以由于边界条件的不稳定，例如库水位的升降或潜水位的波动而产生不稳定流。

（4）前面建立的地下水连续性方程和基本微分方程中，仅考虑均衡体表面的流入、流出

量与均衡体内部弹性储存量的变化两个因素，实际上有时还存在源汇项。严格地讲，对于水流问题，源是指均衡体内产生（提供）水量的因素；汇则指均衡体内消耗水量的因素。实际上，弹性储存、释放属于源汇项之一。对于入渗补给和蒸发排泄，若为平面二维流问题，往往视为面源和面汇；若是三维流问题则属于上边界。对于抽水井和注水井，若将井视为一个点，则通常处理为点汇和点源（三维流问题称空间点汇、点源；平面二维流问题称平面点汇、点源），然而若将井壁视为边界（渗流与水流的分界面），则可将井作为边界条件来刻画。因此补给、排泄因素要视具体问题可处理为源汇项或边界条件，前者体现在基本微分方程中，后者则另用边界条件刻画。

加入源汇项之后，由（2-3-12）式可得柱坐标系下均质、水平与垂向各向异性、轴对称流基本微分方程

$$K_{rr}\left(\frac{\partial^2 H}{\partial r^2}+\frac{1}{r}\frac{\partial H}{\partial r}\right)+K_{zz}\frac{\partial^2 H}{\partial z^2}+\varepsilon=\mu_s\frac{\partial H}{\partial t} \tag{2-3-21}$$

由（2-3-13）式可得直角坐标系下的均质、等厚、各向异性平面二维流的基本微分方程

$$K_{xx}\frac{\partial^2 H}{\partial x^2}+K_{yy}\frac{\partial^2 H}{\partial y^2}+\varepsilon=\mu_s\frac{\partial H}{\partial t} \tag{2-3-22}$$

或

$$T_{xx}\frac{\partial^2 H}{\partial x^2}+T_{yy}\frac{\partial^2 H}{\partial y^2}+W=\mu_e\frac{\partial H}{\partial t} \tag{2-3-23}$$

由（2-3-17）式可得极坐标系下的均质、等厚、各向同性承压含水层轴对称流（径向流）的基本微分方程

$$T\left(\frac{\partial^2 H}{\partial r^2}+\frac{1}{r}\frac{\partial H}{\partial r}\right)+W=\mu_e\frac{\partial H}{\partial t} \tag{2-3-24}$$

上三式中：ε 和 W 分别为三维流（或取单位厚度的平面二维流）和平面二维流的源汇项（不含弹性储存与释放）。分别定义为单位体积含水层和单位水平面积含水层柱体中，单位时间内产生（为正值）或消耗（为负值）的水量。量纲分别为 $L^3/(L^3\cdot T)$ 和 $L^3/(L^2\cdot T)$，即 $1/T$ 和 L/T。

（5）上述微分方程，是在假定 x、y、z 轴的取向与各向异性主方向一致的前提下导得的。若两者不一致，则方程（2-3-7）式改写为

$$\frac{\partial}{\partial x}\left(K_{xx}\frac{\partial H}{\partial x}+K_{xy}\frac{\partial H}{\partial y}+K_{xz}\frac{\partial H}{\partial z}\right)+\frac{\partial}{\partial y}\left(K_{yx}\frac{\partial H}{\partial x}+K_{yy}\frac{\partial H}{\partial y}+K_{yz}\frac{\partial H}{\partial z}\right)+\frac{\partial}{\partial z}\left(K_{zx}\frac{\partial H}{\partial x}+K_{zy}\frac{\partial H}{\partial y}+K_{zz}\frac{\partial H}{\partial z}\right)=\mu_s\frac{\partial H}{\partial t} \tag{2-3-25}$$

§2.4 潜水流动的布西涅斯克微分方程

潜水之上的包气带水不仅与潜水之间存在垂直交换（成为潜水的入渗补给与蒸发排泄），而且参与水平流动。若做精细的研究应将饱和水与非饱和水两者联系起来考虑，这使得潜水的流动问题复杂化。然而，对于大部分问题，只要当毛细上升高度远远小于潜水层厚度时，可以用潜水面作为潜水含水层的顶界来研究潜水的水平运动。

对于流动的潜水，潜水面不是水平的，因此等水头面不是铅垂面（图2-4-1），或者说铅垂线上各点的水头 H 一般是不等的。因此，潜水流属于三维流或剖面二维流问题，即 $H=H(x,y,z,t)$ 或 $H=H(x,z,t)$。另外，对于预测问题，潜水面的位置是未知的、待求的。此外，下节将讨论的潜水流动问题中的上边界也比承压含水层要复杂得多。基于这些情况，潜水流动

问题的严格求解变得十分困难。

一、裘布依假定

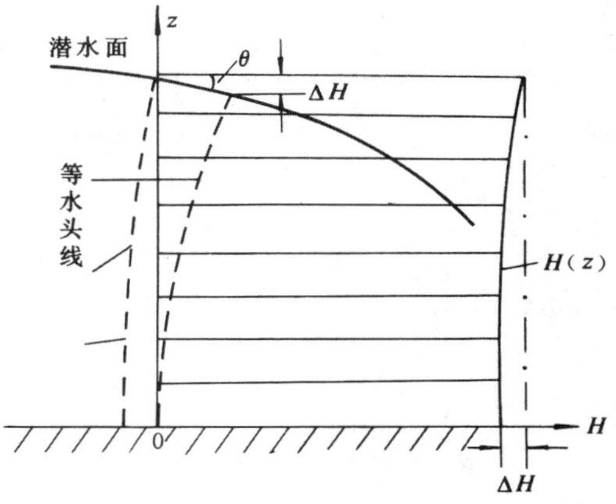

图2-4-1 潜水流中的水头分布图

裘布依（Dupuit，1863）注意到，大多数情况下潜水面的坡度很小（θ 角很小），大都在1/1 000上下，对于潜水面上无垂直补给、排泄的剖面二维稳定流（图2-4-1），潜水面是流面，因此潜水面上任意点的渗流速度

$$v_s = -K\frac{\partial H}{\partial s} = -K\sin\theta$$

由于潜水面的坡度（θ 角）很小，裘布依建议用 $\mathrm{tg}\theta$ 代替 $\sin\theta$，而 $\mathrm{tg}\theta = \left.\frac{\partial H}{\partial x}\right|_{z=H}$。这实质上是指渗流的垂直分流速 v_z 远远小于水平分流速 v_x 和 v_y，而可忽略 v_z，即假定等水头面是铅垂面，这称为裘布依假定(Dupuit Assumption)。此时，渗流被视为基本上是水平的，于是

$$v_x = -K\frac{\partial H}{\partial x} \tag{2-4-1}$$

对于剖面二维流问题，其中 H 仅仅随 x 而变，与 z 无关，即 H=H（x，t）。对于单宽流量 q_x，有

$$q_x = v_x(H-\zeta)\times 1 = -K(H-\zeta)\frac{\partial H}{\partial x}$$

其中 ζ 是隔水底板（顶面）的标高。当隔水底板水平时，将基准面取在隔水底板处，则

$$q_x = -Kh\frac{\mathrm{d}h}{\mathrm{d}x} \tag{2-4-2}$$

该方程通常称为裘布依微分方程。

由此可以看出，引用裘布依假定可以使剖面二维（x,z）潜水流问题降阶为水平一维（x）流近似处理；三维（x,y,z）潜水流问题降阶为水平二维（x,y）流处理。z 不再作为独立变量出现。另外，原来潜水面应作为上边界来刻画，引入裘布依假定之后，由于 z 变量被忽略，潜水流顶面就无需作为边界来刻画，而直接在微分方程中体现（下文将进一步论述）。

上述的裘布依假定，是当无垂向补排的稳定流条件且当潜水面坡度很小时的条件下提出的。当潜水面存在垂向补给、排泄或潜水呈不稳定流时，即使潜水面坡度很小，能否引出裘布依假定而将等水头面近似视为铅垂面？则要视条件具体分析。

二、布西涅斯克微分方程

首先假定：①研究的潜水流满足裘布依假定；②水和骨架不可压缩即 $\rho = C$ 和 $\mu_s = 0$；③潜水层隔水底板水平；④潜水面上存在水量的垂向交换 W（入渗补给为正值，蒸发排泄为负值）。W 定义为潜水面处单位水平面积、单位时间的入渗量，量纲为 $L^3/L^2T = L/T$。

首先研究剖面二维流，均衡体为 x 和 $x+\Delta x$ 之间宽度为1个单位的含水层柱体（图2-4-2）。

我们建立上述均衡体的水均衡方程。Δt 时段内，x 断面的流入量为 $q|_{(x,t)}\Delta t$，$x+\Delta x$ 断面的流出量为 $q|_{(x+\Delta x,t)}\Delta t$，顶面的补给量为 $W\Delta x\Delta t$，则 Δt 时段内净流入量为

$$\Delta V = q|_{(x,t)}\Delta t - q|_{(x+\Delta x,t)}\Delta t + W\Delta x\Delta t$$

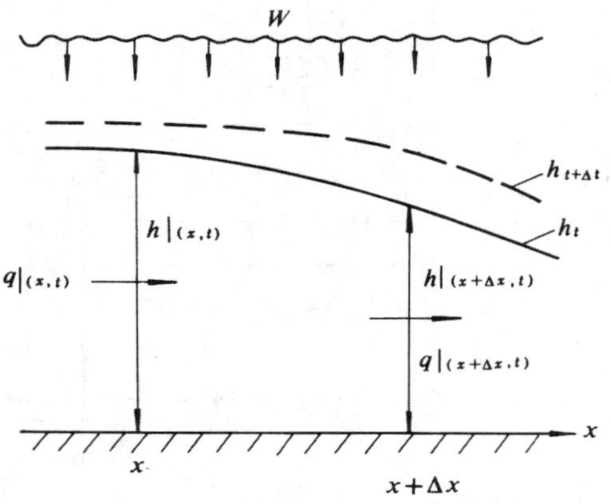

图2-4-2 潜水剖面二维流均衡要素图

依水均衡原理，并考虑到假定条件②，流入量与流出量之和等于均衡段内水体积的增量，有

$$\Delta V = (h|_{(x,t+\Delta t)} - h|_{(x,t)}) \cdot \Delta x \cdot 1 \cdot \mu_d$$

则得

$$(q|_{(x,t)} - q|_{(x+\Delta x,t)} + W\Delta x)\Delta t = (h|_{(x,t+\Delta t)} - h|_{(x,t)})\mu_d \Delta x$$

方程两端都除以 $\Delta x \Delta t$，得

$$\frac{q|_{(x,t)} - q|_{(x+\Delta x,t)}}{\Delta x} + W = \frac{h|_{(x,t+\Delta t)} - h|_{(x,t)}}{\Delta t}\mu_d$$

令 $\Delta x \to 0, \Delta t \to 0$，则得

$$-\frac{\partial q}{\partial x} + W = \mu_d \frac{\partial h}{\partial t} \tag{2-4-3}$$

此即潜水流的连续性方程或水均衡方程。式中 μ_d 为重力给水度，依假定条件①和③，可引用（2-4-2）式，则上式可写为

$$\frac{\partial}{\partial x}\left(Kh\frac{\partial h}{\partial x}\right) + W = \mu_d \frac{\partial h}{\partial t} \tag{2-4-3}'$$

该方程称布西涅斯克（Boussinesq）方程。由于该方程在推导过程引入裘布依假定，使剖面二维流问题可以降阶，用水平一维流方程来近似刻画；而且潜水流复杂的上边界入渗问题可以用 W 直接在微分方程中表示，从而大大地简化了它的求解。

布西涅斯克微分方程是非线性的，一般情况下它的求解十分困难，因此通常采用近似方法使布西涅斯克方程线性化，以求得其解。

第一种线性化方法是将上述方程左端第一项括号中的 h 用平均值 h_m 代替并视为常量，则方程(2-4-3) 可改写为

$$h_m \frac{\partial}{\partial x}\left(K\frac{\partial h}{\partial x}\right) + W = \mu_d \frac{\partial h}{\partial t} \tag{2-4-4}$$

第二种线性化方法是，在方程两端均乘以 h，并令

$$\varphi = \frac{1}{2}h^2 \tag{2-4-5}$$

于是

$$h\frac{\partial}{\partial x}\left(K\frac{\partial \varphi}{\partial x}\right) + Wh = \mu_d \frac{\partial \varphi}{\partial t}$$

再以平均值 h_m 代替方程左端的 h，即

$$h_m \frac{\partial}{\partial x}\left(K\frac{\partial \varphi}{\partial x}\right) + Wh_m = \mu_d \frac{\partial \varphi}{\partial t} \tag{2-4-6}$$

上述建立剖面二维流问题的方法可以推广到三维流问题，所得布西涅斯克方程为

$$\frac{\partial}{\partial x}\left(Kh\frac{\partial h}{\partial x}\right) + \frac{\partial}{\partial y}\left(Kh\frac{\partial h}{\partial y}\right) + W = \mu_d \frac{\partial H}{\partial t} \tag{2-4-7}$$

相应第一种和第二种线性化后的方程为

$$h_m \frac{\partial}{\partial x}\left(K\frac{\partial h}{\partial x}\right) + h_m \frac{\partial}{\partial y}\left(K\frac{\partial h}{\partial y}\right) + W = \mu_d \frac{\partial h}{\partial t} \tag{2-4-8}$$

和

$$h_m \frac{\partial}{\partial x}\left(K\frac{\partial \varphi}{\partial x}\right) + h_m \frac{\partial}{\partial y}\left(K\frac{\partial \varphi}{\partial y}\right) + Wh_m = \mu_d \frac{\partial \varphi}{\partial t} \tag{2-4-9}$$

对于均质含水层，且无垂向入渗补给和蒸发排泄的情况，（2-4-9）式变为

$$Kh_m\left(\frac{\partial^2\varphi}{\partial x^2}+\frac{\partial^2\varphi}{\partial y^2}\right)=\mu_d\frac{\partial\varphi}{\partial t} \tag{2-4-10}$$

由于①、③两条的假定类似承压含水层定义导水系数T和水力扩散（传播）系数α一样，对于潜水含水层也可引入

$$T=Kh_m \tag{2-4-11}$$

和

$$a=\frac{Kh_m}{\mu_d} \tag{2-4-12}$$

T和a分别称为潜水含水层的导水系数（L^2/T）和水力扩散（传播）系数（L^2/T）。则（2-4-10）式可改写为

$$a\left(\frac{\partial^2\varphi}{\partial x^2}+\frac{\partial^2\varphi}{\partial y^2}\right)=\frac{\partial\varphi}{\partial t} \tag{2-4-13}$$

对于轴对称潜水流问题，类似承压含水层所讨论的，宜采用极坐标系统，于是方程（2-4-10）式和（2-4-13）式改写为

$$Kh_m\left(\frac{\partial^2\varphi}{\partial r^2}+\frac{1}{r}\frac{\partial\varphi}{\partial r}\right)=\mu_d\frac{\partial\varphi}{\partial t} \tag{2-4-14}$$

和

$$a\left(\frac{\partial^2\varphi}{\partial r^2}+\frac{1}{r}\frac{\partial\varphi}{\partial r}\right)=\frac{\partial\varphi}{\partial t} \tag{2-4-15}$$

上面建立的地下水流基本微分方程，不仅为本课程以后诸章节，而且为后续课程的学习打下良好的基础。

§2.5 定解条件及数学模型

一、定解条件

上两节讨论的基本微分方程是根据地下水质量守恒原理和渗流基本定律（目前仅涉及达西定律）而得。显然，仅仅根据该方程是不能刻画某地区地下水流动特殊规律的，还必须补充说明该研究区的范围（D），研究区以外（周围环境）对研究区地下水流的影响——边界条件等。对于地下水不稳定流动问题，还涉及研究区地下水的初始状态——初始条件。

边界条件是刻画渗流研究区D边界上的水力特征，或者说是刻画研究区以外对研究区边界的水力作用。如果渗流研究区包含整个地下水系统，那么边界条件表达的正是地下水系统以外（如地表水等）在边界上作用于地下水的关系。这种条件下，它的边界都是自然边界；否则属于非自然边界，或称人为边界。对于具体问题的研究，研究范围的确定是个十分重要和复杂的问题。在本课程中，涉及到的都是自然边界。

（一）边界条件

地下水流动问题的边界条件主要分下述三类。

1. 给定水头边界条件（第一类边界）

边界上水头动态已知的称第一类边界条件。对于平面二维流和三维流可分别表示为

$$H\big|_{B_1}=H_1(x,y,t) \qquad (x,y)\in B_1$$

$$H\big|_{B_1}=H_1(x,y,z,t) \qquad (x,y,z)\in B_1$$

其中 B_1 是研究区 D 上的第一类边界；H_1 是 B_1 上的已知水头函数。对于稳定流问题，H_1 与 t 无关。

这类边界最常见的是渗流区与地表水体（如河、湖、海等）的分界线（面），H_1 就取地表水体的水位。其他，如定降深抽水井（放水井）的井壁，实际上可视为地下水与井水的分界面，往往取井水位为其第一类边界条件。另外，解析法中常假定含水层水平方向无限延伸，这时常取无限远处的水头保持不变，这也是第一类边界条件。当边界上水头不随时间改变时，称为定水头边界，即 $H\Big|_{B_1} = H_1(x,y),(x,y) \in B_1$。

2. 给定流量边界条件（第二类边界）

边界上单宽流量 q（平面二维流问题）或渗流速度 v（三维流和剖面二维流问题）已知或水力坡度已知者称第二类边界条件。对于平面二维流和三维流（或剖面二维流）可分别表示为

$$T\frac{\partial H}{\partial n}\Big|_{B_2} = q(x,y,t) \qquad (x,y) \in B_2$$

和

$$K\frac{\partial H}{\partial n}\Big|_{B_2} = v(x,y,z,t) \qquad (x,y,z) \in B_2$$

其中 B_2 是研究区 D 上的第二类边界。H 和 n 分别是水头和边界的外法线方向；$-\dfrac{\partial H}{\partial n}$ 是水力坡度在边界法线方向上的分量；q、v 分别是流入研究区的单宽流量和渗流速度，流入时取正值。当 $q=0$ 或 $v=0$ 时，称为隔水边界，即 $\dfrac{\partial H}{\partial n}=0$。

3. 潜水面边界

如果不引入裘布依假定，潜水面的刻画是个较复杂的特殊边界，这是由于潜水面的位置是未知的、待求的因素。由于上边界的位置未定，即研究区的范围未定，所以无法求解研究区内的水头分布，这就是它的复杂性。

依潜水面的定义，潜水面处的水压 p 为零，因而潜水面处的水头 H 等于潜水面的位置高度 z，即

$$H(x,y,z,t) = z \qquad (p=0) \tag{2-5-1}$$

用此条件来刻画潜水面的位置。至于潜水面上的流量交换，本教材尝试利用下述物理概念明确且推导简单的水均衡方法来建立。

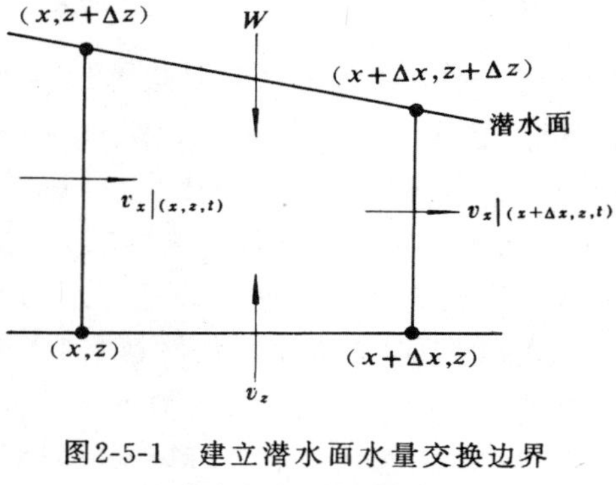

图2-5-1 建立潜水面水量交换边界条件的均衡要素图

对于剖面二维流（图2-5-1），依水均衡原理

$$\left(v_x\Delta z\Big|_{(x,z,t)} - v_x\Delta z\Big|_{(x+\Delta x,z,t)}\right)\Delta t + (v_z + W)\Delta x\Delta t = \mu_d\left(H\Big|_{(x,z,t+\Delta t)} - H\Big|_{(x,z,t)}\right)\Delta x$$

方程两端均除以 $\Delta x\Delta t$，得

$$\frac{v_x\Delta z\Big|_{(x,z,t)} - v_x\Delta z\Big|_{(x+\Delta x,z,t)}}{\Delta x} + v_z + W = \mu_d\frac{H\Big|_{(x,z,t+\Delta t)} - H\Big|_{(x,z,t)}}{\Delta t}$$

令 $\Delta x \to 0$ 和 $\Delta t \to 0$,得

$$-\frac{\partial(v_x \Delta z)}{\partial x} + v_z + W = \mu_d \frac{\partial H}{\partial t} \tag{2-5-2}$$

由于

$$\frac{\partial(v_x \Delta z)}{\partial x} = \frac{\partial v_x}{\partial x}\Delta z + v_x \frac{\partial(\Delta z)}{\partial x} \tag{*}$$

而潜水面处

$$\frac{\partial(\Delta z)}{\partial x} = \frac{\partial H}{\partial x} \tag{**}$$

将此两关系式代入（2-5-2）式并令 $\Delta z \to 0$，得

$$-v_x \frac{\partial H}{\partial x} + v_z + W = \mu_d \frac{\partial H}{\partial t}$$

将达西定律

$$v_x = -K_{xx} \frac{\partial H}{\partial x} \qquad 和 \qquad v_z = -K_{zz} \frac{\partial H}{\partial z}$$

代入上式，得

$$K_{xx}\left(\frac{\partial H}{\partial x}\right)^2 - K_{zz}\frac{\partial H}{\partial z} + W = \mu_d \frac{\partial H}{\partial t} \tag{2-5-3}$$

这就是刻画剖面二维不稳定流潜水面边界上另一应遵守的条件。显然，对于三维流，其形式为

$$K_{xx}\left(\frac{\partial H}{\partial x}\right)^2 + K_{yy}\left(\frac{\partial H}{\partial y}\right)^2 - K_{zz}\frac{\partial H}{\partial z} + W = \mu_d \frac{\partial H}{\partial t} \tag{2-5-4}$$

严格求解潜水流动问题，上述条件（2-5-1）式和（2-5-3）式或（2-5-4）式两条件必须同时满足，故采用解析法十分困难，一般要简化，否则要采用数值法。

（二）初始条件

描述所研究问题初始时刻（$t=0$）研究区 D 内各点处水头分布的情况，称初始条件。通常表述为(以三维流为例)

$$H(x,y,z,t)\Big|_{t=0} = H_0(x,y,z) \qquad (x,y,z) \in D$$

或

$$H(x,y,z,0) = H_0(x,y,z) \qquad (x,y,z) \in D$$

计算中的初始时刻可以任意取定，只要那个时刻的水头分布已知。这个初始时刻如何选取，主要视待解决的问题而定，同时考虑资料的占有情况和计算方便等因素。例如研究抽水试验的动态可取开泵时为初始时刻，开泵前的渗流场水头分布即为初始条件。

二、数学模型及其解法

按照描述地下水流变量的性质，地下水流的数学模型可分为两类。一类是随机模型，研究的对象是随机变量，即该变量的取值不是确定性的而是概率。另一类是确定性模型，模型中变量取确定值，确定性模型由上述一个或一组微分方程及其相应的定解条件所构成，本教材仅介绍确定性模型（下文简称数学模型）。

求解数学模型的方法主要有三类：即解析法、数值法（数值模拟法）和物理模拟法。

解析法是应用数学分析方法获得一个用连续函数表达其解的方法(通常以水头 H 表示)。这个函数式（称解析解）反映了含水层参数、源汇项及边界条件等对水头时、空分布的影响，因此可以直接或通过数学分析方法来揭示各因素与水头 H 时空分布的内在联系。我们强调解析解是个连续函数就是说其解可以给出任何空间点和时间点的水头值，因而可以通过数学分

析方法给定任意时空点的水力坡度 J、渗流速度 v 和任意断面的流量等运动要素。它的另一个优点是，解析解是精确的。解析法的主要缺点是，能够求解的问题一般比较简单，除个别问题外，一般要求含水层为均质、等厚、边界为直线、圆形或无界等。

数值方法与解析法不同，其解（称数值解）不是一个连续分布的函数，而是按要求事先设计好的时空离散点上的数值解（例如水头值）。这些数值解不能直接给出含水层参数、源汇项、边界等各因素对水头时空分布的函数关系，只能从数值分布特征去寻找规律。另外，数值解本身是一种近似解。然而它最大的优点是，不受水文地质条件的限制，可用于自然界各种复杂的条件。一般地讲，只要地下水运动机理清楚了的问题，都可用数值法求解。数值解方法的运算量往往很大，一般要借助于电子计算机才能实现。

物理模拟方法：由于已知控制地下水运动的基本微分方程是抛物线方程和椭圆方程等，这一数学物理方程在其他物理现象方面也出现过，例如电动力学、热动力学等。因此，如果研究对象的几何形状、参数分布与边界条件是相似的，则可以利用一种物理现象来研究另一种物理现象，这是物理模型。借助某种物理模型来研究渗流的方法称为物理模拟方法。

本教材主要介绍求解均匀流体饱和流动的解析方法，而对物理模拟仅从教学目的出发选择几种作简要介绍，关于地下水的数值方法将由另一本教材（《地下水流动问题数值方法》，中国地质大学出版社，1990、1994）做专门介绍。

复习思考题

1. §2.1（*）式后述："当地下水为不稳定流时，$\Delta m \neq 0$"。为何？

2. 深刻理解重力给水度 μ_d 和弹性给水度 μ_e 的物理意义；μ_e 和单位弹性给水度 μ_s 的区别和应用。

3. 从理论上说，是否可从平面二维（x,y）承压流微分方程（2-3-16）式推广获得三维流微分方程

$$T_{xx}\frac{\partial^2 H}{\partial x^2}+T_{yy}\frac{\partial^2 H}{\partial y^2}+T_{zz}\frac{\partial^2 H}{\partial z^2}=\mu_e\frac{\partial H}{\partial t}$$

4. "已知平面二维（x,y）承压流微分方程（2-3-16）式

$$T_{xx}\frac{\partial^2 H}{\partial x^2}+T_{yy}\frac{\partial^2 H}{\partial y^2}=\mu_e\frac{\partial H}{\partial t}$$

此承压含水层中剖面二维（x,z）流微分方程为

$$T_{xx}\frac{\partial^2 H}{\partial x^2}+T_{zz}\frac{\partial^2 H}{\partial z^2}=\mu_e\frac{\partial H}{\partial t}$$

试对此说法做出评论。

5. 何谓裘布依假定？为何引出此假定？当潜水面存在垂向补给、排泄或潜水面呈不稳定流时，"潜水面坡度很小"的条件能否引出裘布依假定？

6. 试对比平面二维（x,y）承压流微分方程与降维后的平面二维（x,y）潜水流微分方程左右端各项，深刻认识 μ_e 与 μ_d 的区别与相似性。

7. 请说明方程（2-1-1）式和方程（2-3-7）式建立的条件及它们的物理意义。

第三章　地下水向河渠的运动

§3.1　均质含水层中地下水向河渠的运动

一、承压含水层中地下水向河渠一维稳定运动

均质、等厚的承压含水层，若存在两条互相平行且切穿含水层的河流（或渠道），当水位稳定足够时间后，地下水可形成稳定流动。这时该含水层地下水的流线是一系列平行的直线，即一维流动。位于同一流线上两钻孔间的水头线是一条下降的直线，见图 3-1-1。其地下水运动基本微分方程可由（2-3-10）式简化（令其中 $\frac{\partial H}{\partial t}=0, \frac{\partial H}{\partial y}=0, \frac{\partial H}{\partial z}=0$）而得

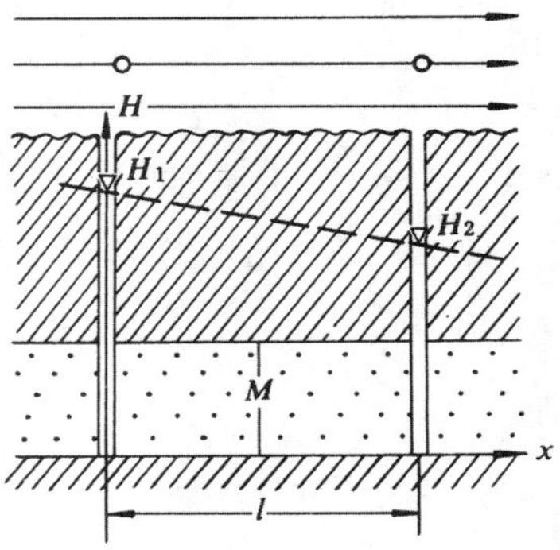

图 3-1-1　承压水一维稳定运动

$$\begin{cases} \frac{\mathrm{d}^2 H}{\mathrm{d}x^2}=0 & (3\text{-}1\text{-}1) \\ H|_{x=0}=H_1 & (3\text{-}1\text{-}2) \\ H|_{x=l}=H_2 & (3\text{-}1\text{-}3) \end{cases}$$

式中：H_1、H_2 为两河流或两观测孔的已知水头。上述（3-1-1）式至（3-1-3）式构成一维稳定流的数学模型。

对方程（3-1-1）式进行两次不定积分，得

$$H=C_1 x+C_2 \tag{3-1-4}$$

将（3-1-2）式、（3-1-3）式两个已知条件代入（3-1-4）式得

$$C_2=H_1 \text{ 和 } C_1=\frac{H_2-H_1}{l}$$

代入（3-1-4）式，得

$$H=H_1-\frac{H_1-H_2}{l}x \tag{3-1-5}$$

该式是承压含水层地下水一维稳定流的水头线方程。可见，此条件下的水头线是一条直线，水头 H 的分布与渗透系数 K 无关。（对此读者如何理解？）

为求任意断面的流量 Q，可依微分形式的达西定律

$$Q=-KA\frac{\mathrm{d}H}{\mathrm{d}x}=-KMB\frac{\mathrm{d}H}{\mathrm{d}x}$$

单宽流量（单位宽度的流量）q 可写成

$$q=\frac{Q}{B}=-KM\frac{\mathrm{d}H}{\mathrm{d}x} \tag{3-1-6}$$

将（3-1-5）式两端对 x 求导可得

$$\frac{\mathrm{d}H}{\mathrm{d}x}=\frac{\mathrm{d}}{\mathrm{d}x}\left(H_1-\frac{H_1-H_2}{l}x\right)=-\frac{H_1-H_2}{l}$$

上式代入（3-1-6）式得单宽流量方程

$$q = KM\frac{H_1 - H_2}{l} \tag{3-1-7}$$

从上述数学模型（3-1-1）式至（3-1-3）式的求解得到的水头线方程（3-1-5）式和流量方程（3-1-7），这是属于一般性的求解方法。然而，对于比较简单的地下水流动问题，也可以用定积分的方法获得，即对微分方程（3-1-6）式作分离变量，得

$$\frac{q}{KM}\mathrm{d}x = -\mathrm{d}H$$

从已知水头的断面 1（孔或河 1）积分至已知水头的断面 2（孔或河 2），即

$$\int_0^l \frac{q}{KM}\mathrm{d}x = -\int_{H_1}^{H_2}\mathrm{d}H$$

依假定：问题属 $K = C$（常数），$M = C$（常数）及稳定流动，又无垂向补给、排泄的条件。因此，根据水均衡原理，$q = C$（常数），于是上述积分式可写成

$$\frac{q}{KM}\int_0^l \mathrm{d}x = \int_{H_2}^{H_1}\mathrm{d}H \tag{3-1-8}$$

$$q = KM\frac{H_1 - H_2}{l}$$

此解与（3-1-7）式同。

若将（3-1-8）式的积分上限改为任意未知水头 H 的断面 x 处，即

$$\int_0^x \frac{q}{KM}\mathrm{d}x = -\int_{H_1}^{H}\mathrm{d}x$$

则得

$$\frac{q}{KM}x = H_1 - H$$

$$H = H_1 - \frac{q}{KM}x = H_1 - \frac{KM\dfrac{H_1 - H_2}{l}}{KM}x$$

$$= H_1 - \frac{H_1 - H_2}{l}x$$

此解与（3-1-5）式同。

上述（3-1-5）式和（3-1-7）式是在隔水底板水平的条件下获得的，若隔水底板为倾斜的平面，请读者修正上述两方程。

二、无入渗潜水含水层中地下水向河渠二维稳定运动

（一）隔水底板水平的潜水运动

这里所讨论的隔水底板水平且平面上流线平行的潜水含水层中地下水运动(图 3-1-2)，其条件除了将等厚的承压含水层改为 $i = 0$①的潜水层之外，其他都与上节相同。这时的潜水面已不是平面，而是如图 3-1-2 所示的上凸曲线。(为什么？请读者分析。)此时，水力坡度沿流向不再是常量，而是沿流向增大。显然，此条件下属于剖面二维流动（$v_z = -K\frac{\partial H}{\partial z} \neq 0$）。这种条件下过水断面已不是平面，而是曲面。$H$ 与 $H + \Delta H$ 两过水断面间的流线不等长，即 $\Delta s_2 > \Delta s_1$，从而 $J_2 < J_1$(见图 3-1-3)。可见，水力坡度(J)不仅沿流向变化，而且沿过水断面也不同，这给解析解带来了困难。如果允许引入裘布依假定而忽略垂向分流速(即令$\frac{\partial H}{\partial z} \approx 0$)，将

---

① i 称为底坡，表示隔水底板倾斜的情况。当倾角不大时，$i = \frac{\Delta z}{\Delta l} = \mathrm{tg}\alpha$，$\Delta l$ 是底板上两点的水平距离，Δz 是两点间垂直距离；$i = 0$，表示隔水底板水平；$i > 0$ 或 $i < 0$，表示隔水底板向下游倾斜(正坡)或向上游倾斜(逆坡)。

铅垂面视为等水头面，则可把二维(x,z)流问题降为一维流(x)问题处理。此时，我们可以引进裘布依微分方程(2-4-2)式

$$q = -Kh\frac{dh}{dx} \tag{3-1-9}$$

式中的 $-\frac{dh}{dx}$ 为断面的水力坡度，它沿流向是变量。对(3-1-9)式可以采用简便的定积分法求解。首先分离变量

$$\frac{q}{K}dx = -hdh$$

由已知潜水位的断面1到已知潜水位的断面2作积分，即 x 由 $0 \to l$，h 由 $h_1 \to h_2$，得

$$\int_0^l \frac{q}{K}dx = \int_{h_1}^{h_2} -hdh$$

依条件 $K = C$(常数)，为无入渗、无蒸发的稳定流动，故各断面的单宽流量相等 $q = C$(常数)，则

$$\frac{q}{K}\int_0^l dx = -\int_{h_1}^{h_2} hdh \tag{*}$$

积分后得流量方程为

$$\frac{q}{K}l = \frac{1}{2}(h_1^2 - h_2^2)$$

$$q = K\frac{h_1^2 - h_2^2}{2l}$$

或

$$q = K\frac{h_1 + h_2}{2}\cdot\frac{h_1 - h_2}{l} \tag{3-1-10}$$

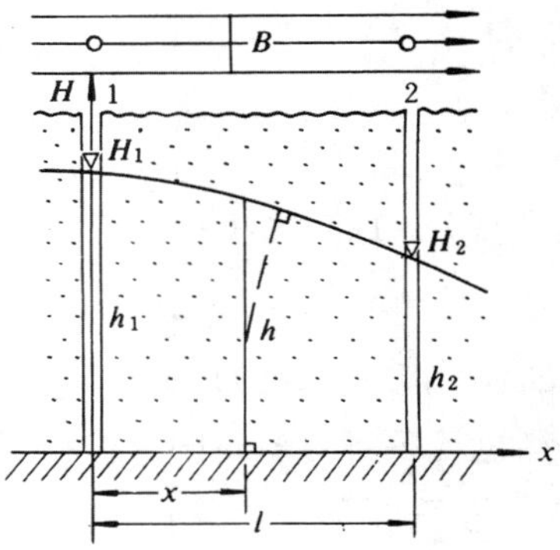

图 3-1-2 隔水底板水平的二维潜水运动

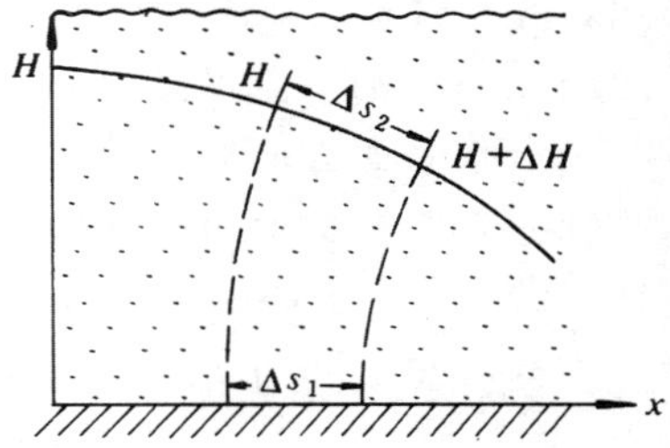

图 3-1-3 水力坡度沿过水断面的变化

同样采用改变积分限的方法求任意断面的水位值，即对(*)式的积分，x 由 $0 \to x$，h 由 $h_1 \to h$，即

$$\int_0^x \frac{q}{K}dx = \int_{h_1}^{h} -hdh$$

得

$$\frac{q}{K}x = \frac{1}{2}(h_1^2 - h^2)$$

以(3-1-10)式代入上式得到水头线方程为

$$h = \sqrt{h_1^2 - (h_1^2 - h_2^2)\frac{x}{l}} \tag{3-1-11}$$

式中，只有 h 和 x 是变量。因此，给定一个 x 值，就可得到一个相应的 h 值，可在 $x \sim h$ 直角坐标系上得到一个点，计算一定的点数，它的连线就是该水流的水头线(潜水含水层中也称浸润曲线)。

由方程中可知，此水头线的特点：

(1) 它是以 x 轴为对称轴的抛物线(上半支的一部分)。

(2) 它与渗透系数 K 值的大小无关。

上述所得的(3-1-10)式和(3-1-11)式是基于裘布依微分方程和水均衡原理直接通过定积分获得的解。我们也可以从布西涅斯克微分方程(2-4-3)式和它的定解条件构成的数学模型出发获得解，即

$$
\begin{cases}
\dfrac{d}{dx}(h\dfrac{dh}{dx}) = 0 & (3\text{-}1\text{-}12) \\
h|_{x=0} = h_1 & (3\text{-}1\text{-}13) \\
h|_{x=l} = h_2 & (3\text{-}1\text{-}14)
\end{cases}
$$

将（3-1-12）式中的微分方程两次积分后得

$$\frac{h^2}{2} = C_1x + C_2 \tag{3-1-15}$$

C_1、C_2 由（3-1-13）式和（3-1-14）式所示的边界条件，代入（3-1-15）式求 C_1 和 C_2 值，而最终也可得到（3-1-10）式和（3-1-11）式

（二）隔水底板倾斜的潜水运动

隔水底板向上游倾斜（$i<0$,逆坡）且倾角较小的均质潜水含水层，若渗流宽度不变，则渗流厚度沿流向变小（当 $i<0$ 的条件下，渗流厚度能沿流向变大吗?）水头线是上凸的曲线(见图 3-1-4)。从剖面上的流线分析，水流有水平和垂直两方向的分流速，属于剖面二维流。若允许引进裘布依假定，忽略垂向分流速，则水流可简化为一维流动计算。

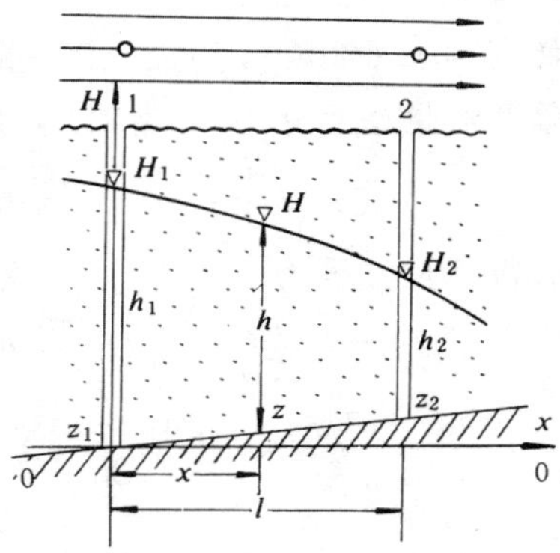

图 3-1-4　隔水底板倾斜的二维潜水流动

沿水平面方向取 x 轴,它和底板夹角为 α；H 轴和井轴一致。基准面可取在底板以下任意高度的水平面（0—0）处。当 $\alpha<20°$ 时，渗流长度可以用水平孔距 l 来近似表示，水力坡度表示为 $-\dfrac{dH}{dx}$。我们仍采用积分法来求解。

根据裘布依微分方程

$$q = -Kh\frac{dH}{dx}$$

分离变量后，由断面 1 至断面 2 积分

$$\int_{H_1}^{H_2} - dH = \int_0^l \frac{q}{K} \cdot \frac{1}{h}dx \tag{*}$$

式中，由于 $h=h(x)$，所以不能提到积分号前；且 h 与 x 之间的函数关系未知，无法积分。于是，根据积分中值定理近似求解。令

$$\int_0^l \frac{1}{h}dx = \frac{l}{h_m} \tag{**}$$

h_m 是 1、2 断面之间渗流的平均厚度，数值介于 h_1 和 h_2 之间，将（* *）代入（*）得

$$H_1 - H_2 = \frac{q}{K} \cdot \frac{l}{h_m}$$

移项后得

$$q = Kh_m\frac{H_1 - H_2}{l}$$

近似取 $h_m = \dfrac{h_1 + h_2}{2}$。于是得流量方程为

$$q = K\frac{h_1 + h_2}{2} \cdot \frac{H_1 - H_2}{l} \tag{3-1-16}$$

（3-1-16）式同样适用于 $i>0$（正坡）的条件。

下面讨论水头线方程：写 1—2 渗流段的流量公式

$$q_1 = K\frac{h_1 + h_2}{2} \cdot \frac{H_1 - H_2}{l}$$

写 1— x 渗流段的流量公式

$$q_2 = K\frac{h_1 + h}{2} \cdot \frac{H_1 - H}{x}$$

式中：x 为任意断面与 1 断面间的距离；h 和 H 为相应于距离 x 处断面上的含水层厚度和水头值。依水均衡原理

$$q_1 = q_2$$

则

$$K\frac{h_1 + h_2}{2} \cdot \frac{H_1 - H_2}{l} = K\frac{h_1 + h}{2} \cdot \frac{H_1 - H}{x}$$

上式中，h 与 H 均未知，无法直接解得。根据

$$h = H - z$$

代入上式得水头线方程为

$$\frac{(h_1 + h_2)(H_1 - H_2)}{l} = \frac{[h_1 + (H - z)](H_1 - H)}{x} \tag{3-1-17}$$

式中：z 为 x 断面的底板标高

$$z = z_1 + \frac{z_2 - z_1}{l}x$$

z_1、z_2 分别为 1、2 断面底板标高。这样，由（3-1-17）式可求得任意点的水头值，从而得到相应的水头线。由方程可看出水头线形状和 K 值无关。

三、无入渗潜水含水层中地下水向河渠三维稳定运动

（一）平面上流线呈辐射状的潜水运动

隔水底板水平（$i = 0$），渗流宽度沿流向呈线性变化且 $B_1 > B_2$。这时渗流断面逐渐变小，水头线为上凸曲线(见图 3-1-5)。根据流线分析，水流在 x、y、z 三个方向都有分流速，若忽略垂向分流速，则可将水流简化为平面二维流问题。根据裘布依微分方程

$$Q = -KA\frac{\mathrm{d}H}{\mathrm{d}x}$$

其中

$$A = B \cdot h$$

$$B = B_1 - \frac{B_1 - B_2}{l} \cdot x$$

因为 $i = 0$，$-\frac{\mathrm{d}H}{\mathrm{d}x}$ 可用 $-\frac{\mathrm{d}h}{\mathrm{d}x}$ 代替，则

$$Q = -K\left(B_1 - \frac{B_1 - B_2}{l}x\right)h\frac{\mathrm{d}h}{\mathrm{d}x}$$

分离变量，并由断面 1 至 2 积分

$$\int_{h_1}^{h_2} -h\mathrm{d}h = \int_0^l \frac{Q}{K} \cdot \frac{\mathrm{d}x}{B_1 - \frac{B_1 - B_2}{l}x}$$

式中，Q、K、B_1、B_2、l 都是常数，则方程积分后得流量公式

$$Q = K\frac{h_1^2 - h_2^2}{2l} \cdot \frac{B_1 - B_2}{\ln B_1 - \ln B_2}$$

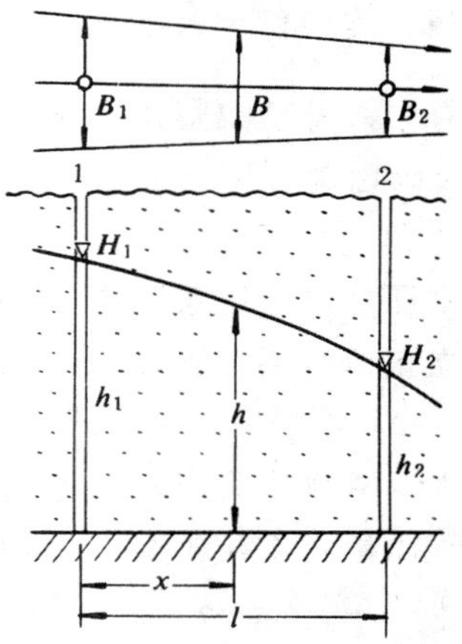

图 3-1-5 平面流线辐射状的潜水流

$$= KB_m \frac{h_1^2 - h_2^2}{2l} \tag{3-1-18}$$

其中，$B_m = \dfrac{B_1 - B_2}{\ln B_1 - \ln B_2}$

求水头线方程，可利用1—2断面和1—x断面分别写Q_1和Q_2的流量方程，再根据水均衡原理，$Q_1 = Q_2 = Q$得到水头线方程式为

$$h^2 = h_1^2 - (h_1^2 - h_2^2)\frac{\ln B_1 - \ln B}{\ln B_1 - \ln B_2} \tag{3-1-19}$$

（二）渗流断面复杂变化的潜水流动

自然界的潜水层，大多数的隔水底板倾斜且并不平整，含水层宽度非线性变化，这种情况如图3-1-6所示，属于三维流动。若允许忽略垂向分流速，则可利用裘布依微分方程

$$Q = -KA\frac{\mathrm{d}H}{\mathrm{d}x}$$

分离变量并积分得流量公式为

$$Q = K\frac{A_1 + A_2}{2}\cdot\frac{H_1 - H_2}{l} \tag{3-1-20}$$

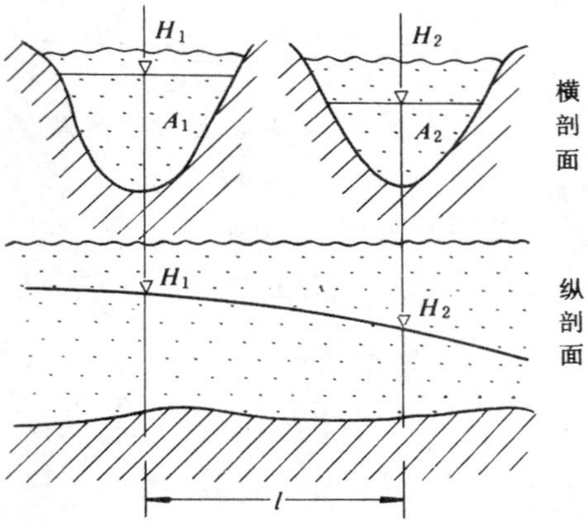

图3-1-6 渗流断面复杂变化的潜水流

同样，可分别写出1—2和1—x断面的Q_1和Q_2流量方程，而$Q_1 = Q_2 = Q$，则得水头线方程为

$$K\frac{A_1 + A_2}{2}\cdot\frac{H_1 - H_2}{l} = K\frac{A_1 + A}{2}\cdot\frac{H_1 - H}{x} \tag{3-1-21}$$

式中：A_1、A_2、H_1及H_2为已知，若能求得任意断面的A值，可由(3-1-21)式求对应断面水头值。计算时，可将$A = f(x)$近似视为单调函数关系，并简化成线性关系求解。

四、均匀稳定入渗的潜水向河渠二维稳定运动

有渗入补给或蒸发排泄的潜水含水层在自然界中普遍存在，通常用入渗强度来描写入渗量。入渗强度（W）是指单位水平面积、单位时间内入渗补给地下水的水量，量纲为$[L^3/L^2 \cdot T]$，即$[L/T]$。

本课题讨论的条件是：两条水位不变的平行河渠完全地切割均质的潜水含水层（沿河槽具直立壁面），含水层的隔水底板水平（$i = 0$）；入渗强度在空间上分布均匀，在时间上稳定，即$W = C$（常数）；因此该流场属于剖面二维稳定流。

现取渗流宽度$B = 1$的河间地块作为研究对象（见图3-1-7）。其流网特征是：由于入渗补给的结果，该渗流区可能形成地下水的分水岭。通过分水岭作分流线，左侧排向河1，右侧排向河2（注意，这里并未做严格的分析）。从流线特征可知，它属于x、z方向均有分流速的剖面二维流动。

（一）流量方程

存在入渗补给的渗流问题，通过各铅垂断面的流量不再相等，即$q(x) \neq C$，我们可以用水均衡方法来建立流量方程。

首先取坐标系：河1边界为垂向h轴，向上为正；沿水平隔水底板取为x轴，向右为正，现规定向右的流量为正值（与x轴向一致）；向左的流量为负值。规定有入渗补给$W>0$；蒸发

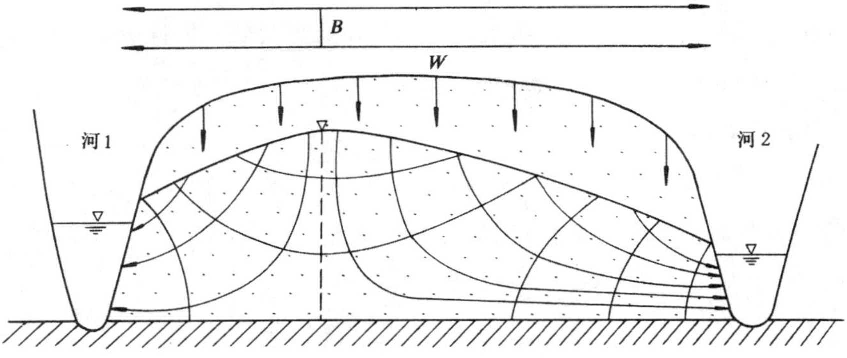

图 3-1-7　有入渗补给的河间地段流网图

排泄，$W<0$。

首先，建立断面 1 至任意断面 x 间的水均衡方程，图 3-1-8 所示。

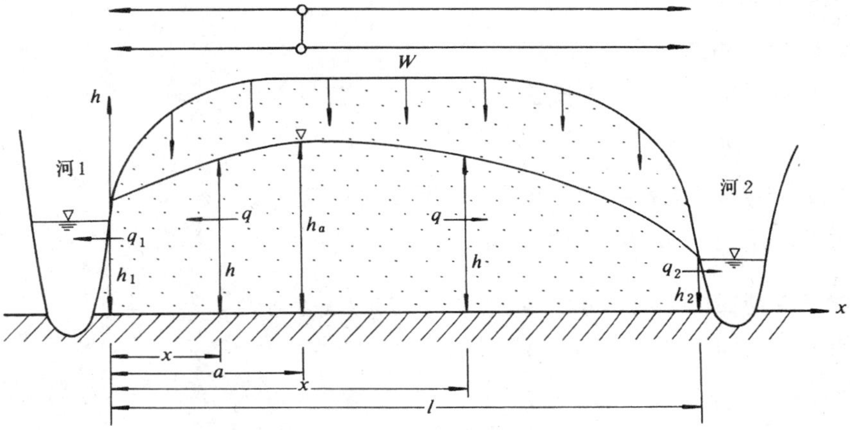

图 3-1-8　河间地段潜水流动剖面图

若 x 断面取在地下分水岭的左侧（$x<a$，a 是地下分水岭处的 x 坐标），则有

$$|q_1| = |q| + Wx$$

这时，$q_1<0$ 和 $q<0$，即

$$-q_1 = -q + Wx$$

得

$$q = q_1 + Wx \tag{3-1-22}$$

若 x 断面取在地下水分水岭的右侧($x>a$)，则有

$$|q_1| + |q| = Wx$$

这时 $q_1<0$ 和 $q>0$，即

$$-q_1 + q = Wx$$

同样可得 (3-1-22) 式。这说明，只要按上述规定各均衡要素的正负号，不管 x 断面取在何处，均衡方程的形式都由 (3-1-22) 式表示。

请读者进一步体会（3-1-22）式的意义，例如令 $x=0$ 和 $x=l$ 来分析各均衡要素之间的关系。

若引入裘布依假定（实际上，此条件下并非处处满足裘布依假定），即

$$q=-Kh\frac{\mathrm{d}h}{\mathrm{d}x}$$

代入（3-1-22）式，有

$$-Kh\frac{\mathrm{d}h}{\mathrm{d}x}=q_1+Wx$$

分离变量后，由断面 1 至断面 x 作定积分，即

$$\int_{h_1}^{h}-h\mathrm{d}h=\int_0^x\frac{q_1}{K}\mathrm{d}x+\int_0^x\frac{W}{K}x\mathrm{d}x$$

得

$$\frac{1}{2}(h_1^2-h^2)=\frac{q_1}{K}x+\frac{W}{K}\cdot\frac{x^2}{2} \tag{*}$$

当 $x=l$ 时，$h=h_2$，则上式可改写为

$$\frac{1}{2}(h_1^2-h_2^2)=\frac{q_1}{K}l+\frac{W}{K}\cdot\frac{l^2}{2}$$

可得断面 1 的单宽流量方程

$$q_1=K\frac{h_1^2-h_2^2}{2l}-\frac{Wl}{2} \tag{3-1-23}$$

将此式代入（3-1-22）式，可得任意断面 x 的单宽流量方程

$$q=K\frac{h_1^2-h_2^2}{2l}-\frac{Wl}{2}+Wx \tag{3-1-24}$$

若 $x=l$，则 $q=q_2$，将此关系代入上式得断面 2 的单宽流量方程

$$q_2=K\frac{h_1^2-h_2^2}{2l}+\frac{Wl}{2} \tag{3-1-25}$$

现在就河 1 断面的流量（q_1）方程（3-1-23）进行讨论：

（1）当 $W=0$ 时，（3-1-23）式变成

$$q_1=K\frac{h_1^2-h_2^2}{2l}$$

该式就是前文讨论的无入渗补给潜水剖面二维稳定流动的（3-1-10）式，此时河间地段呈单向流动。当 $h_1>h_2$ 时，$q_1>0$，水向右侧河 2 流动；反之，当 $h_1<h_2$ 时，$q_1<0$，水向左侧河 1 流动。

（2）当 $W>0$，且 $h_1=h_2$ 时，由（3-1-23）式得 $q_1=-W\frac{l}{2}$，即断面 1 的水向左侧流动；由（3-1-25）式得 $q_2=W\frac{l}{2}$，断面 2 的水向右侧流动。这说明河间地段存在分水岭，并处于地段的中心，向两侧河流的排泄量相等，各为补给量之半（$\frac{Wl}{2}$）。

（3）当 $W>0$，且 $h_1>h_2$ 时，则（3-1-23）式右端的第一项 $K\frac{h_1^2-h_2^2}{2l}>0$，此时存在三种情况：① 当 $K\frac{h_1^2-h_2^2}{2l}<\frac{Wl}{2}$ 时，$q_1<0$，地下水向河 1 排泄，说明河间地段存在分水岭；② $K\frac{h_1^2-h_2^2}{2l}=\frac{Wl}{2}$ 时，$q_1=0$，说明分水岭刚好在河 1 断面处；③ 当 $K\frac{h_1^2-h_2^2}{2l}>\frac{Wl}{2}$ 时，$q_1>0$，$x=0$ 断面处的地下水向右流，河 1 的河水补给地下水，即不存在分水岭。

上文曾指出，有渗入补给的河间地段潜水剖面二维流问题并不能处处满足裘布依假定。例

如在地下分水岭处（图 3-1-7）的铅垂面十分接近流面或者就是流面，当然就不可能将其假定为等水头面。因此，地下水分水岭附近不满足裘布依假定。另外，在地下水排入河流的河床壁面上，在河水位之上存在“出渗面”，这里的等水头面往往比较弯曲（这一点将在第四章§4.1中加以分析），也不能满足裘布依假定。研究表明，只有当离河边界和分水岭（可视为隔水边界）的水平距离大于 1.5～2.0 含水层厚度处的垂直面，才可近似表示为等水头面。

（二）水头线（浸润曲线）方程

将（3-1-23）式代入（*）式，可得到水头线方程为

$$h^2 = h_1^2 - (h_1^2 - h_2^2)\frac{x}{l} + \frac{W}{K}\cdot(l-x)x \tag{3-1-26}$$

我们对水头线方程讨论如下：

（1）均匀稳定渗入（$W>0$）的条件下，水头线是椭圆曲线的上半支，蒸发条件（$W<0$）时，它是双曲线方程；若 $W=0$ 时，上式就变成（3-1-11）式的抛物线方程。

（2）有渗入与无渗入水头线方程相比较，前者多一项 $[\frac{W}{K}\cdot(l-x)x]$，为正值（当 $W>0$ 时）。所以，在同一断面位置上，有渗入条件下比无渗入时的水位高。只有当 $x=0$ 或 $x=l$ 时，$[\frac{W}{K}\cdot(l-x)x]=0$ 即河 1 和河 2 处的水位保持不变。这是由边界条件所规定的。

由 $[\frac{W}{K}\cdot(l-x)x]$ 对 x 求一阶、二阶导数可知，当 $x=\frac{l}{2}$ 时有极大值，表明河间地段的中间断面水位抬高最大。

（3）由（3-1-26）式可知，水头线与渗透系数 K 的大小有关。若 K 值小，由于入渗引起的水位抬高值则大；反之，则小。

（4）可用（3-1-26）式确定排水渠的间距，当两渠（沟）水位 $h_1=h_2$ 时，（3-1-26）式变成为

$$h = \sqrt{h_1^2 + \frac{W}{K}\cdot(l-x)x} \tag{3-1-27}$$

该式对 x 求导可以得出，在 $x=\frac{l}{2}$ 处 h 为极大值，说明分水岭在两渠的中间，以 h_a 表示分水岭处的地下水位，则得

$$h_a = \sqrt{h_1^2 + \frac{W}{K}\cdot\frac{l}{4}} \tag{3-1-28}$$

若两渠（沟）水位已定，可以根据当地土质情况以不发生土地盐渍化为准，预先确定渠间允许的最高水位 h_a，然后可利用（3-1-28）式求排水渠的间距

$$l = 2\sqrt{\frac{K}{W}\cdot(h_a^2 - h_1^2)} \tag{3-1-29}$$

（三）地下分水岭位置的确定

由于在地下分水岭处的断面（$x=a$）的水力坡度为零，因此可以通过流量 $q=0$ 的条件来确定分水岭的位置 a。依（3-1-24）式可以写成

$$0 = K\cdot\frac{h_1^2 - h_2^2}{2l} - \frac{Wl}{2} + Wa$$

则分水岭离河 1 断面的距离 a 的公式为

$$a = \frac{l}{2} - \frac{K}{W}\cdot\frac{h_1^2 - h_2^2}{2l} \tag{3-1-30}$$

下面讨论（3-1-30）式在水利工程中的某些应用。

1. 判断水库是否会发生渗漏

通常可以根据河间地段是否存在地下分水岭来判断修建的水库（河 1）是否向邻河（河 2）渗漏。

当 $h_1 = h_2$ 时，$a = \frac{l}{2}$，分水岭在两河的中心。

当$h_1 > h_2$且 $\frac{l}{2} > \frac{K}{W}\frac{h_1^2 - h_2^2}{2l}$ 时，则 $\frac{l}{2} > a > 0$，分水岭偏向水位高的一方；而若 $\frac{l}{2} < \frac{K}{W}\frac{h_1^2 - h_2^2}{2l}$，则 $a < 0$，说明河间地段的分水岭已消失，即水库向邻河渗漏。

2. 库水位的极限高度 h_{max}

由图 3-1-9 可以见到随着水库蓄水过程，分水岭不断向水库方向移动，而当 $a = 0$ 时，是库水位的极限高度值，就此可利用 (3-1-30) 式求得（请读者自己导出计算公式）。

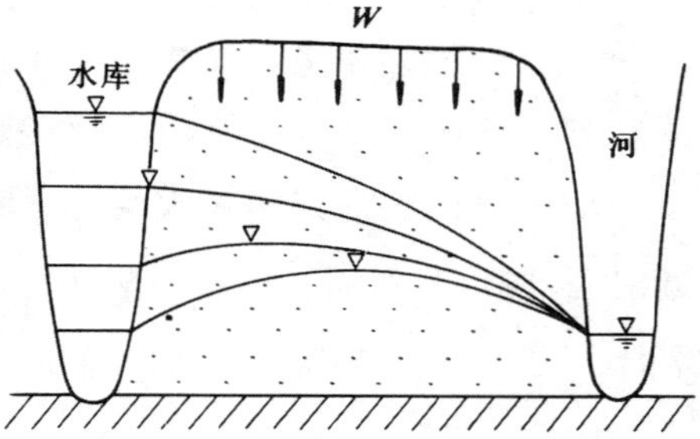

图 3-1-9 地下分水岭的移动

3. 指导野外调查工作

根据(3-1-30)式可知水库向邻河渗漏与哪些因素有关，以指导野外调查工作。

(1) K 愈大，愈易渗漏。调查时水库要避开喀斯特发育带、构造破碎带或古河道发育带。

(2) 渗流途径 l 小，即两河之间距短易渗漏。调查时要避免将库址选在分水岭过于狭窄的地带。

(3) 入渗补给量 W 愈小，愈易渗漏。在干旱地选址时，要避开存在透水性差的覆盖层。

(4) 邻河水位愈低（h_2 愈小），愈易渗漏。选址时应注意选在邻河水位高的地段。

（四）入渗强度（W）的计算

在实际工作中欲求得入渗强度比较困难。若条件允许，我们可以根据得到的水头线方程 (3-1-26) 式

$$h^2 = h_1^2 - (h_1^2 - h_2^2)\frac{x}{l} + \frac{W}{K}(l - x)x$$

移项得到

$$W = K\left[\frac{h_1^2 - h_2^2}{(l - x)l} + \frac{h^2 - h_1^2}{(l - x)x}\right] \tag{3-1-31}$$

若已知河间地段任意断面的水位值 h 和岩层的渗透系数 K，就可利用 (3-1-31) 式求入渗强度 W 值；假如未知渗透系数值，则可求得 $\frac{W}{K}$ 值，即

$$\frac{W}{K} = \frac{h_1^2 - h_2^2}{(l - x)l} + \frac{h^2 - h_1^2}{(l - x)x} \tag{3-1-32}$$

利用 (3-1-32) 式求得 $\frac{W}{K}$，代入 (3-1-30) 式求出 a 值，可用以判断水库是否会渗漏。

本节所讨论的课题，同样可以采用第二章的 (2-4-3) 式基本微分方程，结合边界条件得到以下的数学模型

$$\begin{cases} K\frac{\partial}{\partial x}\left(h\frac{\partial h}{\partial x}\right) + W = 0 & (3\text{-}1\text{-}33) \\ h|_{x=0} = h_1 & (3\text{-}1\text{-}34) \\ h|_{x=l} = h_2 & (3\text{-}1\text{-}35) \end{cases}$$

对（3-1-33）式积分，得

$$h^2 = -\frac{W}{K}x^2 + C_1 x + C_2 \tag{3-1-36}$$

式中 C_1 及 C_2 根据边界条件来确定，把（3-1-34）式、（3-1-35）式代入（3-1-36）式得

$$C_2 = h_1^2$$

$$C_1 = \frac{h_2^2 - h_1^2}{l} + \frac{W}{K}l$$

将 C_1 及 C_2 代入（3-1-36）式得到与前边的（3-1-26）式相同的水头线方程。通过将水头线方程（3-1-26）式对 x 求导数并结合裘布依微分方程 $q = -K\frac{\mathrm{d}h}{\mathrm{d}x}$，可以得到与（3-1-24）式相同的流量方程（同学可以自导）。

五、承压含水层中地下水向河渠一维不稳定运动

（一）定流量沟（渠）流

矿山水平排水廊道、河渠等，如果有闸门控制排水量使其保持不变，这便是定流量的沟流问题。

我们讨论的条件是：承压含水层为均质、各向同性、等厚且半无限，一侧为定流量抽水（注水）的完整廊道（河渠等）所限（见图 3-1-10）。显然，这种情况属于一维不稳定流，其数学模型为

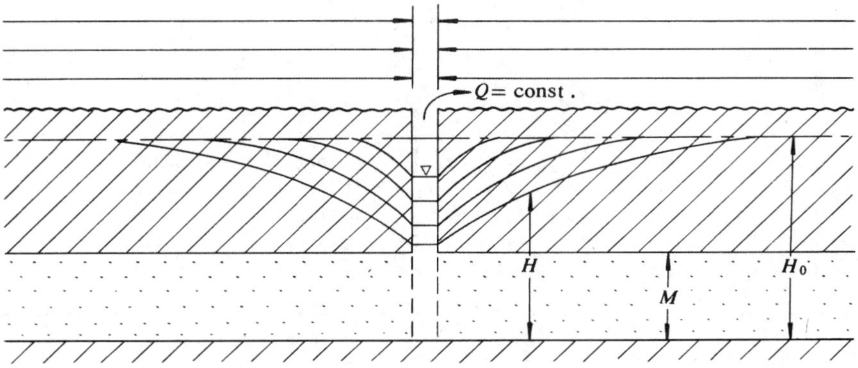

图 3-1-10　定流量沟流

$$\begin{cases} a\dfrac{\partial^2 s}{\partial x^2} = \dfrac{\partial s}{\partial t} & 0 < x < \infty, t > 0 \quad (3\text{-}1\text{-}37) \\ s(x,0) = 0 & 0 < x < \infty \quad (3\text{-}1\text{-}38) \\ s(\infty,t) = 0 & t > 0 \quad (3\text{-}1\text{-}39) \\ \dfrac{\partial s(0,t)}{\partial x} = -\dfrac{q}{T} & t > 0 \quad (3\text{-}1\text{-}40) \end{cases}$$

1938 年泰斯直接从热传导理论相应课题的解中提出定流量沟流的基本方程。1950 年，弗里斯（J. G. Ferris）从水文地质角度利用分离变量法解得同一方程。考虑到一些读者尚未学过分离变量法，我们从源汇理论出发得到基本方程①

① 陈崇希（1983、1985），《地下水不稳定井流计算方法》，地质出版社，302～304 页。

$$s(x,t)=\frac{qx}{T}D_q(u) \tag{3-1-41}$$

$$D_q(u)=\frac{e^{-u^2}}{\sqrt{\pi}u}-\mathrm{erfc}(u) \tag{3-1-42}$$

$$u^2=\frac{x^2}{4at} \tag{3-1-43}$$

$$\mathrm{erfc}(u)=\frac{2}{\sqrt{\pi}}\int_u^{\infty}e^{-\eta^2}d\eta=1-\frac{2}{\sqrt{\pi}}\int_0^u e^{-\eta^2}d\eta$$
$$=1-\mathrm{erf}(u) \tag{3-1-44}$$

式中：s 为任意点(x)任意时间(t)的水头降深；x 为观测点至排水沟侧壁的距离；t 为从排水沟开始排水起算的时间；q 为排水沟单位长度的单侧流量(排水时 $q>0$)；T 为承压含水层的导水系数；$D_q(u)$ 为定流量沟函数，见表 3-1-1；erf(u) 为误差函数；erfc(u) 为余补误差函数。

表 3-1-1　$D_q(u)=\frac{e^{-u^2}}{\sqrt{\pi}u}-\mathrm{erfc}(u)$ 函数

（据费里斯）

u	u^2	$D_q(u)$	u	u^2	$D_q(u)$
0.0500	0.0025	10.32	0.3000	0.090	1.0490
0.0600	0.0036	8.468	0.3317	0.110	0.8810
0.0700	0.0049	7.109	0.3605	0.130	0.7598
0.0800	0.0064	6.130	0.4000	0.160	0.6284
0.0900	0.0081	5.331	0.4359	0.190	0.5324
0.1000	0.010	4.714	0.4796	0.230	0.4384
0.1140	0.013	4.008	0.5291	0.280	0.3517
0.1265	0.016	3.532	0.5745	0.330	0.2895
0.1414	0.020	3.079	0.6164	0.380	0.2434
0.1581	0.025	2.657	0.6633	0.440	0.2008
0.1732	0.030	2.354	0.7071	0.500	0.1837
0.1871	0.035	2.109	0.7616	0.580	0.1345
0.2000	0.040	1.943	0.8124	0.660	0.1094
0.2236	0.050	1.658	0.8718	0.760	0.0864
0.2449	0.060	1.441	0.9486	0.900	0.0623
0.2646	0.070	1.282	1.0000	1.000	0.0507

（二）定降深沟（渠）流

被淹没的矿山巷道（由水闸门关闭）的放水，渠道的输、退水，河道上建闸蓄水或开闸放水以及洪水期水位突然上涨等等，基本属于此类问题(图 3-1-11)。

假定渗流区的含水层为均质各向同性，含水层厚度不变，侧向无限延伸，初始水头面水平即初始水力坡度为零；河渠水位突然下降 s_c 值，然后保持不变，在它影响下渗流区的地下水为一维不稳定运动。

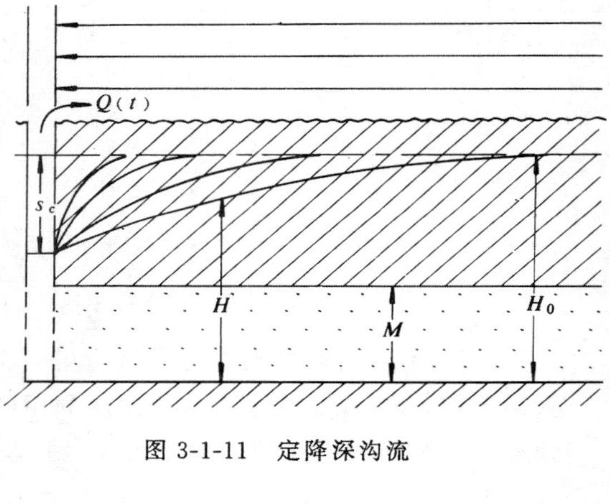

图 3-1-11　定降深沟流

此类问题的数学模型可表示如下：

$$
\begin{cases}
a\dfrac{\partial^2 s}{\partial x^2}=\dfrac{\partial s}{\partial t} & 0<x<\infty, t>0 \\
s(x,0)=0 & 0<x<\infty \\
s(\infty,t)=0 & t>0 \\
s(0,t)=s_c(\text{常量}) & t>0
\end{cases}
$$

(3-1-45)

(3-1-46)

(3-1-47)

(3-1-48)

该数学模型的解是 1962 年为斯托尔曼(R. W. Stallman)所提出。他并没有推导这些方程，而是直接借用了热传导中相应问题的解答。我们采用博尔兹门 (L. Bollzmann) 变换方法求解此课题①，解的结果可以得到任意时间、任意距离的降深值，其表达式为

$$s(x,t)=s_c D_s(u) \tag{3-1-49}$$

式中：s_c 为河渠突然下降(或上升)的固定值;D_s 为定降深沟流沟函数

$$D_s(u)=\text{erfc}(u)=\frac{2}{\sqrt{\pi}}\int_u^{\infty}e^{-t^2}dt \tag{3-1-50}$$

$$u=\sqrt{\frac{x^2}{4at}} \tag{3-1-51}$$

其中，erfc（u）为余补误差函数，可查表 3-1-2 而得。

表 3-1-2 $D_s(u)=\dfrac{2}{\sqrt{\pi}}\int_u^{\infty}e^{-t^2}dt$ **函数**

(据 R. W. 斯托尔曼)

u	u^2	$D_s(u)$	u	u^2	$D_s(u)$
0.03162	0.0010	0.9643	0.5000	0.25	0.4795
0.0400	0.0016	0.9549	0.6325	0.40	0.3711
0.0500	0.0025	0.9436	0.7746	0.60	0.2733
0.06325	0.0040	0.9287	0.8944	0.80	0.2059
0.07746	0.0060	0.9128	1.000	1.00	0.1573
0.08944	0.0080	0.8994	1.140	1.30	0.1069
0.1000	0.010	0.8875	1.265	1.60	0.0736
0.1265	0.016	0.8580	1.378	1.90	0.0513
0.1581	0.025	0.8231	1.483	2.20	0.0359
0.2000	0.040	0.7730	1.581	2.50	0.0254
0.2449	0.060	0.7291	1.643	2.70	0.0202
0.2828	0.080	0.6892	1.732	3.00	0.0143
0.3162	0.10	0.6548	1.789	3.20	0.0114
0.4000	0.16	0.5716			

对于任意 x 断面的单宽流量 q_x，可依达西定律

$$q_x=-T\frac{\partial s}{\partial x}=-T\frac{\partial}{\partial x}\left(\frac{2s_c}{\sqrt{\pi}}\int_{\frac{x}{2\sqrt{at}}}^{\infty}e^{-t^2}dt\right)$$

$$=\frac{s_c T}{\sqrt{\pi a t}}e^{-\frac{x^2}{4at}} \tag{3-1-52}$$

对于沟渠一侧的单宽流量 q_c,只要上式令 $x\rightarrow 0$ 就可获得,即

① 见陈崇希（1983、1985)，《地下水不稳定井流计算方法》，地质出版社，299～302 页。

$$q_c = \frac{s_c T}{\sqrt{\pi a t}} \tag{3-1-53}$$

§ 3.2 非均质含水层中地下水向河渠的运动

自然界中，无论在第四系沉积物发育的平原地区或在裂隙、岩溶发育的基岩山区，都广泛分布着非均质含水层。河谷平原地带常形成水平多层含水系统；山前的洪积物岩性变化大且含大量透镜结构；山区基岩裂隙岩层常因断层或滑坡造成两种绝然不同的岩层相接触，接触带两侧透水性产生急剧变化。对于上述各类非均质岩层中地下水的定量计算，除少数几种情况可获精确的解析解外，通常采用不同的近似方法将非均质岩层转换成等效均质岩层中的地下水流动问题来解决，常用的有分段法、等效厚度法等。此外，本章还介绍一种比较有用的吉林斯基势函数法。

一、分段法

（一）分段法求解水平层状非均质含水层中地下水稳定运动问题

图 3-2-1 所示的是由三个均质、等厚的水平岩层组成的承压含水系统，其平面及剖面上的流线互相平行，属于一维流动。另外，其流面和各层界面重合。

实际上，流面可视为厚度无限薄的隔水层。现将与层界面相重合的流面作为分界面，把总水流划分成三个互不干扰的均质岩层中的地下水流。这样，该层状非均质含水系统的地下水单宽总流量 q 是三个分层单宽流量（q_1, q_2, q_3）的总和，即

$$q = q_1 + q_2 + q_3$$

由于各分层均属于均质含水层中地下水一维流动，因此可按公式（3-1-7）式利用 1、2 断面的资料写出流量公式

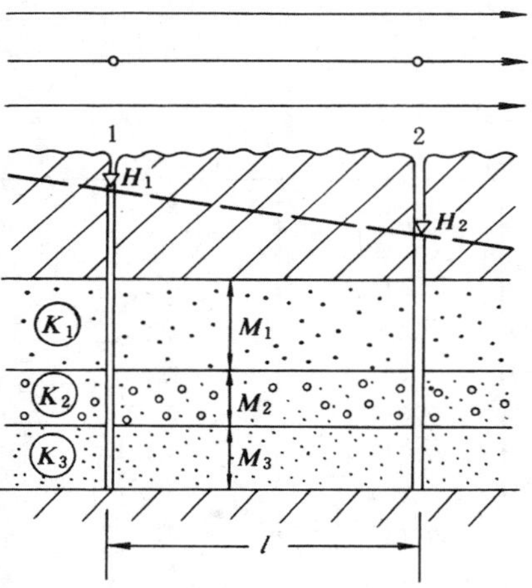

图 3-2-1 水平层状含水层中地下水运动

$$q_1 = K_1 M_1 \frac{\Delta H_1}{l}$$

$$q_2 = K_2 M_2 \frac{\Delta H_2}{l}$$

$$q_3 = K_3 M_3 \frac{\Delta H_3}{l}$$

式中：K_1、K_2、K_3 是 1、2、3 分层的渗透系数；M_1、M_2、M_3 是相应层的厚度。

因为 1、2 断面上各点水头相等，即

$$\Delta H_1 = \Delta H_2 = \Delta H_3 = H_1 - H_2$$

因此该水平层状非均质含水层的单宽流量公式可写成

$$q = (K_1 M_1 + K_2 M_2 + K_3 M_3) \frac{H_1 - H_2}{l}$$

显然，对于 n 层的 水平层状含水层，其单宽流量公式为

$$q = (K_1 M_1 + K_2 M_2 + \cdots + K_n M_n) \frac{H_1 - H_2}{l} \tag{3-2-1}$$

假如将上述层状非均质含水层假想成均质含水层，该含水层的水力坡度及含水层厚度和原含水层的相等，以渗透系数 K_h 作为假想含水层的渗透系数，则其单宽流量 q 为

$$q = K_h M \frac{H_1 - H_2}{l} \tag{3-2-2}$$

其中：$M = M_1 + M_2 + \cdots + M_n$

由（3-2-1）式和（3-2-2）式可以得到

$$K_h = \frac{K_1 M_1 + K_2 M_2 + K_3 M_3 + \cdots + K_n M_n}{M_1 + M_2 + \cdots + M_n} = \frac{\sum\limits_{i=1}^{n} K_i M_i}{\sum\limits_{i=1}^{n} M_i} \tag{3-2-3}$$

K_h 称为水平层状非均质含水层的水平方向平均渗透系数。

（二）分段法求解透水性沿流向突变的非均质含水层中地下水稳定运动问题

图 3-2-2 所示河流阶地附近潜水含水层中地下水运动，其含水层隔水底板水平，阶地两侧岩性截然不同，但分别为均质岩层，接触面近似垂直；无垂向补给和排泄，且潜水面十分平缓，满足裘布依假定。此问题同样可采用分段法求解。

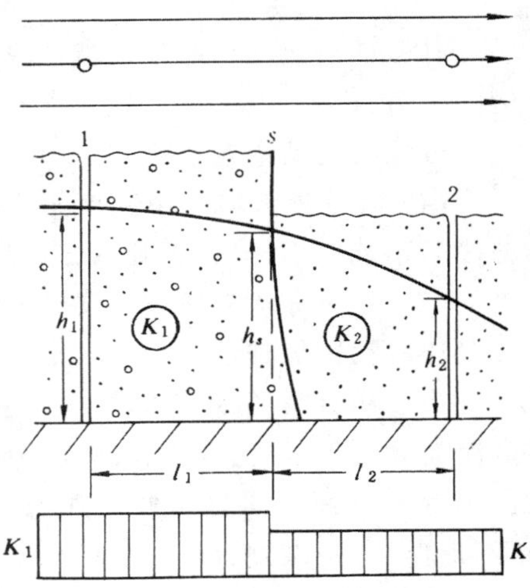

图 3-2-2　透水性沿流向突变岩层中地下水运动

根据流网分析，等水头线（面）接近垂直且和非均质界面几乎吻合。因此，以非均质界面作为分段面，将水流分成 1—S 和 S—2 两个渗流段，分别写出各段的流量公式，关于 1—S 渗流段为

$$q_1 = K_1 \frac{h_1^2 - h_s^2}{2l_1} \tag{*}$$

关于 S—2 渗流段为

$$q_2 = K_2 \frac{h_s^2 - h_2^2}{2l_2} \tag{**}$$

式中：h_s 为突变界面 S 处的含水层厚度（也即水头值）。可将（*）和（**）式分别写成

$$h_1^2 - h_s^2 = \frac{2ql_1}{K_1}$$

$$h_s^2 - h_2^2 = \frac{2ql_2}{K_2}$$

以上两式相加，消去未知的 h_s，得到

$$h_1^2 - h_2^2 = 2q\left(\frac{l_1}{K_1} + \frac{l_2}{K_2}\right)$$

即

$$q = \frac{h_1^2 - h_2^2}{2\left(\frac{l_1}{K_1} + \frac{l_2}{K_2}\right)}$$

显然对于具几个垂向突变界面的含水层系统，其单宽流量为

$$q = \frac{h_1^2 - h_2^2}{2\left(\frac{l_1}{K_1} + \frac{l_2}{K_2} + \cdots + \frac{l_n}{K_n}\right)} \tag{3-2-4}$$

由（*）和（**）式可解得 h_s

$$h_s = \sqrt{\frac{K_1 h_1^2 l_2 + K_2 h_2^2 l_1}{K_1 l_2 + K_2 l_1}} \tag{3-2-5}$$

若将上述非均质含水层假想为渗透系数为 K_v 的均质含水层，而其渗流总长度 l 不变，即

$$l = l_1 + l_2 + \cdots + l_n = \sum_{i=1}^{n} l_i \tag{3-2-6}$$

那么该想象均质含水层的单宽流量 q 为

$$q = K_v \frac{h_1^2 - h_2^2}{2l} \tag{3-2-7}$$

对比（3-2-7）式与（3-2-4）式，可得平均渗透系数

$$K_v = \frac{\sum_{i=l}^{n} l_i}{\sum_{i=l}^{n} \frac{l_i}{K_i}} \tag{3-2-8}$$

K_v 是垂直非均质界面流动的平均渗透系数，而 K_h 是平行非均质界面流动的平均渗透系数。可以证明，对于层状非均质含水层系统，水流平行界面时的平均渗透系数（K_h）为最大，水流垂直界面时的平均渗透系数（K_v）为最小，其他方向的平均渗透系数在上述两值间渐变。

（三）分段法小结

什么叫分段法？分段法就是将一个复杂的渗流分解为几个简单的分渗流段而使问题得到解答的方法。

分段法有两点基本要求：

(1) 各分渗流段的渗流状况（即运动要素或流网）与总渗流（原渗流）相应部分一致，即分段后不能“走样”，否则各分渗流段之和不等于原渗流。

(2) 每一分渗流段应有现成的解答（即流量、水头线方程已知）或解答容易求得，否则分段法就没有优越性了。

为了满足第（1）点要求，在具体方法上，分段界面应该取流面或（和）等水头面，并且，由流面分隔开得到分渗流段的新边界为隔水边界；由等水头面分隔开得到分渗流段的新边界仍为等水头面，同时其水头值也不变。分段界面和分渗流段的新边界必须这样取才能保证“不走样”。所以，运用分段法必须从分析流网开始。

单单满足第（1）点要求是不够的，它只能保证分段不犯错误，但还没有帮助我们去解决问题。一个渗流有无数个流面和等水头面，取哪一个流面或等水头面作为分段界面呢？分成几段可以解决问题呢？多了，白做功；少了，问题解决不了。第（2）点要求正是回答了这个问题。在满足“每一个分渗流段应有现成的解答或解答容易求得”的前提下，分段数愈少愈好。在具体方法上，对于突变类型的非均质含水层系统，往往以岩层面作为分段界面，使各分渗流段成为有已知解的均质含水层。这时的关键是岩层面与流面或等水头面是否吻合（满足第（1）点要求）。对于均质含水层，分段法通常用来解决下列几类问题：一是承压—无压流动，往往将它分解为有已知解的承压流和无压流两个分渗流段来求解；另一是在复杂的三维或剖面二维流动中，若存在一水平的或接近水平的流面，则往往以它作为分段界面将渗流分开，得到一个有水平隔水底板的分渗流段和一个有水平隔水顶板的分渗流段，而这两分渗流段一般较易解决；再一类是水利工程建筑物下的基础和防渗板桩等形成的复杂渗流边界，依渗流区的几何形状分解成几个简单形状的分渗流段而得解。有兴趣的读者可参阅阿拉文（В. И. Аравин）和努米罗夫（С. Н. Нумеров）著《水工建筑物的渗透计算》（水利水电出版社，

1959）。

以上讨论的，是分段的基本要求和达到此要求的具体方法。

正确地分段之后，分别对各分渗流段写出流量方程，再根据总渗流与分渗流段间的流量关系，解出总渗流的流量方程。关于总渗流的水头线，或者就是其中一个分渗流段的水头线，或者是几个分渗流段水头线的连接。

下面，我们以表 3-2-1 概括两类分段法的基本特征，并加以命名。

表 3-2-1　分段法分类及要素间的关系

水文地质图式	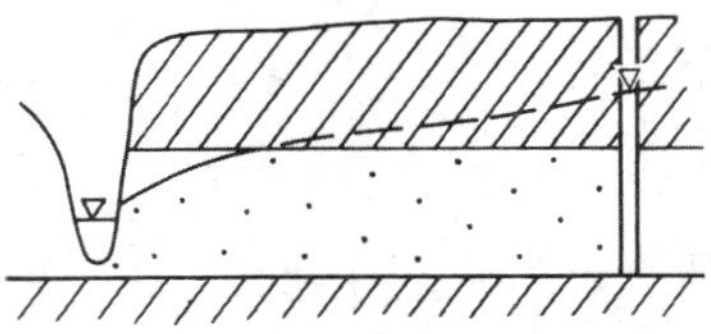	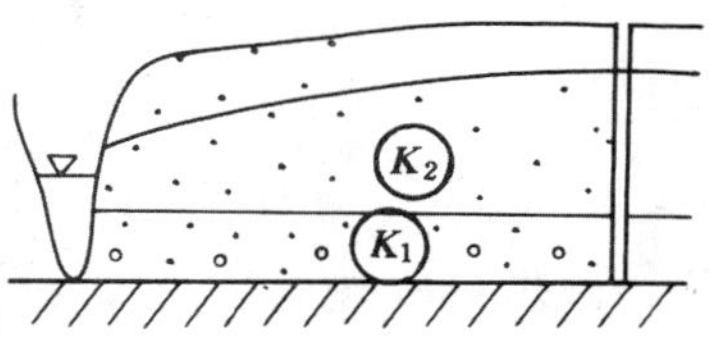
分段界面	等水头面（线）	流面（线）
总渗流段的流量 Q 与分渗流段流量 Q_i 之间的关系	$Q = Q_1 = Q_2 = \cdots = Q_n$	$Q = \sum_{i=1}^{n} Q_i$ Q_i 为某分渗流段的流量
总渗流段的水头差 ΔH 与分渗流段水头差 ΔH_i 之间的关系	$\Delta H = \sum_{i=1}^{n} \Delta H_i$	$\Delta H = \Delta H_1 = \Delta H_2 = \cdots = \Delta H_n$
总渗流段水头线与分渗流段水头线之间的关系	总渗流段水头线是分渗流段水头线的总和(连接)	总渗流的水头线与任意分渗流段水头线一致。若各分渗流段的水头线不同，一般近似取上部分渗流段的水头线
分段法类型命名	串联式分段法	并联式分段法

读者若把并联式和串联式分段法与电学上的并联和串联电路对比，将有助于对分段法的理解。其中，流量 Q 对应于电流强度 I，水头差 ΔH 对应于电位差 ΔU 。

最后，对分段法的误差做点分析，分段法本身带来的误差主要取决于所取的分段界面与流面或等水头面是否一致。假如分段界面完全与流面或等水头面一致，则分段法本身并不带来新的误差，仅仅保留各分渗流段已有解中的误差；假如分段界面与流面或等水头面不完全一致，则由分段法解得的结果不仅包含各分渗流段已有解答中的误差，而且分段法本身也带来新的误差。这种分段法带来的新误差，随着分段界面与流面或等水头面偏差程度的增大而增大。假如在承压流中采用分段法，当作串联式分段时，分段法本身带来的流量误差是偏大的；当作并联式分段时，则是偏小的。

二、等效厚度法

我们以图 3-2-3 所示的双层结构潜水含水层为例来介绍等效厚度法。假定隔水底板水平且下层等厚，两层各自均质，平面上流线彼此平行。此流动系统为剖面二维流。

等效（折算）厚度法是在保持边界条件不变的前提下，将下层的渗透系数 K_2 化为上层的 K_1，同时以厚度 M_d 来代替原有的厚度 M，以保持其过水断面的过水能力（称导水系数）不变。由此形成一个假想的渗透系数为 K_1 的均质潜水含水层，以代替原有的双层结构的非均质潜水含水层。当然，新形成的假想的均质潜水含水层中的渗流问题必须有现成的解或其解较易获得。

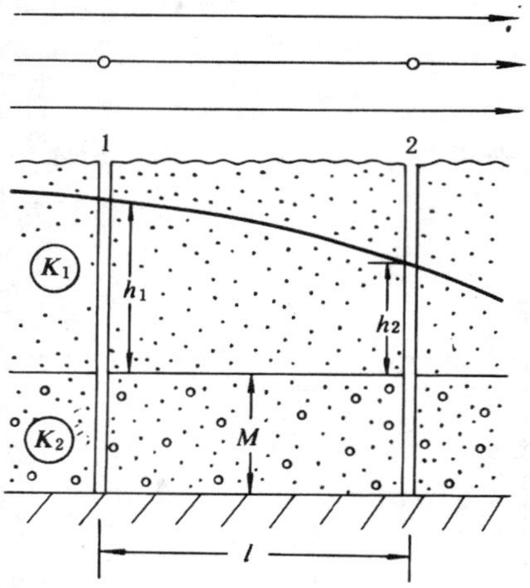

图 3-2-3　等效厚度法算例图

按上述思路，等效（折算）厚度 M_d 为

$$K_1M_d = K_2M \tag{3-2-9}$$

即

$$M_d = \frac{K_2M}{K_1} \tag{3-2-10}$$

因此，假想均质含水层 1、2 断面的含水层厚度分别为

$$h_{d_1} = h_1 + M_d = h_1 + \frac{K_2M}{K_1} \tag{3-2-11}$$

$$h_{d_2} = h_2 + M_d = h_2 + \frac{K_2M}{K_1} \tag{3-2-12}$$

流量方程可写成

$$q = K_1\frac{h_{d_1}^2 - h_{d_2}^2}{2l} \tag{3-2-13}$$

任意 x 断面的含水层厚度为

$$h_d = \sqrt{h_{d_1}^2 - (h_{d_1}^2 - h_{d_2}^2)\frac{x}{l}} \tag{3-2-14}$$

已知

$$h_d = h + M_d = h + \frac{K_2M}{K_1}$$

因此水头线方程可写为

$$h = h_d - \frac{K_2M}{K_1} = \sqrt{h_{d_1}^2 - (h_{d_1}^2 - h_{d_2}^2)\frac{x}{l}} - \frac{K_2M}{K_1}$$

式中：h 为 x 断面处上含水层的厚度。

三、吉林斯基势函数法

前面介绍的分段法和等效厚度法概念清楚、使用方便。但是对于某些情况，例如在层状非均质潜水层中，当潜水面下降穿越层界面时，就难以用上述两种方法求解。本节介绍前苏联学者吉林斯基（Н. К. Гиринский）提出的求解层状非均质含水层中地下水流问题的方法，称之为吉林斯基势函数法，该法比前述两种方法更具广泛应用价值。

在研究均质含水层中地下水流动问题时，一些学者曾引用“势”的概念来表述地下水的流动。在均质、隔水底板水平的潜水含水层平面二维流中（引入裘布依假定），势定义为

$$\Phi = \frac{1}{2}Kh^2 \tag{3-2-15}$$

在均质、等厚的承压含水层平面二维流中，势定义为

$$\Phi = KMH \tag{3-2-16}$$

这里的 Φ 是流量势（还有速度势，这里没有介绍，有兴趣的读者可参阅阿拉文和努美罗夫著《滤流理论》，高等教育出版社，1958）。显然，如此定义势，承压流和无压流的单宽流量 q 的微分形式可统一地表示为

$$q=-\frac{\mathrm{d}\Phi}{\mathrm{d}x} \tag{3-2-17}$$

而单宽流量则表示为

$$q=\frac{\Phi_1-\Phi_2}{l} \tag{3-2-18}$$

若分别用（3-2-15）式和（3-2-16）式势的定义代入，则可得相应潜水流和承压流的单宽流量公式（3-1-10）式和（3-1-7）式。

（一）原理

吉林斯基于 1946 年提出吉林斯基势函数 Φ^g，来解决层状非均质含水层中的流量和水头计算问题。

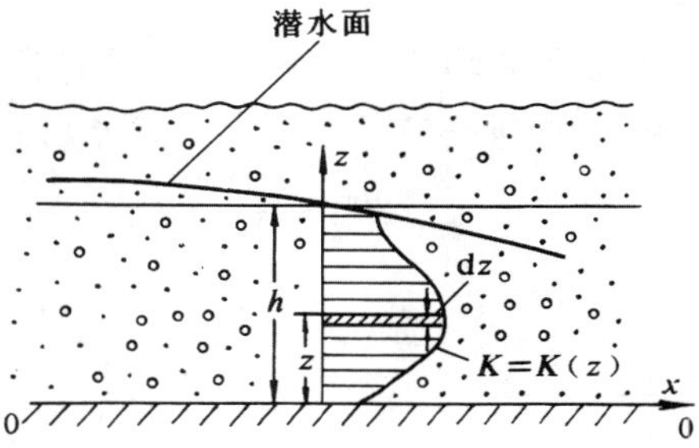

图 3-2-4　吉林斯基势函数定义图

吉林斯基首先研究透水性在垂线上渐变的含水层中的地下水运动问题(图 3-2-4)。假定隔水底板水平，基准面取在隔水底板上（$z=0$）；渗透系数沿垂直方向变化，沿水平方向不变。当平面上流线彼此平行时，$h=h(x)$。

在含水层任一铅垂线上，取微分厚度 dz，对应的渗透系数为 $K=K(z)$，见图3-2-4。水力坡度水平分量为 $\frac{\partial H}{\partial x}$，则通过 d$z$ 断面的微分单宽流量 dq 为

$$\mathrm{d}q=-K(z)\frac{\partial H}{\partial x}\mathrm{d}z$$

整个断面的单宽流量 q 为

$$q=-\int_0^b K(z)\frac{\partial H}{\partial x}\mathrm{d}z \tag{3-2-19}$$

b 为含水层的顶面高度。对于承压含水层，$b=M$；对于无压含水层，$b=h$。

吉林斯基将渗透系数垂向变化的含水层中的流量势定义为

$$\Phi^g=\int_0^b(H-z)K(z)\mathrm{d}z \tag{3-2-20}$$

对于承压含水层可写为

$$\Phi^g=\int_0^M(H-z)K(z)\mathrm{d}z \tag{3-2-20$'$}$$

对于潜水含水层可写为

$$\Phi^g=\int_0^h(H-z)K(z)\mathrm{d}z \tag{3-2-20$''$}$$

式中：Φ^g 为吉林斯基势函数；H 为水头值，从隔水层底板算起；M 为承压含水层厚度；h 为潜水面高度（从含水层底板起算），即潜水含水层厚度。

由莱布尼兹微分法则（对于无压流动引入裘布依假定）对（3-2-20）式求导得

$$\begin{aligned}\frac{\partial\Phi^g}{\partial x}&=\frac{\partial}{\partial x}\int_0^b(H-z)K(z)\mathrm{d}z\\&=\int_0^b\frac{\partial}{\partial x}(H-z)K(z)\mathrm{d}z+[(H-z)K(z)]_{z=b}\frac{\partial b}{\partial x}\\&=\int_0^b\frac{\partial H}{\partial x}K(z)\mathrm{d}z=-q\end{aligned}$$

得

$$q = -\frac{\partial \Phi^g}{\partial x}$$

由此可见，对层状非均质含水层引入吉林斯基势函数后，可以得到与均质含水层同样的单宽流量 q 的微分形式。

上述吉林斯基势函数很容易将其推广到平面上流线不平行的条件。

我们可以从吉林斯基势函数出发得到：当渗透系数 K = 常数时，对于均质潜水层，$\Phi^g = \frac{Kh^2}{2}$①；对于承压含水层，$\Phi^g = KM(H - \frac{M}{2})$②。吉林斯基势函数应用广泛，既可用于均质，也可用于层状非均质含水层；既可用于潜水流、承压水流，也可用于承压—无压水流。

将吉林斯基势函数用于层状非均质含水层，则

$$\begin{aligned}\Phi^g &= \int_0^M (H - z)K(z)\mathrm{d}z = \int_0^{M_1} (H - z)K(z)\mathrm{d}z \\ &+ \int_{M_1}^{M_1+M_2} (H - z)K(z)\mathrm{d}z + \cdots \\ &+ \int_{M_1+M_2+\cdots+M_{n-1}}^{M} (H - z)K(z)\mathrm{d}z\end{aligned}$$

其中：$M = M_1 + M_2 + \cdots + M_n$，而

$$\begin{aligned}\int_0^{M_1} (H - z)K(z)\mathrm{d}z &= K_1\left(\int_0^{M_1} H\mathrm{d}z - \int_0^{M_1} z\mathrm{d}z\right) \\ &= K_1\left(HM_1 - \frac{z^2}{2}\Big|_0^{M_1}\right) = K_1M_1\left(H - \frac{M_1}{2}\right)\end{aligned}$$

同理

$$\begin{aligned}\int_{M_1}^{M_1+M_2} (H - z)K(z)\mathrm{d}z &= K_2\left(\int_{M_1}^{M_1+M_2} H\mathrm{d}z - \int_{M_1}^{M_1+M_2} z\mathrm{d}z\right) \\ &= K_2M_2\left[H - \left(M_1 + \frac{M_2}{2}\right)\right] \\ &\vdots\end{aligned}$$

得

$$\Phi^g = \sum_{i=1}^{n} K_iM_i(H - z_i) \qquad (3\text{-}2\text{-}21)$$

式中：K_i 为第 i 层的渗透系数；M_i 为第 i 层的含水层厚度；z_i 为第 i 层含水层中点的高度。

---

① 由(3-2-20)″式，得

$$\frac{\partial \Phi^g}{\partial x} = \frac{\partial}{\partial x}\int_0^h (h - z)K(z)\mathrm{d}z$$

含水层为均质，即 $K = K(z) = \mathrm{const.}$，并引入裘布依假定，则

$$\frac{\partial \Phi^g}{\partial x} = K\frac{\partial h}{\partial x}\int_0^h \mathrm{d}z = Kh\frac{\partial h}{\partial x} = \frac{\partial (K\frac{h^2}{2})}{\partial x}$$

即

$$\Phi^g = \frac{Kh^2}{2}$$

② 由(3-2-20)′式，得

$$\Phi^g = \int_0^M (H - z)K(z)\mathrm{d}z$$

当 $K(z) = \mathrm{const.}$ 时：

$$\begin{aligned}\Phi^g &= \int_0^M (H - z)K(z)\mathrm{d}z = K(\int_0^M H\mathrm{d}z - \int_0^M z\mathrm{d}z) \\ &= K(HM - \frac{z^2}{2}\Big|_0^M) = K(HM - \frac{M^2}{2})\end{aligned}$$

即

$$\Phi^g = KM(H - \frac{M}{2})$$

即

$$\Phi^g = K_1M_1(H - z_1) + K_2M_2(H - z_2) + K_nM_n(H - z_n) \qquad (3\text{-}2\text{-}22)$$

根据（3-2-22）式，先求出断面1的吉林斯基势函数 Φ_1^g，再求出断面 2 的 Φ_2^g，然后，利用流量公式（3-2-18）式求得流量。

（二）算例

有一水平层状含水层（图3-2-5）。已知：$K_1 = 3\text{m/d}, M_1 = 6\text{m}; K_2 = 5\text{m/d}, M_2 = 2\text{m}; K_3 = 7\text{m/d}, M_3 = 4\text{m}$；1 断面的水头值 $H_1 = 13\text{m}$；2 断面的水头值 $H_2 = 4\text{m}$。1、2 断面之间的距离 $l = 600\text{m}$，求含水层的单宽流量及水头线。

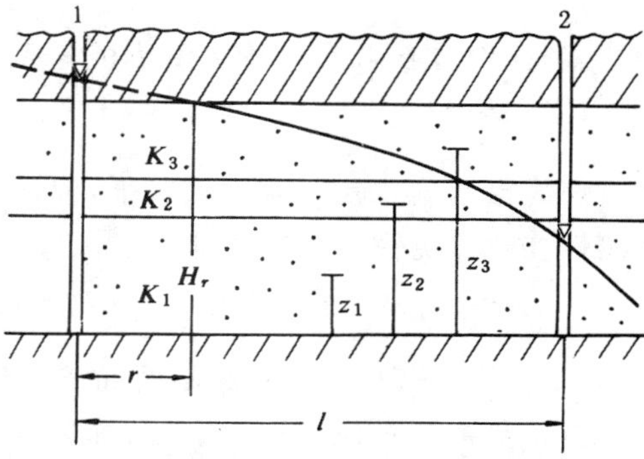

图3-2-5　吉林斯基势函数法算例图

解一：求单宽流量。

根据吉林斯基势函数定义，第一断面的势为

$$\Phi_1^g = K_1M_1(H_1 - z_1) + K_2M_2(H_1 - z_2) + K_3M_3(H_1 - z_3)$$

其中，$z_1 = 3\text{m}, z_2 = 7\text{m}, z_3 = 10\text{m}$，则

$$\Phi_1^g = 3 \times 6(13 - 3) + 5 \times 2(13 - 7) + 7 \times 4(13 - 10) = 324 \ (\text{m}^3/\text{d})$$

而第二断面的势为

$$\Phi_2^g = K_1M_1(H_2 - z_1)$$
$$= 3 \times 4(4 - 2) = 24(\text{m}^3/\text{d})$$

则

$$q = \frac{\Phi_1^g - \Phi_2^g}{l} = \frac{324 - 24}{600} = 0.5 \ (\text{m}^2/\text{d})$$

解二：求任意断面的水头值。

首先，确定承压转向无压的断面位置。此断面的水头值 $H_r = M_1 + M_2 + M_3 = 12\ (m)$。接着求出 $H_r = 12\text{m}$ 处的断面距离的 r 值为多少？

因为 H_r 已知，所以 r 断面处的 Φ_r^g 可求得

$$\Phi_r^g = K_1M_1(H_r - z_1) + K_2M_2(H_r - z_2) + K_3M_3(H_r - z_3)$$
$$= 3 \times 6(12 - 3) + 5 \times 2(12 - 7) + 7 \times 4(12 - 10)$$
$$= 268(\text{m}^3/\text{d})$$

$$q = \frac{\Phi_1^g - \Phi_2^g}{r} = \frac{324 - 268}{r}$$

则

$$r = \frac{324 - 268}{0.5} = 56 \times 2 = 112(\text{m})$$

由于0～112m 处属于承压段，则水头线为直线。112～600m 范围内为无压段，这段里的水头线可以这样确定：在此范围内，任设几个未知断面的水头值（可取在分层界面上），它的大小介于12m 至4m 之间，然后按上述方法求出相应断面的距离，将这些求得的值点在坐标纸上，把得到的点连接起来，即为无压段的水头线。

四、直接积分法

直接积分法在第三章均质含水层地下水流动问题中已使用过，对于非均质含水层中地下

水流动问题，有些渗透系数在空间上分布呈简单函数关系的，也可采用该法。下面以 K 值为 x 坐标的函数的潜水运动为例，介绍该法的使用。

（一）渗透系数呈线性变化的含水层中的地下水运动

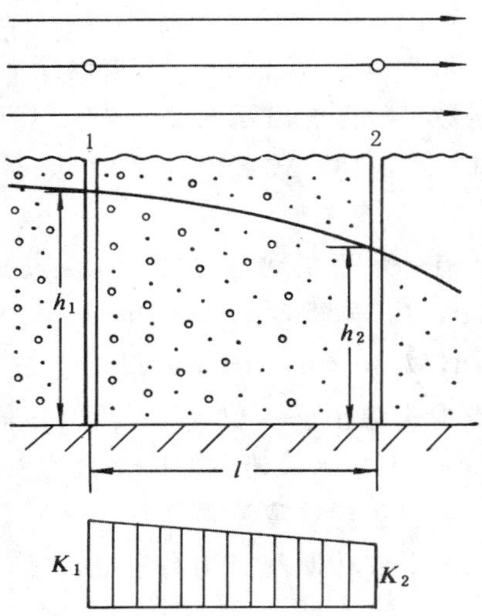

图3-2-6 渗透系数呈线性变化的含水层中地下水稳定流动

假定潜水含水层隔水底板水平，渗透系数 K 与 x 呈线性变化（见图3-2-6），即

$$K = K_1 - \frac{K_1 - K_2}{l} \cdot x \tag{3-2-23}$$

式中：K_1、K_2 分别为断面1和断面2的渗透系数。

对于剖面二维流问题，引入裘布依假定，并将 K 的关系式代入裘布依微分方程，即

$$q = -\left(K_1 - \frac{K_1 - K_2}{l}x\right)h\frac{\mathrm{d}h}{\mathrm{d}x}$$

分离变量，并由断面1积分到断面2

$$\int_0^l \frac{q}{K_1 - \dfrac{K_1 - K_2}{l}x}\mathrm{d}x = -\int_{h_1}^{h_2} h\mathrm{d}h \qquad (*)$$

$$q = \frac{K_1 - K_2}{\ln K_1 - \ln K_2} \cdot \frac{h_1^2 - h_2^2}{2l} \tag{3-2-24}$$

设想一均质含水层与上述非均质含水层等效，该含水层的渗透系数为 K_m，并写出其流量公式为

$$q = K_m \frac{h_1^2 - h_2^2}{2l} \tag{3-2-25}$$

对比（3-2-24）式和（3-2-25）式，可得透水性沿流向线性变化含水层的平均渗透系数

$$K_m = \frac{K_1 - K_2}{\ln K_1 - \ln K_2} \tag{3-2-26}$$

若改变（*）式的积分限，即自断面1至断面 x，则得到水头线方程

$$h^2 = h_1^2 - (h_1^2 - h_2^2)\frac{\ln K_1 - \ln\left(K_1 - \dfrac{K_1 - K_2}{l}x\right)}{\ln K_1 - \ln K_2} \tag{3-2-27}$$

（二）渗透系数变化复杂的含水层中的地下水运动

上面介绍的是 K 在空间上的变化已知且可概化为用某种函数表达的情况。自然界中许多情况 K 值变化十分复杂，例如含水层中夹有许多透镜体，甚至隔水底板是明显倾斜的（图3-2-7）。这种情况下（假定为剖面二维流且可引入裘布依假定）单宽流量为

$$q = -\int_0^b K(z)\frac{\mathrm{d}H}{\mathrm{d}x}\mathrm{d}z \tag{3-2-28}$$

式中：b 为含水层的顶面标高。对于承压含水层 $b = M$；对于无压含水层 $b = h$。当裘布依假定满足时，可改写为

$$q = -\frac{\mathrm{d}H}{\mathrm{d}x}\int_0^b K(z)\mathrm{d}z \tag{3-2-29}$$

实际上，上式右端积分就是通常所说的导水系数 T 的定义，即

$$T = \int_0^b K(z)\mathrm{d}z \tag{3-2-30}$$

于是（3-2-29）式可写成

$$q = -T\frac{\mathrm{d}H}{\mathrm{d}x} \tag{3-2-31}$$

分离变量积分

$$-q\int_0^l \frac{1}{T}\mathrm{d}x = \int_{H_1}^{H_2}\mathrm{d}H$$

由于导水系数 T 是 x 的函数，且函数关系未知，因此只能采用定积分中值定理

$$\int_0^l \frac{1}{T}\mathrm{d}x = \frac{l}{T_m}$$

式中：T_m 是断面1、2之间的平均导水系数。于是单宽流量可写为

$$q = T_m\frac{H_1 - H_2}{l} \tag{3-2-32}$$

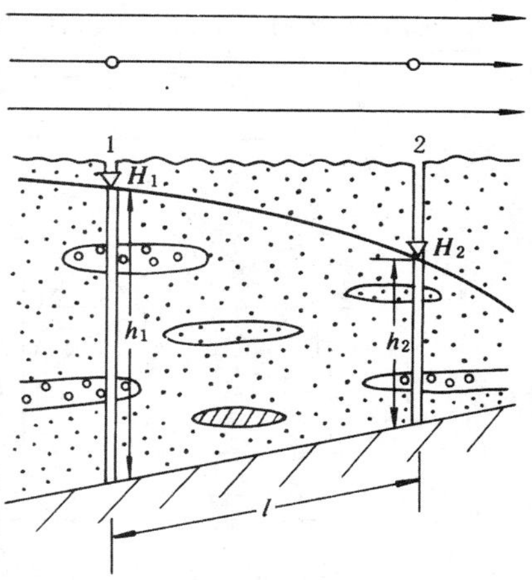

图3-2-7　渗透系数复杂变化含水层中的地下水运动

如果导水系数由断面1的 T_1 单调地变化到断面2的 T_2（自然界中许多情况宏观上可以作此假定），则可近似取

$$T_m = \frac{T_1 + T_2}{2} \tag{3-2-33}$$

于是单宽流量可写为

$$q = \frac{T_1 + T_2}{2}\cdot\frac{H_1 - H_2}{l} \tag{3-2-34}$$

其中 T_1 和 T_2 分别是断面 1 和断面 2 的平均渗透系数，可按(3-2-3) 式计算 。

复习思考题

1. 自然界什么条件可以形成地下水（承压含水层和潜水含水层）一维稳定流动？

2. 自然界什么条件可以形成地下水（承压含水层和潜水含水层）剖面二维（x，z）稳定流动？

3. 什么条件下的稳定流水头线（或浸润曲线）与渗透系数无关？为什么？

4. 试分析底坡 $i > 0$、$i = 0$ 和 $i < 0$ 均质潜水含水层剖面二维流的浸润曲线出现凹、凸和直线形状的可能性。

5. 试建立图3-3-1所示的均质、等厚承压含水层，平面流线辐射形（平面二维）稳定流的流量和水头线方程。

6. 如何得到欲修建水库水位的极限高度值 h_{max}（不发生渗漏）？其大小与哪些水文地质条件有关？

7. 在（3-1-22）式与（3-1-23）式之间一段文字，“若引入裘布依假定（实际上，此条件下并非处处满足裘布依假定）……”读者如何理解？何处不满足裘布依假定？

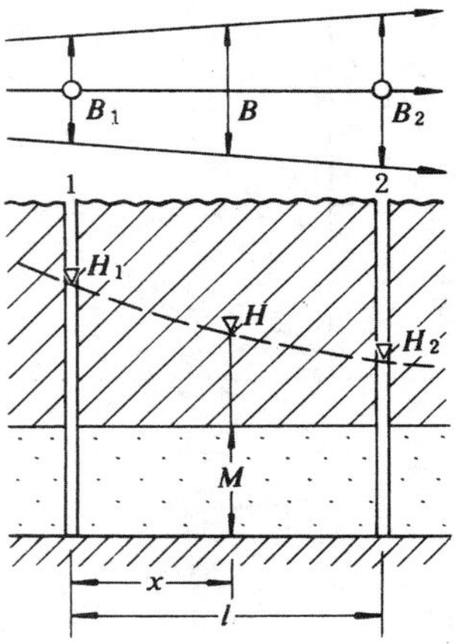

图3-3-1　承压含水层平面辐射流

8. 水库是否会通过河间地块向邻谷渗漏，用 q_1 和用 a 来判断有无区别？

9. 试用水均衡法（$q_1 = -Wa$）来推导 a 的方程。

10. 试解图3-3-2所示条件的承压-无压流的单宽流量q和水头线方程。

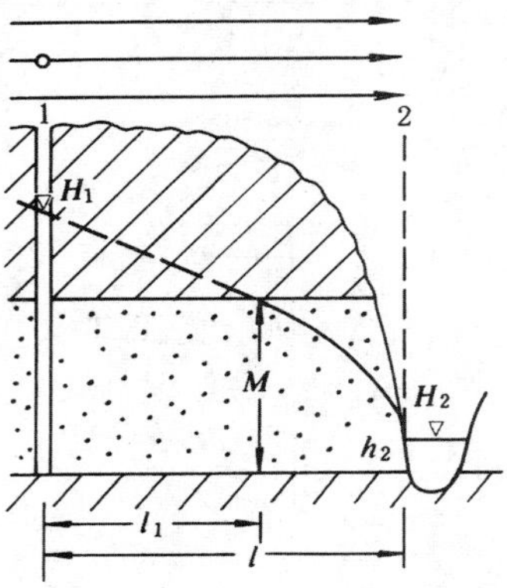

图3-3-2 承压-无压流

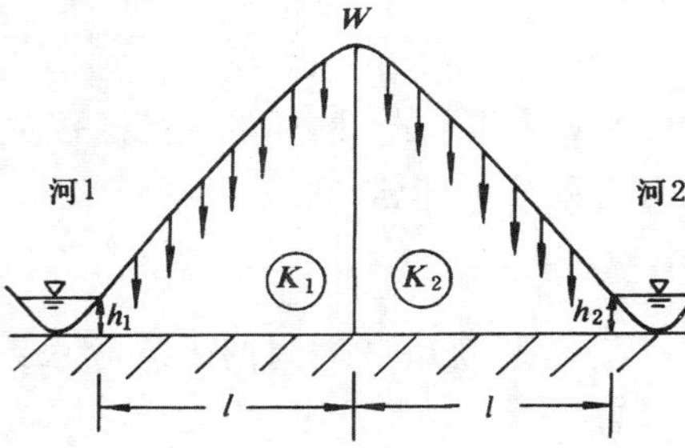

图3-3-3 非均质河间地段地下水流

11. 试解图3-3-3所示条件的非均质河间地段地下分水岭的位置a，假定$W=C, h_1=h_2$，$K_1>K_2$，并与均质河间地段的地下水分水岭位置做一对比（此例为岩溶含水系统地下水分水岭往往与地表分水岭不一致提供动力水动力学的理论基础）。

12. 你如何体会层状非均质含水层中的平均渗透系数$K_h>K_v$？

13. 图3-2-3双层结构非均质含水层系统利用等效厚度法时，为什么不把它折算成渗透系数为K_2的均质含水层来计算？

14. 试用吉林斯基势函数法求解图3-3-2所示的承压—无压流问题。

15. 试绘制图3-3-4和图3-3-5条件下的水头线形状，并说明理由。

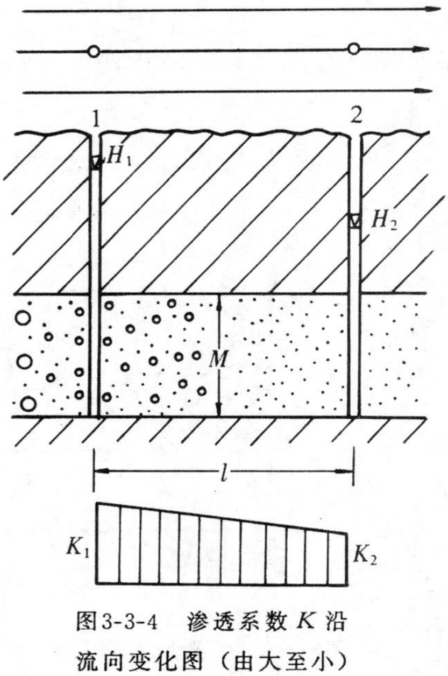

图3-3-4 渗透系数K沿流向变化图（由大至小）

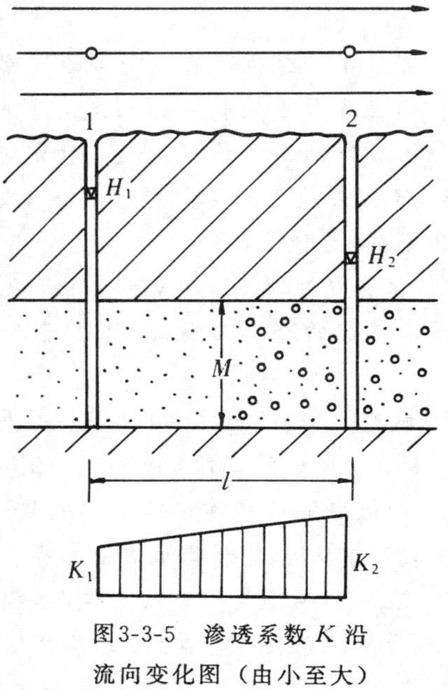

图3-3-5 渗透系数K沿流向变化图（由小至大）

16. 图3-2-3潜水含水层可否用分段法来解决？采用分段法有什么限制条件？

第四章　裘布依稳定井流

自本章开始至第十章要集中介绍地下水向井孔的流动，该内容是地下水动力学的重要组成部分。在供水和排水（包括矿坑排水、建筑基坑排水和土壤改良排水等等）的实践中，水文地质工作者要提出取水、排水建筑物布局等的水文地质论证，同时要预测井的涌水量和渗流区的水头分布及其变化规律，本部分为解决这些问题提供理论基础。另外，还要介绍野外确定含水层系统水文地质参数的抽水试验、注水试验和水位恢复试验原理及计算方法。由此可见，这部分内容是极其重要的。

集水建筑物可以根据不同的因素分类。

按照集水建筑物的延伸方向，可以分为垂直集水建筑物和水平集水建筑物。前者包括井和竖井等，统称为井，地下水向垂直集水建筑物的运动简称为“井流”；水平集水建筑物包括集水廊道、排水沟（渠）和暗沟等，统称为沟（渠），地下水向水平建筑物的流动简称为“沟流”。

按照被揭露含水层的性质，集水建筑物可分为承压型、无压型和承压—无压型。

按照揭露含水层的程度和进水条件，集水建筑物可以分为完整型和非完整型。完整型集水建筑物贯穿整个含水层，且建筑物的整个壁面都可以进水（图4-0-1）；否则为非完整型。

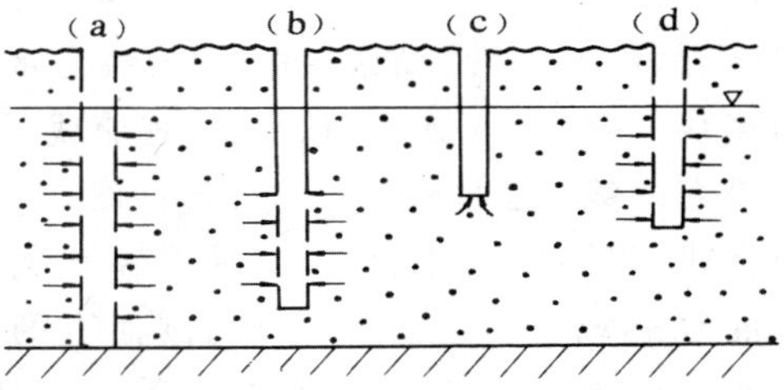

图4-0-1　(a) 完整型集水建筑物；(b)、(c)、(d) 非完整型集水建筑物

从本章开始主要介绍地下水向垂直集水建筑物（井孔）的运动。按照井孔的工作性质，可分为抽水井和注水井。

按照地下水运动要素是否随时间而变化，又分为稳定井流和不稳定井流两种类型。

§4.1　裘布依稳定井流的基本方程

一、裘布依稳定潜水井流

最早研究稳定井流的是法国水力工程师裘布依（J. Dupuit）。1863年他提出了著名的稳定井流方程。该方程是在下列假定条件下建立的（图4-1-1）：均质、各向同性、隔水底板水平的圆柱形潜水含水层，外侧面保持定水头，中心一口完整抽水井——本教材简称为圆岛模型，没有垂向入渗补给和蒸发排泄，且渗流服从线性定律的稳定流动。

在上述条件下的潜水井中进行定流量（或定降深）抽水，经过一定时间之后［1937年马斯克特（M. Muskat）证明：这个时限为 $t \geqslant 0.5\dfrac{R^2}{a}$，其中 $a=\dfrac{Kh_0}{\mu_d}$］，渗流将会趋向稳定；潜水面由原来的水平状态变成漏斗状，我们称它为水位降落漏斗。依渗流连续性原理，这时各渗流断面（$r_w \leqslant r \leqslant R$）的流量都相同，并等于抽水井的流量。

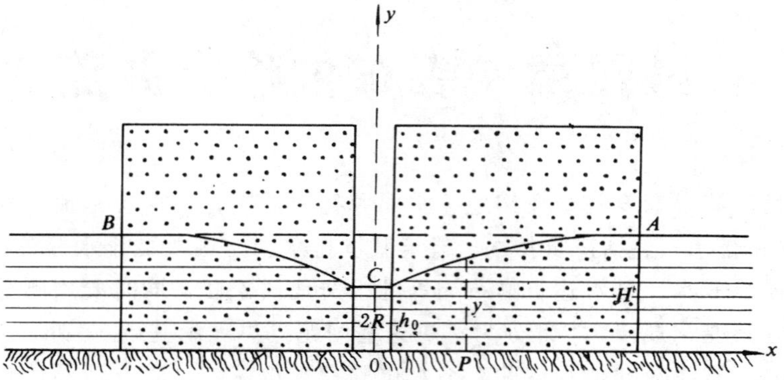

图4-1-1　裘布依稳定井流模型

（据 J. 裘布依，1863）

现分析该井流的流网特点（图4-1-2）。从平面上看：流线沿径向指向井轴，等水位线是同心圆，这种流动称为径向流动。由于靠井孔处水力坡度大，远离井孔的水力坡度小，所以等水位线在井孔附近密集，往外变疏。从剖面上看：最底部一根流线是水平的直线，最上（潜水面处）的一根流线（也称浸润曲线）是曲率最大的凸形曲线；中间的流线则过渡，由上至下，从曲率最大的凸型曲线逐渐变为水平的直线。剖面上的等水头线也是一系列弯曲程度不等的曲线，外围的等势线趋向铅垂的直线。从空间上讲，等水头面是围绕井轴旋转的一系列曲面，这些复杂的曲面方程预先是难以得到的。为使问题简化起见，Dupuit 引入裘布依假定，把剖面上的等水头线近似地视为铅垂线，即忽略流速的垂向分量，从而把三维井流问题简化为二维流动来解决，这时的渗流断面被视为圆柱面。

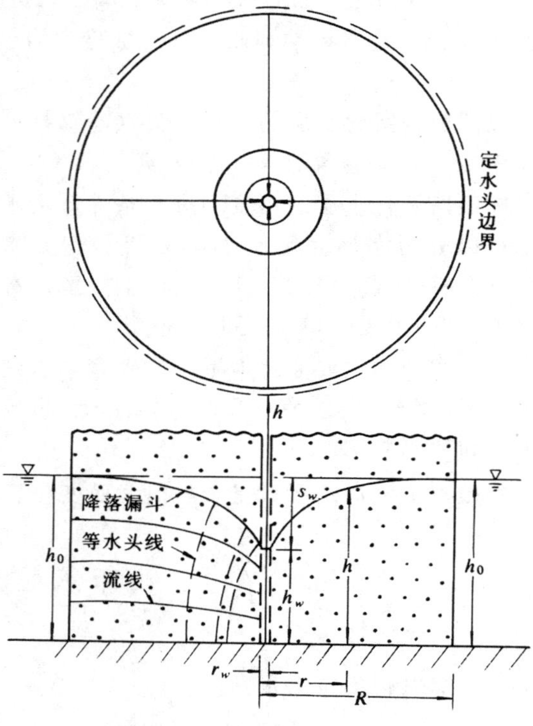

图4-1-2　裘布依稳定潜水井流

对流网有了基本认识后，可以建立有关的方程。

我们以隔水底板为基准面，因此潜水面处的水头值等于渗流厚度 h。

如上面所分析，这种情况下地下水流属轴对称问题，采用极坐标系更方便。我们取井轴为 h（渗流厚度）轴，向上为正；沿隔水底板取 r 轴，向外为正，如图4-1-2所示。

根据达西定律和裘布依假定，任意渗流断面的流量

$$Q = KA\frac{\mathrm{d}h}{\mathrm{d}r}$$

由于 h 随 r 的增大而增大，因而$\frac{dh}{dr}>0$，水文地质工作者习惯于将抽水量取为正值，所以上述微分方程右端没有负号。

如上分析，将渗流断面视为圆柱面，所以

$$A = 2\pi rh$$

则

$$Q = 2\pi rhK\frac{dh}{dr}$$

分离变量，分别对 r 和 h 求定积分。积分限取为：r 由 r_w 至 R；h 由 h_w 至 h_0。依无入渗补给、蒸发排泄以及稳定流的条件，各断面间的流量相等，则得

$$Q = \pi K\frac{h_0^2 - h_w^2}{\ln\frac{R}{r_w}} = 1.366K\frac{h_0^2 - h_w^2}{\lg\frac{R}{r_w}} \tag{4-1-1}$$

式中：Q 为抽水流量(又称占孔涌水量)；h_0 为含水层外边界处的水位(从隔水底板算起)或渗流厚度；h_w 为井中水位(从隔水底板算起)或水层厚度；R 为圆柱形含水层的半径；r_w 为井的半径；K 为含水层渗透系数。

(4-1-1)式是裘布依稳定潜水井流的涌水量公式；若引进井中水位降深 $s_w = h_0 - h_w$，则上式可写成

$$Q = 1.366K\frac{(2h_0 - s_w)s_w}{\lg\frac{R}{r_w}} \tag{4-1-2}$$

若将涌水量公式移项，可得到利用抽水试验资料计算渗透系数 K 的公式，即

$$K = 0.732\frac{Q\lg\frac{R}{r_w}}{h_0^2 - h_w^2} = 0.732\frac{Q\lg\frac{R}{r_w}}{(2h_0 - s_w)s_w} \tag{4-1-3}$$

若抽水试验有两个观测孔，那么只要改变积分的上、下限，r 由 r_1 至 r_2，h 由 h_1 至 h_2，则可得相应的公式，即

$$K = 0.732\frac{Q\lg\frac{r_2}{r_1}}{h_2^2 - h_1^2} = 0.732\frac{Q\lg\frac{r_2}{r_1}}{(2h_0 - s_1 - s_2)(s_1 - s_2)} \tag{4-1-4}$$

式中：r_1、r_2 为抽水井至1、2号观测孔的距离；h_1、h_2 为1、2号观测孔中的水位（从隔水底板算起）；s_1、s_2 为1、2号观测孔中的水位降深。

假如积分上、下限改为：r 由 r_w 至 r；h 由 h_w 至 h，则可得到降落漏斗曲线（浸润曲线）方程，即

$$\begin{aligned} h^2 &= h_w^2 + \frac{Q}{\pi K}\ln\frac{r}{r_w} \\ &= h_w^2 + (h_0^2 - h_w^2)\frac{\ln\frac{r}{r_w}}{\ln\frac{R}{r_w}} \end{aligned} \tag{4-1-5}$$

该式表明，降落漏斗曲线取决于内外边界的水位 h_w 和 h_0，与 Q 和 K 无关。

二、裘布依稳定潜水井流基本方程的讨论

（一）水跃及裘布依漏斗曲线方程的误差

科增（J. Kozeny）在实验室砂槽中进行井流模拟试验时发现，只有当井中水位降低非常小时，井中水位才与井壁水位基本一致。当井中水位降低较大时，井中水位明显地低于井壁水

位，这种现象称为水跃（图4-1-3）。井壁水位与井中水位之差，称为水跃值，以 Δh 表示。水跃值随井孔抽水强度的增加而增大，即随井中水位的降低而增大。在砂槽试验中可以清楚地看到，水渗出井壁后，沿着井的内壁向下流。在井壁水位与井中水位之间的区段，称出渗段。

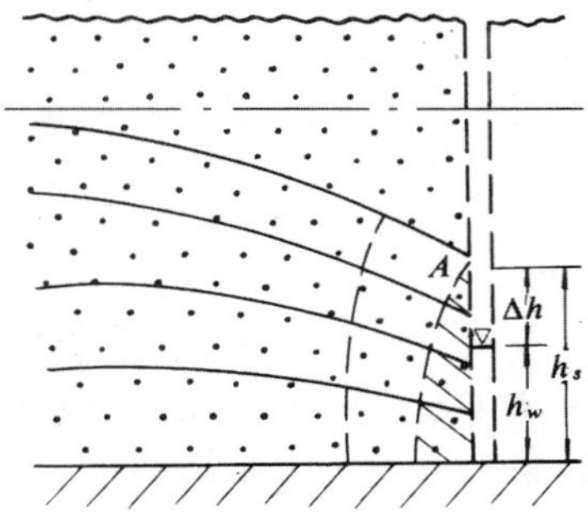

图4-1-3　水跃

（据卡明斯基）

水跃现象的出现是不难理解的。当井中水位 h_w 趋于零时，若无水跃，即井壁水位 h_s 也趋于零，则渗流断面积 A 变为零，从而流量 Q 也成为零。这显然在理论上是说不通的，与事实也不符合。另外，也可以分析流网来说明为什么会出现水跃。

由于潜水井的流线在抽水井附近是弯曲的（图4-1-3），通过浸润曲线与井壁的交点 A 作等水头线（曲线），若抽水时不产生水跃，即井内和井壁上的水位在同一标高上，那么上面所作的通过 A 点的等水头线与井中水下的井壁是同一水头值。这样，通过 A 点的等水头线与井壁之间的地下水（图4-1-3上的阴影线部分）就不可能流动，这显然与前提——地下水流入井不符合。为了使地下水能流入井，井壁水位必须高于井中水位。这就是产生水跃的原因。

埃伦伯格（R. Ehrenberger）做了一系列砂槽试验之后做出结论：井壁最大水位降低值等于外边界处含水层厚度 h_0 的一半。

博尔顿（N. S. Boulton）根据松弛法和实验法的结果得出计算水跃值的近似式，当 $\frac{r_w}{h_0}<0.1$ 时

$$\Delta h \approx (h_0 - h_w) - \frac{3.75Q}{2\pi K h_0} \tag{4-1-6}$$

当 $\frac{r_w}{h_0}$ 约为0.25时，只要将其中的系数3.75改为3.5，此式仍然适用。

裘布依浸润漏斗曲线方程没有考虑水跃的存在，因此在抽水井附近，实际漏斗曲线将会高于裘布依的理论曲线。随着 r 的增大，等水头线逐渐变直，流速的垂直分量变小，因此理论曲线与实际曲线也逐渐趋向一致。

杨式德教授曾用松弛法分析潜水井流的水头线，其结果示于图4-1-4。

（二）裘布依稳定潜水稳定井流涌水量方程的正确性

稳定潜水井流的涌水量方程是在裘布依假定的前提下导得的，由于它忽略垂直分流速，把等水头线视为铅垂线，因而也就没有考虑水跃问题。在这种情况下导得的涌水量方程还正确吗？

有人怀疑它，认为用裘布依的涌水量公式确定抽水井最大流量，即（$h_w \to 0$）

$$Q_{\max} = 1.366K\frac{h_0^2}{\lg\frac{R}{r_w}}$$

不符实际情况。

有人提出，应当在 $s_w = \frac{1}{2}h_0$ 时，Q 最大。

1951年，前苏联学者恰尔内（И. А. Чарный）对裘布依涌水量公式的正确性做了严格的解析证明。他的证明简述如下。

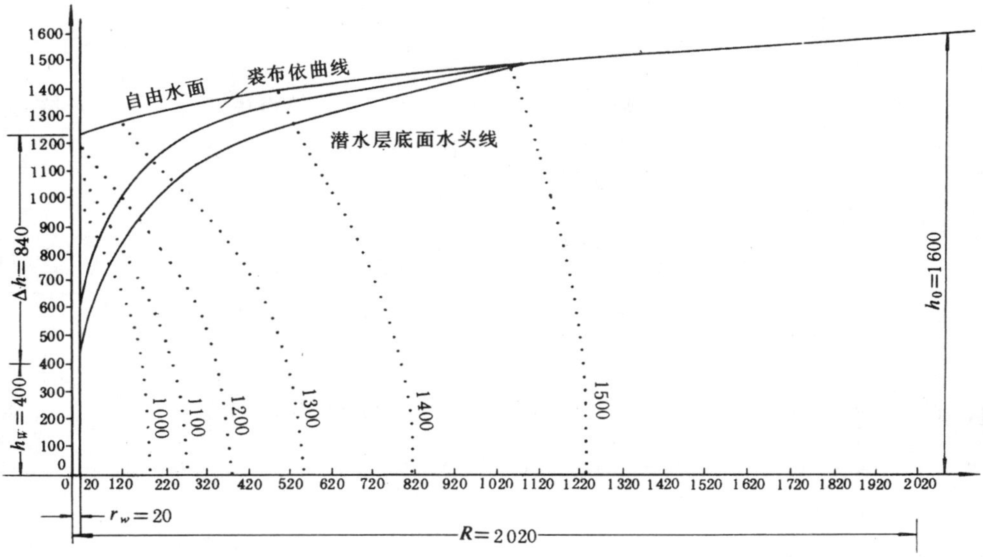

图4-1-4　松弛法解潜水井流的水头线

（据杨式德）

这里考虑三维流动，因此 h 只表示径距 r 处的潜水面的高程，并不表示此圆柱面上的水头值。

任取一圆柱面，此面上任一点的水头为

$$H = z + \frac{p}{\gamma}$$

在圆柱面上，取一高度为 $\mathrm{d}z$ 的微分圆柱面，其面积为

$$\mathrm{d}A = 2\pi r \mathrm{d}z$$

由于渗流是轴对称的，因此在此微分圆柱面上各点的渗透速度相同。此渗流速度在法线 r 上的分量为

$$v_r = - K \frac{\mathrm{d}H}{\mathrm{d}r}$$

通过此微分圆柱面的流量为

$$\mathrm{d}Q = - v_r \mathrm{d}A = 2\pi r K \frac{\mathrm{d}H}{\mathrm{d}r}\mathrm{d}z$$

这里取负号是由于水文地质学家习惯上以抽水量为正值，注水量为负值。于是，通过整个圆柱面的总流量为

$$Q = 2\pi K \int_0^h r \frac{\mathrm{d}H}{\mathrm{d}r}\mathrm{d}z$$

由于

$$r\frac{\mathrm{d}H}{\mathrm{d}r} = r\frac{\mathrm{d}H}{\mathrm{d}\ln r}\cdot\frac{\mathrm{d}\ln r}{\mathrm{d}r} = \frac{\mathrm{d}H}{\mathrm{d}\ln r}$$

所以

$$Q = 2\pi K \int_0^h \frac{\mathrm{d}H}{\mathrm{d}\ln r}\mathrm{d}z \qquad (*)$$

根据含参变量积分的求导公式

$$\frac{d}{d\ln r}\int_0^h H dz = \int_0^h \frac{dH}{d\ln r}dz + H(r,h)\frac{dh}{d\ln r}$$
$$= \int_0^h \frac{dH}{d\ln r}dz + \frac{d}{d\ln r}\left(\frac{h^2}{2}\right)$$

即

$$\int_0^h \frac{dH}{d\ln r}dz = \frac{d}{d\ln r}\int_0^h H dz - \frac{d}{d\ln r}\left(\frac{h^2}{2}\right)$$

将此关系代入（*）式，即

$$Q = 2\pi K\left[\frac{d}{d\ln r}\int_0^h H dz - \frac{d}{d\ln r}\left(\frac{h^2}{2}\right)\right]$$

即

$$\frac{Q}{2\pi K}d\ln r = d\left(\int_0^h H dz\right) - d\left(\frac{h^2}{2}\right)$$

此方程对 r 在 r_w 至 R 之间积分，对 h 在 h_s 至 h_0 之间积分，即

$$\frac{Q}{2\pi K}\int_{r_w}^R d\ln r = \int_{h_s}^{h_0} d\left(\int_0^h H dz\right) - \int_{h_s}^{h_0} d\left(\frac{h^2}{2}\right)$$

则有

$$\frac{Q}{2\pi K}(\ln R - \ln r_w) = \left(\int_0^{h_0} H dz - \int_0^{h_s} H dz\right) - \left(\frac{h_0^2}{2} - \frac{h_s^2}{2}\right) \qquad (**)$$

由于

$$\int_0^{h_0} H dz = \int_0^{h_0} h_0 dz = h_0^2$$

和

$$\int_0^{h_s} H dz = \int_0^{h_w} H dz + \int_{h_w}^{h_s} H dz = \int_0^{h_w} h_w dz + \int_{h_w}^{h_s} z dz$$
$$= h_w^2 + \frac{h_s^2}{2} - \frac{h_w^2}{2} = \frac{h_w^2}{2} + \frac{h_s^2}{2}$$

将这两个关系代入（* *）式，得

$$\frac{Q}{2\pi K}\ln\frac{R}{r_w} = h_0^2 - \left(\frac{h_w^2}{2} + \frac{h_s^2}{2}\right) - \left(\frac{h_0^2}{2} - \frac{h_s^2}{2}\right)$$
$$= \frac{h_0^2}{2} - \frac{h_w^2}{2}$$

即

$$Q = \frac{\pi K(h_0^2 - h_w^2)}{\ln\frac{R}{r_w}}$$

其结果与裘布依涌水量方程相同。由此可见，在考虑水跃和剖面上等水头线为曲线的情况下，裘布依流量公式仍然是正确的。因此，我们仍然可以用裘布依公式来计算最大涌水量。

三、裘布依稳定承压井流

这部分所讨论的条件与第一部分相似，只是含水层是等厚的承压含水层。

在这种条件下抽水，剖面上的流线是相互平行的直线，等水头线是铅垂线，等水头面（渗流断面）则是真正的圆柱面（图4-1-5）；在这种情况下渗流断面上各点的水力坡度是相同的，其流动方向沿着 r 轴向。

坐标轴的取法见图4-1-5。

根据流网分析，渗流断面为圆柱面，即

$$A = 2\pi r M$$

代入达西线性渗流定律，得

$$Q = KA\frac{\mathrm{d}H}{\mathrm{d}r} = 2\pi Tr\frac{\mathrm{d}H}{\mathrm{d}r}$$

分离变量积分，取积分限为：r 由 r_w 至 R，H 由 H_w 至 H_0，得

$$Q = \frac{2\pi T(H_0 - H_w)}{\ln\frac{R}{r_w}} = 2.73\frac{Ts_w}{\lg\frac{R}{r_w}} \tag{4-1-7}$$

式中：Q 为抽水井涌水量；K 为含水层渗透系数；M 为承压含水层厚度；T 为含水层导水系数；R 为圆柱形含水层的半径；r_w 为抽水井半径；H_0 为圆柱形含水层外侧水头（保持不变）；H_w 为抽水井中的水头（实指进水井壁处的水头）；s_w 为抽水井中的水头降深（实指进水井壁处的水头降深）。

这就是裘布依稳定完整承压井流的涌水量方程。

若将涌水量公式移项，可得计算导水系数 T 的公式，即

$$T = 0.366\frac{Q\lg\frac{R}{r_w}}{s_w} \tag{4-1-8}$$

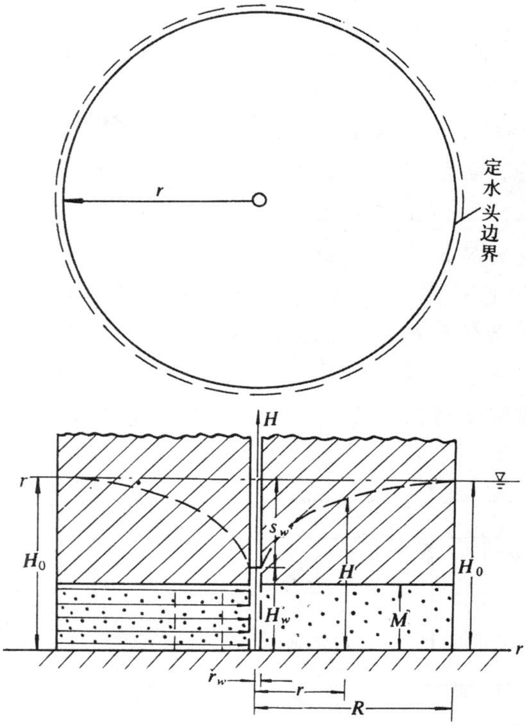

图4-1-5　裘布依稳定承压井流

若抽水试验有两个观测孔，那么只要改变积分限：r 由 r_1 至 r_2；H 由 H_1 至 H_2，即可得到相应公式

$$T = 0.366\frac{Q\lg\frac{r_2}{r_1}}{H_2 - H_1} \tag{4-1-9}$$

或者

$$T = 0.366\frac{Q\lg\frac{r_2}{r_1}}{s_1 - s_2} \tag{4-1-10}$$

式中：H_1、H_2 为相应 r_1、r_2 观测孔的水头；s_1、s_2 为相应 r_1、r_2 观测孔的降深。

若积分上下限改为：r 由 r_w 至 r；H 由 H_w 至 H，则可以得出降落漏斗（水头线）的方程式，即

$$H = H_w + \frac{Q}{2\pi T}\ln\frac{r}{r_w} = H_w + s_w\frac{\ln\frac{r}{r_w}}{\ln\frac{R}{r_w}} \tag{4-1-11}$$

式中：H 为相应 r 的水头。

此式表明，降落漏斗曲线的形状取决于内、外边界的水头 H_w 和 H_0，与 Q、T 无关。

§4.2 齐姆模型与裘布依模型的区别

裘布依稳定井流的基本方程是在外边界为定水头的圆柱形含水层条件下导得的，这种条件在自然界极为罕见。

德国土木工程师齐姆（Thiem）认为：在水平方向无限延伸的含水层中的 R 值可以近似取为从抽水井中心到实际上观测不出地下水水位（水头）下降处的水平距离，这样就引出了“影响半径”的概念。他认为用影响半径来代替裘布依提出的圆形含水层的补给半径进行计算不会带来严重的误差。从而，长期以来，使裘布依模型（图4-1-2）与齐姆的影响半径模型（图4-2-1）相混淆，将无界含水层用一个所谓“影响半径 R”来表达裘布依模型，误认为这两个模型是等价的①，导致地下水资源评价概念和方法上的错误②。

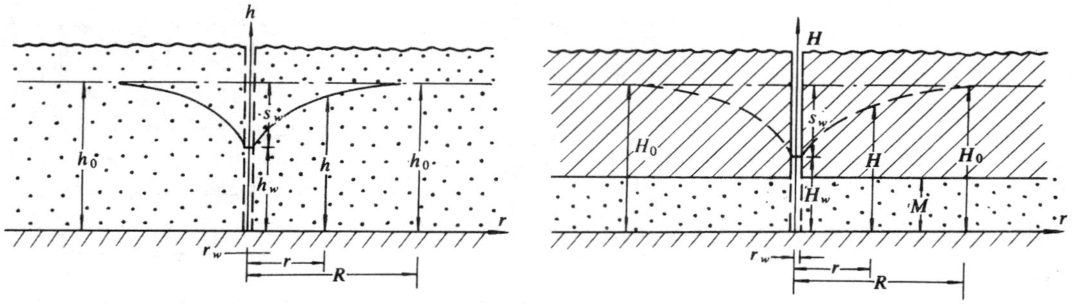

图4-2-1 齐姆的影响半径模型

实际上，尽管初看起来齐姆模型与裘布依模型似乎很相近，即后者认为 R 处的降深为零而前者视为趋于零。然而它们之间却存在着根本性的差别：

（1）对于裘布依模型，在抽水井启泵之前，稳定的潜水面是水平的（为简化分析，这里暂作不严格的提法，如此并不影响结论），则外边界处初始补给量为零。随着抽水漏斗形成，外边界补给量随之增加，当外边界处的补给量等于抽水井的流量时，便形成稳定井流。而对于齐姆模型，由于假定含水层侧向无限延伸，因而抽取的水始终是含水层的储存量。这样，井流就不可能形成稳定流动。裘布依模型可以形成稳定井流，即其水头降深 s 存在极限值；而齐姆模型不可能形成稳定井流，即其水头降深始终随抽水时间的延续而增大。两者怎能相混淆，怎会等价。对此问题，我们将在下文§5.2之二做进一步分析。

（2）齐姆和裘布依刻画的是两个不同的概念模型，所以形成的流动特征也不同［图4-2-2（a）及图4-2-2（b）］。

以上是针对天然水头面为水平的状态来分析的。然而，自然界地下水位往往是倾斜的，或者说存在天然径流量，那么对于这种情况的地下水流动特征会是如何的呢？长期以来曾流行一种观点，认为抽水量小于（或远远地小于）天然径流量时，抽水可以形成稳定流动。笔者在1966

① 长期以来，国内外文献把含“影响半径 R”的模型误称为裘布依模型。笔者在（1966）《地下水动力学》（北京地质学院函授教材）中对“影响半径”有关问题表示异议，笔者在（1974）《地下水不稳定流计算》和（1975）《地下水不稳定井流计算方法》（武汉地质学院）对此做了进一步的分析，并提出裘布依方程对应的模型应是“圆岛模型”的见解。直到1982年，笔者请正在法国进修的刘存富教授从法国国家巴黎图书馆复印到裘布依（1863）的原著，这时才见“庐山真面目”。那本十分珍贵的历史文献表达的正是“圆岛模型”。为此，在笔者（1983）的《地下水不稳定井流计算方法》（地质出版社，第3页）中恢复了裘布依模型的原貌。张宏仁翻译了裘布依（1863）著作的全文（见《地下水水力学的发展》，地质出版社，1992），有兴趣的读者可查阅上述文献。

② 例如“平均布井法”和“单位静储法”等错误方法均由此引出。

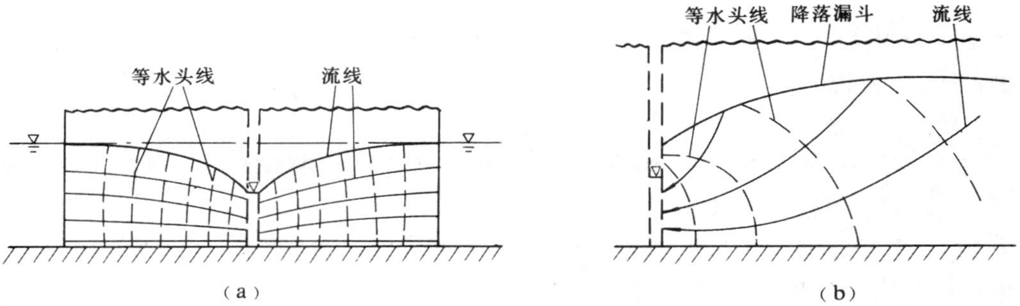

图4-2-2　裘布依和齐姆井流的流网

(a) 裘布依井流；(b) 齐姆井流

年[①]（也可见《水文地质工程地质》1978年第6辑，地质出版社，82～86页）曾用一简单的方法分析过此问题。现在摘引如下。

对于一无垂向入渗补给和蒸发排泄的含水层，假定抽水之前存在天然径流量（动储量）$Q_{动}$，且地下水处于稳定状态。由于井孔在抽水之前地下水处于动平衡状态，因此在渗流场上任意取一均衡区段，其流入水量必等于流出水量。现假定某井孔以流量 $Q_{抽}$ 进行抽水若干时间（注意，这里没有对 $Q_{抽}$ 的大小和抽水持续时间 t 加以限定，$Q_{抽}$ 可以小于 $Q_{动}$，抽水时间也可以很长），如这时已形成一个相当大的影响范围，但尚未到达补排边界（严格地讲是未明显地改变供、排边界条件），那么是否能形成新条件下的稳定流动呢?我们取比该时刻的影响范围稍大一点的地段作为均衡段来研究（图4-2-3）。由于均衡段的边缘线取在影响范围之外，因此该边缘线上的含水层厚度与水力坡度等要素与抽水之前相同。抽水前此均衡段边缘上的流进与流出的水量是相等的，因而此时刻均衡段边缘线上的流进与流出的水量也保持不变。但是，这时均衡段内部却多了一项井孔抽水的流出项 $Q_{抽}t$，因此它处于负均衡状态，地下水流稳定不了，影响范围将继续发展。对于抽水前后垂向补给量和排泄量保持不变的含水层，用上述均衡方法同样可以证明抽水不能形成新稳定流的结论。这样，我们可以得出结论：在补给量和（或）排泄量改变之前，即使 $Q_{抽}$ 小于 $Q_{动}$，抽水也不能使均衡区形成新的稳定状态。

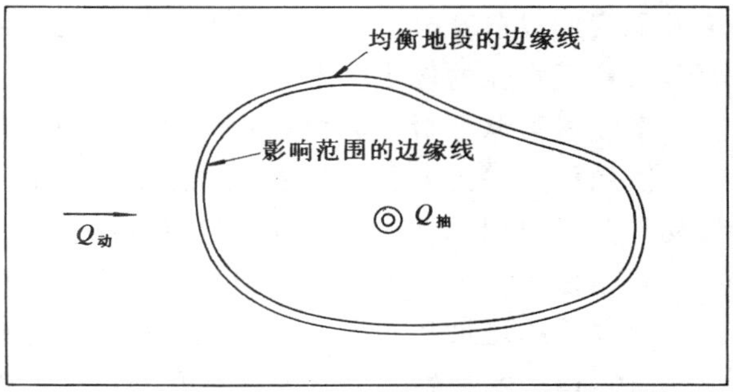

图4-2-3　均衡地段平面图

如对上述分析定量化，可写出其均衡方程。已知均衡段边缘上进出的水量是相等的，因而 t 时间内井孔的抽水总量等于均衡段内被疏干的地下水体积；对于承压含水层来说，则是减压漏斗所释放的弹性储量。即

$$Q_{抽}t=-\Delta V_{储} \tag{4-2-1}$$

或

$$Q_{抽}=-\frac{\Delta V_{储}}{t} \tag{4-2-2}$$

此结论同样适用于抽水前的垂直补给量和排泄量保持不变的含水层。

① 陈崇希（1966），《地下水动力学》（函授教材），北京地质学院。

引伸上述讨论，当影响范围扩展到补给、排泄边界，可以引起补给量的增大和（或）排泄量的减少。这种情况，其均衡方程为

$$V_{抽} = \Delta V_{补} - \Delta V_{泄} - \Delta V_{储} \tag{4-2-3}$$

式中：$V_{抽}$ 为 t 时间内抽水总量（L^3）；$\Delta V_{补}$ 为同期内补给量的增量（L^3）；$\Delta V_{泄}$ 同期内排泄量的增量；$\Delta V_{储}$ 为同期内储存量（包括弹性储量）的增量。

方程（4-2-3）式是从水均衡角度分析抽水试验和评价允许（可靠）开采量的普遍形式。当抽水尚未明显改变补给、排泄边界条件，而抽水前后垂向补给量、排泄量又保持不变时，$\Delta V_{补}$ 和 $\Delta V_{泄}$ 为零，于是

$$V_{抽} = - \Delta V_{储} \tag{4-2-4}$$

这就是前面分析的，抽出来的总量全部来自储存量的消耗。当抽水已使地下水达到稳定流动时，即 $\Delta V_{储} = 0$ 时，则要求

$$V_{抽} = \Delta V_{补} - \Delta V_{泄} \tag{4-2-5}$$

这就是我们以前曾分析过的，只有当补给的增加量与排泄的减少量之和等于抽水量时，才可能形成地下水流的稳定状态。

本教材强调分析形成稳定井流的水文地质条件，是为了避免在不可能形成稳定井流的条件下使用稳定井流方程，曾犯这样错误的不乏其例。究其根源，主要是对裘布依稳定井流的模型及其公式应用条件的不正确理解所造成。

现在分析一下增加补给量和减少排泄量的主要形式有哪些？

含水系统增加补给量大体上有下列几种途径：

（1）地表水补给地下水的发生和补给量的增大；

（2）入渗强度的增加（因采矿或排水引起地表坍塌或灌溉等原因）；

（3）人工补给。

含水系统减少排泄量大体上有下列几种：

（1）地表水排泄地下水量的减少；

（2）地下水蒸发排泄量的减少；

（3）泉流量的减少或被流干。

综合上述分析，我们对常见的、可形成稳定井流的条件，分为下列几类：

（1）傍河（或其他地表水体）井流。当河流补给地下水的增量和排泄地下水的减量之和等于井孔抽水量时，便形成稳定井流；

（2）大泉附近的井流，当泉的排泄量减少等于抽水流量时，便可形成稳定井流；

（3）蒸发排泄区的井流。抽水降低地下水位将会减少地下水的蒸发（蒸腾）量，当蒸发的减少量等于抽水量时，可形成稳定井流；

（4）上述各项的综合形式。

同时我们也强调指出：

（1）齐姆模型（图4-2-1）的条件下，不可能形成稳定井流；

（2）地下水流中的井流，如果方程（4-2-5）式不满足，也不可能形成稳定井流。

顺便指出：把稳定井流和不稳定井流纯粹作为并列的方法来使用，甚至用两个对比方案来预测涌水量或计算含水层参数，这是不对的。稳定井流或不稳定井流由客观存在的水文地质条件所决定，非此即彼，两者必属其一。因此，它们不是可供任意选择的纯方法。

最后我们指出，以往存在一种不正确的认识，认为预测涌水量的地下水动力学法是不考

虑地下水补给条件的，因此用该法计算的涌水量（或允许开采量）应当用水均衡法加以检验（如 Н. И. 普洛特尼科夫等著，《金属矿床地下水》，1964年等），这当然是一种误解。地下动力学每一条公式都是在一定的边界条件和初始条件（若是不稳定流动）下导得的，这些条件和地下水流控制方程一起，已经反映了开采之后补给量和排泄量上的变化。

我们要强调的正是：任何公式都有其相对应的水文地质条件，离开规定的条件去应用公式，就要犯根本性的错误。

鉴于本章所介绍的裘布依稳定井流是外边界为定水头的圆柱形含水层中心一口完整型抽（注）水井的模型，这种条件自然界极为罕见；而含“影响半径”的齐姆模型在理论上存在着明显的缺陷，这一点也已被大量地下水资源开采的实例所证实。因而本教材对裘布依稳定井流理论和齐姆模型就简单地介绍这些内容，无需将其拓宽到井群干扰、非完整井流和边界附近的井流等问题。进一步地说，若按裘布依圆柱形含水层条件来讨论井群干扰问题，不仅没有实用价值，而且其解析解已十分困难。当然，对于裘布依模型不存在另外的边界附近的井流问题，而若以齐姆含“影响半径 R”的条件来讨论井群或边界附近的井流问题，则还会引出新的矛盾，这里不再分析。

本教材将比较系统地介绍符合客观规律的井流问题的理论与应用。一般情况下我们强调井流的不稳定过程，至于是否能够形成稳定井流，只要分析不稳定水头降深 $s(t)$ 方程，即令 $t \to \infty$，若 $s(t) \to \infty$，则此条件下不可能形成稳定井流；反之，若 $s(t) \to s_{max}$（有限值），则此条件可以形成稳定井流。实际上，只要将基本水文地质条件给定，便可依上述介绍的分析方法判断出是否会形成稳定流，无须待降深方程导得。

复习思考题

1. 有的文献认为：在水平方向无限延伸的含水层中一井孔流量保持不变地抽水，经过相当长时间以后，漏斗的扩展速度逐渐变小，最后趋于零而达到稳定状态。对此观点，读者有何评论？

2. 有文献认为：在存在降雨入渗补给面积很大的地区（可视为等强度稳定入渗补给），一井孔做定流量抽水试验，经一定时间后可以形成稳定井流，读者对此有何评论？

3. 有文献将裘布依方程（4-1-1）式中的 h_0 称为“初始水位”。严格地说，这种叫法合适吗？为什么？

4. 甲认为：对于裘布依模型，当井中水位 h_w 趋于零时，井的涌水量 Q 达到最大值 Q_{max}。乙批评甲的观点，认为：当 $h_w \to 0$ 时，井壁处的过水断面面积 $A = 0$，而 K 为有限值，对于无压流水力坡度的最大值为1，因此按达西定律此时的 $Q = 0$，而不是 $Q \to Q_{max}$。对此，读者有何评论？

5. 有文献认为：影响半径 R 是含水层的水文地质参数（如同渗透系数 K 一样）。读者如何认识？

6. 对于图4-1-5，当抽水量较大时，致使抽水井中的水位 H_w 降至隔水顶板底面之下而形成承压—无压稳定井流，试写出其涌水量和水头线方程。

7. 何谓水跃？承压水井流是否出现水跃？为什么？

8. 在地下水位面（线）倾斜的无界含水层定流量抽水，是否会出现稳定流？

9. 如何理解潜水井流和承压井流的降落漏斗曲线取决于内、外边界水位（水头），而与 θ、$K(T)$ 无关？

第五章　无越流含水层中的完整井流

本章和下一章重点讨论承压井流，无压井流是附带的，它将在第七章中做进一步的讨论。

§5.1　无限含水层中单个定流量井流

含水层均是有限的，或者说含水层都有它的外边界；如果含水层（水平方向）是如此之大，以致外边界对于含水层研究区段的水头分布没有明显的影响，则可称它为无限含水层；由此可见，有限含水层和无限含水层是相对的。对于压力传导系数小的含水层进行短时间抽水的情况，可视为无限的含水层；但对于压力传导系数大的含水层做长时间抽水的情况，则可能要看成有限的含水层。有些抽水试验可视为无限的含水层，但对于长期开采地下水，计算时则可能应考虑为有限含水层。

一、基本方程

无限含水层中单个定流量井流方程基于下列假定条件：①含水层是均质、各向同性、等厚且水平分布，水和含水层均假定为弹性体；②无垂向补给、排泄，即 $W=0$；③渗流满足达西定律；④完整井，假定流量沿井壁均匀进水；⑤水头下降引起地下水从储量中的释放是瞬时完成的；⑥抽水前水头面是水平的；⑦井径无限小且定流量抽水；⑧含水层侧向无限延伸。

根据条件①至⑤，可以应用轴对称流基本微分方程（2-3-17）式或（2-3-19）式，⑥是初始条件；⑦和⑧分别是内、外边界条件。因此，该定解问题可写为

$$[\mathrm{I}]\begin{cases}\alpha\left(\dfrac{\partial^2 H}{\partial r^2}+\dfrac{1}{r}\dfrac{\partial H}{\partial r}\right)=\dfrac{\partial H}{\partial t} & (0\leqslant r<\infty, t>0) \quad (5\text{-}1\text{-}1)\\ H(r,0)=H_0 & (0\leqslant r<\infty) \quad (5\text{-}1\text{-}2)\\ H(\infty,t)=H_0 & (t>0) \quad (5\text{-}1\text{-}3)\\ \lim\limits_{r\to 0}2\pi rT\dfrac{\partial H}{\partial r}=Q(\text{常量})^{①} & (t>0) \quad (5\text{-}1\text{-}4)\end{cases}$$

该定解问题可用积分变换法、分离变量法或博尔兹门（L. Boltzmann）变换法求解（见附录I），它的解为

$$s(r,t)=H_0-H(r,t)=\frac{Q}{4\pi T}\int_u^\infty\frac{\mathrm{e}^{-x}}{x}\mathrm{d}x \quad (5\text{-}1\text{-}5)$$

其中

$$u=\frac{r^2}{4\alpha t} \quad (5\text{-}1\text{-}6)$$

地下水动力学上习惯记

$$W(u)=\int_u^\infty\frac{\mathrm{e}^{-x}}{x}\mathrm{d}x \quad (5\text{-}1\text{-}7)$$

---

① 水文地质工作者习惯上规定抽水流量为正值，因此这里差一负号。

称 $W(u)$ 为泰斯（C. V. Theis）井流的井函数。

于是得计算承压井流的三条基本方程为

$$s(r,t)=\frac{Q}{4\pi T}W(u) \tag{5-1-8}$$

$$Q=\frac{4\pi Ts}{W(u)} \tag{5-1-9}$$

和

$$t=\frac{r^2}{4aW^{-1}\left(\dfrac{4\pi Ts}{Q}\right)} \tag{5-1-10}$$

其中 W^{-1} 是反井函数。如 $W(u)=A$，则 $W^{-1}(A)=u$。

对于潜水完整井流问题，显然比承压井流要复杂得多。对它的全面分析留在第七章讨论，这里仅注意一个问题，即承压井流的厚度 M 是不变的，而潜水井流的厚度 h 是变化的。如果忽视其他方面的差异，那么只要寻求潜水井流的 h 与承压井流的 M 之间的对应关系（水位 h 与水头 H 以及重力给水度 μ_d 与弹性给水度 μ_e 的对应关系是显然的）之后，便可将承压井流的解用于潜水井流。

如果潜水井流满足前述承压井流的 8 个假定条件，其中第①条改为“含水层是均质、各向同性、等厚且含水层底板水平”，再加第⑨个条件，降深值远远小于潜水含水层厚度，流动满足裘布依假定，则潜水井流与承压井流可以对应起来。

满足上述 9 个假定条件的潜水完整井流，其流动微分方程为（2-4-14）式，即

$$[\text{II}]\begin{cases} Kh_m\left(\dfrac{\partial\varphi}{\partial r^2}+\dfrac{1}{r}\dfrac{\partial\varphi}{\partial r}\right)=\mu_d\dfrac{\partial\varphi}{\partial t} & (0\leqslant r<\infty,t>0) \\ \text{其中 }\varphi=\dfrac{1}{2}h^2 & \\ \text{初始条件和边界条件为} & \\ \varphi(r,0)=\varphi_0 & (0\leqslant r<\infty) \\ \varphi(\infty,r)=\varphi_0 & (t>0) \\ \lim\limits_{r\to 0}2\pi rK\dfrac{\partial\varphi}{\partial r}=Q(\text{常量}) & (t>0) \end{cases}$$

现已知由（5-1-1）式至（5-1-4）式构成的承压井流定解问题［Ⅰ］的解为（5-1-5）式，我们通过变换将承压井流问题［Ⅰ］改变为潜水井流问题［Ⅱ］的形式，就可获得参数间的对应关系。为此，在承压流的基本微分方程（5-1-1）式

$$KM\left(\frac{\partial^2 H}{\partial r^2}+\frac{1}{r}\frac{\partial H}{\partial r}\right)=\mu_e\frac{\partial H}{\partial t}$$

两端乘以 M，并引入承压流势函数 φ 的定义

$$\varphi=HM \tag{*}$$

则微分方程变为

[Ⅲ]

$$KM\left(\frac{\partial^2\varphi}{\partial r^2}+\frac{1}{r}\frac{\partial\varphi}{\partial r}\right)=\mu_e\frac{\partial\varphi}{\partial t} \qquad (0\leqslant r<\infty,t>0) \qquad (**)$$

初始条件(5-1-2) 式改为

$$\varphi(r,0)=\varphi_0 \qquad (0\leqslant r<\infty)$$

边界条件(5-1-3) 式和(5-1-4) 式分别为

$$\varphi(\infty,t)=\varphi_0 \qquad (t>0)$$

$$\lim_{r\to 0}2\pi rK\frac{\partial\varphi}{\partial r}=Q(\text{常量}) \qquad (t>0)$$

由此可见，承压井流引入势函数 φ 的定义之后，承压完整井的定解问题［Ⅲ］与潜水完整井的定解问题［Ⅱ］的形式完全一样，于是其解 φ 的形式也应相同，只是要注意两者变量间的关系：

	潜水井流		承压井流	
含水层厚度：	h_m	→	M	(5-1-11)
给水度：	μ_d	→	μ_e	(5-1-12)
势函数 φ：	$\frac{1}{2}h^2$	→	HM	(5-1-13)

由承压完整井流的解 (5-1-5) 式改写为

$$H_0M-HM=\frac{Q}{4\pi K}W(u) \tag{5-1-14}$$

其中

$$u=\frac{r^2}{4at}=\frac{r^2\mu_e}{4KMt} \tag{5-1-15}$$

利用上述三个变换关系，直接可以得到潜水完整井定流量抽水的方程

$$\frac{1}{2}(h_0^2-h^2)=\frac{Q}{4\pi K}W(u) \tag{5-1-16}$$

$$u=\frac{r^2}{4at}=\frac{r\mu_d}{4Kh_mt} \tag{5-1-17}$$

若用水位降深 $s=h_0-h$ 表示，则依

$$\begin{aligned}\frac{1}{2}(h_0^2-h^2)&=\frac{1}{2}(h_0+h)(h_0-h)\\&=\frac{1}{2}(h_0+h+h_0-h_0)s\\&=\left(h_0-\frac{s}{2}\right)s\end{aligned} \tag{5-1-18}$$

(5-1-16) 式可写为

$$\left(h_0-\frac{s}{2}\right)s=\frac{Q}{4\pi K}W(u) \tag{5-1-19}$$

对比承压井流方程 (5-1-14) 式可见，潜水井流的平均厚度 h_m 值可按下式近似计算

$$h_m=\left(h_0-\frac{s}{2}\right) \tag{5-1-20}$$

换句话说，我们可以引入抽水时潜水层的平均厚度 h_m 的定义 (5-1-20) 式将潜水井流方程与承压井流方程对应起来或互相转化。在欧美一些文献上往往采用雅可布修正降深 s_c 来转化上述两类井流方程关系，即

$$h_ms=\left(h_0-\frac{s}{2}\right)s=h_0s-\frac{s^2}{2}=h_0\left(s-\frac{s^2}{2h_0}\right)$$

记

$$s_c = s - \frac{s}{2h_0} \tag{5-1-20'}$$

称 s_c 为修正降深，为此，含水层厚度不变而降深作相应修改。

为此，对应定流量抽水的承压完整井流三个基本方程（5-1-8）式至（5-1-10）式，定流量抽水潜水完整井流的三个基本方程为

$$s(r,t) = h_0 - \sqrt{h_0^2 - \frac{Q}{4\pi K}W(u)} \tag{5-1-21}$$

$$Q = \frac{2\pi K(2h_0 - s)s}{W(u)} \tag{5-1-22}$$

和

$$t = \frac{r^2}{4aW^{-1}\left[\frac{2\pi K(2h_0 - s)s}{Q}\right]} \tag{5-1-23}$$

以上六式（5-1-8）式至（5-1-10）式、（5-1-21）式至（5-1-23）式均称为泰斯公式。

泰斯井函数也可以用级数形式表示，即

$$W(u) = -\ln u - 0.577\,2 + u - \frac{1}{2\cdot 2!}(u)^2 + \frac{1}{3\cdot 3!}(u)^3 - \cdots$$

$$= -\ln u - 0.577\,2 + \sum_{n=1}^{\infty}\frac{(-1)^{n+1}}{n\cdot n!}(u)^n \tag{5-1-24}$$

泰斯井函数的曲线图形如图 5-1-1 所示。为了计算方便，它已制成函数表，见本章后表 5-1-1。

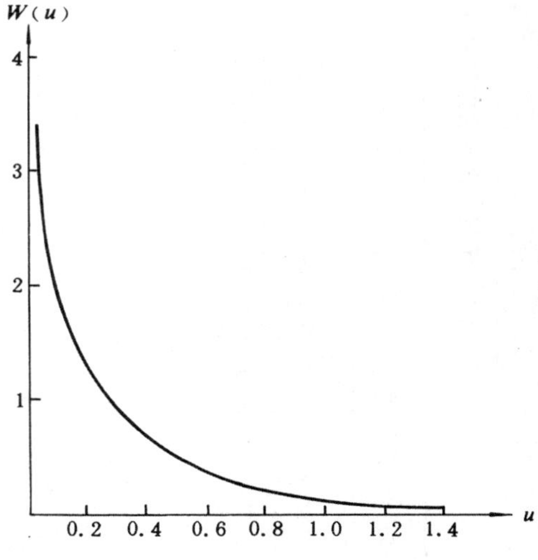

图 5-1-1　$W(u)$-u 曲线

当 $u\left(=\frac{r^2}{4at}\right)$ 足够小时，泰斯井函数可用（5-1-24）式的前两项近似表示，即

$$W\left(\frac{r^2}{4at}\right) \approx \ln\frac{r^2}{4at} - 0.577\,2$$

$$= \ln\frac{4at}{r^2} - \ln 1.781$$

$$= \ln\frac{2.25at}{r^2} \tag{5-1-25}$$

当 $u \leqslant 0.01$，即 $t \geqslant 25\frac{r^2}{a}$ 时（误差在 0.25% 以内）或当 $u \leqslant 0.05$，即 $t \geqslant 5\frac{r^2}{a}$ 时（误差在 2% 以内），可用对数近似代替泰斯井函数。这样，方程（5-1-8）式至（5-1-10）式和（5-1-21）式至（5-1-23）式相应地变为

对于承压井流

$$s(r,t) = \frac{Q}{4\pi T}\ln\frac{2.25at}{r^2} \tag{5-1-26}$$

$$Q = \frac{4\pi Ts}{\ln\frac{2.25at}{r^2}} \tag{5-1-27}$$

$$t = 0.445\frac{r^2}{a}e^{\frac{4\pi Ts}{Q}} \tag{5-1-28}$$

对于潜水井流

表 5-1-1 无越流含水层定流量井函数 $W(u)=\int_u^{\infty}\frac{e^{-x}}{x}dx$

N \ u	$N\times10^{-15}$	$N\times10^{-14}$	$N\times10^{-13}$	$N\times10^{-12}$	$N\times10^{-11}$	$N\times10^{-10}$	$N\times10^{-9}$	$N\times10^{-8}$	$N\times10^{-7}$	$N\times10^{-6}$	$N\times10^{-5}$	$N\times10^{-4}$	$N\times10^{-3}$	$N\times10^{-2}$	$N\times10^{-1}$	N
1.0	33.9616	31.6590	29.3564	27.0538	24.7512	22.4486	20.1460	17.8435	15.5409	13.2383	10.9357	8.6332	6.3315	4.0379	1.8229	0.2194
1.1	33.8662	31.5637	29.2611	26.9585	24.6559	22.3533	20.0507	17.7482	15.4456	13.1430	10.8404	8.5379	6.2363	3.9436	1.7371	0.1860
1.2	33.7792	31.4767	29.1741	26.8715	24.5689	22.2663	19.9037	17.6611	15.3586	13.0560	10.7534	8.4509	6.1494	3.8576	1.6595	0.1584
1.3	33.6992	31.3966	29.0940	26.7914	24.4889	22.1863	19.8837	17.5811	15.2785	12.9759	10.6734	8.3709	6.0695	3.7785	1.5889	0.1355
1.4	33.6251	31.3225	29.0199	26.7173	24.4147	22.1122	19.8096	17.5070	15.2044	12.9018	10.5993	8.2968	5.9955	3.7054	1.5241	0.1162
1.5	33.5561	31.2535	28.9509	26.6483	24.3458	22.0432	19.7406	17.4380	15.1354	12.8328	10.5303	8.2278	5.9266	3.6374	1.4645	0.1000
1.6	33.4916	31.1890	28.8864	26.5838	24.2812	21.9786	19.6760	17.3735	15.0709	12.7683	10.4657	8.1634	5.8621	3.5739	1.4092	0.08631
1.7	33.4309	31.1283	28.8258	26.5232	24.2206	21.9180	19.6154	17.3128	15.0103	12.7077	10.4051	8.1027	5.8016	3.5143	1.3578	0.07465
1.8	33.3738	31.0712	28.7686	26.4660	24.1634	21.8608	19.5583	17.2557	14.9531	12.6505	10.3479	8.0455	5.7446	3.4581	1.3089	0.06471
1.9	33.3197	31.0171	28.7145	26.4119	24.1094	21.8068	19.5042	17.2016	14.8990	12.5964	10.2939	7.9915	5.6906	3.4050	1.2649	0.05620
2.0	33.2684	30.9658	28.6632	26.3607	24.0581	21.7555	19.4529	17.1503	14.8477	12.5451	10.2426	7.9402	5.6394	3.3547	1.2227	0.04890
2.1	33.2196	30.9170	28.6145	26.3119	24.0093	21.7067	19.4041	17.1015	14.7989	12.4964	10.1938	7.8914	5.5907	3.3069	1.1829	0.04261
2.2	33.1731	30.8705	28.5679	26.2653	23.9628	21.6602	19.3576	17.0550	14.7524	12.4498	10.1473	7.8449	5.5443	3.2614	1.1454	0.03719
2.3	33.1286	30.8261	28.5235	26.2209	23.9183	21.6157	19.3131	17.0106	14.7080	12.4054	10.1028	7.8004	5.4999	3.2179	1.1099	0.03250
2.4	33.0861	30.7835	28.4809	26.1783	23.8758	21.5732	19.2706	16.9680	14.6654	12.3628	10.0603	7.7579	5.4575	3.1763	1.0762	0.02844
2.5	33.0453	30.7427	28.4401	26.1375	23.8349	21.5323	19.2298	16.9272	14.6246	12.3220	10.0194	7.7172	5.4167	3.1365	1.0443	0.02491
2.6	33.0060	30.7035	28.4009	26.0983	23.7957	21.4931	19.1905	16.8880	14.5854	12.2828	9.9802	7.6779	5.3776	3.0983	1.0139	0.02185
2.7	32.9683	30.6657	28.3631	26.0606	23.7580	21.4554	19.1528	16.8502	14.5476	12.2450	9.9425	7.6401	5.3400	3.0615	1.9849	0.01918
2.8	32.9319	30.6294	28.3268	26.0242	23.7216	21.4190	19.1164	16.8138	14.5113	12.2087	9.9061	7.6038	5.3037	3.0261	1.9573	0.01686
2.9	32.8968	30.5943	28.2917	25.9891	23.6865	21.3839	19.0813	16.7788	14.4762	12.1736	9.8710	7.5687	5.2687	2.9920	1.9309	0.01482
3.0	32.8629	30.5604	28.2578	25.9552	23.6526	21.3500	19.0474	16.7449	14.4423	12.1397	9.8371	7.5348	5.2349	2.9591	1.9057	0.01305
3.1	32.8302	30.5276	28.2250	25.9224	23.6198	21.3172	19.0146	16.7121	14.4095	12.1069	9.8043	7.5020	5.2022	2.9273	1.8815	0.01149
3.2	32.7984	30.4958	28.1932	25.8907	23.5880	21.2855	18.9829	16.6803	14.3777	12.0751	9.7726	7.4703	5.1706	2.8965	1.8583	0.01013
3.3	32.7676	30.4651	28.1625	25.8599	23.5573	21.2547	18.9521	16.6495	14.3470	12.0444	9.7418	7.4395	5.1399	2.8668	1.8361	0.008939
3.4	32.7378	30.4352	28.1326	25.8300	23.5274	21.2249	18.9223	16.6197	14.3171	12.0145	9.7120	7.4097	5.1102	2.8379	1.8147	0.007891
3.5	32.7088	30.4062	28.1036	25.8010	23.4985	21.1959	18.8933	16.5907	14.2881	11.9855	9.6830	7.3807	5.0813	2.8099	1.7942	0.006970
3.6	32.6806	30.3780	28.0755	25.7729	23.4703	21.1677	18.8651	16.5625	14.2599	11.9574	9.6548	7.3526	5.0532	2.7827	1.7745	0.006160
3.7	32.6532	30.3506	28.0481	25.7455	23.4429	21.1403	18.8377	16.5351	14.2325	11.9300	9.6274	7.3252	5.0259	2.7563	1.7554	0.005448
3.8	32.6266	30.3240	28.0214	25.7188	23.4162	21.1136	18.8110	16.5085	14.2059	11.9033	9.6007	7.2985	4.9993	2.7306	1.7371	0.004820
3.9	32.6006	30.2980	27.9954	25.6928	23.3902	21.0877	18.7851	16.4825	14.1799	11.8773	9.5748	7.2725	4.9735	2.7056	1.7194	0.004267

续表 5-1-1

N \ u	$N\times10^{-15}$	$N\times10^{-14}$	$N\times10^{-13}$	$N\times10^{-12}$	$N\times10^{-11}$	$N\times10^{-10}$	$N\times10^{-9}$	$N\times10^{-8}$	$N\times10^{-7}$	$N\times10^{-6}$	$N\times10^{-5}$	$N\times10^{-4}$	$N\times10^{-3}$	$N\times10^{-2}$	$N\times10^{-1}$	N
4.0	32.5753	30.2727	27.9701	25.6675	23.3649	21.0623	18.7598	16.4572	14.1546	11.8520	9.5495	7.2472	4.9482	2.6813	1.7024	0.003779
4.1	32.5506	30.2480	27.9454	25.6428	23.3402	21.0376	18.7351	16.4325	14.1299	11.8273	9.5248	7.2225	4.9236	2.6576	1.6859	0.003349
4.2	32.5265	30.2239	27.9213	25.6187	23.3161	21.0136	18.7110	16.4084	14.1058	11.8032	9.5007	7.1985	4.8997	2.6344	1.6700	0.002969
4.3	32.5029	30.2004	27.8978	25.5952	23.2926	20.9900	18.6874	16.3884	14.0823	11.7797	9.4771	7.1749	4.8762	2.6119	1.6546	0.002633
4.4	32.4800	30.1774	27.8748	25.5722	23.2696	20.9670	18.6644	16.3619	14.0593	11.7567	9.4541	7.1520	4.8533	2.5899	1.6397	0.002336
4.5	32.4575	30.1549	27.8523	25.5497	23.2471	20.9446	18.6420	16.3394	14.0368	11.7342	9.4317	7.1295	4.8310	2.5684	1.6253	0.002073
4.6	32.4355	30.1329	27.8303	25.5277	23.2252	20.9226	18.6200	16.3174	14.0148	11.7122	9.4097	7.1075	4.8091	2.5474	1.6114	0.001841
4.7	32.4140	30.1114	27.8088	25.5062	23.2037	20.9011	18.5985	16.2959	13.9933	11.6907	9.3882	7.0860	4.7877	2.5268	1.5979	0.001635
4.8	32.3929	30.0904	27.7878	25.4852	23.1826	20.8800	18.5774	16.2748	13.9723	11.6697	9.3671	7.0650	4.7667	2.5068	1.5848	0.001453
4.9	32.3723	30.0697	27.7672	25.4646	23.1620	20.8594	18.5568	16.2542	13.9516	11.6491	9.3465	7.0444	4.7462	2.4871	1.5721	0.001291
5.0	32.3521	30.0495	27.7470	25.4444	23.1418	20.8392	18.5366	16.2340	13.9314	11.6289	9.3263	7.0242	4.7261	2.4679	1.5598	0.001148
5.1	32.3323	30.0297	27.7271	25.4246	23.1220	20.8194	18.5168	16.2142	13.9116	11.6091	9.3065	7.0044	4.7064	2.4491	1.5478	0.001021
5.2	32.3129	30.0103	27.7077	25.4051	23.1026	20.8000	18.4974	16.1948	13.8922	11.5896	9.2871	6.9850	4.6871	2.4306	1.5362	0.0009086
5.3	32.2939	29.9913	27.6887	25.3861	23.0835	20.7809	18.4783	16.1758	13.8732	11.5706	9.2681	6.9659	4.6681	2.4126	1.5250	0.0008086
5.4	32.2752	29.9726	27.6700	25.3674	23.0648	20.7622	18.4596	16.1571	13.8545	11.5519	9.2494	6.9473	4.6495	2.3948	1.5140	0.0007198
5.5	32.2568	29.9512	27.6516	25.3491	23.0465	20.7439	18.4413	16.1387	13.8361	11.5336	9.2310	6.9289	4.6313	2.3775	1.5034	0.0006409
5.6	32.2388	29.9362	27.6336	25.3310	23.0285	20.7259	18.4233	16.1207	13.8181	11.5155	9.2130	6.9109	4.6134	2.3604	1.4930	0.0005708
5.7	32.2211	29.9185	27.6159	25.3133	23.0108	20.7082	18.4056	16.1030	13.8004	11.4978	9.1953	6.8932	4.5958	2.3437	1.4830	0.0005085
5.8	32.2037	29.9011	27.5985	25.2959	22.9934	20.6908	18.3882	16.0856	13.7830	11.4804	9.1779	6.8758	4.5785	2.3272	1.4732	0.0004532
5.9	32.1866	29.8840	27.5814	25.2789	22.9763	20.6737	18.3711	16.0685	13.7659	11.4633	9.1608	6.8588	4.5615	2.3111	1.4637	0.0004039
6.0	32.1698	29.8672	27.5646	25.2620	22.9595	20.6569	18.3543	16.0517	13.7491	11.4465	9.1440	6.8420	4.5448	2.2953	1.4544	0.0003601
6.1	32.1533	29.8507	27.5481	25.2455	22.9429	20.6403	18.3378	16.0352	13.7326	11.4300	9.1275	6.8254	4.5283	2.2797	1.4454	0.0003211
6.2	32.1370	29.8344	27.5318	25.2293	22.9267	20.6241	18.3215	16.0189	13.7163	11.4138	9.1112	6.8092	4.5122	2.2645	1.4366	0.0002864
6.3	32.1210	29.8184	27.5158	25.2133	22.9107	20.6081	18.3055	16.0029	13.7003	11.3978	9.0952	6.7932	4.4963	2.2494	1.4280	0.0002555
6.4	32.1053	29.8027	27.5001	25.1975	22.8949	20.5923	18.2898	15.9872	13.6846	11.3820	9.0795	6.7775	4.4806	2.2346	1.4197	0.0002279
6.5	32.0898	29.7872	27.4846	25.1820	22.8794	20.5768	18.2742	15.9717	13.6691	11.3665	9.0640	6.7620	4.4652	2.2201	1.4115	0.0002034
6.6	32.0745	29.7719	27.4693	25.1667	22.8641	20.5616	18.2590	15.9564	13.6538	11.3512	9.0487	6.7467	4.4501	2.2058	1.4036	0.0001816
6.7	32.0595	29.7569	27.4543	25.1517	22.8491	20.5465	18.2439	15.9414	13.6388	11.3362	9.0337	6.7317	4.4351	2.1917	1.3959	0.0001621
6.8	32.0446	29.7421	27.4395	25.1369	22.8343	20.5317	18.2291	15.9265	13.6230	11.3214	9.0189	6.7169	4.4204	2.1779	1.3883	0.0001448
6.9	32.0300	29.7275	27.4249	25.1223	22.8197	20.5171	18.2145	15.9119	13.6094	11.3608	9.0043	6.7023	4.4059	2.1643	1.3810	0.0001293

续表 5-1-1

u \ N	$N\times10^{-15}$	$N\times10^{-14}$	$N\times10^{-13}$	$N\times10^{-12}$	$N\times10^{-11}$	$N\times10^{-10}$	$N\times10^{-9}$	$N\times10^{-8}$	$N\times10^{-7}$	$N\times10^{-6}$	$N\times10^{-5}$	$N\times10^{-4}$	$N\times10^{-3}$	$N\times10^{-2}$	$N\times10^{-1}$	N
7.0	32.0156	29.7131	27.4105	25.1079	22.8053	20.5027	18.2001	15.8976	13.5950	11.2924	8.9899	6.6879	4.3916	2.1508	1.3738	0.0001155
7.1	32.0015	29.6989	27.3963	25.0937	22.7911	20.4885	18.1860	15.8834	13.5808	11.2782	8.9757	6.6737	4.3775	2.1376	1.3668	0.0001032
7.2	31.9875	29.6849	27.3823	25.0797	22.7771	20.4746	18.1760	15.8694	13.5668	11.2642	8.9617	6.6598	4.3636	2.1246	1.3599	0.00009219
7.3	31.9737	29.6711	27.3685	25.0659	22.7633	20.4608	18.1582	15.8556	13.5530	11.2504	8.9479	6.6460	4.3500	2.1118	1.3532	0.00008239
7.4	31.9601	29.6575	27.3549	25.0523	22.7497	20.4472	18.1446	15.8420	13.5394	11.2368	8.9343	6.6324	4.3364	2.0991	1.3467	0.00007364
7.5	31.9467	29.6441	27.3415	25.0389	22.7363	20.4337	18.1311	15.8286	13.5260	11.2234	8.9209	6.6190	4.3231	2.0867	1.3404	0.00006583
7.6	31.9334	29.6308	27.3282	25.0257	22.7231	20.4205	18.1179	15.8153	13.5127	11.2102	8.9076	6.6057	4.3100	2.0744	1.3341	0.00005886
7.7	31.9203	29.6178	27.3152	25.0126	22.7100	20.4074	18.1048	15.8022	13.4997	11.1971	8.8946	6.5927	4.2970	2.0623	1.3280	0.00005263
7.8	31.9074	29.6048	27.3023	24.9997	22.6971	20.3945	18.0919	15.7893	13.4868	11.1842	8.8817	6.5798	4.2842	2.0503	1.3221	0.00004707
7.9	31.8947	29.5921	27.2895	24.9869	22.6844	20.3818	18.0792	15.7766	13.4740	11.1714	8.8689	6.5671	4.2716	2.0386	1.3163	0.00004210
8.0	31.8821	29.5795	27.2769	24.9744	22.6718	20.3692	18.0666	15.7640	13.4614	11.1589	8.8563	6.5545	4.2591	2.0269	1.3106	0.00003767
8.1	31.8697	29.5671	27.2645	24.9619	22.6594	20.3568	18.0542	15.7516	13.4490	11.1464	8.8439	6.5421	4.2468	2.0155	1.3050	0.00003370
8.2	31.8574	29.5548	27.2523	24.9497	22.6471	20.3445	18.0419	15.7393	13.4367	11.1342	8.8317	6.5298	4.2346	2.0042	1.2996	0.00003015
8.3	31.8453	29.5427	27.2401	24.9375	22.6350	20.3324	18.0298	15.7272	13.4246	11.1220	8.8195	6.5177	4.2226	1.9930	1.2943	0.00002699
8.4	31.8333	29.5307	27.2282	24.9256	22.6230	20.3204	18.0178	15.7152	13.4126	11.1101	8.8076	6.5057	4.2107	1.9820	1.2891	0.00002415
8.5	31.8215	29.5189	27.2163	24.9137	22.6112	20.3086	18.0060	15.7034	13.4008	11.0982	8.7957	6.4939	4.1990	1.9711	1.2840	0.00002162
8.6	31.8098	29.5072	27.2046	24.9020	22.5995	20.2969	17.9943	15.6917	13.3891	11.0865	8.7840	6.4822	4.1874	1.9604	1.2790	0.00001936
8.7	31.7982	29.4957	27.1931	24.8905	22.5879	20.2853	17.9827	15.6801	13.3776	11.0750	8.7725	6.4707	4.1759	1.9498	1.2742	0.00001733
8.8	31.7868	29.4842	27.1816	24.8790	22.5765	20.2739	17.9713	15.6687	13.3661	11.0635	8.7610	6.4592	4.1646	1.9393	1.2694	0.00001552
8.9	31.7755	29.4729	27.1703	24.8678	22.5652	20.2626	17.9600	15.6574	13.3548	11.0523	8.7497	6.4480	4.1534	1.9290	1.2647	0.00001390
9.0	31.7643	29.4618	27.1592	24.8566	22.5540	20.2514	17.9488	15.6462	13.3437	11.0411	8.7386	6.4368	4.1423	1.9187	1.2602	0.00001245
9.1	31.7533	29.4507	27.1481	24.8455	22.5429	20.2404	17.9378	15.6352	13.3326	11.0300	8.7275	6.4258	4.1313	1.9087	1.2557	0.00001115
9.2	31.7424	29.4398	27.1372	24.8346	22.5320	20.2294	17.9268	15.6243	13.3217	11.0191	8.7166	6.4148	4.1205	1.8987	1.2513	0.000009988
9.3	31.7315	29.4290	27.1264	24.8238	22.5212	20.2186	17.9160	15.6135	13.3109	11.0083	8.7058	6.4040	4.1098	1.8888	1.2470	0.000008948
9.4	31.7208	29.4183	27.1157	24.8131	22.5105	20.2079	17.9053	15.6028	13.3002	10.9976	8.6951	6.3934	4.0992	1.8791	1.2429	0.000008018
9.5	31.7103	29.4077	27.1051	24.8025	22.4999	20.1973	17.8948	15.5922	13.2896	10.9870	8.6845	6.3828	4.0887	1.8695	1.2387	0.000007185
9.6	31.6998	29.3972	27.0946	24.7920	22.4895	20.1869	17.8843	15.5817	13.2791	10.9765	8.6740	6.3723	4.0784	1.8599	1.2347	0.000006439
9.7	31.6894	29.3868	27.0843	24.7817	22.4791	20.1765	17.8739	15.5713	13.2688	10.9662	8.6637	6.3620	4.0681	1.8505	1.2308	0.000005771
9.8	31.6792	29.3766	27.0740	24.7714	22.4688	20.1663	17.8637	15.5611	13.2585	10.9559	8.6534	6.3517	4.0579	1.8412	1.2269	0.000005173
9.9	31.6690	29.6664	27.0639	24.7613	22.4587	20.1561	17.8535	15.5509	13.2483	10.9458	8.6433	6.3416	4.0479	1.8320	1.2231	0.000004637

$$s(r,t)=h_0-\sqrt{h_0^2-\frac{Q}{2\pi K}\ln\frac{2.25at}{r^2}} \tag{5-1-29}$$

$$Q=\frac{2\pi K(2h_0-s)s}{\ln\frac{2.25at}{r^2}} \tag{5-1-30}$$

$$t=0.445\frac{r^2}{a}e^{\frac{2\pi K(2h_0-s)s}{Q}} \tag{5-1-31}$$

上述六条公式可称为泰斯公式的近似式——雅可布（C. E. Jacob）公式。

泰斯公式是无垂向渗透补排（$W=0$）含水层中定流量不稳定完整井流的基本公式。此式描写水头（降深）的时空分布与含水层参数和井孔流量间的关系。泰斯公式是含水层抽（注）水试验确定参数的基础，也是井孔开采地下水（矿床疏干）动态预测的理论依据，因此应当对它有较深刻的理解。

二、泰斯公式的讨论

下面，对泰斯公式和与它有关的几个问题进行讨论①。

1. 各因素对降深的影响

从方程（5-1-8）式可看出，承压完整井做定流量抽水时，s 值随 r 的增大而减小，随 t 的增大而增大。当 $t=0$ 或 $r\to\infty$ 时，$W\left(\frac{r^2}{4at}\right)=0$，故 $s=0$。这些均是符合一般经验的，也满足初始条件和边界条件。

降深 s 与抽水流量 Q 呈正比关系，这是容易理解的。在抽取地下水后无补给增量与排泄减量的条件下，开采量全部来自储存量的释放（体现在水头降深 s 上），只要 μ_e 为常量且无滞后释水，则 Q 与 s 呈正比。

降深 s 随弹性给水度 μ_e 的增大而减小，这是显然的。当抽水流量 Q 和抽水延续时间 t 一定时，含水层释水的体积 Qt 一定。若 μ_e 大，则下降漏斗浅，即 s 小；反之，则下降漏斗深，即 s 大。

比较复杂的是含水层导水系数 T 对水头降深 s 的影响。方程（5-1-8）式右端有两处出现 T：一是 $\frac{Q}{4\pi T}$，另一是 $W\left(\frac{r^2}{4\frac{T}{\mu_e}t}\right)$。$s$ 随第一个 T 的增大而减小，随第二个 T 的增大而增大。这两个 T 对 s 起着相反的作用，如何理解？第一个 T 与 Q 组成 $\frac{Q}{T}$ 因子，可以理解为内边界条件对 s 的作用。Q 是定流量的内边界条件，而当井半径 r_w 一定时，$\frac{Q}{T}$ 可以理解为水力坡度的内边界条件，即在抽水井壁处的水力坡度愈大，则 s 也愈大，这是可以理解的。第二个 T（与 μ_e 组成 $a=\frac{T}{\mu_e}$）对 s 的影响，我们可以对任一均衡段（由 r 与 $r+\Delta r$ 两个圆柱面围闭的含水层体积所构成）任一时刻的漏斗曲线的分析看出，下游断面的流出水量 Q_r 大于上游断面的流入水量 $Q_{r+\Delta r}$ 必由均衡段内含水层释放水量来均衡，为此导致水头下降 s。在漏斗一定（即水力坡度一定）且 μ_e 值一定时，若 T 大，则 s 亦大；若 T 小，则 s 亦小。这就是第二个 T 对 s 的影响。

很有意思的是，本节和以后将要学习的其他井流问题中，参数 μ_e 往往与 T 一起构成一个综合性参数 $a\left(\frac{T}{\mu_e}\right)$ 对 s 起作用。随着 a 的增大（不管是 T 增大还是 μ_e 减小），s 增大。读者可以如

① 此部分内容引自：陈崇希（1975），《地下水不稳定完井流计算方法》（武汉地质学院，内部教材），即陈崇希（1983），《地下水不稳定井流计算方法》，地质出版社。

同上述第二个 T 对 s 作用的均衡分析来进一步理解 μ_e 对 s 的作用。由此可见，参数 μ_e 与 T 结合成 $\frac{T}{\mu_e}(a)$ 有其内在的机理。

以往称 a 为压力传导系数(由前苏联学者翻译过来)，这容易误会，以为 a 表征含水层 某处压力改变以后，压力向四周传播的速度。实际上，压力传播的速度是以含水层中的音速推进的。不过，在上面建立的定解问题中，假定压力的传播是瞬时完成的，正因为这个假定，使得泰斯公式显示出，不管抽水延续时间多么短，在含水层中任何径距 r 处都发生水头的下降，这是与实际情况有出入的，但是在实用上并无多大影响。

压力传导系数（含水层水头扩散系数）a 表示含水层的什么性质？当含水层由于某种因素（例如抽水）破坏原有的平衡状态形成不稳定流动时，压力传导系数 a 表征地下水水头再分布（以适应新条件）的速度。在某些条件下表征地下水趋向稳定流动或拟稳定流动（水头 H 随时间变化，但水力坡度 J 不随时间变化的一种不稳定流动）的速度。

另外，方程（5-1-8）式表现为：t 趋向 ∞，s 也趋向 ∞。这似乎不合理。但要注意公式的应用条件，承压井流要保持承压状态，即 s 不得大于$(H_0 - M)$，否则将转化为承压 — 无压井流，破坏了基本条件。对于无压井流，s 不得大于 h_0。因为在 $s = h_0$ 以后，流量将会变小，破坏定流量抽水的基本条件，那时，就转变为定降深变流量的条件了。

2. 承压含水层中任意点水头的下降速度

由（5-1-5）式和（5-1-6）式得

$$\frac{\partial s}{\partial t} = \frac{Q}{4\pi T}\frac{\mathrm{d}W(u)}{\mathrm{d}u}\frac{\partial u}{\partial t} = \frac{Q}{4\pi T}\left(\frac{-\mathrm{e}^{-u}}{u}\right)\left(\frac{r^2}{4a}\cdot\frac{-1}{t^2}\right)$$

$$= \frac{Q}{4\pi T}\,\frac{1}{t}\mathrm{e}^{-\frac{r^2}{4at}} \tag{5-1-32}$$

由此式可看出，对同一时间而言，近处下降速率快，远处下降速率慢。这也是符合经验的。

对于同一距离、不同时间的下降速率，由于 $\frac{1}{t}$ 和 $\mathrm{e}^{-\frac{r^2}{4at}}$ 两个因素对 $\frac{\partial s}{\partial t}$ 的增减起着相反的作用，因此 $\frac{\partial s}{\partial t}$ 不是 t 的单调函数。我们将 $\frac{\partial s}{\partial t}$ 再对 t 求导，即

$$\frac{\partial^2 s}{\partial t^2} = \frac{Q}{4\pi T}\cdot\frac{\partial}{\partial t}\left(\frac{1}{t}\cdot\mathrm{e}^{-\frac{r^2}{4at}}\right)$$

$$= \frac{Q}{4\pi T}\left[\frac{1}{t}\mathrm{e}^{-\frac{r^2}{4at}}\left(\frac{-r^2}{4a}\right)\cdot\left(-\frac{1}{t^2}\right) + \mathrm{e}^{-\frac{r^2}{4at}}\left(\frac{-1}{t^2}\right)\right]$$

$$= \frac{Q}{4\pi T}\cdot\frac{1}{t^2}\cdot\mathrm{e}^{-\frac{r^2}{4at}}\left(\frac{r^2}{4at} - 1\right)$$

由此可见，$s = s(t)$ 曲线有一拐点（图 5-1-2）。

设拐点处的时间为 t_i，则

$$t_i = \frac{r^2}{4a} \tag{5-1-33}$$

将此式代入方程（5-1-8）式，得拐点处的降深 s_i，即

$$s_i = \frac{Q}{4\pi T}W\left(\frac{r^2}{4at_i}\right) = \frac{Q}{4\pi T}W(1) = \frac{Q}{4\pi T}\times 0.219\,4 = 0.017\,5\,\frac{Q}{T} \tag{5-1-34}$$

该式表明，s_i 与 r 无关。如将(5-1-33) 式代入方程(5-1-32) 式，则得拐点处的斜率，即

$$\left(\frac{\partial s}{\partial t}\right)_i = \frac{Q}{4\pi T}\cdot\frac{4a}{r^2}\cdot\mathrm{e}^{-1} = \frac{0.368Q}{\pi}\cdot\frac{a}{Tr^2} = \frac{0.117Q}{\mu_e r^2} \tag{5-1-35}$$

另外，从方程（5-1-32）式还可看出一重要规律。当 t 足够大时(例如 $t \geqslant 25\dfrac{r^2}{a}$，即 $\dfrac{r^2}{4at} \leqslant 0.01$，则 $e^{-\frac{r^2}{4at}} = 0.99 \approx 1.0$)，方程(5-1-32）式变为

$$\frac{\partial s}{\partial t} \approx \frac{Q}{4\pi KM} \cdot \frac{1}{t} \tag{5-1-36}$$

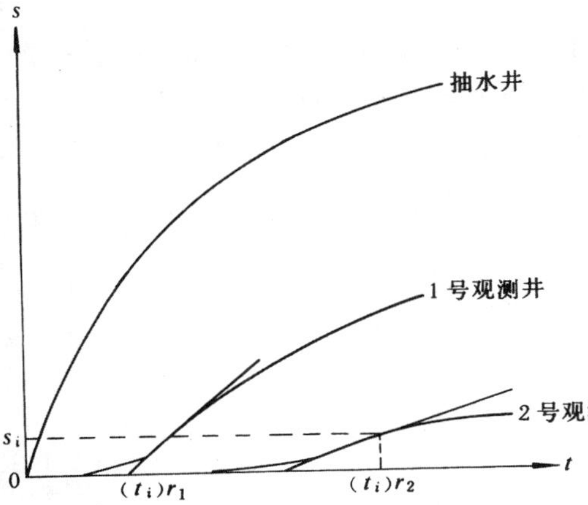

图 5-1-2　s-t 曲线

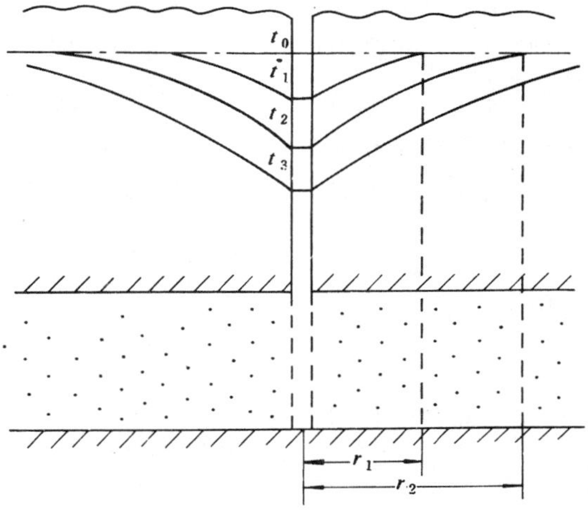

图 5-1-3　抽水不同时刻承压漏斗曲线

这意味着，在一定的 r 范围内，它们的水头下降速度相同，而与 r 无关。换言之，在一定的 r 范围内，经过一定的抽水时间之后，承压漏斗曲线平行地下降(图 5-1-3)。这个现象为大量的抽水试验所证实。漏斗曲线平行下降的范围，可按 $\dfrac{r^2}{4at} \leqslant 0.01$ 近似地确定，即

$$r \leqslant 0.2\sqrt{at} \tag{5-1-36$'$}$$

3. 通过半径为 r 的圆柱形过水断面的流量 Q_r

由（5-1-8）式和（5-1-7）式，有

$$\begin{aligned}\frac{\partial s}{\partial r} &= \frac{Q}{4\pi T} \cdot \frac{\mathrm{d}W(u)}{\mathrm{d}u} \cdot \frac{\partial u}{\partial r} = \frac{Q}{4\pi T}\left(\frac{-\mathrm{e}^{-u}}{u}\right) \cdot \left(\frac{2r}{4at}\right) \\ &= -\frac{Q}{4\pi T} \cdot \frac{2}{r} \cdot \mathrm{e}^{-\frac{r^2}{4at}}\end{aligned} \tag{5-1-37}$$

而

$$Q_r = -2\pi rT\frac{\partial s}{\partial r}\text{①}$$

将 $\dfrac{\partial s}{\partial r}$ 代入，得

$$Q_r = -2\pi rT\left(-\frac{Q}{4\pi T} \cdot \frac{2}{r} \cdot \mathrm{e}^{-\frac{r^2}{4at}}\right) = Q \cdot \mathrm{e}^{-\frac{r^2}{4at}} \tag{5-1-38}$$

$\dfrac{r^2}{4at}$ 总是正值，则 $\mathrm{e}^{-\frac{r^2}{4at}} \leqslant 1$。故 $Q_r \leqslant Q$。而且随 r 减小，Q_r 增大；当 $r \to 0$ 时，$Q_r \to Q$，这符合基本概念和内边界条件。显然，这里不同于裘布依稳定井流（它的每个渗流断面的流量均相等，且等于抽水井流量)，这是因为不稳定井流在抽水过程中含水层处处都要释放出水量之

① 由于抽水流量 Q 习惯上规定为正值，为了使断面流量 Q_r 与抽水流量 Q 的符号统一起见，这里加了一个负号。

故。如果固定某断面 r 来观察其 Q_r 随时间的变化过程，那么当 $t=0$ 时，$Q_r=0$；随着抽水时间的延续，Q_r 亦增大；当 t 大到一定程度之后(例如 $t\geqslant 25\frac{r^2}{a}$，即 $u=\frac{r^2}{4at}\leqslant 0.01$，那时 $e^{-\frac{r^2}{4at}}=0.99\approx 1.0$)，则 $Q_r\approx Q$，换言之，这时在该断面 r 以内释放出的水量($Q-Q_r$)与抽水量 Q 相比，或与此 r 以外区域的释放量相比，是微不足道的。

由于在 $r\leqslant 0.2\sqrt{at}$ 的范围内 $Q_r\approx Q$，因此泰斯不稳定井流漏斗曲线的形状与裘布依稳定井流($Q_r=Q$)近似一致，或者说这两种井流在此范围内对应点的水力坡度近似相等。于是，在 $r\leqslant 0.2\sqrt{at}$ 范围内(也仅仅限于此范围)，利用两个观测孔降深表示的泰斯公式和裘布依公式的形式是相同的(仅仅是形式相同)。这点可以由下列推导得到证明。

当 $u\leqslant 0.01$ 时，依泰斯近似式(5-1-26)式分别写出 r_1 和 r_2 处的降深方程，即

$$s_1=\frac{Q}{4\pi T}\ln\frac{2.25at}{r_1^2} \tag{*}$$

和

$$s_2=\frac{Q}{4\pi T}\ln\frac{2.25at}{r_2^2} \tag{**}$$

两式相减并经整理，得

$$Q=\frac{2\pi T(s_1-s_2)}{\ln\frac{r_1}{r_2}} \tag{5-1-39}$$

显然，上式也是裘布依公式的形式。但是，不能因为泰斯不稳定井流与裘布依稳定井流在这方面存在相似性，便笼统地说成裘布依公式可用于无限含水层，或者说成："在靠近抽水井的地方，会形成稳定流，"而把关键的圆形定水头外边界条件抛弃掉。这是因为：①上述的"相似性"仅限于 $r\leqslant 0.2\sqrt{at}$ 的范围；②在此范围内也只能说水力坡度近似一致，而不能说水头线方程一致。一个是用方程（*）或（**）刻画的随时间而变化的不稳定漏斗曲线，另一个是稳定漏斗曲线，两者的水头线方程怎能说是一致的呢?!

由上述分析还可以看出：当 $u\leqslant 0.01$ 时，泰斯不稳定井流的水力坡度基本上不再随时间而变化〔见(5-1-37)式〕，因此在 $r\leqslant 0.2\sqrt{at}$ 范围内已形成拟稳定流动（或称为似稳定流动，假稳定流动等①)。由此也证明了上述分析第①点时的一个观点：含水层的压力传导系数 a 表征不稳定井流趋向拟稳定流动状态的速度。

4. 关于"影响半径 R"

一些文章从(5-1-26)式出发，认为 $s=0$ 处的 r 就是影响半径 R，即

$$0=\frac{Q}{4\pi T}\ln\frac{2.25at}{R^2}$$

或

$$\frac{2.25at}{R^2}=1$$

从而得出

$$R=\sqrt{2.25at}=1.5\sqrt{at} \tag{5-1-40}$$

前苏联的克尔基斯（E. E. Керкис）也得到计算 R 的这个公式，但方法更繁琐些。

用上述方法确定影响半径 R 是有问题的。因为(5-1-26)式是近似式，它的应用条件是 u

① 与 J. 贝尔关于似稳定流的定义（见《地下水水力学》，地质出版社，1985，第 232 页）不同，本书将水头随时间变化，而水力坡度（流速）不随时间变化的流动，称为拟稳定流动。这样定义，物理概念清晰、准确，不会将拟稳定流与稳定流混为一谈，因为本质上拟稳定流属于不稳定流。

<0.01（或 0.05），但前面推导（5-1-40）式过程中却要求 $\frac{2.25at}{r^2}=1$，相当于 $u=0.562$，这已经明显地超出（5-1-26）式公式的应用范围，因此用方程（5-1-40）式来计算影响半径是不对的。

实际上，我们没有必要去引出“影响半径 R”，因为它并不是含水层的参数。假如一定要去讨论降深为零处的径距 $r(=R)$，那么泰斯公式的回答是：在开始抽水的那一瞬时，含水层中的水头处处都有下降；含水层的范围就是影响范围。当然，这已被理想化了。如果真实一些，则影响半径 R 为

$$R=v_s t \tag{5-1-41}$$

式中：v_s 为声音在含水层中的传播速度。

讨论这样的影响半径——这才是真正的影响半径，就目前所涉及的问题来看，似乎是没有必要的。

不少文献在不可能出现稳定井流的泰斯模型中讨论影响半径 R，其目的是想套用“海岛”模型的裘布依公式，这只能是把概念搞乱，不仅理论上混淆了拟稳定流与稳定流的本质差别，而且应用上没有什么好处。

5. 关于泰斯模型中 $r_w\to 0$ 的条件

这个问题和下一个问题——非水平的初始水头条件，是一些人对泰斯公式的实用性表示怀疑的两个主要问题，影响了不稳定井流理论的使用。对此，试分析如下。

推导泰斯公式时，其中的内边界条件要求 $r_w\to 0$，即用汇点或源点——井径趋于零的抽水井或注水井——代替井孔的作用。然而实际井孔的半径 r_w 总是有限的，那么此条件对泰斯公式的应用有什么约束呢？

从附录 I 泰斯公式的博尔兹门变换解法的过程中可以看出，内边界条件 $r_w\to 0$ 的作用是使

$$\lim_{r\to 0}e^{-\frac{r^2}{4at}}=1$$

或者，我们从（5-1-38）式也可看出，取 r 为 r_w(井壁处)，则

$$Q_w=Q\cdot e^{-\frac{r_w^2}{4at}}$$

式中：Q 为泰斯理想模型汇点的流量；Q_w 是真实井的流量。可见，条件 $r_w\to 0$ 是为了满足

$$Q_w=\lim_{r_w\to 0}Q\cdot e^{-\frac{r_w^2}{4at}}=Q \tag{5-1-42}$$

或

$$\lim_{r_w\to 0}e^{-\frac{r_w^2}{4at}}=1$$

已知 $e^{-0.01}=0.99\approx 1.0$。因此，对于井半径为 r_w 的实际井孔，当满足条件 $\frac{r_w^2}{4at}\leqslant 0.01$ 或

$$t\geqslant 25\frac{r_w^2}{a} \tag{5-1-43}$$

其效果相当于流量 Q 误差 1%以内。这对于工程来说一般是允许的。

从一般实际情况来看，条件（5-1-43）式在抽水的初期就能满足。例如，取 $r_w=0.1\text{m}$，$a=10^5\text{m}^2/\text{d}$，则

$$t\geqslant 25\frac{r_w^2}{a}=25\times\frac{0.1^2}{10^5}=2.5\times 10^{-6}(\text{d})\approx 0.2\text{s}$$

6. 关于非水平的初始水头条件问题

泰斯公式是在水平的初始水头面的前提下导得的。但是，自然界往往不能满足此条件。于是产生这么一个问题，在通常条件下，泰斯公式是否还可以应用？

我们以承压含水层为例进行讨论。水头非水平分布的初始条件可以分为两类：其一是初始地下水流呈稳定状态，例如均质等厚承压含水层中当初始水头面为一倾斜的平面，即处处水力坡度相等；另一是初始地下水流是不稳定的。至于边界条件不稳定，或其他源汇项不稳定等不在这里讨论。

对于上述的地下水流中（即初始水头非水平条件）的井流问题，其定解问题可写为

$$
[\mathrm{IV}]\begin{cases}
a\left(\dfrac{\partial^2 H}{\partial r^2}+\dfrac{1}{r}\dfrac{\partial H}{\partial r}+\dfrac{1}{r^2}\dfrac{\partial^2 H}{\partial \theta^2}\right)=\dfrac{\partial H}{\partial t} & 0\leqslant r<\infty,0\leqslant\theta<2\pi,\ t>0 \quad (5\text{-}1\text{-}44)\\
H(r,\theta,0)=H_0(r,\theta) & 0\leqslant r<\infty,0\leqslant\theta<2\pi \quad (5\text{-}1\text{-}45)\\
H(\infty,\theta,t)=H_0(\infty,\theta) & 0\leqslant\theta<2\pi,t>0 \quad (5\text{-}1\text{-}46)\\
\lim\limits_{r\to 0}\left(Tr\displaystyle\int_0^{2\pi}\dfrac{\partial H}{\partial r}\mathrm{d}\theta\right)=Q & t>0 \quad (5\text{-}1\text{-}47)
\end{cases}
$$

而它可分解为两个子问题，即

$$
[\mathrm{IV}\text{-}1]\begin{cases}
a\left(\dfrac{\partial^2 H_1}{\partial r^2}+\dfrac{1}{r}\dfrac{\partial H_1}{\partial r}+\dfrac{1}{r^2}\dfrac{\partial^2 H_1}{\partial \theta^2}\right)=\dfrac{\partial H_1}{\partial t} & 0\leqslant r<\infty,0\leqslant\theta<2\pi,\ t>0 \quad (5\text{-}1\text{-}48)\\
H_1(r,\theta,0)=H_0(r,\theta) & 0\leqslant r<\infty,0\leqslant\theta<2\pi \quad (5\text{-}1\text{-}49)\\
H_1(\infty,\theta,t)=H_0(\infty,\theta) & 0\leqslant\theta<2\pi,t>0 \quad (5\text{-}1\text{-}50)
\end{cases}
$$

和

$$
[\mathrm{IV}\text{-}2]\begin{cases}
a\left(\dfrac{\partial^2 H_2}{\partial r^2}+\dfrac{1}{r}\dfrac{\partial H_2}{\partial r}+\dfrac{1}{r^2}\dfrac{\partial^2 H_2}{\partial \theta^2}\right)=\dfrac{\partial H_2}{\partial t} & 0\leqslant r<\infty,0\leqslant\theta<2\pi,\ t>0 \quad (5\text{-}1\text{-}51)\\
H_2(r,\theta,0)=0 & 0\leqslant r<\infty,0\leqslant\theta<2\pi \quad (5\text{-}1\text{-}52)\\
H_2(\infty,\theta,t)=0 & 0\leqslant\theta<2\pi,t>0 \quad (5\text{-}1\text{-}53)\\
\lim\limits_{r\to 0}\left(Tr\displaystyle\int_0^{2\pi}\dfrac{\partial H_2}{\partial r}\mathrm{d}\theta\right)=Q & t>0 \quad (5\text{-}1\text{-}54)
\end{cases}
$$

即

$$H=H_1+H_2 \quad (5\text{-}1\text{-}55)$$

可以看出，子问题 [Ⅳ-2] 属于轴对称渗流，因此可改写为

$$
[\mathrm{IV}\text{-}2]'\begin{cases}
a\left(\dfrac{\partial^2 H_2}{\partial r^2}+\dfrac{1}{r}\dfrac{\partial H_2}{\partial r}\right)=\dfrac{\partial H_2}{\partial t} & 0\leqslant r<\infty,t>0 \quad (5\text{-}1\text{-}56)\\
H_2(r,0)=H_{2,0}=0 & 0\leqslant r<\infty \quad (5\text{-}1\text{-}57)\\
H_2(\infty,t)=0 & t>0 \quad (5\text{-}1\text{-}58)\\
\lim\limits_{r\to 0}2\pi rT\dfrac{\partial H_2}{\partial r}=Q & t>0 \quad (5\text{-}1\text{-}59)
\end{cases}
$$

可见，子问题 [Ⅳ-2]′表示的正是初始水头面水平的泰斯井流问题。

依水头降深的定义和（5-1-57）式，有

$$s_2 = H_{2,0} - H_2 = -H_2 \tag{5-1-60}$$

则［Ⅳ-2］′可改写为

$$
[\text{Ⅳ-2}]''\begin{cases}
a\left(\dfrac{\partial^2 s_2}{\partial r^2} + \dfrac{1}{r}\dfrac{\partial s_2}{\partial r}\right) = \dfrac{\partial s_2}{\partial t} & 0 \leqslant r < \infty, t > 0 & (5\text{-}1\text{-}61)\\
s_2(r,0) = H_{2,0} = 0 & 0 \leqslant r < \infty & (5\text{-}1\text{-}62)\\
s_2(\infty,t) = 0 & t > 0 & (5\text{-}1\text{-}63)\\
\lim\limits_{r\to 0} 2\pi r T \dfrac{\partial s_2}{\partial r} = -Q & t > 0 & (5\text{-}1\text{-}64)
\end{cases}
$$

s_2 是泰斯井流问题的水头降深。

实际上，子问题［Ⅳ-1］也可用降深表示。若引入 s_1

$$s_1 = H_0 - H_1 \tag{5-1-65}$$

则子问题［Ⅳ-1］可改写为

$$
[\text{Ⅳ-1}]'\begin{cases}
a\left(\dfrac{\partial^2 s_1}{\partial r^2} + \dfrac{1}{r}\dfrac{\partial s_1}{\partial r} + \dfrac{1}{r^2}\dfrac{\partial^2 s_1}{\partial \theta^2}\right) = \dfrac{\partial s_1}{\partial t} & 0 \leqslant r, \infty, 0 \leqslant \theta < 2\pi \quad t > 0 & (5\text{-}1\text{-}66)\\
s_1(r,\theta,0) = 0 & 0 \leqslant r < \infty, 0 \leqslant \theta < 2\pi & (5\text{-}1\text{-}67)\\
s_1(\infty,\theta,t) = 0 & t > 0 & (5\text{-}1\text{-}68)
\end{cases}
$$

s_1 表示由于初始水头分布不稳定引起的降深值。

若对问题［Ⅳ］也引入水头降深 s，即

$$s = H_0 - H \tag{5-1-69}$$

则问题［Ⅳ］可改写为

$$
[\text{Ⅳ}']\begin{cases}
a\left(\dfrac{\partial^2 s}{\partial r^2} + \dfrac{1}{r}\dfrac{\partial s}{\partial r} + \dfrac{1}{r^2}\dfrac{\partial^2 s}{\partial \theta^2}\right) = \dfrac{\partial s}{\partial t} & 0 \leqslant r < \infty, 0 \leqslant \theta < 2\pi \quad t > 0 & (5\text{-}1\text{-}70)\\
s(r,\theta,0) = 0 & 0 \leqslant r < \infty, 0 \leqslant \theta < 2\pi & (5\text{-}1\text{-}71)\\
s(\infty,\theta,t) = 0 & 0 \leqslant \theta < 2\pi, t > 0 & (5\text{-}1\text{-}72)\\
\lim\limits_{r\to 0} Tr\displaystyle\int_0^{2\pi} \dfrac{\partial s}{\partial r}\mathrm{d}\theta = -Q & t > 0 & (5\text{-}1\text{-}73)
\end{cases}
$$

综上所述，由最初的分解（5-1-55）式

$$H = H_1 + H_2$$

通过（5-1-60）式、（5-1-65）式和（5-1-69）式可得

$$s = s_1 + s_2 \tag{5-1-74}$$

其中 s_1 表示地下水天然动态降深，s_2 表示泰斯井流降深，s 则是在初始水头非水平分布条件下，再加入一个定流量抽水井共同引起的水头降深 s，它是前两个降深 s_1 和 s_2 之和（图 5-1-4）。

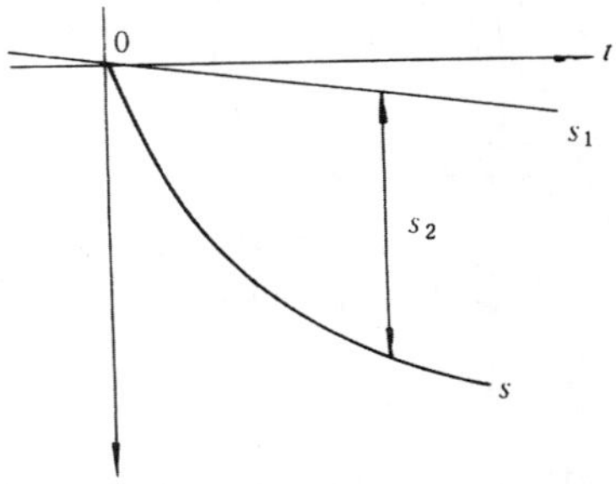

图 5-1-4　非稳定初始条件下泰斯井流水头降深的组成

由此可见，非水平初始水头分布条件下定流量抽水问题，泰斯公式不能无条件地随意使用。只有当抽水前天然动态处于稳定状态时（虽然初始水头为非水平），$s_1(r,\theta,t)=0$，抽水后实际观测到的 s 就是泰斯井流的 s_2，即可以直接使用泰斯公式。否则，必须考虑天然动态的作用。基于此，当进行抽水试验用泰斯公式确定水文地质参数时，抽水试验前必须进行天然动态观测，以确定 s_1 的规律（一

般条件下$\frac{\partial s_1}{\partial t}=0.01\sim0.1\text{m/d}$)，如果抽水试验时间不长，可用外推的方法估计抽水试验期间的 s_1 值，再依

$$s_2 = s - s_1 \tag{5-1-75}$$

计算得纯泰斯井流的降深值 s_2。这里的 s 相当于抽水试验期间实测的水头降深值。

通过第⑥点讨论，我们不仅解决了"非水平初始条件下"泰斯公式如何应用问题，更重要的是这里学习了一种方法，把一个复杂的地下水流问题（定解问题）分解为两个（或更多个）简单的地下水流问题来理解原问题的流动特征，并用以解决某些具体问题。下一节将要讨论的井群干扰，则是把几个简单的流动合并成一个复杂问题——称叠加（合成）法，来解决某些实际问题。下节的学习将会加深对本节的理解。

§5.2 井群干扰

一、点井① 渗流叠加法

设平面上有 W_1 和 W_2 两个定流量并同时开始工作的抽水井（图 5-2-1），其流量分别是 Q_1 和 Q_2，求任意点 M 的水头降深。

这里讨论的条件，除了有两个定流量的抽水井以外，其他条件都与泰斯井流相同。

该问题的数学模型可写为

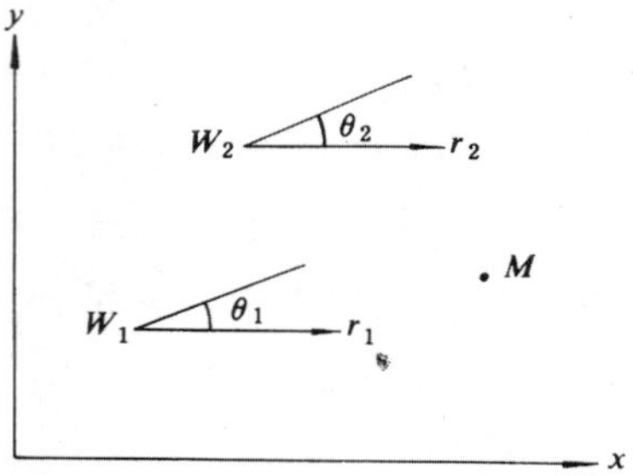

图 5-2-1 点井渗流叠加

$$[\text{I}]\begin{cases} a\left(\dfrac{\partial^2 H}{\partial x^2}+\dfrac{\partial^2 H}{\partial y^2}\right)=\dfrac{\partial H}{\partial t} & -\infty < x、y < \infty, t>0 \quad (5\text{-}2\text{-}1)\\ H(x,y,t)\Big|_{t=0}=H_0 & -\infty < x、y < \infty \quad (5\text{-}2\text{-}2)\\ H(x,y,t)\Big|_{(x^2+y^2)\to\infty}=H_0 & t>0 \quad (5\text{-}2\text{-}3)\\ \lim\limits_{r_1\to 0}\left(Tr_1\displaystyle\int_0^{2\pi}\dfrac{\partial H}{\partial r_1}\mathrm{d}\theta_1\right)=Q_1 & t>0 \quad (5\text{-}2\text{-}4)\\ \lim\limits_{r_2\to 0}\left(Tr_2\displaystyle\int_0^{2\pi}\dfrac{\partial H}{\partial r_2}\mathrm{d}\theta_2\right)=Q_2 & t>0 \quad (5\text{-}2\text{-}5)\end{cases}$$

式中：r_1、θ_1 和 r_2、θ_2 分别是以井 W_1 和 W_2 为极点的辅助极坐标系的极径和极角。

可以将上述问题分解为两个子问题。设

$$H = H_1 + H_2 \tag{5-2-6}$$

和

$$H_0 = H_{1,0} + H_{2,0} \tag{5-2-7}$$

① 这里用"点井"表示一般井孔，以区别本节第二部分的"面井"。

则有

$$[\text{I-1}]\begin{cases} a\left(\dfrac{\partial^2 H_1}{\partial x^2}+\dfrac{\partial^2 H_1}{\partial y^2}\right)=\dfrac{\partial H_1}{\partial t} & -\infty<x、y<\infty,t>0 \quad (5\text{-}2\text{-}8)\\ H_1(x,y,t)\big|_{t=0}=H_{1,0} & -\infty<x、y<\infty \quad (5\text{-}2\text{-}9)\\ H_1(x,y,t)\big|_{(x^2+y^2)\to\infty}=H_{1,0} & t>0 \quad (5\text{-}2\text{-}10)\\ \lim\limits_{r_1\to 0}\left(Tr_1\displaystyle\int_0^{2\pi}\dfrac{\partial H_1}{\partial r_1}\mathrm{d}\theta_1\right)=Q_1 & t>0 \quad (5\text{-}2\text{-}11)\end{cases}$$

和

$$[\text{I-2}]\begin{cases} a\left(\dfrac{\partial^2 H_2}{\partial x^2}+\dfrac{\partial^2 H_2}{\partial y^2}\right)=\dfrac{\partial H_2}{\partial t} & -\infty<x、y<\infty,t>0 \quad (5\text{-}2\text{-}12)\\ H_2(x,y,t)\big|_{t=0}=H_{2,0} & -\infty<x、y<\infty \quad (5\text{-}2\text{-}13)\\ H_2(x,y,t)\big|_{(x^2+y^2)\to\infty}=H_{2,0} & t>0 \quad (5\text{-}2\text{-}14)\\ \lim\limits_{r_2\to 0}\left(Tr_2\displaystyle\int_0^{2\pi}\dfrac{\partial H_2}{\partial r_2}\mathrm{d}\theta_2\right)=Q_2 & t>0 \quad (5\text{-}2\text{-}15)\end{cases}$$

显然，这两个子问题都是轴对称流。另外，若引入水头降深

$$s_1=H_{1,0}-H_1 \quad (5\text{-}2\text{-}16)$$

和

$$s_2=H_{2,0}-H_2 \quad (5\text{-}2\text{-}17)$$

则两个子问题可改写为

$$[\text{I-1}]'\begin{cases} a\left(\dfrac{\partial^2 s_1}{\partial r_1^2}+\dfrac{1}{r_1}\dfrac{\partial s_1}{\partial r_1}\right)=\dfrac{\partial s_1}{\partial t} & 0\leqslant r_1<\infty,t>0 \quad (5\text{-}2\text{-}18)\\ s_1(r_1,0)=0 & 0\leqslant r_1<\infty \quad (5\text{-}2\text{-}19)\\ s_1(\infty,t)=0 & t>0 \quad (5\text{-}2\text{-}20)\\ \lim\limits_{r_1\to 0}2\pi Tr_1\dfrac{\partial s_1}{\partial r_1}=-Q_1 & t>0 \quad (5\text{-}2\text{-}21)\end{cases}$$

$$[\text{I-2}]'\begin{cases} a\left(\dfrac{\partial^2 s_2}{\partial r_2^2}+\dfrac{1}{r_2}\dfrac{\partial s_2}{\partial r_2}\right)=\dfrac{\partial s_2}{\partial t} & 0\leqslant r_2<\infty,t>0 \quad (5\text{-}2\text{-}22)\\ s_2(r_2,0)=0 & 0\leqslant r_2<\infty \quad (5\text{-}2\text{-}23)\\ s_2(\infty,t)=0 & t>0 \quad (5\text{-}2\text{-}24)\\ \lim\limits_{r_2\to 0}2\pi Tr_2\dfrac{\partial s_2}{\partial r_2}=-Q_2 & t>0 \quad (5\text{-}2\text{-}25)\end{cases}$$

这两个子问题分别都是泰斯井流问题，其解分别为

$$s_1=\frac{Q_1}{4\pi T}W\left(\frac{r_1^2}{4at}\right) \quad (5\text{-}2\text{-}26)$$

和

$$s_2=\frac{Q_2}{4\pi T}W\left(\frac{r_2^2}{4at}\right) \quad (5\text{-}2\text{-}27)$$

若记

$$s=H_0-H \quad (5\text{-}2\text{-}28)$$

则

$$s=H_0-H=(H_{1,0}+H_{2,0})-(H_1+H_2)=s_1+s_2$$

$$= \frac{1}{4\pi T}\left[Q_1 W\left(\frac{r_1^2}{4at}\right) + Q_2 W\left(\frac{r_2^2}{4at}\right)\right] \tag{5-2-29}$$

(5-2-29) 式表明：平面无界含水层中两个抽水井对任意点 M 的水头降深，等于各单井对同一点水头降深之和。这可称为无界含水层中群井干扰的水头降深叠加原理——水头降深的代数和（规定：抽水时，降深 $s > 0$；注水时，$s < 0$）。

显然，水头降深叠加原理可以推广到任意个井的干扰问题，对于 n 个井孔工作的群井干扰问题，任意点 M 的水头降深 s 为

$$s(t) = s_1 + s_2 + \cdots + s_n$$
$$= \frac{1}{4\pi T}\left[Q_1 W\left(\frac{r_1^2}{4a(t-t_1)}\right) + Q_2 W\left(\frac{r_2^2}{4a(t-t_2)}\right) + \cdots + Q_n W\left(\frac{r_n^2}{4a(t-t_n)}\right)\right] \tag{5-2-30}$$

式中：$Q_1, Q_2, \cdots, Q_n$ 分别是 $1, 2, \cdots, n$ 号井孔的流量(抽水时，$Q > 0$；注水时，$Q < 0$)；$r_1, r_2, \cdots, r_n$ 是 $1, 2, \cdots, n$ 号井孔至 M 点的距离；t 是计算 M 点降深的时刻；$t_1, t_2, \cdots, t_n$ 是 $1, 2, \cdots, n$ 号井开始工作的时刻，$(t-t_1), (t-t_2), \cdots, (t-t_n)$ 均 > 0。

群井干扰问题的渗透速度 v，可由各单井作用下的 v_i 求矢量和而得，即

$$v = v_1 + v_2 + \cdots + v_n \tag{5-2-31}$$

而单井作用下的渗流速度 v_i 可利用(5-1-37)式的水力坡度乘以渗透系数 K 来确定，即

$$v = -K\frac{\partial s}{\partial r} = \frac{Q}{2\pi M}\frac{1}{r}e^{-\frac{r^2}{4at}} \tag{5-2-32}$$

对于间距为 2λ，流量相等且同时开始工作的两个抽水井的情况，其降深方程为

$$s = \frac{Q}{4\pi T}\left[W\left(\frac{r_1^2}{4at}\right) + W\left(\frac{r_2^2}{4at}\right)\right] \tag{5-2-33}$$

当 $\frac{r_1^2}{4at} < 0.01$ 和 $\frac{r_2^2}{4at} < 0.01$ 时

$$s = \frac{Q}{4\pi T}\left(\ln\frac{2.25at}{r_1^2} + \ln\frac{2.25at}{r_2^2}\right)$$
$$= \frac{Q}{2\pi T}\ln\frac{2.25at}{r_1 r_2} \tag{5-2-34}$$

图 5-2-2 表示这种条件下的流网。由上式可知，同一等降深线满足

$$r_1 \cdot r_2 = \text{const.} \tag{5-2-35}$$

由流速矢量求和原理可知，沿 y 轴是流线，这是等流量且同时开始工作的双抽水井的一个重要特点。

对于间距为 2λ，流量相等且同时开始工作的一抽水井和一注水井的情况，其降深方程为

$$s = \frac{Q}{4\pi T}\left[W\left(\frac{r_1^2}{4at}\right) - W\left(\frac{r_2^2}{4at}\right)\right] \tag{5-2-36}$$

当 $\frac{r_1^2}{4at} < 0.01$ 和 $\frac{r_2^2}{4at} < 0.01$ 时

$$s = \frac{Q}{4\pi T}\left(\ln\frac{2.25at}{r_1^2} - \ln\frac{2.25at}{r_2^2}\right)$$
$$= \frac{Q}{2\pi T}\ln\frac{r_1}{r_2} \tag{5-2-37}$$

图 5-2-3 表示该条件下的流网，由上式可知，同一等降深线满足

$$\frac{r_2}{r_1} = \text{const.} \tag{5-2-38}$$

由流速矢量求和原理可知，沿 y 轴是等水头线，这是等流量且同时开始工作的一抽一注双井井

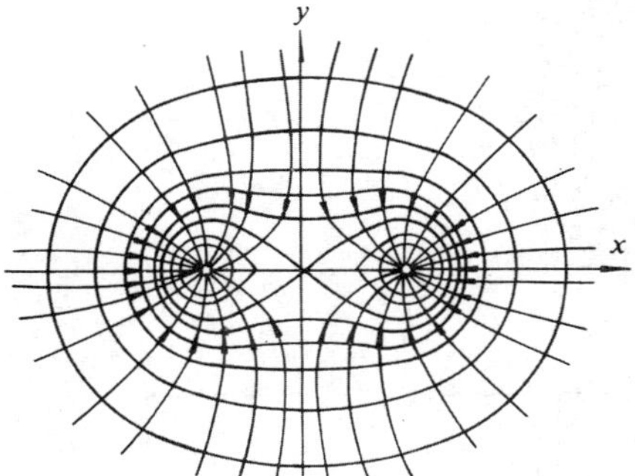

图 5-2-2　等流量且同时开始工作双抽水井作用的流网

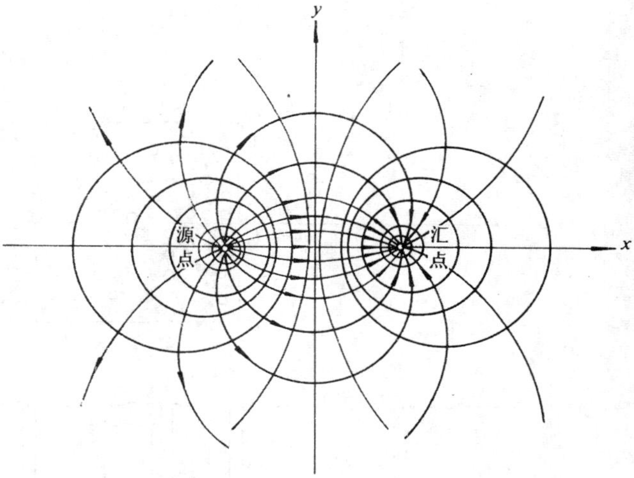

图 5-2-3　等流量且同时开始工作时一抽水井和一注水井作用的流网

流的一个重要特征。

对比一抽一注与双抽水井的降深方程(5-2-37)式与(5-2-34)式表明，前者能形成稳定流，而后者总是不稳定的，请读者分析这一现象。

二、面井法

平原区的农田供水井往往十分密集，有时多达数千眼。如果用上述方法计算，一个井一个井地叠加，运算很繁琐。这种情况，当在某种几何形状(例如矩形和圆形)面积上井孔的流量分布比较均匀时，可以把井群视为一个整体，把从各个点井抽水的井群视为在井群分布面积上均匀“蒸发”的面积井，即通常所谓的汇面。我们可以称这种方法为面(积)井法，也可称它为综合面状井系法。

(一) 矩形开采地段

将汇面视为由许多微分汇面所组成，而微分汇面对任一点 M 的作用可看成汇点的作用，于是汇面对 M 点的作用只要将微分汇面的作用给以积分即可导得。这是求解面井计算公式的基本思路。

设在长为 $2l_x$，宽为 $2l_y$ 的矩形开采地段上，开采总流量 —— 面井流量 —— 为 Q_A，则开采强度(单位面积的抽水流量)$\varepsilon=\dfrac{Q_A}{2l_x\cdot 2l_y}$(这里规定抽水 $\varepsilon>0$，注水 $\varepsilon<0$)。坐标系的取法示于图 5-2-4 中。坐标系 $x'0y'$ 用来表示开采地段内微分汇面的位置，而坐标系 $x0y$ 则用来表示拟计算降深点的位置。

为了下面证明的需要，将泰斯井函数(即积分指数函数)

$$\int_{\frac{r^2}{4at}}^{\infty}\frac{e^{-x}}{x}dx$$

进行换元，使其成为另一表示形式。令

$$x=\frac{r^2}{4a\xi}$$

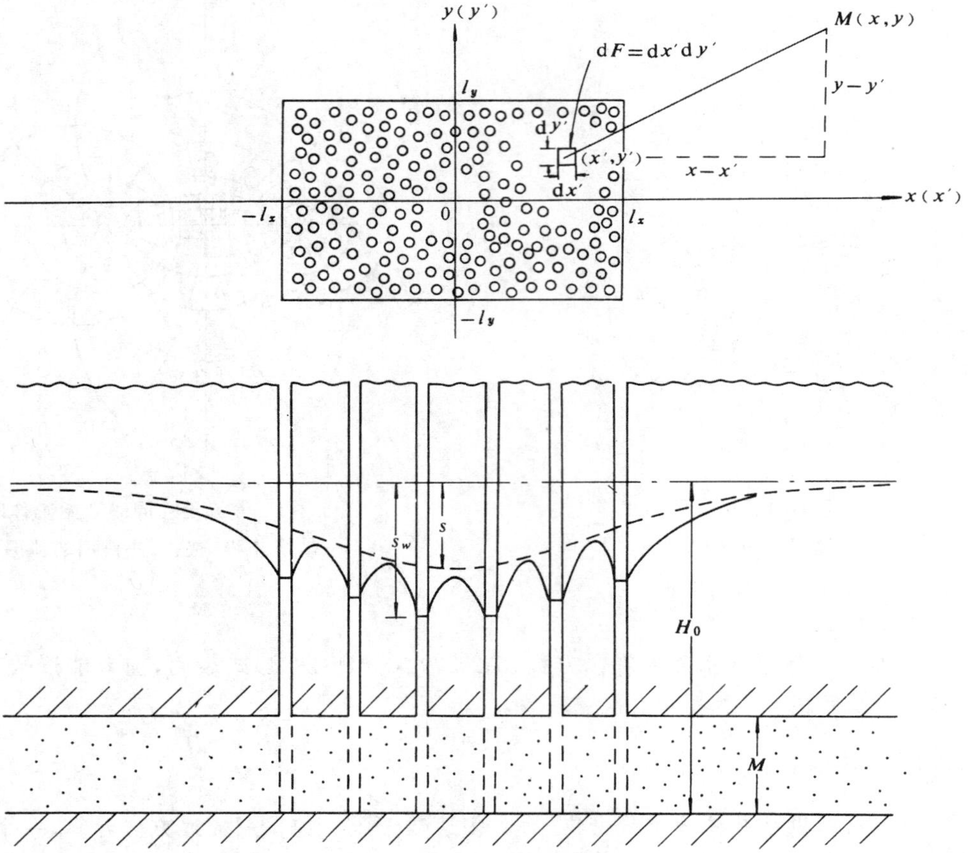

图 5-2-4　矩形面井

则有

$$\mathrm{d}x=\frac{r^2}{4a}\cdot\frac{-\mathrm{d}\xi}{\xi^2}=-\,x\frac{\mathrm{d}\xi}{\xi}$$

故

$$\int_{\frac{r^2}{4at}}^{\infty}\frac{\mathrm{e}^{-x}}{x}\mathrm{d}x=-\int_{t}^{0}\frac{\mathrm{e}^{-\frac{r^2}{4a\xi}}}{x}\cdot x\frac{\mathrm{d}\xi}{\xi}=\int_{0}^{t}\frac{\mathrm{e}^{-\frac{r^2}{4a\xi}}}{\xi}\mathrm{d}\xi$$

于是，无限平面上在流量为 Q 的汇点作用下，任意点的降深（即泰斯公式）为

$$s=\frac{Q}{4\pi T}\int_{0}^{t}\frac{\mathrm{e}^{-\frac{r^2}{4a\xi}}}{\xi}\mathrm{d}\xi \tag{5-2-39}$$

下面研究无界平面上，在流量为 Q_A 的矩形汇面作用下任意点 $M(x,y)$ 的降深 s。

在汇面上以任意点 (x',y') 为中心取微分汇面 $\mathrm{d}x'\mathrm{d}y'$，该微分汇面的流量为 $\varepsilon\mathrm{d}x'\mathrm{d}y'$。点 $M(x,y)$ 在微分汇面 $\mathrm{d}x'\mathrm{d}y'$ 的作用下，其微分降深 $\mathrm{d}s$ 可按方程(5-2-39)式写出，即

$$\begin{aligned}\mathrm{d}s&=\frac{\varepsilon\mathrm{d}x'\mathrm{d}y'}{4\pi T}\int_{0}^{t}\frac{\mathrm{e}^{\frac{-(x-x')^2+(y-y')^2}{4a\xi}}}{\xi}\mathrm{d}\xi\\&=\frac{\varepsilon\mathrm{d}x'\mathrm{d}y'}{4\pi T}\int_{0}^{t}\frac{\mathrm{e}^{-\frac{(x-x')^2}{4a\xi}}}{\sqrt{\xi}}\cdot\frac{\mathrm{e}^{-\frac{(y-y')^2}{4a\xi}}}{\sqrt{\xi}}\mathrm{d}\xi\end{aligned}$$

整个汇面对点 $M(x,y)$ 的作用,可在整个开采面积内积分而得到,即

$$s=\frac{\varepsilon}{4T}\int_0^t\left[\frac{1}{\sqrt{\pi}}\int_{-l_x}^{l_x}\frac{e^{-\frac{(x-x')^2}{4a\xi}}}{\sqrt{\xi}}dx'\cdot\frac{1}{\sqrt{x}}\int_{-l_x}^{l_x}\frac{e^{-\frac{(y-y')^2}{4a\xi}}}{\sqrt{\xi}}dy'\right]d\xi \tag{5-2-40}$$

换元,令

$$\eta^2=\frac{(x-x')^2}{4a\xi}\qquad 即\quad \eta=\frac{(x-x')}{\sqrt{4a\xi}}$$

则

$$d\eta=\frac{-dx'}{\sqrt{4a\xi}}$$

因此

$$\begin{aligned}\frac{1}{\sqrt{\pi}}\int_{-l_x}^{l_x}\frac{e^{-\frac{(x-x')^2}{4a\xi}}}{\sqrt{\xi}}dx'&=\frac{-1}{\sqrt{\pi}}\int_{\frac{x+l_x}{\sqrt{4a\xi}}}^{\frac{x-l_x}{\sqrt{4a\xi}}}\frac{e^{-\eta^2}}{\sqrt{\xi}}\cdot\sqrt{4a\xi}d\eta\\&=\frac{2}{\sqrt{\pi}}\sqrt{a}\int_{\frac{x-l_x}{\sqrt{4a\xi}}}^{\frac{x+l_x}{\sqrt{4a\xi}}}e^{-\eta^2}d\eta\\&=\sqrt{a}\left[\mathrm{erf}\left(\frac{x+l_x}{\sqrt{4a\xi}}\right)-\mathrm{erf}\left(\frac{x-l_x}{\sqrt{4a\xi}}\right)\right]\end{aligned}$$

式中:$\mathrm{erf}(v)=\frac{2}{\sqrt{\pi}}\int_0^v e^{-x^2}dx$,称为高斯误差函数或概率积分函数①。

同理

$$\frac{1}{\sqrt{\pi}}\int_{-l_y}^{l_y}\frac{e^{-\frac{(y-y')^2}{4a\xi}}}{\sqrt{\xi}}dy'=\sqrt{a}\left[\mathrm{erf}\left(\frac{y+l_y}{\sqrt{4a\xi}}\right)-\mathrm{erf}\left(\frac{y-l_y}{\sqrt{4a\xi}}\right)\right]$$

将这两个关系式代入(5-2-40)式,并注意到 $T=a\mu_e$,则得

$$\begin{aligned}s=\frac{\varepsilon}{4\mu_e}\int_0^t&\left[\mathrm{erf}\left(\frac{x+l_x}{4a\xi}\right)-\mathrm{erf}\left(\frac{x-l_x}{\sqrt{4a\xi}}\right)\right]\\&\times\left[\mathrm{erf}\left(\frac{y+l_y}{\sqrt{4a\xi}}\right)-\mathrm{erf}\left(\frac{x-l_y}{\sqrt{4a\xi}}\right)\right]d\xi\end{aligned}$$

再一次换元,令

$$\tau=\frac{\xi}{t}\qquad 则\qquad d\tau=\frac{d\xi}{t}$$

$$\begin{aligned}s&=\frac{\varepsilon}{4\mu_e}\int_0^1\left[\mathrm{erf}\left(\frac{x+l_x}{\sqrt{4at\tau}}\right)-\mathrm{erf}\left(\frac{x-l_x}{\sqrt{4at\tau}}\right)\right]\\&\quad\times\left[\mathrm{erf}\left(\frac{y+l_y}{\sqrt{4at\tau}}\right)-\mathrm{erf}\left(\frac{y-l_y}{\sqrt{4at\tau}}\right)\right]td\tau\\&=\frac{\varepsilon t}{4\mu_e}\left[\int_0^1\mathrm{erf}\left(\frac{l_x+x}{\sqrt{4at\tau}}\right)\mathrm{erf}\left(\frac{l_y+y}{\sqrt{4at\tau}}\right)d\tau+\int_0^1\mathrm{erf}\left(\frac{l_x+x}{\sqrt{4at\tau}}\right)\mathrm{erf}\left(\frac{l_y-y}{\sqrt{4at\tau}}\right)d\tau\right.\end{aligned}$$

---

① 高斯误差函数

$$\mathrm{erf}(v)=\frac{2}{\sqrt{\pi}}\int_0^v e^{-x^2}dx$$

有下列基本性质:

$$\mathrm{erf}(\infty)=1,\qquad \mathrm{erf}(0)=0$$
$$\mathrm{erf}(-v)=-\mathrm{erf}(v),$$
$$\mathrm{erfc}(v)=1-\mathrm{erf}(v)=\frac{2}{\sqrt{\pi}}\int_v^\infty e^{-x^2}dx$$

$\mathrm{erfc}(v)$是高斯误差函数的余补函数。

$$+\int_0^1 \mathrm{erf}\left(\frac{l_x - x}{\sqrt{4at\tau}}\right)\mathrm{erf}\left(\frac{l_y + y}{\sqrt{4at\tau}}\right)\mathrm{d}\tau + \int_0^1 \mathrm{erf}\left(\frac{l_x - x}{\sqrt{4at\tau}}\right)\mathrm{erf}\left(\frac{l_y - y}{\sqrt{4at\tau}}\right)\mathrm{d}\tau\Big]$$

若定义函数

$$S^*(\alpha,\beta) = \int_0^1 \mathrm{erf}\left(\frac{\alpha}{\sqrt{\tau}}\right)\mathrm{erf}\left(\frac{\beta}{\sqrt{\tau}}\right)\mathrm{d}\tau$$

则在矩形面井作用下任意点(x,y)的降深方程可写为

$$s = \frac{\varepsilon t}{4\mu_e} A_r(l_x,l_y,x,t,at) \tag{5-2-41}$$

和

$$A_r(l_x,l_y,x,y,at) = S^*\left(\frac{l_x + x}{\sqrt{4at}},\frac{l_y + y}{\sqrt{4at}}\right) + S^*\left(\frac{l_x + x}{\sqrt{4at}},\frac{l_y - y}{\sqrt{4at}}\right) + S^*\left(\frac{l_x - x}{\sqrt{4at}},\frac{l_y + y}{\sqrt{4at}}\right) + S^*\left(\frac{l_x - x}{\sqrt{4at}},\frac{l_y - y}{\sqrt{4at}}\right) \tag{5-2-42}$$

式中:A_r 可称为矩形面井的井函数,函数 $S^*(\alpha,\beta)$ 可查表 5-2-1。

显然,在开采区的中心处($x=0,y=0$)降深最大。由上式可得此点的降深方程为

$$s_c = \frac{\varepsilon t}{\mu_e} S^*\left(\frac{l_x}{\sqrt{4at}},\frac{l_y}{\sqrt{4at}}\right) \tag{5-2-43}$$

式中:s_c 为开采区中心点处的降深。

以上是针对承压含水层来讨论的。对于潜水层,如果比值 $\frac{s}{h_0}$ 不大的话,只要按照关系式(5-1-17)式变换,即可得到任意点(x,y)的水位方程

$$h_0^2 - h^2 = \frac{\varepsilon at}{2K} A_r \tag{5-2-44}$$

和开采区中心点处($x=0,y=0$)的最低水位方程

$$h_0^2 - h_c^2 = \frac{2\varepsilon at}{K} S^*\left(\frac{l_x}{\sqrt{4at}},\frac{l_y}{\sqrt{4at}}\right) \tag{5-2-45}$$

式中:A_r 为矩形面井井函数,仍按(5-2-42)式定义;h_c 为开采区中心点处的水位。

显然,在矩形渗坑均匀入渗的条件下,方程(5-2-44)式和(5-2-45)式可用来计算潜水位的上升值。

(二)圆形开采地段

设在半径为 R_0 的圆形开采地段上(图 5-2-5)开采总流量为 Q_A,则开采强度

$$\varepsilon = \frac{Q_A}{\pi R_0^2} \tag{5-2-46}$$

(我们规定:抽水为 $\varepsilon > 0$;注水为 $\varepsilon < 0$)

如果将圆形开采地段视为等强度汇面,则定解问题可叙述为

$$\begin{cases} a\left(\frac{\partial^2 s}{\partial r^2} + \frac{1}{r}\frac{\partial s}{\partial r}\right) + \frac{\varepsilon}{\mu_e} f(r) = \frac{\partial s}{\partial t} & (0 \leqslant r < \infty, t > 0) \quad (5\text{-}2\text{-}47) \\ s(r,0) = 0 & (0 \leqslant r < \infty) \quad (5\text{-}2\text{-}48) \\ s(\infty,t) = 0 & (t > 0) \quad (5\text{-}2\text{-}49) \\ \frac{\partial s}{\partial r}(0,t) = 0 & (t > 0) \quad (5\text{-}2\text{-}50) \end{cases}$$

其中

$$f(r) = \begin{cases} 1 & 0 < r < R_0 \\ 0 & r > R_0 \end{cases} \tag{5-2-51}$$

表 5-2-1 矩形面井井函数 $S^*(\alpha,\beta)=\int_0^1 \mathrm{erf}\left(\frac{\alpha}{\sqrt{\tau}}\right)\mathrm{erf}\left(\frac{\beta}{\sqrt{\tau}}\right)\mathrm{d}\tau$

（据汉图什）

α \ β	0.02	0.04	0.06	0.08	0.10	0.14	0.18	0.22	0.26	0.30	0.34	0.38
0.02	0.0041	0.0073	0.0101	0.0125	0.0146	0.0184	0.0216	0.0243	0.0267	0.0288	0.0306	0.0322
0.04	0.0073	0.0135	0.0188	0.0236	0.0278	0.0353	0.0416	0.0470	0.0518	0.0559	0.0596	0.0628
0.06	0.0101	0.0188	0.0266	0.0335	0.0398	0.0509	0.0602	0.0684	0.0754	0.0817	0.0871	0.0920
0.08	0.0125	0.0236	0.0335	0.0425	0.0508	0.0652	0.0776	0.0884	0.0978	0.1060	0.1133	0.1197
0.10	0.0146	0.0278	0.0398	0.0508	0.0608	0.0786	0.0939	0.1072	0.1188	0.1290	0.1381	0.1461
0.14	0.0184	0.0355	0.0509	0.0652	0.0786	0.1025	0.1232	0.1414	0.1573	0.1714	0.1839	0.1949
0.18	0.0216	0.0416	0.0602	0.0776	0.0939	0.1232	0.1490	0.1716	0.1916	0.2029	0.2251	0.2391
0.22	0.0243	0.0470	0.0684	0.0884	0.1072	0.1414	0.1716	0.1984	0.2222	0.2433	0.2621	0.2789
0.26	0.0267	0.0518	0.0754	0.0978	0.1188	0.1573	0.1916	0.2222	0.2494	0.2737	0.2954	0.3147
0.30	0.0288	0.0559	0.0817	0.1060	0.1290	0.1714	0.2094	0.2433	0.2737	0.3009	0.3520	0.3470
0.34	0.0306	0.0596	0.0871	0.1133	0.1381	0.1839	0.2251	0.2621	0.2954	0.3252	0.3252	0.3761
0.38	0.0322	0.0628	0.0920	0.1197	0.1461	0.1949	0.2391	0.2789	0.3147	0.3470	0.3761	0.4022
0.42	0.0337	0.0657	0.0963	0.1254	0.1532	0.2048	0.2515	0.2938	0.3320	0.3665	0.3976	0.4256
0.46	0.0349	0.0683	0.1001	0.1305	0.1595	0.2135	0.2626	0.3071	0.3474	0.3839	0.4169	0.4466
0.50	0.0361	0.0705	0.1035	0.1350	0.1650	0.2212	0.2724	0.3189	0.3612	0.3995	0.4311	0.4654
0.54	0.0371	0.0725	0.1065	0.1389	0.1700	0.2281	0.2812	0.3295	0.3735	0.4134	0.4495	0.4823
0.58	0.0380	0.0743	0.1091	0.1425	0.1744	0.2343	0.2890	0.3389	0.3844	0.4257	0.4633	0.4973
0.62	0.0387	0.0759	0.1115	0.1456	0.1783	0.2397	0.2959	0.3472	0.3941	0.4368	0.4756	0.5108
0.66	0.0394	0.0773	0.1136	0.1484	0.1818	0.2445	0.3020	0.3547	0.4027	0.4466	0.4865	0.5227
0.70	0.0401	0.0785	0.1154	0.1509	0.1849	0.2488	0.3075	0.3612	0.4104	0.4553	0.4962	0.5334
0.74	0.0406	0.0796	0.1171	0.1531	0.1876	0.2526	0.3123	0.3671	0.4172	0.4630	0.5048	0.5429
0.78	0.0411	0.0806	0.1185	0.1550	0.1900	0.2559	0.1366	0.3722	0.4232	0.4699	0.5125	0.5513
0.82	0.0415	0.0814	0.1198	0.1567	0.1921	0.2586	0.3203	0.3768	0.4286	0.4760	0.5192	0.5587
0.86	0.0419	0.0822	0.1209	0.1582	0.1940	0.2615	0.3237	0.3808	0.4333	0.4813	0.5252	0.5653
0.90	0.0422	0.0828	0.1219	0.1595	0.1957	0.2638	0.3266	0.3844	0.4374	0.4860	0.5305	0.5711
0.94	0.0425	0.0834	0.1228	0.1607	0.1971	0.2658	0.3292	0.3875	0.4411	0.4902	0.5351	0.5762
0.98	0.0428	0.0839	0.1236	0.1617	0.1984	0.2676	0.3314	0.3902	0.4442	0.4938	0.5392	0.5807
1.00	0.0429	0.0842	0.1239	0.1622	0.1990	0.2684	0.3324	0.3914	0.4457	0.4955	0.5410	0.5827
1.20	0.0437	0.0858	0.1263	0.1654	0.2030	0.2740	0.3396	0.4001	0.4558	0.5070	0.5540	0.5969
1.40	0.0444	0.0866	0.1275	0.1669	0.2049	0.2767	0.3431	0.4043	0.4608	0.5127	0.5603	0.6039
1.80	0.0444	0.0871	0.1283	0.1680	0.2062	0.2785	0.3454	0.4071	0.4641	0.5165	0.5645	0.6086
2.00	0.0444	0.0871	0.1284	0.1681	0.2064	0.2787	0.3457	0.4075	0.4645	0.5169	0.5651	0.6092
2.20	0.0444	0.0872	0.1284	0.1682	0.2065	0.2788	0.3458	0.4076	0.4646	0.5171	0.5653	0.6094
2.50	0.0444	0.0872	0.1284	0.1682	0.2065	0.2788	0.3458	0.4077	0.4647	0.5172	0.5653	0.6095
3.00	0.0444	0.0872	0.1284	0.1682	0.2065	0.2789	0.3458	0.4077	0.4647	0.5172	0.5654	0.6095

续表 5-2-1

β / α	0.42	0.46	0.50	0.54	0.58	0.62	0.66	0.70	0.74	0.78	0.82	0.86
0.02	0.0337	0.0349	0.0361	0.0371	0.0380	0.0387	0.0394	0.0401	0.0406	0.0411	0.0415	0.0419
0.04	0.0657	0.0683	0.0705	0.0725	0.0743	0.0759	0.0773	0.0785	0.0796	0.0806	0.0814	0.0822
0.06	0.0963	0.1004	0.1035	0.1065	0.1091	0.1115	0.1136	0.1154	0.1171	0.1185	0.1198	0.1209
0.08	0.1254	0.1305	0.1350	0.1389	0.1425	0.1456	0.1484	0.1509	0.1531	0.1550	0.1567	0.1582
0.10	0.1532	0.1595	0.1650	0.1700	0.1744	0.1785	0.1818	0.1849	0.1876	0.1900	0.1921	0.1940
0.14	0.2048	0.2135	0.2212	0.2281	0.2343	0.2387	0.2445	0.2488	0.2526	0.2559	0.2589	0.2615
0.18	0.2515	0.2626	0.2724	0.2812	0.2890	0.2959	0.3020	0.3075	0.3123	0.3166	0.3203	0.3237
0.22	0.2938	0.3071	0.3189	0.3295	0.3389	0.3472	0.3547	0.3612	0.3671	0.3722	0.3768	0.3808
0.26	0.3320	0.3474	0.3612	0.3735	0.3844	0.3941	0.4027	0.4104	0.4172	0.4232	0.4286	0.4333
0.30	0.3665	0.3839	0.3995	0.4134	0.4257	0.4368	0.4466	0.4553	0.4630	0.4699	0.4760	0.4813
0.34	0.3976	0.4169	0.4341	0.4495	0.4633	0.4756	0.4865	0.4962	0.5048	0.5125	0.5192	0.5252
0.38	0.4256	0.4466	0.4654	0.4823	0.4973	0.5108	0.5227	0.5334	0.5429	0.5513	0.5587	0.5653
0.42	0.4508	0.4734	0.4937	0.5119	0.5281	0.5427	0.5556	0.5672	0.5774	0.5865	0.5946	0.6017
0.46	0.4734	0.4975	0.5191	0.5385	0.5559	0.5715	0.5854	0.5977	0.6087	0.6185	0.6272	0.6348
0.50	0.4937	0.5191	0.5420	0.5626	0.5810	0.5975	0.6122	0.6254	0.6371	0.6475	0.6567	0.6648
0.54	0.5119	0.5385	0.5626	0.5842	0.6036	0.6209	0.6364	0.6503	0.6627	0.6738	0.6834	0.6920
0.58	0.5281	0.5559	0.5810	0.6036	0.6238	0.6420	0.6582	0.6728	0.6857	0.6972	0.7074	0.7165
0.62	0.5427	0.5715	0.5975	0.6209	0.6420	0.6609	0.6778	0.6929	0.7064	0.7184	0.7291	0.7386
0.66	0.5556	0.5854	0.6122	0.6364	0.6582	0.6778	0.6953	0.7110	0.7250	0.7375	0.7486	0.7584
0.70	0.5672	0.5977	0.6254	0.6503	0.6728	0.6929	0.7110	0.7272	0.7417	0.7546	0.7660	0.7662
0.74	0.5774	0.6087	0.6371	0.6627	0.6857	0.7064	0.7250	0.7417	0.7566	0.7698	0.7816	0.7921
0.78	0.5865	0.6185	0.6475	0.6736	0.6972	0.7184	0.7375	0.7546	0.7698	0.7834	0.7956	0.8063
0.82	0.5946	0.6272	0.6567	0.6834	0.7074	0.7291	0.7486	0.7660	0.7816	0.7956	0.8080	0.8190
0.86	0.6017	0.6348	0.6648	0.6920	0.7165	0.7386	0.7584	0.7762	0.7921	0.8063	0.8190	0.8302
0.90	0.6080	0.6416	0.6721	0.6996	0.7245	0.7468	0.7671	0.7852	0.8011	0.8159	0.8288	0.8402
0.94	0.6136	0.6476	0.6784	0.7063	0.7316	0.7543	0.7748	0.7932	0.8096	0.8243	0.8374	0.8491
0.98	0.6184	0.6528	0.6840	0.7123	0.7378	0.7608	0.7816	0.8002	0.8168	0.8317	0.8450	0.8569
1.00	0.6206	0.6552	0.6865	0.7150	0.7406	0.7638	0.7846	0.8034	0.8201	0.8351	0.8485	0.8604
1.20	0.6362	0.6719	0.7044	0.7339	0.7605	0.7846	0.8064	0.8259	0.8434	0.8591	0.8731	0.8856
1.40	0.6438	0.6801	0.7132	0.7432	0.7704	0.7949	0.8171	0.8370	0.8549	0.8710	0.8853	0.8980
1.80	0.6489	0.6856	0.7190	0.7494	0.7769	0.8018	0.8243	0.8445	0.8627	0.8789	0.8935	0.9065
2.00	0.6495	0.6863	0.7198	0.7502	0.7778	0.8027	0.8252	0.8454	0.8636	0.8799	0.8945	0.9075
2.20	0.6497	0.6865	0.7200	0.7505	0.7781	0.8030	0.8255	0.8458	0.8640	0.8803	0.8949	0.9079
2.50	0.6498	0.6867	0.7202	0.7506	0.7782	0.8032	0.8257	0.8460	0.8642	0.8805	0.8951	0.9081
3.00	0.6499	0.6867	0.7202	0.7506	0.7782	0.8032	0.8257	0.8460	0.8642	0.8805	0.8951	0.9081

续表 5-2-1

α \ β	0.90	0.94	0.98	1.00	1.20	1.40	1.80	2.00	2.20	2.50	3.00
0.02	0.0422	0.0425	0.0428	0.0429	0.0437	0.0441	0.0444	0.0444	0.0444	0.0444	0.0444
0.04	0.0828	0.0834	0.0839	0.0842	0.0858	0.0866	0.0871	0.0871	0.0872	0.0872	0.0872
0.06	0.1219	0.1228	0.1236	0.1239	0.1263	0.1275	0.1283	0.1284	0.1284	0.1284	0.1284
0.08	0.1595	0.1607	0.1617	0.1622	0.1654	0.1669	0.1680	0.1681	0.1682	0.1682	0.1682
0.10	0.1957	0.1971	0.1984	0.1990	0.2030	0.2049	0.2062	0.2064	0.2065	0.2065	0.2065
0.14	0.2638	0.2658	0.2676	0.2684	0.2740	0.2767	0.2785	0.2787	0.2788	0.2788	0.2789
0.18	0.3266	0.3292	0.3314	0.3324	0.3396	0.3431	0.3454	0.3457	0.3458	0.3458	0.3458
0.22	0.3844	0.3875	0.3902	0.3914	0.4001	0.4043	0.4071	0.4075	0.4076	0.4077	0.4077
0.26	0.4374	0.4411	0.4442	0.4457	0.4558	0.4608	0.4641	0.4645	0.4646	0.4647	0.4647
0.30	0.4860	0.4902	0.4938	0.4955	0.5070	0.5127	0.5165	0.5169	0.5171	0.5172	0.5172
0.34	0.5305	0.5351	0.5392	0.5410	0.5540	0.5603	0.5645	0.5651	0.5653	0.5653	0.5654
0.38	0.5711	0.5762	0.5807	0.5827	0.5969	0.6039	0.6086	0.6092	0.6094	0.6095	0.6095
0.42	0.6080	0.6136	0.6184	0.6206	0.6362	0.6438	0.6489	0.6495	0.6497	0.6498	0.6499
0.46	0.6416	0.6476	0.6528	0.6552	0.6719	0.6801	0.6856	0.6863	0.6865	0.6867	0.6867
0.50	0.6721	0.6784	0.6840	0.6865	0.7044	0.7132	0.7190	0.7198	0.7200	0.7202	0.7202
0.54	0.6996	0.7063	0.7123	0.7150	0.7339	0.7432	0.7494	0.7502	0.7502	0.7506	0.7506
0.58	0.7245	0.7316	0.7378	0.7406	0.7605	0.7704	0.7769	0.7778	0.7781	0.7782	0.7782
0.62	0.7469	0.7543	0.7608	0.7638	0.7846	0.7949	0.8018	0.8027	0.8030	0.8032	0.8032
0.66	0.7671	0.7748	0.7816	0.7846	0.8064	0.8171	0.8243	0.8252	0.8255	0.8257	0.8257
0.70	0.7852	0.7932	0.8002	0.8034	0.8259	0.8370	0.8445	0.8454	0.8458	0.8460	0.8460
0.74	0.8014	0.8096	0.8168	0.8201	0.8434	0.8549	0.8627	0.8636	0.8640	0.8642	0.8642
0.78	0.8159	0.8243	0.8319	0.8351	0.8591	0.8710	0.8789	0.8799	0.8803	0.8805	0.8805
0.82	0.8288	0.8374	0.8450	0.8485	0.8731	0.8853	0.8935	0.8945	0.8949	0.8951	0.8951
0.86	0.8402	0.8491	0.8569	0.8604	0.8855	0.8980	0.9065	0.9075	0.9079	0.9081	0.9081
0.90	0.8504	0.8594	0.8674	0.8710	0.8966	0.9094	0.9180	0.9191	0.9195	0.9197	0.9197
0.94	0.8594	0.8686	0.8767	0.8803	0.9064	0.9195	0.9282	0.9294	0.9298	0.9300	0.9300
0.98	0.8674	0.8767	0.8849	0.8886	0.9151	0.9284	0.9373	0.9384	0.9389	0.9391	0.9391
1.00	0.8710	0.8803	0.8886	0.8924	0.9191	0.9324	0.9414	0.9426	0.9430	0.9432	0.9433
1.20	0.8966	0.9064	0.9151	0.9154	0.9472	0.9614	0.9709	0.9722	0.9726	0.9728	0.9729
1.40	0.9094	0.9195	0.9284	0.9324	0.9614	0.9759	0.9858	0.9871	0.9875	0.9878	0.9878
1.80	0.9180	0.9282	0.9373	0.9414	0.9709	0.9858	0.9959	0.9972	0.9977	0.9979	0.9980
2.00	0.9191	0.9294	0.9384	0.9426	0.9722	0.9871	0.9972	0.9985	0.9990	0.9992	0.9993
2.20	0.9195	0.9298	0.9389	0.9430	0.9726	0.9875	0.9977	0.9990	0.9995	0.9997	0.9998
2.50	0.9197	0.9300	0.9391	0.9432	0.9728	0.9878	0.9979	0.9992	0.9997	1.0000	1.0000
3.00	0.9197	0.9300	0.9391	0.9433	0.9729	0.9878	0.9980	0.9993	0.9998	1.0000	1.0000

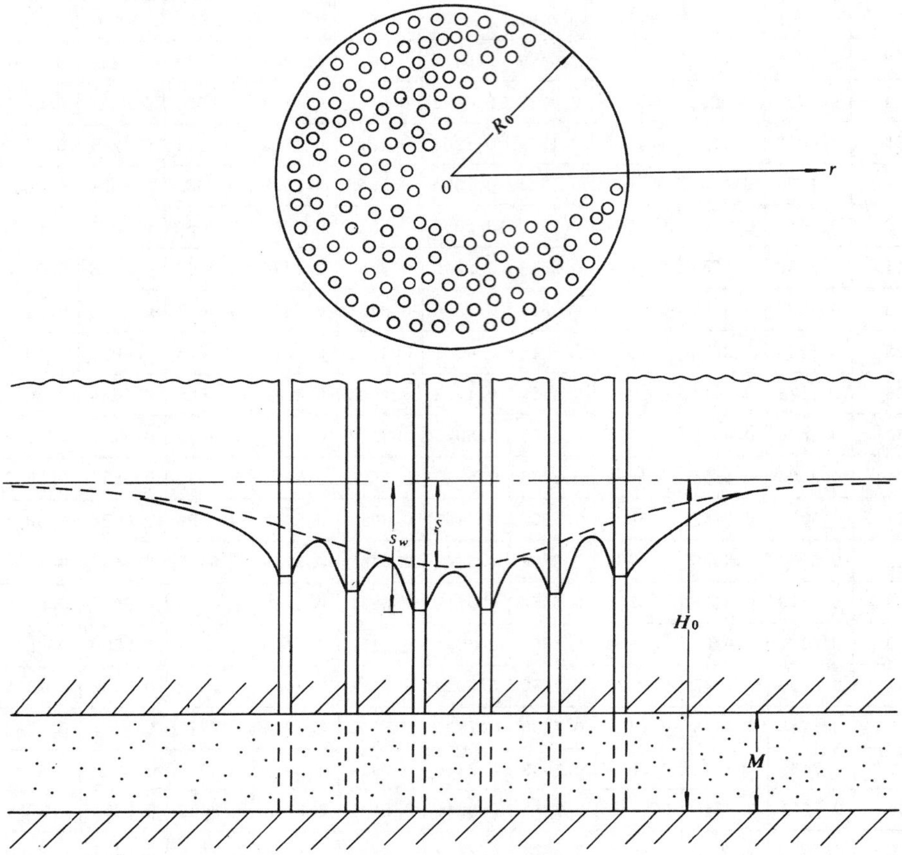

图 5-2-5　圆形面井

式中：R_0 为圆形开采区的半径；r 为从圆形面井的中心点至拟计算降深点的距离。

汉图什和鲍切维尔对此问题分别得到解。汉图什解的形式为

$$s = \frac{Q_A}{4\pi T} A_c(\bar{r}, \bar{t}) \tag{5-2-52}$$

而

$$A_c(\bar{r}, \bar{t}) = 4\int_0^{\infty} (1 - \mathrm{e}^{-\beta \bar{t}}) J_1(\beta) J_0(\bar{r}\beta) \frac{\mathrm{d}\beta}{\beta} \tag{5-2-53}$$

式中：Q_A 为面井流量；$A_c(\bar{r}, \bar{t})$ 为圆形面井井函数；$\bar{r}$ 为无因次径距，

$$\bar{r} = \frac{r}{R_0} \tag{5-2-54}$$

$\bar{t}$ 为无因次时间，

$$\bar{t} = \frac{at}{R_0^2} \tag{5-2-55}$$

J_0 和 J_1 为零阶和一阶第一类贝塞尔函数。

圆形面井井函数 $A_c(\bar{r}, \bar{t})$ 已制成函数表，列于表 5-2-2 中，可供计算使用。

最大降深发生在圆形面井的中心（$r = 0$）处，该点的降深值 s_c 可按下式计算

$$s_c = \frac{Q_A}{4\pi T}\left[W(u_0) + \frac{1 - \mathrm{e}^{-u_0}}{u_0}\right] \tag{5-2-56}$$

而

$$u_0 = \frac{R_0^2}{4at} \tag{5-2-57}$$

式中：$W(u)$ 为泰斯井函数。

当 $u_0 \leqslant 0.01$ 时，采区中心处的降深可用下列近似式表示

$$s_c = \frac{Q_A}{4\pi T}[W(u_0) + 1] = \frac{Q}{4\pi T}\ln\frac{6.11at}{R_0^2} \tag{5-2-58}$$

表 5-2-2　圆形面井井函数 $A_c(\bar{r},\bar{t}) = 4\int_0^\infty (1 - e^{-\beta^2 \bar{t}}) J_1(\beta) J_0(\bar{r}\beta) \frac{d\beta}{\beta}$

$\bar{t}$	$\ln\bar{t}$	$\bar{r}$								
		0	0.3	0.5	0.7	1.0	1.5	2.0	3.0	5.0
0.082	−2.5	0.325	0.320	0.306	0.275	0.048	0.001	0.000	0	0
0.135	−2.0	0.517	0.501	0.469	0.047	0.162	0.018	0.004	0	0
0.223	−1.5	0.782	0.752	0.694	0.597	0.329	0.061	0.007	0	0
0.368	−1.0	1.114	1.068	0.984	0.852	0.542	0.161	0.039	0.001	0
0.607	−0.5	1.502	1.442	1.334	1.171	0.810	0.324	0.117	0.010	0
1.000	0.0	1.929	1.659	1.734	1.545	1.138	0.558	0.263	0.048	0.001
1.649	0.5	2.384	2.306	2.168	1.962	1.519	0.865	0.489	0.142	0.006
2.718	1.0	2.854	2.772	2.626	2.407	1.940	1.232	0.790	0.315	0.037
4.482	1.5	3.388	3.252	3.101	2.874	2.390	1.644	1.156	0.574	0.121
7.389	2.0	3.828	3.741	3.586	3.354	2.960	2.090	1.570	0.908	0.294
12.183	2.5	4.320	4.232	4.075	3.840	3.342	2.555	2.014	1.298	0.554
20.086	3.0	4.814	4.725	4.567	4.330	3.832	3.036	2.482	1.730	0.886
33.115	3.5	5.317	5.227	5.068	4.830	4.327	3.524	2.963	2.188	1.279
54.598	4.0	5.814	5.724	5.565	5.326	4.812	4.002	3.439	2.651	1.700
90.017	4.5	6.312	6.229	6.062	5.823	5.305	4.498	3.927	3.130	2.152
148.413	5.0	6.812	6.721	6.561	6.322	5.802	5.000	4.421	3.619	2.624
244.69	5.5	7.310	7.220	7.061	6.821	6.332	5.545	4.948	4.143	3.091
403.43	6.0	7.841	7.719	7.559	7.319	6.810	6.00	5.420	4.608	3.575
665.13	6.5	8.309	8.219	8.059	7.819	7.309	6.498	5.841	5.120	4.081
1 196.7	7.0	8.809	8.719	8.559	8.319	7.809	6.998	6.420	5.611	4.584
1 808	7.5	9.295	9.219	9.059	8.819	8.301	7.502	6.944	6.114	5.059
2 981	8.0	9.809	9.719	9.559	9.319	8.810	7.996	7.424	6.612	5.592

（据原武汉水利水电学院农水系地方地下水科研组）

在圆形采区内（$\bar{r} < 1$），当 $t \geqslant 0.5\dfrac{r^2}{a}$（即 $u \leqslant 0.5$）时，其降深方程可近似表示为

$$s = \frac{Q_A}{4\pi T}\left[W(u_0) + \frac{1 - e^{u_0}}{u_0} - \bar{r}^2 e^{-u_0}\right] \tag{5-2-59}$$

在圆形采区外（$\bar{r} > 1$），当 $t \geqslant 0.5\dfrac{R_0^2}{a}$（即 $\bar{t} \geqslant 0.5$）时，其降深方程可近似表示为

$$s = \frac{Q_A}{4\pi T}[W(u) + 0.5u_0 e^{-u}] \tag{5-2-60}$$

式中：

$$u=\frac{r^2}{4at}$$

当 $\bar{r}>1.5, \bar{t}>5$ 时，圆形面井的作用与位于圆心的同流量点井的作用相差无几。在这种情况下，方程(5-2-60)式可近似表示为

$$s=\frac{Q_A}{4\pi T}W(u) \tag{5-2-61}$$

对于潜水层，如果降深 s 相对于潜水层厚度 h_0 是不大的，则在圆形面井作用下的水位分布为

$$h_0^2-h^2=\frac{Q_A}{2\pi K}A_c(\bar{r},\bar{t}) \tag{5-2-62}$$

式中：Q_A 为面井流量；A_c 为圆形面井井函数，仍按（5-2-53）式定义。

（三）面井-点井井群干扰

在含水层稳定分布的平原区，各种用途的井群往往不均匀地分布着。这种情况难以将其概化为均匀抽水强度的矩形或圆形开采区。我们可以根据井孔的分布图形和流量分布情况，将其概化成若干个均匀抽水强度的矩形或（和）圆形开采区，如图 5-2-6 所示，并视为面井。这些面井可以是分开的［例如：图 5-2-6 中的（b）、（c）和（d）］，也可以是重叠的［例如图 5-2-6 中的（a）和（b）］。当然也可以是交叉的。另外，对于面井内外某些水量比较集中的井孔（例如工矿企业供水），也可以作点井处理，例如图中的 Q_5、Q_6 和 Q_7。

有了上述原则，就可以比较灵活地将一个含水层的开采井概化成不同形状的面井和点井，然而利用叠加原理来计算任意点 M 的水头降深 s。

例如，对于图 5-2-6 所示的情况，可根据方程（5-2-41）式、（5-2-42）式、（5-2-52）式、（5-2-53）式和（5-1-8）式写出 M 点的降深 s，即

$$\begin{aligned}
s=&\frac{\varepsilon_1 t}{4\mu_e}\Big[S^*\Big(\frac{l_{x1}+x_1}{\sqrt{4at}},\frac{l_{y1}+y_1}{\sqrt{4at}}\Big)+S^*\Big(\frac{l_{x1}+x_1}{\sqrt{4at}},\frac{l_{y1}-y_1}{\sqrt{4at}}\Big)\\
&+S^*\Big(\frac{l_{x1}-x_1}{\sqrt{4at}},\frac{l_{y1}+y_1}{\sqrt{4at}}\Big)+S^*\Big(\frac{l_{x1}-x_1}{\sqrt{4at}},\frac{l_{y1}-y_1}{\sqrt{4at}}\Big)\Big]\\
&+\frac{\varepsilon_2 t}{4\mu_e}\Big[S^*\Big(\frac{l_{x2}+x_2}{\sqrt{4at}},\frac{l_{y2}+y_2}{\sqrt{4at}}\Big)+S^*\Big(\frac{l_{x2}+x_2}{\sqrt{4at}},\frac{l_{y2}-y_2}{\sqrt{4at}}\Big)\\
&+S^*\Big(\frac{l_{x2}-x_2}{\sqrt{4at}},\frac{l_{y2}+y_2}{\sqrt{4at}}\Big)+S^*\Big(\frac{l_{x2}-x_2}{\sqrt{4at}},\frac{l_{y2}-y_2}{\sqrt{4at}}\Big)\Big]\\
&+\frac{\varepsilon_3 t}{4\mu_e}\Big[S^*\Big(\frac{l_{x3}+x_3}{\sqrt{4at}},\frac{l_{y3}+y_3}{\sqrt{4at}}\Big)+S^*\Big(\frac{l_{x3}+x_3}{\sqrt{4at}},\frac{l_{y3}-y_3}{\sqrt{4at}}\Big)\\
&+S^*\Big(\frac{l_{x3}-x_3}{\sqrt{4at}},\frac{l_{y3}+y_3}{\sqrt{4at}}\Big)+S^*\Big(\frac{l_{x3}-x_3}{\sqrt{4at}},\frac{l_{y3}-y_3}{\sqrt{4at}}\Big)\Big]\\
&+\frac{Q_A}{4\pi T}A_c\Big(\frac{r_4}{R_{04}},\frac{at}{R_{04}^2}\Big)+\frac{Q_5}{4\pi T}W\Big(\frac{r_5^2}{4at}\Big)+\frac{Q_6}{4\pi T}W\Big(\frac{r_6^2}{4at}\Big)\\
&+\frac{Q_7}{4\pi T}W\Big(\frac{r_7^2}{4at}\Big)
\end{aligned} \tag{5-2-63}$$

（四）开采区内抽水井中水位降深的计算

前面介绍的是在均匀面井作用下任意点水头降深的计算。这个降深值与在抽水井作用下的降深值不可能完全一致，特别是在抽水井中降深的差别将会更大，因为愈接近抽水井地下水的流速愈大，因而水头损失也愈大。

为了计算抽水井井中的水位降深，除了按上述方法确定在面井作用下的降深外，还要计算在抽水井控制范围内地下水流向抽水井而产生的附加降深 Δs。

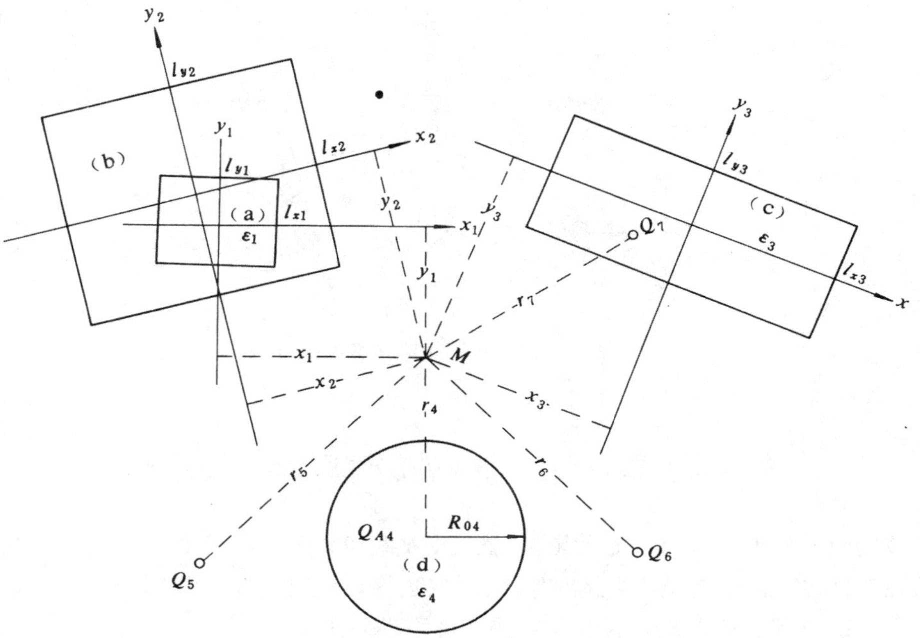

图 5-2-6　面井—点井干扰

前苏联学者鲍切维尔（Ф. М. Бочевер）建议按下列方法考虑Δs的计算。

在初始水头面水平的半径为R_A的圆形隔水边界含水层中，假如用均匀面井抽水，则水头面平行下降，其各点降深s为

$$s=\frac{Qt}{\mu_e \pi R_A^2} \tag{5-2-64}$$

假如在同一含水层中进行抽水的是位于圆心的井，半径为$r_w(r_w \ll R_A)$的小口径抽水井，则井中水头降深s根据马斯克特（M. Muskat）公式（当$t \geqslant 0.05\frac{R_A^2}{a}$时）为

$$\begin{aligned}s_w&=\frac{Q}{2\pi T}\left(\ln\frac{R_A}{r_w}+2\frac{at}{R_A^2}-0.75\right)\\&=\frac{Q}{2\pi T}\left(\ln\frac{R_A}{r_w}-0.75\right)+\frac{Qt}{\pi R_A^2 \mu_e}\end{aligned} \tag{5-2-65}$$

因此，小口径抽水井中的水位降深s_w与面井降深s之差Δs为

$$\begin{aligned}\Delta s=s_w-s&=\frac{Q}{2\pi T}\left(\ln\frac{R_A}{r_w}-0.75\right)\\&=\frac{Q}{2\pi T}\ln\left(0.472\frac{R_A}{r_w}\right)\end{aligned} \tag{5-2-66}$$

式中的“圆形含水层的半径R_A”可按下式折算

$$R_A=\sqrt{\frac{F_A}{\pi}} \tag{5-2-67}$$

式中：F_A是拟计算降深的小口径抽水井所控制的含水层面积，此面积可由该井与相邻抽水井连线的垂直平分线所构成的多边形面积来近似确定（图5-2-7）。

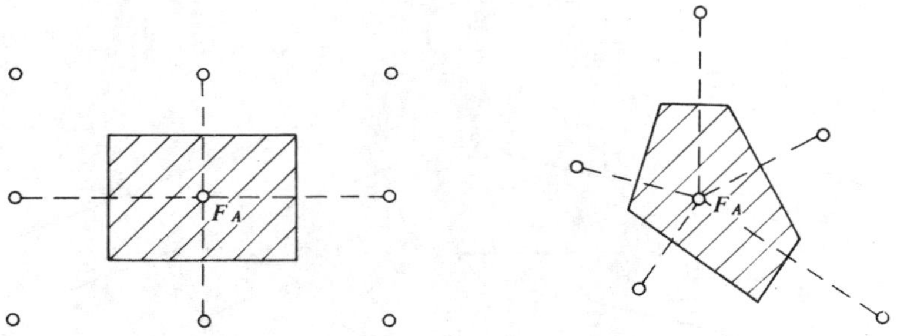

图5-2-7　点井所控制的含水层面积

§5.3　直线边界附近的井流——反映法

前两节的讨论均假定含水层是无限的。然而，实践中许多井孔就设置在边界附近，在抽水开始后的短时间内，边界就起了明显的作用。有些边界虽然离开井孔稍远，但对于较长时间的地下水开采或矿坑疏干的预测，也往往需要考虑边界的作用。

本节所要讨论的边界，属于两种比较典型的直线边界，即直线定水头边界和直线隔水边界。

具有一条直线边界的含水层，可称为半无限含水层。具有两条相交的直线边界的含水层，可称为扇形含水层。而两条互相平行的直线边界的含水层，则称为带状含水层。四条正交的直线边界则构成矩形含水层。

直线边界附近的不稳定井流问题是通过反映法（也称映射法、镜像法等）将它转变为无界问题之后，再用降深的叠加原理来求解的。

反映法的基本要求是，反映后所得的无界问题应保持原来（反映前）的边界条件。为了满足这个基本要求，通过渗透速度的矢量求和方法，可以得出反映法的4条具体规律：①虚构井（简称虚井）与实际井（简称实井）的位置对称。②虚井的强度（流量）与实井相等。③虚井的性质（抽水井或注水井）取决于边界的性质：对于直线隔水边界，虚井的性质与实井相同；对于直线定水头边界，则相反。④对于不稳定井流，虚井开始工作的时间，应与实井相同，没有这一条，同样会破坏反映前后边界条件的一致性。

掌握了反映法的基本规律，处理直线边界问题即可迎刃而解。

一、半无限含水层

（一）直线隔水边界附近的井流

由于岩性、构造等原因，都可能造成直线隔水边界的条件。

隔水边界的特点是：水只能沿着它运动，即沿隔水边界是流线，或者说隔水边界上其法线方向的水力坡度为零，即 $\frac{\partial H}{\partial n}=0$［图5-3-1 (a)］。由于这个特点，决定了直线隔水边界附近的抽水井反映为同时刻工作的等强度的抽水井［图5-3-1 (b)］。只有这样，才能保证每时刻 y 轴（即原来的直线隔水边界）上各点的流向均沿着 y 轴。这样，直线隔水边界附近的一个抽水井的课题，转换为无限含水层中两个同时刻工作的等流量的抽水井，它们的作用是等效的。因此，§5.2讨论的有关方程可以直接用于本节。

对于直线隔水边界附近的承压井流，其降深方程为

$$s=\frac{Q}{4\pi T}\left[W\left(\frac{r^2}{4at}\right)+W\left(\frac{\rho^2}{4at}\right)\right] \tag{5-3-1}$$

对于潜水井流为

$$s=h_0-\sqrt{h_0^2-\frac{Q}{2\pi K}\left[W\left(\frac{r^2}{4at}\right)+W\left(\frac{\rho^2}{4at}\right)\right]} \tag{5-3-2}$$

当 $\frac{\rho^2}{4at}<0.01$ 时，上两式可分别改写为

$$s=\frac{Q}{4\pi T}\left[\ln\frac{2.25at}{r^2}+\ln\frac{2.25at}{\rho^2}\right]=\frac{Q}{4\pi T}\ln\left(\frac{2.25at}{r\rho}\right)^2=\frac{Q}{2\pi T}\ln\frac{2.25at}{r\rho} \tag{5-3-3}$$

和

$$s=h_0-\sqrt{h_0^2-\frac{Q}{\pi K}\ln\frac{2.25at}{r\rho}} \tag{5-3-4}$$

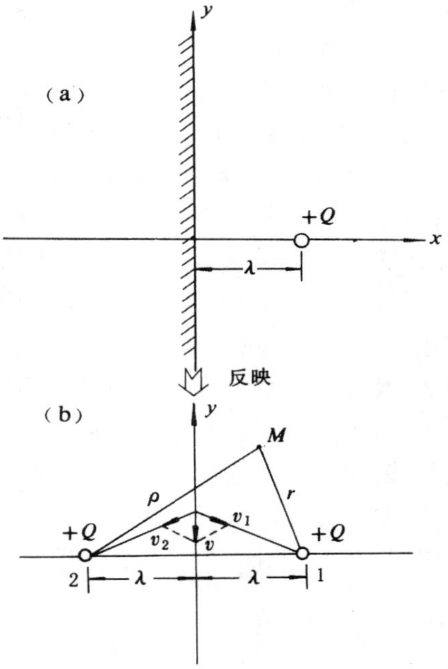

图5-3-1　井孔对直线隔水边界的反映

当 M 点在1号井的井壁上时，在上四式中，取 $r=r_w,\rho=2\lambda$，则 $s=s_w$。于是，对于承压井流，其井中降深为

$$s_w=\frac{Q}{4\pi T}\left[W\left(\frac{r_w^2}{4at}\right)+W\left(\frac{\lambda^2}{at}\right)\right] \tag{5-3-5}$$

潜水井的井中降深为

$$s_w=h_0-\sqrt{h_0^2-\frac{Q}{2\pi K}\left[W\left(\frac{r_w^2}{4at}\right)+W\left(\frac{\lambda^2}{at}\right)\right]} \tag{5-3-6}$$

当 $\frac{(2\lambda)^2}{4at}=\frac{\lambda^2}{at}<0.05$ 时，承压井流的方程变为

$$s_w=\frac{Q}{2\pi T}\ln\frac{1.125at}{r_w\lambda} \tag{5-3-7}$$

$$Q=\frac{2\pi Ts_w}{\ln\frac{1.125at}{r_w\lambda}} \tag{5-3-8}$$

$$t=\frac{r_w\lambda}{1.125a}e^{\frac{2\pi Ts_w}{Q}} \tag{5-3-9}$$

潜水井流的有关方程变为

$$s_w=h_0-\sqrt{h_0^2-\frac{Q}{\pi K}\ln\frac{1.125at}{r_w\lambda}} \tag{5-3-10}$$

$$Q=\frac{\pi K(2h_0-s_w)s_w}{\ln\frac{1.125at}{r_w\lambda}} \tag{5-3-11}$$

$$t=\frac{r_w\lambda}{1.125a}e^{\frac{\pi K(2h_0-s_w)s_w}{Q}} \tag{5-3-12}$$

直线隔水边界附近一个抽水井的流网相当于两个等流量同时刻抽水井流网的一半（图5-2-2的右边一半）。

（二）直线定水头边界附近的井流

水位保持不变，水边线呈直线状且铅垂切割整

个含水层的地表水体，构成平面二维流问题的直线定水头边界。

由于此边界是等水头线，因此，如果含水层是各向同性的，则流线必定垂直此边界［图5-3-2 (a)］。由此特点出发，直线定水头边界附近的抽水井必须反映为同时刻工作的等强度的注水井［图5-3-2(b)］。只有这样，才能使得每时刻 y 轴（即原来的直线等水头边界）中各点的流向垂直 y 轴，从而保持 y 轴是等水头线。这样，直线定水头边界附近一个抽水井的问题可转换为无限含水层中同时刻工作的一个抽水井和一个注水井的干扰作用来求解。

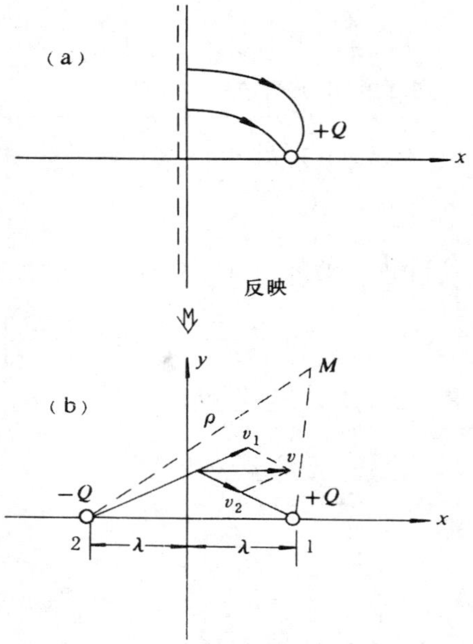

图5-3-2　井孔对直线定水头边界的反映

因此，对于直线定水头边界附近的承压井流，其降深方程为

$$s=\frac{Q}{4\pi T}\left[W\left(\frac{r^2}{4at}\right)-W\left(\frac{\rho^2}{4at}\right)\right] \tag{5-3-13}$$

对于无压井流为

$$s=h_0-\sqrt{h_0^2-\frac{Q}{2\pi K}\left[W\left(\frac{r^2}{4at}\right)-W\left(\frac{\rho^2}{4at}\right)\right]} \tag{5-3-14}$$

当 $\frac{\rho^2}{4at}<0.05$ 时，上两式可近似写为

$$s=\frac{Q}{4\pi T}\left[\ln\frac{2.25at}{r^2}-\ln\frac{2.25at}{\rho^2}\right]=\frac{Q}{2\pi T}\ln\frac{\rho}{r} \tag{5-3-15}$$

和

$$s=h_0-\sqrt{h_0^2-\frac{Q}{\pi K}\ln\frac{\rho}{r}} \tag{5-3-16}$$

如果将 M 点取在井孔的半径上，则在上式中 $r=r_w, \rho=2\lambda, s=s_w$ 。这样可以计算井中降深：对于承压井流

$$s_w=\frac{Q}{4\pi T}\left[W\left(\frac{r_w^2}{4at}\right)-W\left(\frac{\lambda^2}{at}\right)\right] \tag{5-3-17}$$

对于潜水井流

$$s_w=h_0-\sqrt{h_0^2-\frac{Q}{2\pi K}\left[W\left(\frac{r_w^2}{4at}\right)-W\left(\frac{\lambda^2}{at}\right)\right]} \tag{5-3-18}$$

当 $\frac{(2\lambda)^2}{4at}=\frac{\lambda^2}{at}<0.05$（即 $t>20\frac{\lambda^2}{a}$）时，承压井流的公式可简化为

$$s_w=\frac{Q}{2\pi T}\ln\frac{2\lambda}{r_w} \tag{5-3-19}$$

$$Q=\frac{2\pi T s_w}{\ln\frac{2\lambda}{r_w}} \tag{5-3-20}$$

潜水井流的公式可简化为

$$s_w=h_0-\sqrt{h_0^2-\frac{Q}{\pi K}\ln\frac{2\lambda}{r_w}} \tag{5-3-21}$$

$$Q = \frac{\pi K(2h_0 - s_w)s_w}{\ln \frac{2\lambda}{r_w}} \tag{5-3-22}$$

对比直线隔水边界附近井流的降深公式（5-3-7）式、（5-3-10）式和直线定水头边界附近井流的降深公式（5-3-19）式、（5-3-21）式可知：前者随时间 t 的延续，s_w 总是增大；而后者当时间增加到一定界限之后（$t > 20\frac{\lambda^2}{a}$），水位不再下降（实用上）而达到稳定。

图5-3-3表示两种类型直线边界附近抽水井中降深 s_w 与时间 t 的关系。$\frac{\lambda}{r_w} \to \infty$ 表示无限含水层条件，所以该曲线是泰斯曲线。在它的下面是一组离直线定水头边界不同距离的抽水井的 $\frac{2\pi T s_w}{Q} = f\left(\frac{r_w^2}{4at}\right)$ 曲线，上面则属于直线隔水边界相应的曲线。

直线边界附近的面井问题，也可用反映原理处理，方法同上。

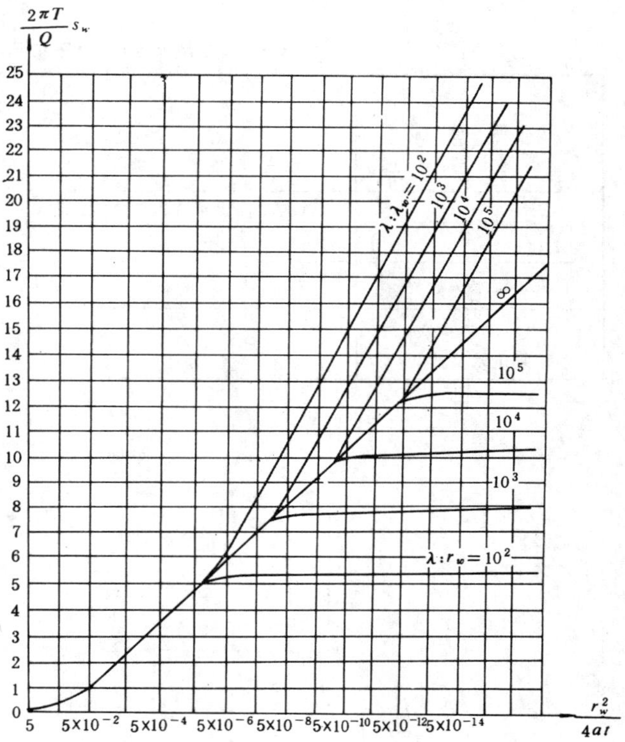

图5-3-3　直线隔水边界和直线定水头边界附近抽水井的 s_w-lg$t$ 曲线

（据 Φ. M. 鲍切维尔和 H. H. 维里金，修改）

二、扇形含水层

不少含水层由两条相交的断层所隔或为相交的两河所切等情况均可形成扇形含水层。

扇形含水层与半无限含水层一样，可用反映法将它转化为无限含水层问题来求解，只是要反映多次而已。

下面分析二例来说明反映的方法。对于其他类型扇形含水层的处理，其原理是相同的。

容易证明，在两条直线隔水边界构成120°夹角的扇形含水层中，当一抽水井位于此扇形含水层的对称线上时，可反映成无限平面上的三个同时刻工作、等流量的抽水井（图5-3-4）。

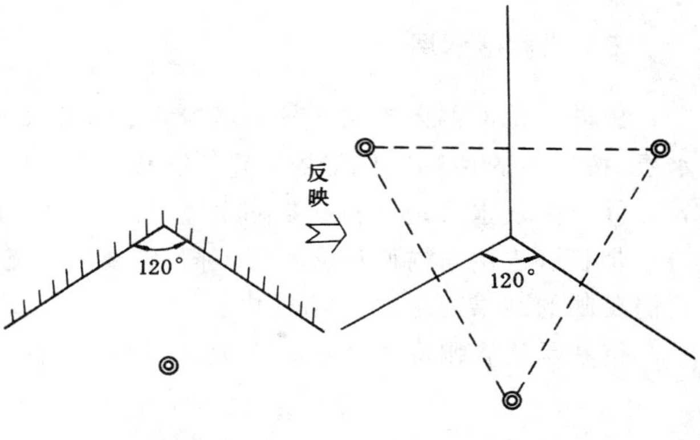

图5-3-4　由两条直线隔水边界构成120°夹角的扇形含水层

由一条直线定水头边界和一条直线隔水边界构成90°的扇形含水层，其中的一抽水井反映为无限含水层中的两个抽水井和两个注水井（图5-3-5），可以保持其原有的边界条件。

扇形含水层中的井流问题通过反映法使其成为无限含水层问题的必要条件是：含水层夹角 α 能整除360°，即 $\frac{360°}{\alpha}=n$，其中 n 必须是整数。但满足此条件的并不一定都能使用反映法，还要看边界的条件和整数 n 的性质。我们将有关能否使用反映法的综合情况列于表 5-3-1 中。

表5-3-1　扇形含水层中的井孔可否反映的条件

边界性质	$n(=\frac{360°}{\alpha})$ 的性质		
	奇　数	偶　数	四的整数倍
两条隔水边界	当主井位于 α 角的等分线上时，可反映	可反映	可反映
两条定水头边界	不　可	可反映	可反映
一条隔水边界 一条定水头边界	不　可	不　可	可反映

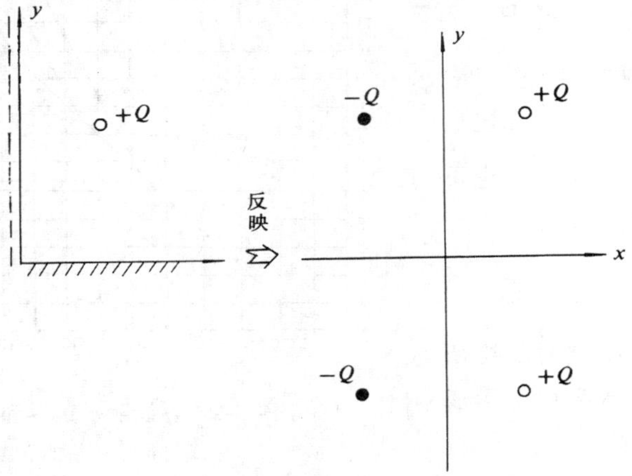

图5-3-5　由一条直线定水头边界和一条直线隔水边界构成的90°扇形含水层

三、带状含水层

由同一组的两条断层所隔的基岩含水层和河间地段的冲积含水层等条件均可构成带状含水层。按边界的性质，带状含水层可分为三类：①两条边界均为隔水的；②两条均为定水头边界；③一条定水头边界和一条隔水边界（图5-3-6）。

带状含水层与前两种含水层不同，它要进行无穷次反映才能使原来的边界条件保持不变。它们反映的结果表示在图5-3-6中。

带状承压含水层中任意点 M 的水头降深，应由无穷级数表示。例如，对于图5-3-6（a），是

$$s=\sum_{i=1}^{\infty}s_i=\sum_{i=1}^{\infty}\frac{Q}{4\pi T}W\left(\frac{r_i^2}{4at}\right) \tag{5-3-23}$$

由于井函数 W 随 r 的增大而减小，因此实用上只要取其有限项即可，根据精度要求来选取参与计算的井数。

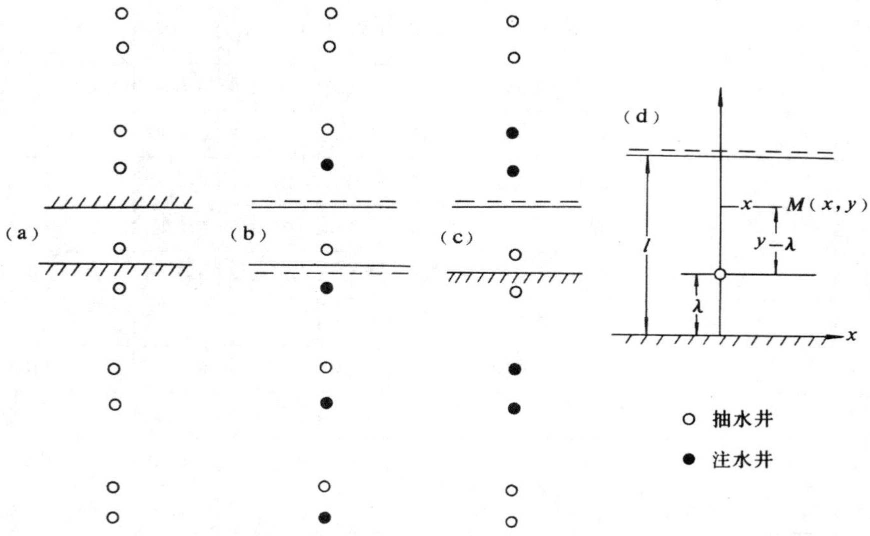

图5-3-6　带状含水层

Φ. M. 鲍切维尔建议：当 $t \leqslant 0.5\dfrac{l^2}{a}$ 时，取三个井（一实二虚）作近似计算即可满足实际应用的要求。这种情况，若在含水层中部确定降深，则其误差不会超过3%～5%；若在边界附近计算降深，则误差可能达到10%～12%。

当抽水时间足够长时（$t > 0.5\dfrac{l^2}{a}$），可用下列近似公式计算。

（一）两条平行的直线隔水边界

如图5-3-6（a）。对于承压含水层

$$s = \frac{Q}{4\pi T}\left\{\frac{4\pi\sqrt{at}}{l}f(v) + \ln\frac{e^{\frac{2\pi x}{l}}}{4\left[\operatorname{ch}\frac{\pi x}{l} - \cos\frac{\pi(y+\lambda)}{l}\right]\left[\operatorname{ch}\frac{\pi x}{l} - \cos\frac{\pi(y-\lambda)}{l}\right]}\right\} \tag{5-3-24}$$

其中，$f(v) = i\mathrm{erfc}(v) = \dfrac{e^{-v^2}}{\sqrt{\pi}} - v\mathrm{erfc}(v)$（见表 5-3-2 和图 5-3-7）

$$\mathrm{erfc}(v) = 1 - \mathrm{erf}(\nu) = \frac{2}{\sqrt{\pi}}\int_v^{\infty} e^{-t^2}dt \quad \text{（余补误差函数）}$$

$$\mathrm{erf}(v) = \frac{2}{\sqrt{\pi}}\int_0^v e^{-t^2}dt \quad \text{（误差函数）}$$

$$v = \frac{x}{2\sqrt{at}}$$

对于抽水井井壁处的降深为

$$s_w = \frac{Q}{4\pi T}\left[\frac{7.1\sqrt{at}}{l} + 2\ln\frac{0.16l}{r_w\sin\frac{\pi\lambda}{l}}\right] \tag{5-3-25}$$

表5-3-2　$f(v)=i\text{erfc}(v)$ 函数表　　　　$(v=N+n)$

$f(v)$ N \ n	0.00	0.01	0.02	0.03	0.04	0.05	0.06	0.07	0.08	0.09
0.0	0.5642	0.5542	0.5444	0.5350	0.5251	0.5156	0.5062	0.4969	0.4878	0.4787
0.1	0.4698	0.4610	0.4523	0.4437	0.4352	0.4268	0.4186	0.4104	0.4024	0.3944
0.2	0.3866	0.3789	0.3713	0.3638	0.3564	0.3491	0.3419	0.3348	0.3278	0.3210
0.3	0.3142	0.3075	0.3010	0.2945	0.2882	0.2819	0.2758	0.2722	0.2637	0.2579
0.4	0.2521	0.2465	0.2409	0.2354	0.2300	0.2247	0.2195	0.2144	0.2094	0.2045
0.5	0.1996		0.1902		0.1811		0.1724		0.1640	
0.6	0.1559		0.1482		0.1407		0.1335		0.1267	
0.7	0.1201		0.1138		0.1077		0.1020		0.0965	
0.8	0.0912		0.0861		0.0813		0.0767		0.0724	
0.9	0.0862		0.0642		0.0605		0.0569		0.0535	

v	1.0	1.1	1.2	1.3	1.4	1.5	1.6	1.7	1.8	1.9	2.0
$f(v)$	0.0503	0.0365	0.0260	0.0183	0.0127	0.0086	0.0058	0.0038	0.0025	0.0016	0.0010

（二）两条平行的定水头边界

如图5-3-6（b）。对于承压含水层

$$s=\frac{Q}{4\pi T}\ln\frac{\text{ch}\,\frac{\pi x}{l}-\cos\frac{\pi(y+\lambda)}{l}}{\text{ch}\,\frac{\pi x}{l}-\cos\frac{\pi(y-\lambda)}{l}} \tag{5-3-26}$$

对于抽水井井壁处的降深为

$$s_w=\frac{Q}{2\pi T}\ln\frac{0.64l}{r_w}\sin\frac{\pi\lambda}{l} \tag{5-3-27}$$

（三）一条定水头边界平行于一条隔水边界

如图5-3-6(c)。对于承压含水层

$$s=\frac{Q}{4\pi T}\ln\frac{\left[\text{ch}\,\frac{\pi x}{2l}+\cos\frac{\pi(y+\lambda)}{2l}\right]\left[\text{ch}\,\frac{\pi x}{2l}+\cos\frac{\pi(y-\lambda)}{2l}\right]}{\left[\text{ch}\,\frac{\pi x}{2l}-\cos\frac{\pi(y+\lambda)}{2l}\right]\left[\text{ch}\,\frac{\pi x}{2l}-\cos\frac{\pi(y-\lambda)}{2l}\right]} \tag{5-3-28}$$

对于抽水井井壁处的降深为

$$s_w=\frac{Q}{2\pi T}\ln\frac{1.27l}{r_w}\text{ctg}\,\frac{\pi\lambda}{2l} \tag{5-3-29}$$

依(5-1-20)式，只要将承压井流方程中的含水层厚度 M 置换为 $\left(h_0-\frac{s}{2}\right)$，则上述各式转变为无压井流相应的方程。

从上面的方程可以看出：不管有一条或两条定水头边界的含水层，经过相当时间抽水之后，可以获得稳定流动，s 与 t 无关。而具有两条隔水边界的带状含水层，则不能形成稳定流，s 随 t 的延长总是增大。

要注意上述公式有关坐标的选取。对于一条隔水边界和一条定水头边界的含水层，x 轴要取在隔水边界上[图5-3-6(d)]。其他两类同性的两条边界的含水层，则可任意选取。

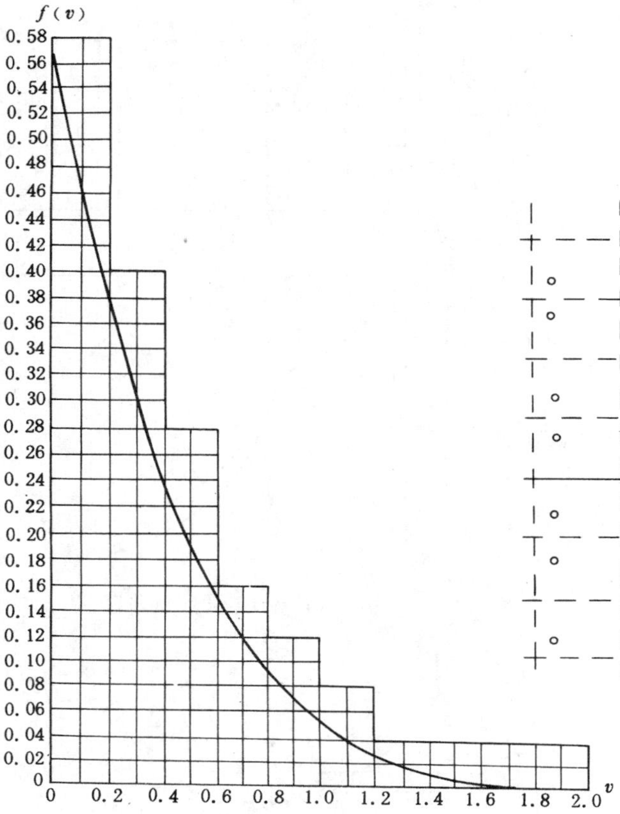

图5-3-7　$f(v)=\mathrm{ierfc}(v)$　函数曲线

（据 Ф. М. 鲍切维尔和 Н. Н. 维里金）

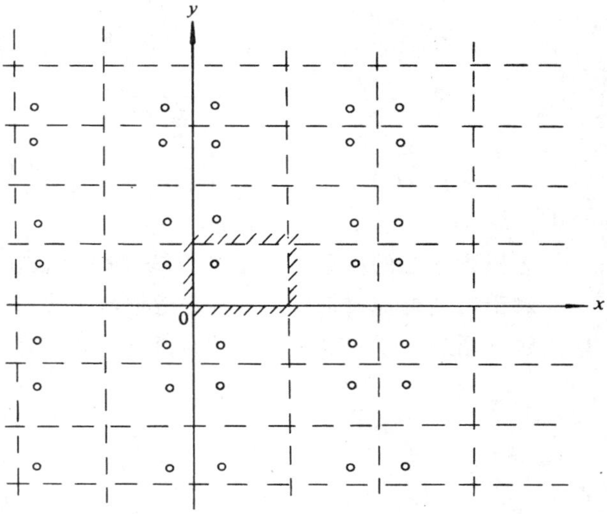

图5-3-8　矩形含水层

四、矩形含水层

有些矿区的含水层被两组大体正交的断层所隔，形成矩形含水层。它在 x、y 方向均要进行无限次反映（图5-3-8），然后进行降深的叠加。

§5.4　变流量井流

如果一抽水井在 t_1 以前的流量为 Q_1，而在 t_1 时刻突然变为 Q_2（图 5-4-1），那么，当$t<t_1$ 时，其 s 的计算当然仍按泰斯公式进行。对于 $t>t_1$ 的情况，可做如下处理。将阶梯流量（图5-4-1）认为是从 0 时刻至 t 时刻一直以 Q_1 流量进行抽水，对应的 s-t 曲线为 $0AB$，而在 t_1 时刻起加入一个(Q_2-Q_1) 的抽水量，对应的 s-t 曲线为 AD（以 AO' 为 t 轴），它们的合成就是图 5-4-1 所示的阶梯流量曲线，对应的 s-t 曲线为 $0AC$。换言之，这个阶梯流量的抽水井转换为位置重合的两个定流量抽水井，一个是从零时刻开始工作的流量为 Q_1 的抽水井，另一个是从 t_1 时刻开始工作的流量为(Q_2-Q_1) 的抽水井（如果 $Q_2-Q_1<0$，则为注水井）。它们均可分别利用泰斯公式。

于是，根据叠加原理，承压含水层中任意点的降深为

$$s = \frac{Q_1}{4\pi T}W\left(\frac{r^2}{4at}\right) + \frac{Q_2 - Q_1}{4\pi T}W\left(\frac{r^2}{4a(t - t_1)}\right) \tag{5-4-1}$$

以此类推，若井孔的流量变化有 n 个阶梯（图5-4-2），则任意点的降深为

$$s = \frac{Q_1}{4\pi T}W\left(\frac{r^2}{4at}\right) + \frac{Q_2 - Q_1}{4\pi T}W\left(\frac{r^2}{4a(t - t_1)}\right) + \cdots + \frac{Q_n - Q_{n-1}}{4\pi T}W\left(\frac{r^2}{4a(t - t_{n-1})}\right)$$

$$= \frac{1}{4\pi T}\sum_{i=1}^{n}(Q_i - Q_{i-1})W\left(\frac{r^2}{4a(t - t_{i-1})}\right) \tag{5-4-2}$$

式中：$Q_i = 0; t = 0$。

无压含水层的问题可按上述方法获得相应方程。

对于渐变的流量曲线，可将它近似看成多阶梯的流量曲线（图5-4-3），然后用阶梯的流量公式进行计算。

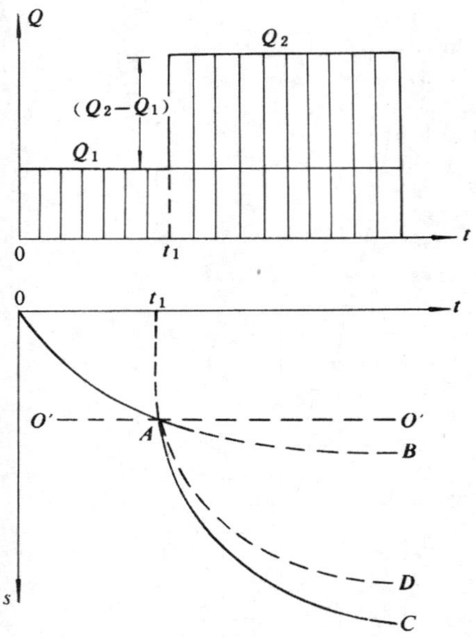

图5-4-1　变流量井流

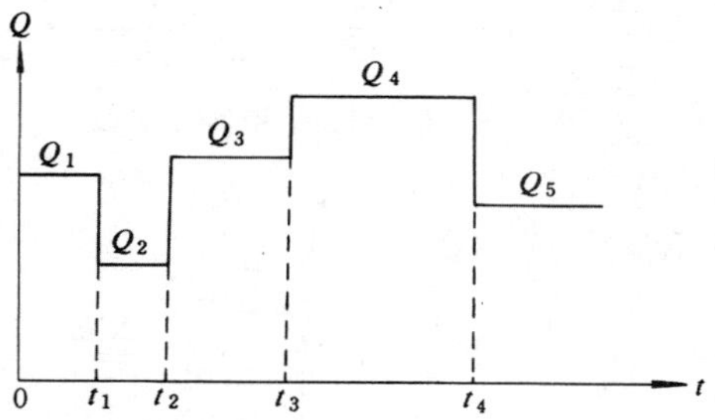

图5-4-2　阶梯流量抽水

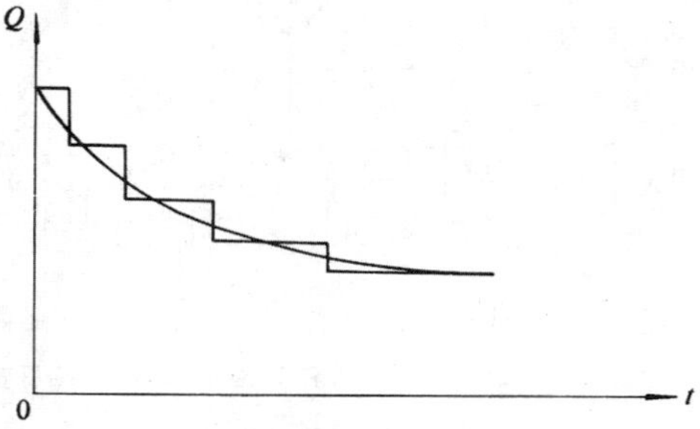

图5-4-3　用阶梯流量逼近渐变流量

§5.5　无限含水层中单个定降深井流

在无限承压含水层中进行抽水，如果使井中水头 H_w 或降深 s_w 保持不变，那么抽水流量 Q 随着抽水时间的延续而减少；除了抽水井本身以外，含水层中任意点的水头 H 随着时间的延续而降低（图 5-5-1）。当 $t \to \infty$ 时，$Q \to 0, s(r) \to s_w$。

承压含水层的自流井和疏排底板水的坑道放水孔基本上属于定降深井流。因此，定降深井流问题在生产实践中也是较常遇到的。在这种情况下，初始水头与孔口标高之差大体相当于井孔的定降深值 s_w。

该定解问题的提法如下：

$$\begin{cases} a\left(\dfrac{\partial^2 s}{\partial r^2} + \dfrac{1}{r}\dfrac{\partial s}{\partial r}\right) = \dfrac{\partial s}{\partial t} & (r_w < r < \infty, t > 0) \quad (5\text{-}5\text{-}1) \\ s(r,0) = 0 & (r_w < r < \infty) \quad (5\text{-}5\text{-}2) \\ s(\infty,t) = 0 & (t > 0) \quad (5\text{-}5\text{-}3) \\ s(r_w,t) = s_w（常数） & (t > 0) \quad (5\text{-}5\text{-}4) \end{cases}$$

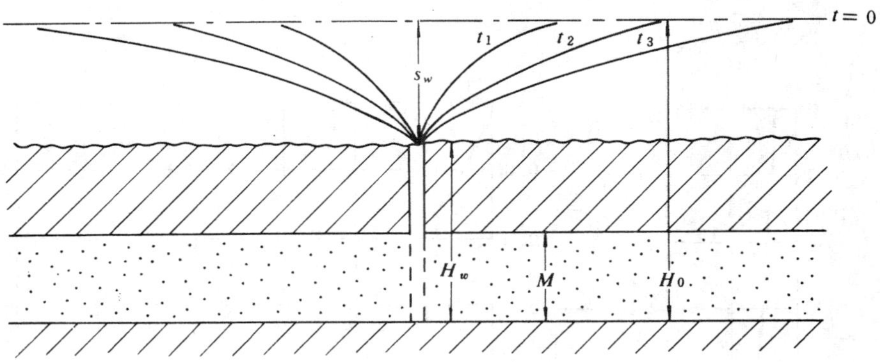

图5-5-1　无越流承压含水层定降深井流

由此问题的解得到的流量公式为

$$Q = 2\pi T s_w G(\bar{t}) \tag{5-5-5}$$

$$G(\bar{t}) = \frac{4\bar{t}}{\pi}\int_0^{\infty} x e^{-\bar{t}x^2}\left\{\frac{\pi}{2} + \mathrm{tg}^{-1}\left[\frac{Y_0(x)}{J_0(x)}\right]\right\}\mathrm{d}x \tag{5-5-6}$$

式中：s_w 为主井降深；$G(\bar{t})$ 为无越流系统定降深井流的流量函数；$\bar{t} = \frac{at}{r_w^2}$ 为无因次时间；$J_0(x)$ 为零阶第一类贝塞尔函数；$Y_0(x)$ 为零阶第二类贝塞尔函数。

$G(\bar{t})$ 的函数值在表5-5-1中给出，其关系曲线由图5-5-2表示。

表5-5-1　无越流含水层定降深井流的流量函数

$$G(\bar{t}) = \frac{4\bar{t}}{\pi}\int_0^{\infty} x e^{-\bar{t}x^2}\left\{\frac{\pi}{2} + \mathrm{tg}^{-1}\left[\frac{Y_0(x)}{J_0(x)}\right]\right\}\mathrm{d}x$$

N \ $\bar{t}$	$N\times10^{-4}$	$N\times10^{-3}$	$N\times10^{-2}$	$N\times10^{-1}$	$N\times1$	$N\times10$	$N\times10^{2}$	$N\times10^{3}$
1	56.9	18.34	6.13	2.249	0.985	0.534	0.346	0.251
2	40.4	13.11	4.47	1.716	0.803	0.461	0.311	0.232
3	33.1	10.79	3.74	1.477	0.719	0.427	0.294	0.222
4	28.7	9.41	3.30	1.333	0.667	0.405	0.283	0.215
5	25.7	8.47	3.00	1.234	0.630	0.389	0.274	0.210
6	23.5	7.77	2.78	1.160	0.602	0.377	0.268	0.206
7	21.8	7.23	2.60	1.103	0.580	0.367	0.263	0.203
8	20.4	6.79	2.46	1.057	0.562	0.359	0.258	0.200
9	19.3	6.43	2.35	1.018	0.547	0.352	0.254	0.198
10	18.3	6.13	2.25	0.985	0.534	0.346	0.251	0.196
N \ $\bar{t}$	$N\times10^{4}$	$N\times10^{5}$	$N\times10^{6}$	$N\times10^{7}$	$N\times10^{8}$	$N\times10^{9}$	$N\times10^{10}$	$N\times10^{11}$
1	0.1964	0.1608	0.1360	0.1177	0.1037	0.0927	0.0838	0.0764
2	0.1841	0.1524	0.1299	0.1131	0.1002	0.0899	0.0814	0.0744
3	0.1777	0.1479	0.1266	0.1106	0.0982	0.0883	0.0801	0.0733
4	0.1733	0.1449	0.1244	0.1089	0.0968	0.0872	0.0792	0.0726
5	0.1701	0.1426	0.1227	0.1076	0.0958	0.0864	0.0785	0.0720
6	0.1675	0.1408	0.1213	0.1066	0.0950	0.0857	0.0779	0.0716
7	0.1654	0.1393	0.1202	0.1057	0.0943	0.0851	0.0774	0.0712
8	0.1631	0.1380	0.1192	0.1049	0.0937	0.0846	0.0770	0.0709
9	0.1621	0.1369	0.1184	0.1043	0.0932	0.0842	0.0767	0.0700
10	0.1608	0.1360	0.1177	0.1037	0.0927	0.0838	0.0764	0.0704

（据雅可布和洛曼）

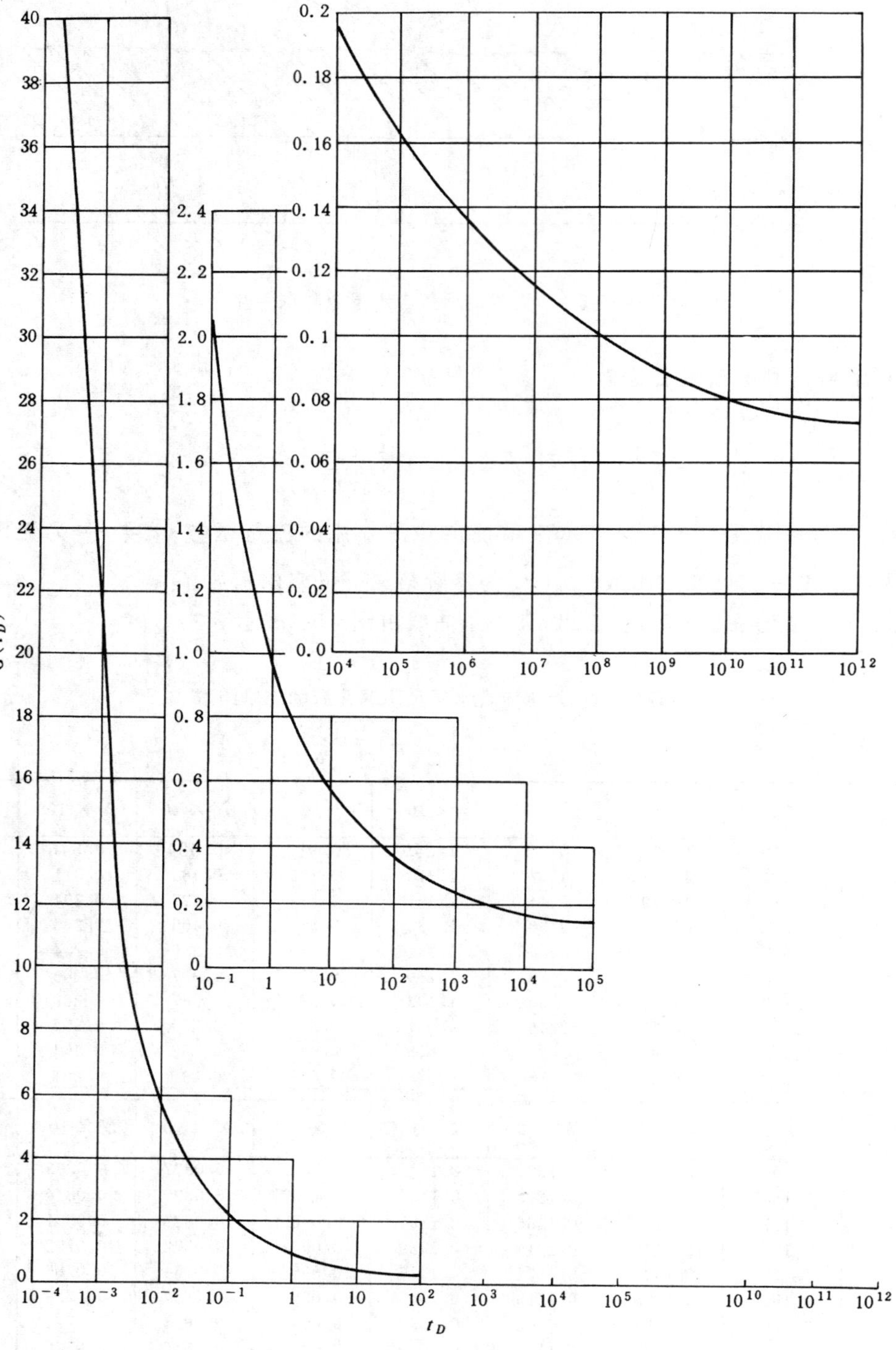

图5-5-2　$G(\bar{t})$-$\bar{t}$ 关系曲线

当 $\bar{t}$ 足够大时，有下列近似关系：

表 5-5-2　无越流含水层定降深井流的降深函数

$$A(\bar{r},\bar{t})=1-\frac{2}{\pi}\int_0^{\infty}\frac{J_0(u)Y_0(\bar{r}u)-Y_0(u)J_0(\bar{r}u)}{J_0^2(u)-Y_0^2(u)}\,e^{-\bar{t}u^2}\frac{du}{u}$$

（据汉图什）

$\bar{t}$ \ $\bar{r}$		1.0	1.1	1.2	1.3	1.4	1.5	1.6	1.7	1.8	1.9	2.0	3.0	4.0	5.0	6.0	7.0	8.0	9.0	10	20	30	40	50	60	70	80	90	100
	1	1.000	0.024	0.000	0.000	0.000	0.000	0.000	0.000	0.000	0.000	0.000	0.000	0.000															
	2	1.000	0.109	0.001																									
	3	1.000	0.188	0.009	0.000																								
	4	1.000	0.251	0.023	0.001																								
10^{-3}	5	1.000	0.303	0.042	0.002																								
	6	1.000	0.345	0.062	0.005	0.000																							
	7	1.000	0.380	0.083	0.010	0.001																							
	8	1.000	0.410	0.104	0.016	0.001																							
	9	1.000	0.435	0.124	0.022	0.002																							
	1	1.000	0.458	0.144	0.030	0.004	0.000	0.000																					
	2	1.000	0.589	0.240	0.117	0.039	0.010	0.002	0.000	0.000																			
	3	1.000	0.652	0.379	0.194	0.087	0.034	0.011	0.003	0.001	0.000																		
	4	1.000	0.691	0.439	0.254	0.133	0.063	0.027	0.010	0.004	0.001	0.000																	
10^{-2}	5	1.000	0.718	0.483	0.302	0.175	0.093	0.046	0.021	0.009	0.003	0.001																	
	6	1.000	0.739	0.517	0.341	0.211	0.112	0.066	0.033	0.016	0.007	0.003																	
	7	1.000	0.754	0.544	0.373	0.242	0.149	0.087	0.047	0.024	0.012	0.005																	
	8	1.000	0.767	0.566	0.400	0.270	0.174	0.106	0.062	0.034	0.018	0.009																	
	9	1.000	0.778	0.585	0.423	0.294	0.196	0.125	0.077	0.045	0.025	0.013																	
	1	1.000	0.787	0.601	0.443	0.316	0.217	0.143	0.091	0.055	0.032	0.018	0.000																
	2	1.000	0.837	0.691	0.562	0.450	0.355	0.275	0.209	0.156	0.114	0.082	0.001																
	3	1.000	0.860	0.733	0.620	0.519	0.430	0.352	0.286	0.229	0.181	0.142	0.006	0.000															
	4	1.000	0.873	0.758	0.655	0.562	0.479	0.405	0.339	0.282	0.233	0.191	0.015	0.001															
10^{-1}	5	1.000	0.883	0.776	0.680	0.592	0.514	0.443	0.380	0.323	0.274	0.230	0.027	0.001															
	6	1.000	0.890	0.789	0.698	0.615	0.540	0.472	0.411	0.356	0.307	0.263	0.040	0.003															
	7	1.000	0.895	0.800	0.713	0.634	0.562	0.496	0.436	0.382	0.334	0.290	0.054	0.006	0.000	0.000	0.000	0.000	0.000	0.000									
	8	1.000	0.899	0.808	0.725	0.649	0.579	0.515	0.457	0.405	0.357	0.313	0.068	0.009	0.001														
	9	1.000	0.903	0.815	0.735	0.661	0.594	0.532	0.475	0.424	0.377	0.334	0.082	0.013	0.001														
	1	1.000	0.906	0.821	0.743	0.672	0.606	0.546	0.491	0.440	0.394	0.351	0.095	0.018	0.002	0.000	0.000												
	2	1.000	0.924	0.854	0.790	0.732	0.677	0.627	0.580	0.536	0.496	0.458	0.194	0.071	0.022	0.005	0.001	0.000											
	3	1.000	0.932	0.870	0.812	0.760	0.711	0.665	0.623	0.583	0.546	0.511	0.256	0.119	0.049	0.018	0.006	0.002	0.000										
	4	1.000	0.937	0.879	0.826	0.777	0.731	0.689	0.649	0.612	0.577	0.544	0.300	0.157	0.076	0.034	0.014	0.005	0.002	0.000									
1	5	1.000	0.940	0.886	0.835	0.789	0.746	0.706	0.668	0.633	0.599	0.568	0.332	0.188	0.101	0.051	0.024	0.010	0.004	0.002									
	6	1.000	0.943	0.890	0.842	0.798	0.757	0.718	0.682	0.648	0.616	0.586	0.357	0.214	0.123	0.067	0.035	0.017	0.008	0.003									
	7	1.000	0.945	0.894	0.848	0.805	0.765	0.728	0.693	0.661	0.630	0.601	0.378	0.235	0.142	0.082	0.046	0.024	0.012	0.006									
	8	1.000	0.946	0.898	0.853	0.811	0.773	0.737	0.703	0.671	0.641	0.613	0.395	0.254	0.159	0.097	0.056	0.032	0.017	0.009									
	9	1.000	0.948	0.900	0.857	0.816	0.779	0.743	0.711	0.680	0.650	0.623	0.409	0.270	0.175	0.110	0.067	0.039	0.022	0.012									
	1	1.000	0.949	0.903	0.860	0.820	0.784	0.749	0.717	0.687	0.658	0.661	0.422	0.284	0.188	0.122	0.077	0.047	0.028	0.016	0.000	0.000	0.000	0.000	0.000	0.000	0.000	0.000	0.000
	2	1.000	0.956	0.916	0.879	0.845	0.813	0.783	0.756	0.729	0.704	0.681	0.497	0.370	0.277	0.207	0.153	0.112	0.081	0.057	0.001								
	3	1.000	0.959	0.922	0.888	0.856	0.827	0.800	0.774	0.750	0.726	0.705	0.534	0.415	0.325	0.256	0.201	0.157	0.122	0.094	0.004								
	4	1.000	0.962	0.926	0.894	0.864	0.836	0.810	0.785	0.762	0.741	0.720	0.558	0.444	0.358	0.290	0.235	0.190	0.153	0.123	0.009	0.000							
10	5	1.000	0.963	0.929	0.898	0.869	0.843	0.818	0.794	0.772	0.751	0.731	0.574	0.464	0.381	0.314	0.260	0.215	0.177	0.146	0.016	0.001							
	6	1.000	0.964	0.931	0.901	0.874	0.848	0.823	0.800	0.779	0.759	0.739	0.588	0.481	0.399	0.334	0.281	0.236	0.199	0.167	0.023	0.002							
	7	1.000	0.965	0.933	0.904	0.877	0.851	0.828	0.806	0.785	0.765	0.746	0.598	0.494	0.414	0.350	0.297	0.253	0.216	0.184	0.031	0.003							
	8	1.000	0.966	0.935	0.906	0.879	0.855	0.832	0.810	0.789	0.770	0.752	0.607	0.505	0.427	0.364	0.312	0.268	0.230	0.198	0.038	0.005	0.000						
	9	1.000	0.966	0.936	0.908	0.882	0.857	0.835	0.813	0.793	0.774	0.756	0.614	0.514	0.437	0.374	0.323	0.280	0.242	0.210	0.046	0.007	0.001						
	1	1.000	0.967	0.937	0.909	0.884	0.860	0.838	0.817	0.797	0.778	0.760	0.621	0.522	0.446	0.385	0.334	0.291	0.254	0.222	0.053	0.010	0.001	0.000	0.000				
	2	1.000	0.970	0.943	0.918	0.895	0.874	0.854	0.835	0.817	0.800	0.784	0.658	0.569	0.500	0.444	0.397	0.357	0.322	0.291	0.110	0.038	0.011	0.001	0.001	0.000			
	3	1.000	0.972	0.946	0.923	0.901	0.881	0.862	0.844	0.827	0.811	0.796	0.677	0.593	0.528	0.475	0.430	0.392	0.358	0.328	0.146	0.064	0.026	0.009	0.003	0.001	0.000		
	4	1.000	0.973	0.948	0.926	0.905	0.886	0.867	0.850	0.834	0.819	0.800	0.690	0.609	0.546	0.495	0.451	0.412	0.382	0.353	0.173	0.086	0.040	0.018	0.007	0.003	0.001	0.000	
10^{2}	5	1.000	0.974	0.950	0.928	0.908	0.889	0.871	0.855	0.839	0.824	0.810	0.699	0.620	0.559	0.510	0.468	0.432	0.400	0.372	0.194	0.104	0.054	0.026	0.012	0.005	0.002	0.001	0.000
	6	1.000	0.974	0.951	0.930	0.910	0.891	0.874	0.858	0.842	0.828	0.814	0.706	0.629	0.569	0.520	0.479	0.444	0.413	0.385	0.210	0.119	0.066	0.035	0.018	0.008	0.004	0.002	0.001
	7	1.000	0.975	0.952	0.931	0.912	0.893	0.877	0.861	0.846	0.831	0.818	0.712	0.636	0.578	0.530	0.490	0.455	0.424	0.397	0.223	0.132	0.077	0.044	0.024	0.012	0.006	0.003	0.001
	8	1.000	0.975	0.953	0.932	0.913	0.895	0.879	0.863	0.848	0.834	0.821	0.716	0.642	0.585	0.538	0.498	0.464	0.434	0.407	0.235	0.143	0.087	0.052	0.030	0.016	0.009	0.004	0.002
	9	1.000	0.976	0.954	0.933	0.914	0.897	0.880	0.865	0.850	0.837	0.824	0.720	0.647	0.591	0.544	0.505	0.471	0.442	0.415	0.245	0.153	0.096	0.059	0.035	0.020	0.011	0.006	0.003
10^{3}		1.000	0.976	0.954	0.934	0.915	0.898	0.882	0.867	0.852	0.839	0.826	0.724	0.652	0.596	0.550	0.511	0.478	0.449	0.422	0.254	0.162	0.104	0.066	0.041	0.024	0.014	0.008	0.004

$$G(\bar{t}) \approx \frac{2}{W\frac{1}{(4\bar{t})}} = \frac{2}{W\left(\frac{r_w^2}{4at}\right)} \tag{5-5-7}$$

其中，W 为泰斯井函数。

(5-5-7)式代入方程(5-5-5)式，得

$$Q \approx \frac{4\pi T s_w}{W\left(\frac{r_w^2}{4at}\right)} \tag{5-5-8}$$

此式与泰斯公式对比，形式上是相同的。但这里讨论的是定降深、变流量，而泰斯公式则是定流量、变降深。

如果应用近似式(5-5-7)式，当 $\bar{t}=10^2$ 时，误差约为 6.6%；$\bar{t}=10^3$，约为 3.2%；$\bar{t}=10^4$，约为 1.6%；而 $\bar{t}=10^5$，约为 1.1%。

对比泰斯井函数的近似式(5-1-26)，其误差远远小于(5-5-7)近似式的误差(对于相同的 $\bar{t}$ 值而言)。因此，只要近似式(5-5-7)成立，方程(5-5-8)式就可进一步简化为

$$Q \approx \frac{4\pi T s_w}{\ln\frac{2.25at}{r_w^2}} \tag{5-5-9}$$

至定降深抽水井距离为 r 的任意点处的降深 s，可按下式计算：

$$s = s_w A(\bar{r},\bar{t}) \tag{5-5-10}$$

和

$$A(\bar{r},\bar{t}) = 1 - \frac{2}{\pi}\int_0^{\infty}\frac{J_0(u)Y_0(\bar{r}u) - Y_0(u)J_0(\bar{r}u)}{J_0^2(u) - Y_0^2(u)}\mathrm{e}^{-\bar{t}u^2}\frac{\mathrm{d}u}{u} \tag{5-5-11}$$

式中：$\bar{r}=\frac{r}{r_w}$ 为无因次径距；$\bar{t}=\frac{at}{r_w^2}$ 为无因次时间；$A(\bar{r},\bar{t})$ 为无越流含水层定降深井流的降深函数。

降深函数 $A(\bar{r},\bar{t})$ 列于表5-5-2中，供计算使用。

当 $\bar{t}<0.05$ 时，

$$A(\bar{r},\bar{t}) \approx \frac{1}{\sqrt{\bar{r}}}\mathrm{erfc}\left(\frac{\bar{r}-1}{2\sqrt{\bar{t}}}\right) + \frac{(\bar{r}-1)\sqrt{\bar{t}}}{4\bar{r}}i\mathrm{erfc}\left(\frac{\bar{r}-1}{2\sqrt{\bar{t}}}\right) \tag{5-5-12}$$

式中：$\mathrm{erfc}(x) = 1 - \mathrm{erf}(x) = \frac{2}{\sqrt{\pi}}\int_0^{\infty}\mathrm{e}^{-t^2}\mathrm{d}t$ 为余补误差函数；$i\mathrm{erfc}(x) = \int_x^{\infty}\mathrm{erfc}(\xi)\mathrm{d}\xi = \frac{1}{\sqrt{\pi}}\mathrm{e}^{-x^2} - x\mathrm{erfc}(x)$。

当 $\bar{t}>500$ 时，

$$A(\bar{r},\bar{t}) \approx \frac{W\left(\frac{\bar{r}^2}{4\bar{t}}\right)}{\ln 2.25\bar{t}} \tag{5-5-13}$$

上面讨论的是单个定降深井流问题。对于多个定降深井流问题，能否使用前述的多个定流量井流的降深叠加原理计算呢？请读者思考。

§5.6 无限含水层中地下水承压-无压井流

在承压含水层抽水过程中，特别是在矿坑疏干过程中，经常遇到井孔中的水位降到承压含水层顶板之下的情况，从而形成地下水的承压-无压井流。

求解不稳定承压-无压井流问题比单纯的承压或无压井流均要复杂得多，这是因为不仅在一个径向运动的渗流场上内外分别同时存在无压和承压状态(它们的给水度不等)，而且这个承压流与无压流之间的转折点(面)随抽水时间的延续而逐渐向外推移。在这个转折点之外，含水层的导水系数 T 保持不变;在它的内侧为无压状态，其导水系数随抽水时间的延续而变小。由于这些复杂的因素交织在一起，使得对此课题的解析研究存在许多困难。

1963年，苏联学者 Ф. М. 鲍切维尔和 Л. С. 亚兹文(Язвин)曾研究过此问题。他们对此类井流的漏斗曲线人为地规定为对数曲线，在此基础上引出计算方程。因而对于纯承压井流或纯无压井流的条件，此方程不能复原到不稳井流的基本解——泰斯方程，这是它的重要缺陷。

1972年，美国学者 A.F.芒什(Moench)和 T.A.普里克特(Pricktt)也研究了此课题。他们把热传导的类似问题(导管周围的冻结或融解问题)的解直接移植过来。他们假定含水层的原始厚度如此之大，以致无压区的疏干对导水系数 $T(=Kh)$ 没有产生明显的变化，即假定导水系数保持为一常量。这就限制了它的使用范围。

1974年，笔者提出计算不稳定承压-无压井流的一种近似方法。此法没有预先人为规定其漏斗曲线的函数关系，而且还考虑到导水系数随抽水时间的延续而变化(当转变为承压-无压井流之后)，但在解定解问题中，把导水系数 T 和给水度 μ 分时段地视为空间上的平均值(从而把微分方程线性化)，而不是在转折点处突变。同年六月，我们曾用以此法为基础的一种改进方法，预测了河北省中关铁矿层状非均质含水层承压-无压井流的矿坑涌水量。

一、基本方程

这里所讨论的条件，除了由承压井流转变为承压-无压井流之外，其他均与泰斯条件一致(图5-6-1)。

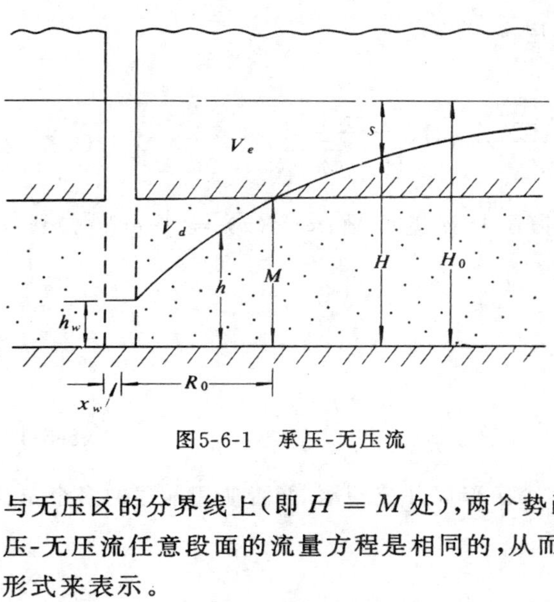

图5-6-1　承压-无压流

为了讨论方便，将基准面取在含水层的隔水底板上。这样，无压区的渗流厚度 h 也可以用水头 H 表示。

令承压区的势函数为

$$\varphi = KMH - \frac{KM^2}{2} \qquad (H \geqslant M) \tag{5-6-1}$$

无压区的势函数为

$$\varphi = \frac{1}{2}KH^2 = \frac{1}{2}Kh^2 \qquad (H \leqslant M) \tag{5-6-2}$$

为什么这样定义势函数?这是因为：①承压区与无压区势函数的因次相同;②在承压区与无压区的分界线上(即 $H = M$ 处)，两个势函数相等;③下面将要证明，如此定义势函数，承压-无压流任意段面的流量方程是相同的，从而地下水运动的微分方程和定解条件均可用同一形式来表示。

根据线性渗流定律和(5-6-1)式、(5-6-2)式，可以建立下列关系：

$$
\left.\begin{aligned}
&\text{对于承压流动区}(H \geqslant M)\\
&Q_r = -\,2\pi r M K \frac{\partial H}{\partial r} = -\,2\pi r \frac{\partial \varphi}{\partial r}\\
&\text{对于无压流动区}(H \leqslant M)\\
&Q_r = -\,2\pi r H K \frac{\partial H}{\partial r} = -\,2\pi r \frac{\partial \varphi}{\partial r}
\end{aligned}\right\} \tag{5-6-3}
$$

式中：Q_r 为 r 断面的流量；M 为承压含水层的厚度。

下面根据水均衡原理建立地下水不稳定承压-无压井流的微分方程。

以井轴为中心，取一微小环柱体（图5-6-2）作为均衡地段（它可以在承压区，也可在无压区），以 $\mathrm{d}t$ 作为均衡时段，则得

$$
\begin{aligned}
&-(Q_r + \mathrm{d}Q_r)\mathrm{d}t + Q_r\mathrm{d}t\\
&= 2\pi r \cdot \mathrm{d}r \cdot \mathrm{d}H \cdot \mu
\end{aligned} \tag{5-6-4}
$$

其中 μ 为给水度。对于承压区，$\mu = \mu_e$；对于无压区，$\mu = \mu_d$。

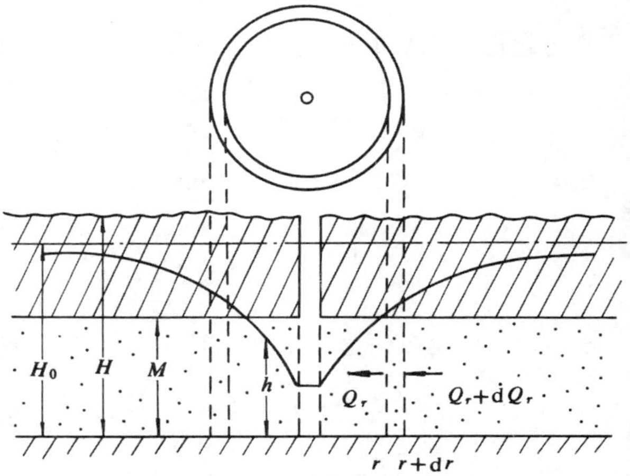

图5-6-2　承压-无压井流

对(5-6-3)式微分，有

$$
\mathrm{d}Q_r = -\,2\pi\left(r\frac{\partial^2\varphi}{\partial r^2} + \frac{\partial\varphi}{\partial r}\right)\mathrm{d}r
$$

代入(5-6-4)式，有

$$
2\pi r\left(\frac{\partial^2\varphi}{\partial r^2} + \frac{1}{r}\frac{\partial\varphi}{\partial r}\right)\mathrm{d}r = 2\pi r\mathrm{d}r\frac{\partial H}{\partial t}\mu
$$

$$
\frac{\partial H}{\partial t} = \frac{1}{\mu}\left(\frac{\partial^2\varphi}{\partial r^2} + \frac{1}{r}\frac{\partial\varphi}{\partial r}\right) \tag{5-6-5}
$$

另外，对于承压流动区存在关系

$$
\left.\begin{aligned}
&\frac{\partial\varphi}{\partial t} = \frac{\mathrm{d}\varphi}{\mathrm{d}H}\frac{\partial H}{\partial t} = \frac{\partial H}{\partial t}\frac{\mathrm{d}}{\mathrm{d}H}\left(KMH - \frac{KM^2}{2}\right) = \frac{\partial H}{\partial t}T\\
&\text{而无压流动区也存在关系}\\
&\frac{\partial\varphi}{\partial t} = \frac{\mathrm{d}\varphi}{\mathrm{d}H}\frac{\partial H}{\partial t} = \frac{\partial H}{\partial t}\frac{\mathrm{d}}{\mathrm{d}H}\left(\frac{1}{2}KH^2\right) = \frac{\partial H}{\partial t}T
\end{aligned}\right\} \tag{5-6-6}
$$

其中 T 是含水层的导水系数。

由此可见，不管是承压流动区还是无压流动区，φ 对 t 的变化率均由同一个方程(5-6-6)式表示。

将(5-6-6)式代入(5-6-5)式，得

$$
\frac{T}{\mu}\left(\frac{\partial^2\varphi}{\partial r^2} + \frac{1}{r}\frac{\partial\varphi}{\partial r}\right) = \frac{\partial\varphi}{\partial t} \tag{5-6-7}
$$

这里，对于承压-无压流而言，导水系数 T 和给水度 μ 是变量。如在不同的时段取其对应的平均值 T_m 和 μ_m，并近似地视为常量（如同分析不稳定无压井流的导水系数一样），则方程(5-6-7)式可以线性化。

于是，定解问题可描写为

$$\begin{cases} \dfrac{T_m}{\mu_m}\left(\dfrac{\partial^2\varphi}{\partial r^2}+\dfrac{1}{r}\dfrac{\partial\varphi}{\partial r}\right)=\dfrac{\partial\varphi}{\partial t} & (0\leqslant r<\infty,t>0) & (5\text{-}6\text{-}8)\\ \varphi(r,0)=\varphi_0 & (0\leqslant r<\infty) & (5\text{-}6\text{-}9)\\ \varphi(\infty,t)=\varphi_0 & (t>0) & (5\text{-}6\text{-}10)\\ \lim\limits_{r\to 0}2\pi r\dfrac{\partial\varphi}{\partial r}=Q(\text{常量}) & (t>0) & (5\text{-}6\text{-}11) \end{cases}$$

其中
$$\varphi_0=KMH_0-\frac{1}{2}KM^2 \tag{5-6-12}$$

该问题已有现成的解

$$\Delta\varphi(r,t)=\frac{Q}{4\pi}W\left(\frac{r^2}{4\dfrac{T_m}{\mu_m}t}\right) \tag{5-6-13}$$

其中
$$\Delta\varphi=\varphi_0-\varphi(r,t)$$

$$W\left(\frac{r^2}{4\dfrac{T_m}{\mu_m}t}\right)=\int_{\frac{r^2}{4\frac{T_m}{\mu_m}t}}^{\infty}\frac{\mathrm{e}^{-u}}{u}\mathrm{d}u$$

将(5-6-12)式和(5-6-2)式代入(5-6-13)式，得到承压-无压井流的无压流动区的方程，即

$$2MH_0-M^2-h^2=\frac{Q}{2\pi K}W\left(\frac{r^2}{4\dfrac{T_m}{\mu_m}t}\right) \tag{5-6-14}$$

对于承压-无压井流的承压流动区的方程，可将(5-6-12)式和(5-6-1)式代入(5-6-13)式而得出，即

$$H_0-H=s=\frac{Q}{4\pi KM}W\left(\frac{r^2}{4\dfrac{T_m}{\mu_m}t}\right) \tag{5-6-15}$$

二、计算方法

地下水由承压井流转化为承压-无压井流。对于承压井流阶段(即井中水头 $H_w\geqslant M$)，可按泰斯公式(5-1-15)式计算。

$$s(r,t)=\frac{Q}{4\pi T}W(u)=\frac{Q}{4\pi KM}W\left(\frac{r^2}{4\dfrac{KM}{\mu_e}t}\right)$$

如令其中的 $r=r_w$(井半径)，$s=H_0-M,t=t_M$(承压井流转变为承压-无压井流的时间)，则有

$$H_0-M=\frac{Q}{4\pi KM}W\left(\frac{r_w^2}{4\dfrac{KM}{\mu_e}t_M}\right)$$

即

$$t_M=\frac{r_w^2}{4\dfrac{KM}{\mu_e}W^{-1}\left[\dfrac{4\pi KM(H_0-M)}{Q}\right]} \tag{5-6-16}$$

依此式可计算出承压井流转变为承压-无压井流所需的时间 t_M。

对于承压-无压井流阶段($h_w<M$)，利用(5-6-14)式和(5-6-15)式计算。这里要注意，其中的 T_m(平均导水系数)和 μ_m(平均给水度)是随时间变化的，因此需要分阶段计算。

以井中水位 h_w 为基准分若干阶段，例如：$h_w=\frac{9}{10}M,h_w=\frac{8}{10}M,\cdots,h_w=\frac{1}{10}M$。给定一个

h_w 值，可由(5-6-14)式得到(其中 $h = h_w, r = r_w$)

$$2MH_0 - M^2 - h_w^2 = \frac{Q}{2\pi K}W\left(\frac{r_w^2}{4\frac{T_m}{\mu_m}t}\right)$$

其中除 $\frac{T_m}{\mu_m}t$ 外，其余均为已知数。于是可按下式计算 $\frac{T_m}{\mu_m}t$ 值，即

$$\frac{T_m}{\mu_m}t = \frac{r_w^2}{4W^{-1}\left[\frac{2\pi K(2MH_0 - M^2 - h_w^2)}{Q}\right]} \tag{5-6-17}$$

将算得的 $\frac{T_m}{\mu_m}t$ 值代入(5-6-14)式和(5-6-15)式，可计算出与井中水位 h_w 相对应的降落漏斗曲线。但是尚不清楚什么时间 t 到达此漏斗曲线，因为(5-6-17)式只能算出 $\frac{T_m}{\mu_m}t$ 值。

下面解决时间 t 的问题。

依据水均衡原理，抽水量的总体积等于含水层内部弹性释放水量(承压区)和疏干排水量(无压区)之和。于是可建立均衡方程为

$$Qt = V = \mu_e V_e + \mu_d V_d \tag{5-6-18}$$

式中：V 为抽水总体积；V_e 为承压区减压体积；V_d 为无压区含水层疏干体积；μ_e 为弹性给水度；μ_d 为重力给水度。

承压区减压体积 V_e(图5-6-1)为

$$\begin{aligned} V_e &= \pi(R_0^2 - r_w^2)(H_0 - M) + \int_{R_0}^{\infty} 2\pi r s \mathrm{d}r \\ &= \pi(R_0^2 - r_w^2)(H_0 - M) + \int_{R_0}^{\infty} 2\pi r\left[\frac{Q}{4\pi KM}\int_{\frac{r^2}{4\frac{T_m}{\mu_m}t}}^{\infty}\frac{\mathrm{e}^{-u}}{u}\mathrm{d}u\right]\mathrm{d}r \\ &= \pi(R_0^2 - r_w^2)(H_0 - M) + \frac{Q}{2KM}\int_{R_0}^{\infty} r\mathrm{d}r\int_{\frac{r^2}{4\frac{T_m}{\mu_m}t}}^{\infty}\frac{\mathrm{e}^{-u}}{u}\mathrm{d}u \end{aligned} \tag{5-6-19}$$

无压区含水层疏干体积 V_d(图5-6-1)为

$$V_d = \pi(R_0^2 - r_w^2)M - \int_{r_w}^{R_0} 2\pi r h \mathrm{d}r$$

由(5-6-14)式，有

$$h = \sqrt{2MH_0 - M^2 - \frac{Q}{2\pi K}\int_{\frac{r^2}{4\frac{T_m}{\mu_m}t}}^{\infty}\frac{\mathrm{e}^{-u}}{u}\mathrm{d}u}$$

代入上式，得

$$V_d = \pi(R_0^2 - r_w^2)M - 2\pi\int_{r_w}^{R_0} r\sqrt{2MH_0 - M^2 - \frac{Q}{2\pi K}\int_{\frac{r^2}{4\frac{T_m}{\mu_m}t}}^{\infty}\frac{\mathrm{e}^{-u}}{u}\mathrm{d}u}\,\mathrm{d}r \tag{5-6-20}$$

上两式中的 R_0(承压流转为无压流断面的径距)是已知的，它可由(5-6-14)式或(5-6-15)式得到。对于(5-6-15)式，令其中的 $s = H_0 - M$ 和 $r = R_0$，或者对于(5-6-14)式，令其中的 $h = M$ 和 $r = R_0$，可以得到

$$H_0 - M = \frac{Q}{4\pi KM}W\left(\frac{R_0^2}{4\frac{T_m}{\mu_m}t}\right)$$

即

$$R_0 = \sqrt{4\frac{T_m}{\mu_m}t \cdot W^{-1}\left[\frac{4\pi KM(H_0 - M)}{Q}\right]} \tag{5-6-21}$$

算得 V_e 和 V_d 值后，再利用(5-6-18)式计算出 t 值，即

$$t = \frac{\mu_e V_e + \mu_e V_d}{Q} \tag{5-6-22}$$

这样，给定一个 h_w 值，可以算出对应的漏斗曲线，依它确定达到此漏斗的时间 t。于是建立了 Q、h_w 及对应漏斗曲线(包括承压-无压转折点的位置)与 t 之间的函数关系。这就是承压-无压井流所要解决的课题。

复习思考题

1. 泰斯井流公式是在哪些假定条件下引出的？为什么？

2. 如何将承压泰斯井流方程转变到无压泰斯井流方程？

3. 泰斯井流条件下，哪些因素影响水头降深 s？如何影响(只说明增大或减小的关系)？

4. 有人认为：当泰斯井流抽水时间足够长后，抽水井附近周围的降落漏斗呈对数曲线，地下水就形成稳定流。也有人认为：抽水时间足够长以后，外围地下水水头仍明显地下降，属不稳定流，而抽水井附近地下水水头的下降已微不足道，可认为已达稳定流。读者对此有何评论？

5. 有一满足泰斯条件的承压含水层，$a = 10^4 \mathrm{m}$/昼夜，定流量抽水一昼夜后，请求出拟稳定流区的范围，并说明在该范围内的水动力特征。

6. 有的文献利用雅可布方程，按“影响半径 R”的定义来确定 R，即令雅可布方程中的 $s = 0$ 处的 r 为 R，即

$$R = \sqrt{2.25at}$$

读者有何评论？

7. 泰斯模型要求井径 $r_w \to 0$，而实际问题的井径都具有一定大小。从理论上分析，它们的差别是什么？应用上注意什么？

8. 有文献认为：泰斯模型要求初始水头面水平，由于实际情况下天然水力坡度很小，因此可以认为满足上述假定条件。读者对此有何评论？

*9. 已知某承压含水层为均质(K)、各向同性和等厚(M)，天然水力坡度为 J_0，有一口定流量完整抽水井工作很长时间，试绘制拟稳定流区的流网形态(说明原理)，并导出抽水井下游地下水分水点与抽水井的距离 a(采用流场叠加概念绘制流网并用以分析，解决问题)。

10. 一承压含水层和另一潜水层(均为无界含水层)两者的渗透系数 K、含水层厚度 M 和 h_0 以及抽水流量 Q 等分别相等，试从概念分析两者的降深 s 是否相等，为何？

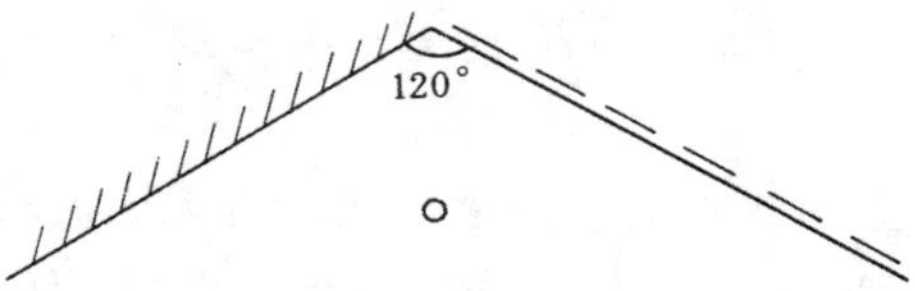

图5-7-1

11. 夹角为120°的一隔水边界和一定水头边界的扇形含水层中，等分角线上有一定流量抽水井。试作流线，如何求解？如果两条都是隔水边界或都是定水头边界又如何？

12. 两隔水边界夹角为120°的含水层中，在30°角线上有一口定流量抽水井，通过两次反映

后形成360°范围内6个对称的抽水井共同工作，能否和原单井抽水达到等效？

13. 隔水边界附近一口井抽水时，通过井中心作平行于边界取 y 轴和垂直于边界取 x 轴，在 x、y 轴上分别取与井中心等距 r 的四个点 a、b、c、d，请证明各点的水力坡度是否相同？若不同请按大小排出顺序。在定水头边界附近一口井抽水时情况又如何呢？

14. 在满足泰斯条件承压含水层中进行定流量抽水时，欲用 s-t 曲线出现拐点来求含水层参数（a 与 T），请问观测孔布置应注意什么问题？为什么？

15. 试写出二次阶梯降深条件抽水试验的降深 s 方程，停泵后的降深方程，并绘降深-时间关系曲线图。

16. 距直线定水头边界为 λ 的一口抽水井，定流量抽水 t_p 时间之后停止抽水，试写出停抽后的水头动态方程（其他条件满足泰斯承压井流假定）。

* 17. 能否通过叠加原理求解平面上两个定降深井流的问题？为何？

* 可以不做，仅供参考。

第六章　无越流含水层中完整井的井流试验

进行渗流计算，必须首先确定水文地质参数。对于无越流渗透的含水层，其主要参数是导水系数 T 和水头扩散系数 a（或渗透系数 K，含水层厚度 h_0 或 M 和给水度 μ_d 或 μ_e）。如果要计算开采井的井中水位降深，则还要涉及井损系数 C 和井孔的有效半径 r_w。

确定参数的试验方法有多种。取样品在实验室进行的称为实验室法，现场直接在含水层中进行的称为含水层试验。含水层试验又分井流试验和沟流试验，这是以试验的集水构筑物类型而划分的。目前大量使用的是井流试验。井流试验包括抽水试验、注水试验和水位恢复试验等几种方法。

本章与第五章相对应，第五章是在已知参数的基础上建立 Q、t 和 s 三者之间的关系，本章则是通过井流试验确定参数，即已知 Q、t 和 s 的关系求 T 和 a(或 K 和 μ）值。另外，第五章建立的方程是本章求参数的理论依据。

本章主要针对承压井流来讨论，无压井流只是简单地模仿承压井流而得出相应的公式，它还存在一些问题，这将在第七章中加以分析、补充。

§6.1　定流量抽（注）水试验

本节针对抽水试验进行讨论。然而，只要将 Q 和 s 变为负值，抽水试验的公式就可用于相应条件的注水试验。

利用抽水试验数据计算含水层参数，最好有观测井，这主要是因为：

（1）主井附近可能出现紊流，而泰斯公式是以达西定律为前提的；

（2）钻进过程使井孔附近的透水性发生变化；

（3）过滤器和井筒均有水头损失。

一、标准曲线对比法

此法是一种通过实测曲线（试验曲线）与理论曲线的对比来确定参数的方法，又称为典型曲线法、样板曲线法、叠合图解法、配线法、双对数曲线法等。

下面以承压含水层的 $\lg s$-$\lg t$ 型标准曲线对比法为例，说明此法的原理和计算参数的步骤。

（一）原理

已知泰斯公式

$$s=\frac{Q}{4\pi T}W(u) \tag{6-1-1}$$

其中

$$u=\frac{r^2}{4at}$$

即

$$t=\frac{r^2}{4a}\cdot\frac{1}{u} \tag{6-1-2}$$

上两式中，Q、T、r 和 a 均为常数，即 s 与 $W(u)$ 以及 t 及 $\frac{1}{u}$ 都成正比关系。如果这两公式分别取对数，则有

$$\lg s = \lg W(u) + \lg \frac{Q}{4\pi T} \tag{6-1-3}$$

和

$$\lg t = \lg \frac{1}{u} + \lg \frac{r^2}{4a} \tag{6-1-4}$$

由解析几何学的知识知道，如果存在

$$x = x' + b$$
$$y = y' + c$$

关系，则两曲线 $y = f(x)$ 和 $y' = f'(x')$ 的曲线形状是相同的。如果将两曲线重合，那么 x 轴和 x' 轴相对平移了 b 值，以及 y 轴和 y' 轴相对平移了 c 值。

分析方程（6-1-3）式和（6-1-4）式可知，对于同一次抽水试验和同一观测孔的数据来说，$\lg \frac{Q}{4\pi T}$ 和 $\lg \frac{r^2}{4a}$ 都是常量，因此实测的 $\lg s$-$\lg t$ 曲线与理论的 $\lg W(u)$-$\lg \frac{1}{u}$ 曲线的形式是相同的，只是纵、横坐标分别平移了 $\lg \frac{Q}{4\pi T}$ 和 $\lg \frac{r^2}{4a}$ 的距离而已。

反之，如果已知纵、横坐标的平移值，则可根据方程（6-1-3）式和（6-1-4）式来计算参数 T 和 a 。

（二）步骤

（1）在双对数坐标纸上绘制 $W(u)$-$\frac{1}{u}$ 的标准曲线（理论曲线），见图 6-1-1（a）。

（2）在另一张模数相同的透明双对数纸上绘制实测的 s-t ，见图 6-1-1（b）。

（3）将实测曲线置于标准曲线之上，在保持对应坐标轴彼此平行的条件下相对平移，直至两曲线重合为止，见图 6-1-1（c）。然后确定横坐标的平移值 $\lg t_0$ 和纵坐标的平移值 $\lg s_0$，t_0 为 $\frac{1}{u} = 1$ 时对应的 t 值，s_0 为 $W(u) = 1$ 时对应的 s 值。

（4）根据（6-1-1）式和（6-1-2）式，计算参数 T 和 a 的公式为

$$T = \frac{Q}{4\pi s_0} \tag{6-1-5}$$

和

$$a = \frac{r^2}{4t_0} \tag{6-1-6}$$

（5）标准曲线与实测数据拟合以后，如果标准曲线的原点 $[\frac{1}{u} = 1, W(u) = 1]$ 落到实测数据坐标纸之外，则可任找一匹配点（其坐标值尽可能取0.01，0.1，1，10，100，…），记下对应的四个坐标值 $\frac{1}{u}$、$W(u)$、t 和 s ，将它们分别代入（6-1-1）式和（6-1-2）式计算 T 和 a ，即

$$T = \frac{Q}{4\pi s} W(u) \tag{6-1-7}$$

和

$$a = \frac{r^2}{4ut} \tag{6-1-8}$$

上面是以承压含水层的 $\lg s$-$\lg t$ 型标准曲线对比法为例，说明该法的原理与步骤。对于 $\lg s$-$\lg r^2$、$\lg s$-$\lg \frac{t}{r^2}$ 型以及潜水含水层的相应几个类型的标准曲线对比法，其原理、步骤均相

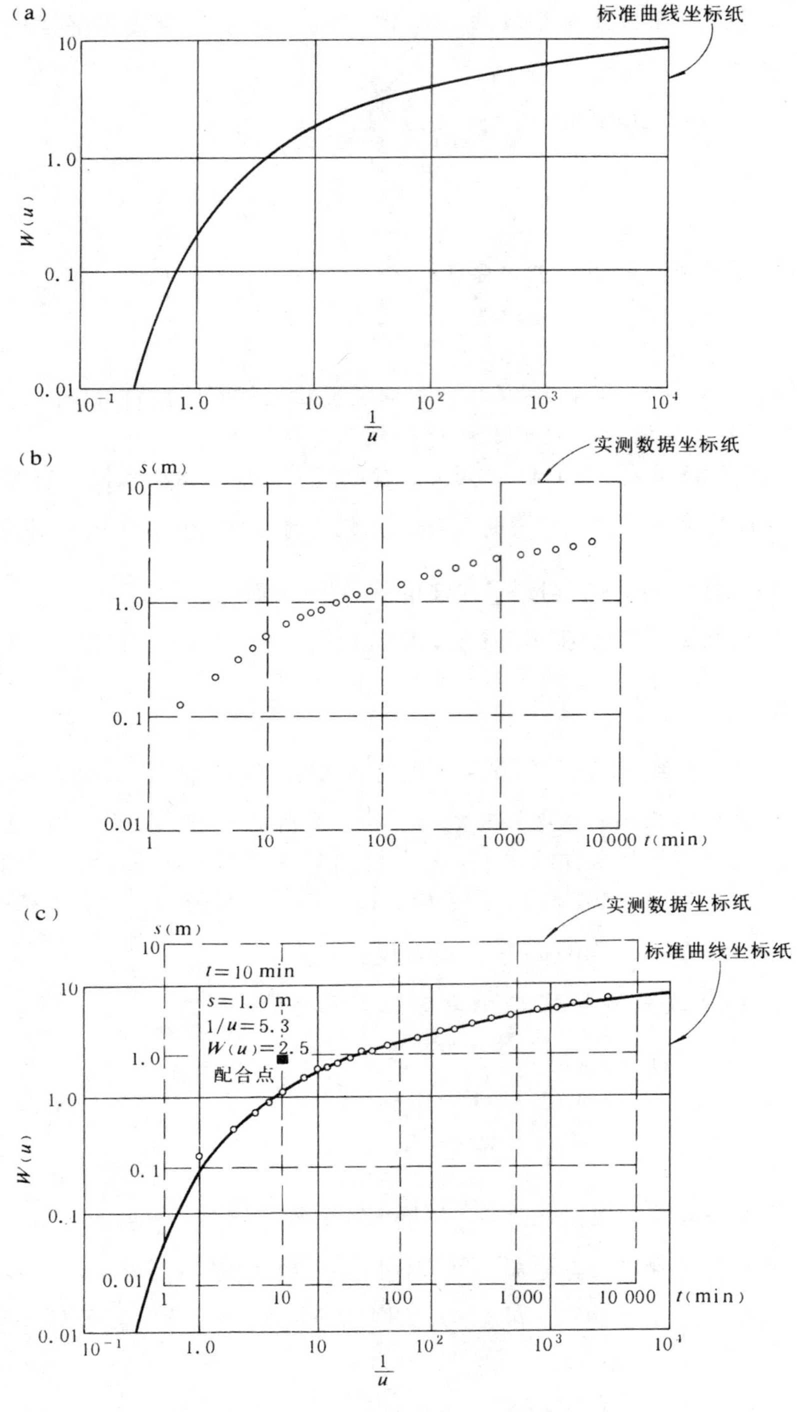

图 6-1-1　标准曲线对比图

(a) 标准曲线；(b) 实测数据；(c) 实测数据与标准曲线拟合

似，这里不再一一说明。仅将它们的步骤与计算公式列入表6-1-1中，供读者查阅。

标准曲线对比法是确定含水层参数的一种重要方法。由于此法利用了全部观测数据，因此，即便局部观测数据产生了波动或错误也不至于严重影响计算的结果。应用此法拟合实测数

表 6-1-1　各类标准曲线对比法计算步骤和公式一览表

含水层类型 / 实测曲线类型 / 主要步骤	承压	无压	承压	无压	承压	无压
	$\lg s$-$\lg t$	$\lg(2h_0 - s)s$-$\lg t$	$\lg s$-$\lg r^2$	$\lg(2h_0 - s)s$-$\lg r^2$	$\lg s$-$\lg \frac{t}{r^2}$	$\lg(2h_0 - s)s$-$\lg \frac{t}{r^2}$
绘制标准曲线	$\lg W(u)$-$\lg \frac{1}{u}$		$\lg W(u)$-$\lg u$		$\lg W(u)$-$\lg \frac{1}{u}$	
绘制实测数据	$\lg s$-$\lg t$	$\lg(2h_0 - s)s$-$\lg t$	$\lg s$-$\lg r^2$	$\lg(2h_0 - s)s$-$\lg r^2$	$\lg s$-$\lg \frac{t}{r^2}$	$\lg(2h_0 - s)s$-$\lg \frac{t}{r^2}$
计算参数的公式	$T = \frac{Q}{4\pi s}W(u)$	$K = \frac{Q}{2\pi[(2h_0 - s)s]}W(u)$	$T = \frac{Q}{4\pi s}W(u)$	$K = \frac{Q}{2\pi[(2h_0 - s)s]}W(u)$	$T = \frac{Q}{4\pi s}W(u)$	$K = \frac{Q}{2\pi[(2h_0 - s)s]}W(u)$
	$a = \frac{r^2}{4tu}$	$a = \frac{r^2}{4tu}$	$a = \frac{r^2}{4tu}$	$a = \frac{r^2}{4tu}$	$a = \frac{1}{4\left(\frac{t}{r^2}\right)u}$	$a = \frac{1}{4\left(\frac{t}{r^2}\right)u}$

注意：1．标准曲线与实测数据绘制在同一模数的双对数纸上。

2．两曲线叠合时，要求相应坐标保持平行。

据与理论曲线时，主要考虑抽水中、后期的数据。初期数据与标准曲线一般拟合不好，这是由于建立泰斯公式时所做的某些假定（例如，地下水储存量瞬时释放的假定）与实际条件不能完全一致所造成的。如果中、后期的实测数据与标准曲线拟合得比较好，则说明含水层试验所涉及的范围内基本满足“均质”无界条件。假如后期实测数据偏离标准曲线，则可能是含水层外围的边界起了明显的作用，或者含水层外围的参数与内部不同，或者有垂直入渗发生等原因所造成，这就需要将试验数据与水文地质条件结合起来分析。一般地说，当后期实测数据向上偏离理论曲线时，可能是隔水边界的作用明显地反映进来，或者含水层导水系数向外变小（逐渐的或突变的），也有可能是地下水位天然动态处于下降时期（如果实测数据未加校正的话）所造成的。当后期实测数据向下偏离理论曲线时，则可能是地表水体的边界（可以是补给边界，也可以是排泄边界）起了明显的作用，或者由于含水层导水系数向外变大，或者是越流、天窗补给的发生、增大或排泄量的减少，当然也可能是地下水位天然动态处于上升时期（如果实测数未加校正的话）所造成的。

由于标准曲线对比法的理论曲线与实测曲线都是曲线，而且其斜率是渐变的，特别是当实测曲线的曲率较小时，在寻找两曲线重叠的位置时有一定的随意性，这是此法的缺陷。

二、直线图解法

将实测数据投在单对数坐标纸上并做成曲线，此实测数据曲线在一定的区间上将呈现为直线，因而可以依据直线的两个要素来确定含水层的两个参数，这就是直线图解法的基本思想。

此法可分为 s-$\lg t$（同一观测井不同时间的降深数据）、s-$\lg r$（同时刻不同观测井的降深数据）和 s-$\lg \frac{t}{r^2}$（不同时间不同观测井的降深数据）三种类型。

下面介绍承压含水层的 s-$\lg t$ 直线图解法。

（一）原理

由前已知，当 $u \leqslant 0.05$ 时，泰斯公式可近似表示为

$$s=\frac{2.3Q}{4\pi T}\lg\frac{2.25at}{r^2}=\underbrace{0.183\frac{Q}{T}\lg\frac{2.25a}{r^2}}_{s_0}+\underbrace{0.183\frac{Q}{T}}_{m}\lg t \tag{6-1-9}$$

式中：T、a、r 和 Q 均为常数，因此 s-$\lg t$ 呈直线关系（图6-1-2）。

此直线的斜率为

$$m=0.183\frac{Q}{T}$$

此关系可用来计算导水系数

$$T=0.183\frac{Q}{m} \tag{6-1-10}$$

此直线的截距 s_0 为

$$s_0=0.183\frac{Q}{T}\lg\frac{2.25a}{r^2}=m\lg\frac{2.25a}{r^2}$$

即

$$\frac{s_0}{m}=\lg\frac{2.25a}{r^2}$$

$$10^{\frac{s_0}{m}}=\frac{2.25a}{r^2}$$

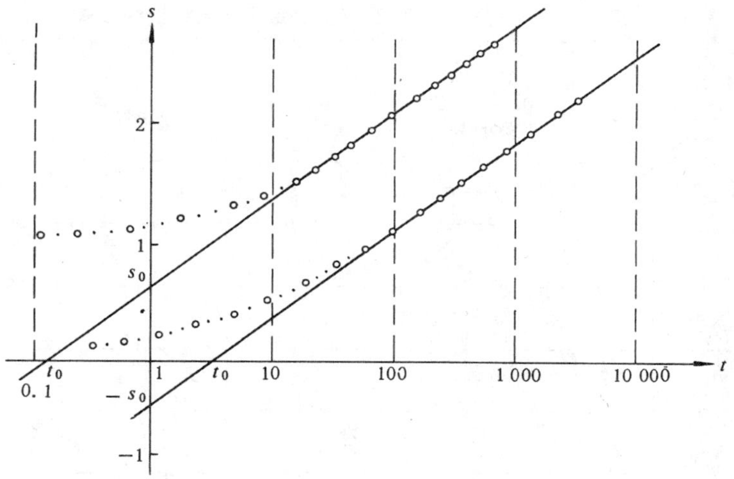

图6-1-2　s-lg$t$ 直线图解法确定含水层参数

此关系可用来计算压力传导系数

或

$$
\left.\begin{aligned} a &= 0.445r^2 \cdot 10^{\frac{s_0}{m}} \\ a &= 0.445r^2 e^{2.3\frac{s_0}{m}} \end{aligned}\right\} \tag{6-1-11}
$$

从图6-1-2可看出，直线段的延长部分与横轴（lg$t$ 轴）交于 t_0 点，即当 $s=0$ 时 $t=t_0$。将此关系式代入（6-1-9）式，有

$$
\frac{2.25at_0}{r^2} = 1 \tag{6-1-12}
$$

显然，用此式计算 a 值比（6-1-11）式更简便些。

（二）步骤

（1）在单对数坐标纸上作 s-t 曲线（t 取对数尺度）。

（2）将 s-t 曲线的直线部分延长，交纵坐标轴（s）得 s_0，交横坐标轴（t）得 t_0。

（3）求直线的斜率 m，由于 $\lg\frac{10t}{t}=1$，所以一个对数周期相应的降深 Δs 就是斜率 m（见图6-1-2）。

（4）利用（6-1-10）式计算 T 值，按（6-1-12）式或（6-1-11）式计算 a 值。

以上介绍的就是承压含水层的 s-lg$t$ 直线图解法。其他类型直线图解法的原理、步骤均与它相似，只是由于横坐标（对数尺度）的自变量不同，因此对（6-1-9）式中对数部分的分解也不相同。此处对其他类型的直线图解法不再详细介绍，仅仅列出参数的计算公式于表6-1-2中，以供查阅。

前面介绍了两种图解法。标准曲线对比法对于数据的应用比较充分，但它们是曲线，特别当数据曲线较平直时，拟合标准曲线时存在一定的随意性。直线图解法消除了前者的缺点，但是只有在 $\frac{r^2}{4at}<0.05$ 的条件下才出现直线段，因此直线段占据的时段小于试验的延续时间，观测数据不能充分利用，代表性相应降低。对于较远的观测孔的观测数据，可能使出现的直线段变成很短，而难以肯定直线的形成。特别是当抽水试验后期含水层外围的非泰斯条件的干扰，使得直线段更加模糊不清。对于远观测井，甚至可能在整个抽水试验期间也不出现直线段。

表6-1-2　不同类型直线图解法确定含水层参数的公式

含水层类型 / 参数计算公式 / 直线图解法类型	承压含水层	无压含水层
承压井流：s-lg$t$ 无压井流：$(2h_0-s)s$-lg$t$	$T=0.183\frac{Q}{m}$	$K=0.366\frac{Q}{m}$
	$a=0.445r^2\times10^{\frac{s_0}{m}}$	$a=0.445r^2\times10^{\frac{[(2h_0-s)s]_0}{m}}$
	$a=0.445\frac{r^2}{t_0}$	$a=0.445\frac{r^2}{t_0}$
承压井流：s-lg$r$ 无压井流：$(2h_0-s)s$-lg$r$	$T=0.366\frac{Q}{m}$	$K=0.732\frac{Q}{-m}$
	$a=0.445\frac{1}{t}\times10^{\frac{2s_0}{-m}}$	$a=0.445\frac{1}{t}\times10^{\frac{2[(2h_0-s)s]_0}{-m}}$
	$a=0.445\frac{r_0^2}{m}$	$a=0.445\frac{r_0^2}{t}$
承压井流：s-lg$\frac{t}{r^2}$ 无压井流：$(2h_0-s)s$-lg$\frac{t}{r^2}$	$T=0.183\frac{Q}{m}$	$K=0.366\frac{Q}{m}$
	$a=0.445\times10^{\frac{s_0}{m}}$	$a=0.445\times10^{\frac{[(2h_0-s)s]_0}{m}}$
	$a=0.445\frac{1}{\left(\frac{t}{r^2}\right)_0}$	$a=0.445\frac{1}{\left(\frac{t}{r^2}\right)_0}$

说明：1. a 值一般可采用直线在横坐标上的交点 $t_0\left[\text{或 } r_0 \text{ 或}\left(\frac{t}{r^2}\right)_0\right]$来计算，因为此法计算比较简单。但当直线较平缓时，该点可能交到图外，此时可用直线在纵坐标上的截距 s_0 来计算参数。

2. 对于 s-lg$t$ 型直线图解法，抽水井本身的数据可用来计算 T 值，但对于 a 值，必须消除井孔附加水头损失之后才可应用。这是因为在定流量抽水条件下，井孔附加水头损失与 t 无关，因此 m 值并不由于存在井孔附加水头损失而变化。但对纵、横坐标的截距却有影响。

3. 延伸上述分析，对于 s-lgr^2 和 s-lg $\frac{t}{r^2}$ 型直线图解法，抽水井的 s 数据在其附加损失被校正之前，均不能用来计算含水层参数。

§6.2　水位恢复试验

抽水试验井、注水试验井和长期开采井等，都可利用关井（停抽、停注和停采）后的水位恢复数据来计算有关参数。

某抽水井停抽后，井中水位将迅速回升，而后上升速度逐渐减缓。在井孔的周围，水位上升的速度较慢；在远处，在停抽后一段时间内，水位仍在下降。

一、水位恢复试验的基本原理及其应用

如果某井以定流量 Q 进行抽水持续了时间 t_p 之后停止抽水并恢复水位，那么在时间 t_p 之后剩余降深 s 的计算，如同阶梯流量一样，可以考虑为该井仍以流量 Q 继续抽水，并从抽停时刻起，有一个流量为 Q 的注水井开始工作。这样，正负流量相互抵消，得到停止抽水的效果（图6-2-1）。

按渗流叠加原理，停止抽水后和剩余降深为

$$s=\frac{Q}{4\pi T}\left[W\left(\frac{r^2}{4a(t_p+t)}\right)-W\left(\frac{r^2}{4at}\right)\right] \tag{6-2-1}$$

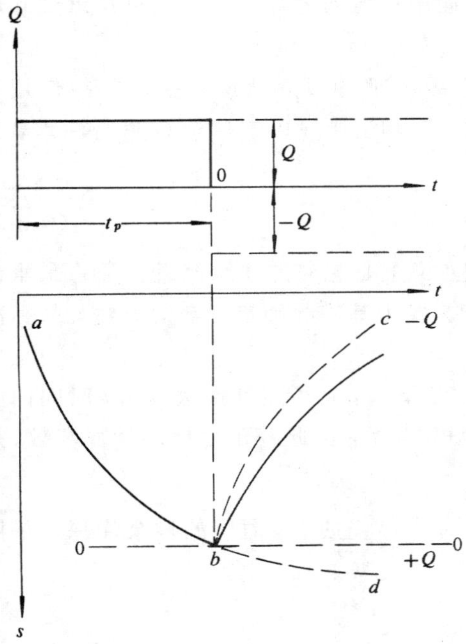

图 6-2-1 水位恢复试验 s-t 曲线

式中：t_p 为抽水持续时间；t 为水位恢复延续时间。

如果 $\frac{r^2}{4at} \leqslant 0.05$，则上式可近似写为

$$s = \frac{Q}{4\pi T}\left[\ln\frac{2.25a(t_p+t)}{r^2} - \ln\frac{2.25at}{r^2}\right]$$

$$= \underbrace{0.183\frac{Q}{T}}_{m}\lg\frac{t_p+t}{t} \qquad (6\text{-}2\text{-}2)$$

由 $s = H_0 - H$

得
$$H = H_0 - 0.183\frac{Q}{T}\lg\frac{t_p+t}{t}$$

$$= H_0 + \underbrace{0.183\frac{Q}{T}}_{m}\lg\frac{t}{t_p+t} \qquad (6\text{-}2\text{-}3)$$

方程（6-2-1）式至（6-2-3）式是根据水位恢复数据计算参数的基础。

利用(6-2-1)式时，与抽水试验一样，只要有两个水位数据，用试算法确定参数 T 和 a，这里不再赘述。

从(6-2-3)式可看出，H 与 $\lg\frac{t}{t_p+t}$ 呈直线关系，在单对数坐标系上，以 H 为纵坐标轴，以 $\frac{t}{t_p+t}$ 为横坐标轴（取对数尺度）可得一直线（图 6-2-2）。

由此直线的斜率为

$$m = 0.183\frac{Q}{T}$$

可计算参数 T，即

$$T = 0.183\frac{Q}{m} \qquad (6\text{-}2\text{-}4)$$

另外，当 $t \to \infty$ 时，$\frac{t}{t_p+t} \to 1$，即 $\lg\frac{t}{t_p+t} \to 0$，这时 $H \to H_0$。由此可见，将直线延长到 $\frac{t}{t_p+t} = 1$ 处（即直线在纵轴上的截距），可直接得到 H_0 值。

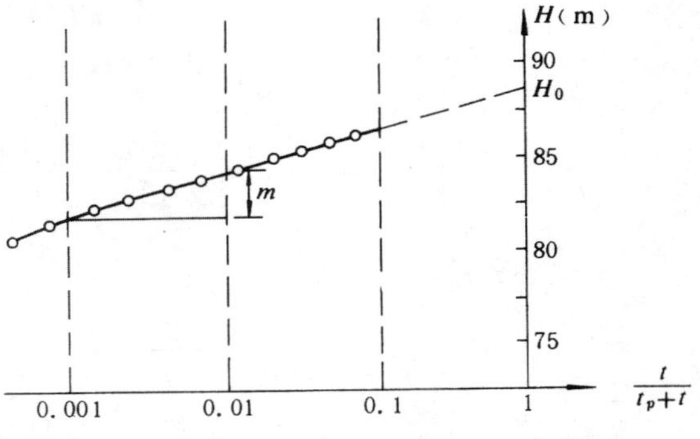

图 6-2-2 水位恢复试验 H-$\lg\frac{t}{t_p+t}$ 曲线

水位恢复试验与抽水试验相比较：①恢复试验直线图解法不能计算参数 a，但可确定 H_0 值；②抽水试验初期往往流量不稳定，这一因素对计算参数的影响，恢复试验法较抽水试验法要小一些。

二、水位回升值 s' 的近似式及其应用

在已开采的水源地，由于种种原因（或者要扩大水源地，或者原来根本未经水文地质勘探而出现问题等），需要确定水文地质参数，最简单的办法就是利用已有的生产井做水位恢复试验。

这种情况，往往开采的时间 t_p 已相当长，有时不能确切地知道 t_p 值。对此可用近似式表示水位恢复曲线。

由图 6-2-1 可以看出：当 t_p 很大时，bd 线段很平缓，即 t_p 以后“继续抽水”的作用与“注水”的作用相比可以忽略不计。于是，从停止抽水起，相当于只以定流量 Q 进行注水，这样便有

$$s' = \frac{Q}{4\pi T}W\left(\frac{r^2}{4at}\right) \tag{6-2-5}$$

此式与抽水试验公式相同，只是这里的 Q 在物理意义上是想象的注水流量，而 s' 是水位回升值（不是剩余降深）。为此，前面所述的以（6-1-1）式为基础的确定参数的方法，如标准曲线对比法、直线图解法等，均可用于此式。

假如在停抽之前（抽水的末期）仍可看出明显的水位下降，则可用外推法算出 t 时间内的下降值 Δs，将此值加到 t 时刻实际观测到的水位回升值作为 s'。经此校正之后再计算参数，是会提高精度的。

假如恢复时间 t 足够长，满足条件 $\frac{r^2}{4at} \leqslant 0.05$，那么停止抽水 t 时间的剩余降深，依照（6-2-2）式为

$$s_{t_p+t} = \frac{Q}{4\pi T}\ln\frac{t_p + t}{t}$$

而停抽时刻的降深为

$$s_{t_p} = \frac{Q}{4\pi T}\ln\frac{2.25at_p}{r^2}$$

两式相减就得到停抽 t 时间内的水位回升值

$$\begin{aligned} s' = s_{t_p} - s_{t_p+t} &= \frac{Q}{4\pi T}\left(\ln\frac{2.25at_p}{r^2} - \ln\frac{t_p + t}{t}\right) \\ &= \frac{Q}{4\pi T}\ln\left(\frac{2.25at_p}{r^2}\cdot\frac{t}{t_p + t}\right) \\ &= \frac{Q}{4\pi T}\ln\left(\frac{2.25at}{r^2}\cdot\frac{1}{1+\frac{t}{t_p}}\right) \end{aligned}$$

当 $t_p \gg t$ 时，上式成为

$$\begin{aligned} s' &= \frac{Q}{4\pi T}\ln\frac{2.25at}{r^2} \\ &= 0.183\frac{Q}{T}\left(\lg\frac{2.25a}{r^2} + \lg t\right) \end{aligned} \tag{6-2-6}$$

此式与（6-1-9）式一样，在 s'-$\lg t$ 坐标系中为一直线。因此以（6-1-9）式为基础的计算公式均可用于此。

三、最高水位回升法

有些生产井不允许长时间停止抽水，以获得数据计算参数。然而却许可停抽一短时间之后马上恢复抽水。在这种情况下，附近观测井中的水位动态，将是水位回升到某一最高值之后又继续下降（图 6-2-3）。这部分所要介绍的就是利用最高水位回升值和此水位出现的时间来确定含水层的参数。

假如某生产井以流量 Q 抽水已进行相当长的时间 t_p，则周围含水层中的水位下降速度变得很缓慢，这时突然停止抽水一小段时间 Δt，而后再继续以 Q 进行抽水，那么观测井中的水

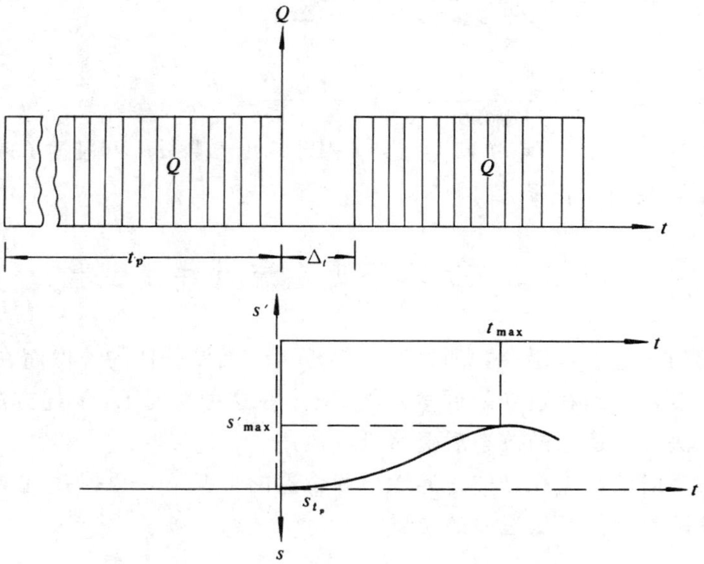

图 6-2-3　最高水位恢复试验确定含水层参数

位降深 s_{t_p+t} 为

$$s_{t_p+t}=\frac{Q}{4\pi T}\left[\ln\frac{2.25a(t_p+t)}{r^2}-W\left(\frac{r^2}{4at}\right)+W\left(\frac{r^2}{4a(t-\Delta t)}\right)\right]$$

而停抽时刻的水位降深 s_{t_p} 是

$$s_{t_p}=\frac{Q}{4\pi T}\ln\frac{2.25at_p}{r^2}$$

因此水位回升值 s' 为

$$\begin{aligned}s'&=s_{t_p}-s_{t_p+t}\\&=\frac{Q}{4\pi T}\left\{\ln\frac{2.25at_p}{r^2}-\left[\ln\frac{2.25a(t_p+t)}{r^2}-W\left(\frac{r^2}{4at}\right)+W\left(\frac{r^2}{4a(t-\Delta t)}\right)\right]\right\}\end{aligned}$$

考虑到 $t_p\gg t$，所以

$$s'\approx\frac{Q}{4\pi T}\left[W\left(\frac{r^2}{4at}\right)-W\left(\frac{r^2}{4a(t-\Delta t)}\right)\right]\tag{6-2-7}$$

为了确定观测井中出现最高水位的时间 $t_{\max}$，将（6-2-7）式对 t 求导并令其等于零。已知

$$\frac{\partial}{\partial t}W\left(\frac{r^2}{4at}\right)=\frac{\partial}{\partial t}\int_{\frac{r^2}{4at}}^{\infty}\frac{1}{x}e^{-x}dx=\frac{1}{t}e^{-\frac{r^2}{4at}}$$

故有

$$\frac{Q}{4\pi T}\left[\frac{1}{t_{\max}}e^{-\frac{r^2}{4at_{\max}}}-\frac{1}{t_{\max}-\Delta t}e^{-\frac{r^2}{4a(t_{\max}-\Delta t)}}\right]=0$$

即

$$\frac{t_{\max}}{t_{\max}-\Delta t}=e^{\frac{r^2}{4a(t_{\max}-\Delta t)}-\frac{r^2}{4at_{\max}}}$$

$$\left(\text{注意}\qquad\frac{e^m}{e^n}=e^{m-n}\right)$$

取自然对数，有

$$\ln\frac{t_{max}}{t_{max}-\Delta t}=\frac{r^2\Delta t}{4at_{max}(t_{max}-\Delta t)}$$

于是得

$$\frac{r^2}{a}=9.2\frac{t_{max}(t_{max}-\Delta t)}{\Delta t}\lg\frac{t_{max}}{t_{max}-\Delta t} \tag{6-2-8}$$

这样，已知 Δt、t_{max} 和 r，可按照（6-2-8）式计算出参数 a。再根据（6-2-7）式，已知 s'_{max}、Q、r、a、t_{max} 和 Δt，就可求出 T 值。

§6.3 边界附近定流量井流试验

前两节介绍的确定含水层参数的方法，都是用于无界条件的，然而在生产实践中，特别是在矿区勘探中经常遇到在边界附近做井流试验。在这种情况下，上述方法不能直接搬用，但是其中的某些方法经过适当的改造后仍然可以应用。

本节讨论两个问题：①在已知边界性质和位置的情况下，根据井流试验确定含水层的参数；②根据井流试验近似确定边界的位置。

一、计算含水层参数

（一）特定条件直线图解法

在第五章中已经介绍过，边界附近单个井流问题可以通过反映法，将其处理为无限含水层中有若干等流量同时刻工作的多井干扰问题。然后根据渗流叠加原理，含水层中任意点的降深为

$$\begin{aligned}s&=\frac{Q}{4\pi T}\left[W\left(\frac{r_1^2}{4at}\right)+W\left(\frac{r_2^2}{4at}\right)+\cdots+W\left(\frac{r_n^2}{4at}\right)\right]\\&=\frac{Q}{4\pi T}\sum_{i=1}^{n}W\left(\frac{r_i^2}{4at}\right)\end{aligned} \tag{6-3-1}$$

式中：r_1 为实井至观测孔的距离；$r_2,r_3,\cdots,r_n$ 为各个虚井至观测孔的距离。为了便于下文叙述，虚井的序号按 $r_2<r_3<\cdots<r_n$ 的次序排列。

显然 r_1 小于 $r_i(i=2,3,\cdots,n)$。当 $\frac{r_1^2}{4at}\leqslant 0.05$ 而 $\frac{r_2^2}{4at}>0.05$ 时，则(6-3-1) 式可写为

$$s=\frac{Q}{4\pi T}\left[\ln\frac{2.25at}{r_1^2}+\sum_{i=2}^{n}W\left(\frac{r_i^2}{4at}\right)\right] \tag{6-3-2}$$

若

$$\ln\frac{2.25at}{r_1^2}\gg\sum_{i=2}^{n}W\left(\frac{r_i^2}{4at}\right) \tag{6-3-3}$$

则（6-3-2）式可以近似写为

$$s\approx\frac{Q}{4\pi T}\ln\frac{2.25at}{r_1^2}=\frac{2.3Q}{4\pi T}\lg\frac{2.25a}{r_1^2}+\frac{2.3Q}{4\pi T}\lg t \tag{6-3-4}$$

此式说明观测孔降深数据在 s-$\lg t$ 坐标系上出现直线段——称第一直线段，其斜率 m 为

$$m_1=0.183\frac{Q}{T} \tag{6-3-5}$$

此直线与 $\lg t$ 轴交点的 t 值 $(t_0)_1$ 为

$$(t_0)_1=\frac{r_1^2}{2.25a}=0.445\frac{r_1^2}{a} \tag{6-3-6}$$

随着抽水时间的延续，条件（6-3-3）式不再成立，此时降深 s 必须用（6-3-2）式来描述，

在 s-lg$t$ 坐标系上由第一直线段转为曲线。假如抽水时间继续延长，当满足 $\frac{r_2^2}{4at} \leqslant 0.05$ 而 $\frac{r_3^2}{4at} > 0.05$ 时，则降深 s 可写为

$$s = \frac{Q}{4\pi T}\left[\ln\frac{2.25at}{r_1^2} + \ln\frac{2.25at}{r_2^2} + \sum_{i=3}^{n} W\left(\frac{r_i^2}{4at}\right)\right] \tag{6-3-7}$$

若

$$\lg\left(\frac{2.25at}{r_1 r_2}\right)^2 \gg \sum_{i=3}^{n} W\left(\frac{r_i^2}{4at}\right) \tag{6-3-8}$$

则（6-3-7）式可近似写为

$$\begin{aligned} s &= 2\frac{Q}{4\pi T}\ln\frac{2.25at}{r_1 r_2} \\ &= m_2 \lg\frac{2.25a}{r_1 r_2} + m_2 \lg t \end{aligned} \tag{6-3-9}$$

其中

$$m_2 = 2 \times 0.183\frac{Q}{T} = 2m_1 \tag{6-3-10}$$

由此可见，在上述条件下出现 s-lg$t$ 第二直线段，其斜率恰好是第一直线段的两倍。由（6-3-9）式可导出第二直线段的延长线与 lg$t$ 轴交点的 t 值 $(t_0)_2$ 为

$$(t_0)_2 = \frac{r_1 r_2}{2.25a} = 0.445\frac{r_1 r_2}{a} \tag{6-3-11}$$

以此类推，在第二直线段出现之后，又转为曲线，其后可能出现第三直线段，其斜率 m_3 是第一直线段的斜率 m_1 的三倍，即

$$m_3 = 3 \times \frac{2.3Q}{4\pi T} = 3m_1 \tag{6-3-12}$$

第三直线段的延长线与 lg$t$ 轴的交点的 t 值 $(t_0)_3$ 为

$$(t_0)_3 = \frac{(r_1 r_2 r_3)^{\frac{2}{3}}}{2.25a} = 0.445 \times \frac{(r_1 r_2 r_3)^{\frac{2}{3}}}{a} \tag{6-3-13}$$

这样，当 $\frac{r_n^2}{4at} \leqslant 0.05$ 时（r_n 为观测孔到最远虚井的距离），降深方程可写为

$$\begin{aligned} s &= \frac{Q}{4\pi T}\sum_{i=1}^{n}\ln\frac{2.25at}{r_i^2} \\ &= \frac{Q}{4\pi T}\ln\frac{(2.25at)^n}{(r_1 r_2 \cdots r_n)^2} \\ &= n\frac{2.3Q}{4\pi T}\lg\frac{2.25at}{(r_1 r_2 \cdots r_n)^{\frac{2}{n}}} \\ &= m_n \lg\frac{2.25a}{(r_1 r_2 \cdots r_n)^{\frac{2}{n}}} + m_n \lg t \end{aligned} \tag{6-3-14}$$

其中

$$m_n = n \times 0.183\frac{Q}{T} = nm_1 \tag{6-3-15}$$

所以，第 n 直线段的斜率为第一直线段的 n 倍。此直线段的延长线与 lg$t$ 轴交点的 t 值 $(t_0)_n$ 为

$$(t_0)_n = \frac{(r_1 r_2 \cdots r_n)^{\frac{2}{n}}}{2.25a} = 0.445 \times \frac{(r_1 r_2 \cdots r_n)^{\frac{2}{n}}}{a} \tag{6-3-16}$$

上面导得的（6-3-5）式、（6-3-10）式、（6-3-12）式、（6-3-15）式和（6-3-6）式、（6-3-11）式、（6-3-13）式、（6-3-16）式是计算参数 T 和 a 的基础。

需要说明，上述几条直线段，除了最后一个直线段外（只要抽水延续时间足够长，此直线段一定可以出现），其他直线段并不保证出现，因为条件（6-3-3）式、（6-3-8）式等不一定都能满足。

（二）特定条件下标准曲线法

简称特定标准曲线法。

边界附近井流问题，其含水层中任意一点的降深方程（6-3-1）式可改写为

$$s=\frac{Q}{4\pi T}\left\{W(u_1)+W\left[u_1\left(\frac{r_2}{r_1}\right)^2\right]+\cdots+W\left[u_1\left(\frac{r_n}{r_1}\right)^2\right]\right\} \tag{6-3-17}$$

式中：

$$u_1=\frac{r_1^2}{4at} \tag{6-3-18}$$

由于比值 $\frac{r_2}{r_1},\frac{r_3}{r_1},\cdots,\frac{r_n}{r_1}$ 对于某特定条件均为已知常量，所以（6-3-17）式中右端的大括号因子仅仅是变量 u_1 的函数。如果记

$$W_m(u_1)=W(u_1)+W\left[u_1\left(\frac{r_2}{r_1}\right)^2\right]+\cdots+W\left[u_1\left(\frac{r_n}{r_1}\right)^2\right] \tag{6-3-19}$$

则（6-3-17）式可写为

$$s=\frac{Q}{4\pi T}W_m(u_1) \tag{6-3-20}$$

其中 W_m 可称为多主井综合井函数。

与无界单个井流相似，这里以（6-3-20）和（6-3-18）两式为基础，可以通过特定标准曲线 $\lg W_m(u_1)$-$\lg\frac{1}{u_1}$ 与实测数据曲线 $\lg s$-$\lg t$ 相拟合来确定含水层参数。所谓"特定标准曲线"系指特定的边界条件和特定的主井、观测孔的位置。其中之一变了，特定标准曲线 $\lg W_m(u_1)$-$\lg\frac{1}{u_1}$ 也得重新绘制。因此，该法的缺点是工作量较大，每一试区、每一观测孔都需绘制专用的特定标准曲线，不能共用。但是此法最大的优点是没有直线图解法那样的局限性，不管观测孔、主井与边界的相对位置、距离如何，也不管抽水延续时间的长短，只要主井相对于边界的关系能反映为无限问题，均可使用。

显然，这里提出的特定标准曲线法适用于可用渗流叠加原理计算的一切渗流系统，例如后面将介绍的越流系统定流量井流，但其基本降深方程依其系统性质的不同而变化。

（三）实例

下面以山东省莱芜县西尚庄地区抽水试验数据的分析为例，来说明利用上述两种方法计算含水层参数的方法。

1．水文地质条件

试验的对象为奥陶系中统马家沟组灰岩含水层（试验区仅有第四段，厚50～130m），其下为矿体和闪长岩体（厚度大于300m），其上为第三系红砂岩（厚150～200m），再上为十余米厚的第四系坡洪积层（图6-3-1）。

中奥陶系裂隙-岩溶含水层是承压的。

试验区段的西部是闪长岩体，构成隔水边界。北缘为东西向压性断层（F_2）。它完全错开南北两侧马家沟组灰岩，使得断层北侧的灰岩与南侧的红砂岩接触，岩体与灰岩接触，亦构成隔水边界（图6-3-1和图6-3-2）。含水层向东广延，但在离抽水孔（95孔）1 100m 处有一条 NNE 向扭性断层（F_3），它未完全隔开两侧灰岩含水层，但其导水性在此变弱。自主井往南，灰岩延

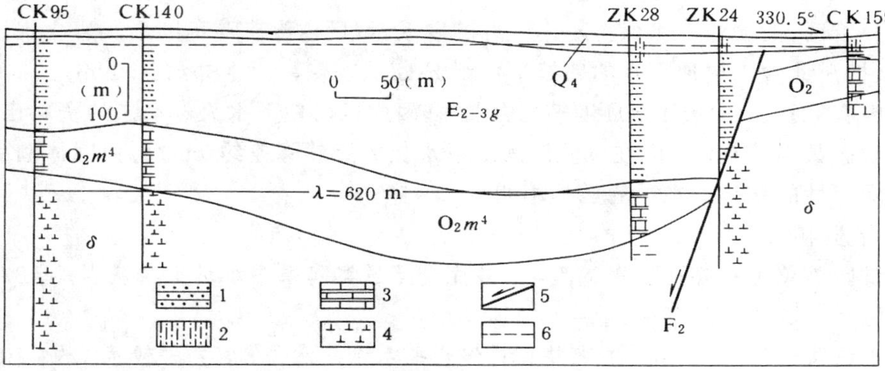

图6-3-1　西尚庄95孔至195孔水文地质剖面图

（据山东省地矿局第一地质队）

1—第三系红砂岩；2—第四系亚粘土；3—奥陶系灰岩和大理岩；4—闪长岩；5—断层；6—灰岩含水层的水头线

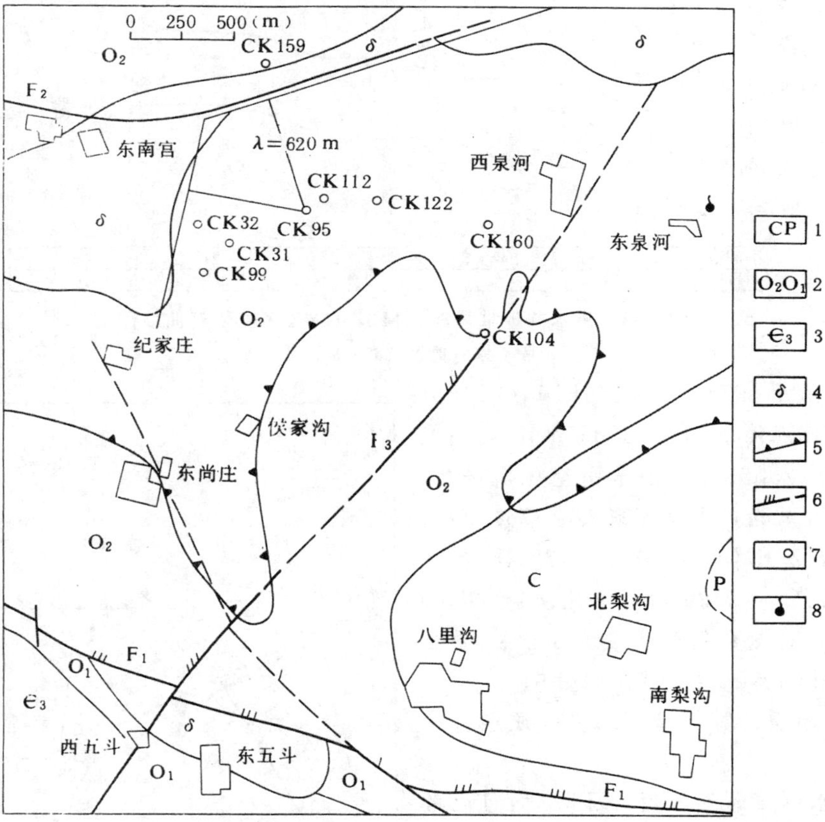

图6-3-2　山东省西尚庄地区95孔抽水试验观测孔分布及地质略图

（据山东省地矿局第一地质队）

1—石炭、二叠系砂页岩及灰岩；2—中下奥陶系灰岩及白云岩；3—上寒武系白云质灰岩及灰岩；4—燕山期闪长岩；5—第三系分界线；6—实测及推测断层；7—抽水孔及观测孔；8—上升泉

伸到2 800m处被一东西向压性断层（F_1）所切，沿断层带有不连续的岩体侵入。越过（F_1）断层往南是补给区，两侧地下水保持不十分好的联系。试区内没有与奥陶系灰岩含水层有水力联系的河流。排泄此含水层地下水的郭娘泉位于F_3断层东侧，距主井约2 000m。

试区内有32孔、112孔和104孔三个供水井。因此区内地下水天然动态的资料已无法获得。根据历年动态数据估算，本区在试验期间地下水位的天然降速约7cm/d。由固体潮引起的地下水拟半日周期性的变化，在试验区内不明显。

2. 技术资料

这次试验为单主井95孔抽水试验，该井完全穿透奥陶系中统马家沟灰岩（厚83.54m），为一完整承压井，试验段井半径$r_w = 0.055$m。

在抽水试验开始之前65h，供水井32孔停止抽水恢复水位；离主井较远（约1 100m）的104孔为农业供水孔，由于疏忽没有控制起来。水位恢复历时曲线见图6-3-3。

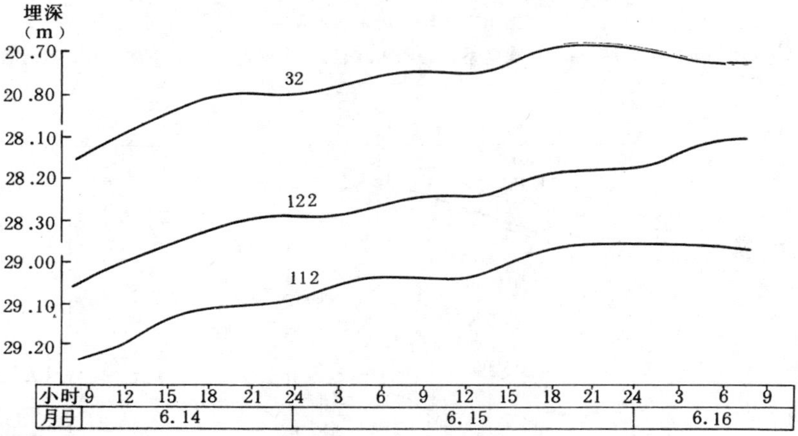

图6-3-3　供水井停抽后32、112、122孔水位恢复曲线图

（据山东省地矿局第一地质队）

抽水试验于1976年6月16日10点25分开始，6月17日10点停止，历时23h35min；之后又观测恢复水位23h55min。抽水由空压机进行，基本为定流量试验，平均流量$Q = 751\text{m}^3/\text{d}$。观测孔有112孔（$r = 104$m）、122孔（$r = 332$m）、160孔（$r = 943$m）和32孔（$r = 530$m）等（图6-3-2）。观测数据列于表6-3-1中。主要观测孔112孔的s-lg$t$数据见图6-3-5。

3. 水文地质计算模型（水文地质条件的简化）

由于抽水延续时间较短，因此，暂且只考虑离主井较近的西、北两边界，而东、南方含水层视为无限延伸。依西部岩体和北部F_2断层的形状，大体可简化为夹角120°的两隔水边界。95号主井位于其角的平分线上，且离西、北边界均为$\lambda = 620$m（图6-3-1和图6-3-2）。

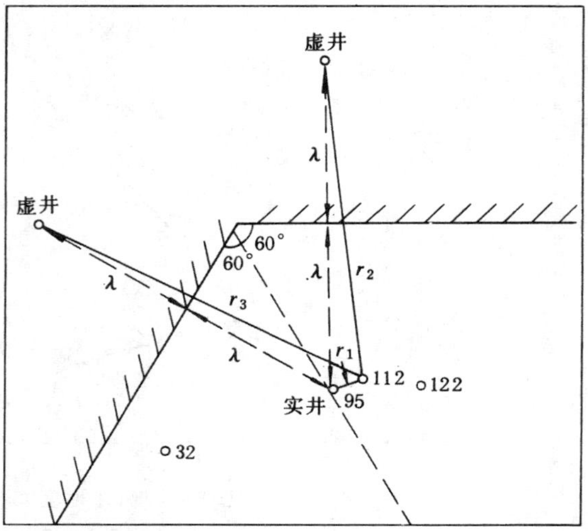

图6-3-4　95孔抽水试验水文地质计算模型

根据反映法原理，此条件可反映为无限平面上三个同时刻工作的等强度的抽水井，它们

分布在等边（边长为 $2\lambda=1\ 240\text{m}$ ）三角形的顶点上（图6-3-4）。

图6-3-1　山东省西尚庄地区 CK95孔抽水 CK112孔降深观测数据表

观测时间				观测数据		观测时间				观测数据	
年　月　日	时	分	累计时间 (min)	流　量 (m^3/d)	降　深 (m)	年　月　日	时	分	累计时间 (min)	流　量 (m^3/d)	降　深 (m)
1976.6.16	10	25	0	上水	0	1976.6.16		30	485	751	0.383
		27	2		0.030		19	00	515	751	0.395
		29	4		0.038			30	545	751	0.404
		31	6		0.045		20	00	575	751	0.405
		33	8		0.052			30	605	751	0.413
		35	10	629.6	0.062		21	00	635	751	0.419
		39	14		0.073			30	665	751	0.424
		43	18		0.085		22	00	695	751	0.431
		47	22	629.6	0.095			30	725	751	0.440
		51	26		0.107		23	00	755	751	0.447
		55	30		0.115			30	785	751	0.455
	11	5	40		0.135	1976.6.17	0	00	815	751	0.471
		15	50		0.152			30	845	751	0.480
		25	60	723.0	0.172		1	00	875	751	0.486
		35	70		0.184			30	905	751	0.496
		45	80		0.195		2	00	935	751	0.502
	11	55	90		0.205			30	965	751	0.515
	12	5	100	723	0.220		3	00	995	751	0.518
		25	120		0.238			30	1025	751	0.522
		45	140		0.250		4	00	1055	751	0.528
	13	5	160		0.264			30	1085	751	0.535
		25	180		0.275		5	00	1115	751	0.538
		45	200	751	0.288			30	1145	766	0.540
	14	15	230	751	0.301		6	00	1175	766	0.550
		45	260	751	0.310			30	1205	751	0.553
	15	00	275	766	0.317		7	00	1235	751	0.557
		30	305	751	0.348			30	1265	751	0.558
	16	00	335	751	0.344		8	00	1295	751	0.575
		30	365	751	0.341			55	1350	751	0.590
	17	00	395	751	0.352		9	45	1400	751	0.610
		30	425	751	0.358			59	1414	751	0.610
	18	00	455	751	0.367						

4. 含水层参数的计算

(1) 特定条件直线图解法

①本应首先将实测的 s-t 数据作地下水位天然变化的校正（通常用线性外推法），使得成为纯由抽水试验引起的 s-t 数据。只有这样才可用泰斯公式分析这些数据（见§5.1泰斯公式讨论之6）。

对于本例，在抽水前，供水井112孔和32孔于6月13日16点开始停止供水，恢复水位大约到6月16日零点，112孔位大体呈“稳定状态”。但是要注意，这个“稳定”并非真实的稳定，而是停止抽水后水位恢复上升与区域性的下降之间的平衡。由16日零点至16日9点30分，水位下降约1.6cm（相当4.03cm/d）。可以预料，它的下降趋势将是由此速度逐渐增加到区域的7cm/d,但不能确定井流试验期间的下降速度。这给水位的校正带来困难。因此这里暂不作井流试验实测降深 s 的校正，而在以后数据分析上加以考虑。

②作112孔实测数据的 s-lg$t$ 曲线（图6-3-5）。

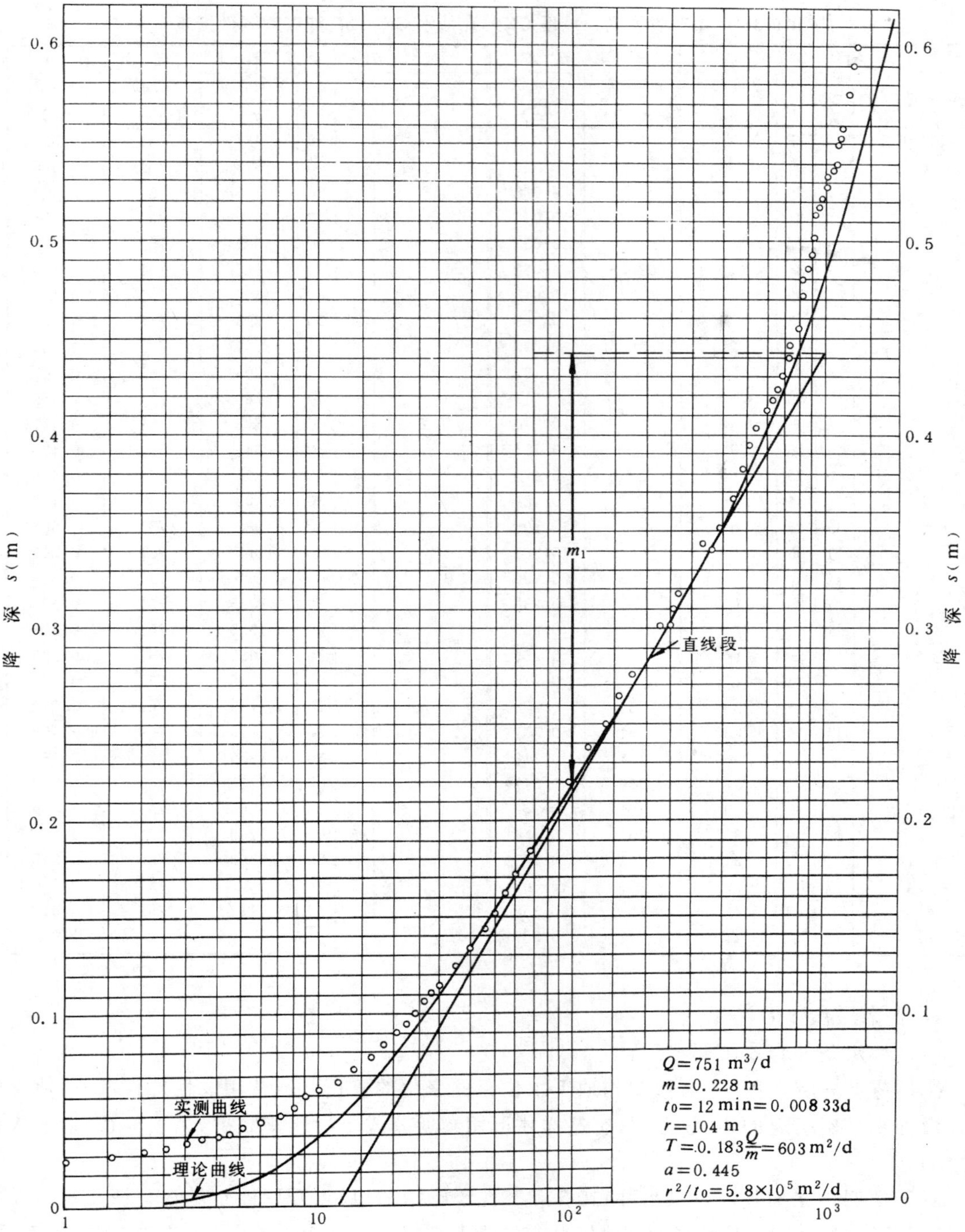

图6-3-5　西尚庄95孔抽水112号观测孔的实测与理论 s-lg$t$ 曲线图

（据陈崇希、吴修义，1976）

③过实测点的直线段作一直线，延长此直线交 lg$t$ 轴于 t_0 点（图6-3-5），t_0 = 12min = 0.008 33d 。

④确定该直线的斜率 $m = 0.228\text{m}$。

⑤分析上述直线段属于第几直线段，选择相应公式试算参数，再用公式计算出理论曲线加以检验。

由于 r_1 远远小于 r_2 和 r_3，因此上述直线段可能属第一直线段，故首先分别依（6-3-5）式、（6-3-6）式试算参数 T 和 a 值

$$T = 0.183\frac{Q}{m_1} = 0.183 \times \frac{751}{0.228} = 603(\text{m}^2/\text{d})$$

$$a = 0.445\frac{r_2}{(t_0)_1} = 0.445 \times \frac{104^2}{\frac{12}{1\,440}} = 5.8 \times 10^5(\text{m}^2/\text{d})$$

⑥将所得的参数 T、a 代入考虑边界的（6-3-1）式（其中 $n = 3$），计算理论的 s-t 数值并绘到图6-3-5上，用以与实测数据对比。如理论曲线与实测数据吻合，则说明对条件的认识、模型的建立以及图解法本身正确无误，否则必存在问题，需要重新审查。

对于此例，第一次试算取 $m = 0.222\text{m}$，$t_0 = 10\text{min}$，算得 $T = 619.8\text{m}^2/\text{d}$，$a = 7.7 \times 10^5\text{m}^2/\text{d}$。将这两参数代回到（6-3-1）式所得的 s-$\lg t$ 理论曲线与实测数据有一定的出入。第二次取 $m = 0.228\text{m}$ 和 $t_0 = 12\text{min}$ 将所得的参数返算回去，除抽水初期的35min 外，获得较理想的结果（见图6-3-5）。

抽水初期理论曲线与实测数据的不一致，看来是由于泰斯公式本身的缺陷所造成的，因为泰斯假定：由于水头的下降释放地下水的弹性储量是瞬时完成的。实际上，至少含水层的压缩不是即刻完成的。这样，在抽水期间从含水层中释放出的水量比泰斯理论上的要少，为了与抽水水量平衡，必须加大降深 s，所以抽水初期实测的降深比理论的要大。此外作为含水层的顶板，尤其当它为胶结的岩石时，由于它的力学性质，可作为“梁”而传递一部分压力，从而使得靠近主井的含水层部分，其水头的下降并非全部用来压缩含水层自身，其中一部分压力通过“梁”传递到外围含水层中。看来，这也是造成理论曲线与实测数据不一致的另一个原因。此外，“双重空隙介质”也会导致滞后给水。

⑦根据前面各近似式的临界无因次时间的要求（6-3-6）式等，可计算出：大约在134min以前，s-$\lg t$ 曲线关系可近似由泰斯公式表示；在134min 至432min 时段，s-$\lg t$ 直线关系由（6-3-4）式表示。这两个临界时间与图6-3-5中实测的 s-$\lg t$ 数据基本吻合。这两个线段（第一曲线和第一直线）均表明两隔水边界尚未起明显的作用，可以视为无限平面问题。在432min 至15.5d 期间，s-$\lg t$ 又变为曲线关系。它说明两隔水边界的作用已不可忽视。这段曲线可用（6-3-2）式（其中 $n = 3$）来描写。由于 r_2 和 r_3 相差不大，因此没有出现第二直线段。又由于抽水时间较短，故第三直线段也未能出现。依临界无因次时间的要求 $u = 0.05$，大概在 $t = 5 \times \frac{r_3^2}{a} = 5 \times \frac{1\,340^2}{5.8 \times 10^5} = 15.5\text{d}$ 以后才能出现第三直线段。此结果仅考虑了西、北两边界的作用。如果注意到这个较长的抽水延续时间，那么试区东、南复杂条件将会对试验数据产生明显影响，有可能掩盖第三直线段的出现。

⑧东、南两断层的考虑。试区东侧的 F_3断层是弱透水的，由于它离主井、112观测井较远（距主井1 100m），且抽水持续时间较短，上述“水文地质条件的简化”中把东侧视为无限。现在从另一极端加以检验。即若把此断层视为隔水并粗略地把主井反映过去，对112孔水位降深的增量也不到原降深的1%，而南边的 F_1断层离主井、观测井更远，影响也更小。由此可见，前面的水文地质简化模型是合理的。

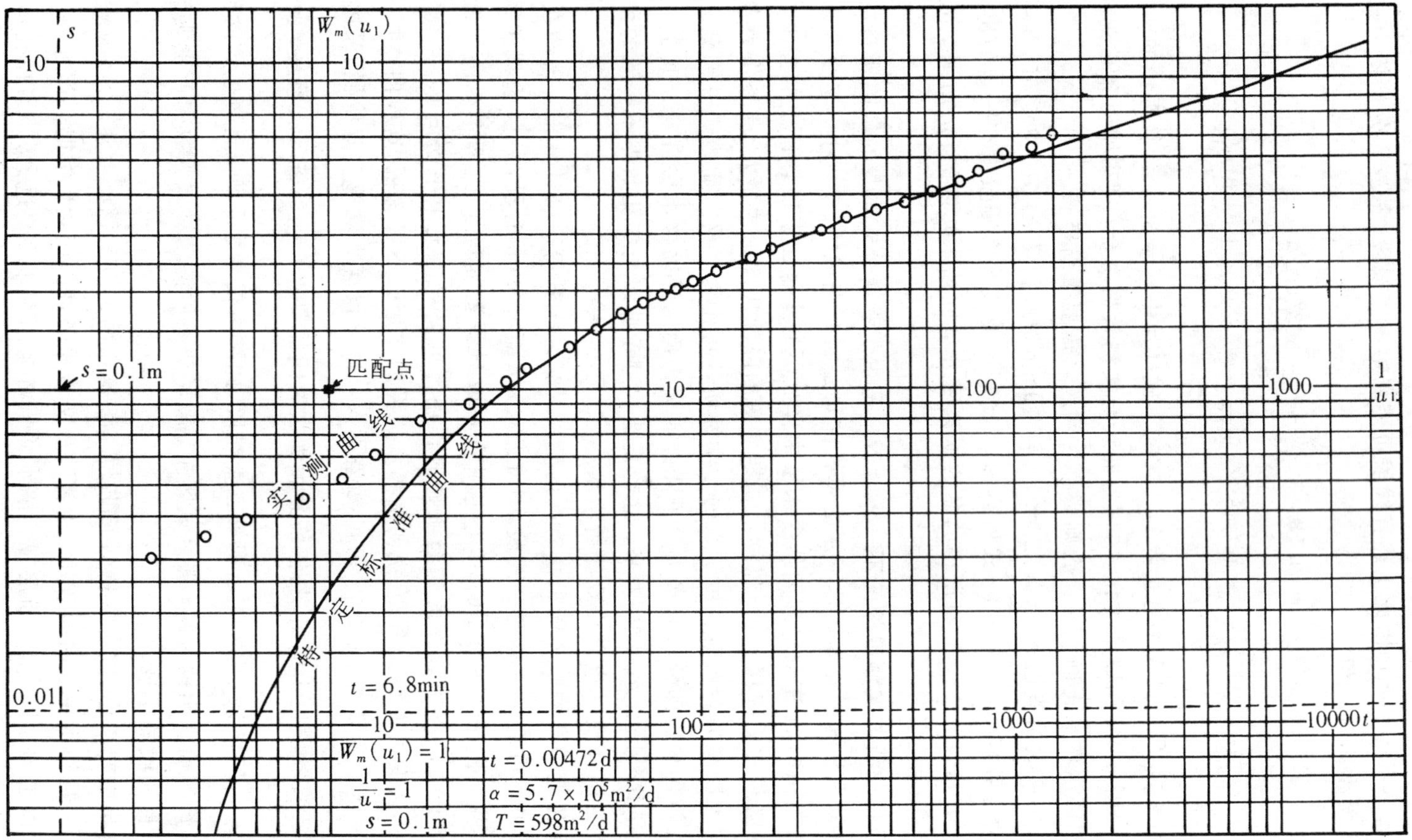

图 6-3-6 山东省西尚庄地区 112 观测孔的实测 lg*s*-lg*t* 曲线与特定标准曲线拟合关系图

（据陈崇希、吴修义）

⑨前面对实测的 $s\text{-}t$ 数据未加天然动态与供水井停抽的校正。从图6-3-5的实测数据与理论曲线比较看出，抽水一天后两者约差5cm，它介于抽水前的4.03cm/d 与区域下降速度7cm/d之间。此水位降速与①的分析一致。

由前文分析可知，112孔的 $s\text{-}\lg t$ 曲线只是在134min 至432min 之间出现线性关系，直线图解法正是以这段时间的数据为基础确定含水层参数的。如果观测孔离主孔较远，或者主孔离边界较近（例如当 $\lambda = 553\text{m}, r_1 = 155\text{m}, r_2 = 1\,191\text{m}, r_3 = 1\,260\text{m}$ 时），则不会出现第一直线段。其原因是，若实井对观测孔的降深与时间对数成线性关系时，则边界（即虚井）的作用已经不能忽略不计；换言之，在这种情况下，条件(6-3-3) 式已不满足，因此方程(6-3-2) 式不能简化为方程(6-3-4) 式；而方程(6-3-2) 式在 $s\text{-}\lg t$ 坐标系中仍表现为曲线关系。这种情况，除非抽水试验延续时间较长，使得在 $s\text{-}\lg t$ 曲线上出现第三直线段，否则直线图解法对边界附近井流试验的数据分析将会失效。这是直线图解法的局限性，而特定条件标准曲线对比法则具有更大的通用性。

(2) 特定条件标准曲线对比法

①根据 (6-3-17) 式，在双对数坐标纸上作特定条件的标准曲线 $W_m(u_1)\text{-}\frac{1}{u_1}$(见图 6-3-6)。

②将实测的 $s\text{-}t$ 数据投到与上述标准曲线同模数的透明双对数坐标纸上(图 6-3-6)。

③ 将实测数据的双对数纸置于标准曲线之上。在保持对应坐标轴彼此平行的条件下相对平移，寻找最优拟合位置。之后，任选一匹配点，记下对应四个坐标值，如图 6-3-6 所示 。

$$\frac{1}{u_1} = 1 \qquad W_m(u_1) = 1$$

$$t = 6.8\text{min} = 0.004\,72\text{d} \qquad s = 0.1\text{m}$$

④根据 (6-3-20) 式和 (6-3-18) 式，计算参数 T 和 a 为

$$T = \frac{Q}{4\pi s}W_m(u_1) = 598(\text{m}^2/\text{d})$$

$$a = \frac{r_1^2}{4u_1 t} = 5.7 \times 10^5(\text{m}^2/\text{d})$$

对比直线图解法的计算结果，两者是很接近的。

二、近似确定直线边界的位置

设抽水井至直线边界的距离为 λ，在抽水井附近有一观测孔。此孔至抽水的距离为 r，至反映井的距离为 ρ(图6-3-7)。注意，比值 $\frac{\rho^2}{r^2}$ 要求比较大。

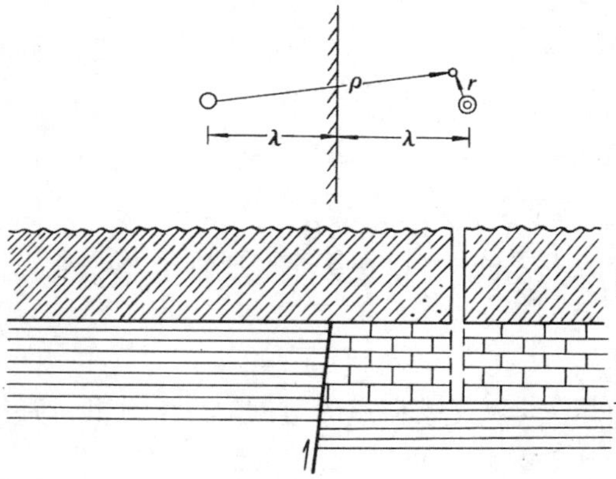

图6-3-7 直线隔水边界附近井流试验

(一) 抽水试验

在抽水初期，观测孔的 $s\text{-}\lg t$ 呈曲线形。当 r 较小时，很快就会满足泰斯近似式的时间准则 $\frac{r^2}{4at} \leqslant 0.05$；由于比值 $\frac{\rho^2}{r^2}$ 较大，这时边界（即虚井）尚未明显起作用，于是降深公式可写为

$$s = \frac{Q}{4\pi T}\ln\frac{2.25at}{r^2} \qquad (6\text{-}3\text{-}21)$$

这时 s-lg$t$ 变成直线段——第一直线段。

若继续抽水，边界逐渐明显地起作用。但当 $\frac{\rho^2}{4at} > 0.05$ 时，降深方程为

$$s = \frac{Q}{4\pi T}\left[\ln\frac{2.25at}{r^2} + W\left(\frac{\rho^2}{4at}\right)\right] \tag{6-3-22}$$

s-lg$t$ 又转为曲线关系。

再继续抽水，当 $\frac{\rho^2}{4at} \leqslant 0.05$ 时，降深方程可近似写为

$$s = \frac{Q}{4\pi T}\left(\ln\frac{2.25at}{r^2} + \ln\frac{2.25at}{\rho^2}\right)$$

$$= \frac{Q}{4\pi T}\ln\left(\frac{2.25at}{r\rho}\right)^2 \tag{6-3-23}$$

这时，s-lg$t$ 又成为直线关系——第二直线段（图6-3-8）。

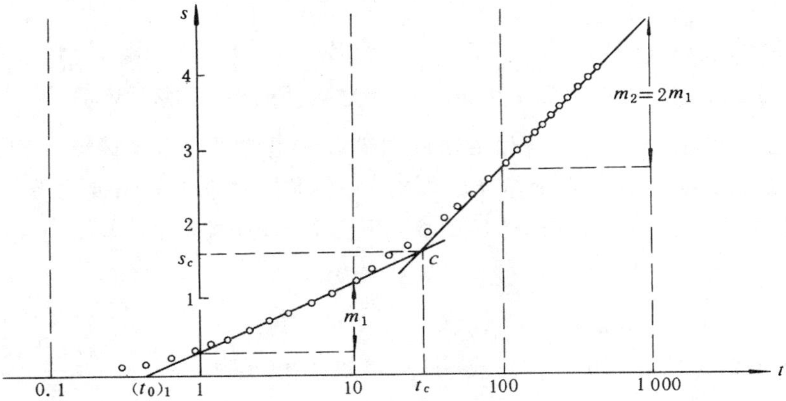

图6-3-8　直线隔水边界附近井流 s-lg$t$ 曲线

分别延长第一、第二直线段，两直线交于点 c。此点坐标（t_c,s_c）同时满足（6-3-21）式和（6-3-23）式，于是有

$$\ln\frac{2.25at_c}{r^2} = \ln\left(\frac{2.25at_c}{r\rho}\right)^2$$

即

$$1 = \frac{2.25at}{\rho^2}$$

或

$$\rho = 1.5\sqrt{at_c}$$

将（6-3-6）式的 a 值代入上式，于是最后得

$$\rho = r\sqrt{\frac{t_c}{(t_0)_1}} \tag{6-3-24}$$

式中：t_c 为第一、二直线交点的时间；$(t_0)_1$ 为第一直线与 lg$t$ 轴交点的时间。

利用（6-3-24）式可以近似确定边界的位置。

当已知直线边界的方向时，只要一个观测孔即可确定 λ 值［图6-3-9 (a)］。在这种情况下，首先通过主井作直线边界的垂线，再以观测孔为中心，以 ρ 为半径作弧线，两线的交点即为虚井的位置。λ 等于实井与虚井间距之半。

若未知直线边界的方向，则需要两个观测孔才可确定 λ 值［图6-3-9 (b)］。在这种情况下，

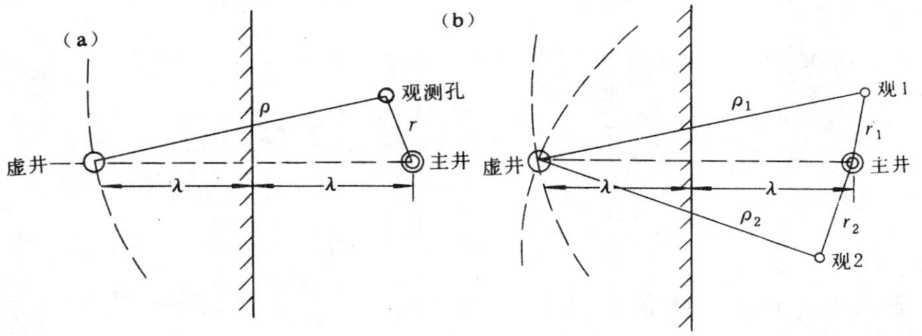

图6-3-9 井流试验确定边界位置

首先利用上述方法分别求出观1孔和观2孔至虚井的距离 ρ_1 和 ρ_2，然后分别以观1孔、观2孔为中心，以 ρ_1 和 ρ_2 为半径作弧线，两线的交点即为虚井的位置。实井和虚井连线的中垂线就是直线隔水边界的位置。

如果抽水井的水位观测资料比较好，那么也可以直接利用主井的 s-lg$t$ 数据来确定井孔至边界的距离 λ。此时，$r = r_w, \rho = 2\lambda$，故（6-3-24）式变成

$$\lambda = \frac{r_w}{2}\sqrt{\frac{t_c}{(t_0)_1}} \tag{6-3-25}$$

这个原理也适用于确定直线定水头边界的位置，而且计算 ρ 和 λ 的公式也完全一样（请读者自己证明），只是 s-lg$t$ 数据曲线的类型不同而已。

如果抽水试验持续时间不够长 $\left(\frac{\rho}{4at} > 0.05\right)$ 而未出现第二直线段，则上述方法失效。在这种情况下，可以按下述方法确定边界位置，但精度比上述方法要差一些。

我们从（6-3-22）式出发。此式的降深 s 是实井与虚井共同作用的结果。已知实井引起的降深为

$$s_1 = \frac{Q}{4\pi T}\ln\frac{2.25at}{r^2}$$

虚井引起的降深为

$$s_2 = \frac{Q}{4\pi T}W\left(\frac{\rho^2}{4at}\right)$$

我们可以从第一直线段之后的曲线部分任选一点 $s(t)$，同时将第一直线段在 s-lg$t$ 坐标系上延长以得到对应时刻的 $s_1(t)$ 值，于是可计算出此时刻虚井引起的降深值 $s_2(t) = s(t) - s_1(t)$。将此值代入上式，便得

$$\rho = 2\sqrt{atW^{-1}\left(\frac{4\pi Ts_2}{Q}\right)} \tag{6-3-26}$$

式中：t 为 s-lg$t$ 曲线上任意选取点的时间；W^{-1} 为井函数的反函数；a 和 T 为含水层压力传导系数和导水系数，可从第一直线段的斜率和截距来确定。

同样，此原理及（6-3-26）式也适用于确定直线定水头边界的位置。

（二）水位恢复试验

根据反映法和渗流叠加原理，直线隔水边界附近井流水位恢复试验降深的基本方程为

$$s = \frac{Q}{4\pi T}\left[W\left(\frac{r^2}{4a(t_p + t)}\right) - W\left(\frac{r^2}{4at}\right) + W\left(\frac{\rho^2}{4a(t_p + t)}\right) - W\left(\frac{\rho^2}{4at}\right)\right] \tag{6-3-27}$$

式中：s 为剩余降深；t_p 为抽水延续时间；t 为恢复时间（从停止抽水开始起算的时间）；其余符号同前。

当 $\frac{r^2}{4at} \leqslant 0.05$ 时，上式可近似写为

$$s = \frac{Q}{4\pi T}\left[\ln \frac{t_p + t}{t} + W\left(\frac{\rho^2}{4a(t_p + t)}\right) - W\left(\frac{\rho^2}{4at}\right)\right] \tag{6-3-28}$$

或

$$H = H_0 + \frac{Q}{4\pi T}\left[\ln \frac{t}{t_p + t} - W\left(\frac{\rho^2}{4a(t_p + t)}\right) + W\left(\frac{\rho^2}{4at}\right)\right] \tag{6-3-29}$$

当 ρ 较大时，在水位恢复的初期（$t \ll t_p$），$W\left(\frac{\rho^2}{4at}\right)$ 趋于零，而 $W\left(\frac{\rho^2}{4a(t_p + t)}\right) \approx W\left(\frac{\rho^2}{4at_p}\right)$ 近于常量。因此，$s\text{-}\lg \frac{t_p + t}{t}$ 或 $H\text{-}\lg \frac{t}{t_p + t}$ 成为一直线——第一直线，其斜率为

$$m_1 = \frac{2.3Q}{4\pi T} = 0.183\frac{Q}{T} \tag{6-3-30}$$

要注意，不能通过此直线外推到水位恢复无限长时间（即 $\frac{t}{t_p + t} = 1$），以求得 H_0 值。

当停止抽水的时间 t 稍大时，在（6-3-28）式和（6-3-29）式两式右端方括号中的第二项不能视为常量或第三项不能忽略不计，那么 $s\text{-}\lg \frac{t_p + t}{t}$ 或 $H\text{-}\lg \frac{t}{t_p + t}$ 将转为曲线关系。

如果水位恢复时间 t 相当大，以至满足条件 $\frac{\rho^2}{4at} \leqslant 0.05$ 时，则（6-3-28）、（6-3-29）两式可近似写为

$$s = \frac{Q}{4\pi T}\left[\ln \frac{t_p + t}{t} + \ln \frac{t_p + t}{t}\right] = 2 \times \frac{2.3Q}{4\pi T}\lg \frac{t_p + t}{t} \tag{6-3-31}$$

或

$$H = H_0 + 2 \times \frac{2.3Q}{4\pi T}\lg \frac{t}{t_p + t} \tag{6-3-32}$$

这时恢复曲线 $s\text{-}\lg \frac{t_p + t}{t}$ 或 $H\text{-}\lg \frac{t}{t_p + t}$ 出现第二直线段，其斜率为

$$m_2 = 2m_1 = 0.366\frac{Q}{T} \tag{6-3-33}$$

而且可以将第二直线段外推到水位恢复无限长时间以求得 H_0 值。

设恢复曲线 $H\text{-}\lg \frac{t}{t_p + t}$ 上的第一直线与第二直线的延长部分交于点 $\left(H_c, \frac{t_c}{t_p + t_c}\right)_c$。联立（6-3-29）式和（6-3-32）式两直线方程，得

$$H_0 + \frac{Q}{4\pi T}\left[\ln \frac{t_c}{t_p + t_c} - W\left(\frac{\rho^2}{4at_p}\right)\right] = H_0 + 2 \times \frac{Q}{4\pi T}\ln \frac{t_c}{t_p + t_c}$$

即

$$-W\left(\frac{\rho^2}{4at_p}\right) = \ln \frac{t_c}{t_p + t_c}$$

得

$$\rho = \sqrt{4at_p W^{-1}\left(\ln \frac{t_p + t_c}{t_c}\right)} \tag{6-3-34}$$

要注意，此式是在 ρ 比较大和 $t \ll t_p$ 的假定条件下导得的。如果这些条件不成立，则第一直线段不会出现或者此直线的斜率被歪曲了。对于后者，将会影响两直线交点位置的精度，它有可能给 ρ 值的计算带来较大的误差。

同样，如果直接利用抽水井的水位数据来分析，那么上述各式中的 $r = r_w$ 和 $\rho = 2\lambda$。

§6.4　多主井和阶梯流量井流试验

当在强透水含水层中做抽水试验时，为了获得一定的水位降深，往往采用多主井的井流试验。井群干扰理论是多主井井流试验数据分析的依据。

一、同时开泵的多主井井流试验

如果各主井同时开泵，那么这个课题与边界附近井流试验相类似（后者是通过反映法将其变换成无限含水层中多个等流量同时刻工作的井流问题），所不同的只是后者各井的流量相等，而前者各井流量不等，但这并不影响基本方法的使用。因此，上一节介绍的两种求含水层参数的方法——直线图解法和特定条件标准曲线对比法——在各主井同时开泵的情况下仍然适用，只要对流量做适当的处理。

（一）直线图解法

多主井同时开泵的直线图解法和特定条件标准曲线对比法以下列方程为基础，即

$$s = \frac{Q_s}{4\pi T}\sum_{i=1}^{n}\beta_i W\left(\frac{r_i^2}{4at}\right) \tag{6-4-1}$$

式中：$Q_s = \sum\limits_{i=1}^{n} Q_i$ 为井群总流量；$\beta_i = \dfrac{Q_i}{Q_s}(i = 1,2,\cdots,n)$；其他符号同前。

当 $\dfrac{r_{\max}^2}{4at} \leqslant 0.05$ 时，(6-4-1) 式可近似写为

$$\begin{aligned} s &= \frac{Q_s}{4\pi T}\ln\frac{2.25at}{\left(\prod\limits_{i=1}^{n} r_i^{\beta_i}\right)^2} \\ &= m\lg\frac{2.25a}{\left(\prod\limits_{i=1}^{n} r_i^{\beta_i}\right)^2} + m\lg t \end{aligned} \tag{6-4-2}$$

其中 s-$\lg t$ 曲线的直线部分的斜率 m 为

$$m = 0.183\frac{Q_s}{T},$$

根据斜率 m 可以计算参数 T，即

$$T = 0.183\frac{Q_s}{m} \tag{6-4-3}$$

另外，依 s-$\lg t$ 直线的截距为

$$s_0 = m\lg\frac{2.25a}{\left(\prod\limits_{i=1}^{n} r_i^{\beta_i}\right)^2}$$

可计算参数 a，即

$$a = 0.445\left(\prod_{i=1}^{n} r_i^{\beta_i}\right)^2 \times 10^{\frac{s_0}{m}} \tag{6-4-4}$$

同样，如果延长此直线与 $\lg t$ 轴交于 t_0 点（即 $s = 0$ 的 t 值），则按 (6-4-2) 式可导得计算参数 a 的另一公式

$$a = 0.445\frac{1}{t_0}\left(\prod_{i=1}^{n} r_i^{\beta_i}\right)^2 \tag{6-4-5}$$

（二）特定条件标准曲线法

由于各井流量不等，所以降深方程改写为

$$s = \frac{Q_s}{4\pi T}\sum_{i=1}^{n}\beta_i W\left(\frac{r^2}{4at}\right) = \frac{Q_s}{4\pi T}W_m(u_1) \tag{6-4-6}$$

其中

$$W_m(u_1) = \sum_{i=1}^{n}\beta_i W\left[u_1\left(\frac{r_i}{r_1}\right)^2\right] \tag{6-4-7}$$

$$u_1 = \frac{r_1^2}{4at} \tag{6-4-8}$$

这里与§6.3所不同的，只是多主井综合井函数 $W_m(u_1)$ 用（6-4-7）式代替（6-4-19）式，其他方面都相同，这里不再赘述。

二、不同时开泵的多主井井流试验和阶梯流量井流试验

对于阶梯流量井流的分析，是通过将其分解成若干个不同时刻开始工作的抽（注）水井的方法来进行的，因而它与不同时开泵的多主井井流问题相当，只是前者 r 不变，后者是变化的，这对于下面所述的方法是无关紧要的。因此，将这两个课题合在一起讨论。

由于开泵时间的不同，使得计算降深的各主井工作时间不仅不等，而且也不成比例。这给计算含水层参数的某些常用方法的使用带来一些困难，但是试算法仍然适用。

下面介绍另一类型的标准曲线法。

在不同时刻开泵的多主井的作用下，含水层中任意点的降深为

$$s = \frac{1}{4\pi T}[Q_1W(u_1) + Q_2W(u_2) + \cdots + Q_nW(u_n)] \tag{6-4-9}$$

其中

$$\left.\begin{aligned} u_1 &= \frac{r_1^2}{4at} \\ u_2 &= \frac{r_2^2}{4a(t-t_2)} = \frac{r_1^2}{4at}\left(\frac{r_2^2}{r_1^2}\cdot\frac{t}{t-t_2}\right) \\ &\vdots \\ u_n &= \frac{r_n^2}{4a(t-t_n)} = \frac{r_1^2}{4at}\left(\frac{r_n^2}{r_1^2}\cdot\frac{t}{t-t_n}\right) \end{aligned}\right\} \tag{6-4-10}$$

式中：$Q_1,Q_2,\cdots,Q_n$ 为按开泵时间顺序排列的各主井流量；t 为从第一个主井开泵时刻起算的时间；$t_2,t_3,\cdots,t_n$ 为第 2,3,…,n 个主井开泵的时间(图 6-4-1)。

因此，（6-4-9）式可写为

$$s = \frac{1}{4\pi T}\sum_{i=1}^{n}Q_iW\left[u_1\left(\frac{r_i^2}{r_1^2}\cdot\frac{t}{t-t_i}\right)\right] \tag{6-4-11}$$

其中规定 $t_1 = 0$。

对于一次具体的多主井抽水试验来说，Q_i、r_i 和 t_i 都是确定的量，因子 $\sum_{i=1}^{n}Q_iW\left[u_1\left(\frac{r_i^2}{r_1^2}\cdot\frac{t}{t-t_i}\right)\right]$ 是 u_1 和 t 两个变量的函数，因此我们不能像前文所述的标准曲线对比法一样，只要绘制一条理论曲线就可使所有的 s-t 观测数都落在此线上。这就是阶梯流量井流试验数据分析使用上述标准曲线对比法的困难所在。

假如将 t 也固定下来，即只研究某观测时刻 t 的降深 s，则因子

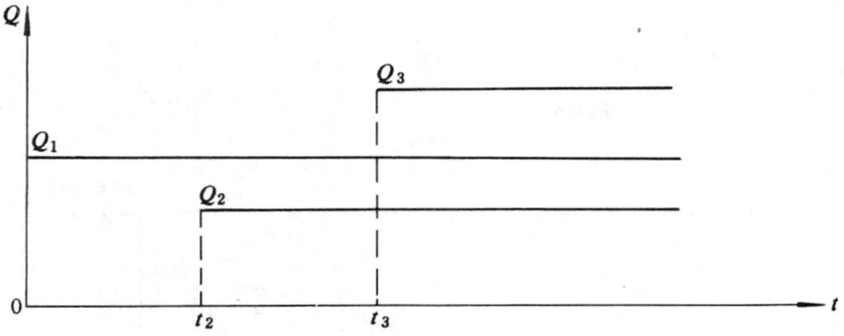

图6-4-1 多主井流量过程图

$\sum_{i=1}^{n} Q_1 W\left[u_1\left(\frac{r_i^2}{r_1^2} \cdot \frac{t}{t-t_i}\right)\right]$仅仅是 u_1 的函数，此时（6-4-11）式可写为

$$s = \frac{1}{4\pi T}\sum_{i=1}^{n} Q_i W(u_1) \tag{6-4-12}$$

因此，对于一个观测数据 s-t，可以绘制一条 $\lg\sum_{i=1}^{n} Q_i W(u_1)$-$\lg\frac{1}{u_1}$ 理论曲线；选取 n 个观测数据点 s-t，就可以绘制 n 条上述理论曲线。每一条理论曲线只与一个数据点相对应，这一点与前文的方法不同。当实际观测数据与理论曲线叠合时，必须寻找自己的曲线。如果所有的观测数据点都落在对应的理论曲线上，就说它们拟合了。由此可计算含水层的参数。

下面通过一个例题来说明使用此法的具体步骤。

例题

有三个不同时开泵的抽水井（图6-4-1）。已知的数据示于表6-4-1中。

表6-4-1

项目 / 抽水井编号	流量 Q_i (m^3/d)	开泵时间 t_i (d)	至观测孔的距离 r_i (m)
1号抽水井	2 000	0.00	50
2号抽水井	1 000	0.02	30
3号抽水井	3 000	0.08	60

(1) 从 s-t 观测数据中取出若干对（一般不要少于三对）有代表性的数据。本例取三对，示于表6-4-2中。

表6-4-2

观测时间 t (d)	0.06	0.1	1.0
降　深 s (m)	0.944	1.49	4.25

将这些数据点在透明双对数坐标纸上，如图6-4-2 (a) 所示。

(2) 绘制上面选取的三个时间 t(＝0.06,0.1 和 1.0) 的理论曲线。

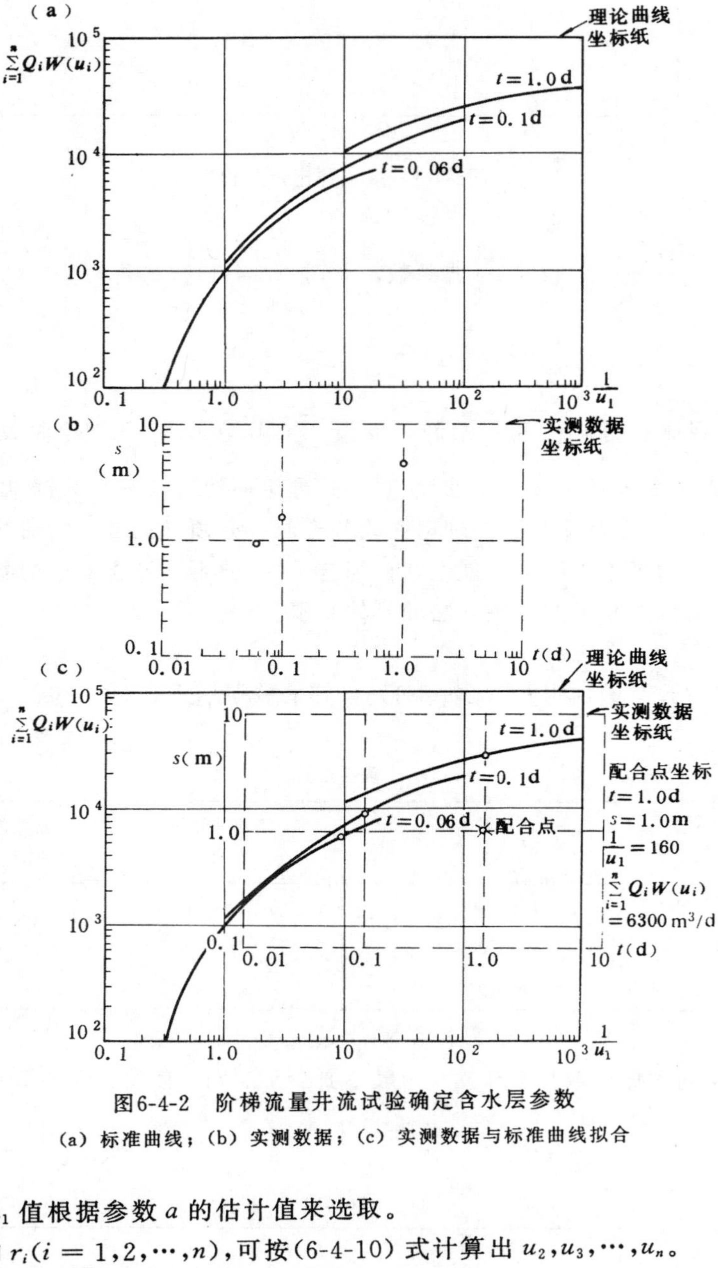

图6-4-2 阶梯流量井流试验确定含水层参数

(a) 标准曲线；(b) 实测数据；(c) 实测数据与标准曲线拟合

①假定一个 u_1 值根据参数 a 的估计值来选取。

②已知 t、t_i 和 $r_i(i=1,2,\cdots,n)$，可按(6-4-10)式计算出 $u_2,u_3,\cdots,u_n$。

③查井函数表，得 $W(u_1),W(u_2),\cdots,W(u_n)$。

④计算对应于 u_1 的函数 $\sum_{i=1}^{n}Q_iW(u_n)$。

⑤逐渐地改变 u_1 值，重复上述步骤①～④，计算出所有与 u_1 对应的 $\sum_{i=1}^{n} Q_i W(u_1)$ 值（表6-4-3）。

⑥在双对数纸上绘制对应于 t 时刻的 $\sum_{i=1}^{n} Q_i W(u_1)$-$\frac{1}{u_1}$ 理论曲线，对于本例共有三条曲线，见图6-4-2（a）。

（3）将绘有实测数据的坐标纸置于理论曲线坐标纸之上，在对应坐标平行的前提下彼此移动，直到所有的数据点都落在对应的理论曲线上。

（4）任选一匹配点，记下对应坐标。本例匹配点的坐标为

$$t = 1.0\text{d} \qquad s = 1.0\text{m}$$

$$\frac{1}{u_1} = 160 \qquad \sum_{i=1}^{n} Q_i W(u_i) = 6\ 300\text{m}^3/\text{d}$$

根据（6-4-9）式计算参数 T，即

$$T = \frac{1}{4\pi s}\sum_{i=1}^{n} Q_i W(u_1) \tag{6-4-13}$$

$$= \frac{1}{4\pi \times 1} \times 6\ 300 = 501(\text{m}^2/\text{d})$$

根据（6-4-10）式计算参数 a，即

$$a = \frac{r_1^2}{4t} \cdot \frac{1}{u_1} \tag{6-4-14}$$

$$= \frac{50^2}{4 \times 1} \times 160 = 10^5(\text{m}^2/\text{d})$$

§6.5 定降深井流试验

利用自溢（流）井做放水试验确定含水层参数是简便而又经济的。凡是有自溢条件的井孔，应尽可能做此类试验。自溢井放水基本上属于定降深井流。

定降深井流试验确定含水层参数是以（5-5-5）式和（5-5-10）式为理论基础的。其原理与定流量井流试验相似，下面只是简述几种方法。

一、试算法

取两个不同时间 t_1 和 t_2 的对应流量 Q_1 和 Q_2，根据（5-5-5）式有

$$\frac{Q_1}{Q_2} = \frac{G\left(\frac{at_1}{r_w^2}\right)}{G\left(\frac{at_2}{r_w^2}\right)} \tag{6-5-1}$$

其中只有一个未知数 a，可用试算法求得，然后再依下式计算 T 值。

$$T = \frac{Q_1}{2\pi s_w G\left(\frac{at_1}{r_w^2}\right)} \tag{6-5-2}$$

二、标准曲线对比法

此法以（5-5-5）式和（5-5-6）式为依据，原理与定流量井流试验相同。下面只说明其步骤：

表 6-4-3

t	$\frac{1}{u_1}$	1号井			2号井			3号井			$\sum_{i=1}^{n} Q_i W(u_i)$	注
		u_1	$W(u_1)$	$Q_1W(u_1)$	u_2	$W(u_2)$	$Q_2W(u_2)$	u_3	$W(u_3)$	$Q_3W(u_3)$		
0.06	0.2	5	0.001148	2.296	2.7	0.01918	19.18				21.48	
	0.5	2	0.0489	97.80	1.08	0.1922	192.2				290.1	
	1	1	0.2194	438.8	0.54	0.5140	514.0				952.8	
	2	0.5	0.5598	1120	0.27	0.9849	984.9				2105	$\left(\frac{r_2}{r_1}\right)^2 \frac{t}{t-t_2}=\left(\frac{30}{50}\right)^2 \frac{0.06}{0.06-0.02}=0.54$
	5	0.2	1.223	2446	0.108	1.754	1754				4200	
	10	0.1	1.823	3646	0.054	2.395	2395				6041	
	20	0.05	2.468	4936	0.027	3.062	3062				7998	
0.1	1	1	0.2194	438.8	0.450	0.6253	625.3	7.2	0.000009219	0.2766	1064	
	2	0.5	0.5598	1120	0.225	1.127	1127	3.6	0.006160	18.48	2265	$\left(\frac{r_2}{r_1}\right)^2 \frac{t}{t-t_2}=\left(\frac{30}{50}\right)^2 \frac{0.1}{0.1-0.02}=0.45$
	5	0.2	1.223	2446	0.090	1.919	1919	1.44	0.1094	328.2	4693	
	10	0.1	1.823	3.40	0.045	2.568	2568	0.72	0.3599	1080	7294	
	20	0.05	2.468	4936	0.0225	3.239	3239	0.36	0.7745	2324	10500	
	50	0.02	3.355	6710	0.0090	4.142	4142	0.144	1.500	4500	15350	$\left(\frac{r_3}{r_1}\right)^2 \frac{t}{t-t_3}=\left(\frac{60}{50}\right)^2 \frac{0.1}{0.1-0.08}=7.2$
	100	0.01	4.038	8076	0.0045	4.831	4831	0.072	2.125	6375	19280	
1.0	10	0.1	1.823	3646	0.0367	2.764	2764	0.1565	1.428	4284	10690	
	20	0.05	2.468	4936	0.01835	3.440	3440	0.07825	2.048	6144	14520	
	50	0.02	3.355	6710	0.00734	4.345	4345	0.03130	2.918	8754	19810	$\left(\frac{r_2}{r_1}\right)^2 \frac{t}{t-t_2}=\left(\frac{30}{50}\right)^2 \frac{1}{1-0.02}=0.367$
	100	0.01	4.038	8076	0.00367	5.034	5034	0.01565	3.596	10790	23900	
	200	0.005	4.726	9452	0.001835	5.725	5725	0.007825	4.281	12840	28020	$\left(\frac{r_3}{r_1}\right)^2 \frac{t}{t-t_3}=\left(\frac{60}{50}\right)^2 \frac{1}{1-0.08}=1.565$
	500	0.002	5.639	11280	0.000734	6.641	6641	0.003130	5.193	15580	33500	
	1000	0.001	6.332	12660	0.000367	7.33	733	0.001565	5.884	17650	37640	

（1）在双对数坐标纸上绘制 $G(\bar{t})$-$\bar{t}$ 理论曲线（图6-5-1）；

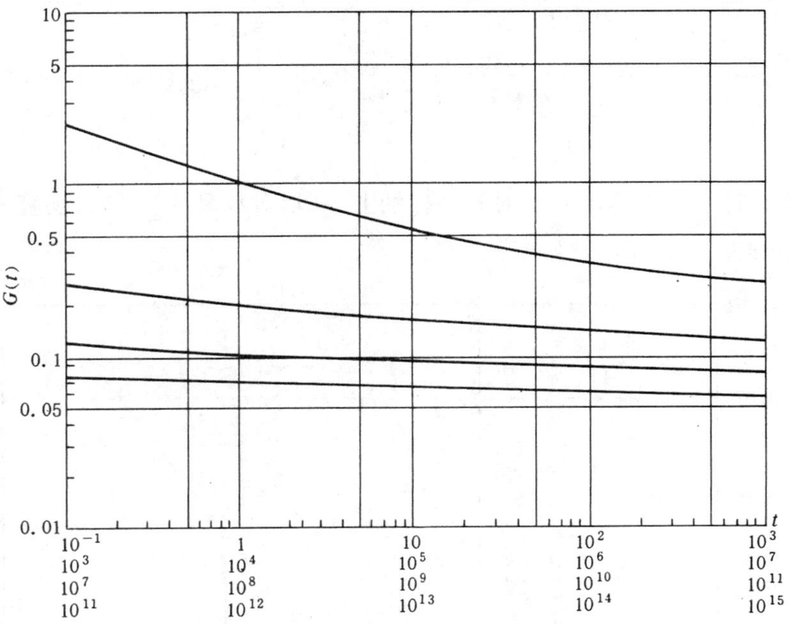

图6-5-1　定降深井流试验 $G(\bar{t})$-$\bar{t}$ 理论曲线

（2）在另一同模数的透明双对数坐标纸上绘制实测的 Q-t 数据；

（3）在保持对应坐标彼此平行的前提下，寻找实测数据与理论曲线最优拟合位置，之后，任选一配合点，记下两个坐标系统对应的四个坐标读数 $G(\bar{t})$、$\bar{t}$、Q 和 t 。

（4）分别根据（5-5-5）式和（5-5-6）式计算参数 T 和 a ，即

$$T=\frac{Q}{2\pi s_w G(\bar{t})} \tag{6-5-3}$$

和

$$a=\frac{\bar{t}r_w^2}{t} \tag{6-5-4}$$

在选择配合点时，尽量使 $G(\bar{t})$、$\bar{t}$ 或 Q、t 为一简单数值，例如0.1，1，10，100，…，使计算简便些。

三、直线图解法

在§5.5中已指明，当 $\bar{t}\left(=\frac{at}{r_w^2}\right)\geqslant 10^4$ 时，定降深井流的流量公式可近似写为

$$Q=\frac{4\pi T s_w}{\ln\frac{2.25at}{r_w^2}} \tag{6-5-5}$$

这个近似式在一般的条件下都是有效的，因为通常 a 值很大而 r_w^2 又很小，条件 $\bar{t}\geqslant 10^4$ 很容易满足。例如下面的一个实例，其 $a=2.69\times 10^8\text{m}^2/\text{d}$，$r_w=0.055\text{m}$，因此近似式临界时间 $t=\frac{\bar{t}r_w^2}{a}=\frac{10^4\times(0.055)^2}{2.69\times 10^8}\approx 1.12\times 10^{-7}(\text{d})\approx 0.01\text{s}$。也就是说，在放水0.01s 之后（5-5-5）近似式即有效。

(6-5-5) 式可写为

$$\frac{1}{Q}=\frac{2.3}{4\pi Ts_w}\lg\frac{2.25at}{r_w^2}$$

$$=\underbrace{\frac{0.183}{Ts_w}\lg\frac{2.25a}{r_w^2}}_{\left(\frac{1}{Q}\right)}+\underbrace{\frac{0.183}{Ts_w}}_{m}\lg t \tag{6-5-6}$$

由此可见，将 $\frac{1}{Q}$-t 数据点在单对数坐标纸上（t 取对数尺度），则出现直线段（图6-5-2）。此直线段的斜率 m 为

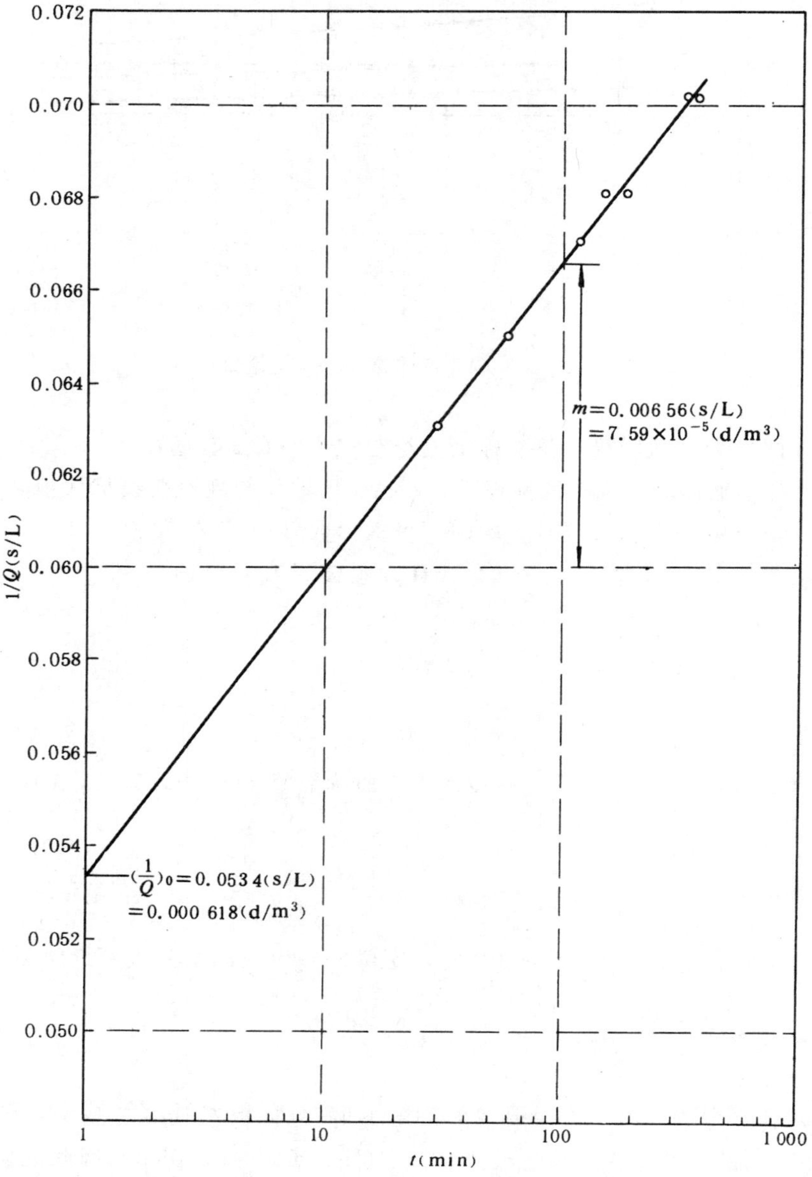

图6-5-2　定降深井流试验数据利用直线图解法求含水层参数

（以山东省西尚庄地区 ZK7孔的试验数据为例）

$$m = \frac{0.183}{Ts_w} \tag{6-5-7}$$

截距 $\left(\frac{1}{Q}\right)_0$ 为

$$\left(\frac{1}{Q}\right)_0 = m\lg\frac{2.25a}{r_w^2} \tag{6-5-8}$$

此直线与 $\lg t$ 轴交点的 t 值为

$$t_0 = 0.445\frac{r_w^2}{a} \tag{6-5-9}$$

根据上述公式，可以利用定降深井流试验的观测数据来计算含水层参数。下面结合实例来说明计算步骤。

1971年10月1日山东省地矿局第一地质队在西尚庄地区ZK7孔做了一次定降深放水试验，试验层为奥陶系马家沟灰岩承压含水层，厚度86.00m。放水孔进水段半径 r_w＝0.055m。放水之前水位高出地面7.43m，放水历时8h。观测数据列于表6-5-1中。

表6-5-1　山东省西尚庄地区ZK7孔定降深放水试验观测数据表

（据山东省地矿局第一地质队）

观测时间				观测数据		
年月日	时	分	累计时间(min)	流量 Q (L/s)	$\frac{1}{Q}$ (s/L)	降　深 s_w(m)
1971.10.1	8	30				0.00
	9	0	30	15.84	0.031	0.47
	9	30	60	15.37	0.0651	6.48
	10	30	120	14.91	0.0671	6.50
	11	0	150	14.68	0.0681	6.51
	11	30	180	14.68	0.0681	6.51
	14	0	330	14.25	0.0702	6.54
	14	30	360	14.25	0.0702	6.54

注：1. 8时30分开始放水；

2. 放水孔工作段半径 r_w = 0.055m。

(1) 将 $\frac{1}{Q}$-t 数据点在单对数坐标纸上（图6-5-2）；

(2) 作实测数据点的直线段，求得 $m = 7.59\times10^{-5}$ (d/m³)

和　$\left(\frac{1}{Q}\right)_0 = 6.18\times10^{-4}$(d/m²)

t_0 点在图外，本例不求了。

(3) 按 (6-5-7) 式可计算参数 T，即

$$T = \frac{0.183}{ms_w} \tag{6-5-10}$$

$$= \frac{0.183}{7.59\times10^{-5}\times6.51} = 370.4(\text{m}^2/\text{d})$$

按 (6-5-8) 式可计算参数 a，即

$$a = 0.445r_w^2\times10^{\frac{\left(\frac{1}{Q}\right)_0}{m}} \tag{6-5-11}$$

$$= 0.445\times(0.055)^2\times10^{\frac{6.18\times10^{-4}}{7.59\times10^{-5}}}$$

$$= 1.868 \times 10^5 (\text{m}^2/\text{min}) = 2.69 \times 10^8 (\text{m}^2/\text{d})$$

所以

$$\mu_e = \frac{T}{a} = \frac{370.4}{2.69 \times 10^8} = 1.38 \times 10^{-6}$$

§6.6 瞬时抽（注）水法

对一些地下水位埋深较大，做抽水试验有困难的井孔，如果含水层的导水系数不大，则可以通过瞬时抽（注）水法来估算导水系数。

此法是将一定体积的水瞬时注入承压井中或瞬时取出一定体积的水，使得井中水位与含水层水头之间突然出现某个水头差，然后井中水位在短期（一、两分钟）内恢复，根据此期间井孔的水位变化可以估算井孔邻近含水层的导水系数 T 。

有一个滤管半径为 r_w 的承压完整井，井孔上部由半径为 r_c 的套管护壁（图6-6-1）。

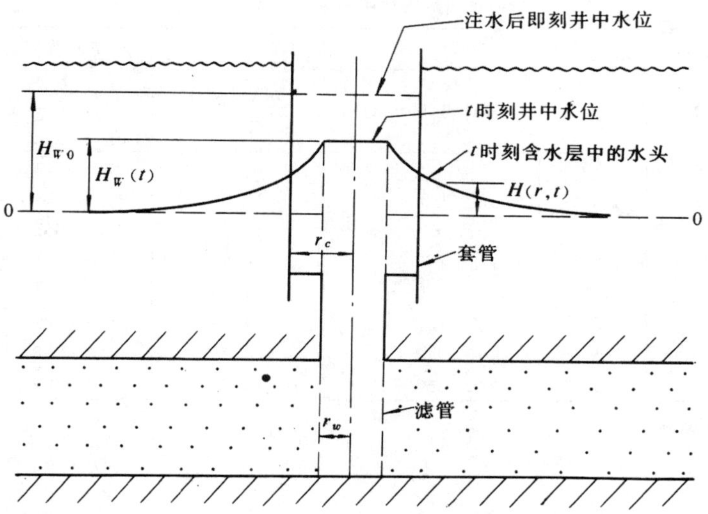

图6-6-1　瞬时注水井流试验

（据小库珀等并加以修改）

与泰斯井流条件相比，本节所讨论的有两点不同：①这里分析的是有限井径，而且滤管的半径 r_w 和井中水位变动带套管的半径 r_c 可以不同（图6-6-1）；②瞬时注入（或抽取）一定体积 V 的水。

为了方便起见，将基准面取在含水层初始水头面上。

本问题的定解条件有下列特点：①当体积为 V 的水突然地注入井中时，井中水位瞬时上升到 $H_{w0}\left(=\frac{V}{\pi r_c^2}\right)$ ，这构成井中水位的初始条件；②在井孔工作段的井壁上或滤管的壁面上，任何时刻含水层中的水头 $H(r_w,t)$ 与井中水位 $H_w(t)$ 都是相等的；③通过此工作井壁流入含水层的流量等于井筒中水体积减少的速率。

考虑到上述特点，瞬时抽（注）水井流问题在数学上可描述为

$$
\begin{cases}
a\left(\dfrac{\partial^2 H}{\partial r^2}+\dfrac{1}{r}\dfrac{\partial H}{\partial r}\right)=\dfrac{\partial H}{\partial t} & (6\text{-}6\text{-}1)\\
H(r,0)=0 & (6\text{-}6\text{-}2)\\
H_w(0)=H_{w0} & (6\text{-}6\text{-}3)\\
H(\infty,t)=0 & (6\text{-}6\text{-}4)\\
H(r_w,t)=H_w(t) & (6\text{-}6\text{-}5)\\
2\pi r_w T\dfrac{\partial H(r_w,t)}{\partial t}=\pi r_c^2\dfrac{\partial H_w(t)}{\partial t} & (6\text{-}6\text{-}6)
\end{cases}
$$

由此问题的解得出井中水位 $H_w(t)$ 公式为

$$H_w=\frac{8H_{w0}a}{\pi^2}\int_0^\infty e^{-\frac{\beta u^2}{\alpha}}\frac{du}{u\Delta(u)} \tag{6-6-7}$$

其中

$$\Delta(u)=[uJ_0(u)-2\alpha J_1(u)]^2+[uY_0(u)-2uY_1(u)]^2 \tag{6-6-8}$$

$$H_{w0}=\frac{V}{\pi r_c^2} \tag{6-6-9}$$

$$\alpha=\frac{r_w^2\mu_e}{r_c^2} \tag{6-6-10}$$

$$\beta=\frac{Tt}{r_c^2} \tag{6-6-11}$$

式中：H_w 为在瞬时抽（注）水体积 V 之后，t 时刻井中的水位；H_{w0} 为瞬时抽（注）水体积 V 后，即刻的井中水位；r_w 为井孔工作段半径或滤管半径；r_c 为井中水位升降区间的套管半径；J_0 和 J_1 为零阶和一阶第一类贝塞尔函数；Y_0 和 Y_1 为零阶和一阶第二类贝塞尔函数。

小库珀（H. H. Cooper，Jr）等对（6-6-7）式进行数值积分，计算得到的比值 $\dfrac{H_w}{H_{w0}}$ 列于表6-6-1中。

表6-6-1　瞬时抽注井流 $\dfrac{H_w}{H_{w0}}$ 值表

（据小库珀、布雷德霍弗特和帕珀多珀勒斯）

β	H_w/H_{w0}				
	$\alpha=10^{-1}$	$\alpha=10^{-2}$	$\alpha=10^{-3}$	$\alpha=10^{-4}$	$\alpha=10^{-5}$
1.00×10^{-3}	0.9771	0.9920	0.9969	0.9985	0.99992
2.15×10^{-3}	0.9658	0.9876	0.9948	0.9974	0.9985
4.64×10^{-3}	0.9490	0.9807	0.9914	0.9954	0.9970
1.00×10^{-2}	0.9238	0.9693	0.9853	0.9915	0.9942
2.15×10^{-2}	0.8860	0.9505	0.9744	0.9841	0.9888
4.64×10^{-2}	0.8293	0.9187	0.9545	0.9701	0.9781
1.00×10^{-1}	0.7460	0.8655	0.9183	0.9434	0.9572
2.15×10^{-1}	0.6289	0.7782	0.8538	0.8935	0.9167
4.64×10^{-1}	0.4782	0.6436	0.7436	0.8031	0.8410
1.00×10^{0}	0.3117	0.4598	0.5729	0.6520	0.7080
2.15×10^{0}	0.1665	0.2597	0.3543	0.4364	0.5038
4.64×10^{0}	0.07415	0.1086	0.1554	0.2082	0.2620
7.00×10^{0}	0.04625	0.06204	0.08519	0.1161	0.2521
1.00×10^{1}	0.03065	0.03780	0.04821	0.06355	0.08378
1.40×10^{1}	0.02092	0.02414	0.02844	0.03492	0.04426
2.15×10^{1}	0.01297	0.01414	0.01545	0.01723	0.01999
3.00×10^{1}	0.009070	0.009615	0.01016	0.01083	0.01169
4.64×10^{1}	0.005711	0.005919	0.006111	0.006319	0.006554
7.00×10^{1}	0.00372	0.003809	0.003884	0.003962	0.004046
1.00×10^{2}	0.002577	0.002618	0.002653	0.002688	0.002725
2.15×10^{2}	0.001179	0.001187	0.001194	0.001201	0.001208

实例

某井用15.2cm 的套管下到24m 深处，并以15.2cm 的孔径打到122m 深度。将重量为10.16kg 的加重浮筒放入井内任其自由飘浮，经过一定时间之后水位稳定下来，然后，突然提升此浮筒，使它离开水面。根据阿基米德原理，这相当于瞬时抽取 $V=0.010\ 16\text{m}^2$的水。按照（6-6-9）式，初始井中水位下降值为

$$H_{w0}=\frac{V}{\pi r_c^2}=\frac{0.010\ 16}{3.14\times 0.076^2}=0.56(\text{m})$$

井中水位 H_w 恢复数据列于表6-6-2中。

表6-6-2　瞬时抽水井流试验水位恢复数据

（据小库珀、布雷德霍弗特和帕珀多珀勒斯）

t (s)	H_w (m)	$\frac{H_w}{H_{w0}}$	t (s)	H_w (m)	$\frac{H_w}{H_{w0}}$
−1			33	0.149	0.266
0	0.560	1.000	36	0.140	0.250
3	0.457	0.816	39	0.131	0.234
6	0.392	0.700	42	0.112	0.200
9	0.345	0.616	45	0.108	0.193
12	0.308	0.550	48	0.093	0.166
15	0.280	0.500	51	0.089	0.159
18	0.252	0.450	54	0.082	0.146
21	0.224	0.400	57	0.075	0.134
24	0.205	0.366	60	0.071	0.127
27	0.187	0.334	63	0.065	0.116
30	0.168	0.300			

计算含水层参数的步骤如下：

（1）根据表6-6-1的数据，在单对数坐标纸上（β 取对数尺度）绘成标准曲线（图6-6-2）。

（2）在另一张同模数同比例的单对数纸上（t 取对数尺度）点上实测数据。

（3）重叠绘有两曲线的坐标纸，在对应 $\frac{H_w}{H_{w0}}$ 值一致的前提下相对平移，找出最佳拟合位置。本例为 $\alpha=10^{-7}$(图 6-6-2)。

（4）任找一配合点，取 $\beta=1.0$ 最简单。本例与此点对应的 $t=11(\text{s})=1.27\times 10^4\ \text{d}$。

按（6-6-11）式可计算导水系数 T，即

$$T=\frac{\beta r_c^2}{t} \tag{6-6-12}$$

$$=\frac{1\times 0.076^2}{1.27\times 10^{-4}}=45.4\ (\text{m}^2/\text{d})$$

从理论上说，可以按照（6-6-10）式计算含水层的弹性给水度，即

$$\mu_e=\alpha\frac{r_c^2}{r_w^2} \tag{6-6-13}$$

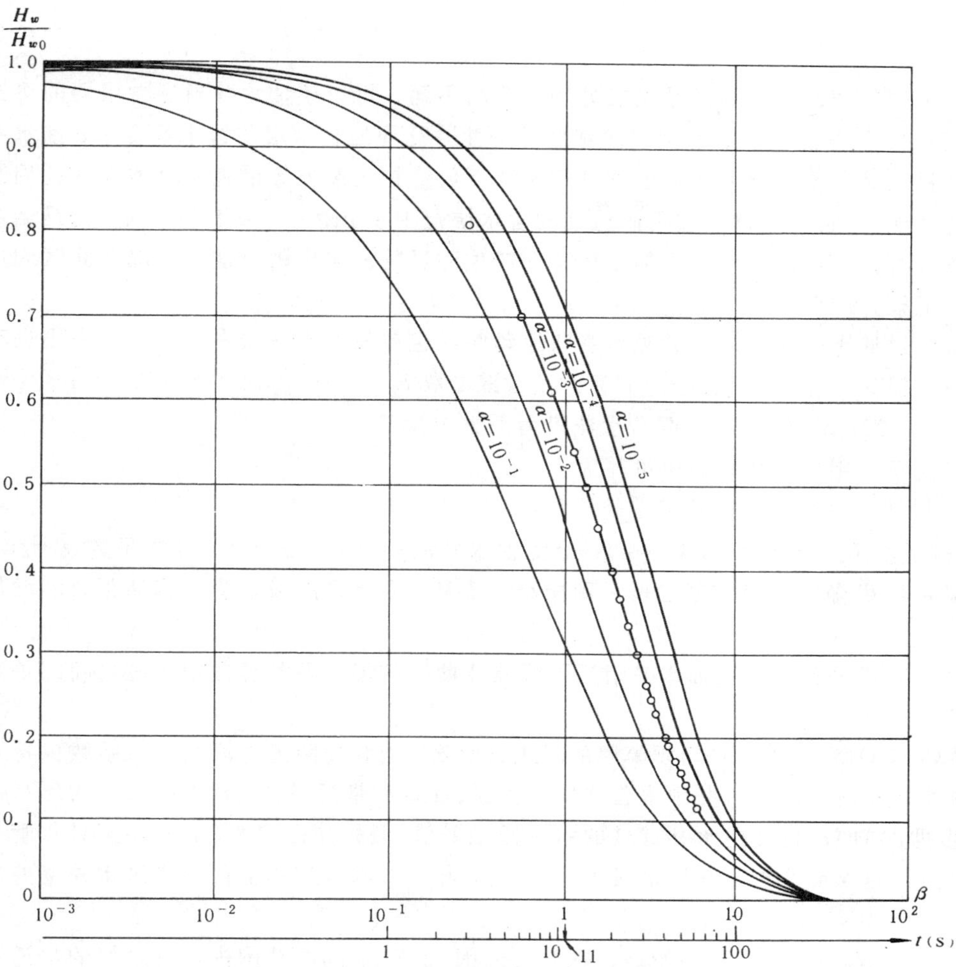

图6-6-2　瞬时抽注法标准曲线与实测数据拟合图

$$= 10^{-3} \times \frac{0.076^2}{0.076^2} = 10^{-3}$$

但是从标准曲线（图6-6-2）看出，当α相差一个数量级时，标准曲线的形状仅有微小的变化，因此用这种方法确定含水层的弹性给水度是不可靠的。

T值的确定与μ_e值不同，前者对标准曲线的选择并不敏感。当实测曲线从一条标准曲线移到另一条时，确定的μ_e值可以差一个数量级，而T值相差却不是很大的。

就本例来说，如果将实测数据拟合到$\alpha=10^{-4}$的标准曲线上（这种情况已明显地看出拟合不佳），则与$\beta=1.0$相应的$t=7.2$s，按（6-6-12）式算得的导水系数$T=69.36\text{m}^2/\text{d}$。假如将实测数据拟合到$\alpha=10^{-2}$的标准曲线上（同样是拟合不良的），则与$\beta=1.0$对应的$t=14$s，算得$T=35.67\text{m}^2/\text{d}$。

§6.7　确定井损系数和井孔有效半径的井流试验

一、概述

在本节之前，我们只涉及地下水在含水层中的流动，而没有讨论地下水在抽水井附近以及进入抽水井井壁之后水流的特征。这个问题就是本节所要分析的。

由于钻进方法、抽水井的结构或处理等等的不同，可以使抽水井附近含水层的渗透性发生变化。例如，泥浆钻进、滤管网眼的堵塞等会使井孔周围含水层的透水性变小；抽水井滤管四周的砾料围填、石灰岩含水层的酸处理和井下放炮扩大裂隙等措施又会增大井孔周围含水层的渗透性能。尽管上述情况改变渗透性的含水层范围（径距）一般不会太大，但是当渗透性能改变较大时，可以对抽水井中的水位降深产生明显的影响，因为这种情况在此区间内水力坡度发生了较大的变化。

当水穿过滤水管并向水泵的吸水管口运动时，也要发生水头损失，这个水头损失称为井孔（水头）损失。由水力学的理论了解到，当雷诺数 $R_e>100\ 000$时，水头损失与平均流速的平方成正比，$\Delta H \propto V^2$，即所谓“水流阻力平方定律”。

为了便于使用，井孔损失也可写为

$$\Delta H = CQ^2$$

式中：ΔH 为井孔（水头）损失（m）；Q 为抽水井流量（m^3/d）；C 为井损系数（d^2/m^5）。

井损系数 C 随着井筒直径的增大而减小，随着水向水泵的吸水管口流动距离的增加而增加。

下面，我们来分析承压抽水井附近下降漏斗曲线的形状及其与井中水位之间的关系的几种典型情况。

图6-7-1 (a) 表示某无界均质等厚的承压含水层，当井周附近地段的渗透系数保持自然状态时，井外下降漏斗曲线与井中水位之间的关系。在这种情况下，井外下降漏斗的形状满足泰斯理论曲线，井中水位比进水井壁处的水头低 CQ^2 值。假如井径较大，含水层至吸水管口的距离不大，且流量又较小时，井损是很小的。这时，井中的水位基本上代表了进水井壁处的水头值。

图6-7-1（b）与（a）不同的是，在井孔周围 r'_w 至 r_A 的小范围内，含水层的渗透系数从原来的 K 值减小到 K_A 值。在这种情况下，在 $r>r_A$（扰动半径）区间内，减压漏斗的形状与理论曲线一致；在 $r_A>r>r'_w$（井孔的名义半径）区间内，由于 $K_A<K$，因此实际漏斗曲线低于理论曲线。设在此区间内理论曲线的降深为 s_N，实际曲线相对于理论曲线有一个附加降深 s_A。假如将理论曲线向井轴方向外推，使其到达实际曲线在井孔的名义半径 r'_w 处的高程，则该点所在处的径距称为井孔的有效半径，或等效半径，或折算半径，并用符号 r_w 表示。

图6-7-1（c）与（b）的差别是，井周扰动半径 r_A 范围内的渗透系数 K_A 大于含水层的渗透系数 K。在这种情况下，在 $r'_w<r<r_A$ 的范围内实际漏斗曲线在理论曲线之上，因此附加深降 $s_A<0, r_w>r'_w$。

井孔的有效半径 r_w 与名义半径 r'_w、井周扰动半径 r_A 以及扰动渗透系数 K_A 之间存在什么关系？

井周扰动带通常是很狭窄的，所以此带中的弹性储量的释放可以忽略不计。从这个假定条件出发，通过扰动带的流量——即井孔的抽水量——和降深的关系可以表示为

$$Q=\frac{2\pi K_A M(s_N+s_A)}{\ln\frac{r_A}{r'_w}} \tag{6-7-1}$$

式中：Q 为通过扰动带的流量；K_A 为井周扰动带的渗透系数；s_N 为井周正常降深或理论降深；s_A 为井周扰动带引起的附加降深；r_A 为井周扰动半径；r'_w 为抽水井的名义半径。

s_N 是在正常（含水层未扰动）条件下，由 r_A 流向 r'_w 的水头降深，因此有

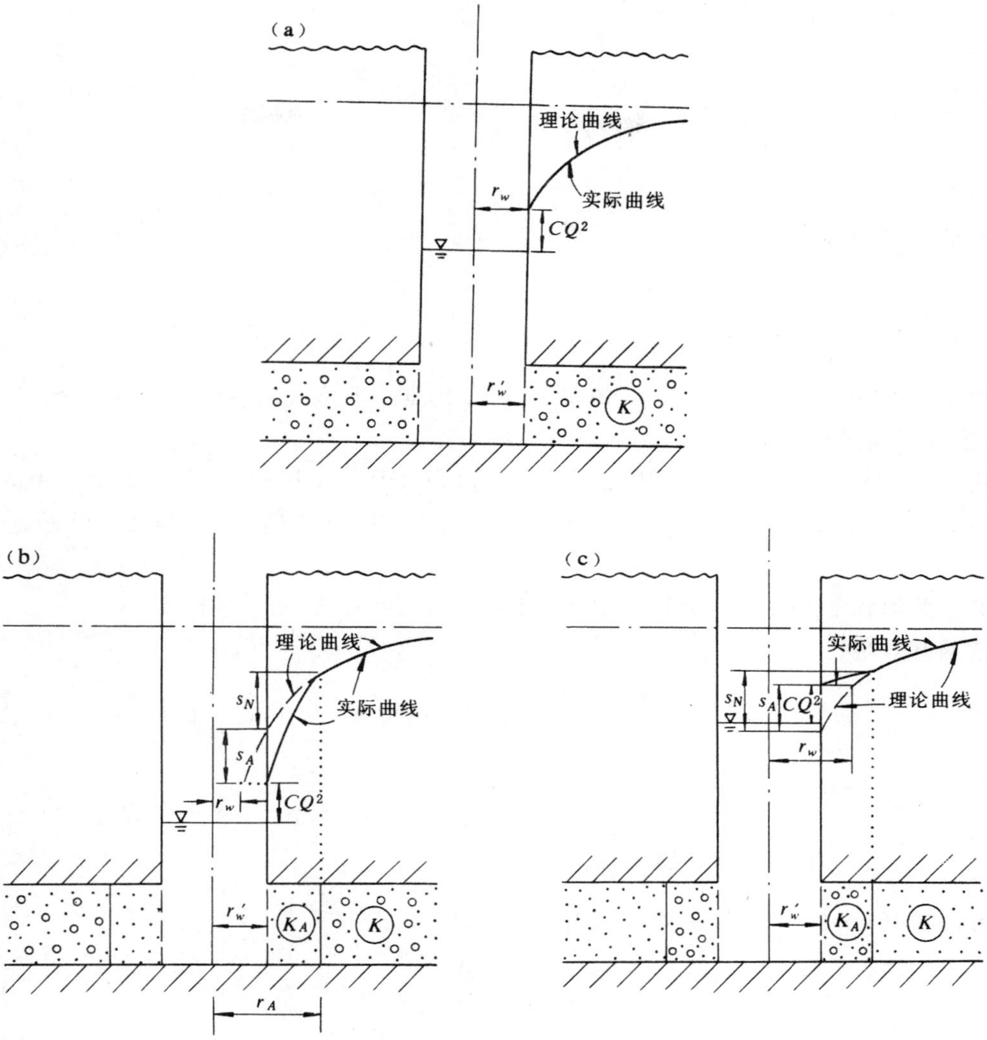

图6-7-1　井孔附近漏斗曲线形状的几种典型情况

(a) 正常情况；(b) $K_A < K$ 的情况；(c) $K_A > K$ 的情况

$$Q = \frac{2\pi KMs_N}{\ln \frac{r_A}{r_w'}}$$

即

$$s_N = \frac{Q}{2\pi KM}\ln \frac{r_A}{r_w'}$$

将此式代入（6-7-1）式，得到

$$Q = \frac{2\pi K_A Ms_A}{\ln \frac{r_A}{r_w'}} + \frac{K_A}{K}Q$$

即

$$Q\left(1-\frac{K_A}{K}\right)=\frac{2\pi K_A M s_A}{\ln\frac{r_A}{r_w'}}$$

若记

$$A=\left(\frac{K}{K_A}-1\right)\ln\frac{r_A}{r_w'} \tag{6-7-2}$$

则

$$Q=\frac{2\pi KMs_A}{A} \tag{6-7-3}$$

或

$$s_A=\frac{Q}{2\pi KM}A \tag{6-7-4}$$

由 A 的定义可看出，A 值随 r_A 的增大和 K_A 的变小而增大。所以，可以称系数 A 为井周（含水层）扰动系数。

由（6-7-2）式和（6-7-4）式看出：由于 r_A 总是大于 r_w'，因此当 $K_A<K$ 时，$A>0$，故 $s_A>0$；当 $K_A>K$ 时，$A<0$，故 $s_A<0$。这一点可由图6-7-1的（b）和（c）清楚地表示出来。

有了井周扰动系数 A，就可以建立此系数与有效半径 r_w 之间的关系。

依照有效半径 r_w 的定义，有

$$Q=\frac{2\pi KM(s_N+s_A)}{\lg\frac{r_A}{r_w}} \tag{6-7-5}$$

此式与（6-7-1）式联立求解，得

$$\frac{K_A}{\ln\frac{r_A}{r_w'}}=\frac{K}{\ln\frac{r_A}{r_w}}$$

考虑到（6-7-2）式，此式可改写为

$$\ln\frac{r_A}{r_w}=\frac{K}{K_A}\ln\frac{r_A}{r_w'}=\ln\frac{r_A}{r_w'}+A$$

即

$$\frac{r_A}{r_w}=\frac{r_A}{r_w'}e^A$$

最后得到有效半径 r_w 与名义半径 r_w' 之间的关系是

$$r_w=r_w'e^{-A} \tag{6-7-6}$$

实际上，井周扰动系数 A 的另一表达式为

$$A=\ln\frac{r_w'}{r_w} \tag{6-7-7}$$

由（6-7-6）式可以看出：若 $A>0$，则 $r_w<r_w'$；若 $A<0$，则 $r_w>r_w'$。关于这一点，图6-7-1的（b）和（c）已清楚地显示出来。

要说明一点：本书其他章节中所述的井孔半径，实际上系指有效半径 r_w。

对于勘探阶段的井流试验来说，其主要任务是用来确定含水层的参数。但是对于生产井，为了计算开采条件下井中的水位降深，仅仅了解含水层参数是不够的，还必须确定抽水井的井损系数 C 和有效半径 r_w。在计算抽水井的降深公式中，有效半径 r_w 与压力传导系数 a 总是联系在一起的，即以综合性的参数 $\frac{r_w^2}{a}$ 的形式出现在变量中，一般地讲没有必要分别确定这两

个参数。实际上，在没有观测孔的抽水试验的情况下，利用抽水井的水位数据也只能计算出综合性参数 $\frac{r_w^2}{a}$ 。

下面介绍几种确定井损系数 C 和综合性参数$\frac{r_w^2}{a}$ 的方法。

二、阶梯流量井流试验

对于阶梯流量承压井流（图6-7-2），各抽水阶段抽水井中的水位降深可写为（条件 $\frac{r_w^2}{4at}\leqslant$ 0.05 很容易满足，因此可以直接写成泰斯近似式）

$$s_1=\frac{Q_1}{4\pi T}\ln\frac{2.25at}{r_w^2}+CQ^2$$

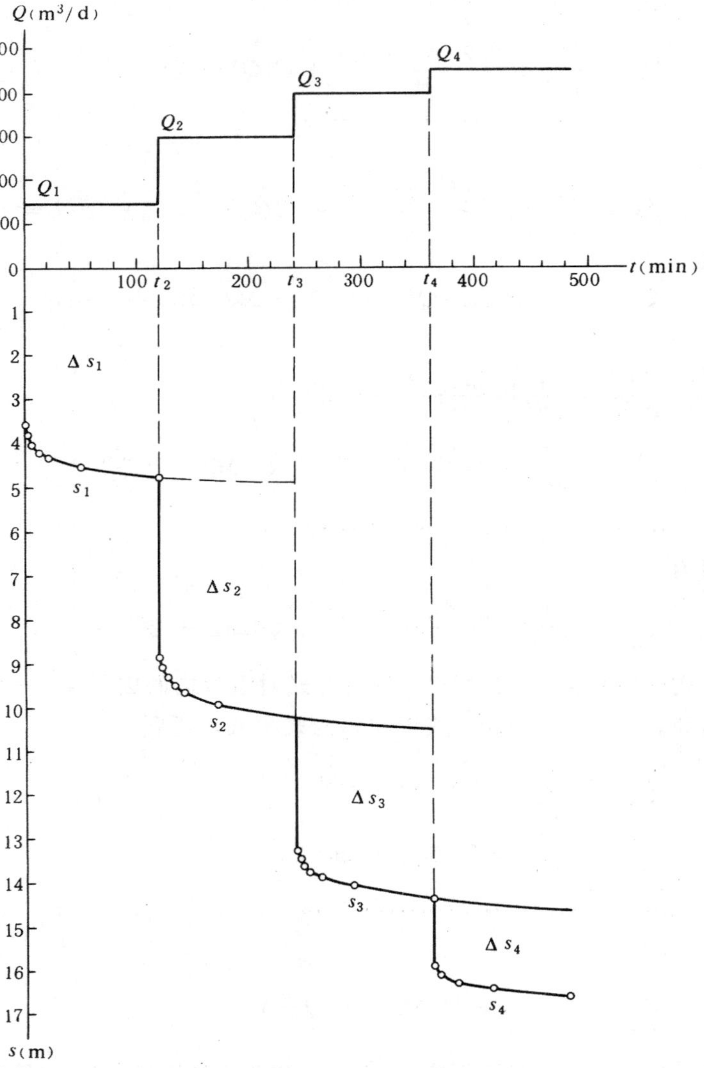

图 6-7-2　阶梯流量抽水试验 Q-t 曲线和 s-t 曲线

$$s_2 = \frac{Q_1}{4\pi T}\ln\frac{2.25at}{r_w^2} + \frac{Q_2 - Q_1}{4\pi T}\ln\frac{2.25a(t-t_2)}{r_w^2} + CQ^2$$

$$\cdots\cdots\cdots\cdots\cdots\cdots$$

其通式可写为

$$s_i = \frac{Q_1}{4\pi T}\ln\frac{2.25at}{r_w^2} + \frac{Q_2 - Q_1}{4\pi T}\ln\frac{2.25a(t-t_2)}{r_w^2} + \cdots + \\ + \frac{Q_i - Q_{i-1}}{4\pi T}\ln\frac{2.25a(t-t_i)}{r_w^2} + CQ_i^2 \qquad (i=1,2,\cdots,n) \qquad (6\text{-}7\text{-}8)$$

令 $$\Delta Q_i = Q_i - Q_{i-1}$$

和 $$\Delta s_i = s_i - s_{i-1} \qquad (i=1,2,\cdots,n)$$

其中，$Q_0 = 0$ 和 $s_0 = 0$ 。

上述方程组相邻两式相减，得到

$$\Delta s_1 = \frac{\Delta Q_1}{4\pi T}\ln\frac{2.25at}{r_w^2} + CQ_1^2$$

$$\Delta s_2 = \frac{\Delta Q_2}{4\pi T}\ln\frac{2.25a(t-t_2)}{r_w^2} + C(Q_2^2 - Q_1^2)$$

$$\cdots\cdots\cdots\cdots\cdots\cdots$$

其通式可写为

$$\Delta s_i = \frac{\Delta Q_i}{4\pi T}\ln\frac{2.25a(t-t_i)}{r_w^2} + C(Q_i^2 - Q_{i-1}^2) \qquad (i=1,2,\cdots,n) \qquad (6\text{-}7\text{-}9)$$

注意到关系

$$Q_i^2 - Q_{i-1}^2 = \Delta Q_i(Q_i + Q_{i-1}) = \Delta Q_i(\Delta Q_i + 2Q_{i-1})$$

上式可写为

$$\left.\begin{aligned} &\frac{\Delta s_1}{\Delta Q_1} = \frac{1}{4\pi T}\ln\frac{2.25at}{r_w^2} + C\Delta Q_1 \\ &\frac{\Delta s_2}{\Delta Q_2} = \frac{1}{4\pi T}\ln\frac{2.25a(t-t_2)}{r_w^2} + C(\Delta Q_2 + 2Q_1) \\ &\cdots\cdots\cdots\cdots\cdots\cdots \\ &\text{其通式可写为} \\ &\frac{\Delta s_i}{\Delta Q_i} = \frac{1}{4\pi T}\ln\frac{2.25a(t-t_i)}{r_w^2} + C(\Delta Q_i + 2Q_{i-1}) \end{aligned}\right\} \qquad (6\text{-}7\text{-}10)$$

如果上列各式中的 t 取不同的数值，使得各式对数号内的因子（$t - t_i$）相等，则上列各式右端第一项相等。于是，(6-7-10) 式中相邻两式相减，得到

$$\left.\begin{aligned} &\frac{\Delta s_2}{\Delta Q_2} - \frac{\Delta s_1}{\Delta Q_1} = C(\Delta Q_2 + \Delta Q_1) \\ &\frac{\Delta s_3}{\Delta Q_3} - \frac{\Delta s_2}{\Delta Q_2} = C(\Delta Q_3 + \Delta Q_2) \\ &\cdots\cdots\cdots\cdots\cdots\cdots \\ &\text{其通式为} \\ &\frac{\Delta s_i}{\Delta Q_i} - \frac{\Delta s_{i-1}}{\Delta Q_{i-1}} = C(\Delta Q_i + \Delta Q_{i-1}) \end{aligned}\right\} \qquad (6\text{-}7\text{-}11)$$

在水文地质学中，将流量与降深之比 $\frac{Q}{s} = q$ 称为“单位流量”，将降深与流量之比 $\frac{s}{Q}$ 称为“单位降深”，因此上式中降深增量与对应的流量之比 $\frac{\Delta s}{\Delta Q}$ 可称为“单位降深增量”。

由方程（6-7-10）式可以看出，将 $\frac{\Delta s_i}{\Delta Q_i}$-$(t-t_i)$ 数据点在单对数坐标系（时间取对数尺度）上，表现为一系列彼此平行的直线。相邻两直线沿纵坐标的平移值由（6-7-11）式给定。

由（6-7-10）式第一式可知，当 $\Delta Q \to 0$，此式可写为

$$\frac{\Delta s_0}{\Delta Q_0} = \frac{1}{4\pi T}\ln\frac{2.25at}{r_w^2} \tag{6-7-12}$$

式中：$\frac{\Delta s_0}{\Delta Q_0}$ 是当流量增量（ΔQ）趋于零（因此井损也趋于零）时的单位降深增量。

方程（6-7-12）式表明，$\frac{\Delta s_0}{\Delta Q_0}$-$\lg t$ 也是一条直线。此直线可以从上述的第一条直线向上平移 CQ_1 的距离而得到。这个关系对于确定有效半径 r_w 是有用处的。

下面，我们通过一个例题来说明如何利用阶梯流量井流试验的数据来确定井损系数 C 和有效半径 r_w 或综合性参数 $\frac{r_w^2}{a}$。

例题

某承压井曾进行阶梯流量试验，观测资料列于表6-7-1中。

(1) 按照表6-7-1中的数据，绘制流量历时曲线 Q-t 和水位降深历时曲线 s-t，见图6-7-2。

表6-7-1　阶梯流量井流试验观测数据表

累计时间 t (min)	流　量 Q (m^3/d)	水位降深 s (m)	累计时间 t (min)	流　量 Q (m^3/d)	水位降深 s (m)
1	3000	3.63	241	8000	13.33
2	3000	3.79	242	8000	13.45
5	3000	4.01	245	8000	13.60
10	3000	4.18	250	8000	13.73
20	3000	4.34	260	8000	13.87
50	3000	4.56	290	8000	14.07
120	6000	4.77	360	9000	15.98
121	6000	8.94	361	9000	14.35
122	6000	9.11	362	9000	16.04
125	6000	9.33	365	9000	16.13
130	6000	9.51	370	9000	16.19
140	6000	9.69	380	9000	16.29
170	6000	9.95	410	9000	16.42
240	8000	10.25	480	9000	16.63

(2) 从图6-7-2的 s-t 曲线上确定 Δs_i 值。对于抽水的第一阶段，$\Delta s_1 = s_1$，因此 Δs_1 值可以直接从实测数据曲线上得出。对于抽水的第二、三、…阶段，则需外推前一抽水阶段的 s-t 曲线（图6-7-2上的 s-t 虚线）之后，再求出 Δs 值。如有必要，可将 s-t 数据点在 s-$\lg t$ 坐标系上，使得它成为直线，以提高外推的精度。

(3) 在单对数坐标纸上绘制各抽水阶段的 $\frac{\Delta s_i}{\Delta Q_i}$-$(t-t_i)$ 曲线，$(t-t_1)$ 取对数尺度。根据

方程（6-7-10）式，它们是一组平行的直线，见图6-7-3。直线的斜率 m 为

$$m=\frac{2.3}{4\pi T}=\frac{0.183}{T} \tag{6-7-13}$$

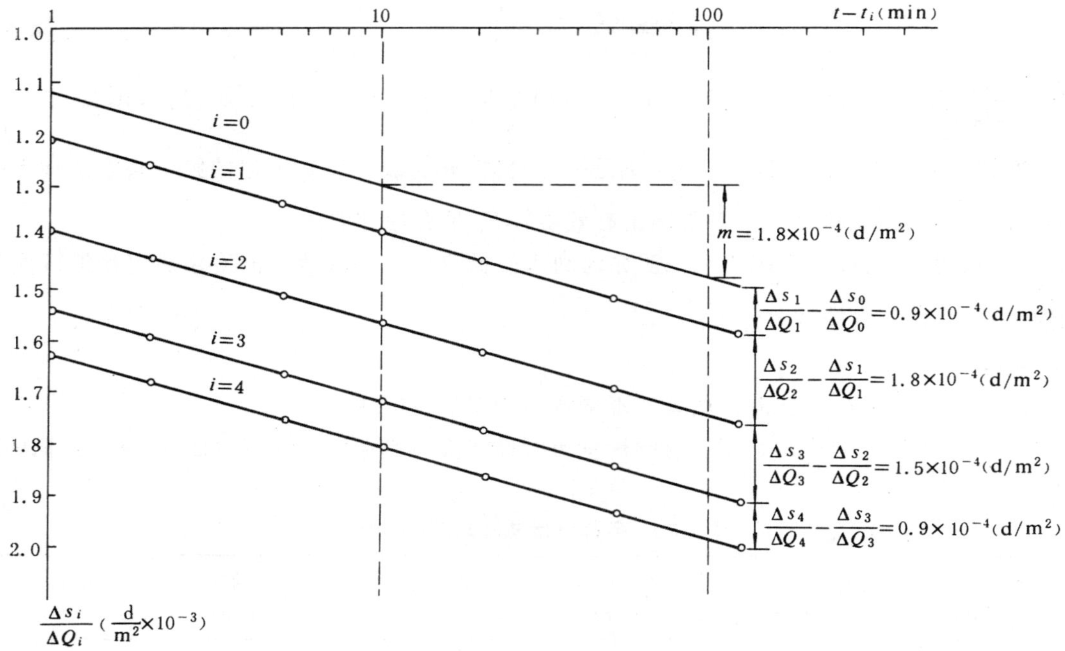

图6-7-3　阶梯流量抽水试验 $\frac{\Delta s_i}{\Delta Q_i}$-lg($t-t_i$) 曲线图

就本例来说，$m=1.8\times10^{-4}\ \mathrm{d/m^2}$，故

$$T=\frac{0.183}{m}=\frac{0.183}{1.8\times10^{-4}}=1\ 016(\mathrm{m^2/d})$$

（4）根据方程（6-7-11）式，利用图6-7-3上相邻两直线沿纵坐标的平移值，可以计算井损系数 C，即

$$C=\frac{\dfrac{\Delta s_i}{\Delta Q_i}-\dfrac{\Delta s_{i-1}}{\Delta Q_{i-1}}}{\Delta Q_i-\Delta Q_{i-1}} \tag{6-7-14}$$

或者将各对数据 $\left(\frac{\Delta s_i}{\Delta Q_i}-\frac{\Delta s_{i-1}}{\Delta Q_{i-1}}\right)$-$(\Delta Q_i+\Delta Q_{i-1})$ 点在自然坐标系上，用通过原点的直线拟合这些数据点（图6-7-4）。此直线的斜率即为井损系数 C 。

就本例来说，井损系数为

$$C=\frac{1.8\times10^{-4}}{6\ 000}=3\times10^{-8}(\mathrm{d^2/m^5})$$

（5）在已知井损系数 C 的情况下，从图6-7-3上的 $i=1$ 的直线平行上推 $C\Delta Q_1$ 的距离，得到 $i=0$ 的直线。

设 $i=0$ 的直线与纵坐标轴交点的 $\frac{\Delta s_0}{\Delta Q_0}$ 值为 $\left(\frac{\Delta s_0}{\Delta Q_0}\right)_0$，与 $\lg t$ 坐标轴交点的 t 值为 t_0 。假如压力传导系数 a 已从观测孔的实测数据求得，则有效半径 r_w 为

$$r_w=1.5\sqrt{at_0} \tag{6-7-15}$$

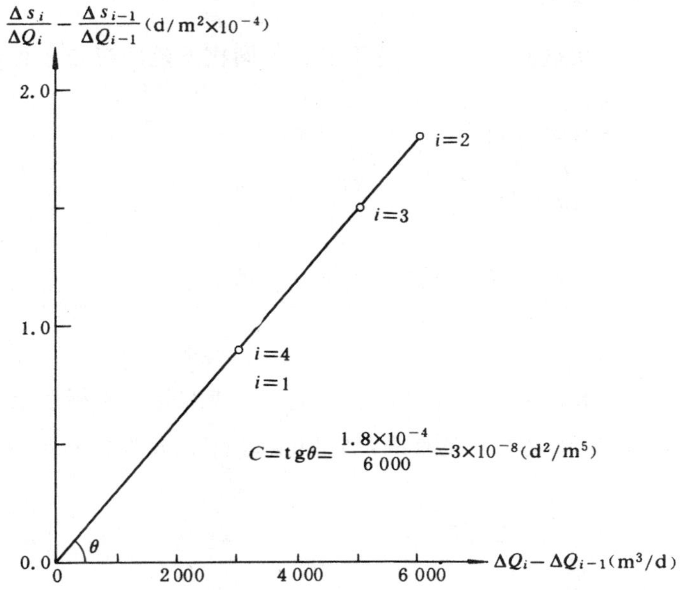

图6-7-4 阶梯流量抽水试验 $\left(\frac{\Delta s_i}{\Delta Q_i}-\frac{\Delta s_{i-1}}{\Delta Q_{i-1}}\right)$-($\Delta Q_i+\Delta Q_{i-1}$) 曲线图

或

$$r_w = 1.5\sqrt{a\mathrm{e}^{-4\pi T\left(\frac{\Delta s_0}{\Delta Q_0}\right)_0}} \tag{6-7-16}$$

就本例来说，$i=0$ 的直线与零降深线的交点在图外。若外推出去，t_0 值约为 8.3×10^{-7}min $=5.76\times10^{-10}$d。另外，由观测孔的观测数据已求得压力传导系数 $a=10^7$m^2/d，所以，按方程（6-7-15）式

$$r_w = 1.5\sqrt{at_0} = 1.5\sqrt{10^7\times5.76\times10^{-10}}$$
$$= 0.114(\mathrm{m})$$

若将 $i=0$ 的直线外推到 $t=1\mathrm{d}=1\,440\mathrm{min}$ 的纵线上，测得 $\left(\frac{\Delta s_0}{\Delta Q_0}\right)_0=1.7\times10^{-8}\mathrm{d/m^2}$，将此值代入（6-7-16）式中，得到

$$r_w = 1.5\sqrt{a\mathrm{e}^{-4\pi T\left(\frac{\Delta s_0}{\Delta Q_0}\right)_0}} = 1.5\sqrt{10^7\mathrm{e}^{-4\times3.14\times100\times1.7\times10^{-3}}}$$
$$= 0.109(\mathrm{m})$$

上面按两个公式计算的 r_w 值不相等，主要是由于外推线过长，使得交点的位置不够准确所造成的。

当抽水试验无观测孔，压力传导系数 a 无法求得时，那么阶梯流量试验只能计算综合性参数 $\frac{r_w^2}{a}$，即

$$\frac{r_w^2}{a} = 2.25t_0 \tag{6-7-17}$$

或

$$\frac{r_w^2}{a} = 2.25\mathrm{e}^{-4\pi T\left(\frac{\Delta s_0}{\Delta Q_0}\right)_0} \tag{6-7-18}$$

三、多次定流量井流试验

这种井流试验要求每次试验的流量保持不变，不同次试验的流量不相同，而且相邻两次试验之间要求水位完全恢复。

根据抽水井中的水位降深方程

$$s(t) = \frac{Q}{4\pi T}\ln\frac{2.25at}{r_w^2} + CQ^2 \tag{6-7-19}$$

有

$$\frac{s(t)}{Q} = \underbrace{\frac{1}{4\pi T}\ln\frac{2.25at}{r_w^2}}_{\left(\frac{s}{Q}\right)_0} + \underbrace{CQ}_{m} \tag{6-7-20}$$

由此可见，将各次抽水试验同一时间 t 的数据 $\frac{s_w}{Q}$-Q 点在算术坐标系上，应该呈线性关系（图6-7-5）。每一观测时间都可绘制一条直线，它们彼此平行。直线的斜率等于井损系数，即

$$C = m\frac{\left(\frac{s}{Q}\right)_2 - \left(\frac{s}{Q}\right)_1}{Q_2 - Q_1} \tag{6-7-21}$$

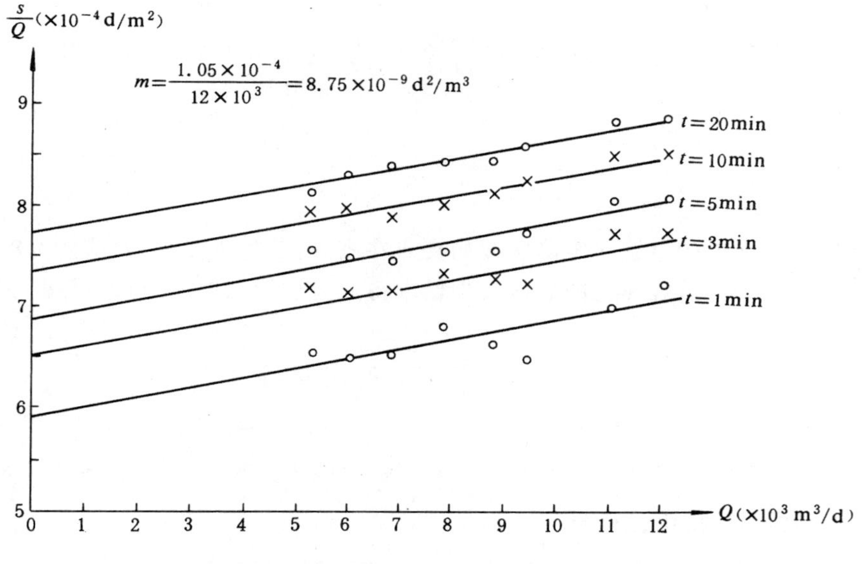

图6-7-5　多次定流量抽水试验的 $\frac{s}{Q}$-Q 曲线

设直线的截距为 $\left(\frac{s}{Q}\right)_0$，依照（6-7-20）式，有

$$\left(\frac{s(t_1)}{Q}\right)_0 = \frac{1}{4\pi T}\ln\frac{2.25at_1}{r_w^2}$$

和

$$\left(\frac{s(t_2)}{Q}\right)_0 = \frac{1}{4\pi T}\ln\frac{2.25at_2}{r_w^2}$$

两式相减，便得出计算导水系数 T 的公式，即

$$T=\frac{1}{4\pi T}\frac{\ln\frac{t_2}{t_1}}{\left(\frac{s(t_2)}{Q}\right)_0-\left(\frac{s(t_1)}{Q}\right)_0} \tag{6-7-22}$$

实际上，一旦求得井损系数C，就可以按照(6-7-19)式计算出进水井壁处的水头降深s_w，即

$$s_w=s-CQ^2=\frac{Q}{4\pi T}\ln\frac{2.25at}{r_w^2} \tag{6-7-23}$$

于是，可以利用§6.1第五部分介绍的直线图解法来计算导水系数T和有效半径r_w或综合参数$\frac{r_w}{a}$，即

$$\frac{r_w^2}{a}=2.25te^{-(s-CQ^2)\frac{4\pi T}{Q}} \tag{6-7-24}$$

实例

试验的承压含水层由粗砂土和极粗砂土组成。在深69m至108m之间安置三段滤管，共长26m，含水层总厚33.5m，滤管内径为230mm。

做了8次定流量抽水试验，每次抽水20min，两次抽水试验之间使水位充分恢复。试验的基本数据列于表6-7-2中。

表6-7-2 多次定流量井流试验观测数据表

（根据G.Y.纳赫姆）

t		Q_1 12270	Q_2 11410	Q_3 7950	Q_4 5360	Q_5 8899	Q_6 6910	Q_7 6090	Q_8 9504
1	s	8.80	7.95	5.40	3.50	5.90	4.50	3.95	6.15
	$\frac{s}{Q}$	7.172	6.968	6.792	6.530	6.630	6.512	6.486	6.471
2	s	9.25	8.40	5.55	3.70	6.25	4.80	4.20	6.80
	$\frac{s}{Q}$	7.539	7.362	6.981	6.903	7.023	6.946	6.897	7.155
3	s	9.45	8.75	5.80	3.85	6.45	4.95	4.35	7.00
	$\frac{s}{Q}$	7.702	7.669	7.296	7.183	7.248	7.163	7.143	7.365
4	s	9.65	8.90	5.90	3.95	6.65	5.05	4.40	7.20
	$\frac{s}{Q}$	7.865	7.800	7.421	7.369	7.473	7.308	7.225	7.576
5	s	9.85	9.15	6.00	4.05	6.70	5.15	4.55	7.35
	$\frac{s}{Q}$	8.028	8.019	7.547	7.556	7.529	7.453	7.471	7.734
10	s	10.40	9.65	6.35	4.25	7.20	5.45	4.85	7.80
	$\frac{s}{Q}$	8.476	8.457	7.987	7.929	8.091	7.887	7.964	8.207
15	s	10.60	9.85	6.45	4.30	7.40	5.60	4.95	8.05
	$\frac{s}{Q}$	8.639	8.633	8.113	8.022	8.315	8.014	8.128	8.470
20	s	10.85	10.05	6.70	4.35	7.50	5.80	5.05	8.15
	$\frac{s}{Q}$	8.843	8.808	8.428	8.116	8.428	8.394	8.292	8.575

单位：t(min)，A(m³/d)，s(m)，$\frac{s}{Q}$(d/m²)

（1）根据表6-7-2的数据，作各时间 t 的 $\frac{s}{Q}$-Q 直线，见图6-7-5。

（2）确定直线的斜率 m 。依照（6-7-21）式求得井损系数 C 为

$$C = m = \frac{1.05 \times 10^{-4}}{12 \times 10^3} = 8.75 \times 10^{-9}(\mathrm{d^2/m^5})$$

（3）计算导水系数 T 。任取两时间，例如 $t_1 = 10\mathrm{min}, t_2 = 20\mathrm{min}$，从图 6-7-5 上确定两直线的截距分别是 $\left(\frac{s(t_1)}{Q}\right)_0 = 7.35 \times 10^{-4}(\mathrm{d/m^2})$ 和 $\left(\frac{s(t_2)}{Q}\right)_0 = 7.75 \times 10^{-4}(\mathrm{d/m^2})$。按照方程（6-7-22）式，得到

$$T = \frac{1}{4\pi} \frac{\ln \frac{t_2}{t_1}}{\left(\frac{s(t_2)}{Q}\right)_0 - \left(\frac{s(t_1)}{Q}\right)_0} = \frac{1}{4 \times 3.14} \frac{\ln \frac{20}{10}}{(7.75 - 7.35) \times 10^{-4}}$$
$$= 1\ 379(\mathrm{m^2/d})$$

可以分别取不同时间 t_1 和 t_2 ，计算出不同的 T 值，再取平均值。

（4）计算综合参数 $\frac{r_w^2}{a}$ 。取 $Q = 12\ 270\mathrm{m^2/d}$ ，$t = 20\mathrm{min} = 0.013\ 9\mathrm{d}$，$s = 10.85\mathrm{m}$ ，已知 $C = 8.75 \times 10^{-9}\mathrm{d^2/m^5}, T = 1\ 379\mathrm{m^2/d}$，根据方程（6-7-24）式计算 $\frac{r_w^2}{a}$，即

$$\frac{r_w^2}{a} = 2.25te^{-(s-CQ^2)\frac{4\pi T}{Q}}$$
$$= 2.25 \times 0.013\ 9e^{-(10.85-8.75\times10^{-9}\times12\ 270^2)\frac{4\times3.14\times1\ 379}{12\ 270}}$$
$$= 4.4 \times 10^{-8}(\mathrm{d})$$

四、水位恢复试验

当含水层的导水系数 T 比较小，抽水流量也较小时，井流的水头损失主要发生在含水层和井周扰动带中，而井损可以忽略不计。在这种情况下，抽水期间井中水位降深 s 根据泰斯近似式和（6-7-4）式可写为

$$s = \frac{Q}{4\pi T}\ln \frac{2.25at}{r'^2_w} + \frac{Q}{2\pi T}A$$
$$= \frac{Q}{4\pi T}\left(\ln \frac{2.25at}{r'^2_w} + 2A\right) \tag{6-7-25}$$

因此，抽水末期（$t = t_p$）的降深为

$$s_{\max} = \frac{Q}{4\pi T}\left(\ln \frac{2.25at_p}{r'^2_w} + 2A\right) \tag{6-7-26}$$

停泵后，水位恢复时期的剩余降深 s_r 为

$$s_r = \frac{Q}{4\pi T}\ln \frac{t_p + t}{t} \tag{6-7-27}$$

两式相减，得

$$s_r - s_{\max} = \frac{Q}{4\pi T}\left[\ln\left(\frac{t_p + t}{t} \cdot \frac{r'^2_w}{2.25at_p}\right) - 2A\right] \tag{6-7-28}$$

已知 s_r-$\lg\left(\frac{t}{t_p + t}\right)$ 直线的斜率 $m = \frac{2.3Q}{4\pi T}$ ，将此关系代入上式。因此，当 $t \ll t_p$ 时，$\frac{t_p + t}{t_p} \to 1$ ，上式可写为

$$A = 1.151\left(\lg \frac{r'^2_w}{2.25at} + \frac{s_{\max} - s_r(t)}{m}\right) \tag{6-7-29}$$

确定了井周扰动系数 A，就可以按照（6-7-6）式计算有效半径 r_w。另外，假如井周扰动半径 r_A 也已知（例如对于砾料围填情况），则可以依照方程（6-7-2）式确定井周扰动带的渗透系数 K_A，即

$$K_A = \frac{K}{1 + \frac{A}{\ln \frac{r_A}{r_w}}} \tag{6-7-30}$$

如果含水层的压力传导系数 a 是未知的，则可将（6-7-7）式代入（6-7-28）式，得到计算综合参数 $\frac{r_w^2}{a}$ 的公式，即

$$\frac{r_w^2}{a} = 2.25te^{-2.3\times\frac{s_{\max}-s_r(t)}{m}} \tag{6-7-31}$$

式中：$s_{\max}$ 为抽水末期的水位降深；t 和 s_r 为水位恢复时间和对应的剩余降深；m 为 s_r-$\lg \frac{t}{t_p+t}$ 直线的斜率。

实例

在山东省烟台市混合花岗岩裂隙含水层中做了一次抽水后的水位恢复试验。抽水流量 $Q=5.52\text{m}^3/\text{d}$，抽水累计时间 $t_p=480\text{min}$，抽水末期最大水位降深 $s_{\max}=14.74\text{m}$。水位恢复数据列于表6-7-3中。

利用表6-7-3中的数据，在单对数坐标纸上作 s_r-$\lg \frac{t}{t_p+t}$ 曲线（图6-7-6）。

通过后期数据作直线，测得斜率 $m=2.85\text{m}$。将此直线向右延长至 $t\to\infty$ 处，即 $\frac{t}{t_p+t}=1$ 的纵线上，发现未交于理论上的 $s_r=0$ 处，而交在 $s_r=0.20\text{m}$ 处，这可能是由于天然动态所引起的。

此直线向左延长，发现恢复初期的实测数据点落在此理想直线之下。为什么恢复初期的实测数据点在理想直线之下？s_r-$\lg\left(\frac{t}{t_p+t}\right)$ 理论直线是在停止抽水 $Q=0$ 的假定条件下得到的。实际情况是，水泵停止抽水并不意味着工作段井壁不进水，恰恰相反，井中水位的恢复正是依靠井壁进水来抬高水位的。这种作用可称为“井筒注满效应”或“续流效应”。由此可见，是注满效应引起实测数据点落在理想直线之下的，而井孔周围渗透性减小的扰动带将扩大两者的差距。

根据（6-7-31）式计算综合参数 $\frac{r_w^2}{a}$。由于落在直线段上的实测数据点的最小恢复时间 $t\approx 246\text{min}$，而抽水持续时间才有480min，因此条件 $t\ll t_p$ 不能满足。为了满足此条件，我们取 $t=6\text{min}\left(相当于\frac{t}{t_p+t}=0.0123\right)$，但是，这时的剩余降深 s_r 不能取实际的观测值13.51m，而必须经过注满效应的校正，即取在对应的直线段上（$s_r\approx 5.5\text{m}$），这是因为方程（6-7-31）式的推导是基于 s-$\lg\left(\frac{t}{t_p+t}\right)$ 直线方程（6-7-27）式的。

将有关数值代入（6-7-31）式，得到

$$\begin{aligned}\frac{r_w^2}{a} &= 2.25te^{-2.3\times\frac{s_{\max}-s_r}{m}} \\ &= 2.25\times\frac{6}{1\,440}e^{-2.3\times\frac{14.47-5.5}{2.85}} \\ &= 6.73\times 10^{-6}(\text{d})\end{aligned}$$

表6-7-3　9-3号孔水位恢复试验数据表

观测时间			累计恢复时间	$\frac{t}{t_p+t}$	剩余降深	备注
年月日	时	分	t (min)		s_r (m)	
1978.5.8	5	54	0		14.47	1. 抽水累计时间 $t_p=480$min
	6	0	6	0.0123	13.51	
		5	11	0.0224	12.30	
		10	16	0.0323	11.53	
		15	21	0.0420	10.85	2. 抽水末期最大降深 s_{max} =14.47m
		20	26	0.0515	10.09	
		30	36	0.0699	8.89	
		40	46	0.0877	7.70	
		50	56	0.1046	6.89	3. 抽水流量 $Q=5.52\text{m}^3/\text{d}$
	7	0	66	0.121	5.88	
		10	76	0.137	5.12	
		20	86	0.152	4.41	4. 名义半径 $r'_w=0.054$m
		30	96	0.167	3.70	
		40	106	0.190	3.39	
		50	116	0.195	2.99	
	8	0	126	0.208	2.75	5. 含水层岩性：混合花岗岩
		30	156	0.246	2.19	
	9	0	186	0.289	1.78	
		30	216	0.311	1.54	6. 抽水方法：提桶法（每6min 提1桶）
	10	0	246	0.339	1.53	
		30	276	0.366	1.41	
	11	0	306	0.391	1.26	
		30	336	0.412	1.24	
	12	0	366	0.433	1.13	
		30	396	0.452	1.10	
	13	0	426	0.470	1.08	
		30	456	0.487	1.09	
	14	0	486	0.503	1.10	
		30	516	0.518	1.04	
	15	0	546	0.532	1.00	
		30	576	0.545	0.99	
	16	0	606	0.558	0.00	

（资料收集自山东省冶金第三地质队）

对于已经确定井损系数 C 的供水井，只要对抽水末期的水位降深 s_{max} 经过井损校正之后，也可以用上述简便的水位恢复法来确定 $\frac{r_w^2}{a}$ 值。如果每隔一定生产时间做一次这类试验，则可以了解有效半径 r_w 相对变化的情况，以判断滤管的堵塞、井孔周围砂层的潜蚀等发展的情况。

此法也可以用来分析碳酸盐岩含水层用酸处理法和裂隙含水层用爆破法扩大出水量的效果以及泥浆钻进孔洗孔的效率。

复习思考题

1. 某泰斯承压含水层进行定流量抽水试验，拟用直线图解法确定 T 和 a 参数，时值旱季，地下水水头以8cm/d 的速度下降。抽水试验期间所观测得的 s-t 数据应如何处理；若未加处理，

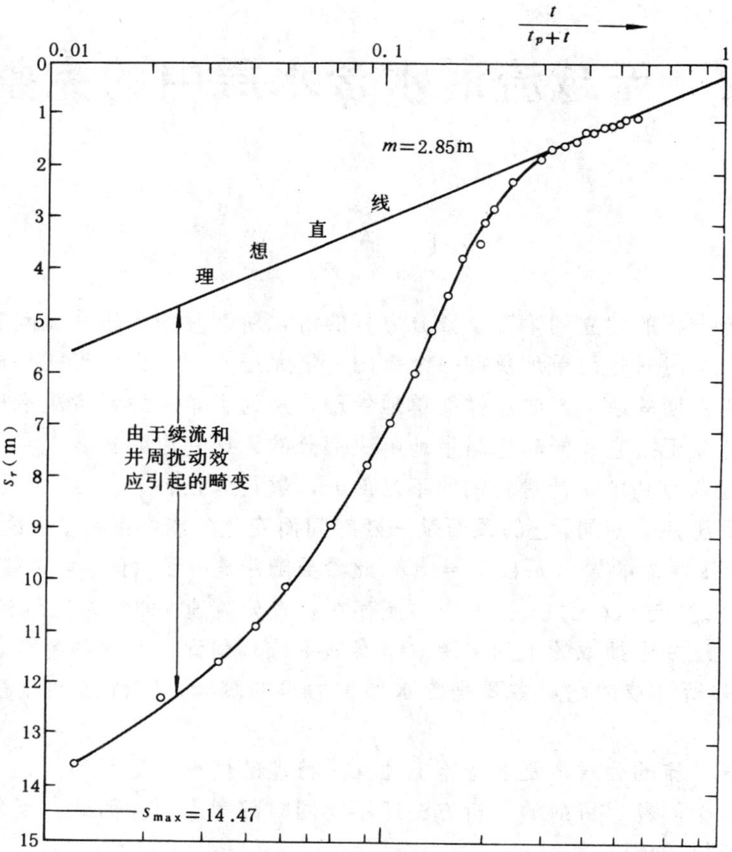

图6-7-6 确定井周扰动系数 A 和综合参数 $\frac{r_w^2}{a}$ 的水位恢复试验的 s_r-$\lg\left(\frac{t}{t_p+t}\right)$ 曲线图

试分析所得参数的误差倾向。

2. 为了在夹角为120°的由隔水边界和定水头边界构成的扇形含水层（图6-8-1）中做抽水试验确定含水层参数，试论证如何布置抽水井和观测孔，最为简便并预估可能出现的 s-$\lg t$ 曲线的形态（注明理由）。

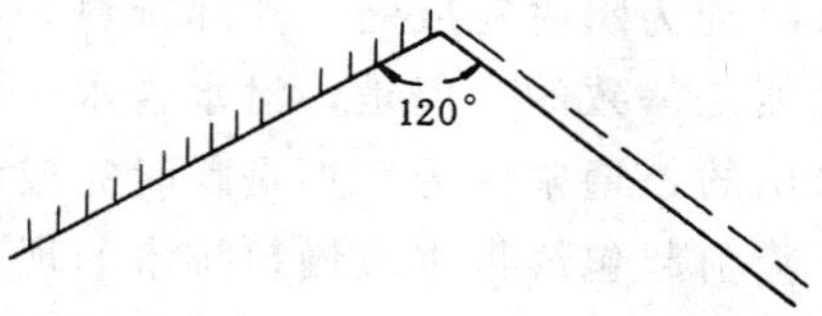

图6-8-1

3. 有的文献认为："在一条直线的隔水边界附近抽水，抽水初期抽水的影响尚未扩展到边界，此时相当于无限含水层，s-$\lg t$ 直线段的斜率为 m_1；然而，一旦发生边界的影响，斜率增加一倍，即 $2m_1$。"读者对此有何评论？

4. 在典型的泰斯含水层中做定流量抽水试验（带观测孔）确定含水层水文地质参数，有必要做三次不同流量（Q_1,Q_2 和 Q_3）的试验吗？试论证。

5. 泰斯井流试验，若已知1号观测孔（r_1）的 s_1-$\lg t$ 曲线，试分析2号观测孔（$r_2=2r_1$）的 s_2-$\lg t$ 曲线和 s_1-$\lg t$ 曲线之间的关系（作图说明），并说明理由。

第七章　无越流潜水含水层中的完整井流

§7.1　概　　述

从第二章微分方程的建立到第五章微分方程的解，所涉及的无压井流问题对其水力现象缺乏充分的分析。当时只是简单地贯彻一个意图，把无压井流方程的形式变成与承压井流一样，从而可以利用泰斯的解。当时这样简单地处理，是为了集中力量解决承压井流问题，而不让复杂的无压井流干扰它。同时也附带地解决部分的无压井流问题。

本章以二、五章为基础，针对它们的不足部分，进行修正补充。

无压井流与承压井流不同，它的顶面是一随时间而变化的浸润漏斗。从这一特点出发，使我们认识到：①无压井流的导水系数 $T=Kh$，此参数随距离 r 和时间 t 均是变化的，而承压井流 $T=KM$，这个参数与 r、t 无关；②无压井流存在垂直分流速（即它是三维流），而承压井则是二维流；③从承压井中抽取的水的来源（指泰斯系统）是弹性贮量的释放，它接近瞬时完成，但提供无压井所抽取的水，主要是含水层重力水的疏干；④无压井流存在水跃（出渗面）现象。

第五章中无压井流的公式，是在忽略上述几个特点的情况下导得的。

上面提出的几个问题，目前的分析方法还不能同时都考虑到。因此，无压井流的问题在理论上尚未获得严格的解法。

§7.2　考虑滞后给水的分析方法——博尔顿法

承压含水层中水头的下降，是压力的减小。目前都将压力减小引起含水层弹性储存量的释放处理为瞬时完成的。实际资料表明，这种假定除了抽水开始一小段时间外，实测降深与理论值是一致的。但是，潜水含水层水位下降所引起重力贮存量的释放，是以疏干排水的形式给出的，通常认为它不是瞬时完成的，尤其是由细粒土组成的含水层更为明显。这种潜水位下降引起包气带水缓慢地排水的现象，称滞后疏干（或滞后重力排水）。

沃尔顿（W. C. Walton）根据降深-时间曲线的形式以及弹性给水度 μ_e 和重力给水度 μ_d 所起的作用，将抽水过程分成三个不同阶段。

在抽水的早期，也许只有几分钟，主要表现为弹性贮量的释放。水位变化类似于不稳定承压井流，时间-降深曲线遵循承压井流的泰斯曲线。因此，可以利用抽水的极端早期的数据，根据承压井流的泰斯公式计算导水系数 T 和弹性给水度 μ_e。当然，这种试验，观测精度的要求是很高的。

紧接着第二阶段，其特点是降深-时间曲线斜率的减小，有时甚至获得短时间的“稳定”。它反映潜水疏干排水的作用，好像含水层得到“补给”。因此，时间-降深曲线变为“越流承压含水层”类型的曲线。它明显地与泰斯曲线不同。如果不顾这些滞后给水现象，硬将泰斯公式用于此阶段，那将得出给水度随时间有明显变化的结论。

第三阶段，依含水层的条件，它可以从抽水后的几分钟到几天开始。这阶段的降深-时间曲线又与泰斯曲线吻合，但其中的 μ 值是重力给水度 μ_d。这可以解释为疏干排水的滞后作用达到动平衡状态。因此这阶段的试验数据，在一定条件下（当 $s \ll h_0$）也可根据泰斯公式来计算含水层参数。

一、理论

博尔顿（N. S. Boulton）假定，在抽水开始以后的 τ 和 $\tau+\delta\tau$ 之间潜水位下降 δs，潜水含水层释放的水由两部分组成：

（1）单位水平面积的含水层柱体中弹性储量释放出来的水，其体积为

$$\mu_e \delta s \times 1 \tag{7-2-1}$$

式中：μ_e 是弹性给水度（无因次）。这种释放，在性质上与承压含水层相同，因而可以假定它是瞬时释放的。

（2）单位水平面积的含水层柱体，在任意时刻 $t(t>\tau)$，滞后给水的水量

$$\delta s \alpha \mu_d e^{\alpha(t-\tau)} \times 1 \tag{7-2-2}$$

式中：μ_d 是重力给水度（无因次）；α 是经验系数。

说明几点：

（1）这里所考虑的给水量，是在 τ 和 $\tau+\mathrm{d}\tau$ 之间发生降深 δs 之后的 t 时刻（$t>\tau$）释放的，因此称它为滞后重力给水（或滞后疏干）；

（2）上述滞后重力排水量的关系式（7-2-2）式是博尔顿的一种假定，这样的假定在水量均衡上是正确的，因为

$$\int_{\tau}^{\infty} \delta s \alpha \mu_d e^{-\alpha(t-\tau)} \mathrm{d}t = -\delta s \mu_d \int_{\tau}^{\infty} e^{-\alpha(t-\tau)} \mathrm{d}[-\alpha(t-\tau)]$$

$$= \delta s \mu_d [e^{-\alpha(t-\tau)}]_{\infty}^{\tau} = \delta s \mu_d$$

（3）根据（7-2-2）式，在 τ 至 t 区间内滞后给水的总水量为

$$\int_{\tau}^{t} \delta s \alpha \mu_d e^{-\alpha(t-\tau)} \mathrm{d}t = -\delta s \mu_d \int_{\tau}^{t} e^{-\alpha(t-\tau)} \mathrm{d}[-\alpha(t-\tau)]$$

$$= \delta s \mu_d [e^{-\alpha(t-\tau)}]_{t}^{\tau} = \delta s \mu_d [1 - e^{-\alpha(t-\tau)}]$$

由此看出：若 α 大，则 τ 至 t 时间段内给出水量大，即滞后性小。或者说，$\frac{1}{\alpha}$ 小，滞后性小；$\frac{1}{\alpha}$ 大，滞后性大。因此博尔顿称 $\frac{1}{\alpha}$ 为滞后指数（见图 7-2-1）。

博尔顿是在忽略速度的垂直分量和假定导水系数 T 保持不变的前提下来建立潜水运动的微分方程的。对于这种情况，如果含水层只释放弹性贮量，则方程是

$$T\left(\frac{\partial^2 s}{\partial r^2} + \frac{1}{r}\frac{\partial s}{\partial r}\right) = \mu_e \frac{\partial s}{\partial t} \tag{7-2-3}$$

方程左边表示在单位水平面积的含水层柱体中，在单位时间内侧向流入与流出的水的体积之差。方程右边表示在同一含水层柱体中，在单位时间内由于水位下降而引起弹性释放的水量（体积）。

对于考虑滞后重力给水的潜水含水层，根据博尔顿的理论，方程右边应多一项，它表示在单位水平面积的多孔介质柱体中，在单位时间内的滞后重力给水的体积。

如图 7-2-2 所示，将时间区间 $[0,t]$ 分成 n 个时段：

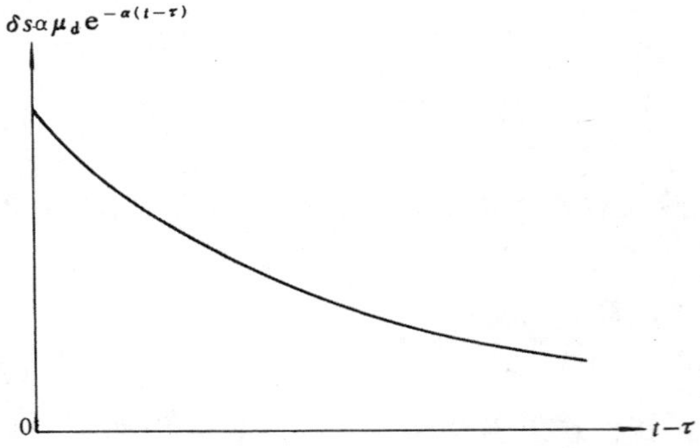

图 7-2-1　滞后给水过程曲线图

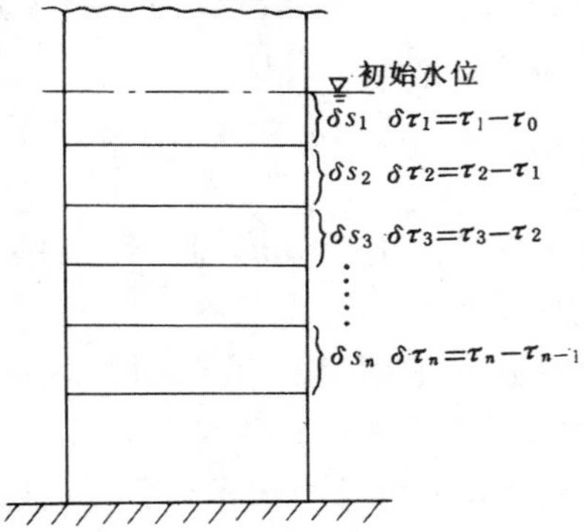

图 7-2-2　滞后给水概念图

$$\delta\tau_i = \tau_i - \tau_{i-1} \qquad (i = 1,2,3,\cdots,n;\tau_0 = 0)$$

在 $\delta\tau_i$ 时段内水位下降 $\delta s_i(i = 1,2,3,\cdots,n)$。由降深 δs_i 所引起的在 t 时刻的疏干排水量（即单位水平面积的多孔介质柱体中，单位时间内的滞后重力给水量）可写为

$$\delta s_i \alpha \mu_d e^{-\alpha(t-\tau_i)} = \frac{\delta s_i}{\delta \tau_i}\alpha\mu_d e^{-\alpha(t-\tau_i)}\delta\tau_i$$

现在研究，在 t 时刻之前各阶段($\delta\tau_1,\delta\tau_2,\cdots,\delta\tau_n$)产生的降深($\delta s_1,\delta s_2,\cdots,\delta s_n$)对 t 时刻引起的滞后重力给水的总水量（单位水平面积的多孔介质柱体中，单位时间内）为

$$\sum_{i=1}^{n}\frac{\delta s_i}{\delta\tau_i}\alpha\mu_d e^{-\alpha(t-\tau_i)}\delta\tau_i$$

当 $n \rightarrow \infty$ 而 $\delta\tau_i \rightarrow 0$ 时，则 $\frac{\delta s_i}{\delta\tau_i} \rightarrow \frac{\partial s}{\partial \tau}$，同时求和号变为积分号，那么上述关系可写为

$$\int_0^t \frac{\partial s}{\partial\tau}\alpha\mu_d e^{-\alpha(t-\tau)}d\tau$$

把它加到方程（7-2-3）式右边，得到同时考虑弹性释放和滞后重力给水的潜水运动的积分微分方程，即

$$T\left(\frac{\partial^2 s}{\partial r^2} + \frac{1}{r}\frac{\partial s}{\partial r}\right) = \mu_e\frac{\partial s}{\partial t} + \alpha\mu_d\int_0^t \frac{\partial s}{\partial t}e^{-\alpha(t-\tau)}d\tau \tag{7-2-4}$$

定解条件为

$$s(r,0) = 0 \tag{7-2-5}$$

$$s(\infty,t) = 0 \tag{7-2-6}$$

$$\lim_{r\rightarrow 0} 2\pi r T\frac{\partial s}{\partial r} = - Q(\text{常数}) \tag{7-2-7}$$

博尔顿导得该问题的解为

$$s = \frac{Q}{4\pi T}\int_0^\infty \frac{2}{x}\left[1 - e^{-\lambda_1}\left(\mathrm{ch}\lambda_2 + \frac{\alpha t\eta(1-x^2)}{2\lambda_2}\mathrm{sh}\lambda_2\right)\right]J_0\left(\frac{r}{\nu B}x\right)dx \tag{7-2-8}$$

式中：

$$\eta = \frac{\mu_e + \mu_d}{\mu_e} \tag{7-2-9}$$

$2\lambda_1 = \alpha t\eta(1 + x^2)$;

$2\lambda_2 = \alpha t\sqrt{\eta^2(1 + x^2)^2 - 4\eta x^2}$;

$$\nu = \sqrt{\frac{\eta - 1}{\eta}} = \sqrt{\frac{\mu_d}{\mu_d + \mu_e}};$$

$$B = \sqrt{\frac{T}{\alpha \mu_d}} \tag{7-2-10}$$

J_0为零阶第一类贝塞尔函数。

方程（7-2-8）式中的井函数 W 是 αt、η 和 $\frac{r}{B}$ 三个自变量的函数。如用它来作标准曲线（用于抽水试验确定参数），工作量很大，然而 η 值一般均很大，例如后面的一例为 30，因此采用近似的方法来解。

当 $\eta \to \infty$ 时，方程(7-2-8) 式变为

$$s = \frac{Q}{4\pi T}\int_0^{\infty} 2J_0\left(\frac{r}{B}x\right)\left[1 - \frac{1}{x^2+1}\mathrm{e}^{-\frac{\alpha t x^2}{x^2+1}} - \in\right]\frac{\mathrm{d}x}{x} \tag{7-2-11}$$

式中：

$$\in = \frac{x^2}{x^2+1}\mathrm{e}^{-\alpha\eta t + (x^2+1)} \tag{7-2-12}$$

显然，当 $t > 0$ 时，$\in \to 0$（由于 $\eta \to \infty$）；但是当 $t \to 0$ 且 ηt 趋于有限值时，$\in$ 也趋于有限值。

因此对于足够小的 t 值，方程（7-2-11）式可变为

$$s = \frac{Q}{4\pi T}\int_0^{\infty} 2J_0\left(\frac{r}{B}x\right)\frac{x^2}{x^2+1}\left[1 - \mathrm{e}^{-\alpha\eta t(x^2+1)}\right]\frac{\mathrm{d}x}{x} \tag{7-2-13}$$

该公式与第一类越流系统定流量井流公式

$$s = \frac{Q}{4\pi T}\int_u^{\infty}\frac{1}{y}\mathrm{e}^{-y-\frac{r^2}{4B^2 y}}\mathrm{d}y$$

是相当的，当然，B 的含意不同。

如果 $\alpha \to 0$，即 $B \to \infty$，则方程(7-2-8) 式可转换为泰斯公式，即

$$s = \frac{Q}{4\pi T}W\left(\frac{r^2\mu_e}{4Tt}\right) = \frac{Q}{4\pi T}W(u_e) \tag{7-2-14}$$

如果 t 足够大（依 $\frac{r}{B}$ 而变），则方程(7-2-8) 式也可转换成泰斯公式，即

$$s = \frac{Q}{4\pi T}W\left(\frac{r^2\mu_d}{4Tt}\right) = \frac{Q}{4\pi T}W(u_d) \tag{7-2-15}$$

二、抽水试验确定含水层参数

（一）标准曲线的绘制

这里介绍的井流试验求参数的方法是标准曲线对比法。为此，需要预先绘制标准曲线。为方便起见，引进几个无因次变量。设

$$u_e = \frac{r^2\mu_e}{4Tt} \tag{7-2-16}$$

$$u_d = \frac{r^2\mu_d}{4Tt} = u_e(\eta - 1) \tag{7-2-17}$$

$$\left(\because \eta = \frac{\mu_e + \mu_d}{\mu_e} = 1 + \frac{\mu_d}{\mu_e}, \eta - 1 = \frac{\mu_d}{\mu_e}\right)$$

由（7-2-10）式，有

$$\alpha B^2 = \frac{T}{\mu_d}$$

代入上式，得

$$u_d = \frac{r^2\mu_d}{4Tt} = \frac{\left(\frac{r}{B}\right)^2}{4\alpha t} \tag{7-2-18}$$

于是方程（7-3-11）式可表示为

$$s = \frac{Q}{4\pi T}W_D\left(\mu_d, \frac{r}{B}\right) \tag{7-2-19}$$

根据方程（7-2-11）式，利用电子计算机，对所给的 μ_d 和 $\frac{r}{B}$ 值计算出 W_D 值，其结果表示在表 7-2-1 中。根据此表值，在双对数坐标纸上绘制曲线，以 $\frac{1}{\mu_d}$ 为横坐标轴，以 W_D 为纵坐标轴，每一 $\frac{r}{B}$ 值作一条曲线。这组曲线（在图 7-2-3 的 $\frac{r}{B}$ 值右侧一组）称为 D 类标准曲线。

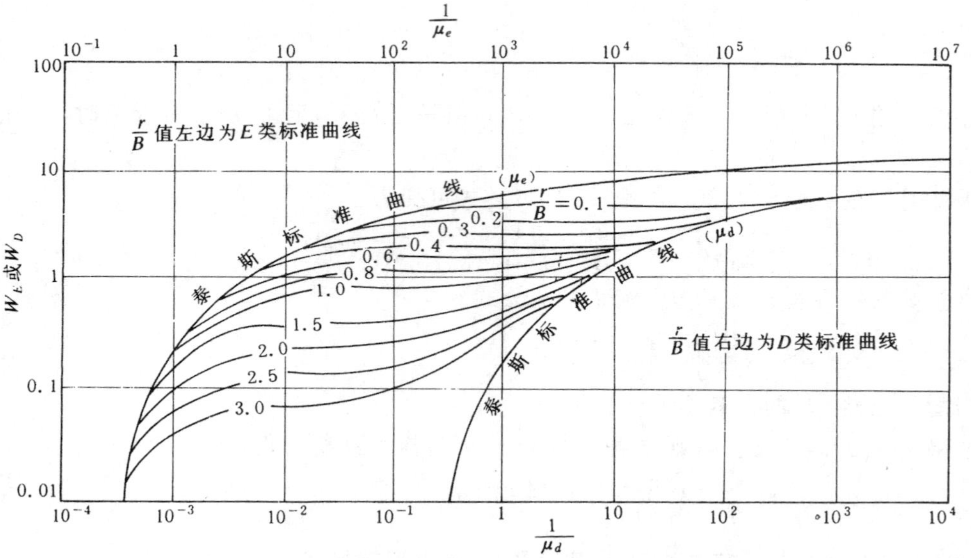

图 7-2-3　博尔顿滞后重力给水潜水井流标准曲线图

（据博尔顿）

同样，根据方程（7-2-13）式也可以 μ_d 和 $\frac{r}{B}$ 为自变量计算出对应的井函数 $W_D\left(\mu_d, \frac{r}{B}\right)$，但是，如果将它们也绘制到上面的双对数坐标系中，由于方程（7-2-13）式是在时间非常短的条件下导得的，它在对数坐标上，意味着要画到 D 类标准曲线左边非常远处。对于实际条件，η 不是无限大，但仍然是一个大的数值，在 η 值已知之前，对于小的 $\frac{1}{\mu_d}$ 值的标准曲线不能在 $\frac{1}{\mu_d}$ 的基线上表示。由方程（7-2-13）式计算得的抽水早期的井函数值表示在 $\frac{1}{\mu_e}\left(=\frac{\eta-1}{\mu_d}\right)$ 的基线上，这样便采用了两种时间尺度。前面依方程（7-2-11）式作的 D 类标准曲线用 $\frac{1}{\mu_d}$ 表示（采用坐标的下边线），而依方程（7-2-13）式绘制的 —— 称 E 类标准曲线，则用 $\frac{1}{\mu_e}$ 表示（采用坐标的上边线）。

因此，用来计算 E 类曲线的方程（7-2-13）式可简单地表示为

$$s = \frac{Q}{4\pi T}W_E\left(\mu_e, \frac{r}{B}\right) \tag{7-2-20}$$

表 7-2-1 博尔顿滞后重力给水潜水井流 D 类井函数 $W_D\left(\mu_d,\frac{r}{B}\right)-\frac{1}{\mu_d}$ 表

（据博尔顿）

$\frac{r}{B}=0.01$		$\frac{r}{B}=0.1$		$\frac{r}{B}=0.2$		$\frac{r}{B}=0.316$		$\frac{r}{B}=0.4$		$\frac{r}{B}=0.6$	
$\frac{1}{\mu_d}$	$W_D\left(\mu_d,\frac{r}{B}\right)$	$\frac{1}{\mu_d}$	$W_D\left(\mu_d,\frac{r}{B}\right)$	$\frac{1}{\mu_d}$	$W_D\left(\mu_d,\frac{r}{B}\right)$	$\frac{1}{\mu_d}$	$W_D\left(\mu_d,\frac{r}{B}\right)$	$\frac{1}{\mu_d}$	$W_D\left(\mu_d,\frac{r}{B}\right)$	$\frac{1}{\mu_d}$	$W_D\left(\mu_d,\frac{r}{B}\right)$
4×10^2	9.45	4	4.86	0.4	3.51	0.4	2.66	0.1	2.23	0.444	1.586
4×10^3	9.54	40	4.95	4	3.54	4	2.74	1	2.26	2.22	1.707
4×10^4	10.23	4×10^2	5.64	20	3.69	40	3.38	5	2.40	4.44	1.844
4×10^5	12.31	4×10^3	7.72	40	3.85	4×10^2	5.42	10	2.55	1.67	2.448
4×10^6	14.61	4×10^4	10.01	1.5×10^2	4.55	4×10^3	7.72	37.5	3.20	44.4	3.255
				4×10^2	5.42			100	4.05		

$\frac{r}{B}=0.8$		$\frac{r}{B}=1.0$		$\frac{r}{B}=1.5$		$\frac{r}{B}=2.0$		$\frac{r}{B}=2.5$		$\frac{r}{B}=3.0$	
$\frac{1}{\mu_d}$	$W_D\left(\mu_d,\frac{r}{B}\right)$	$\frac{1}{\mu_d}$	$W_D\left(\mu_d,\frac{r}{B}\right)$	$\frac{1}{\mu_d}$	$W_D\left(\mu_d,\frac{r}{B}\right)$	$\frac{1}{\mu_d}$	$W_D\left(\mu_d,\frac{r}{B}\right)$	$\frac{1}{\mu_d}$	$W_D\left(\mu_d,\frac{r}{B}\right)$	$\frac{1}{\mu_d}$	$W_D\left(\mu_d,\frac{r}{B}\right)$
0.025	1.133	0.04	0.844	0.0711	0.444	0.04	0.239	0.0256	0.1321	0.0178	0.0743
0.25	1.158	0.4	0.901	0.355	0.509	0.2	0.283	0.128	0.1617	0.0889	0.0939
1.25	1.264	4	1.356	0.711	0.587	0.4	0.337	0.256	0.1988	0.178	0.1189
2.5	1.387	40	3.140	2.67	0.963	1.5	0.614	0.96	0.3990	0.667	0.2618
9.37	1.938			7.41	1.569	4	1.111	2.56	0.7977	1.78	0.5771
25	2.704										

井函数 W_E 与 μ_e、$\frac{r}{B}$ 的函数关系在表 7-2-2 中给出。

图 7-2-3 中每条 E 类标准曲线的右边和 D 类标准曲线的左边部分接近一水平线，它由下式决定

$$W_E\left(\mu_e,\frac{r}{B}\right)=W_D\left(\mu_d,\frac{r}{B}\right)=2K_0\left(\frac{r}{B}\right) \tag{7-2-21}$$

其中 K_0 为虚宗量零阶第二类贝塞尔函数。

前面所作的标准曲线是以 $\eta\to\infty$ 为前提的，因此在 E、D 类标准曲线之间出现一水平线。实际上，当 $\eta\geqslant 100$ 时，E、D 类中间过渡带的曲线基本上是一条水平线，因此上述标准曲线也是适用的。对于 $5<\eta<100$ 的情况，严格地讲应当按方程(7-2-8)式作标准曲线，但如前所述，这样做法的运算量很大。因此可以用一简单的近似方法来处理，即中间过渡带用与 E、D 类标准曲线相切的直线表示。普里克特（T. A. Prickett）曾对比过，甚至对于 $\eta=6.5$ 这样小的数值，用近似法获得的标准曲线与按方程（7-2-8）式所作的差别不大。

（二）标准曲线的使用方法

（1）将某一观测孔（至主井的距离为 r）的水位观测数据在透明的双对数坐标纸（与标准曲线具有同一模数）上作 s-t 曲线（t 为横坐标，s 为纵坐标）。

（2）将实测曲线重叠在 E 类标准曲线之上，在保持 $W_E\left(\mu_e,\frac{r}{B}\right)$ 轴平行 s 轴，$\frac{1}{\mu_e}$ 轴平行 t 轴的条件下，寻找最优拟合曲线$\left(\frac{r}{B}\right)$及位置。任选一配合点，记下 $\frac{r}{B}$ 值和对应的 s、t、W_E 和 $\frac{1}{\mu_e}$ 值。从(7-2-20)式得出计算导水系数的公式为

$$T=\frac{QW_E\left(\mu_e,\frac{r}{B}\right)}{4\pi s} \tag{7-2-22}$$

依（7-2-16）式，弹性给水度 μ_e 为

$$\mu_e=\frac{4Tt\mu_e}{r^2} \tag{7-2-23}$$

（3）将实测曲线重叠在 D 类标准曲线之上，这里，除了需保持相应坐标轴彼此平行外，$\frac{r}{B}$ 值也应与匹配 E 类标准曲线所得的相同。找到最优拟合位置后，任选一配合点，记下对应的 s、t、W_D 和 $\frac{1}{\mu_d}$ 值。

从（7-2-19）式得出计算导水系数的公式，即

$$T=\frac{QW_D\left(\mu_d,\frac{r}{B}\right)}{4\pi s} \tag{7-2-24}$$

根据（7-2-17）式，得

$$\mu_d=\frac{4Tt\mu_d}{r^2} \tag{7-2-25}$$

步骤 2 和 3 所得的两个 T 值，理论上应当一致，如果实际计算的相差不大，则可以取其平均值。

依（7-2-9）式和（7-2-18）式可分别计算 η 和 $\frac{1}{\alpha}$，即

$$\eta=\frac{\mu_e+\mu_d}{\mu_e} \tag{7-2-26}$$

表 7-2-2　博尔顿滞后重力给水潜水井流 E 类井函数 $W_E\left(\mu_e,\frac{r}{B}\right)-\frac{1}{\mu_e}$ 表

（据博尔顿）

$\frac{r}{B}=0.01$		$\frac{r}{B}=0.1$		$\frac{r}{B}=0.2$		$\frac{r}{B}=0.316$		$\frac{r}{B}=0.4$		$\frac{r}{B}=0.6$	
$\frac{1}{\mu_e}$	$W_E\left(\mu_e,\frac{r}{B}\right)$	$\frac{1}{\mu_e}$	$W_E\left(\mu_e,\frac{r}{B}\right)$	$\frac{1}{\mu_e}$	$W_E\left(\mu_e,\frac{r}{B}\right)$	$\frac{1}{\mu_e}$	$W_E\left(\mu_e,\frac{r}{B}\right)$	$\frac{1}{\mu_e}$	$W_E\left(\mu_e,\frac{r}{B}\right)$	$\frac{1}{\mu_e}$	$W_E\left(\mu_e,\frac{r}{B}\right)$
10	1.82	10	1.80	5	1.19	1	0.216	1	0.213	1	0.206
10^2	4.04	5×10	3.24	10	1.75	2	0.544	2	0.534	2	0.504
10^3	6.31	10^2	3.81	5×10	2.95	5	.153	5	1.114	5	0.996
5×10^3	7.82	2×10^2	4.30	10^2	3.29	10	1.655	10	1.564	10	1.311
10^4	8.40	5×10^2	4.71	5×10^2	3.50	5×10	2.504	5×10	2.181	2×10	1.493
10^5	9.42	10^3	4.83	10^3	3.51	10^2	2.623	10^2	2.225	5×10	1.553
10^6	9.44	10^4	4.85			10^3	2.648	10^3	2.229	10^2	1.555

$\frac{r}{B}=0.8$		$\frac{r}{B}=1.0$		$\frac{r}{B}=1.5$		$\frac{r}{B}=2.0$		$\frac{r}{B}=2.5$		$\frac{r}{B}=3.0$	
$\frac{1}{\mu_e}$	$W_E\left(\mu_e,\frac{r}{B}\right)$	$\frac{1}{\mu_e}$	$W_E\left(\mu_e,\frac{r}{B}\right)$	$\frac{1}{\mu_e}$	$W_E\left(\mu_e,\frac{r}{B}\right)$	$\frac{1}{\mu_e}$	$W_E\left(\mu_e,\frac{r}{B}\right)$	$\frac{1}{\mu_e}$	$W_E\left(\mu_e,\frac{r}{B}\right)$	$\frac{1}{\mu_e}$	$W_E\left(\mu_e,\frac{r}{B}\right)$
0.5	0.046	0.5	0.0444	0.5	0.0394	0.333	0.0100	0.5	0.0271	0.5	0.0210
1	0.197	1	0.1855	1	0.1509	0.5	0.0335	1	0.0803	1	0.0534
2	0.466	2	0.421	1.25	0.199	1	0.114	1.25	0.0961	1.25	0.0607
5	0.857	5	0.715	2	0.301	1.25	0.114	2	0.1174	2	0.0681
10	1.050	10	0.819	5	0.413	2	0.194	5	0.1247	5	0.0695
20	1.121	20	0.841	10	0.427	5	0.227	10	0.1247	10	0.0695
5×10	1.131	5×10	0.842	20	0.428	1	0.228				

$$\frac{1}{\alpha}=\frac{4\mu_d t}{\left(\frac{r}{B}\right)^2} \tag{7-2-27}$$

(4) 对于滞后重力给水的影响已消除的观测数据，第六章中所述的 s-t 标准曲线对比法以及直线图解法等均可使用。

三、滞后指数

如博尔顿标准曲线（图 7-2-3）所示，随 $\frac{1}{\mu_d}$ 增加，D 类标准曲线向泰斯曲线 $\left[W(\mu_d)-\frac{1}{\mu_d}\right]$ 接近。当 $\frac{1}{\mu_d}$ 增加到一定程度以后，博尔顿曲线与泰斯曲线非常接近，它们的差别，实用上完全可以忽略。这个使博尔顿曲线"转变"为泰斯曲线的时间 —— 用 t_0 表示 —— 是有意义的，它意味着潜水滞后重力给水对降深的影响已基本消除。如果这两条曲线在坐标上相差 0.02(一对周期为 1)，可以近似地认为它们已经重合，那么从两条曲线"交点"的 $\frac{1}{\mu_d}$ 值，依方程(7-2-18) 式可以计算出 αt_0 值，即

$$\alpha t_0=\frac{1}{4}\left(\frac{r}{B}\right)^2=\frac{1}{\mu_d} \tag{7-2-28}$$

就是说，给定一个 $\frac{r}{B}$ 值，可从两曲线"交点"得一 $\frac{1}{\mu_d}$ 值，再从上式计算出 αt_0。这样可作出 αt_0-$\frac{r}{B}$ 曲线，它表示在图 7-2-4 上。

普里克特根据在不同岩性含水层中进行 18 次抽水试验的数据，整理成 $\frac{1}{\alpha}$ 与岩性之间的关系(图 7-2-5)。它表明滞后指数随粒度的变化而增大。

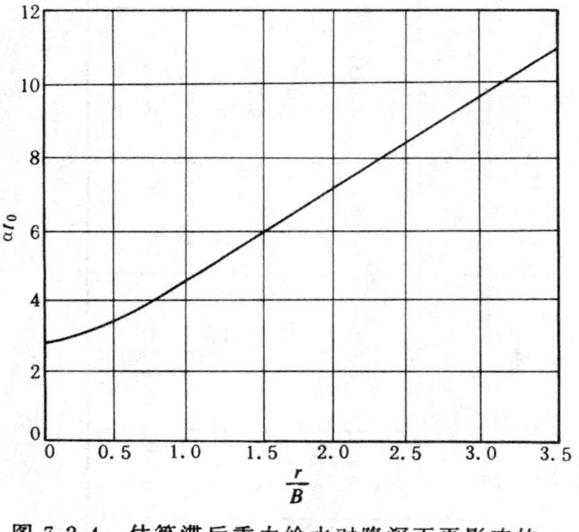

图 7-2-4　估算滞后重力给水对降深不再影响的开始时间 t_0 的关系曲线

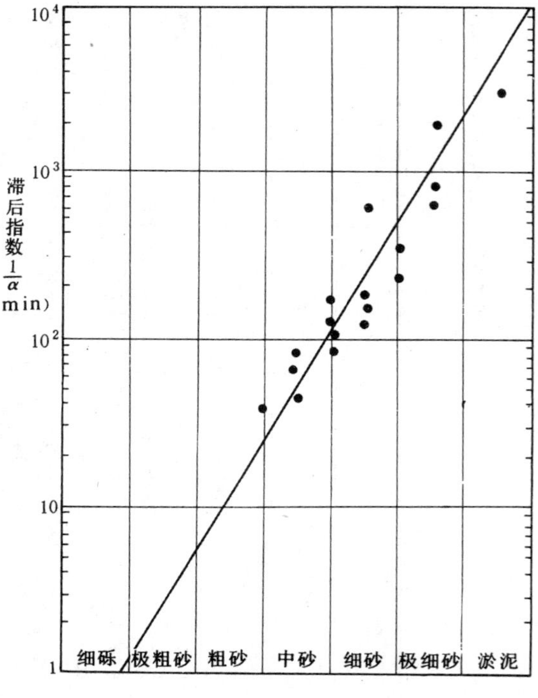

图 7-2-5　滞后指数与含水层岩性之间的关系

当设计潜水含水层抽水试验时，此曲线可作为设计抽水延续时间的参考。

四、实例

在某地冲积层中进行了一次抽水试验，该潜水含水层由第四系含砾石的中砂土构成，厚度为7.75m。隔水底板为砂岩。

抽水井为完整型，直径0.320m。抽水延续时间48h50min，基本为定流量抽水 $Q=15\text{L/s}=1\ 300\text{m}^3/\text{d}$。水位恢复时间6h20min。有两个观测井，其 s-t 数据表示在图7-2-6中。

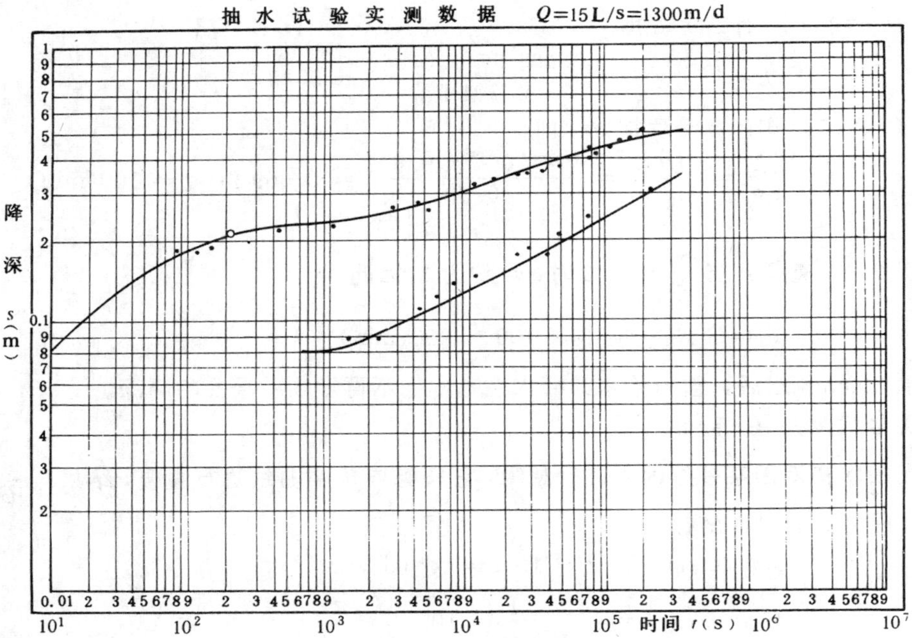

图7-2-6 抽水试验 lg$s$-lg$t$ 实测数据

（一）标准曲线对比法

1. 1号观测井（$r_1=10\text{m}$）

首先与 E 类标准曲线重叠，得最佳拟合曲线 $\frac{r}{B}=0.2$。配合点的对应坐标为

$$s=0.2\text{m}\quad t=2\times10^2\text{s}=0.002\ 32(\text{d})$$

$$W_E\left(\mu_e,\frac{r}{B}\right)=3.25\qquad \frac{1}{\mu_e}=10^2$$

依（7-2-22）式计算 T，即

$$T=0.08\times\frac{QW_E\left(\mu_e,\frac{r}{B}\right)}{s}=0.08\times\frac{1\ 300\times3.25}{0.2}=1\ 690(\text{m}^2/\text{d})$$

依（7-2-23）式计算 μ_e，即

$$\mu_e=\frac{4Tt\mu_e}{r^2}=\frac{4\times1\ 690\times0.002\ 32\times10^{-2}}{10^2}=0.001\ 57$$

再与 $\frac{r}{B}=0.2$ 的 D 类曲线拟合，任取一配合点，其对应坐标为

$$s=0.4\text{m} \qquad t=6\times10^4\text{s}=0.692(\text{d})$$

$$W_D\left(\mu_d,\frac{r}{B}\right)=6.4 \qquad \frac{1}{\mu_d}=10^3$$

依（7-2-24）式计算 T，即

$$T=0.08\times\frac{QW_D\left(\mu_d,\frac{r}{B}\right)}{s}=0.08\times\frac{1\,300\times6.4}{0.4}=1\,660(\text{m}^2/\text{d})$$

依（7-2-25）式计算 μ_d，即

$$\mu_d=\frac{4Tt\mu_d}{r^2}=\frac{4\times1\,660\times0.692\times10^{-3}}{10^2}=0.046$$

依（7-2-26）式计算 η，即

$$\eta=\frac{\mu_e+\mu_d}{\mu_e}=\frac{0.001\,57+0.046}{0.001\,57}=30.3$$

依（7-2-27）式计算滞后指数，即

$$\frac{1}{\alpha}=\frac{4\mu_d t}{\left(\frac{r}{B}\right)^2}=\frac{4\times10^{-3}\times0.692}{0.2^2}=0.069\,2(\text{d})=100(\text{min})$$

从图 7-2-4 查得：当 $\frac{r}{B}=0.2$ 时，αt_0 约为 3。因此

$$t_0=3\times\frac{1}{\alpha}=3\times100=300(\text{min})$$

即在抽水 300min 之后，重力给水的滞水性基本上不再影响一号井的降深。

2. 2 号观测井（$r=30\text{m}$）

此孔抽水初期因某种原因未进行观测，它只能与 D 类曲线进行叠合，结果与 $\frac{r}{B}=0.8$ 曲线吻合，配合点的对应坐标是

$$s=0.26\text{m} \qquad t=10^2\text{s}=1.16\text{d}$$

$$W_D\left(\mu_d,\frac{r}{B}\right)=4 \qquad \frac{1}{\mu_d}=10^2$$

分别按（7-2-24）式、（7-2-25）式和（7-2-27）式，得

$$T=0.08\times\frac{QW_D\left(\mu_d,\frac{r}{B}\right)}{s}=0.08\times\frac{1\,300\times4}{0.26}=1\,600(\text{m}^2/\text{d})$$

$$\mu_d=\frac{4Tt\mu_d}{r^2}=\frac{4\times1\,600\times1.16\times10^2}{30^2}=0.082\,3$$

$$\frac{1}{\alpha}=\frac{4\mu_d t}{\left(\frac{r}{B}\right)^2}=\frac{4\times10^{-2}\times1.16}{0.8^2}=0.072\,5(\text{d})\approx104(\text{min})$$

由图 7-2-4 查得，当 $\frac{r}{B}=0.8$ 时，$\alpha t=4$，故

$$t_0=4\times\frac{1}{\alpha}=4\times104=416(\text{min})$$

（二）直线图解法

当 $t>t_0$ 时，潜水滞后重力给水对降深基本没有影响，这些数据可用直线法确定参数。因为只有两个观测孔，所以这里采用 s-t 直线图解法。

将观测数据投到单对数坐标纸上，结果见图 7-2-7。

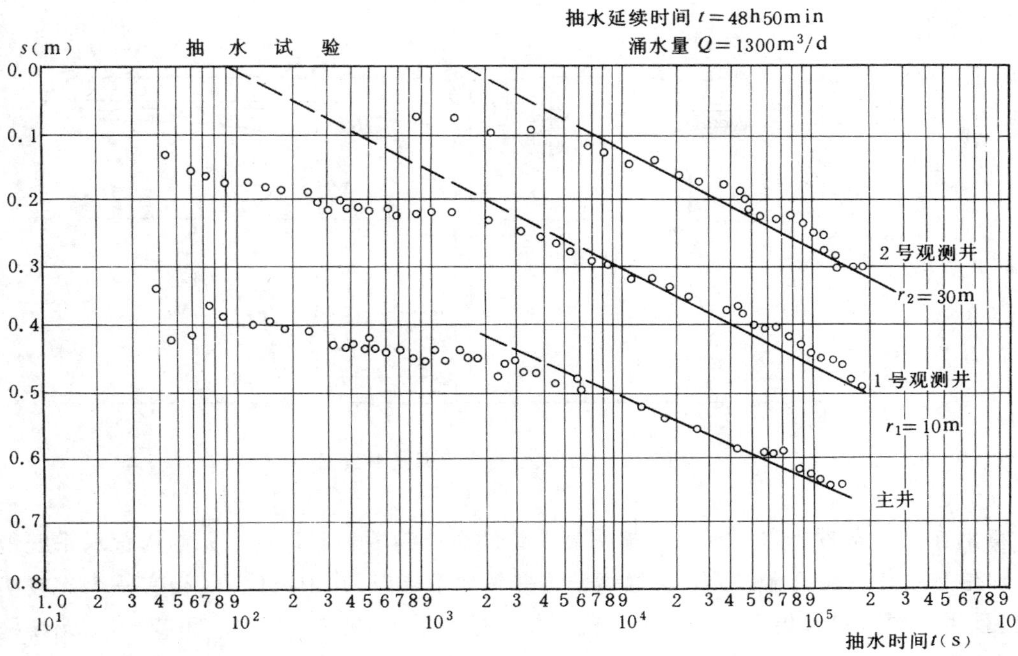

图 7-2-7 用于潜水井抽水试验的直线图解法

1. 1 号观测井（$r_1 = 10\text{m}$）

由图 7-2-7 得直线段的斜率 $m = 0.145\text{m}$，直线在 t 轴的截距 $t_0 = 84\text{s} = 0.000\,97(\text{d})$，故

$$T = 0.183 \times \frac{Q}{m} = 0.183 \times \frac{1\,300}{0.145} = 1\,640(\text{m}^2/\text{d})$$

$$\mu_d = \frac{2.25Tt}{r^2} = \frac{2.25 \times 1\,640 \times 0.000\,97}{10^2} = 0.035\,8$$

2. 2 号观测井（$r_2 = 30\text{m}$）

通过图解法得 $m = 0.155\text{m}, t_0 = 1\,500\text{s} = 0.174(\text{d})$，故

$$T = 0.183 \times \frac{Q}{m} = 0.183 \times \frac{1\,300}{0.155} = 1\,540(\text{m}^2/\text{d})$$

$$\mu_d = \frac{2.25Tt_0}{r^2} = \frac{2.25 \times 1\,540 \times 0.174}{30^2} = 0.066\,6$$

3. 主井（$r_w = 0.32\text{m}$）

图解法得 $m = 0.14\text{m}$，故

$$T = 0.183\frac{Q}{m} = 0.183 \times \frac{1\,300}{0.14} = 1\,700(\text{m}^2/\text{d})$$

§7.3 二元结构的含水系统

自然界普遍存在上细（粘性土）下粗（砂土、砾石层等）的二元结构含水系统(图 7-3-1)。我们对其流动特征做扼要的分析。

对于二元结构含水系统，若将其概化为承压含水层，则无法解决其入渗补给和蒸发排泄问题；若将其视为层状非均质潜水含水层，则不能说明上层水位与下层水头明显不一致的事

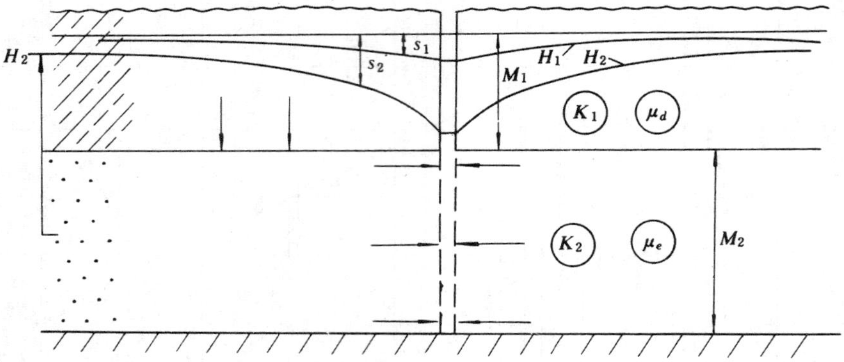

图 7-3-1　二元结构含水系统要素图

实。特别在抽水条件下这一现象更加明显。野外现场勘探表明：在二元结构含水系统地区钻进时，在上层有一初见水位 H_1，当继续钻进并钻通下层时，井中水位 H_2 会有一个比较明显的变化。且当降雨入渗补给季节，$H_2 < H_1$；当蒸发排泄季节，则 $H_2 > H_1$。事实上，二元结构含水系统中，由于上层的渗透系数 K_1 明显地小于下层的渗透系数 K_2，上层地下水以垂向流动为主，下层地下水以水平流动为主。当上层为各向同性且 $K_1 < 0.01K_2$ 时，上层地下水可视为垂直流动，下层地下水可视为水平流动(在天然条件下和完整井抽水条件下)。因此，二元结构含水系统是一种特殊的类型，可称为潜水－承压水含水层系统。

若上层水位降深 s_1 远小于上含水层的厚度 m_1，上层水可概化为垂向流，下层水可概化为水平流(即 $K_1 \ll K_2$ 时)；上层水只考虑重力释水而忽略弹性释水。那么对于下层的完整井流的数学模型可刻画如下：

$$
\begin{cases}
K_1 \dfrac{H_2 - H_1}{m_1} = \mu_d \dfrac{\partial H_1}{\partial t} & (7\text{-}3\text{-}1) \\
H_1(r,0) = H_0(\text{const.}) & (7\text{-}3\text{-}2) \\
H_1(\infty,t) = H_0 & (7\text{-}3\text{-}3) \\
T_2\left(\dfrac{\partial^2 H_2}{\partial r^2} + \dfrac{1}{r}\dfrac{\partial H_2}{\partial r}\right) + K_1 \dfrac{H_1 - H_2}{m_1} = \mu_e \dfrac{\partial H_2}{\partial t} & (7\text{-}3\text{-}4) \\
H_2(r,0) = H_0(\text{const.}) & (7\text{-}3\text{-}5) \\
H_2(\infty,t) = H_0 & (7\text{-}3\text{-}6) \\
\lim\limits_{r \to 0} 2\pi r T_2 \dfrac{\partial H}{\partial r} = Q & (7\text{-}3\text{-}7)
\end{cases}
$$

式中：K_1 和 T_2 为潜水层的渗透系数和承压水层的导水系数；μ_d 和 μ_e 为潜水层的重力给水度和承压水层的弹性给水度；H_1、H_2 和 H_0 为潜水层的水位、承压水层的水头和初始水头（水位）；Q 为承压完整抽水井的流量。

若记

$$s_1 = H_0 - H_1$$
$$s_2 = H_0 - H_2$$

则上述数学模型可改写为

$$
\begin{cases}
K_1 \dfrac{s_1 - s_2}{m_1} = -\mu_d \dfrac{\partial s_1}{\partial t} & (7\text{-}3\text{-}1)' \\
s_1(r,0) = 0 & (7\text{-}3\text{-}2)' \\
s_1(\infty,t) = 0 & (7\text{-}3\text{-}3)' \\
T_2\left(\dfrac{\partial^2 s_2}{\partial r^2} + \dfrac{1}{r}\dfrac{\partial s_2}{\partial r}\right) + K_1 \dfrac{s_1 - s_2}{m_1} = \mu_e \dfrac{\partial s_2}{\partial t} & (7\text{-}3\text{-}4)' \\
s_2(r,0) = 0 & (7\text{-}3\text{-}5)' \\
s_2(\infty,t) = 0 & (7\text{-}3\text{-}6)' \\
\lim\limits_{r\to 0} 2\pi r T_2 \dfrac{\partial s}{\partial r} = -Q & (7\text{-}3\text{-}7)'
\end{cases}
$$

则上述问题 s_2 的解与§7.2 中 Boulton 的滞后给水模型的 s 解（7-2-8）式是一样的。其中的参数 α 的意义是

$$
\alpha = \frac{K_1}{m_1 \mu_d} \tag{7-3-8}
$$

因此上节有关（7-2-8）式解的求参方法和预测等可以用于本节。

§7.4　考虑流速垂直分量和弹性储量的分析方法——纽曼法

本节介绍的是纽曼（S. P. Neuman）不稳定潜水完整井流模型。这个模型考虑流速的垂直分量和潜水层弹性储量的作用，把潜水面视为可移动的物质界面，而没有涉及博尔顿的模型中物理意义不明确的滞后指数 $1/\alpha$。纽曼模型可以再现降深-时间曲线的三个阶段，而且泰斯解作为特例被包含在纽曼解中。纽曼方法不涉及“滞后重力给水”，他的解既可用于潜水面下降的情况，也可用于水位恢复上升。因此，纽曼认为把“滞后给水”这个术语改为“潜水面滞后反应”更为恰当。

一、理论

图 7-4-1 表示纽曼所提出的不稳定完整潜水井流模型。

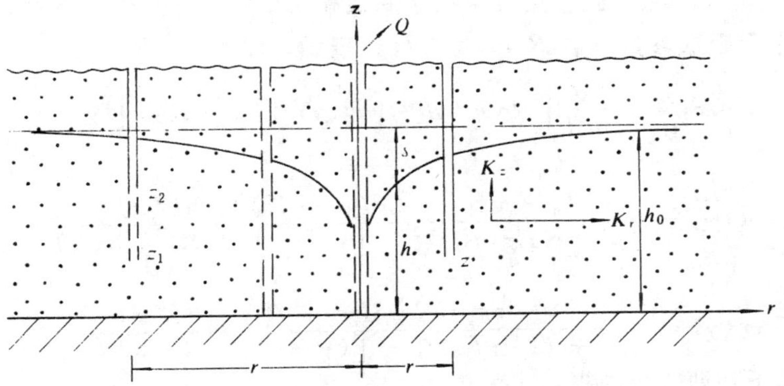

图 7-4-1　潜水完整井流及观测孔示意图

（一）假定条件及定解问题的建立

纽曼模型是在下列条件下建立的：

（1）含水层是均质各向异性的，其主渗透方向平行于水平轴 r 和垂直轴 z，含水层侧向无限延伸，隔水底板水平；

（2）同时考虑弹性储量和重力储量的释水作用，并认为比弹性给水度 μ_s 和重力给水度 μ_d 为常量；

（3）初始潜水面是水平的；

（4）抽水井是完整的，且抽水量保持不变；

（5）渗流服从达西定律；

（6）抽水期间上部无入渗、无蒸发；

（7）抽水井井壁上的出渗面（水跃）被忽略；

（8）由于抽水引起的潜水面降深与含水层初始厚度 h_0 相比是很小的，这个假定使我们能够近似地将上边界从自由面处移动到初始潜水面处（$z=h_0$）。

在这些假定条件下，定解问题可写为

$$\begin{cases} K_r\left(\dfrac{\partial^2 s}{\partial r^2}+\dfrac{1}{r}\dfrac{\partial s}{\partial r}\right)+K_z\dfrac{\partial^2 s}{\partial z^2}=\mu_s\dfrac{\partial s}{\partial t} \quad 0<z<h_0 & (7\text{-}4\text{-}1)\\ s(r,z,0)=0 & (7\text{-}4\text{-}2)\\ s(\infty,z,t)=0 & (7\text{-}4\text{-}3)\\ \dfrac{\partial s}{\partial z}(r,0,t)=0 & (7\text{-}4\text{-}4)\\ K_z\dfrac{\partial s}{\partial z}(r,h_0,t)\cong-\mu_d\dfrac{\partial s}{\partial t}(r,h_0,t) & (7\text{-}4\text{-}5)\\ \lim\limits_{r\to 0}\displaystyle\int_0^{h_0} r\dfrac{\partial s}{\partial r}\mathrm{d}z=-\dfrac{Q}{2\pi K_r} & (7\text{-}4\text{-}6)\end{cases}$$

式中：K_r 为水平径向渗透系数；K_z 为垂向渗透系数；μ_s 为比弹性给水度；μ_d 为重力给水度；h_0 为潜水层初始厚度。

（二）降深方程

1. 测压计水头降深方程

对（7-4-1）式至（7-4-6）式应用拉普拉斯变换和汉格尔变换并作反演后，测压计水头降深 s 的解可用四个无因次参数（$\beta, R_\mu, \bar{z}, \bar{t}_e$ 或 $\bar{t}_d$）表示，即

$$s(r,z,t)=\frac{Q}{4\pi T}\int_0^\infty 4yJ_0(y\beta^{\frac{1}{2}})\left[\omega_0(y)+\sum_{n=1}^{\infty}\omega_n(y)\right]\mathrm{d}y \tag{7-4-7}$$

其中，

$$\omega_0(y)=\frac{\{1-\exp[-\bar{t}_e\beta(y^2-\gamma_0^2)]\}\mathrm{ch}(\gamma_0\bar{z})}{\{y^2+(1+R_\mu)\gamma_0^2-[(y^2-\gamma_0^2)^2/R_\mu]\}\mathrm{ch}(\gamma_0)} \tag{7-4-8}$$

$$\omega_n(y)=\frac{\{1-\exp[-\bar{t}_e\beta(y^2+\gamma_n^2)]\}\mathrm{ch}(\gamma_n\bar{z})}{\{y^2+(1+R_\mu)\gamma_n^2-[(y^2+\gamma_n^2)^2/R_\mu]\}\mathrm{ch}(\gamma_n)} \tag{7-4-9}$$

而 γ_0 和 γ_n 分别是下列两方程的根：

$$R_\mu\gamma_0\mathrm{sh}(\gamma_0)-(y^2-\gamma_0^2)\mathrm{ch}(\gamma_0)=0 \qquad \gamma_0^2<y^2 \tag{7-4-10}$$

和

$$R_\mu\gamma_n\sin(\gamma_n)+(y^2+\gamma_n^2)\cos(\gamma_n)=0 \tag{7-4-11}$$

其中，

$$(2n-1)\frac{\pi}{2}<\gamma_n<n\pi \qquad n\geqslant 1 \tag{7-4-12}$$

式中：$T=K_rh_0$ 为导水系数；$J_0(x)$ 为零阶第一类贝塞尔函数；$\beta=R_K\bar{r}^2=\dfrac{\dfrac{K_z}{h_0^2}}{\dfrac{K_r}{r^2}}$［其中，$R_K=\dfrac{K_z}{K_r}$ 为主渗透系数之比（各向异性程度）；$\bar{r}=\dfrac{r}{h_0}$ 为无因次径距］；$\bar{t}_e=\dfrac{Tt}{\mu_e r^2}$ 为关于 μ_e 的无因次时间；$\bar{t}_d=\dfrac{Tt}{\mu_d r^2}$ 为关于 μ_d 的无因次时间；$\bar{z}=\dfrac{z}{h_0}$ 为无因次高度；$R_\mu=\dfrac{\mu}{\mu_d}$ 为给水度之比。

由于方程（7-4-7）式是线性问题的解，因此我们可以应用叠加原理来处理有关问题。

2. 完整观测孔的水头降深方程

纽曼认为，观测孔（其滤管具有一定的长度）中的水头降深可视为滤管内各点降深的平均值，即

$$s(r,z_1,z_2,t)=\frac{1}{z_2-z_1}\int_{z_1}^{z_2}s(r,z,t)\mathrm{d}z \tag{7-4-13}$$

显然，观测孔内的平均水头降深总是大于该处潜水面的降深。

如果（7-4-13）式右端的积分限改为从 0 至 h_0，则得完整观测孔的水头降深方程，它仍然用（7-4-7）式表达，只是其中的 $\omega_0(y)$ 和 $\omega_n(y)$ 分别按下列两式重新定义：

$$\omega_0(y)=\frac{\{1-\exp[-\bar{t}_e\beta(y^2-\gamma_0^2)]\}\mathrm{th}(\gamma_0)}{\{y^2+(1+R_\mu)\gamma_0^2-[(y^2-\gamma_0^2)^2/R_\mu]\}\gamma_0} \tag{7-4-14}$$

$$\omega_n(y)=\frac{\{1-\exp[-\bar{t}_e\beta(y^2+\gamma_n^2)]\}\mathrm{tg}(\gamma_n)}{\{y^2+(1+R_\mu)\gamma_n^2-[(y^2+\gamma_n^2)^2/R_\mu]\}\gamma_n} \tag{7-4-15}$$

3. 转化成泰斯解

如果没有重力给水，即 $\mu_d=0$(因而 $R_\mu=\infty$)，则含水层相当于承压的。可以预料，这时(7-4-7）式应当转化为不稳定承压完整井流的泰斯公式。

我们从（7-4-10）式出发，显然存在：

$$\lim_{R_\mu\to\infty}\gamma_0=0$$

而

$$\lim_{R_\mu\to\infty}R_\mu\gamma_0^2=\lim_{\gamma_0\to 0}\frac{\gamma_0}{\mathrm{sh}(\gamma_0)}(y^2-\gamma_0^2)\mathrm{ch}(\gamma_0^2)=y^2$$

于是，对（7-4-8）式取极限，并考虑上述关系，得

$$\lim_{R_K\to\infty}\omega_0(y)=\frac{1-\exp(-\bar{t}_e\beta y^2)}{2y^2} \tag{7-4-16}$$

由（7-4-11）式，有

$$\lim_{R_\mu\to\infty}\omega_n(y)=0 \qquad n=1,2,\cdots \tag{7-4-17}$$

若将（7-4-16）式和（7-4-17）式代入（7-4-7）式，并引入新变量 $\zeta=\beta^{\frac{1}{2}}y$，则方程(7-4-7）式变为

$$s(r,t)=\frac{Q}{4\pi T}\int_0^\infty 2[1-\exp(-\bar{t}_e\zeta^2)]J_0(\zeta)\frac{\mathrm{d}\zeta}{\zeta} \tag{7-4-18}$$

设

$$\Phi(\bar{t}_e) = \int_0^{\infty}\left(1 - e^{-\bar{t}_e\zeta^2}\right) J_0(\zeta)\frac{d\zeta}{\zeta} \tag{7-4-19}$$

则

$$\Phi'(\bar{t}_e) = \int_0^{\infty} e^{-\bar{t}_e\zeta^2}\zeta J_0(\zeta)d\zeta$$

利用韦伯积分

$$\int_0^{\infty} e^{-a^2x^2}J_\nu(bx)x^{\nu+1}dx = \frac{b^\nu}{(2a^2)^{\nu+1}}e^{-\frac{b^2}{4a^2}} \quad (a > 0, b > 0, \nu > -1)$$

令

$$a^2 = \bar{t}_e, b = 1, \nu = 0$$

则

$$\Phi'(\bar{t}_e) = \frac{1}{2\bar{t}}e^{-\frac{1}{4\bar{t}_e}}$$

方程两端对 $\bar{t}_e$ 从 0 到 $\bar{t}_e$ 积分

$$\Phi(\bar{t}_e) = \int_0^{\bar{t}_e}\frac{1}{2\bar{t}_e}e^{-\frac{1}{4\bar{t}_e}}d\bar{t}_e + C$$
$$= \int_0^{\bar{t}_e}\frac{1}{2x}e^{-\frac{1}{4x}}dx + C$$

此式与（7-4-19）式对比看出，当 $\bar{t}_e = 0$ 时，两个定积分均为 0，所以此式的积分常量 $C = 0$。

令 $\frac{1}{4x} = y$，则

$$\Phi(\bar{t}_e) = \int_0^{\bar{t}_e}\frac{1}{2x}e^{-\frac{1}{4x}}dx = -\int_{\infty}^{\frac{1}{4\bar{t}_e}} 2ye^{-y}\cdot\frac{1}{4}\frac{dy}{y^2}$$
$$= \frac{1}{2}\int_{\frac{1}{4\bar{t}_e}}^{\infty}\frac{e^{-y}}{y}dy$$

将此关系代入方程（7-4-18）式，得

$$s(r,t) = \frac{Q}{4\pi T}\int_{\frac{1}{4\bar{t}_e}}^{\infty}\frac{e^{-y}}{y}dy$$

这就是不稳定承压完整井流的泰斯解 $\left(注意：\frac{1}{4\bar{t}_e} = \frac{\mu_e r^2}{4Tt} = \frac{r^2}{4a_e t}\right)$。

4. 长期抽水的渐近解

当抽水时间足够长时，潜水层中任一点的降深由（7-4-7）式的渐近式表示：

$$s(r,z,t) = \frac{Q}{4\pi T}\int_0^{\infty} 2J_0(y\beta^{\frac{1}{2}})\left\{1 - \exp[-\bar{t}_d\beta y\,\mathrm{th}(y)]\frac{\mathrm{ch}(y\bar{z})}{\mathrm{ch}(y)}\right\}\frac{dy}{y} \tag{7-4-20}$$

当含水层是刚性的，而且水也是不可压缩的，即 $\mu_e = 0$ 时，则（7-4-20）式任何时间都有效。因此，可以预料（7-4-20）式与博尔顿第一模型的解［见《地下水不稳定井流计算方法》方程（8-2-15）式］是相当的。事实也正是这样，如果（7-4-20）式用于各向同性潜水层，即 $K_z = K_r$，这两个方程是相同的。这一事实表明，弹性储量的效应随着抽水时间的延续而逐渐消失。因此，博尔顿第一模型的解只能用于抽水足够长的时期。

当抽水时间相当长时（通常取 $\bar{t}_d > 5$），上式可转化为关于 μ_d 的泰斯公式。

$$s(r,t) = \frac{Q}{4\pi T}\int_{\frac{1}{4\bar{t}_d}}^{\infty}\frac{e^{-\zeta}}{\zeta}d\zeta \tag{7-4-21}$$

（三）纽曼解的特点

为了了解上述解的特性，必须对（7-4-7）式右端的定积分——可写成 $W(\beta, R_\mu, \bar{z}, \bar{t}_e)$ 并称

为纽曼潜水完整井流井函数 —— 借助于电子计算机作数值计算。

1. 降深-时间曲线的特点及随 R_μ 的变化

我们首先研究在各向同性含水层（$R_K=1$）中，位于潜水层底板上（$\bar{z}=0$）并离抽水井井轴的径距 r 等于潜水层厚度 h_0 处（即 $\bar{r}=1$）的降深变化情况。图 7-4-2 表示该点的无因次降深 $\bar{s}\left(=\dfrac{4\pi T}{Q}s\right)$ 与关于 μ_e 的无因次时间 $\bar{t}_e\left(=\dfrac{Tt}{\mu_e r^2}\right)$ 的关系曲线。其中包含六条曲线，每一条曲线对应于某一给水度比 $R_\mu=\dfrac{\mu_e}{\mu_d}$。左边第一条对应于 $\mu_d=0$（即 $R_\mu=\infty$）的情况，属于承压井流泰斯曲线。其他五条曲线都与某一有限的 R_μ 值相对应。它们完整地反映出抽水过程的三个不同阶段。抽水早期，这些曲线都落在关于 μ_e 的泰斯曲线上，说明这个阶段的抽水量基本上由弹性储量所提供。在第二阶段，重力给水变得重要起来。它的作用很像获得越流补给。从这组曲线可以看出，μ_d 愈大（即 R_μ 愈小），重力给水的作用也愈大，从而"越流"的影响也愈显著（表现为第二时段也愈长）。如果再延长抽水时间，进入第三阶段，则弹性储量的作用几乎完全消失，降深 - 时间曲线再一次平行泰斯曲线。

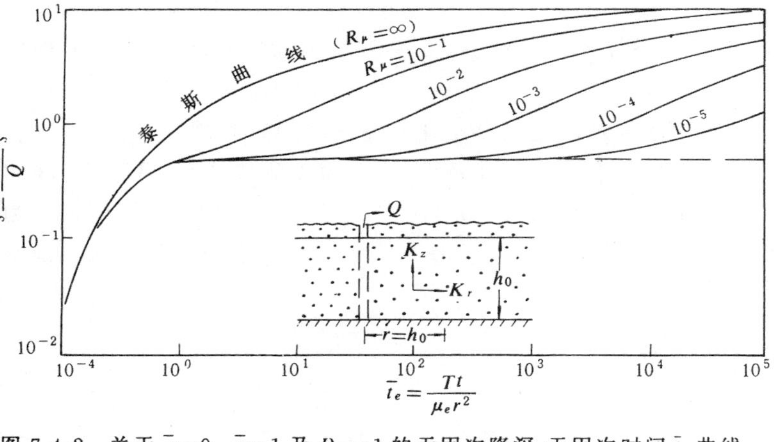

图 7-4-2　关于 $\bar{z}=0$，$\bar{r}=1$ 及 $R_K=1$ 的无因次降深-无因次时间 $\bar{t}_e$ 曲线

（据纽曼）

我们再来看图 7-4-3。这张图的纵坐标与图 7-4-2 一样，也是无因次降深 $\bar{s}$；横坐标则改为相对于 μ_d 的无因次时间 $\bar{t}_d$。此图上的曲线也明显地反映出抽水的三个不同阶段。不管给水度之比 R_μ 是多少，第三阶段的降深 - 时间曲线都与关于 μ_d 的泰斯曲线相重合。另外，μ_e 愈小（即 R_μ 愈小），降深 - 时间曲线第一阶段所占据的时段也愈短；当 μ_e 趋于零时 —— 相当于博尔顿第一模型（见《地下水不稳定井流计算方法》§ 8.2），第一阶段的降深 - 时间曲线就不会出现了。也就是说，如果忽略弹性储量的作用，那么潜水面以下各点的水头会在抽水开始那一瞬时突然地下降。这也说明博尔顿第一模型不能再现第一阶段降深 - 时间曲线的原因。或者说，博尔顿第一模型是纽曼模型的一个特例。

也许人们会提出问题，潜水层的 μ_e 与 μ_d 相比如此之小，是否可忽略不计呢？根据普里克特按照博尔顿的方法在美国伊利诺斯州劳伦斯维尔附近所做的 18 个抽水试验的计算结果表明，这个地区的 R_μ 值大约在 7×10^{-4} 和 3×10^{-1} 之间，其中 R_μ 超过 10^{-2} 的有 14 个。如果这个

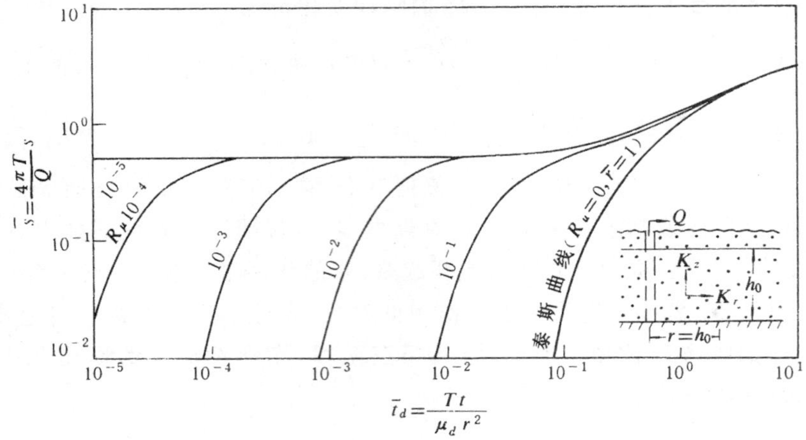

图 7-4-3　关于 $\bar{z}=0$，$\bar{r}=1$ 及 $R_K=1$ 的无因次降深-无因次时间 $\bar{t}_d$ 曲线

（据纽曼）

资料是可靠的，那么由图 7-4-2 和图 7-4-3 说明，一般地讲，潜水层的弹性储量还是应当考虑的。

2. 降深 - 时间曲线与观测点（测压计）高程之间的关系

图 7-4-4 表示在 $R_\mu=10^{-2}$,$\bar{r}=1$ 及 $R_K=1$ 的典型情况下，降深 - 时间曲线与观测点高程之间的关系。图中表示了 $\bar{z}=0$、0.2、0.4、0.6、0.8、1.0 六个不同高程观测点和完整观测孔的降深 - 时间曲线。从此图可以看出，在抽水早、中期潜水面的降深总是小于其下任一观测

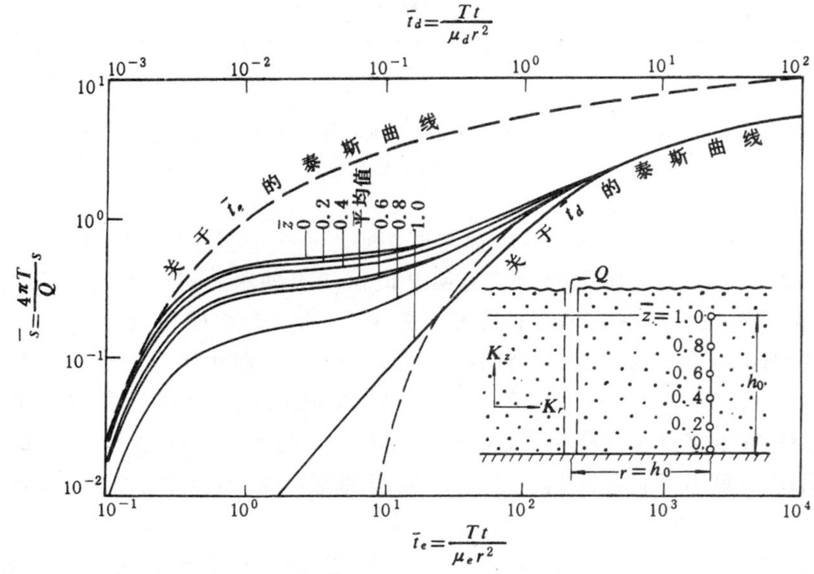

图 7-4-4　关于 $R_\mu=10^{-2}$，$\bar{r}=1$ 及 $R_K=1$ 的无因次降深-无因次时间 $\bar{t}_e$ 和 $\bar{t}_d$ 曲线

（据纽曼）

点的降深，或者说，潜水面的降深总是落后于在它下面任意点处的水头降深。“滞后给水”（博尔顿）或“滞后潜水面反应”（纽曼）就因为这一现象而引出来的。实际上，如果我们注意到潜水井流的三维性质，那么这种潜水面降深小于其下任意点降深的现象，是不难理解的。

3. 流型随时间的变化

前面的资料使我们了解到，降深-时间曲线的第一、三阶段分别与关于 μ_e 和 μ_d 的泰斯曲线相吻合，而泰斯解是在裘布依假定（忽略垂直分流速）下导得的，因此我们可以预料，在抽水的早、晚期，潜水层中的流动基本上是水平的。为了说明这一点，我们在 $\bar{r}=1$ 处的垂线上作不同时刻的降深分布曲线于图 7-4-5 上。从此图可看出，抽水的早、晚期，垂线上的降深分布曲线几乎是垂直线，即等势线几乎是垂直的直线，因而流线基本是水平的。而抽水的中期在潜水层上部存在明显的垂直分流速。

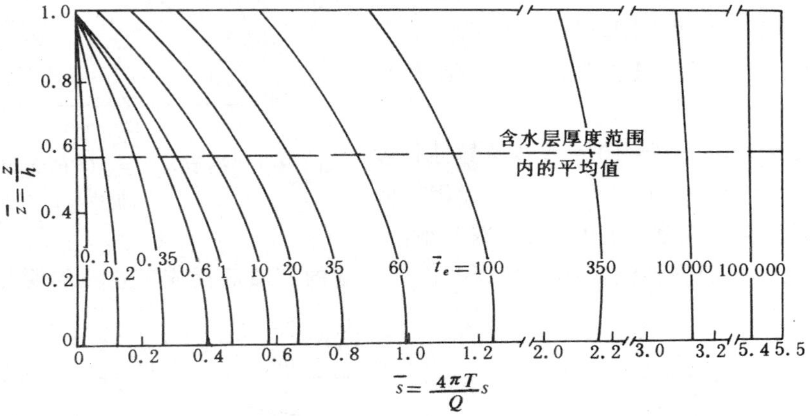

图 7-4-5　关于 $R_\mu=10^{-2}$，$\bar{r}=1$ 及 $R_K=1$ 的无因次高程-无因次降深曲线

（据纽曼）

4. 降深-时间曲线随径距 r 的变化关系

图 7-4-6 表示在 $\bar{z}=0$ 处不同 $\bar{r}$ 的降深-时间曲线的特点。可以看出，当 r 增大时，弹性储

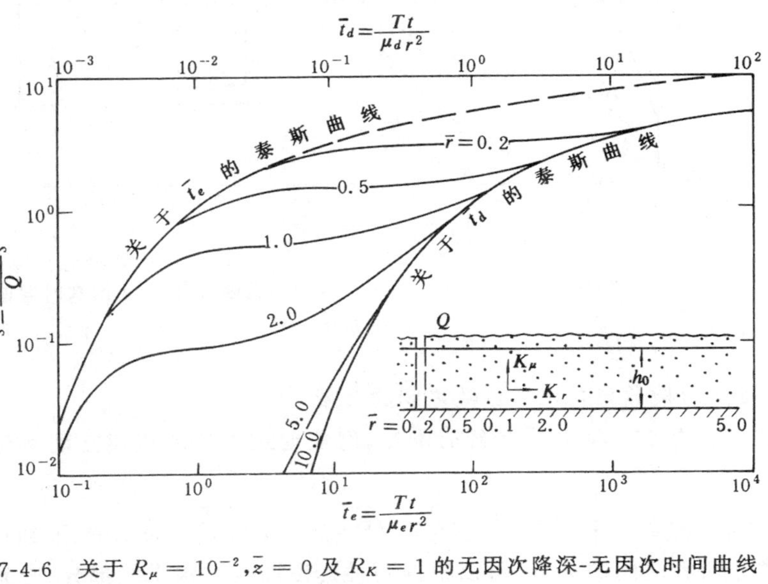

图 7-4-6　关于 $R_\mu=10^{-2}$，$\bar{z}=0$ 及 $R_K=1$ 的无因次降深-无因次时间曲线

（据纽曼）

量的作用变小。在 $r > 10h_0$ 的区段上，弹性储量的影响变得很小而可忽略不计，于是降深-时间曲线大致与基于 μ_d 的泰斯曲线吻合。

从另一角度来说，随着径距的增大，“潜水面滞后反应”变小了。所以，前所述的降深-时间曲线的三个阶段，只有在 r（$\bar{r}$）较小的情况下才会明显地表现出来。

5. 潜水面的形状

为了获得某一给定时刻的潜水面形状，可以使 $\bar{t}_e \cdot \bar{r}^2 = \frac{Tt}{\mu_e r^2} \cdot \frac{r^2}{h_0^2} = \frac{Tt}{\mu_e h_0^2}$ 保持不变，仅仅改变 $\bar{r}$ 而计算得。图 7-4-7 表示 $\bar{t}_e \cdot r^2 = 100$ 时的无因次降深与无因次径距 $\bar{r}$ 之间的关系曲线。

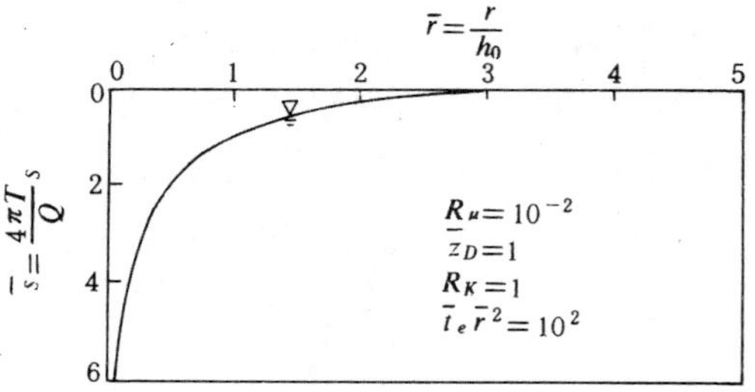

图 7-4-7 关于 $\bar{t}_e \bar{r}^2 = 10^2$ 的无因次潜水面形状（据纽曼）

6. 各向异性程度对降深-时间曲线的影响

裂隙岩层中有时可能垂直的渗透系数大于水平的，即 $R_K > 1$，而第四系松散沉积物通常 $R_K < 1$。

图 7-4-8 表示在 $R_\mu = 10^{-2}$ 和各向异性程度不等的潜水层中，在 $\bar{z} = 0$ 和 $\bar{r} = 1$ 处的无因次降深-无因次时间关系曲线。可以看出，R_K 愈小，水平分流速愈大，因而弹性储量的作用以及由此引起的“滞后反应”也愈加明显。

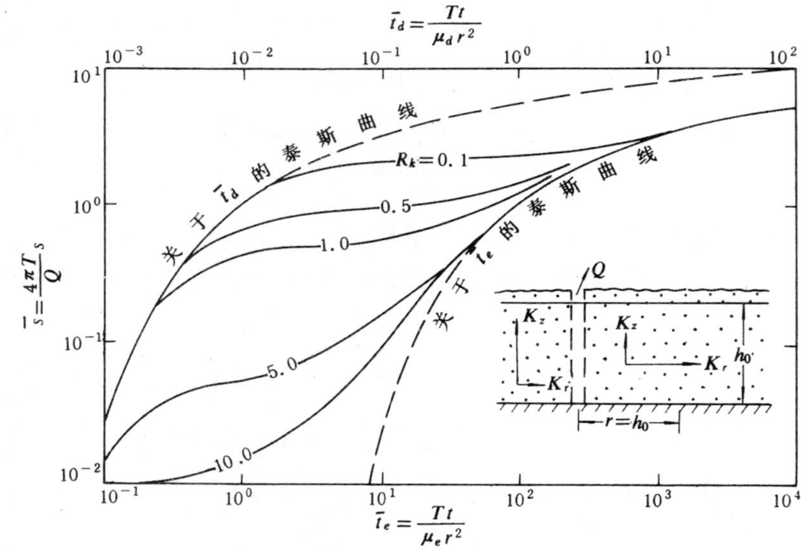

图 7-4-8 关于 $R_\mu = 10^{-2}$，$\bar{z} = 0$ 及 $\bar{r} = 1$ 的无因次降深-无因次时间曲线（据纽曼）

7. 博尔顿滞后指数与含水层参数之间的关系

博尔顿的滞后指数 $1/\alpha$ 是个半经验参数，纽曼通过下述方法建立起 α 与潜水层参数之间的关系。

博尔顿的标准曲线是利用无因次参数 $r/B = r\sqrt{\alpha \mu_d / T}$ 来表示的，而纽曼利用的则是 $\beta = R_K \bar{r}^2$。为了建立两者之间的关系，可以根据两种标准曲线的水平线部分，分别绘制 $(r/B)^2$-$\bar{s}$ 和

β-$\bar{s}$ 的双对数曲线（图 7-4-9）。每一个 $\bar{s}$ 值，有一对 $(r/B)^2$ 和 β 与其对应；对于不同的 $\bar{s}$，有其一系列对应的 $(r/B)^2$ 和 β。

将数据 $(r/B)^2$-β 点在单对数坐标纸上（图 7-4-10），然后通过线性回归得出直线

$$\frac{\left(\frac{r}{B}\right)^2}{\beta} = 3.063 - 0.567\lg\beta \tag{7-4-22}$$

其相关系数高达 0.99。

根据 r/B 和 β 的定义，可将（7-4-22）式改写为

$$\alpha = \frac{K_z}{\mu_d h_0}\left[3.063 - 0.567\lg\left(\frac{R_K r^2}{h_0^2}\right)\right] \tag{7-4-23}$$

这说明，α 并不完全取决于含水层的参数，它还随 r 的增大而减小。

由此看来，博尔顿第二模型是存在缺陷的。

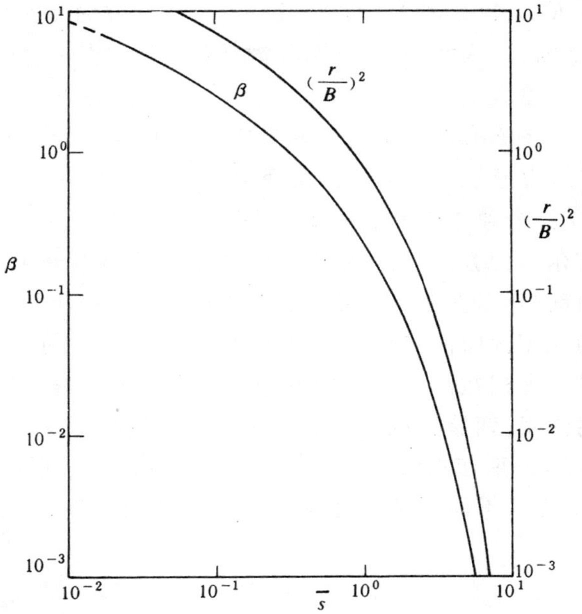

图 7-4-9 关于完整井标准曲线水平部分的 β-$\bar{s}$ 曲线和 $(r/B)^2$-$\bar{s}$ 曲线

（据纽曼）

二、井流试验

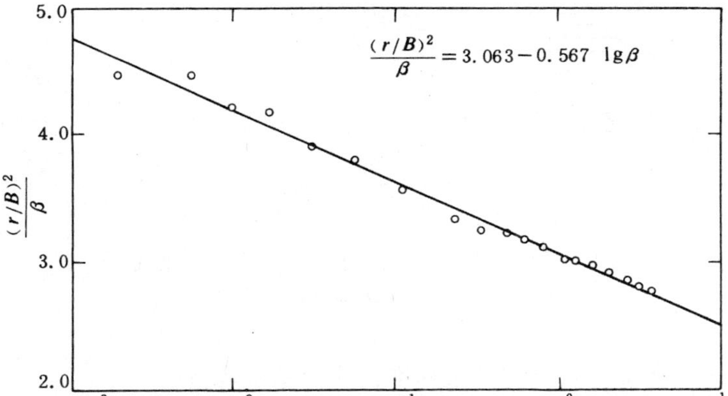

图 7-4-10 关于完整井的 $\frac{(r/B)^2}{\beta}$-β 半对数关系曲线

（据纽曼）

（一）抽水试验

1. 标准曲线对比法

标准曲线对比法是将野外井流试验的实测数据（s-t）与预先绘制的理论曲线相叠合来确定含水层参数的。对应于一个自变量的理论曲线是一条曲线，例如泰斯曲线。对应于两个自变量的理论曲线是一簇曲线，例如第一类越流系统标准曲线图，它们还是可以绘在一张图纸

上的。对应于三个自变量的理论曲线则是若干簇曲线。一般地讲，它们不能绘在一张图纸上。这就给标准曲线对比法的使用带来困难。完整潜水井流测压计无因次降深 $\bar{s}$ 与四个独立变量 β、R_μ、$\bar{z}$ 和 $\bar{t}_e$（或 $\bar{t}_d$）相关，而非完整观测井的无因次降深则与五个独立变量 β、R_μ、$\bar{z}_1$、$\bar{z}_2$ 和 $\bar{t}_e$（或 $\bar{t}_d$）相关。因此，对于这两种情况要预先制作一套适用于野外各种条件井流试验的标准曲线，其工作量太大了。

下面介绍用于完整观测井的标准曲线对比法。

完整观测孔的无因次降深 $\bar{s}$ 由方程（7-4-7）式至（7-4-15）式确定，其中包括 β、R_μ 和 $\bar{t}_e$（或 $\bar{t}_d$）三个独立的无因次参数，两个无因次时间变量通过 $\bar{t}_d = R_\mu \bar{t}_e$ 彼此联系起来。我们采取类似博尔顿的方法，通过令 $R_\mu = 0$ 来使独立参数减为两个，结果获得两簇标准曲线，分别称为 E 簇曲线（示于图 7-4-11 中 β 值的左边）和 D 簇曲线（示于图 7-4-11 中 β 值的右边）。E 簇标准曲线的无因次时间变量为 $\bar{t}_e$，其刻度标在图 7-4-11 的上边线；D 簇标准曲线的无因次时间变量为 $\bar{t}_d$，其刻度标在图 7-4-11 的下边线。E 簇标准曲线供抽水早期的数据拟合使用，D 簇标准曲线供晚期使用。两簇标准曲线趋向一组水平的渐近线，它们的长度取决于 R_μ 值。当 $R_\mu \to 0$（即 $\mu_d \to \infty$）时，两簇曲线彼此移动无限长的距离。正是由于这个原因，两簇标准曲线采用不同的标度（对应于不同的无因次时间变量），使得它们可以绘在一张图纸上。

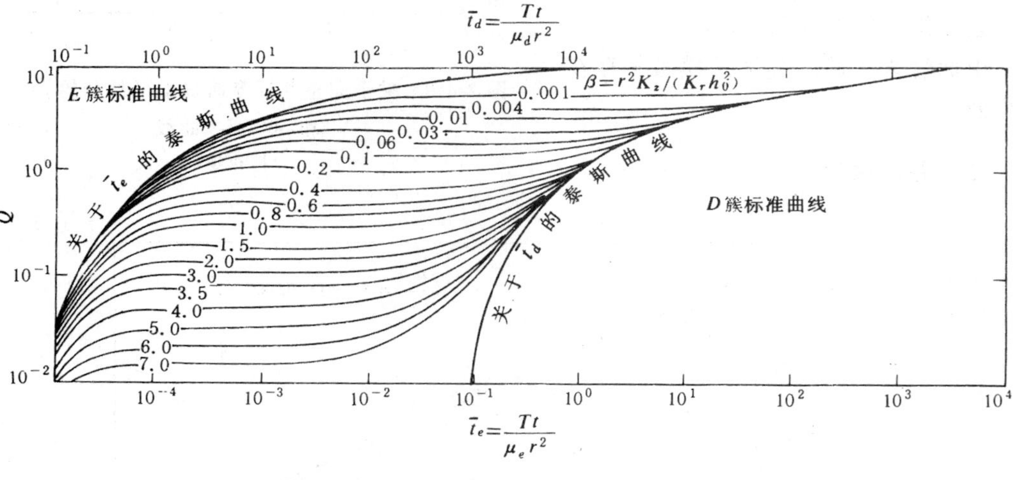

图 7-4-11　用于完整观测井的标准曲线

（据纽曼）

表 7-4-1 和表 7-4-2 列出绘制两簇标准曲线的基本数据。

利用标准曲线确定含水层参数的步骤如下：

（1）将实测的完整孔的 s-t 数据点在透明的双对数纸上。

（2）将实测的 $\lg s$-$\lg t$ 曲线重叠在 D 簇标准曲线之上。在保持两图的纵横坐标彼此平行的前提下，相对移动，使晚期的 s-t 数据与 D 簇标准曲线中某一曲线最优拟合，并记录该曲线的 β 值。在两张图纸重叠部分的任何地方选一匹配点，记下匹配点的两对坐标 s 和 t 以及 $\bar{s}$ 和 $\bar{t}_d$。

按照下列两式分别计算导水系数 T 和重力给水度 μ_d：

$$T = \frac{Q\bar{s}}{4\pi s} = 0.079\,6\,\frac{Q\bar{s}}{s} \tag{7-4-24}$$

和

表 7-4-1　纽曼潜水完整井流 E 簇标准曲线数据表

（据纽曼）

$\bar{t}_e$	β=0.001	β=0.004	β=0.01	β=0.03	β=0.06	β=0.1	β=0.2	β=0.4	β=0.6	β = 0.8	β = 1.0	β = 1.5	β = 2.0	β = 2.5	β = 3.0	β = 4.0	β = 5.0	β = 6.0	β = 7.0
1×10^{-1}	2.48×10^{-2}	2.43×10^{-2}	2.41×10^{-2}	2.35×10^{-2}	2.30×10^{-2}	2.24×10^{-2}	2.14×10^{-2}	1.99×10^{-2}	1.88×10^{-2}	1.79×10^{-2}	1.70×10^{-2}	1.53×10^{-2}	1.38×10^{-2}	1.25×10^{-2}	1.13×10^{-2}	9.33×10^{-3}	7.72×10^{-3}	6.39×10^{-3}	5.30×10^{-3}
2×10^{-1}	1.45×10^{-1}	1.42×10^{-1}	1.40×10^{-1}	1.36×10^{-1}	1.31×10^{-1}	1.27×10^{-1}	1.19×10^{-1}	1.08×10^{-1}	9.88×10^{-2}	9.15×10^{-2}	8.49×10^{-2}	7.13×10^{-2}	6.03×10^{-2}	5.11×10^{-2}	4.35×10^{-2}	3.17×10^{-2}	2.34×10^{-2}	1.74×10^{-2}	1.31×10^{-2}
3.5×10^{-1}	3.58×10^{-1}	3.52×10^{-1}	3.45×10^{-1}	3.31×10^{-1}	3.18×10^{-1}	3.04×10^{-1}	2.79×10^{-1}	2.44×10^{-1}	2.17×10^{-1}	1.94×10^{-1}	1.75×10^{-1}	1.36×10^{-1}	1.07×10^{-1}	8.46×10^{-2}	6.78×10^{-2}	4.45×10^{-2}	3.02×10^{-2}	2.10×10^{-2}	1.51×10^{-2}
6×10^{-1}	6.62×10^{-1}	6.48×10^{-1}	6.33×10^{-1}	6.01×10^{-1}	5.70×10^{-1}	5.40×10^{-1}	4.83×10^{-1}	4.03×10^{-1}	3.43×10^{-1}	2.96×10^{-1}	2.56×10^{-1}	1.82×10^{-1}	1.33×10^{-1}	1.01×10^{-1}	7.67×10^{-2}	4.76×10^{-2}	3.13×10^{-2}	2.14×10^{-2}	1.52×10^{-2}
1×10^{-1}	1.02×10^{0}	9.92×10^{-1}	9.63×10^{-1}	9.05×10^{-1}	8.49×10^{-1}	7.92×10^{-1}	6.88×10^{-1}	5.42×10^{-1}	4.38×10^{-1}	3.60×10^{-1}	3.00×10^{-1}	1.99×10^{-1}	1.40×10^{-1}	1.03×10^{-1}	7.79×10^{-2}	4.78×10^{-2}		2.15×10^{-2}	
2×10^{0}	1.57×10^{0}	1.52×10^{0}	1.46×10^{0}	1.35×10^{0}	1.23×10^{0}	1.12×10^{0}	1.03×10^{0}	6.59×10^{-1}	4.97×10^{-1}	3.91×10^{-1}	3.17×10^{-1}	2.03×10^{-1}	1.41×10^{-1}						
3.5×10^{0}	2.05×10^{0}	1.97×10^{0}	1.88×10^{0}	1.70×10^{0}	1.51×10^{0}	1.34×10^{0}	1.03×10^{0}	6.90×10^{-1}	5.07×10^{-2}	3.94×10^{-1}									
6×10^{0}	2.52×10^{0}	2.41×10^{0}	2.27×10^{0}	1.99×10^{0}	1.73×10^{0}	1.47×10^{0}	1.07×10^{0}	6.96×10^{-1}											
1×10^{1}	2.97×10^{0}	2.80×10^{0}	2.61×10^{0}	2.22×10^{0}	1.85×10^{0}	1.53×10^{0}	1.08×10^{0}												
2×10^{1}	3.56×10^{0}	3.30×10^{0}	3.00×10^{0}	2.41×10^{0}	1.92×10^{0}	1.55×10^{0}													
3.5×10^{1}	4.01×10^{0}	3.65×10^{0}	3.23×10^{0}	2.48×10^{0}	1.93×10^{0}														
6×10^{1}	4.42×10^{0}	3.93×10^{0}	3.37×10^{0}	2.49×10^{0}	1.94×10^{0}														
1×10^{2}	4.77×10^{0}	4.12×10^{0}	3.43×10^{0}	2.50×10^{0}															
2×10^{2}	5.16×10^{0}	4.26×10^{0}	3.45×10^{0}																
3.5×10^{2}	5.40×10^{0}	4.29×10^{0}	3.46×10^{0}																
6×10^{2}	5.54×10^{0}	4.30×10^{0}																	
1×10^{3}	5.59×10^{0}																		
2×10^{3}	5.62×10^{0}																		
3.5×10^{3}	5.62×10^{0}	4.30×10^{0}	3.46×10^{0}	2.50×10^{0}	1.94×10^{0}	1.55×10^{0}	1.08×10^{0}	6.96×10^{-1}	5.07×10^{-1}	3.94×10^{-1}	3.17×10^{-1}	2.03×10^{-1}	1.41×10^{-1}	1.03×10^{-1}	7.79×10^{-2}	4.78×10^{-2}	3.13×10^{-2}	2.15×10^{-2}	1.52×10^{-2}

表值是在 $R_\mu = 10^{-9}$ 条件下算得的。

表 7-4-2 纽曼潜水完整井流 D 簇标准曲线数据表

（据纽曼）

$\bar{t}_d$	$\beta=0.001$	$\beta=0.004$	$\beta=0.01$	$\beta=0.03$	$\beta=0.06$	$\beta=0.1$	$\beta=0.2$	$\beta=0.4$	$\beta=0.6$	$\beta=0.8$	$\beta=1.0$	$\beta=1.5$	$\beta=2.0$	$\beta=2.5$	$\beta=3.0$	$\beta=4.0$	$\beta=5.0$	$\beta=6.0$	$\beta=7.0$
1×10^{-4}	5.62×10^{0}	4.30×10^{0}	3.46×10^{0}	2.50×10^{0}	1.94×10^{0}	1.56×10^{0}	1.09×10^{0}	6.97×10^{-1}	5.08×10^{-1}	3.95×10^{-1}	3.18×10^{-1}	2.04×10^{-1}	1.42×10^{-1}	1.03×10^{-1}	7.80×10^{-2}	4.79×10^{-2}	1.14×10^{-2}	2.15×10^{-2}	1.53×10^{-2}
2×10^{-4}															7.81×10^{-2}	4.80×10^{-2}	3.15×10^{-2}	2.16×10^{-2}	1.53×10^{-2}
3.5×10^{-4}														1.03×10^{-1}	7.83×10^{-2}	4.81×10^{-2}	3.16×10^{-2}	2.17×10^{-2}	1.54×10^{-2}
6×10^{-4}														1.04×10^{-1}	7.85×10^{-2}	4.84×10^{-2}	3.18×10^{-2}	2.19×10^{-2}	1.56×10^{-2}
1×10^{-3}								6.97×10^{-1}	5.08×10^{-1}	3.95×10^{-1}	3.18×10^{-1}	2.04×10^{-1}	1.42×10^{-1}	1.04×10^{-1}	7.89×10^{-2}	4.88×10^{-2}	3.21×10^{-2}	2.21×10^{-2}	1.58×10^{-2}
2×10^{-3}								6.97×10^{-1}	5.09×10^{-1}	3.96×10^{-1}	3.19×10^{-1}	2.05×10^{-1}	1.43×10^{-1}	1.05×10^{-1}	7.99×10^{-2}	4.96×10^{-2}	3.29×10^{-2}	2.28×10^{-2}	1.64×10^{-2}
3.5×10^{-3}								6.98×10^{-1}	5.10×10^{-1}	3.97×10^{-1}	3.21×10^{-1}	2.07×10^{-1}	1.45×10^{-1}	1.07×10^{-1}	8.14×10^{-2}	5.09×10^{-2}	3.41×10^{-2}	2.39×10^{-2}	1.73×10^{-2}
6×10^{-3}								7.00×10^{-1}	5.12×10^{-1}	3.99×10^{-1}	3.23×10^{-1}	2.09×10^{-1}	1.47×10^{-1}	1.09×10^{-1}	8.38×10^{-2}	5.32×10^{-2}	3.61×10^{-2}	2.57×10^{-2}	1.89×10^{-2}
1×10^{-2}								7.03×10^{-1}	5.16×10^{-1}	4.03×10^{-1}	3.27×10^{-1}	2.13×10^{-1}	1.52×10^{-1}	1.13×10^{-1}	8.79×10^{-2}	5.68×10^{-2}	3.93×10^{-2}	2.86×10^{-2}	2.15×10^{-2}
2×10^{-2}						1.56×10^{0}	1.09×10^{0}	7.10×10^{-1}	5.24×10^{-1}	4.12×10^{-1}	3.37×10^{-1}	2.24×10^{-1}	1.62×10^{-1}	1.24×10^{-1}	9.80×10^{-2}	6.61×10^{-2}	4.78×10^{-2}	3.62×10^{-2}	2.84×10^{-2}
3.5×10^{-2}					1.94×10^{0}	1.56×10^{0}	1.10×10^{0}	7.20×10^{-1}	5.37×10^{-1}	4.25×10^{-1}	3.50×10^{-1}	2.39×10^{-1}	1.78×10^{-1}	1.39×10^{-1}	1.13×10^{-1}	8.06×10^{-2}	6.12×10^{-2}	4.86×10^{-2}	3.98×10^{-2}
6×10^{-2}				2.50×10^{0}	1.95×10^{0}	1.57×10^{0}	1.11×10^{0}	7.37×10^{-1}	5.57×10^{-1}	4.47×10^{-1}	3.74×10^{-1}	2.65×10^{-1}	2.05×10^{-1}	1.66×10^{-1}	1.40×10^{-1}	1.06×10^{-1}	8.53×10^{-2}	7.14×10^{-2}	6.14×10^{-2}
1×10^{-1}				2.51×10^{0}	1.96×10^{0}	1.58×10^{0}	1.13×10^{0}	7.63×10^{-1}	5.89×10^{-1}	4.83×10^{-1}	4.12×10^{-1}	3.07×10^{-1}	2.48×10^{-1}	2.10×10^{-1}	1.84×10^{-1}	1.49×10^{-1}	1.28×10^{-1}	1.13×10^{-1}	1.02×10^{-1}
2×10^{-1}	5.62×10^{0}	4.30×10^{0}	3.46×10^{0}	2.52×10^{0}	1.98×10^{0}	1.61×10^{0}	1.18×10^{0}	8.29×10^{-1}	5.67×10^{-1}	5.71×10^{-1}	5.06×10^{-1}	4.10×10^{-1}	3.57×10^{-1}	3.23×10^{-1}	2.98×10^{-1}	2.66×10^{-1}	2.45×10^{-1}	2.31×10^{-1}	2.20×10^{-1}
3.5×10^{-1}	5.63×10^{0}	4.31×10^{0}	3.47×10^{0}	2.54×10^{0}	2.01×10^{0}	1.66×10^{0}	1.24×10^{0}	9.22×10^{-1}	7.80×10^{-1}	6.97×10^{-1}	6.42×10^{-1}	5.62×10^{-1}	5.17×10^{-1}	4.89×10^{-1}	4.70×10^{-1}	4.45×10^{-1}	4.30×10^{-1}	4.19×10^{-1}	4.11×10^{-1}
6×10^{-1}	5.63×10^{0}	4.31×10^{0}	3.49×10^{0}	2.57×10^{0}	2.06×10^{0}	1.73×10^{0}	1.35×10^{0}	1.07×10^{0}	9.54×10^{-1}	8.89×10^{-1}	8.50×10^{-1}	7.92×10^{-1}	7.63×10^{-1}	7.45×10^{-1}	7.33×10^{-1}	7.18×10^{-1}	7.09×10^{-1}	7.03×10^{-1}	6.99×10^{-1}
1×10^{0}	5.63×10^{0}	4.32×10^{0}	3.51×10^{0}	2.62×10^{0}	2.13×10^{0}	1.83×10^{0}	1.50×10^{0}	1.29×10^{0}	1.20×10^{0}	1.16×10^{0}	1.13×10^{0}	1.10×10^{0}	1.08×10^{0}	1.07×10^{0}	1.07×10^{0}	1.06×10^{0}	1.06×10^{0}	1.05×10^{0}	1.05×10^{0}
2×10^{0}	5.64×10^{0}	4.35×10^{0}	3.56×10^{0}	2.73×10^{0}	2.31×10^{0}	2.07×10^{0}	1.85×10^{0}	1.72×10^{0}	1.68×10^{0}	1.66×10^{0}	1.65×10^{0}	1.64×10^{0}	1.63×10^{0}	1.63×10^{0}	1.63×10^{0}	1.63×10^{0}	1.63×10^{0}	1.63×10^{0}	1.63×10^{0}
3.5×10^{0}	5.65×10^{0}	4.38×10^{0}	3.63×10^{0}	2.88×10^{0}	2.55×10^{0}	2.37×10^{0}	2.23×10^{0}	2.17×10^{0}	2.15×10^{0}	2.15×10^{0}	2.14×10^{0}	2.14×10^{0}	2.14×10^{0}	2.14×10^{0}	2.14×10^{0}	2.14×10^{0}	2.14×10^{0}	2.14×10^{0}	2.14×10^{0}
6×10^{0}	5.67×10^{0}	4.44×10^{0}	3.74×10^{0}	3.11×10^{0}	2.86×10^{0}	2.75×10^{0}	2.68×10^{0}	2.66×10^{0}	2.65×10^{0}	2.65×10^{0}	2.65×10^{0}	2.65×10^{0}	2.64×10^{0}	2.64×10^{0}	2.64×10^{0}	2.64×10^{0}	2.64×10^{0}	2.64×10^{0}	2.64×10^{0}
1×10^{1}	5.70×10^{0}	4.52×10^{0}	3.90×10^{0}	3.40×10^{0}	3.24×10^{0}	3.18×10^{0}	3.15×10^{0}	3.14×10^{0}	3.14×10^{0}	3.14×10^{0}	3.14×10^{0}	3.14×10^{0}	3.14×10^{0}	3.14×10^{0}	3.14×10^{0}	3.14×10^{0}	3.14×10^{0}	3.14×10^{0}	3.14×10^{0}
2×10^{1}	5.76×10^{0}	4.71×10^{0}	4.22×10^{0}	3.92×10^{0}	3.85×10^{0}	3.83×10^{0}	3.82×10^{0}	3.82×10^{0}	3.82×10^{0}	3.82×10^{0}	3.82×10^{0}	3.82×10^{0}	3.82×10^{0}	3.82×10^{0}	3.82×10^{0}	3.82×10^{0}	3.82×10^{0}	3.82×10^{0}	3.82×10^{0}
3.5×10^{1}	5.85×10^{0}	4.94×10^{0}	4.58×10^{0}	4.40×10^{0}	4.38×10^{0}	4.38×10^{0}	4.37×10^{0}	4.37×10^{0}	4.37×10^{0}	4.37×10^{0}	4.37×10^{0}	4.37×10^{0}	4.37×10^{0}	4.37×10^{0}	4.37×10^{0}	4.37×10^{0}	4.37×10^{0}	4.37×10^{0}	4.37×10^{0}
6×10^{1}	5.99×10^{0}	5.23×10^{0}	5.00×10^{0}	4.92×10^{0}	4.91×10^{0}	4.91×10^{0}	4.91×10^{0}	4.91×10^{0}	4.91×10^{0}	4.91×10^{0}	4.91×10^{0}	4.91×10^{0}	4.91×10^{0}	4.91×10^{0}	4.91×10^{0}	4.91×10^{0}	4.91×10^{0}	4.91×10^{0}	4.91×10^{0}
1×10^{2}	6.16×10^{0}	5.59×10^{0}	5.46×10^{0}	5.42×10^{0}	5.42×10^{0}	5.42×10^{0}	5.42×10^{0}	5.42×10^{0}	5.42×10^{0}	5.42×10^{0}	5.42×10^{0}	5.42×10^{0}	4.42×10^{0}	5.42×10^{0}	5.42×10^{0}	5.42×10^{0}	5.42×10^{0}	5.42×10^{0}	5.42×10^{0}

表值是在 $R_{\mu}=10^{-9}$ 条件下算得的。

$$\mu_d = \frac{Tt}{r^2\bar{t}_d} \tag{7-4-25}$$

(3) 将实测数据曲线置于 E 簇标准曲线之上，在保持两对应坐标平行的前提下相对移动，使早期实测数据最佳地拟合于 E 簇曲线中的某一曲线。这时首先检查一下，E 簇标准曲线拟合的 β 值是否与 D 簇标准曲线拟合的相同，否则(2)、(3) 步骤要重新做，直到分别所得的 β 值相同为止。然后在两张坐标纸的重叠部分任取一匹配点，记下对应的坐标 s、t、$\bar{s}$ 和 $\bar{t}_e$。导水系数 T 仍按 (7-4-24) 式计算。这个按抽水早期数据计算得的 T 值与根据抽水晚期数据所得的应当大体相等。弹性给水度 μ_e 按下式计算：

$$\mu_e = \frac{Tt}{r^2\bar{t}_e} \tag{7-4-26}$$

(4) 确定潜水层的导水系数之后，可以计算水平渗透系数。

$$K_r = \frac{T}{h_0} \tag{7-4-27}$$

各向异性的主渗透系数比 R_K 可由 β 值求得，即

$$R_K = \beta\frac{h_0^2}{r^2} \tag{7-4-28}$$

已知 K_r 和 R_K，可按下式确定垂直渗透系数，即

$$K_z = R_K K_r \tag{7-4-29}$$

给水度比 R_μ 由下式计算得

$$R_\mu = \frac{\mu_e}{\mu_d} \tag{7-4-30}$$

含水层的比弹性给水度为

$$\mu_s = \frac{\mu_e}{h_0} \tag{7-4-31}$$

这样，我们求得了潜水层的全部有关参数。

(5) 如果可能，根据上述所得的参数利用电子计算机按照 (7-4-7) 式至 (7-4-15) 式计算出一条完整的理论曲线。

另一种方法是普里克特针对博尔顿法提出来的近似图解法，纽曼认为此法也可用于他的模型。这个方法的要点是：

将拟合过的 E、D 簇中的两曲线根据 R_μ 值的大小调整其间的水平距离。例如：若 $R_\mu = 10^{-1}$，则 $\bar{t}_d$ 与 $\bar{t}_e$ 的对应坐标相差一个对数周期；若 $R_\mu = 10^{-2}$，则相差两个对数周期，以此类推。

用一直线连接 E、D 两标准曲线与实测曲线相拟合部分的内端点（E 曲线的右端点和 D 曲线的左端点），并分别与两曲线相切。于是，那些在与 E、D 标准曲线拟合时未曾被包括的中间的实测数据，应当落在此直线上。

再一种拟合野外数据与标准曲线的方法是，将 E、D 两簇标准曲线分别绘在两张对数纸上，使得同时能够拟合实测数据。

以上介绍的是用于完整观测孔的标准曲线对比法。对于非完整观测孔，其差别主要是利用电子计算机为此观测孔计算出两簇（E 和 D）特定标准曲线的数据，并依此绘成曲线。其他步骤是相似的。

2. 直线图解法（单对数法）

若将示于表 7-4-1 和表 7-4-2 上的数据点在单对数坐标纸上（图 7-4-12），则可看出：抽水晚期的数据落在直线

$$\bar{s} = 2.3\lg(2.25\bar{t}_d) \tag{7-4-32}$$

上，而中期的数据呈现出一条水平直线，某些早期的数据可能形成直线

$$\bar{s} = 2.3\lg(2.25\bar{t}_e) \qquad (7\text{-}4\text{-}33)$$

设 $\bar{t}_{d\beta}$ 是任意水平线(β) 与晚期直线(7-4-32) 式交点的横坐标值。例如，图 7-4-12 上关于 $\beta = 0.03$ 的 $\bar{t}_{d\beta}$ 值为 5.2。每一个 β 值都与一个不同的 $\bar{t}_{d\beta}$ 值相对应(表 7-4-3)。如果将 $1/\beta$ 与对应的 $\bar{t}_{d\beta}$ 数据点在双对数坐标纸上(图 7-4-13)，它呈现为一条单值曲线。由此图看出，在 $4.0 \leqslant \bar{t}_{d\beta} \leqslant 100.0$ 的范围内，β 与 $\bar{t}_{d\beta}$ 之间的关系可用下列近似方程表示：

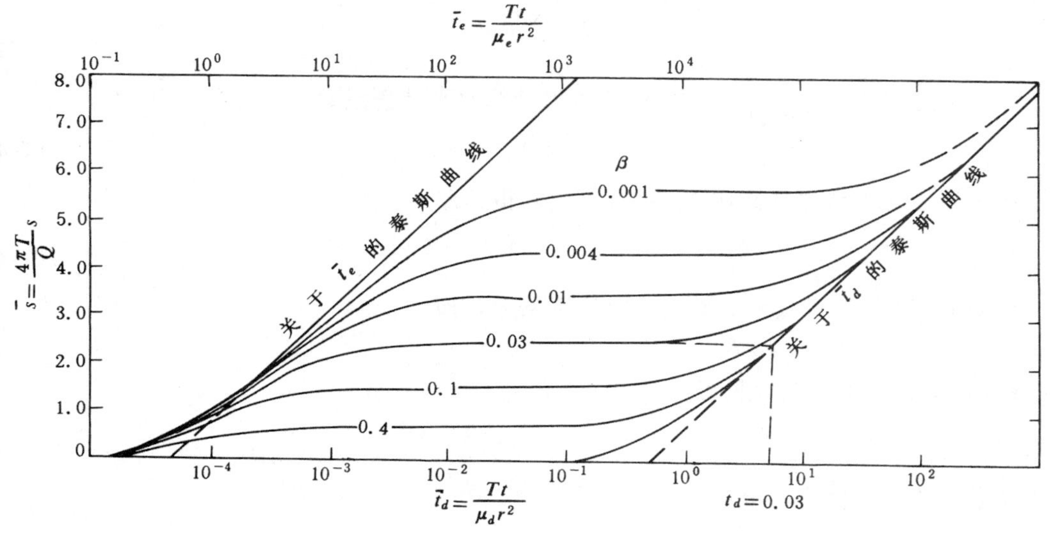

图 7-4-12 用于完整观测井的标准曲线（单对数法）

表 7-4-3 $\bar{t}_{d\beta}$与$\frac{1}{\beta}$之间的函数关系

$\frac{1}{\beta}$	$\bar{t}_{d\beta}$	$\frac{1}{\beta}$	$\bar{t}_{d\beta}$
2.50×10^{-1}	4.52×10^{-1}	1.67×10^{0}	7.39×10^{-1}
1.67×10^{-1}	4.55×10^{-1}	2.50×10^{0}	8.93×10^{-1}
2.00×10^{-1}	4.59×10^{-1}	5.00×10^{0}	1.31×10^{0}
2.50×10^{-1}	4.67×10^{-1}	1.00×10^{1}	2.10×10^{0}
3.33×10^{-1}	4.81×10^{-1}	1.67×10^{1}	3.10×10^{0}
4.00×10^{-1}	4.94×10^{-1}	3.33×10^{1}	5.42×10^{0}
5.00×10^{-1}	5.13×10^{-1}	1.00×10^{2}	1.42×10^{1}
6.67×10^{-1}	5.45×10^{-1}	2.50×10^{2}	3.22×10^{1}
1.00×10^{0}	6.11×10^{-1}	1.00×10^{3}	1.23×10^{2}
1.25×10^{0}	6.60×10^{-1}		

$$\beta = \frac{0.195}{\bar{t}_{d\beta}^{1.1053}} \qquad (4.0 \leqslant \bar{t}_{d\beta} \leqslant 100.0) \qquad (7\text{-}4\text{-}34)$$

这个关系在图 7-4-13 上用虚线表示。

有了关系式 (7-4-32) 式、(7-4-33) 式和 (7-4-34) 式或图 7-4-13，就可以通过直线图解

法来确定潜水层的参数。

此法的步骤如下：

(1) 将观测孔的实测 s-t 数据点在单对数坐标纸上。

(2) 将 s-t 曲线的晚期直线段延长，与水平（t）轴交于 t_{0d} 点，测量该直线的斜率 $m_d\left(=\dfrac{\Delta s}{\Delta \lg t}\right)$。然后按 (7-4-32) 式计算导水系数，即

$$T = 0.183\frac{Q}{m_d} \qquad (7\text{-}4\text{-}35)$$

和重力给水度为

$$\mu_d = 2.25\frac{Tt_{0d}}{r^2} \qquad (7\text{-}4\text{-}36)$$

(3) 将实测曲线中期的水平直线段向右延长，该线与晚期直线（或延长线）交点的横坐标记为 t_β。利用步骤 (2) 确定的 T 和 μ_d 可以计算出对应的无因次时间 $\bar{t}_{d\beta}$，即

$$\bar{t}_{d\beta} = \frac{Tt_\beta}{\mu_d r^2} \qquad (7\text{-}4\text{-}37)$$

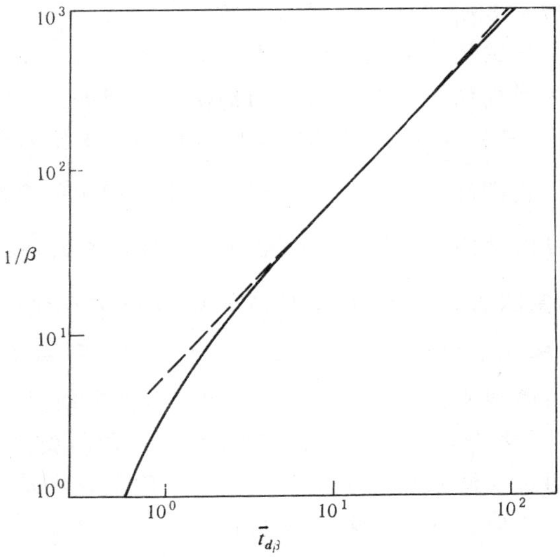

图 7-4-13 关于完整观测孔的 $\dfrac{1}{\beta}$-$\bar{t}_{d\beta}$ 双对数曲线

（据纽曼）

于是，β 值可直接从图 7-4-13 上的曲线确定。如果 $\bar{t}_{d\beta}$ 值在 4.0 ～ 100.0 范围内，也可按 (7-4-34) 式计算出 β 值。

(4) 如果实测降深-时间曲线的早期部分也出现直线段，且与晚期的直线相平行，则可用下述方法确定 T 和 μ_e（否则仍需通过标准曲线对比法确定参数）。

将 s-t 曲线的早期直线段延长，与水平（t）轴交于 t_{0e} 点，测量该直线的斜率 $m_e\left(=\dfrac{\Delta s}{\Delta \lg t}\right)$，然后按下式计算导水系数，即

$$T = 0.183\frac{Q}{m_e} \qquad (7\text{-}4\text{-}38)$$

和弹性给水度为

$$\mu_e = 2.25\frac{Tt_{0e}}{r^2} \qquad (7\text{-}4\text{-}39)$$

(5) 按标准曲线对比法步骤 (4) 的 (7-4-27) 式至 (7-4-31) 式计算相应的 K_r、R_K、K_z、R_μ 和 μ_s 值。不过这里也可由下式计算 R_μ：

$$R_\mu = \frac{t_{0e}}{t_{0d}} \qquad (7\text{-}4\text{-}40)$$

就使用来说，直线图解法比标准曲线对比法要简单些。

（二）恢复试验法

纽曼的模型没有求助于潜水面之上非饱和带流动的理论，而仅仅将潜水层处理为可压缩系统和将自由面视为可移动的物质边界就得出“滞后反应过程”。因此，这个过程是可逆的。也就是说，不管潜水面是上升还是下降，(7-4-7) 式都是可以应用。

于是，我们可以根据抽水井或观测井的恢复试验数据来确定含水层的导水系数 T。设 t_p 为抽水的持续时间，t 是从停泵开始计时的时间。若绘制 s-$\lg\left(\dfrac{t_p+t}{t}\right)$ 曲线（s 为剩余降深），则

在恢复时间比较长的情况下(即当$\frac{t_p+t}{t}$较小时),将会出现直线段。利用此直线段的斜率,按照(7-4-35)式可计算导水系数T。

当关闭水泵后,潜水面不会立刻反应,因为含水层介质的膨胀和水的压缩使得水首先转化为弹性储量,这个过程与抽水是相似的。

(三)降深-距离标准曲线对比法适用性的分析

我们注意到,$\beta\bar{t}_d=\frac{TR_Kt}{\mu_d h_0^2}$,对于某确定的含水层来说,$\beta\bar{t}_d$保持常量意味着$t$也是个定值。于是可以从图7-4-11所示的数据,在某一固定$\beta\bar{t}_d$值的条件下,得到一系列$\bar{s}$-$\bar{t}_d$的数据。$\beta\bar{t}_d=$常量,意味着$t=$常量,这种情况$\bar{t}_d$与$\frac{1}{r^2}$成正比;所以数据$\bar{s}$-$\bar{t}_d$就表示了无因次降深-距离的关系。图7-4-14表示出$\beta\bar{t}_d=4\times10^{-3}$和$\beta\bar{t}_d=4\times10^{-1}$两条无因次降深-距离双对数曲线。这两条曲线不显示“反S型”,却很像泰斯曲线。因此人们很容易误认为它们不受“潜水面滞后反应”的影响,从而不加约束地拿来与泰斯曲线拟合。图7-4-14表明,当$\beta\bar{t}_d$较小时(即t不大时),若通过实测数据与泰斯曲线拟合来确定导水系数和重力给水度,可能要导致重大错误。

所以,使用降深-距离标准曲线对比法确定参数要特别小心,即使实测曲线与泰斯曲线拟合得相当好(例如,图7-4-14上的$\beta\bar{t}_d=4\times10^{-3}$的曲线与泰斯曲线匹配得就十分好)也要谨慎。

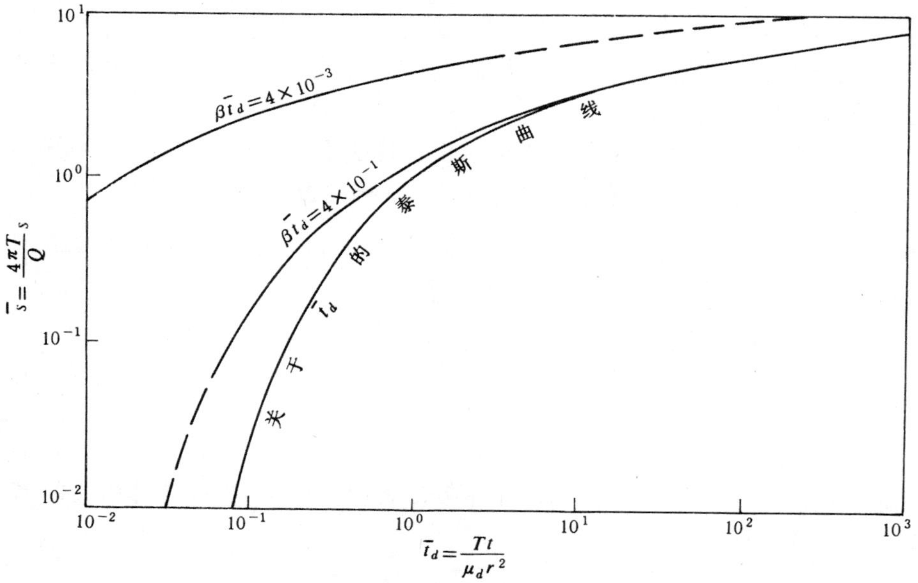

图7-4-14 在不同常量$\beta\bar{t}_d$的条件下关于完整观测孔的无因次降深-距离曲线

(据纽曼)

(四)雅可布修正法的应用

方程(7-4-7)式是在潜水面下降远远小于含水层厚度h_0的前提下导得的。如果此条件不能满足,纽曼建议利用雅可布修正法[(5-1-20)′式]修改降深s,即

$$s_c=s-\frac{s}{2h_0} \tag{7-4-41}$$

然后再用上述介绍的方法来确定含水层参数。

(7-4-41) 式是在裘布依假定（径向二维流动）条件下获得的。但是从图 7-4-4 清楚地看出，由于“潜水面滞后反应”，潜水层中的流动不能始终保持裘布依假定成立。因此建议对于抽水后期的数据进行修正，以确定潜水层的导水系数 T 和重力给水度 μ_d。

三、实例

（一）技术资料

潜水层下部岩性为含砾中砂，上部为粘性土。泥灰岩构成隔水底板。潜水层初始厚度 $h_0 = 8.24\text{m}$。

抽水井的名义直径（$2r_w'$）为 0.32m。抽水延续时间为 48h50min。抽水流量在 1 224～1 310m^3/d之间摆动，平均流量 $Q = 1\ 272\text{m}^3/\text{d}$。停泵后，又在 6h20min 的恢复期间观测剩余降深。

在径距离 $r_1 = 10\text{m}$ 和 $r_2 = 30\text{m}$ 处有两个完整观测孔。

（二）标准曲线对比法

图 7-4-15 中用圆圈表示抽水井以及 1 号（$r_1 = 10\text{m}$）和 2 号（$r_2 = 30\text{m}$）观测孔的 $\lg s$-$\lg t$ 实测数据，实线是用目力与数据拟合最好的标准曲线，而正方形符号表示匹配点。

将 1 号观测孔的实测数据与 D 簇标准曲线拟合，得 $\beta = 0.01$。任选一匹配点，其两对坐标为：$s = 0.06\text{m}$，$t = 200\text{s} = 0.002\ 31\text{d}$，$\bar{s} = 1$ 和 $\bar{t} = 1$。分别按 (7-4-24) 式和 (7-4-25) 式计算，得

$$T = 0.079\ 6\frac{Q\bar{s}}{s} = 0.079\ 6 \times \frac{1\ 272 \times 1}{0.06} = 1\ 687\text{m}^2/\text{d}$$

$$\mu_d = \frac{Tt}{r^2\bar{t}_d} = \frac{1\ 687 \times 0.002\ 31}{10^2 \times 1} = 0.039\ 0$$

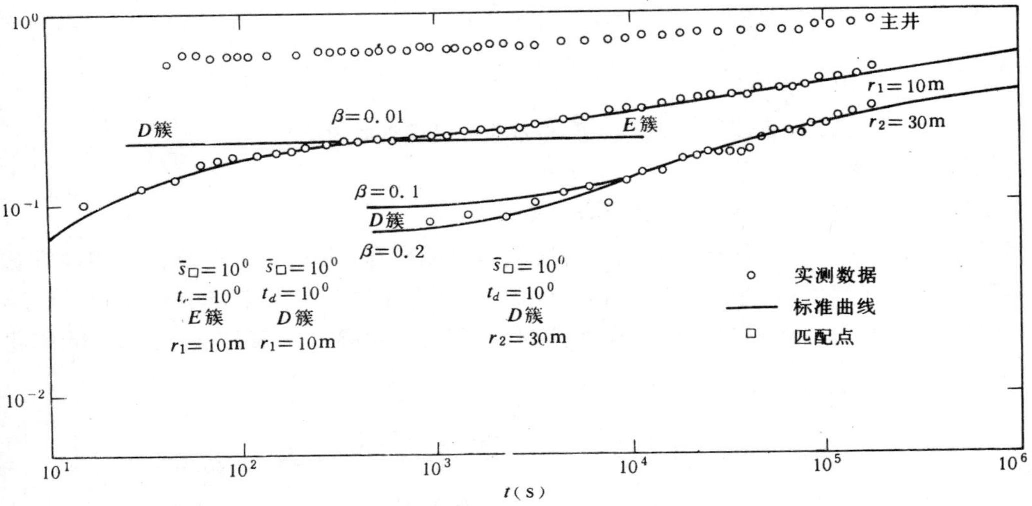

图 7-4-15　降深-时间双对数曲线

再将 1 号观测孔的数据与 E 簇标准曲线拟合，β 值也是 0.01。选一匹配点，其对应坐标为：$s = 0.064\text{m}$，$t = 0.000\ 917\text{d}$，$\bar{s} = 1$ 和 $\bar{t} = 10$。分别按 (7-4-24) 式和 (7-4-26) 式计算，我们得

$$T = 0.0796\frac{Q\bar{s}}{s} = 0.0796 \times \frac{1272 \times 1}{0.064} = 1582\text{m}^2/\text{d}$$

$$\mu_e = \frac{Tt}{r^2\bar{t}_e} = \frac{1582 \times 0.000917}{10^2 \times 1} = 0.00145$$

分别按早、晚期数据计算的导水系数，相对误差约6%。由于晚期数据与标准曲线拟合比早期数据的拟合更好一些，因此下面的计算采用晚期的计算结果，即 $T = 1687\text{m}^2/\text{d}$。

确定了 β、T、μ_d 和 μ_s 之后，可以根据（7-4-27）式至（7-4-31）式计算出潜水层参数的其余部分：

$$K_r = \frac{T}{h_0} = \frac{1687}{8.24} = 205(\text{m}^2/\text{d})$$

$$R_K = \beta\frac{h_0^2}{r^2} = 0.01 \times \frac{8.24^2}{10^2} = 0.00679$$

$$K_z = R_K K_r = 0.00679 \times 205 = 1.39(\text{m}^2/\text{d})$$

$$R_\mu = \frac{\mu_e}{\mu_d} = \frac{0.00145}{0.039} = 0.0372$$

$$\mu_s = \frac{\mu_e}{h_0} = \frac{0.00145}{8.24} = 0.000176 \quad (1/\text{m})$$

将2号观测孔（$r_2 = 30\text{m}$）的实测数据与 D 簇标准曲线匹配，大体上拟合于 $\beta \approx 0.18$ 的曲线。任选的匹配点坐标为：$s = 0.06\text{m}$，$t = 3100\text{s} = 0.0359\text{d}$，$\bar{s} = 1$ 和 $\bar{t}_d = 1$。按（7-4-24）式和（7-4-25）式计算，得

$$T = 0.0796\frac{Q\bar{s}}{s} = 0.0796 \times \frac{1272 \times 1}{0.06} = 1687(\text{m}^2/\text{d})$$

$$\mu_d = \frac{Tt}{r^2\bar{t}_d} = \frac{1687 \times 0.0359}{30^2 \times 1} = 0.0673$$

再根据（7-4-27）式至（7-4-29）式计算，可得

$$K_r = \frac{T}{h_0} = \frac{1687}{8.24} = 205(\text{m}^2/\text{d})$$

$$R_K = \beta\frac{h_0^2}{r^2} = 0.18 \times \frac{8.24^2}{30^2} = 0.0136$$

$$K_z = R_K K_r = 0.0136 \times 205 = 2.78(\text{m}^2/\text{d})$$

（三）单对数法

将实测数据点在单对数纸上（示于图7-4-16）。

对于1号观测孔，可用两条平行线拟合晚期和早期数据，而一条水平线拟合中期数据。这些直线可给出下列数据：$m_d = 0.137\text{m}$，$t_{0d} = 70\text{s} = 0.00810\text{d}$，$t_\beta = 2250\text{s} = 0.0260\text{d}$，$m_e = 0.138\text{m}$ 和 $t_{0e} = 4.25\text{s} = 0.0000492\text{d}$。于是，分别按照（7-4-35）式和（7-4-36）式，我们得

$$T = 0.183\frac{Q}{m_d} = 0.183 \times \frac{1272}{0.137} = 1699(\text{m}^2/\text{d})$$

$$\mu_d = 2.25\frac{Tt_{0d}}{r^2} = 2.25 \times \frac{1699 \times 0.00081}{10^2} = 0.0310$$

从已知的 T、μ_d 和 t_β，根据（7-4-37）式可计算无因次时间 $\bar{t}_{d\beta}$

$$\bar{t}_{d\beta} = \frac{Tt_\beta}{\mu_d r^2} = \frac{1699 \times 0.026}{0.031 \times 10^2} = 14.27$$

由于 $\bar{t}_{d\beta}$ 介于4.0和100.0之间，因此 β 值可以从图7-4-13的曲线确定，也可以按（7-4-34）式计算。依（7-4-31）式

$$\beta = \frac{0.195}{\bar{t}_{d\beta}^{1.1053}} = \frac{0.195}{14.27^{1.1053}} = 0.0103$$

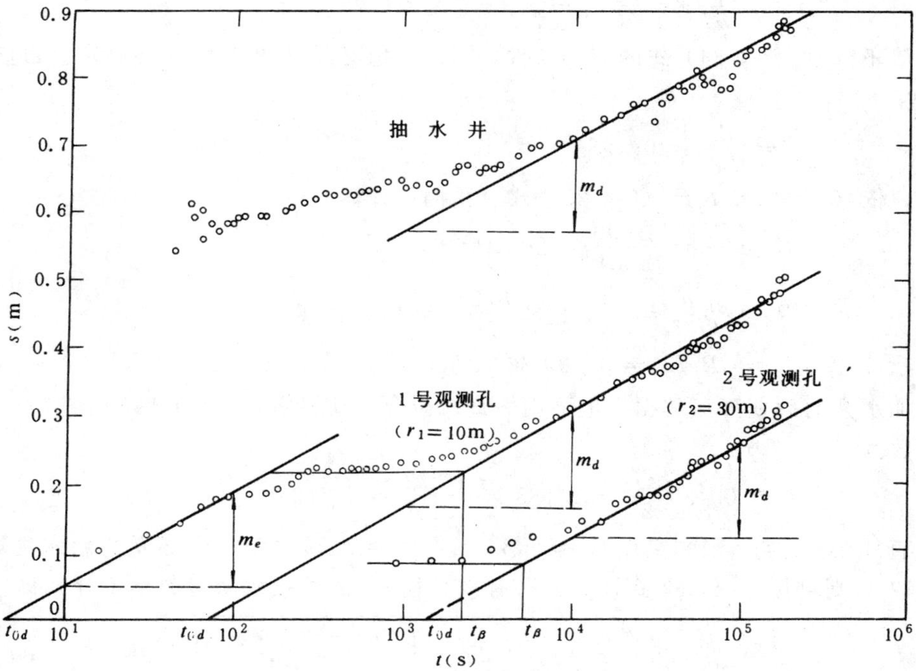

图 7-4-16 降深-时间单对数曲线

对于早期数据，分别按（7-4-38）式和（7-4-39）式，有

$$T = 0.183 \times \frac{Q}{m_e} = 0.183 \times \frac{1\ 272}{0.138} = 1\ 687(\mathrm{m^2/d})$$

$$\mu_e = 2.25\frac{Tt_{0e}}{r^2} = 2.25 \times \frac{1\ 687 \times 4.92 \times 10^{-5}}{10^2} = 0.001\ 87$$

对从早、晚期数据算得的导水系数取平均值，$T = 1\ 693\mathrm{m^2/d}$ 。利用（7-4-27）式至（7-4-31）式可求出潜水层的其余参数

$$K_r = \frac{T}{h_0} = \frac{1\ 693}{8.24} = 205(\mathrm{m^2/d})$$

$$R_K = \beta\frac{h_0^2}{r^2} = 0.010\ 3 \times \frac{8.24^2}{10^2} = 0.006\ 99$$

$$K_z = R_K K_r = 0.006\ 99 \times 205 = 1.43(\mathrm{m^2/d})$$

$$R_\mu = \frac{\mu_e}{\mu_d} = \frac{0.001\ 87}{0.031} = 0.060\ 4$$

$$\mu_s = \frac{\mu_e}{h_0} = \frac{0.001\ 87}{8.24} = 0.000\ 227\ (1/\mathrm{m})$$

对于 2 号观测孔，可分别用一直线和水平线拟合晚期、中间数据。这两条直线给出基本数据：$m_d = 0.137\mathrm{m}$，$t_{0d} = 1\ 300\mathrm{s} = 0.015\ 0\mathrm{d}$ 和 $t_\beta = 5\ 200\mathrm{s} = 0.060\ 2\mathrm{d}$。利用(7-4-35）式和(7-4-36）式，我们得

$$T = 0.183\frac{Q}{m_d} = 0.183 \times \frac{1\ 272}{0.137} = 1\ 699(\mathrm{m^2/d})$$

$$\mu_d = 2.25\frac{Tt_{0d}}{r^2} = 2.25 \times \frac{1\ 699 \times 0.015}{30^2} = 0.063\ 7$$

从已知的 T、μ_d 和 t_β，按照（7-4-37）式可算无因次时间 $\bar{t}_{d\beta}$

$$\bar{t}_{d\beta} = \frac{Tt_\beta}{\mu_d r^2} = \frac{1\ 699 \times 0.060\ 2}{0.063\ 7 \times 30^2} = 1.78$$

该数值不满足（7-4-34）式的应用条件，因此 β 值必须从图 7-4-13 上确定。由该图，$1/\beta = 7.8$，故

$$\beta = \frac{1}{7.8} = 0.128$$

最后，依（7-4-27）式至（7-4-29）式，我们可计算：

$$K = \frac{T}{h_0} = \frac{1\ 699}{8.24} = 206(\mathrm{m^2/d})$$

$$R_K = \beta \frac{h_0^2}{r^2} = 0.128 \times \frac{8.24^2}{30^2} = 0.009\ 66$$

$$K_z = R_K K_r = 0.009\ 66 \times 206 = 1.88(\mathrm{m^2/d})$$

对于抽水井的后期降深数据，也可用一直线拟合，其斜率 $m_d = 0.136\mathrm{m}$。按（7-4-35）式，其导水系数为

$$T = 0.183 \frac{Q}{m_d} = 0.183 \times \frac{1\ 272}{0.136} = 1\ 712(\mathrm{m^2/d})$$

将此直线延长，与 t 轴的交点 $t_{0d} \approx 6.3 \times 10^{-2}\mathrm{s} = 7.29 \times 10^{-7}\mathrm{d}$。若重力给水度取平均值 $\mu_d = 0.047\ 4$，则可按（7-4-36）式计算井孔有效半径 r_w（若井损水跃可忽略不计），即

$$r_w = \sqrt{2.25 \frac{Tt_{0d}}{\mu_d}} = \sqrt{2.25 \times \frac{1\ 712 \times 7.29 \times 10^{-7}}{0.047\ 4}} = 0.24(\mathrm{m})$$

而井孔的名义半径 $r_w' = 0.16\mathrm{m}$，$r_w > r_w'$ 可能是围填层造成的。

（四）恢复试验法

图 7-4-17 表示抽水井和 1 号观测孔的 $s\text{-}\lg\left(\frac{t + t_p}{t}\right)$ 关系曲线，两条直线分别拟合两个井孔的晚期恢复数据，其斜率 $m_d = 0.137\mathrm{m}$。利用（7-4-35）式，我们得

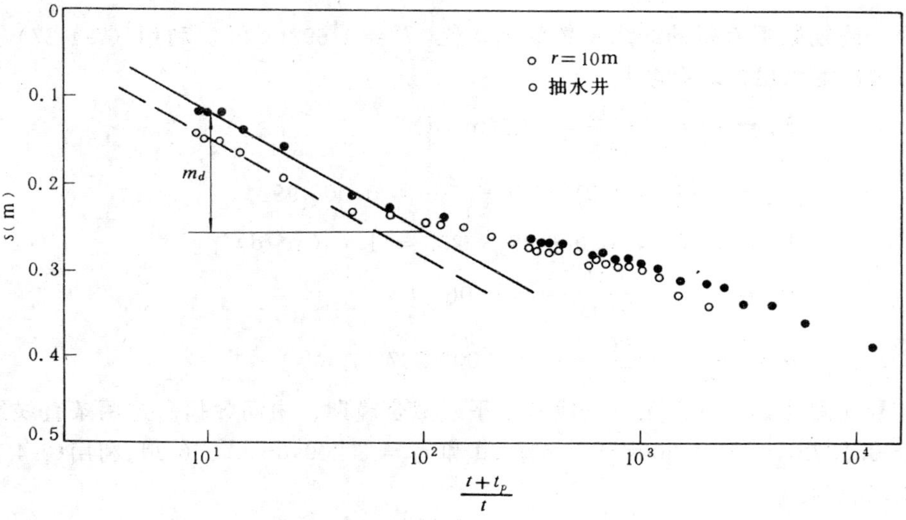

图 7-4-17　抽水井和 1 号观测孔的 $s\text{-}\lg\left(\frac{t + t_p}{t}\right)$ 曲线

$$T = 0.183 \frac{Q}{m_d} = 0.183 \times \frac{1\ 272}{0.137} = 1\ 699(\mathrm{m}^2/\mathrm{d})$$

从上面所采用的不同方法计算结果来看，水平渗透系数 K_r 大约是垂直渗透系数 K_z 的100倍，这也许是由于在含水层上部存在粘性土层引起的。另外，计算得到的潜水层比弹性给水度 μ_s 比深部承压含水层通常所得的数值要大。前文曾引用的普里克特有关潜水井流试验数据计算结果也有类似的倾向。这也许是构成浅埋潜水层骨架的砂土比较松散所引起的。显然，这个问题有待于进一步的研究。

复习思考题

1. 潜水完整井流与承压完整井流之间有何基本差别？

2. 试对比博尔顿滞后给水潜水完整井流模型与二元结构潜水-承压水井流模型的差别与相似性。

3. 纽曼潜水完整井模型，哪些方面考虑比较符合实际？哪些方面被忽略或近似处理？

4. 潜水井流主孔附近铅直断面上各点的水头是否一致，有什么不同，为什么？(请用流网来分析)

第八章　越流系统中的承压完整井流①

前几章讨论的抽水层的顶底板均为隔水层，抽水层与相邻含水层之间没有水力联系，这种含水层称为无越流含水层。如果抽水层上面或（和）下面不是隔水层，而是弱透水层，那么相邻含水层通过弱透水层或者弱透水层自身弹性储量的储存、释放与抽水层发生水力联系，这种水力现象称为越流。这种含水层系统，包括抽水层、弱透水层（或弱含水层）和相邻含水层（如果有的话）可称为越流系统。抽水层有时也称为主含水层。

越流系统可分为三大类：第一类，弱透水层的弹性储释水可以忽略不计，而且在主含水层抽水期间相邻含水层的水头保持不变；第二类，考虑弱透水层的弹性储释水，且相邻含水层（若有的话）的水头保持不变；第三类，相邻含水层的水头随着主含水层的抽水而变动。

下面分别介绍第一、二类越流系统的承压井流问题。它们又分为定流量井流和定降深井流二种。

§8.1　第一类越流系统中的定流量井流

50 年代中期，汉图什（M. S. Hantush）和雅可布（C. E. Jacob）研究了这个课题。

一、基本方程

汉图什和雅可布是在下列假定条件下建立方程的：

（1）相邻含水层与主含水层的初始水头面水平且相等（图 8-1-1）；

（2）在抽水过程中，相邻含水层中的水头保持不变；

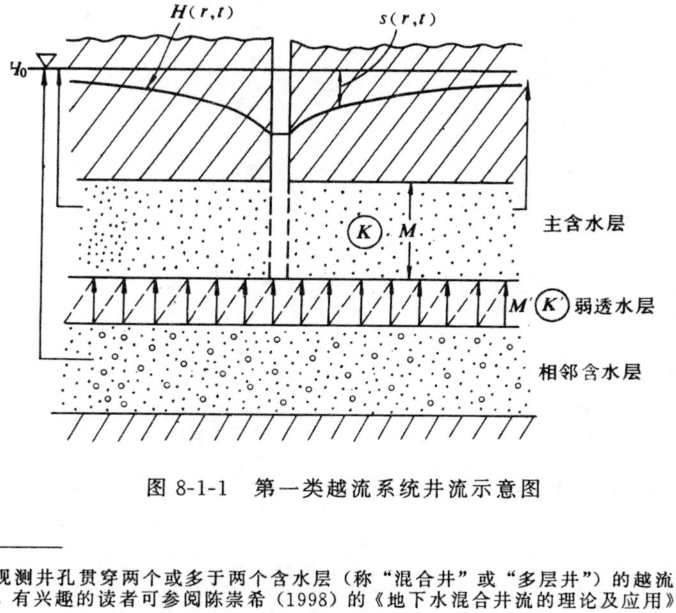

图 8-1-1　第一类越流系统井流示意图

① 对于抽水井、观测井孔贯穿两个或多于两个含水层（称“混合井”或“多层井”）的越流系统，目前的《地下水动力学》均未包括此内容，有兴趣的读者可参阅陈崇希（1998）的《地下水混合井流的理论及应用》（中国地质大学出版社）。

(3) 与主含水层释放的弹性储存量的释放量及相邻含水层的补给量相比，弱透水层释放的弹性储存量可忽略不计；

(4) 弱透水层中的渗流几乎是垂直运动；

(5) 主含水层中的渗流近似认为是二维的，即假定是水平径向流动；

(6) 其他条件与泰斯假定相同。

根据上述条件，可以利用§2.2建立的越流系统不稳定承压井流的微分方程(2-3-24)式，只是其中的越流强度 $W(r,t)$ 需要依其具体条件来建立起关系。

越流强度 W 是单位时间通过单位水平面积补给主含水层的水量，因次为[LT^{-1}]。依据前面所给的条件，越流强度 W 为

$$W = K' \frac{H_0 - H}{M'}$$

式中：H_0 为主含水层的初始水头，也是相邻含水层在抽水过程中要保持的水头；H 为主含水层的水头；K' 为弱透水层的垂向渗透系数；M' 为弱透水层的厚度。

这样，方程(2-3-24)式与其定解条件可写为

$$[\mathrm{I}]\begin{cases} T\left(\dfrac{\partial^2 H}{\partial r^2} + \dfrac{1}{r}\dfrac{\partial H}{\partial r}\right) + K'\dfrac{H_0 - H}{M'} = \mu_e \dfrac{\partial H}{\partial t} & 0 \leqslant r < \infty, t > 0 \\ H(r,o) = H_0 & 0 \leqslant r < \infty \\ H(\infty,t) = H_0 & t > 0 \\ \lim\limits_{r \to 0} 2\pi r T \dfrac{\partial H}{\partial r} = Q(\text{const.}) & t > 0 \end{cases}$$

引入主含水层的水头降深 $s = H_0 - H$，则上述定解问题可写为

因此，该课题的微分方程和定解条件可写为

$$[\mathrm{I}]'\begin{cases} a\left(\dfrac{\partial^2 s}{\partial r^2} + \dfrac{1}{r}\dfrac{\partial s}{\partial r}\right) - \dfrac{K's}{M'\mu_e} = \dfrac{\partial s}{\partial t} & 0 \leqslant r < \infty, t > 0 & (8\text{-}1\text{-}1) \\ s(r,o) = 0 & 0 \leqslant r < \infty & (8\text{-}1\text{-}2) \\ s(\infty,t) = 0 & t > 0 & (8\text{-}1\text{-}3) \\ \lim\limits_{r \to 0} 2\pi r T \dfrac{\partial s}{\partial r} = -Q(\text{const.}) & t > 0 & (8\text{-}1\text{-}4) \end{cases}$$

式中：$\dfrac{K'}{M'}$ 为越流系数。

通过积分变换，由此定解问题可解得降深方程

$$s(r,t) = \frac{Q}{4\pi T}\int_u^\infty \frac{1}{y} e^{-\left(y + \frac{r^2}{4B^2 y}\right)} dy$$

$$\triangleq^{①} \frac{Q}{4\pi T} W\left(u, \frac{r}{B}\right) \qquad (8\text{-}1\text{-}5)$$

式中：$u = \dfrac{r^2}{4at}$；$B^2 = \dfrac{TM'}{K'}$；$\dfrac{1}{B}$ 为越流补给系数；$W\left(u, \dfrac{r}{B}\right)$为第一类越流系统的定流量井函数(表8-1-1)。

方程(8-1-5)式的讨论：

(1) 当 $K' = 0$ 时，弱透水层变为隔水层，越流补给系数 $\dfrac{1}{B} \to 0$，方程(8-1-5)式变为泰斯公

① 符号 $\triangleq$ 表示定义。

式。同样，当抽水延续时间 t 较短，即 u 较大时，方程(8-1-5)式也变为泰斯公式。

(2) 对比方程(8-1-5)式与(5-1-12)式，或表 8-1-1 与表 5-1-1 可看出，越流含水层的降深 s 比无越流含水层(其他条件相同)要小。这是由于前者得到越流补给，在其他条件相同的情况下，主含水层比无越流含水层可少释放出弹性储量，因而降深 s 可小一些。

同理，对于同一径距 r，越流补给系数 $\frac{1}{B}$ 越大，则降深 s 也越小。

(3) 水头下降速度

$$\frac{\partial s}{\partial t}=\frac{Q}{4\pi T}\left[-\frac{1}{\frac{r^2}{4at}}e^{-\left(\frac{r^2}{4at}+\frac{r^2}{4B^2\frac{r^2}{4at}}\right)}\cdot\frac{r^2}{4a}\left(\frac{-1}{t^2}\right)\right]$$

$$=\frac{Q}{4\pi T}\cdot\frac{1}{t}e^{-\left(\frac{r^2}{4at}+\frac{at}{B^2}\right)} \tag{8-1-6}$$

与泰斯公式对比看出，越流系统主含水层水头的降速比无越流含水层的要慢。另外，与无越流含水层一样，当 t 足够大时，在一定的 r 范围内，它们的水头下降速度是相同的。

(4) 当 $t\to\infty$，即 $u\to 0$ 时[实际上只要 $u\leqslant 0.05(r/B)^2$]，(8-1-5)式变为

$$s_{\max}(r)=\frac{Q}{2\pi T}K_0\left(\frac{r}{B}\right)^{①} \tag{8-1-7}$$

式中：K_0 为虚宗量零阶第二类贝塞尔函数(表 8-1-2)；$s_{\max}$ 为最大降深，即稳定降深。

在第一类越流系统中的井流可以形成稳定流动，这一点与泰斯含水层是一明显的差异。

当 $\frac{r}{B}$ 值较小时(如 $\frac{r}{B}\leqslant 0.05$)，方程(8-1-7)式可写为

$$s_{\max}(t)\approx 0.366\frac{Q}{T}\lg\frac{1.12B}{r} \tag{8-1-8}$$

(5) 建立方程(8-1-5)式假定条件的第一项提得严了一些，或者说该方程应用范围限制得窄了一些。实际上只要抽水前含水层水头保持稳定就可用(8-1-5)式计算；如果抽水之前水头不稳定，则要采用泰斯公式讨论的第六点中的方法来处理。

关于这一问题，我们证明如下：

对于主含水层与相邻含水层的初始水头面既不水平也不相等，但是在抽水之前主含水层的天然水头面为稳定状态，并假定在抽水过程中相邻含水层的水头面保持不变，那么在这种越流含水层中的定流量井流(图 8-1-2)的定解问题可以描述为

$$[\mathrm{II}]\begin{cases}a\left(\frac{\partial^2 H}{\partial x^2}+\frac{\partial^2 H}{\partial y^2}\right)+K'\frac{H_1-H}{M'}\cdot\frac{1}{\mu_e}=\frac{\partial H}{\partial t} & (-\infty<\begin{matrix}x\\y\end{matrix}<+\infty,t>0) \quad (8\text{-}1\text{-}9)\\ H(x,y,t)|_{t=0}=H_0(x,y) & (-\infty<\begin{matrix}x\\y\end{matrix}<+\infty) \quad (8\text{-}1\text{-}10)\\ a\left(\frac{\partial^2 H_0}{\partial x^2}+\frac{\partial^2 H_0}{\partial y^2}\right)+K'\frac{H_{1,0}-H_0}{M'}\cdot\frac{1}{\mu_e}=\frac{\partial H_0}{\partial t}(=0) & (-\infty<\begin{matrix}x\\y\end{matrix}<+\infty,t>0) \quad (8\text{-}1\text{-}11)\\ \lim\limits_{(x^2+y^2)\to\infty}H(x,y,t)=H_0(x,y) & (t>0) \quad (8\text{-}1\text{-}12)\\ \lim\limits_{r\to 0}\left(Tr\int_0^{2\pi}\frac{\partial H}{\partial r}d\theta=Q(\text{const.})\right. & (-\infty<\begin{matrix}x\\y\end{matrix}<+\infty,t\geqslant 0) \quad (8\text{-}1\text{-}13)\\ H_1(x,y,t)=H_{1,0}(x,y) & (-\infty<\begin{matrix}x\\y\end{matrix}<+\infty,t>0) \quad (8\text{-}1\text{-}14)\end{cases}$$

式中：H 和 H_1 为主含水层和相邻含水层(或地表水体)的水头；H_0 和 $H_{1,0}$ 为主含水层和相邻含水层(或地表水体)的初始水头；其他符号同前。

① 已知积分公式：$\int_0^{\infty}\frac{1}{y}e^{-\left(y+\frac{r^2}{4B^2y}\right)}dy=2K_0\left(\frac{r}{B}\right)$

表 8-1-1　第一类越流系统的定流量井函数 $W\left(u,\frac{r}{B}\right)=\int_u^{\infty}\frac{1}{y}e^{-\left(y+\frac{r^2}{4B^2y}\right)}dy$

（汉图什）

u \ r/B	0	0.001	0.002	0.003	0.004	0.005	0.006	0.007	0.008	0.009
0	00	14.0474	12.6611	11.8502	11.2748	10.8286	10.4610	10.1557	9.887	9.6532
0.000001	13.2383	13.0031	14.4417	11.8153	11.2711	10.8283	10.6440	10.1557	9.8887	
0.000002	12.5451	12.4240	12.1013	11.6716	11.2259	10.8174	10.4619	10.1554	9.8886	9.6532
0.000003	12.1397	12.0581	11.8322	11.5098	11.1426	10.7849	10.4609	10.1523	9.8879	9.6500
0.000004	11.8520	11.7905	11.6168	11.3597	11.0555	10.7374	10.4291	10.1436	9.8849	9.6521
0.000005	11.6289	11.5795	11.4384	11.2248	11.9642	10.7822	10.3993	10.1290	9.8786	9.6496
0.000006	11.4465	11.4053	11.2866	11.1040	10.8764	10.6240	10.3640	10.1094	9.8686	9.6450
0.000007	11.2924	11.2570	11.1545	10.9951	10.7033	10.5652	10.3255	10.0862	9.8555	9.6382
0.000008	11.1589	11.1279	11.0377	10.8962	10.7151	10.5072	10.2854	10.0602	9.8398	9.6293
0.000009	11.0411	11.0135	10.9330	10.8059	10.6416	10.4508	10.2446	10.0324	9.8219	9.6282
0.00001	10.9357	10.9159	10.8382	10.7228	10.5725	10.3963	10.2038	10.0034	9.8024	9.6059
0.00002	10.2426	10.2301	10.1932	10.1332	10.0522	9.9530	9.8386	9.7116	9.5784	9.4383
0.00003	9.8371	9.8288	9.8041	9.7635	9.7082	9.6392	9.5583	9.4671	9.3674	9.2611
0.00004	9.5495	9.5432	9.5246	9.4940	9.4520	9.3992	9.3366	9.2653	9.1863	9.1009
0.00005	9.3263	9.3213	9.3064	9.2818	9.2480	9.2052	9.1542	9.0957	9.9304	8.9591
0.00006	9.1440	9.1398	9.1274	9.1069	9.0785	9.0426	8.9996	8.9500	8.8943	8.8332
0.00007	8.9899	8.9863	8.9756	8.9580	8.9336	8.9027	8.8654	8.8224	8.7739	8.7204
0.00008	8.8563	8.8532	8.8439	8.8384	8.8070	8.7798	8.7470	8.7090	8.6661	8.6186
0.00009	8.7386	8.7358	8.7275	8.7138	8.6947	8.6703	8.6411	8.6071	8.5686	8.5258
0.0001	8.6332	8.6308	8.6233	8.6109	8.5937	8.5717	8.5453	8.5145	8.4796	8.4407
0.0002	7.9402	7.9390	7.9352	7.9290	7.9203	7.9092	7.8958	7.8800	7.8619	7.8416
0.0003	7.5348	7.5340	7.5315	7.5274	7.5216	7.5141	7.5051	7.4945	7.4823	7.4686
0.0004	7.2478	7.2468	7.2447	7.2416	7.2373	7.2317	7.2249	7.2169	7.2078	7.1974
0.0005	7.0242	7.0237	7.0222	7.0197	7.0163	7.0118	7.0063	6.9999	6.9926	6.9843
0.0006	6.8420	6.8416	6.8403	6.8383	6.8353	6.8316	6.8271	6.8218	6.8156	6.8086
0.0007	6.6879	6.6876	6.6865	6.6848	6.6823	6.6790	6.6752	6.6709	6.6653	6.6594
0.0008	6.5545	6.5542	6.5532	6.5517	6.5495	6.5467	6.5433	6.5393	6.5347	6.5295
0.0009	6.4368	6.4365	6.4357	6.4343	6.4324	6.4299	6.4269	6.4233	6.4192	6.4146
0.001	6.3315	6.3313	6.3305	6.3293	6.3276	6.3253	6.3226	6.3194	6.3157	6.3115
0.002	5.6394	5.6393	5.6389	5.6383	5.6374	5.6363	5.6350	5.6334	5.6315	5.6294
0.003	5.2349	5.2318	5.2346	5.2342	5.2336	5.2329	5.2320	5.2310	5.2297	5.2283
0.004	4.9482	4.9482	4.9480	4.9477	4.9472	4.9467	4.9460	4.9453	4.9443	4.9433
0.005	4.7261	4.7260	4.7259	4.7256	4.7253	4.7269	4.7244	4.7237	4.7230	4.7222

续表 8-1-1

u \ r/B	0	0. 001	0. 002	0. 003	0. 004	0. 005	0. 006	0. 007	0. 008	0. 009
0. 006	4. 5448	4. 5448	4. 5447	4. 5444	4. 5441	4. 5438	4. 5433	4. 5428	4. 5422	4. 5415
0. 007	4. 3916	4. 3916	4. 3915	4. 3913	4. 3910	4. 3908	4. 3904	4. 3899	4. 3894	4. 3888
0. 008	4. 2591	4. 2590	4. 2590	4. 2588	4. 2586	4. 2583	4. 2580	4. 2576	4. 2572	4. 2567
0. 009	4. 1423	4. 1423	4. 1422	4. 1420	4. 1418	4. 1416	4. 1413	4. 1410	4. 1406	4. 1401
0. 01	4. 0379	4. 0379	4. 0378	4. 0377	4. 0375	4. 0373	4. 0371	4. 0368	4. 0364	4. 0360
0. 02	3. 3547	3. 3547	3. 3547	3. 3546	3. 3545	3. 3543	3. 3543	3. 3542	3. 3540	3. 3538
0. 03	2. 9591	2. 9591	2. 9591	2. 9590	2. 9590	2. 9589	2. 9589	2. 9588	2. 9587	2. 9585
0. 04	2. 6813	2. 6812	2. 6812	2. 6812	2. 6812	2. 6811	2. 6810	2. 6810	2. 6809	2. 6808
0. 05	2. 4679	2. 4679	2. 4679	2. 4679	2. 4678	2. 4678	2. 4678	2. 4677	2. 4676	2. 4676
0. 06	2. 2953	2. 2953	2. 2953	2. 2953	2. 2952	2. 2952	2. 2952	2. 2952	2. 2951	2. 2950
0. 07	2. 1508	2. 1508	2. 1508	2. 1508	2. 1508	2. 1508	2. 1508	2. 1507	2. 1507	2. 1506
0. 08	2. 0269	2. 0269	2. 0269	2. 0269	2. 0269	2. 0269	2. 0269	2. 0268	2. 0268	2. 0268
0. 09	1. 9187	1. 9187	1. 9187	1. 9187	1. 9187	1. 9187	1. 9187	1. 9186	1. 9186	1. 9186
0. 1	1. 8229	1. 8229	1. 8229	1. 8229	1. 8229	1. 8229	1. 8229	1. 8228	1. 8228	1. 8228
0. 2	1. 2226	1. 2226	1. 2226	1. 2226	1. 2226	1. 2226	1. 2226	1. 2226	1. 2226	1. 2226
0. 3	0. 9057	0. 9057	0. 9057	0. 9057	0. 9057	0. 9057	0. 9057	0. 9057	0. 9057	0. 9057
0. 4	0. 7024	0. 7024	0. 7024	0. 7024	0. 7024	0. 7024	0. 7024	0. 7024	0. 7024	0. 7024
0. 5	0. 5598	0. 5598	0. 5598	0. 5598	0. 5598	0. 5598	0. 5598	0. 5598	0. 5598	0. 5598
0. 6	0. 4544	0. 4544	0. 4544	0. 4544	0. 4544	0. 4544	0. 4544	0. 4544	0. 4544	0. 4544
0. 7	0. 3738	0. 3738	0. 3738	0. 3738	0. 3738	0. 3738	0. 3738	0. 3738	0. 3738	0. 3738
0. 8	0. 3106	0. 3106	0. 3106	0. 3106	0. 3106	0. 3106	0. 3106	0. 3106	0. 3106	0. 3106
0. 9	0. 2602	0. 2602	0. 2602	0. 2602	0. 2602	0. 2602	0. 2602	0. 2602	0. 2602	0. 2602
1. 0	0. 2194	0. 2194	0. 2194	0. 2194	0. 2194	0. 2194	0. 2194	0. 2194	0. 2194	0. 2194
2. 0	0. 0489	0. 0489	0. 0489	0. 0489	0. 0489	0. 0489	0. 0489	0. 0489	0. 0489	0. 0489
3. 0	0. 0130	0. 0130	0. 0130	0. 0130	0. 0130	0. 0130	0. 0130	0. 0130	0. 0130	0. 0130
4. 0	0. 0038	0. 0038	0. 0038	0. 0038	0. 0038	0. 0038	0. 0038	0. 0038	0. 0038	0. 0038
5. 0	0. 0011	0. 0011	0. 0011	0. 0011	0. 0011	0. 0011	0. 0011	0. 0011	0. 0011	0. 0011
6. 0	0. 0004	0. 0004	0. 0004	0. 0004	0. 0004	0. 0004	0. 0004	0. 0004	0. 0004	0. 0004
7. 0	0. 0001	0. 0001	0. 0001	0. 0001	0. 0001	0. 0001	0. 0001	0. 0001	0. 0001	0. 0001
8. 0	0. 0000	0. 0000	0. 0000	0. 0000	0. 0000	0. 0000	0. 0000	0. 0000	0. 0000	0. 0000

续表 8-1-1

u \ r/B	0.010	0.015	0.020	0.025	0.030	0.035	0.040	0.045	0.050	0.055
0	9.4425	8.6319	8.0569	7.6111	7.2471	6.9394	6.6731	6.4383	6.2285	6.0388
0.000001										
0.000002										
0.000003	9.4425									
0.000004	9.4422									
0.000005	9.4413									
0.000006	9.4394									
0.000007	9.4366	8.6319								
0.000008	9.4313	8.6318								
0.000009	9.4251	8.6316								
0.00001	9.4176	8.6313	8.0569							
0.00002	9.2961	8.6152	8.0558	7.6111	7.2471					
0.00003	9.1499	8.5737	8.0483	7.6101	7.2470					
0.00004	9.0102	8.5168	8.0320	7.6069	7.2465	6.9394	6.6731			
0.00005	8.8827	8.4533	8.0080	7.6000	7.2450	6.9391	6.6730			
0.00006	8.7673	8.3880	7.9786	7.5694	7.2419	6.9384	6.6729	6.4383		
0.00007	8.6635	8.3233	7.9456	7.5754	7.2371	6.9370	6.6726	6.4382	6.2285	
0.00008	8.5669	8.2603	7.9105	7.5589	7.2305	6.9347	6.6719	6.4381	6.2283	
0.00009	8.4792	8.1996	7.8743	7.5402	7.2222	6.9316	6.6709	6.4378	6.2283	
0.0001	8.2983	8.1414	7.8375	7.5199	7.2122	6.9273	6.6693	6.4372	6.2282	6.0388
0.0002	7.8192	7.6780	7.4972	7.2898	7.0685	6.8439	6.6242	6.4143	6.2173	6.0338
0.0003	7.4534	7.3562	7.2281	7.0759	6.9088	6.7276	6.5444	6.3623	6.1848	6.0145
0.0004	7.1859	7.1119	7.0128	6.8929	6.7567	6.6088	6.4538	6.2955	6.1373	6.9818
0.0005	6.9750	6.9152	6.8346	6.7339	6.6219	6.4964	6.3626	6.2236	6.0821	5.9406
0.0006	6.8009	6.7508	6.6828	6.5988	6.0511	6.3923	6.2748	6.1512	6.0239	5.8948
0.0007	6.6527	6.6096	6.5508	6.4777	6.3923	6.2962	6.1917	6.0807	5.9052	5.8468
0.0008	6.5237	6.4858	6.4340	6.3695	6.2935	6.2076	6.1136	6.0129	5.9073	5.7982
0.0009	6.4094	6.3757	6.3294	6.2716	6.2032	6.1256	6.0401	5.9481	5.8509	5.7500
0.001	5.3096	6.2765	6.2347	6.1823	6.1202	6.0494	5.9711	5.8864	5.7965	5.7026
0.002	5.6271	5.6118	5.2907	5.5638	5.5314	5.4939	5.4516	5.4047	5.3538	5.2991
0.003	5.2267	5.2166	5.2025	5.1845	5.1627	5.1373	5.1084	5.0762	5.0408	5.0025
0.004	4.9421	4.9345	4.9240	4.9105	4.8941	4.8749	4.8530	4.8286	4.8016	4.7702
0.005	4.7212	4.7152	4.7068	4.6960	4.6829	4.6675	4.6499	4.6302	4.6084	4.5846

续表 8-1-1

u \ r/B	0.010	0.015	0.020	0.025	0.030	0.035	0.040	0.045	0.050	0.055
0.006	4.5407	4.5357	4.5287	4.5197	4.5088	4.4960	4.4814	4.4649	4.4467	4.4267
0.007	4.3882	4.3839	4.3779	4.3702	4.3609	4.3500	4.3374	4.3233	4.3077	4.2705
0.008	4.2561	4.2524	4.2471	4.2404	4.2323	4.2228	4.2118	4.1994	4.1857	4.1707
0.009	4.1396	4.1363	4.1317	4.1298	4.1186	4.1101	4.1004	4.0894	4.0772	4.0638
0.01	4.0356	4.0326	4.0285	4.0231	4.0167	4.0091	4.0003	3.9905	3.9795	3.9675
0.02	3.3536	3.3521	3.3502	3.3476	3.3444	3.3408	3.3365	3.3317	3.3264	3.3205
0.03	2.9584	2.9575	2.9562	2.9545	2.9523	2.9501	2.9474	2.9444	2.9409	2.9370
0.04	2.6807	2.6800	2.6791	2.6779	2.6765	2.6747	2.6727	2.6705	2.6680	2.6652
0.05	2.4675	2.4670	2.4662	2.4653	2.4642	2.4628	2.4613	2.4595	2.5676	2.4554
0.06	2.2950	2.2910	2.2940	2.2932	2.2923	2.2912	2.2900	2.2885	2.2870	2.2852
0.07	2.1506	2.1497	2.1497	2.1491	2.1483	2.1474	2.1464	2.1455	2.1439	2.1424
0.08	2.0267	2.0260	2.0260	2.0255	2.0248	2.0240	2.0231	2.0221	2.0210	2.0198
0.09	1.9185	1.9179	1.9179	1.9174	1.9169	1.9162	1.9154	1.9146	1.9136	1.9125
0.1	1.8227	1.8222	1.8222	1.8218	1.8213	1.8207	1.8200	1.8193	1.8184	1.8175
0.2	1.2226	1.2224	1.2224	1.2222	1.2220	1.2218	1.2215	1.2212	1.2209	1.2205
0.3	0.9056	0.9055	0.9055	0.9054	0.9053	0.9052	0.9050	0.9049	0.9047	0.9045
0.4	0.7024	0.7023	0.7023	0.7022	0.7022	0.7021	0.7020	0.7019	0.7018	0.7016
0.5	0.5598	0.5597	0.5597	0.5597	0.5596	0.5596	0.5595	0.5594	0.5594	0.5593
0.6	0.4544	0.4544	0.4543	0.4543	0.4543	0.4542	0.4542	0.4542	0.4541	0.4540
0.7	0.4738	0.3738	0.3737	0.3737	0.3737	0.3737	0.3736	0.3736	0.3735	0.3735
0.8	0.3106	0.3106	0.3106	0.3106	0.3105	0.3105	0.3105	0.3105	0.3104	0.3104
0.9	0.2602	0.2602	0.2602	0.2602	0.2601	0.2601	0.2601	0.2601	0.2601	0.2600
1.0	0.2194	0.2194	0.2194	0.2194	0.2193	0.2193	0.2193	0.2193	0.2193	0.2193
2.0	0.0489	0.0489	0.0489	0.0489	0.0489	0.0489	0.0489	0.0489	0.0489	0.0489
3.0	0.0130	0.0130	0.0130	0.0130	0.0130	0.0130	0.0130	0.0130	0.0130	0.0130
4.0	0.0038	0.0038	0.0038	0.0038	0.0038	0.0038	0.0038	0.0038	0.0038	0.0038
5.0	0.0011	0.0011	0.0011	0.0011	0.0011	0.0011	0.0011	0.0011	0.0011	0.0011
6.0	0.0004	0.0004	0.0004	0.0004	0.0004	0.0004	0.0004	0.0004	0.0004	0.0004
7.0	0.0001	0.0001	0.0001	0.0001	0.0001	0.0001	0.0001	0.0001	0.0001	0.0001
8.0	0.0000	0.0000	0.0000	0.0000	0.0000	0.0000	0.0000	0.0000	0.0000	0.0000

续表 8-1-1

u \ r/B	0.060	0.065	0.070	0.075	0.080	0.085	0.090	0.095	0.10	0.15
0	5.8658	5.7067	5.5596	5.4228	5.2590	5.1750	5.0620	4.9553	4.8541	4.0601
0.0001	5.8658	5.7067	5.5596	5.4228	5.2950					
0.0002	5.8637	5.7059	5.5593	5.4227	5.2949	5.1750	5.0620	4.9553		
0.0003	5.8527	5.6999	5.5562	5.4212	5.2942	5.1747	5.0613	4.9552	4.8541	
0.0004	5.8309	5.6860	5.5476	5.4160	5.2912	5.1730	5.0610	4.9547	4.8539	
0.0005	5.8011	5.6648	5.5330	5.4062	5.2848	5.1689	5.0585	4.9532	4.8530	
0.0006	5.7658	5.6383	5.5134	5.3921	5.2749	5.1621	5.0539	4.9505	4.8510	4.0601
0.0007	5.7474	5.6081	5.4902	5.3745	5.2618	5.1526	5.0471	4.9454	4.8478	4.0600
0.0008	5.6873	5.5755	5.4642	5.3542	5.2461	5.1406	5.0381	4.9388	4.8430	4.0599
0.0009	5.6465	5.5416	5.4364	5.3317	5.2282	5.1206	5.0272	4.9306	4.8368	4.0598
0.001	5.6058	5.5071	5.4075	5.3078	5.2087	5.1109	5.0133	4.9208	4.8292	4.0595
0.002	5.2411	5.1803	5.1170	5.0517	4.9848	4.9166	4.8475	4.7778	4.7079	4.0435
0.003	4.9615	4.9180	4.8722	4.8243	4.7746	4.7234	4.6707	4.6169	4.5622	4.0092
0.004	4.7406	4.7068	4.6710	4.6335	4.5942	4.5533	4.5111	4.4676	4.4230	3.9551
0.005	4.5590	4.5316	4.5022	4.4713	4.4389	4.4050	4.3699	4.3335	4.2960	3.8821
0.006	4.4051	4.3819	4.3573	4.3311	4.3036	4.2747	4.2446	4.2134	4.1812	3.8384
0.007	4.2719	4.2518	4.2305	4.2078	4.1839	4.1588	4.1326	4.1053	4.0771	3.7529
0.008	4.1544	4.1368	4.1180	4.0980	4.0769	4.0547	4.0315	4.0073	3.9822	3.6903
0.009	4.0493	4.0336	4.0169	3.9991	3.9802	3.9603	3.9395	3.9178	3.8992	3.6302
0.01	3.9544	3.9403	3.9252	3.9091	3.8920	3.8741	3.8552	3.8356	3.8150	3.5725
0.02	3.3141	3.3017	3.2997	3.2917	3.2832	3.2742	3.2647	3.2547	3.2442	3.1158
0.03	2.9329	2.9284	2.9235	2.9183	2.9127	2.9069	2.9007	2.8941	2.8873	2.8017
0.04	2.6622	2.6589	2.6553	2.6515	2.6475	2.6432	2.6386	2.6338	2.6288	2.5655
0.05	2.4531	2.4505	2.4478	2.4448	2.4416	2.4383	2.4347	2.4310	2.4271	2.3776

续表 8-1-1

u \ r/B	0.060	0.065	0.070	0.075	0.080	0.085	0.090	0.095	0.10	0.15
0.06	2.2833	2.2812	2.2790	2.2766	2.2740	2.2713	2.2684	2.2654	2.2622	2.2218
0.07	2.1408	2.1391	2.1372	2.1352	2.1331	2.1308	2.1284	2.1258	2.1232	2.0894
0.08	2.0184	2.0169	2.0153	2.0136	2.0118	2.0099	2.0078	2.0056	2.0034	1.9745
0.09	1.9114	1.9101	1.9087	1.9072	1.9056	1.9040	1.9022	1.9003	1.8983	1.8732
0.1	1.8164	1.8153	1.8141	1.8128	1.1184	1.8099	1.8084	1.8067	1.8050	1.7829
0.2	1.2201	1.2196	1.2192	1.2186	1.2181	1.2175	1.2168	1.2162	1.2155	1.2066
0.3	0.9043	0.9040	0.9038	0.9035	0.9032	0.9029	0.9025	0.9022	0.9018	0.8969
0.4	0.7015	0.7014	0.7012	0.7010	0.7008	0.7006	0.7004	0.7002	0.7000	0.6969
0.5	0.5592	0.5591	0.5590	0.5588	0.5587	0.5101	0.5584	0.5583	0.5581	0.5561
0.6	0.4540	0.4539	0.4538	0.4537	0.4536	0.4535	0.4534	0.4533	0.4532	0.4518
0.7	0.3734	0.3734	0.3733	0.3733	0.3732	0.3732	0.3731	0.3730	0.3729	0.3719
0.8	0.3104	0.3103	0.3133	0.3102	0.3102	0.3101	0.3101	0.3100	0.3100	0.3092
0.9	0.2600	0.2600	0.2599	0.2599	0.2599	0.2598	0.2598	0.2597	0.2597	0.2591
1.0	0.2192	0.2192	0.2192	0.2191	0.2191	0.2191	0.2186			
2.0	0.0489	0.0489	0.0489	0.0489	0.0489	0.0489	0.0488			
3.0	0.0130	0.0130	0.0130	0.0130	0.0130	0.0130	0.0130			
4.0	0.0038	0.0038	0.0038	0.0038	0.0038	0.0038	0.0038			
5.0	0.0011	0.0011	0.0011	0.0011	0.0011	0.0011	0.0011			
6.0	0.0004	0.0004	0.0004	0.0004	0.0004	0.0004	0.0004	0.0004	0.0004	0.0004
7.0	0.0001	0.0001	0.0001	0.0001	0.0001	0.0001	0.0001	0.0001	0.0001	0.0001
8.0	0.0000	0.0000	0.0000	0.0000	0.0000	0.0000	0.0000	0.0000	0.0000	0.0000

续表 8-1-1

u \ r/B	0.20	0.25	0.30	0.35	0.40	0.45	0.50	0.55	0.60	0.65
0	3.5054	3.0830	2.7449	2.4654	2.2291	2.0258	1.1488	1.6931	1.5550	1.4317
0.0001										
0.0002										
0.0003										
0.0004										
0.0005										
0.0006										
0.0007										
0.0008										
0.0009										
0.001	3.5054									
0.002	3.5043	3.0830	2.7449							
0.003	3.4969	3.0821	2.7448							
0.004	3.4806	3.0788	2.7444	2.4654	2.2291					
0.005	3.4567	3.0719	2.7428	2.4651	2.2290					
0.006	3.4274	3.0614	2.7398	2.4644	2.2289	2.0258				
0.007	3.3947	3.0476	2.7350	2.4630	2.2286	2.0257				
0.008	3.3598	3.0311	2.7284	2.4608	2.2279	2.0256	1.8488			
0.009	3.3239	3.0126	2.7202	2.4576	2.2269	2.0253	1.8487			
0.01	3.2875	2.9925	2.7104	2.4534	2.2253	2.0248	1.8483	1.6931	1.5550	1.4317
0.02	2.9521	2.7658	2.5688	2.3713	2.1809	2.0028	1.8379	1.6883	1.5530	1.4309
0.03	2.6896	2.5571	2.4110	2.2578	2.1031	1.9515	1.8062	1.6695	1.5423	1.4251
0.04	2.4816	2.3802	2.2661	2.1431	2.0155	1.8869	1.7603	1.6379	1.5213	1.4117
0.05	2.3110	2.2299	2.1371	2.0356	1.9283	1.8181	1.7075	1.5985	1.4927	1.3914

续表 8-1-1

u \ r/B	0.20	0.25	0.30	0.35	0.40	0.45	0.50	0.55	0.60	0.65
0.06	2.1673	2.1002	2.0227	1.9369	1.8452	1.7497	1.6524	1.5551	1.4593	1.3663
0.07	2.0435	1.9867	1.9206	1.8469	1.7673	1.6835	1.5973	1.5101	1.4232	1.3380
0.08	1.9351	1.8861	1.8290	1.7646	1.6947	1.6206	1.5436	1.4650	1.3860	1.3078
0.09	1.8389	1.7961	1.7460	1.6892	1.6272	1.5609	1.4918	1.4206	1.3486	1.2766
0.1	1.7527	1.7149	1.6704	1.6198	1.5644	1.5048	1.4422	1.3774	1.3115	1.2451
0.2	1.1944	1.1789	1.1602	1.1387	1.1145	1.0879	1.0592	1.0286	0.9964	0.9629
0.3	0.8902	0.8817	0.8713	0.8593	0.8457	0.8306	0.8142	0.7964	0.7775	0.7577
0.4	0.6927	0.6874	0.6809	0.6733	0.6647	0.6551	0.6446	0.6332	0.6209	0.6080
0.5	0.5532	0.5496	0.5453	0.5402	0.5344	0.5278	0.5206	0.5128	0.5044	0.4955
0.6	0.4498	0.4472	0.4441	0.4106	0.4364	0.4317	0.4266	0.4210	0.4150	0.4086
0.7	0.3704	0.3685	0.3663	0.3636	0.3606	0.3572	0.3534	0.3493	0.3449	0.3401
0.8	0.3081	0.3067	0.3050	0.3030	0.3008	0.2982	0.2953	0.2922	0.2889	0.2853
0.9	0.2583	0.2572	0.2559	0.2544	0.2527	0.2507	0.2485	0.2461	0.2436	0.2408
1.0	0.2179	0.2171	0.2161	0.2149	0.2120	0.2103	0.2085	0.2056	0.2043	
2.0	0.0487	0.0486	0.0485	0.0484	0.0480	0.0477	0.0475	0.0473	0.0470	
3.0	0.0130	0.0130	0.0130	0.0129	0.0129	0.0128	0.0128	0.0127	0.0127	
4.0	0.0038	0.0038	0.0038	0.0038	0.0037	0.0037	0.0037	0.0037	0.0033	
5.0	0.0011	0.0011	0.0011	0.0011	0.0011	0.0011	0.0011	0.0011	0.0011	
6.0	0.0004	0.0004	0.0004	0.0004	0.0004	0.0004	0.0004	0.0004	0.0004	0.0004
7.0	0.0001	0.0001	0.0001	0.0001	0.0001	0.0001	0.0001	0.0001	0.0001	0.0001
8.0	0.0000	0.0000	0.0000	0.0000	0.0000	0.0000	0.0000	0.0000	0.0000	0.0000

续表 8-1-1

u \ r/B	0.70	0.75	0.80	0.85	0.90	0.95	1.0	1.5	2.0	2.5
0	1.3210	1.2212	1.1307	1.0485	0.9735	0.9049	0.8420	0.4276	0.2278	0.1247
0.01	1.3210	1.2211	1.1307	1.0485						
0.02	1.3207	1.2210	1.1306	1.0484	0.9735	0.9049				
0.03	1.3177	1.2195	1.1299	1.0481	0.9733	0.9048	0.8420			
0.04	1.3094	1.2146	1.1270	1.0465	0.9724	0.9044	0.8418			
0.05	1.2955	1.2052	1.1210	1.0426	0.9700	0.9029	0.8409			
0.06	1.2770	1.1919	1.1116	1.0362	0.9657	0.9001	0.8391			
0.07	1.2551	1.1754	1.0993	1.0272	0.9593	0.8956	0.8360	0.4276		
0.08	1.2310	1.1564	1.0847	1.0161	0.9510	0.8895	0.8316	0.4275		
0.09	1.2054	1.1358	1.0682	1.0032	0.9411	0.8819	0.8259	0.4274		
0.1	1.1791	1.1140	1.0505	0.9890	0.9297	0.8730	0.8190	0.4271	0.2278	
0.2	0.9284	0.8932	0.8575	0.8216	0.7857	0.7501	0.7148	0.4135	0.2268	0.1247
0.3	0.7369	0.7154	0.6932	0.6706	0.6476	0.6244	0.6010	0.3812	0.2211	0.1240
0.4	0.5943	0.5804	0.5653	0.5501	0.5345	0.5186	0.5024	0.3411	0.2096	0.1217
0.5	0.4860	0.4791	0.4658	0.4550	0.4440	0.4326	0.4210	0.3007	0.1944	0.1174
0.6	0.4018	0.3946	0.3871	0.3793	0.3712	0.3629	0.3543	0.2630	0.1774	0.1112
0.7	0.3351	0.3297	0.3242	0.3183	0.3123	0.3060	0.2996	0.2292	0.1602	0.1010
0.8	0.2815	0.2774	0.2732	0.2687	0.2641	0.2592	0.2543	0.1994	0.1436	0.0961
0.9	0.2378	0.2347	0.2314	0.2280	0.2244	0.2207	0.2168	0.1734	0.1281	0.0881
1.0	0.2020	0.1995	0.1970	0.1943	0.1914	0.1885	0.1885	0.1509	0.1139	0.0803
2.0	0.0467	0.0463	0.0460	0.0456	0.0452	0.0448	0.0444	0.0394	0.0335	0.0271
3.0	0.0126	0.0125	0.0125	0.0124	0.0123	0.0123	0.0122	0.0112	0.0100	0.0086
4.0	0.0037	0.0037	0.0037	0.0036	0.0036	0.0036	0.0036	0.0034	0.0031	0.0027
5.0	0.0011	0.0011	0.0011	0.0011	0.0011	0.0011	0.0011	0.0010	0.0010	0.0009
6.0	0.0004	0.0004	0.0004	0.0004	0.0004	0.0004	0.0004	0.0004	0.0004	0.0004
7.0	0.0001	0.0001	0.0001	0.0001	0.0001	0.0001	0.0001	0.0001	0.0001	0.0001
8.0	0.0000	0.0000	0.0000	0.0000	0.0000	0.0000	0.0000	0.0000	0.0000	0.0000

续表 8-1-1

u \ r/B	3.0	3.5	4.0	4.5	5.0	5.5	6.0	6.5	7.0	7.5
0	0.0695	0.0392	0.0223	0.0128	0.0074	0.0025	0.0008	0.0003	0.0001	
0.1										
0.2	0.0695									
0.3	0.0694									
0.4	0.0691	0.0392								
0.5	0.0681	0.0390	0.0223							
0.6	0.0664	0.0386	0.0222	0.0128						
0.7	0.0639	0.0379	0.0221	0.0127						
0.8	0.0607	0.0368	0.0218	0.0127	0.0074					
0.9	0.0572	0.0354	0.0213	0.0125	0.0073					
1.0	0.0534	0.0338	0.0207	0.0123	0.0073	0.0025				
2.0	0.0210	0.0156	0.0112	0.0077	0.0051	0.0021	0.0008	0.0003		
3.0	0.0071	0.0057	0.0045	0.0034	0.0025	0.0012	0.0006	0.0002		
4.0	0.0024	0.0020	0.0016	0.0013	0.0010	0.0006	0.0003	0.0002	0.0001	
5.0	0.0008	0.0007	0.0006	0.0005	0.0004	0.0002	0.0001	0.0001	0.0000	
6.0	0.0003	0.0002	0.0002	0.0002	0.0002	0.0001	0.0001	0.0000		
7.0	0.0001	0.0001	0.0001	0.0001	0.0001	0.0000	0.0000			
8.0	0.0000	0.0000	0.0000	0.0000	0.0000	0.0000	0.0000			

表 8-1-2　虚宗量零阶第二类贝塞尔函数 $K_0(x)$

x / N	$N\times10^{-14}$	$N\times10^{-13}$	$N\times10^{-12}$	$N\times10^{-11}$	$N\times10^{-10}$	$N\times10^{-9}$	$N\times10^{-8}$	$N\times10^{-7}$	$N\times10^{-6}$	$N\times10^{-5}$	$N\times10^{-4}$	$N\times10^{-3}$	$N\times10^{-2}$	$N\times10^{-1}$	$N\times10^{0}$	x / N
1.0	32.3521	30.0495	27.7470	25.4444	23.1418	20.8392	18.5366	16.2340	13.9314	11.6189	9.3263	7.0257	4.7212	2.4271	0.4210	1.0
1.1	32.2588	29.9542	27.6516	25.3491	23.0465	20.7439	18.4413	16.1387	13.8361	11.5336	9.2310	6.9284	4.6260	2.3333	0.3656	1.1
1.2	32.1698	29.8672	27.5646	25.2620	22.9595	20.6569	18.3543	16.0517	13.7491	11.4465	9.1440	6.8414	4.5390	2.2479	0.3185	1.2
1.3	32.0898	29.7872	27.4846	25.1820	22.8794	20.5768	18.2742	15.9717	13.6691	11.3665	9.0640	6.7613	4.4590	2.1695	0.2782	1.3
1.4	32.0156	29.7131	27.4105	25.1079	22.8053	20.5027	18.2001	15.8775	13.5990	11.2924	8.9899	6.6872	4.3849	2.0972	0.2437	1.4
1.5	31.9467	29.6441	27.3415	25.0389	22.7363	20.4537	18.1311	15.8286	13.5260	11.2234	8.9209	6.6182	4.3159	2.0300	0.2138	1.5
1.6	31.8821	29.5795	27.2769	24.9744	22.6718	20.3692	18.0666	15.7640	13.4614	11.1589	8.8563	6.5537	4.2514	1.9674	0.1880	1.6
1.7	31.8215	29.5187	27.2163	24.9137	22.6112	20.3086	18.0060	15.7034	13.4008	11.0982	8.7957	6.4931	4.1908	1.9088	0.1655	1.7
1.8	31.7643	29.4618	27.1592	24.8566	22.5540	20.2514	17.9480	15.6462	13.3437	11.0411	8.7386	6.4359	4.1337	1.8537	0.1459	1.8
1.9	31.7103	29.4077	27.1051	24.8025	22.4999	20.1975	17.8948	15.5922	13.2896	10.9870	8.6845	6.3818	4.0797	1.8018	0.1288	1.9
2.0	31.6590	29.3564	27.0538	24.7512	22.4886	20.1460	17.8455	15.5409	13.2383	10.9357	8.6331	6.3305	4.0285	1.7527	0.1139	2.0
2.1	31.6113	29.3087	27.0061	24.7035	22.4009	20.0983	17.7958	15.4932	13.1906	10.8880	8.5855	6.2818	3.9797	1.7062	0.1008	2.1
2.2	31.5637	29.2611	26.9585	24.6559	22.3533	20.0507	17.7482	15.4456	13.1430	10.8404	8.5379	6.2352	3.9332	1.6620	0.08927	2.2
2.3	31.5202	29.2176	26.9150	24.6124	22.3098	20.0072	17.7046	15.4021	13.0945	10.7969	8.4944	6.1908	3.8888	1.6199	0.07914	2.3
2.4	31.4767	29.1741	26.8715	24.5689	22.2663	19.9637	17.6611	15.3566	13.0560	10.7534	8.4509	6.1482	3.8463	1.5796	0.07022	2.4
2.5	31.4366	29.1340	26.8314	24.5289	22.2267	19.9258	17.6211	15.3185	13.0159	10.7134	8.4109	6.1074	3.8056	1.5415	0.06235	2.5
2.6	31.3966	29.0940	26.7914	24.4889	22.1863	19.8537	17.5811	15.2785	12.9759	10.6734	8.3709	6.0682	3.7662	1.5048	0.05540	2.6
2.7	31.3595	29.0659	26.7543	24.4518	22.1492	19.8466	17.5440	15.2414	12.9388	10.6363	8.3338	6.0304	3.7287	1.4697	0.04926	2.7
2.8	31.3250	29.0199	26.7173	24.4147	22.1122	19.8016	17.5070	15.2044	12.9018	10.5993	8.2965	5.9941	3.6724	1.4340	0.04382	2.8
2.9	31.2880	28.9854	26.6828	24.3802	22.0777	19.7751	17.4725	15.1699	12.8673	10.5648	8.2622	5.9590	3.6574	1.4036	0.03901	2.9
3.0	31.2535	28.9509	26.6483	24.3458	22.0452	19.7406	17.4380	15.1354	12.8328	10.5405	8.2277	5.9251	3.6235	1.3725	0.03474	3.0
3.1	31.2212	28.9186	26.6160	24.3133	22.0109	19.7083	17.4051	15.1031	12.8005	10.4980	8.1955	5.8923	3.5908	1.3425	0.03095	3.1
3.2	31.1890	28.8864	26.5838	24.2812	21.9786	19.6760	17.3735	15.0709	12.7683	10.4657	8.1634	5.8606	3.5591	1.3136	0.02759	3.2
3.3	31.1586	28.8561	26.5535	24.2509	21.9483	19.6457	17.3431	15.0406	12.7380	10.4354	8.1330	5.8298	3.5284	1.2857	0.02461	3.3
3.4	31.1283	28.8258	26.5232	24.2206	21.9180	19.6154	17.3428	15.0103	12.7077	10.4051	8.1227	5.7999	3.4986	1.2587	0.02196	3.4
3.5	31.0997	28.7972	26.4946	24.1920	21.8894	19.5868	17.3342	14.9817	12.6791	10.3765	8.0741	5.7709	3.4697	1.2327	0.01960	3.5
3.6	31.0712	28.7686	26.4690	24.1634	21.8608	19.5583	17.2547	14.9531	12.6505	10.3479	8.0455	5.7428	3.4416	1.2075	0.01750	3.6
3.7	31.0441	28.7415	26.4389	24.1364	21.8338	19.5312	17.2271	14.9260	12.6234	10.3209	8.0185	5.7154	3.4143	1.1832	0.01563	3.7
3.8	31.0171	28.7145	26.4119	24.1094	21.8068	19.5042	17.2016	14.8790	12.5964	10.2939	7.9915	5.6567	3.3877	1.1596	0.01397	3.8
3.9	30.9914	28.6886	26.3863	24.0837	21.7811	19.4785	17.1759	14.8733	12.5707	10.2682	7.9657	5.6427	3.3615	1.1367	0.01248	3.9

续表 8-1-2

x / N	$N\times10^{-14}$	$N\times10^{-13}$	$N\times10^{-12}$	$N\times10^{-11}$	$N\times10^{-10}$	$N\times10^{-9}$	$N\times10^{-8}$	$N\times10^{-7}$	$N\times10^{-6}$	$N\times10^{-5}$	$N\times10^{-4}$	$N\times10^{-3}$	$N\times10^{-2}$	$N\times10^{-1}$	$N\times10^{0}$	x / N
4.0	30.9414	28.6632	26.3607	24.0581	21.7555	19.4529	17.1503	14.8477	12.5451	10.2426	7.9400	5.6374	3.336	1.1145	0.01116	4.0
4.1	30.9414	28.6388	26.3363	24.0337	21.7311	19.4265	17.1259	14.8633	12.5207	10.2182	7.9157	5.6127	3.3115	1.0930	0.009980	4.1
4.2	30.9170	28.6145	26.3119	24.0093	21.7051	19.4041	17.1015	14.7989	12.4964	10.1868	7.8914	5.5856	3.2819	1.0721	0.008927	4.2
4.3	30.8917	28.5712	26.2886	23.9860	21.6834	19.3808	17.0782	14.7756	12.4751	10.1705	7.8681	5.5651	3.2645	1.0518	0.007988	4.3
4.4	30.8705	28.5679	26.2653	23.9628	21.6642	19.3524	17.0550	14.7524	12.4498	10.1473	7.8449	5.5461	3.2445	1.0321	0.007149	4.4
4.5	30.8483	28.5457	26.2431	23.9405	21.6379	19.3353	17.0328	14.7320	12.4276	10.1250	7.8246	5.5196	3.2192	1.0129	0.006400	4.5
4.6	30.8261	28.5235	26.2209	23.9183	21.6151	19.3131	17.0106	14.7080	12.4054	10.1028	7.8064	5.4977	3.1973	0.9945	0.005300	4.6
4.7	30.8057	28.5022	26.1996	23.8970	21.5944	19.2918	16.9893	14.6867	12.3841	10.0815	7.7791	5.4762	3.1758	0.9701	0.005132	4.7
4.8	30.7853	28.4809	26.1783	23.8758	21.5732	19.2906	16.9680	14.6654	12.3628	10.0603	7.7579	5.4451	3.1547	0.9584	0.004597	4.8
4.9	30.7640	28.4605	26.1579	23.8553	21.5527	19.2505	16.9476	14.6450	12.3424	10.0398	7.7313	5.4345	3.1343	0.9417	0.004119	4.9
5.0	30.7447	28.4401	26.1375	23.8349	21.5328	19.2298	16.9274	14.6246	12.3220	10.0194	7.7158	5.4153	3.1142	0.9244	0.003691	5.0
5.1	30.7231	28.4205	26.1179	23.8153	21.5121	19.2101	16.9076	14.6150	12.3024	10.0000	7.6976	5.3945	3.0945	0.9081	0.003368	5.1
5.2	30.7035	28.4009	26.0983	23.7957	21.4931	19.1905	16.8880	14.5854	12.2820	9.9802	7.6779	5.3751	3.0752	0.8921	0.002966	5.2
5.3	30.6846	28.3820	26.0795	23.7768	21.4742	19.1716	16.8691	14.5665	12.2537	9.9613	7.6590	5.3560	3.0562	0.8760	0.002659	5.3
5.4	30.6657	28.3631	26.0608	23.7580	21.4514	19.1528	16.8503	14.5476	12.2450	9.9425	7.6401	5.3373	3.0376	0.8614	0.002385	5.4
5.5	30.6475	28.3449	26.0425	23.7398	21.4372	19.1346	16.8320	14.5294	12.2268	9.9243	7.6219	5.3190	3.0124	0.8466	0.002139	5.5
5.6	30.6294	28.3268	26.0242	23.7216	21.4190	19.1164	16.8138	14.5113	12.2087	9.9061	7.6038	5.3010	3.0015	0.8321	0.001918	5.6
5.7	30.6116	28.3092	26.0066	23.7040	21.4014	19.0988	16.7963	14.4937	12.1911	9.8886	7.5862	5.2833	2.9839	0.8180	0.001721	5.7
5.8	30.5943	28.2917	25.9891	23.6865	21.3839	19.0813	16.7788	14.4762	12.1736	9.8710	7.5687	5.2659	2.9666	0.8042	0.001544	5.8
5.9	30.5773	28.2747	25.9721	23.6695	21.3669	19.0633	16.7618	14.4592	12.1566	9.8540	7.5516	5.2498	2.9496	0.7907	0.001386	5.9
6.0	30.5604	28.2578	25.9552	23.6528	21.3500	19.0474	16.7449	14.4423	12.1397	9.8371	7.5345	5.2320	2.9329	0.7775	0.001244	6.0
6.1	30.5440	28.2414	25.9388	23.6362	21.3336	19.0310	16.7285	14.4259	12.1233	9.8207	7.5182	5.2155	2.9165	0.7646	0.001117	6.1
6.2	30.5276	28.2250	25.9224	23.6198	21.3172	19.0146	16.7121	14.4095	12.2069	9.8043	7.5020	5.1992	2.9003	0.7520	0.001003	6.2
6.3	30.5117	28.2091	25.9065	23.6039	21.3013	18.9987	16.6962	14.3936	12.0910	9.7884	7.4861	5.1832	2.8844	0.7397	0.0009001	6.3
6.4	30.4958	28.1932	25.8907	23.5881	21.2855	18.9829	16.6803	14.3777	12.0751	9.7726	7.4703	5.1675	2.8688	0.7277	0.0008083	6.4
6.5	30.4804	28.1778	25.8753	23.5727	21.2701	18.9675	16.6694	14.3623	12.0597	9.7572	7.4549	5.1520	2.8534	0.7159	0.0007259	6.5
6.6	30.4651	28.1625	25.8599	23.5573	21.2417	18.9521	16.6495	14.3470	12.0444	9.7418	7.4395	5.1367	2.8382	0.7043	0.0006520	6.6
6.7	30.4501	28.1475	25.8449	23.5423	21.2398	18.9312	16.6346	14.3320	12.0294	9.7269	7.4246	5.1216	2.8233	0.6930	0.0005857	6.7
6.8	30.4352	28.1326	25.8300	23.5271	21.2249	18.9223	16.6197	14.3174	12.0145	9.7120	7.4097	5.1068	2.8082	0.6820	0.0005262	6.8
6.9	30.4206	28.1181	25.8155	23.5129	21.2104	18.9078	16.6052	14.3026	12.0000	9.6975	7.3950	5.0922	2.7941	0.6711	0.0004728	6.9

续表 8-1-2

N \ x	$N\times10^{-14}$	$N\times10^{-13}$	$N\times10^{-12}$	$N\times10^{-11}$	$N\times10^{-10}$	$N\times10^{-9}$	$N\times10^{-8}$	$N\times10^{-7}$	$N\times10^{-6}$	$N\times10^{-5}$	$N\times10^{-4}$	$N\times10^{-3}$	$N\times10^{-2}$	$N\times10^{-1}$	$N\times10^{0}$	x / N
7.0	30.4060	28.1036	25.8060	23.4985	21.1959	18.8933	16.5907	14.2881	11.9855	9.6830	7.3804	5.0779	2.7798	0.6605	0.0004248	7.0
7.1	30.3920	28.0895	25.7869	23.4844	21.1818	18.8792	16.5766	14.2740	11.9714	9.6689	7.3665	5.0637	2.7657	0.6501	0.0003817	7.1
7.2	30.3780	28.0755	25.7729	23.4703	21.1677	18.8651	16.5625	14.2599	11.9574	9.6548	7.3526	5.0497	2.7519	0.6399	0.0003431	7.2
7.3	30.3640	28.0618	25.7592	23.4566	21.1540	18.8514	16.5488	14.2462	11.9437	9.6411	7.3389	5.0359	2.7382	0.6300	0.0003084	7.3
7.4	30.3506	28.0481	25.7455	23.4329	21.1403	18.8377	16.5351	14.2325	11.9300	9.6274	7.3252	5.0223	2.7247	0.6202	0.0002772	7.4
7.5	30.3373	28.0347	25.7321	23.4295	21.1269	18.8243	16.5218	14.2192	11.9166	9.6140	7.3118	5.0089	2.7114	0.6106	0.0002492	7.5
7.6	30.3240	28.0214	25.7188	23.4162	21.1136	18.8110	16.5085	14.2059	11.9033	9.6007	7.2985	4.9956	2.6983	0.6012	0.0002240	7.6
7.7	30.3110	28.0084	25.7058	23.4032	21.1006	18.7980	16.4955	14.1929	11.8903	9.5877	7.2855	4.9826	2.6853	0.5920	0.0002014	7.7
7.8	30.2980	27.9954	25.6928	23.3902	21.0877	18.7821	16.4825	14.1799	11.8773	9.5748	7.2725	4.9697	2.6726	0.5829	0.0001811	7.8
7.9	30.2853	27.9827	25.6801	23.3775	21.0750	18.7725	16.4698	14.1672	11.8646	9.5621	7.2596	4.9569	2.6599	0.5740	0.0001629	7.9
8.0	30.2727	27.9701	25.6675	23.3649	21.0623	18.7598	16.4572	14.1576	11.8520	9.5950	7.2468	4.9443	2.6475	0.5653	0.0001465	8.0
8.1	30.2603	27.9577	25.6551	23.3525	21.0499	18.7474	16.4448	14.1422	11.8396	9.5371	7.2346	4.9319	2.6352	0.5568	0.0001317	8.1
8.2	30.2480	27.9454	25.6428	23.3402	21.0376	18.7301	16.4425	14.1299	11.8273	9.5248	7.2250	4.9197	2.6231	0.5484	0.0001185	8.2
8.3	30.2359	27.9333	25.6307	23.3281	21.0256	18.7230	16.4204	14.1178	11.8152	9.5127	7.2105	4.9075	2.6111	0.5402	0.0001026	8.3
8.4	30.2239	27.9213	25.6187	23.3161	21.0136	18.7110	16.4084	14.1058	11.8032	9.5007	7.1985	4.8956	2.5992	0.5321	0.00009588	8.4
8.5	30.2121	27.9095	25.6069	23.3043	21.0018	18.6992	16.3966	14.0940	11.7914	9.4889	7.1867	4.8837	2.5875	0.5242	0.00008626	8.5
8.6	30.2004	27.8978	25.5952	23.2926	20.9900	18.6874	16.3848	14.0823	11.7797	9.4771	7.1749	4.8720	2.5759	0.5160	0.00007761	8.6
8.7	30.1889	27.8863	25.5837	23.2812	20.9785	18.6759	16.3733	14.0708	11.7682	9.4656	7.1634	4.8600	2.5645	0.5082	0.00006983	8.7
8.8	30.1774	27.8748	25.5722	23.2696	20.9670	18.6644	16.3619	14.0593	11.7567	9.4541	7.1520	4.8490	2.5532	0.5013	0.00006283	8.8
8.9	30.1661	27.8635	25.5609	23.2583	20.9658	18.6532	16.3506	14.0480	11.7454	9.4429	7.1405	4.8378	2.5422	0.4940	0.00005654	8.9
9.0	30.1549	27.8523	25.5497	23.2471	20.9446	18.6420	16.3394	14.0368	11.7372	9.4317	7.1290	4.8266	2.5310	0.4867	0.00005088	9.0
9.1	30.1419	27.8413	25.5387	23.2361	20.9331	18.6310	16.3284	14.0258	11.7232	9.4207	7.1182	4.8155	2.5201	0.4796	0.00004579	9.1
9.2	30.1329	27.8303	25.5277	23.2252	20.9226	18.6200	16.3174	14.0148	11.7122	9.4097	7.1075	4.8046	2.5093	0.4727	0.00004121	9.2
9.3	30.1221	27.8195	25.5169	23.2144	20.9118	18.6092	16.3060	14.0040	11.7014	9.3989	7.0967	4.7938	2.4986	0.4658	0.00003710	9.3
9.4	30.1114	27.8088	25.5062	23.2037	20.9011	18.5985	16.2959	13.9933	11.6907	9.3882	7.0860	4.7852	2.4881	0.4596	0.00003339	9.4
9.5	30.1009	27.7983	25.4951	23.1931	20.8905	18.5879	16.2853	13.9828	11.6802	9.3776	7.0755	4.7725	2.4776	0.4524	0.00003006	9.5
9.6	30.0904	27.7878	25.4852	23.1826	20.8800	18.5774	16.2748	13.9723	11.6697	9.3671	7.0650	4.7621	2.4673	0.4459	0.00002706	9.6
9.7	30.0800	27.7775	25.4749	23.1723	20.8697	18.5671	16.2645	13.9619	11.6594	9.3568	7.0547	4.7517	2.4571	0.4396	0.00002436	9.7
9.8	30.0697	27.7672	25.4646	23.1620	20.8594	18.5568	16.2542	13.9516	11.6491	9.3465	7.0444	4.7414	2.4470	0.4333	0.00002193	9.8
9.9	30.0596	27.7571	25.4545	23.1519	20.8493	18.5467	16.2441	13.9415	11.6390	9.3364	7.0340	4.7313	2.4370	0.4271	0.00001975	9.9

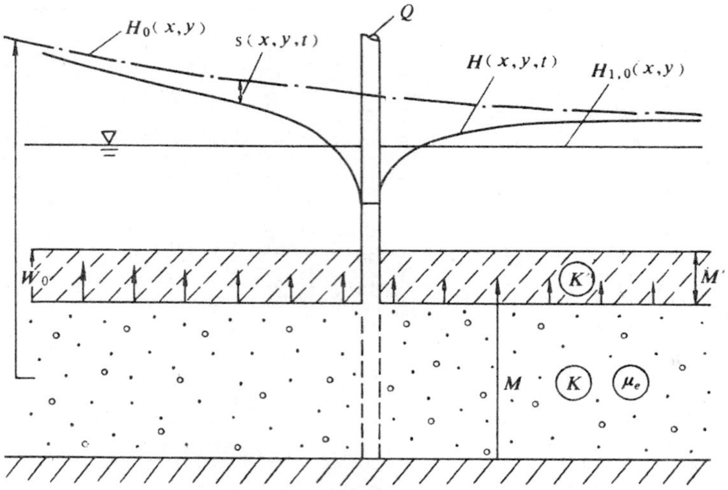

图 8-1-2 第一类越流系统的井流降深方程拓宽应用的条件示意图

方程(8-1-11)式说明主含水层初始水头的分布是稳定的;条件(8-1-14)式表示相邻含水层的水头在整个抽水过程中保持不变。

将(8-1-14)式的 H_1 代入方程(8-1-9)式,然后方程(8-1-11)式与(8-1-9)式相减,得

$$a\left(\frac{\partial^2(H_0-H)}{\partial x^2}+\frac{\partial^2(H_0-H)}{\partial y^2}\right)+\frac{K'}{M'\mu_e}[(H_{1,0}-H_0)-(H_{1,0}-H)]=\frac{\partial(H_0-H)}{\partial t}$$

引入主含水层的水头降深 s,即

$$s=H_0-H \tag{8-1-15}$$

则上式及(8-1-10)式、(8-1-12)式和(8-1-13)式可相应地改写为

$$[\,\text{Ⅱ}\,]'\begin{cases} a\left(\dfrac{\partial^2 s}{\partial x^2}+\dfrac{\partial^2 s}{\partial y^2}\right)-\dfrac{K'}{M'\mu_e}s=\dfrac{\partial s}{\partial t} & (-\infty<x、y<+\infty,t>0) \quad (8\text{-}1\text{-}16)\\ s(x,y,t)|_{t=0}=0(x,y) & (-\infty<x、y<+\infty) \quad (8\text{-}1\text{-}17)\\ \lim\limits_{(x^2+y^2)\to\infty} s(x,y,t)=0 & (t>0) \quad (8\text{-}1\text{-}18)\\ \lim\limits_{r\to 0}(-Tr\displaystyle\int_0^{2\pi}\frac{\partial s}{\partial r}\mathrm{d}\theta=Q(\text{const.}) & (t>0) \quad (8\text{-}1\text{-}19) \end{cases}$$

显然,问题[Ⅱ]′对于 s 来说是轴对称的,因此它又可转化为问题[Ⅰ]′的形式。问题[Ⅰ]′的 s 是抽水引起的水头降深,对于问题[Ⅱ]′,由于抽水前含水层水头 H_0 的分布是稳定的,即方程(8-1-11)式右端项 $\frac{\partial H_0}{\partial t}=0$,所以这里的降深 s 也是纯粹由于抽水所引起的。由此证明了,降深方程(8-1-5)式可以直接用于上述放宽了条件(条件 5 所述)的越流系统。

假如抽水前含水层水头 H_0 是不稳定的,即 $\frac{\partial H_0}{\partial t}\neq 0$,那么抽水期间观测到的降深 s 要经过天然动态的校正(如同泰斯公式讨论之 6)才满足降深方程(8-1-5)式。

关于越流系统中的井群干扰问题,直线边界附近的井流问题和阶梯变流量井流问题等,其

处理方法与无越流含水层的井流问题一样，这里不再赘述。

二、井流试验确定越流系统的参数

第一类越流系统地层的参数，除了导水系数 T 和水头扩散系数 a（或给水度 μ_e）之外，还有越流补给系数 $\frac{1}{B}$。

下面介绍四种确定地层参数的方法。

（一）不稳定井流试验

1. 标准曲线对比法

（1）原理

对(8-1-5)式两端取对数

$$\lg s = \lg \frac{Q}{4\pi T} + \lg W\left(u, \frac{r}{B}\right) \tag{8-1-20}$$

其中

$$u = \frac{r^2}{4at} \qquad 或 \qquad t = \frac{r^2}{4au} \tag{8-1-21}$$

对此式两端也取对数，有

$$\lg t = \lg \frac{r^2}{4a} + \lg \frac{1}{u} \tag{8-1-22}$$

由(8-1-20)式和(8-1-22)式看出：对于定流量 Q 抽水，实测的 $\lg s$-$\lg t$ 曲线与理论曲线 $\lg W(u, \frac{r}{B})$-$\lg \frac{1}{u}$ 的形状是相同的，只是其纵横坐标彼此平移了 $\lg \frac{Q}{4\pi T}$ 和 $\lg \frac{r^2}{4a}$ 值，反之，如果确定了平移值，则可确定地层的参数。

（2）步骤

①在双对数坐标纸上绘制 $W(u, \frac{r}{B})$-$\frac{1}{u}$ 标准曲线（图 8-1-3）；

②在另一同模数的透明双对数坐标纸上，投上 s-t 实测数据。

③在保持对应坐标轴彼此平行的前提下，相对移动两坐标纸；在一组 $\frac{r}{B}$ 标准曲线中寻找最优拟合曲线并确定其吻合位置。记录 $\frac{r}{B}$、t_0 和 s_0 值〔t_0 是对应 $\frac{1}{u}=1$ 的 t 值，s_0 是对应 $W(u, \frac{r}{B})=1$ 的 s 值〕。

④根据(8-1-20)式和(8-1-22)式可分别计算 T 和 a 值，即

$$T = \frac{Q}{4\pi s_0} \tag{8-1-23}$$

和

$$a = \frac{r^2}{4t_0} \tag{8-1-24}$$

⑤两曲线拟合以后，也可以任找一匹配点，记下对应的四个坐标值 $\frac{1}{u}$、$W(u, \frac{r}{B})$、t、s，将它们分别代入(8-1-20)式和(8-1-22)式，以计算参数 T 和 a，即

$$T = \frac{Q}{4\pi s} W\left(u, \frac{r}{B}\right) \tag{8-1-25}$$

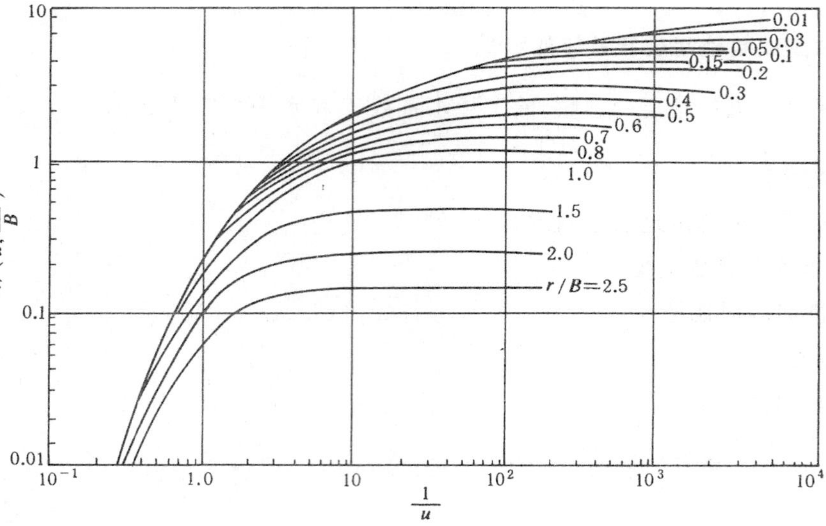

图 8-1-3 第一类越流系统标准曲线图

和

$$a=\frac{r^2}{4ut} \tag{8-1-26}$$

⑥已知 $\frac{r}{B}$ 和 r，可计算出 B 值。

2. 拐点法

由于下文需要证明某些性质，将(8-1-5)式改写成另一形式，即

$$\begin{aligned} s&=\frac{Q}{4\pi T}\left[\int_0^\infty \frac{1}{y}\mathrm{e}^{-(y+\frac{r^2}{4B^2y})}\mathrm{d}y-\int_0^u \frac{1}{y}\mathrm{e}^{-(y+\frac{r^2}{4B^2y})}\mathrm{d}y\right] \\ &=\frac{Q}{4\pi T}\left[2K_0\frac{r}{B}-\int_0^u \frac{1}{y}\mathrm{e}^{-(y+\frac{r^2}{4B^2y})}\mathrm{d}y\right] \end{aligned}$$

对此方程右端中右括弧内的第二项进行换元，令

$$x=\frac{r^2}{4B^2y}$$

则

$$y=\frac{r^2}{4B^2x} \qquad 和 \qquad \mathrm{d}y=\frac{r^2}{4B^2}\left(\frac{-1}{x^2}\right)\mathrm{d}x$$

将此两个关系代入上式右端第二项

$$\int_0^u \frac{1}{y}\mathrm{e}^{-(y+\frac{r^2}{4B^2y})}\mathrm{d}y=\int_\infty^{\frac{r^2}{4B^2u}}\frac{4B^2x}{r^2}\mathrm{e}^{-(x+\frac{r^2}{4B^2x}+\frac{r^2}{4B^2}\cdot\frac{4B^2x}{r^2})}\cdot\left(\frac{-r^2}{4B^2x^2}\right)\mathrm{d}x$$

故

$$s=\frac{Q}{4\pi T}\left[2K_0\left(\frac{r}{B}\right)-\int_q^\infty \frac{1}{x}\mathrm{e}^{-(x+\frac{r^2}{4B^2x})}\mathrm{d}x\right] \tag{8-1-27}$$

式中：$q=\frac{r^2}{4B^2u}=\frac{at}{B^2}$ (8-1-28)

方程(8-1-27)式就是所需要建立的降深方程的另一形式。它与(8-1-5)式和(8-1-7)式是井流试验确定参数的基础。

(1) 原理

①同一观测孔的 s-lg$t$ 曲线(图 8-1-4)上任意点的斜率 m[利用方程(8-1-5)式]为

$$m=\frac{\partial s}{\partial \lg t}=2.3\frac{\partial s}{\partial \ln t}=2.3\frac{\partial s}{\frac{\partial t}{t}}=2.3\left[\frac{Q}{4\pi T}e^{-\left(u+\frac{r^2}{4B^2u}\right)}\right] \tag{8-1-29}$$

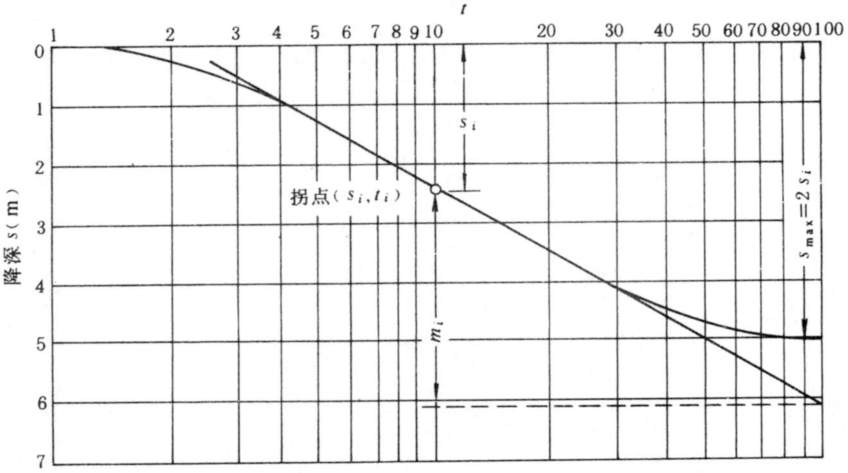

图 8-1-4　第一类越流系统的 s-lg$t$ 曲线

②s-lg$t$ 曲线有一拐点 i,它可通过 s 对 lg$t$ 的二阶导数来确定。从(8-1-29)式出发

$$\begin{aligned}\frac{\partial^2 s}{\partial(\lg t)^2}&=\frac{(2.3)^2Q}{4\pi T}\cdot\frac{\partial}{\partial \ln t}\left[e^{-\left(u+\frac{r^2}{4B^2u}\right)}\right]\\&=\frac{(2.3)^2Q}{4\pi T}\cdot t\frac{\partial}{\partial t}\left[e^{-\left(u+\frac{r^2}{4B^2u}\right)}\right]\\&=\frac{(2.3)^2Q}{4\pi T}\cdot t\cdot e^{-\left(u+\frac{r^2}{4B^2u}\right)}\cdot\left[-\frac{r^2}{4a}\cdot\left(\frac{-1}{t^2}\right)-\frac{r^2}{4B^2}\cdot\frac{4a}{r^2}\right]\\&=\frac{(2.3)^2Q}{4\pi T}\cdot e^{-\left(u+\frac{r^2}{4B^2u}\right)}\cdot\left(u-\frac{at}{B^2}\right)\end{aligned}$$

令 $\frac{\partial^2 s}{\partial(\lg t)^2}=0$,得拐点 i 的坐标 t_i(或相应的 u_i),即

$$\frac{r^2}{4at_i}=u_i=\frac{at_i}{B^2} \tag{8-1-30}$$

$$t_i=\frac{rB}{2a}\qquad 则\ a=\frac{Br}{2t_i} \tag{8-1-31}$$

代回(8-1-30)式,得

$$u_i=\frac{at_i}{B^2}=\frac{a}{B^2}\cdot\frac{rB}{2a}=\frac{r}{2B} \tag{8-1-32}$$

③为了求拐点 i 处切线的斜率 m_i,可将方程(8-1-32)式的 u_i 代入(8-1-29)式,即

$$\begin{aligned}m_i&=\frac{2.3Q}{4\pi T}e^{-\left(\frac{r}{2B}+\frac{r^2}{4B^2\frac{r}{2B}}\right)}\\&=\frac{2.3Q}{4\pi T}e^{-\left(\frac{r}{2B}+\frac{r}{2B}\right)}\\&=\frac{2.3Q}{4\pi T}e^{-\frac{r}{B}}\end{aligned} \tag{8-1-33}$$

则 $$T=\frac{2.3Q}{4\pi m_i}e^{-\frac{r}{B}}$$

若对(8-1-33)式两端取自然对数，则

$$\ln m_i=\ln\frac{2.3Q}{4\pi T}-\frac{r}{B}$$

得 $$r=2.3B(\lg\frac{2.3Q}{4\pi T}-\lg m_i) \tag{8-1-34}$$

④建立拐点处降深 s_i 的方程：以(8-1-32)式的 u_i 代入(8-1-5)式，得

$$s_i=\frac{Q}{4\pi T}\int_{\frac{r}{2B}}^{\infty}\frac{1}{y}e^{-(y+\frac{r^2}{4B^2y})}dy \tag{8-1-35}$$

以(8-1-32)式的 u_i 代入方程(8-1-28)式，有

$$q_i=\frac{r^2}{4B^2\frac{r}{2B}}=\frac{r}{2B}$$

再将它代入(8-1-27)式，得

$$s_i=\frac{Q}{4\pi T}\left[2K_0\left(\frac{r}{B}\right)-\int_{\frac{r}{2B}}^{\infty}\frac{1}{x}e^{-(x+\frac{r^2}{4B^2x})}dx\right] \tag{8-1-36}$$

(8-1-35)式加(8-1-36)式，再除以 2，得

$$s_i=\frac{Q}{4\pi T}K_0\left(\frac{r}{B}\right)=\frac{1}{2}s_{\max} \tag{8-1-37}$$

此式表明，拐点处的降深恰好是最大降深之半。

⑤建立拐点 i 处降深 s_i 和斜率 m_i 之间的关系：从(8-1-37)式和(8-1-33)式的关系，可以得出

$$s_i=\frac{Q}{4\pi T}K_0\left(\frac{r}{B}\right)=\frac{m_i}{2.3}e^{\frac{r}{B}}\cdot K_0\left(\frac{r}{B}\right)$$

于是

$$2.3\frac{s_i}{m_i}=e^{\frac{r}{B}}\cdot K_0\left(\frac{r}{B}\right)\triangleq f\left(\frac{r}{B}\right) \tag{8-1-38}$$

⑥ s-lg$t$ 曲线对称于拐点 i(图 8-1-5)，关于这个性质，证明如下：

在 lg$t$ 轴上，在 lgt_i 两侧任取与 lgt_i 等距的 lgt_1 和 lgt_2 两点(图 8-1-5)，则有

$$\lg t_1+\lg t_2=2\lg t_i \tag{8-1-39}$$

即

$$\lg(t_1\cdot t_2)=\lg t_i^2$$

或 $$t_1\cdot t_2=t_i^2$$

考虑到 $u=\frac{r^2}{4at}$ 和(8-1-32)式，有

$$u_1\cdot u_2=u_i^2=\frac{r^2}{4B^2}$$

即

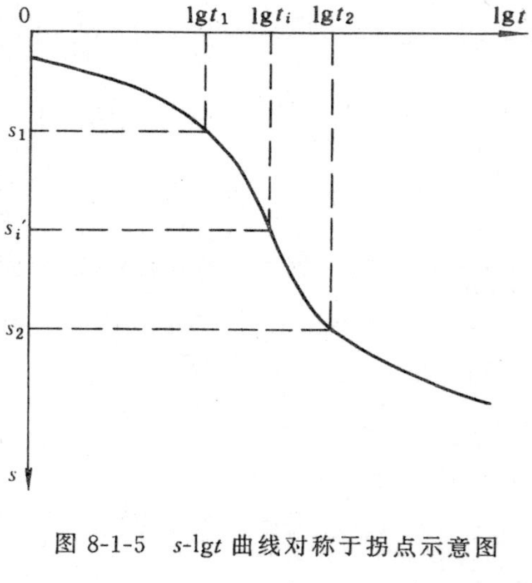

图 8-1-5 s-lg$t$ 曲线对称于拐点示意图

$$u_2 = \frac{r^2}{4B^2 u_1} \tag{8-1-40}$$

如按(8-1-5)式计算 s_1，则有

$$s_1 = \frac{Q}{4\pi T}\int_{u_1}^{\infty} \frac{1}{y} \mathrm{e}^{-\left(y+\frac{r^2}{4B^2 y}\right)} \mathrm{d}y \tag{8-1-41}$$

若用(8-1-27)式计算 s_2，并考虑(8-1-28)式和(8-1-40)式

$$q_2 = \frac{r^2}{4B^2 u_2} = \frac{r^2}{4B^2 \dfrac{r^2}{4B^2 u_1}} = u_1$$

则有

$$s_2 = \frac{Q}{4\pi T}\left[2K_0\left(\frac{r}{B}\right) - \int_{u_1}^{\infty} \frac{1}{y} \mathrm{e}^{-\left(y+\frac{r^2}{4B^2 y}\right)} \mathrm{d}y\right] \tag{8-1-42}$$

(8-1-41)式加(8-1-42)式，得

$$s_1 + s_2 = \frac{Q}{4\pi T} \cdot 2K_0\left(\frac{r}{B}\right) = s_{\max} = 2s_1 \tag{8-1-43}$$

根据(8-1-39)式和(8-1-43)式两式的关系，证明 $s\text{-}\lg t$ 曲线对称于拐点 i 这一几何特点。

⑦当 $u \ll \frac{r^2}{4B^2 u}(=q)$ 时，(8-1-29)式可近似写为

$$m \approx \frac{2.3Q}{4\pi T}\mathrm{e}^{-q} \tag{8-1-44}$$

如果条件 $u \ll \frac{r^2}{4B^2 u}(=q)$ 成立，则条件 $\frac{r^2}{4B^2 q} \ll q$ 也必定成立($\because q \gg u$)。此外，由积分式(8-1-27)可知，积分变量 x 总是满足 $q \leqslant x < \infty$。为此从上述条件出发，必有 $\frac{r^2}{4B^2 t} \ll x$($\because \frac{r^2}{4B^2 x} \leqslant \frac{r^2}{4B^2 q} \ll q \leqslant x$)，故当 $u \ll \frac{r^2}{4B^2 u}$ 时，方程(8-1-27)式可近似写为

$$\begin{aligned} s &\approx s_{\max} - \frac{Q}{4\pi T}\int_q^{\infty} \frac{1}{x}\mathrm{e}^{-x}\mathrm{d}x \\ &= s_{\max} - \frac{Q}{4\pi T}W(q) \end{aligned} \tag{8-1-45}$$

根据(8-1-44)式和(8-1-45)式两式间的关系，有

$$s_{\max} - s \approx \frac{Q}{4\pi T}W(q) = \frac{m}{2.3}\mathrm{e}^{q} \cdot W(q)$$

得

$$\frac{2.3(s_{\max} - s)}{m} = \mathrm{e}^{q} \cdot W(q) \triangleq f(q) \tag{8-1-46}$$

为了用上述原理来确定地层参数，需要 $\mathrm{e}^{x}K_0(x)$、$\mathrm{e}^{x}W(x)$ 和 $W\left(u, \frac{r}{B}\right)$ 三种专用函数表。第三个函数已在本章后表 8-1-1 中给出，第一、二个函数将在本章表 8-1-3 中给出。

如果所讨论的数值比表中的最小值还要小($x<0.01$ 时)，则这些函数可各自近似地按下式计算：

$$\mathrm{e}^{x}K_0(x) \approx K_0(x) \approx -\left(\ln\frac{x}{2} + 0.5772\right) = -2.3\lg(0.89x) \tag{8-1-47}$$

或

$$\mathrm{e}^{-K_0(x)} \approx 0.89x, \qquad x \approx 1.12\mathrm{e}^{-K_0(x)} \tag{8-1-48}$$

表 8-1-3　e^x、$K_0(x)$、$e^xK_0(x)$、$W(x)$、$e^xW(x)$函数表

（据汉图什）

x	e^x	$K_0(x)$	$e^xK_0(x)$	$W(x)$	$e^xW(x)$
0.010	1.0101	4.7212	4.7687	4.0379	4.0787
11	1.0111	4.6260	4.6771	3.9436	3.9874
12	1.0121	4.5390	4.5938	3.8576	3.9044
13	1.0131	4.4590	4.5173	3.7785	3.8282
14	1.0141	4.3849	4.4467	3.7054	3.7578
15	1.0151	4.3159	4.3812	3.6374	3.6925
16	1.0161	4.2514	4.3200	3.5739	3.6317
17	1.0171	4.1908	4.2627	3.5143	3.5746
18	1.0182	4.1337	4.2088	3.4581	3.5209
19	1.0192	4.0797	4.1580	3.4050	3.4705
0.020	1.0202	4.0285	4.1098	3.3547	3.4225
21	1.0212	3.9799	4.0642	3.3069	3.3771
22	1.0222	3.9332	4.0207	3.2614	3.3340
23	1.0233	3.8888	3.9793	3.2179	3.2927
24	1.0243	3.8463	3.9398	3.1763	3.2535
25	1.0253	3.8056	3.9019	3.1365	3.2159
26	1.0263	3.7664	3.8656	3.0983	3.1799
27	1.0274	3.7287	3.8307	3.0615	3.1452
28	1.0284	3.6924	3.7972	3.0261	3.1119
29	1.0294	3.6574	3.7650	2.9920	3.0800
0.030	1.0305	3.6235	3.7339	2.9591	3.0494
31	1.0315	3.5908	3.7039	2.9273	3.0196
32	1.0325	3.5591	3.6749	2.8965	2.9908
33	1.0336	3.5284	3.6468	2.8668	2.9631
34	1.0346	3.4986	3.6196	2.8379	2.9362
35	1.0356	3.4697	3.5933	2.8099	2.9101
36	1.0367	3.4416	3.5678	2.7827	2.8848
37	1.0377	3.4143	3.5430	2.7563	2.8603
38	1.0387	3.3877	3.5189	2.7306	2.8364
39	1.0398	3.3618	3.4955	2.7056	2.8133
0.040	1.0408	3.3365	3.4727	2.6813	2.7907
41	1.0419	3.3119	3.4505	2.6576	2.7688
42	1.0429	3.2879	3.4289	2.6344	2.7474
43	1.0439	3.2645	3.4079	2.6119	2.7267
44	1.0450	3.2415	3.3874	2.5899	2.7064
45	1.0460	3.2192	3.3673	2.5684	2.6866
46	1.0471	3.1973	3.3478	2.5474	2.6672
47	1.0481	3.1758	3.3287	2.5268	2.6483
48	1.0492	3.1549	3.3100	2.5068	2.6300
49	1.0502	3.1343	3.2918	2.4871	2.6120
0.050	1.0513	3.1142	3.2739	2.4679	2.5945
51	1.0523	3.0945	3.2564	2.4491	2.5773
52	1.0534	3.0752	3.2393	2.4306	2.5604
53	1.0544	3.0562	3.2226	2.4126	2.5440

续表 8-1-3

x	e^x	$K_0(x)$	$e^xK_0(x)$	$W(x)$	$e^xW(x)$
54	1.0555	3.0376	3.2062	2.3948	2.5278
55	1.0565	3.0194	3.1901	2.3775	2.5120
56	1.0576	3.0015	3.1744	2.3604	2.4964
57	1.0587	2.9839	3.1589	2.3437	2.4811
58	1.0597	2.9666	3.1437	2.3273	2.4663
59	1.0608	2.9496	3.1288	2.3111	2.4516
0.060	1.0618	2.9329	3.1142	2.2953	2.4371
61	1.0629	2.9165	3.0999	2.2797	2.4230
62	1.0640	2.9603	3.0858	2.2645	2.4092
63	1.0650	2.8844	3.0719	2.2494	2.3956
64	1.0661	2.8688	3.0584	2.2346	2.3822
65	1.0672	2.8534	3.0450	2.2201	2.3691
66	1.0682	2.8382	3.0319	2.2058	2.3562
67	1.0693	2.8233	3.0189	2.1917	2.3434
68	1.0704	2.8086	3.0062	2.1779	2.3310
69	1.0714	2.7941	2.9937	2.1643	2.3188
0.070	1.0725	2.7798	2.9814	2.1508	2.3067
71	1.0736	2.7657	2.9693	2.1376	2.2949
72	1.0747	2.7519	2.9573	2.1246	2.2832
73	1.0757	2.7382	2.9455	2.1118	2.2717
74	1.0768	2.7247	2.9340	2.0991	2.2603
75	1.0779	2.7114	2.9226	2.0867	2.2492
76	1.0790	2.6983	2.9113	2.0744	2.2381
77	1.0800	2.6853	2.9002	2.0623	2.2273
78	1.0811	2.6726	2.8894	2.0503	2.2165
79	1.0822	2.6599	2.8786	2.0386	2.2062
0.080	1.0833	2.6475	2.8680	2.0269	2.1957
81	1.0844	2.6352	2.8575	2.0155	2.1856
82	1.0855	2.6231	2.8472	2.0042	2.1754
83	1.0865	2.6111	2.8370	1.9930	2.1655
84	1.0876	2.5992	2.8270	1.9820	2.1557
85	1.0887	2.5875	2.8171	1.9711	2.1460
86	1.0898	2.5759	2.8073	1.9604	2.1364
87	1.0909	2.5645	2.7976	1.9498	2.1270
88	1.0920	2.5532	2.7881	1.9393	2.1176
89	1.0931	2.5421	2.7787	1.9290	2.1086
0.090	1.0942	2.5310	2.7694	1.9187	2.0994
91	1.0953	2.5201	2.7602	1.9087	2.0906
92	1.0964	2.5093	2.7511	1.8987	2.0818
93	1.0975	2.4986	2.7421	1.8888	2.0729
94	1.0986	2.4881	2.7333	1.8791	2.0643
95	1.0997	2.4776	2.7246	1.8695	2.0558
96	1.1008	2.4673	2.7159	1.8599	2.0473
97	1.1019	2.4571	2.7074	1.8505	2.0390

续表 8-1-3

x	e^x	$K_0(x)$	$e^xK_0(x)$	$W(x)$	$e^xW(x)$
98	1.1030	2.4470	2.6989	1.8421	2.0307
99	1.1041	2.4370	2.6906	1.8320	2.0227
0.10	1.1052	2.4271	2.6823	1.8229	2.0147
11	1.1163	2.3333	2.6046	1.7371	1.9391
12	1.1275	2.2479	2.5345	1.6595	1.8711
13	1.1388	2.1695	2.4707	1.5889	1.8094
14	1.1503	2.0972	2.4123	1.5241	1.7532
15	1.1618	2.0300	2.3585	1.4645	1.7015
16	1.1735	1.9674	2.3088	1.4092	1.6537
17	1.1853	1.9088	2.2625	1.3578	1.6094
18	1.1972	1.8537	2.2193	1.3098	1.5681
19	1.2093	1.8018	2.1788	1.2669	1.5295
0.20	1.2214	1.7527	2.1408	1.2227	1.4934
21	1.2337	1.7062	2.1049	1.1829	1.4593
22	1.2461	1.6620	2.0710	1.1454	1.4273
23	1.2586	1.6199	2.0389	1.1099	1.3969
24	1.2713	1.5798	2.0084	1.0762	1.3681
25	1.2840	1.5415	1.9793	1.0443	1.3409
26	1.2969	1.5048	1.9517	1.0139	1.3149
27	1.3100	1.4697	1.9253	0.9849	1.2902
28	1.3231	1.4360	1.0000	0.9573	1.2666
29	1.3364	1.4036	1.8758	0.9309	1.2441
0.30	1.3499	1.3725	1.8526	0.9057	1.2226
31	1.3634	1.3425	1.8304	0.8815	1.2018
32	1.3771	1.3136	1.8089	0.8583	1.1820
33	1.3910	1.2857	1.7883	0.8361	1.1630
34	1.4050	1.2587	1.7685	0.8147	1.1446
35	1.4191	1.2327	1.7493	0.7942	1.1270
36	1.4333	1.2075	1.7308	0.7745	1.1101
37	1.4477	1.1832	1.7129	0.7554	1.0936
38	1.4623	1.1596	1.6956	0.7371	1.0779
39	1.4770	1.1367	1.6789	0.7194	1.0626
0.40	1.4918	1.1145	1.6627	0.7024	1.0478
41	1.5068	1.0930	1.6470	0.6859	1.0335
42	1.5220	1.0721	1.6317	0.6700	1.0197
43	1.5373	1.0518	1.6169	0.6546	1.0063
44	1.5527	1.0321	1.6025	0.6397	0.9933
45	1.5683	1.0129	1.5886	0.6253	0.9807
46	1.5841	0.9943	1.5750	0.6114	0.9685
47	1.6000	0.9761	1.5617	0.5979	0.9566
48	1.6161	0.9584	1.5489	0.5848	0.9451
49	1.6323	0.9412	1.5363	0.5721	0.9338
0.50	1.6487	0.9244	1.5241	0.5598	0.9229
51	1.6653	0.9081	1.5122	0.5478	0.9123
52	1.6820	0.8921	1.5006	0.5362	0.9019
53	1.6989	0.8766	1.4892	0.5250	0.8919

续表 8-1-3

x	e^x	$K_0(x)$	$e^xK_0(x)$	$W(x)$	$e^xW(x)$
54	1.7160	0.8614	1.4781	0.5140	0.8820
55	1.7333	0.8466	1.4673	0.5034	0.8725
56	1.7507	0.8321	1.4567	0.4930	0.8631
57	1.7683	0.8180	1.4464	0.4830	0.8541
58	1.7860	0.8042	1.4363	0.4732	0.8451
59	1.8040	0.7907	1.4264	0.4637	0.8365
0.60	1.8221	0.7775	1.4167	0.4544	0.8280
61	1.8404	0.7646	1.4073	0.4454	0.8197
62	1.8589	0.7520	1.3980	0.4366	0.8116
63	1.8776	0.7397	1.3889	0.4280	0.8036
64	1.8965	0.7277	1.3800	0.4197	0.7960
65	1.9155	0.7159	1.3713	0.4115	0.7882
66	1.9348	0.7043	1.9627	0.4036	0.7809
67	1.9542	0.6930	1.3543	0.3959	0.7737
68	1.9739	0.6820	1.3461	0.3883	0.7665
69	1.9937	0.6711	1.3380	0.3810	0.7596
0.70	2.0138	0.6605	1.3301	0.3738	0.7528
71	2.0340	0.6501	1.3223	0.3668	0.7461
72	2.0544	0.6399	1.3147	0.3599	0.7394
73	2.0751	0.6300	1.3072	0.3532	0.7329
74	2.0959	0.6202	1.2998	0.3467	0.7266
75	2.1170	0.6106	1.2926	0.3403	0.7204
76	2.1383	0.6012	1.2855	0.3347	0.7144
77	2.1598	0.5920	1.2785	0.3280	0.7084
78	2.1815	0.5829	1.2716	0.3221	0.7027
79	2.2034	0.5740	1.2649	0.3163	0.6969
0.80	2.2255	0.5653	1.2582	0.3105	0.6912
81	2.2479	0.5568	1.2517	0.3050	0.6856
82	2.2705	0.5484	1.2452	0.2996	0.6802
83	2.2933	0.5402	1.2389	0.2943	0.6749
84	2.3164	0.5321	1.2326	0.2891	0.6697
85	2.3397	0.5242	1.2265	0.2840	0.6644
86	2.3632	0.5165	1.2205	0.2790	0.6593
87	2.3869	0.5088	1.2145	0.2742	0.6545
88	2.4109	0.5013	1.2086	0.2694	0.6495
89	2.4351	0.4940	1.2029	0.2647	0.6446
0.90	2.4596	0.4867	1.1972	0.2602	0.6400
91	2.4843	0.4796	1.1916	0.2557	0.6352
92	2.5093	0.4727	1.1860	0.2513	0.6306
93	2.5345	0.4658	1.1806	0.2470	0.6260
94	2.5600	0.4591	1.1752	0.2429	0.6218
95	2.5857	0.4524	1.1699	0.2387	0.6172
96	2.6117	0.4459	1.1647	0.2347	0.6130
97	2.6379	0.4396	1.1595	0.2308	0.6088
98	2.6645	0.4333	1.1544	0.2269	0.6046
99	2.6912	0.4271	1.1494	0.2231	0.6004

续表 8-1-3

x	e^x	$K_0(x)$	$e^xK_0(x)$	$W(x)$	$e^xW(x)$
1.0	2.7183	0.4210	1.1445	0.2194	0.5964
1.1	3.0042	0.3656	1.0983	0.1860	0.5598
1.2	3.3201	0.3185	1.0575	0.1584	0.5259
1.3	3.6693	0.2782	1.0210	0.1355	0.4972
1.4	4.0552	0.2437	0.9881	0.1162	0.4712
1.5	4.4817	0.2138	0.9582	0.1000	0.4482
1.6	4.9530	0.1880	0.9309	0.0863	0.4275
1.7	5.4739	0.1655	0.9059	0.0747	0.4086
1.8	6.0496	0.1459	0.8828	0.0647	0.3915
1.9	6.6859	0.1288	0.8614	0.0562	0.3758
2.0	7.3891	0.1139	0.8416	0.0489	0.3613
2.1	8.1662	0.1008	0.8230	0.0426	0.3480
2.2	9.0250	0.0893	0.8057	0.0372	0.3356
2.3	9.9742	0.0791	0.7894	0.0325	0.3242
2.4	11.0232	0.0702	0.7740	0.0284	0.3135
2.5	12.1825	0.0623	0.7596	0.0249	0.3035
2.6	13.4637	0.0554	0.7459	0.0219	0.2942
2.7	14.8797	0.0493	0.7329	0.0192	0.2854
2.8	16.4446	0.0438	0.7206	0.0169	0.2773
2.9	18.1742	0.0390	0.7089	0.0148	0.2693
3.0	20.0855	0.0347	0.6978	0.0131	0.2621
3.1	22.1980	0.0310	0.6871	0.0115	0.2551
3.2	24.5325	0.0276	0.6770	0.0101	0.2485
3.3	27.1126	0.0246	0.6673	0.0089	0.2424
3.4	29.9641	0.0220	0.6590	0.0079	0.2365
3.5	33.1155	0.0196	0.6490	0.0070	0.2308
3.6	36.5982	0.0175	0.6405	0.0062	0.2254
3.7	40.4473	0.0156	0.6322	0.0055	0.2204
3.8	44.7012	0.0140	0.6243	0.0048	0.2155
3.9	49.4025	0.0125	0.6166	0.0043	0.2108
4.0	54.5986	0.0112	0.6093	0.0038	0.2063
4.1	60.3403	0.0100	0.6022	0.0033	0.2021
4.2	66.6863	0.0089	0.5953	0.0030	0.1980
4.3	73.6998	0.0080	0.5887	0.0026	0.1941
4.4	81.4509	0.0071	0.5823	0.0023	0.1903
4.5	90.0171	0.0064	0.5761	0.0021	0.1866
4.6	99.4843	0.0057	0.5701	0.0018	0.1832
4.7	109.9472	0.0051	0.5643	0.0016	0.1798
4.8	121.5104	0.0046	0.5586	0.0014	0.1766
4.9	134.2898	0.0041	0.5531	0.0013	0.1734
5.0	148.4132	0.0037	0.5478	0.0011	0.1704

以及

$$
\begin{aligned}
e^{x}W(x) \approx W(x) &\approx \ln\frac{1}{x} - 0.5772 = 2.3\left(\lg\frac{1}{x} - 0.251\right) \\
&= 2.3\left(\lg\frac{1}{x} - \lg 1.78\right) = 2.3\lg\frac{1}{1.78x} \\
&= -2.3\lg(1.78x)
\end{aligned} \tag{8-1-49}
$$

(2) 应用

a. 一个观测孔

如果抽水试验时间足够长，使得可以用外推法确定最大降深 $s_{\max}$，则可用下列方法和步骤来确定地层参数。

①在单对数坐标纸上(时间取对数尺度)绘制实测的 s-$\lg t$ 曲线。

②用外推法确定最大降深 $s_{\max}$(图 8-1-4)。

③根据(8-1-37)式计算拐点的降深值 s_i，即

$$s_i = \frac{1}{2}s_{\max}。$$

④根据 s_i 确定 s-$\lg t$ 曲线上拐点 i 的位置，并从图上确定拐点处的时间 t_i。

⑤作拐点 i 处曲线的切线，并直接从图上确定拐点 i 处切线的斜率 m_i，即

$$m_i = \frac{\Delta s}{1\text{ 个时间对数周期}}。$$

⑥计算 $\frac{r}{B}$ 值：根据(8-1-38)式

$$f\left(\frac{r}{B}\right) = e^{\frac{r}{B}} \cdot K_0\left(\frac{r}{B}\right) = 2.3\frac{s_i}{m_i}$$

和利用表 8-1-3 计算 $\frac{r}{B}$ 值。

⑦已知 $\frac{r}{B}$ 和 r，计算 B 值。

⑧计算 T 值：根据(8-1-33)式计算

$$T = \frac{2.3Q}{4\pi m_i}e^{-\frac{r}{B}} = 0.183\frac{Q}{m_i}e^{-\frac{r}{B}} \tag{8-1-50}$$

或者从(8-1-37)式计算

$$T = \frac{Q}{4\pi s_i}K_0\left(\frac{r}{B}\right) = 0.0796\frac{Q}{s_i}K_0\left(\frac{r}{B}\right)。 \tag{8-1-51}$$

⑨计算 a 值：根据(8-1-31)式，有

$$a = \frac{Br}{2t_i} \tag{8-1-52}$$

从步骤①至⑨将地层参数求出来，但是由于其中有几个数值，如 $s_{\max}$ 和 m_i 都是用图解法得到的，尤其 $s_{\max}$ 值用的是外推法，因此在这种基础上求得的地层参数的可靠性尚无保证，应该进行验证。其方法是：根据已求得的参数和方程(8-1-5)式，给定不同时间 t 计算出 s(利用表 8-1-1)，这样就获得理论的 s-$\lg t$ 曲线。理论曲线与实测曲线之间，对于抽水初期往往不吻合，而中、后期应当一致，否则说明图解法中的某些取值有较大的误差，需要重新确定 $s_{\max}$ 和 m_i 值。这样反复几次，直到中、后期的理论曲线和实测曲线吻合为止。

〔**例**〕某农场有一完整井，以定流量 $Q=8\ 150m^3/d$ 抽取越流承压含水层的地下水，在离它 323m 的观测井中观测降深，其数据表示在图 8-1-6 中。试计算参数 T、a 和 B。

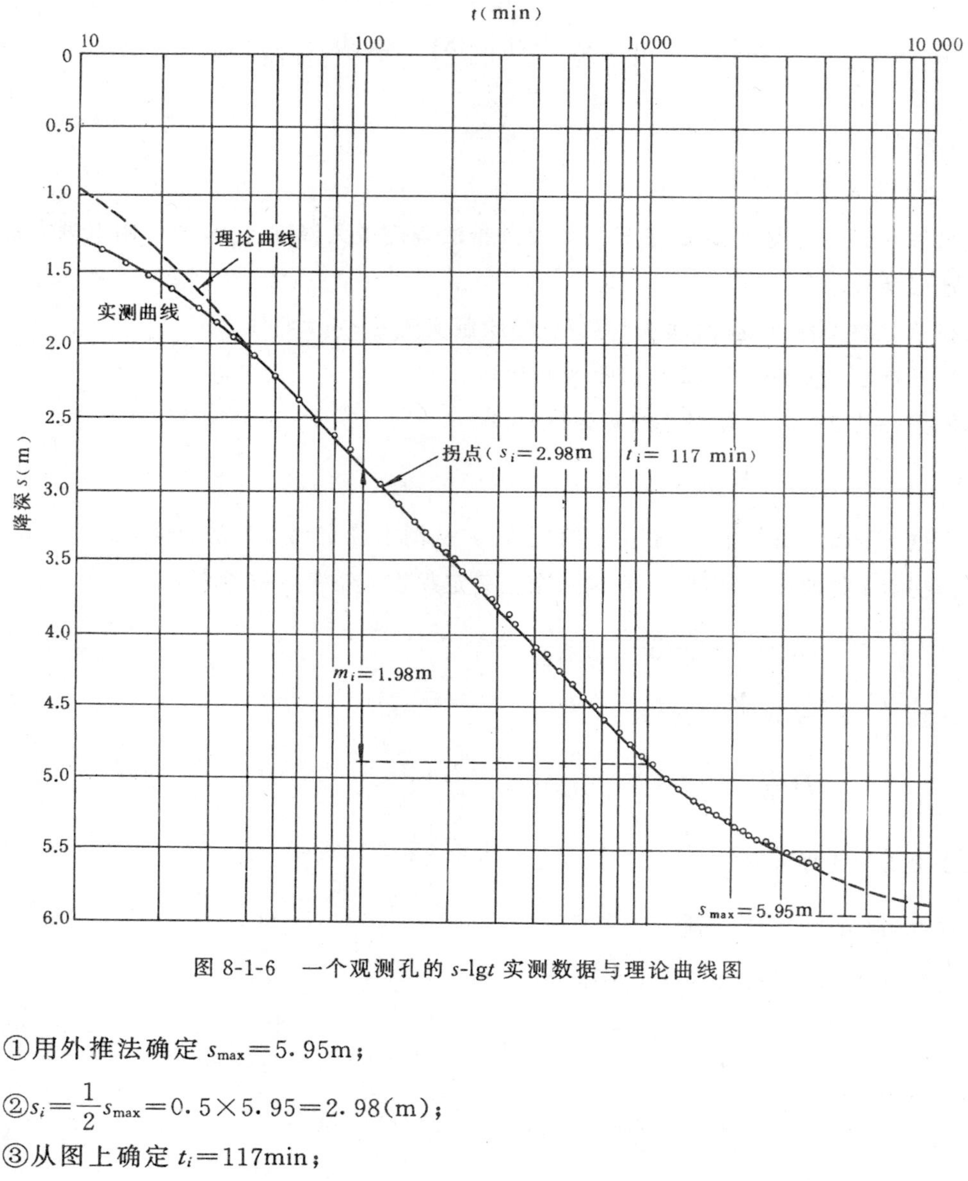

图 8-1-6 一个观测孔的 s-lg$t$ 实测数据与理论曲线图

解：①用外推法确定 $s_{max}=5.95m$；

②$s_i=\frac{1}{2}s_{max}=0.5\times5.95=2.98(m)$；

③从图上确定 $t_i=117min$；

④$m_i=\frac{\Delta s}{\text{对数周期}}=1.98m$；

⑤ $f\left(\frac{r}{B}\right)=e^{\frac{r}{B}}\cdot K_0\left(\frac{r}{B}\right)=2.3\frac{s_i}{m_i}=2.3\frac{2.98}{1.98}=3.45$

从表 8-1-3 查得 $\frac{r}{B}=0.041$ 和 $e^{\frac{r}{B}}=1.042$，因此

$$B=\frac{r}{\frac{r}{B}}=\frac{323}{0.041}=7\ 880(m)$$

⑥ $T=0.183\frac{Q}{m_i}e^{-\frac{r}{B}}=\frac{0.183\times8\ 150}{1.98\times1.042}=721(m^2/d)$

⑦ $a=\dfrac{Br}{2t_i}=\dfrac{7\ 880\times 323}{2\times\dfrac{117}{1\ 440}}=1.56\times 10^7(\mathrm{m^2/d})$

⑧用这些所得的参数代入方程(8-1-5)式，计算得的 s-t 理论曲线表示在图 8-1-6 中，它与实测数据基本吻合(除抽水初期外)。

b. 多个观测孔

如果抽水时间较长，各孔水位最大降深 $s_{\max}$ 值均可从 s-$\lg t$ 曲线外推得到，则上述步骤对于每个观测孔都适用。每一孔均可独立计算地层参数，最后取其平均值。

如果抽水时间不够长，不能从 s-$\lg t$ 曲线上直接外推确定 $s_{\max}$ 值，但 s-$\lg t$ 曲线的直线部分已明显地表现出来，则可用下列步骤确定地层参数。

①每个观测孔的水位数据均单独作 s-$\lg t$ 曲线；

②各井分别从图上确定直线部分的斜率 m_i；

③在 r-$\lg m_i$ 坐标系统上，将各井的相应数据投上，并作最合适的直线〔由(8-1-34)式可看出 r-$\lg m_i$ 为线性关系〕；

④从图上确定此直线(r-$\lg m_i$)的斜率 $\dfrac{\mathrm{d}r}{\mathrm{d}(\lg m_i)}$；

⑤计算 B 值，依据方程(8-1-34)式，有

$$r=2.3B\left(\lg\frac{2.3Q}{4\pi T}-\lg m_i\right)$$

两端对 $\lg m_i$ 取导数，有

$$\frac{\mathrm{d}r}{\mathrm{d}(\lg m_i)}=-2.3B$$

得

$$B=-0.434\times\frac{\mathrm{d}r}{\mathrm{d}(\lg m_i)} \tag{8-1-53}$$

⑥从 r-$\lg m_i$ 直线与 $\lg m_i$ 轴的交点得到 $r=0$ 时的 m_i 值，记为 $(m_i)_0$；

⑦计算 T 值，将 $r=0$ 和 $m_i=(m_i)_0$ 代入(8-1-34)式，有

$$\lg\frac{2.3Q}{4\pi T}=\lg(m_i)_0$$

得

$$T=\frac{2.3Q}{4\pi(m_i)_0}=0.183\times\frac{Q}{(m_i)_0} \tag{8-1-54}$$

⑧计算各井的 s_i，利用(8-1-37)式，有

$$s_i=\frac{Q}{4\pi T}K_0\left(\frac{r}{B}\right)$$

⑨确定各井的 t_i，已知 s_i 值，可直接从 s-$\lg t$ 曲线上确定 t_i 值；

⑩计算 a，利用(8-1-52)式

$$a=\frac{Br}{2t_i}$$

〔**例**〕某抽水井的流量 $Q=2\ 940\mathrm{m^3/d}$，有 1、2 和 3 号三个观测孔，它们至主井的距离分别为 $r_1=738\mathrm{m}$，$r_2=854\mathrm{m}$，$r_3=1\ 200\mathrm{m}$。三个观测孔的 s-$\lg t$ 曲线表示在图 8-1-7 中。

解：分别测出三根 s-$\lg t$ 实测曲线的直线部分的斜率 m_i，它们是 0.537m、0.534m 和

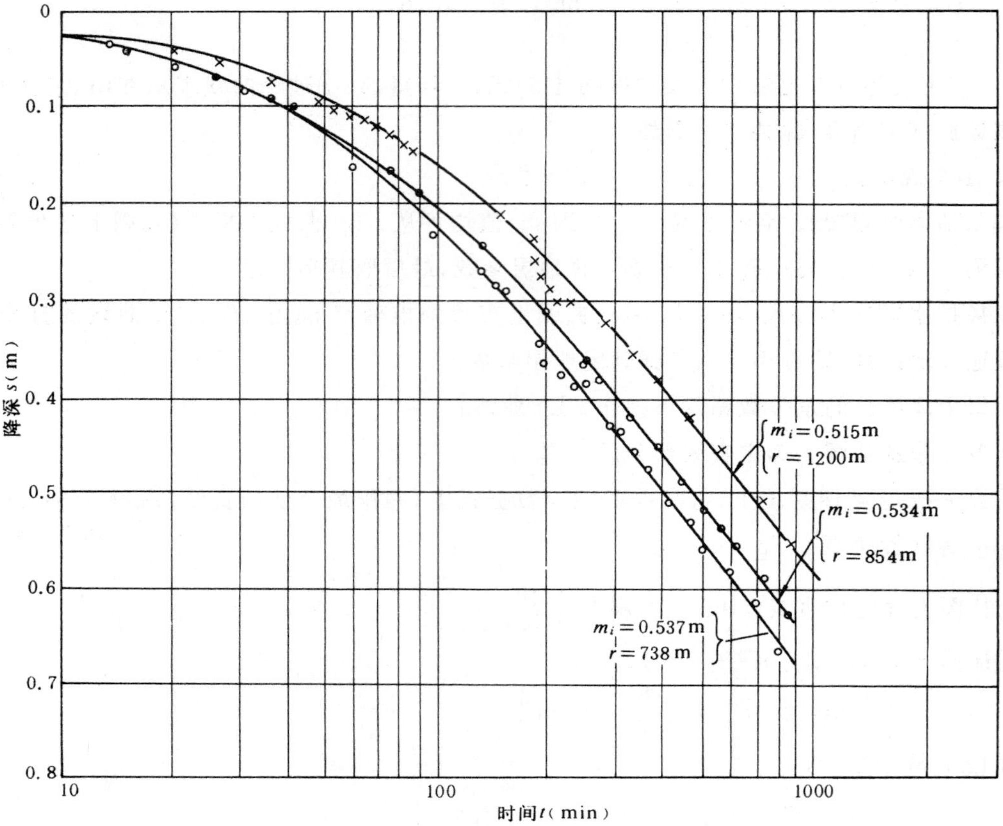

图 8-1-7　三个观测井的 s-lg$t$ 实测曲线图

0.515m。

将三个孔的 r 和 m_i 值投到图 5-1-8 的 r-lgm_i 坐标系中，并作最合适的直线。测得斜率 $\frac{dr}{d(\lg m_i)}=-23\,900\text{m}$，$(m_i)_0=0.58\text{m}$。

$$B=-0.434\frac{dr}{d(\lg m_i)}=0.434\times 23\,900=10\,400(\text{m})$$

$$T=0.183\frac{Q}{(m_i)_0}=0.183\times\frac{2\,940}{0.58}=930(\text{m}^2/\text{d})$$

根据上述步骤⑧至⑩，利用各井的资料计算 a 值，最后取其平均值(见表 8-1-4)。

表 8-1-4

井号	r (m)	$\frac{r}{B}$	$K_0(\frac{r}{B})$ (表 8-1-2)	s_i(m) (8-1-37)式	t_i(min) (图 8-1-8)	a(m²/d) (8-1-52)式
1	738	0.071	2.766	0.696	930	4.13×10^6
2	854	0.082	2.623	0.66	950	4.67×10^6
3	1 200	0.117	2.273	0.57	920	6.79×10^6
					平　均	5.2×10^6

3. 切线法

由方程(8-1-31)看出，当含水层的水头扩散系数 a 相当大，越流补给系数 $1/B$ 较大而观测孔至主井的距离又不远时，拐点出现的时间 t_i 是非常短的，以至实际观测数据在 s-lg$t$ 坐标系中基本上均落在拐点之后。换言之，实测的 s-lg$t$ 曲线往往看不出拐点，而很快地趋向稳定(图 8-1-9)。在这种情况下求参数，拐点法已失效，但可采用切线法。这是一近似的方法，它只需一个观测孔的数据。

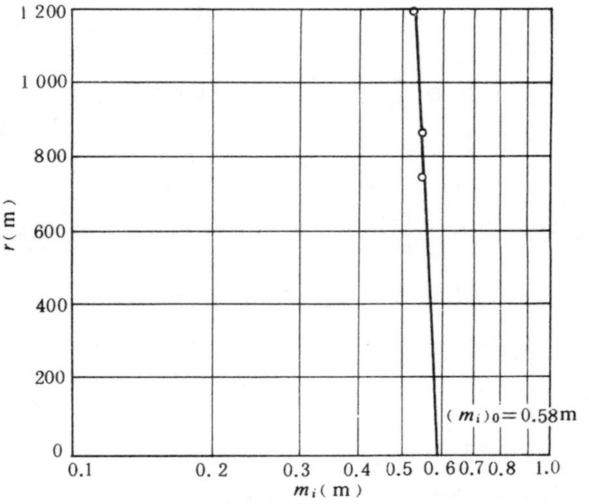

图 8-1-8　r-lgm_i 直线图

步骤：

①作 s-lg$t$ 曲线，并用外推法确定 s_{max} 值(图 8-1-9)；

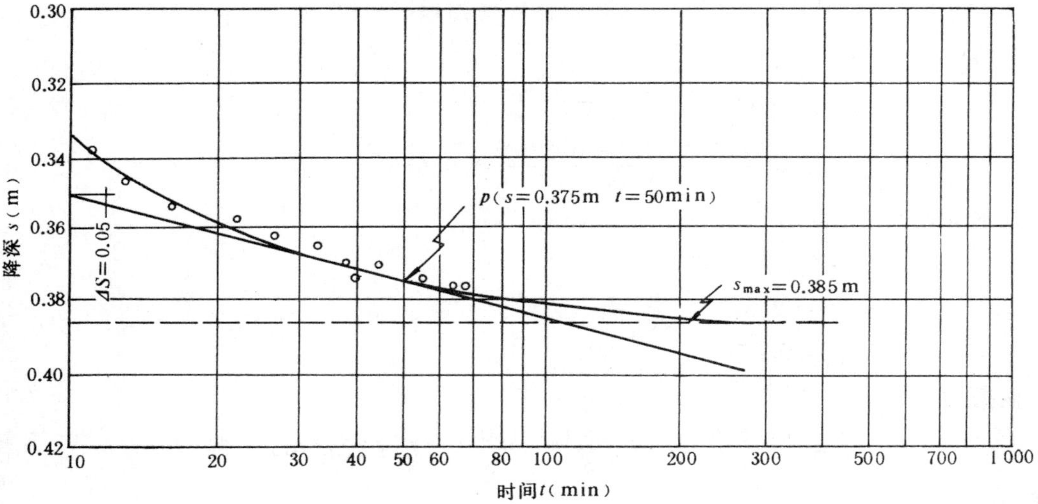

图 8-1-9　落在拐点之后的 s-lg$t$ 实测数据图

②在 s-lg$t$ 曲线上任取一点 p，记下其坐标 t 和 s；

③过 P 点作曲线的切线，并测其切线的斜率 m；

④计算 e^q 和 $W(q)$ 值，由(8-1-46)式

$$f(q) = e^q \cdot W(q) = \frac{2.3(s_{max} - s)}{m}$$

计算出 $f(q)$ 后，利用表 8-1-3 查得 e^q、$W(q)$ 和 q 值；

⑤计算 T 值，由(8-1-44)式，得

$$T \approx \frac{2.3Q}{4\pi m \cdot e^q} = 0.183\frac{Q}{m \cdot e^q} \tag{8-1-55}$$

或由(8-1-45)式，得

$$T \approx \frac{Q}{4\pi(s_{\max}-s)}W(q)=\frac{0.079\,6Q}{s_{\max}-s}W(q) \tag{8-1-56}$$

⑥计算 $\frac{r}{B}$ 值，由(8-1-37)式，有

$$K_0\left(\frac{r}{B}\right)=\frac{2\pi T s_{\max}}{Q} \tag{8-1-57}$$

先计算 $K_0\left(\frac{r}{B}\right)$ 值，再由表 8-1-2 找出 $\frac{r}{B}$ 值。

⑦计算 B 值，已知 r 和 $\frac{r}{B}$ 可得 B。

⑧计算 a 值，按(8-1-28)式计算，即

$$a=\frac{qB^2}{t} \tag{8-1-58}$$

〔例〕某井以定流量进行抽水，$Q=8\,150\text{m}^3/\text{d}$，观测孔至该井的距离 $r=39.6\text{m}$，观测孔中的水位数据以 s-lg$t$ 曲线的形式表示在图 8-1-9 中，求地层参数。

解：用图解法近似确定 $s_{\max}=0.385\text{m}$；

任选一点 p，其坐标为 $t=50\text{min}$，$s=0.375\text{m}$；

作点 p 的切线，测得其斜率 $m=\frac{\Delta s}{\text{一个时间对数周期}}=0.035\text{m}$；

根据(8-1-46)式

$$f(q)=e^q\cdot W(q)=\frac{2.3(s_{\max}-s)}{m}$$

$$=\frac{2.3(0.385-0.375)}{0.035}=0.656$$

查本章表 8-1-3 得

$$W(q)=0.276$$

$$e^q=2.38$$

$$q=0.87$$

根据(8-1-55)式

$$T\approx\frac{0.183Q}{m\cdot e^q}=\frac{0.183\times 8\,150}{0.035\times 2.38}=17\,900(\text{m}^2/\text{d})$$

根据(8-1-57)式

$$K_0\left(\frac{r}{B}\right)=\frac{2\pi T s_{\max}}{Q}=\frac{6.28\times 17\,900\times 0.385}{8\,150}=5.2$$

再查本章后表 8-1-2，得 $\frac{r}{B}=0.006\,2$，故

$$B=\frac{r}{\frac{r}{B}}=\frac{39.6}{0.006\,2}=6\,400(\text{m})$$

按(8-1-58)式，有

$$a=\frac{qB^2}{t}=\frac{0.87\times 6\,400^2}{\frac{50}{1\,440}}=1.03\times 10^9(\text{m/d})$$

(二) 稳定抽水试验

如前所述，当 a 值相当大而 $1/B$ 又很大时，抽水试验在短时间内就可接近稳定。这种情况，

如果有较多的观测孔(3个以上,最好有5、6个),可利用稳定抽水试验的数据来确定地层参数 T 和 B,但不能计算 a 值。

1. 直线图解法

前已导得,当 $\frac{r}{B}$ 值较小时(如 $\frac{r}{B}\leqslant 0.05$ 时),可利用方程(8-1-8)式

$$
\begin{aligned}
s_{\max} &\approx 0.366\frac{Q}{T}\lg\frac{1.12B}{r}\\
&=-0.366\frac{Q}{T}\lg\frac{0.89r}{B}\\
&=\underbrace{-0.366\frac{Q}{T}}_{m}\left(\lg r-\lg\underbrace{\frac{B}{0.89}}_{r_0}\right)
\end{aligned}
$$

由此可见 $s_{\max}$ 与 r 的关系,在 $s_{\max}$-$\lg r$ 坐标系中表现为一条直线(图8-1-10),其斜率为

$$m=-0.366\frac{Q}{T}$$

此直线在 $\lg r$ 轴上交点处的 r 值为

$$r_0=\frac{B}{0.89}$$

因此

$$T=0.366\frac{Q}{-m} \tag{8-1-59}$$

和

$$B=0.89r_0 \tag{8-1-60}$$

计算步骤:

①将各观测孔的 s-t 数据投在 s-$\lg t$ 坐标系中,并作曲线,然后用外推法分别确定各孔的 $s_{\max}$ 值;

②将 $s_{\max}$-r 数据投在 $s_{\max}$-$\lg r$ 坐标系上并作直线(理论上要求 $\frac{r}{B}\leqslant 0.05$),测量其斜率 $m=\frac{\Delta s_{\max}}{1\text{个对数周期}}$;

③根据方程(8-1-59)式和(8-1-60)式计算 T 和 B 值;

④ 验证:利用所计算的 B 值,检查用来作直线所依据的数据点是否满足 $\frac{r}{B}\leqslant 0.05$,否则直线应重新做。

2. 标准曲线对比法

此法建立在方程(8-1-7)式的基础之上,即

$$s_{\max}(r)=\frac{Q}{2\pi T}K_0\left(\frac{r}{B}\right)$$

此法的原理与前面所述的相类似,其计算步骤简述如下:

①作 $\lg K_0\left(\frac{r}{B}\right)$-$\lg\left(\frac{r}{B}\right)$ 标准曲线(图8-1-11);

②作 $\lg s_{\max}$-$\lg t$ 实测曲线;

③两曲线最优拟合后,任选一匹配点,记下对应的 $K_0\left(\frac{r}{B}\right)$、$\left(\frac{r}{B}\right)$、$s_{\max}$ 和 r 四个坐标值;

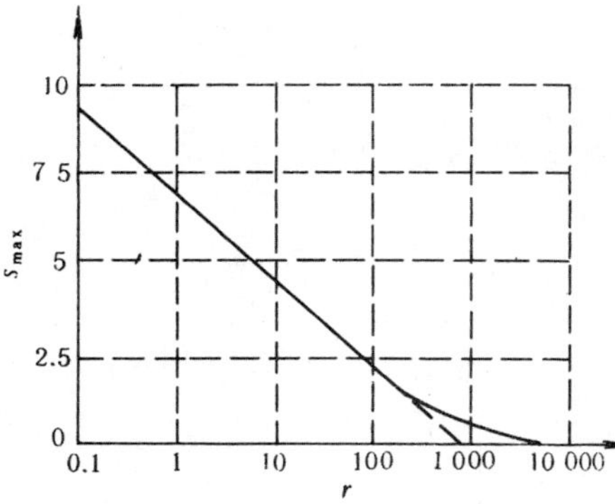

图8-1-10 s_{max}-lg$r$ 曲线图

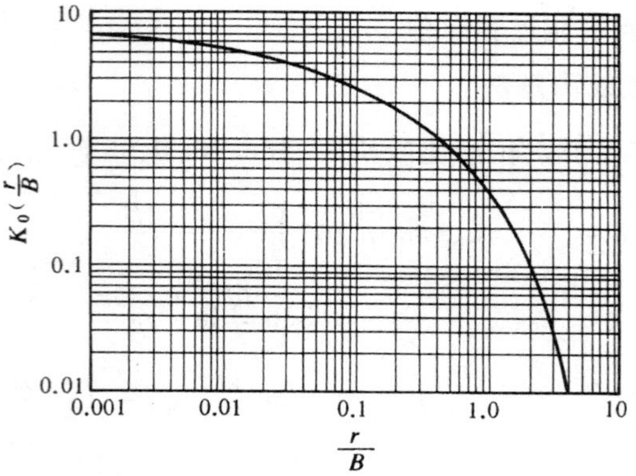

图8-1-11 lg$K_0\left(\frac{r}{B}\right)$-lg$\left(\frac{r}{B}\right)$标准曲线图

④分别按下列公式计算参数 T 和 B，即

$$T=\frac{Q}{2\pi s_{max}}K_0\left(\frac{r}{B}\right) \tag{8-1-61}$$

和

$$B=\frac{r}{\left(\frac{r}{B}\right)} \tag{8-1-62}$$

§8.2 第二类越流系统中的定流量井流

如果承压含水层上、下相邻的弱透水层比较厚和（或）弱透水层具较高的单位弹性给水度 μ'_s，那么，弱透水层中的弹性储（释）水量一般不能忽略不计，甚至它比承压含水层的弹性储（释）水量更为重要。开采地下水引发地面沉降的地区，基本属于这种情况。

本节所要讨论的，就是考虑到弱透水层释放弹性储量而相邻含水层（如果有的话）的水头保持不变的越流系统。它又可分为三种不同条件（图8-2-1）。

条件1：与上、下两弱透水层相邻的是两个定水头的含水层。

条件2：与上、下两弱透水层相接的是两个隔水层。

条件3：与一个弱透水层相邻的是定水头含水层，与另一个弱含水层相接的是隔水层。

其他假定与§8.1相同。

一、基本方程

为了使叙述更简便些，下面直接用降深 s 描写渗流方程，而不用水头 H。注意：这里 s 是指由于主含水层抽水而引起的降深。如果抽水前水位已稳定，抽水期间实测的降深就是抽水所引起的降深 s（假定天然因素无变化）。否则需进行天然动态的校正。

（一）定解问题的建立

下面建立条件1（图8-2-2）渗流微分方程和定解条件。

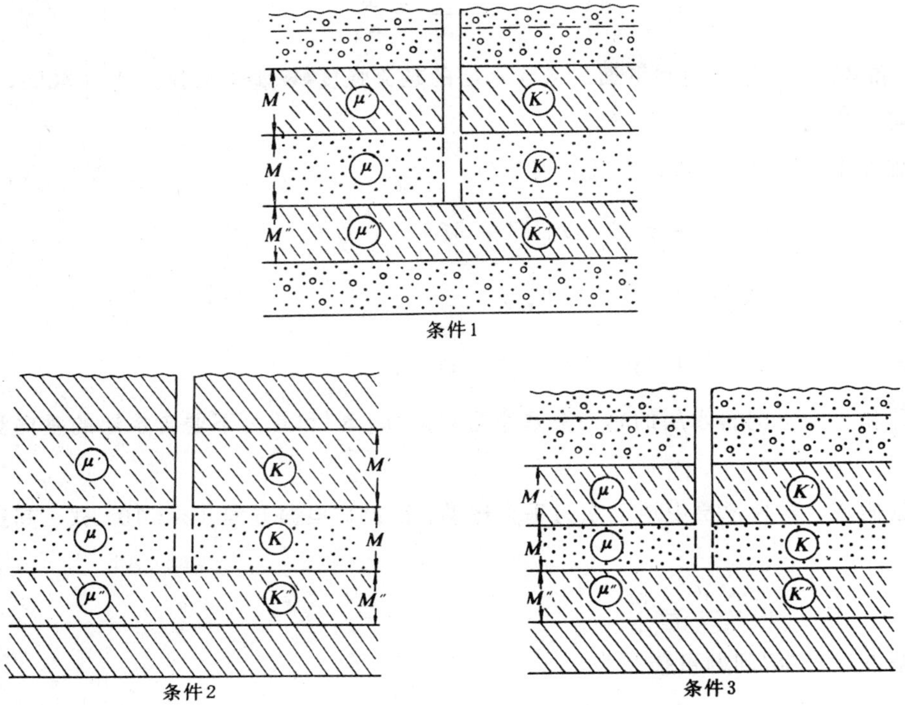

图8-2-1　第二类越流系统的三种条件

（据汉图什）

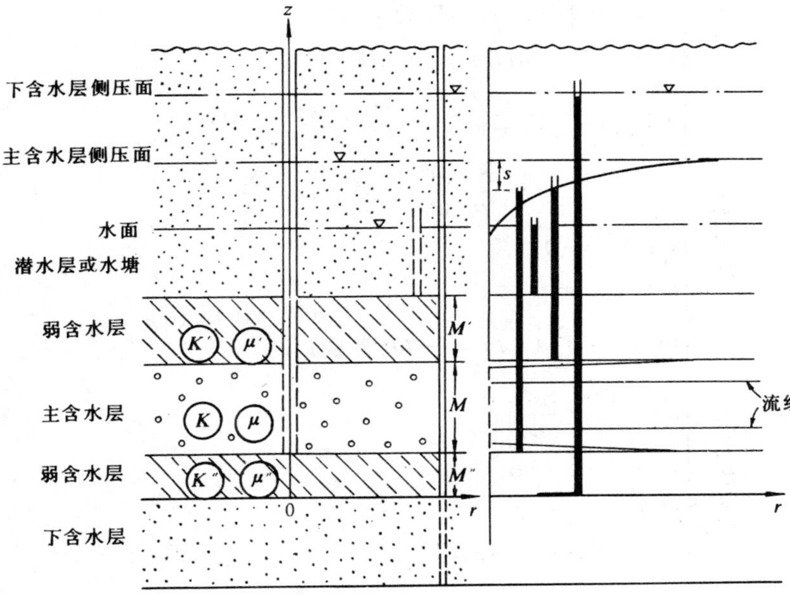

图8-2-2　第二类越流系统条件1示意图

（据汉图什）

第二章所得方程（2-3-24）是一侧有越流的承压含水层水平二维径向流微分方程。对于两

侧（指上、下两侧）均有越流的含水层，其方程可模仿它写为

$$a\left(\frac{\partial s}{\partial r^2}+\frac{1}{r}\frac{\partial s}{\partial r}\right)-\frac{W_1}{\mu_e}-\frac{W_2}{\mu_e}=\frac{\partial s}{\partial t}$$

其中 W_1 和 W_2 分别是上面和下面进入含水层的越流强度($W>0$ 为流入主含水层,$W<0$ 为从主含水层流出)。

越流强度 W_1 和 W_2 依其定义分别为

$$W_1=-K'_z\frac{\partial s'}{\partial z}(r,M''+M,t)$$

$$W_2=K''_z\frac{\partial s''}{\partial z}(r,M'',t)$$

（由于 $W_1>0,\frac{\partial s'}{\partial z}<0$，故第一式左端有一负号）。

式中：K' 和 s' 为上弱含水层的垂向渗透系数和降深；K'' 和 s'' 为下弱含水层的垂向渗透系数和降深。

前已假定，弱含水层中地下水为垂直运动，因此，根据方程（2-3-10）式，其运动方程可写为

$$a'_z\frac{\partial^2 s'}{\partial z^2}=\frac{\partial s'}{\partial t}$$

这样，条件1的定解问题可描写为

$$\text{上弱透水层}\begin{cases}a'_z\dfrac{\partial^2 s'}{\partial z^2}=\dfrac{\partial s'}{\partial t} & \text{(a)}\\ s'(r,z,0)=0 & \text{(b)}\\ s'(r,\ M''+M+M',t)=0 & \text{(c)}\\ s'(r,\ M''+M,t)=s(r,t) & \text{(d)}\end{cases}\qquad(8\text{-}2\text{-}1)$$

$$\text{主含水层}\begin{cases}a'\left(\dfrac{\partial^2 s}{\partial r^2}+\dfrac{1}{r}\dfrac{\partial s}{\partial r}\right)+\dfrac{K'_z}{\mu_e}\dfrac{\partial s'}{\partial z}(r,M''+M,t)\\ \qquad\qquad-\dfrac{K''_z}{\mu_e}\dfrac{\partial s''}{\partial z}(r,M'',t)=\dfrac{\partial s}{\partial t} & \text{(a)}\\ s(r,0)=0 & \text{(b)}\\ s(\infty,t)=0 & \text{(c)}\\ \lim\limits_{r\to 0}2\pi rT\dfrac{\partial s}{\partial r}(r,t)=-Q(\text{常量}) & \text{(d)}\end{cases}\qquad(8\text{-}2\text{-}2)$$

$$\text{下弱透水层}\begin{cases}a''_z\dfrac{\partial^2 s''}{\partial z^2}=\dfrac{\partial s''}{\partial t} & \text{(a)}\\ s''(r,z,0)=0 & \text{(b)}\\ s''(r,0,t)=0 & \text{(c)}\\ s''(r,M'',t)=s(r,t) & \text{(d)}\end{cases}\qquad(8\text{-}2\text{-}3)$$

式中：$a'_z=\frac{K'_z}{\mu'_s}$ 为上弱含水层垂向水头扩散系数；$a''_z=\frac{K''_z}{\mu''_s}$ 为下弱含水层垂向水头扩散系数；μ'_s 和 μ''_s 为上下弱含水层的单位弹性给水度；其他符号同前。

对于条件2（图8-2-1）的定解问题，除条件（8-2-1）（c）式和（8-2-3）（c）式分别由下列两式代替外，其他均与条件1的提法相同，即

$$\frac{\partial s'}{\partial z}(r,\ M''+M+M',t)=0 \tag{8-2-1c$_2$}$$

$$\frac{\partial s''}{\partial z}(r,0,t)=0 \tag{8-2-3c$_2$}$$

对于条件3（图8-2-1）的定解问题，除条件（8-2-3）（c）用下式代替外，其他均与条件1相同，即

$$\frac{\partial s''}{\partial z}(r,0,t)=0 \tag{8-2-3c$_3$}$$

（二）定解问题的解

上述定解问题要获得各自一般的解在数学上是困难的，然而对于足够短的时间或足够长的时间都可得到近似解。

1. 对于 t 小于$\frac{M'^2}{10a_z'}$和$\frac{M''^2}{10a_z''}$的情况

在此时间范围里，对于三种条件的解均可表示为

$$s=\frac{Q}{4\pi T}H(u,\beta) \tag{8-2-4}$$

式中：

$$H(u,\beta)=\int_u^{\infty}\frac{e^{-y}}{y}\operatorname{erfc}\left(\frac{\beta\sqrt{u}}{\sqrt{y(y-u)}}\right)dy \tag{8-2-5}$$

H（u，β）可称为第二类越流系统定流量井函数（见表8-2-1）

$$\operatorname{erfc}(x)=1-\operatorname{erf}(x)=\frac{2}{\sqrt{\pi}}\int_u^{\infty}e^{-t^2}dt \tag{8-2-6}$$

$$u=\frac{r^2}{4at} \tag{8-2-7}$$

$$\beta=\frac{r}{D} \tag{8-2-7$'$}$$

$$\frac{1}{D}=\frac{1}{4B'}\sqrt{\frac{\mu_e'}{\mu_e}}+\frac{1}{4B''}\sqrt{\frac{\mu_e''}{\mu_e}} \tag{8-2-8}$$

$$\mu_e'=\mu_s'M' \qquad \mu_e''=\mu_s''M'' \tag{8-2-8$'$}$$

$$B'=\sqrt{\frac{TM'}{K_z'}}\ 和\ B''=\sqrt{\frac{TM''}{K_z''}} \tag{8-2-9}$$

2. 对于较长的时间

（1）条件1：当 t 大于$5\frac{M'^2}{a_z'}$和$5\frac{M''^2}{a_z''}$时，其解为

$$s=\frac{Q}{4\pi T}W(u\delta_1,\frac{r}{A}) \tag{8-2-10}$$

式中：W（$u\delta_1$，$\frac{r}{A}$）为第一类越流系统定流量井函数（见本章后的表8-1-1）

$$\delta_1=1+\frac{\mu_e'+\mu_e''}{3\mu_e} \tag{8-2-11}$$

$$A=\frac{1}{\sqrt{\frac{1}{B'^2}+\frac{1}{B''^2}}} \tag{8-2-12}$$

（2）条件2：当 t 大于$10\frac{M'^2}{a_z'}$和$10\frac{M''^2}{a_z''}$时，其解为

$$s=\frac{Q}{4\pi T}W(u\delta_2) \tag{8-2-13}$$

表 8-2-1 第二类越流系统定流量井函数

u \ β	(−3)			(−2)			(−1)		
	1	2	5	1	2	5	1	2	5
1(−6)	11.9842	11.4237	10.5908	9.9259	9.2469	8.3395	7.6497	6.9590	6.0463
2(−6)	11.5355	11.0211	10.2210	9.5677	8.8946	7.9908	7.3024	6.6126	5.7012
3(−6)	11.2593	10.7764	10.0006	9.3561	8.6875	7.7864	7.0991	6.4100	5.4996
4(−6)	11.0568	10.5980	9.8419	9.2047	8.5399	7.6412	6.9547	6.2663	5.3567
5(−6)	10.8958	10.4566	9.7174	9.0866	8.4251	7.5284	6.8427	6.1548	5.2459
6(−6)	10.7618	10.3389	9.6145	8.9894	8.3310	7.4367	6.7512	6.0637	5.1555
7(−6)	10.6466	10.2379	9.5267	8.9069	8.2512	7.3581	6.6737	5.9867	5.0790
8(−6)	10.5455	10.1493	9.4500	8.8350	8.1819	7.2904	6.6066	5.9200	5.0129
9(−6)	10.4553	10.0702	9.3818	8.7714	8.1206	7.2306	6.5474	5.8611	4.9545
1(−5)	10.3739	9.9987	9.3203	8.7142	8.0657	7.1771	6.4944	5.8085	4.9024
2(−5)	9.8197	9.5097	8.9045	8.3315	7.7010	6.8238	6.1453	5.4623	4.5598
3(−5)	9.4815	9.2084	8.6504	8.1013	7.4844	6.6159	5.9406	5.2597	4.3600
4(−5)	9.2358	8.9878	8.4646	7.9346	7.3290	6.4677	5.7951	5.1160	4.2185
5(−5)	9.0422	8.8128	8.3171	7.8031	7.2072	6.3523	5.6861	5.0045	4.1090
6(−5)	8.8822	8.6674	8.1943	7.6941	7.1068	6.2576	5.5896	4.9134	4.0196
7(−5)	8.7457	8.5428	8.0888	7.6077	7.0212	6.1773	5.5113	4.8364	3.9442
8(−5)	8.6266	8.4336	7.9962	7.5190	6.9466	6.1076	5.4434	4.7697	3.8789
9(−5)	8.5209	8.3364	7.9134	7.4461	6.8804	6.0459	5.3334	4.7108	3.8214
1(−4)	8.4258	8.2487	7.8386	7.3803	6.8208	5.9906	5.3297	4.6581	3.7700
2(−4)	7.7901	7.6563	7.3276	6.9321	6.4190	5.6226	4.9747	4.3115	3.4334
3(−4)	7.4110	7.2985	7.0135	6.6563	6.1750	5.4035	4.7655	4.1086	3.2379
4(−4)	7.1393	7.0401	6.7840	6.4541	5.9971	5.2459	4.6161	3.9645	3.0999
5(−4)	6.9273	6.8375	6.6024	6.2934	5.8561	5.1223	4.4996	3.8527	2.9933
6(−4)	6.7533	6.6705	6.4517	6.1596	5.7389	5.0203	4.4040	3.7612	2.9065
7(−4)	6.6056	6.5284	6.3227	6.0447	5.6383	4.9533	4.3228	3.6838	2.8334
8(−4)	6.4774	6.4048	6.2100	5.9439	5.5501	4.8573	4.2523	3.6167	2.7702
9(−4)	6.3640	6.2952	6.1097	5.8539	5.4713	4.7898	4.1898	3.5575	2.7146
1(−3)	6.2624	6.1969	6.0193	5.7727	5.4001	4.7290	4.1337	3.5045	2.6650
2(−3)	5.5903	5.5431	5.4115	5.2203	4.9139	4.3184	3.7598	3.1549	2.3419
3(−3)	5.1948	5.1560	5.0465	4.8837	4.6149	4.0683	3.5363	2.9494	2.1559
4(−3)	4.9135	4.8798	4.7839	4.6396	4.3962	3.8859	3.3750	2.8030	2.0253
5(−3)	4.6951	4.6649	4.5786	4.4474	4.2231	3.7415	3.2483	2.6891	1.9250
6(−3)	4.5165	4.4890	4.4099	4.2888	4.0794	3.6214	3.1436	2.5957	1.8437
7(−3)	4.3655	4.3400	4.2666	4.1536	3.9564	3.5185	3.0542	2.5165	1.7754
8(−3)	4.2347	4.2109	4.1421	4.0357	3.8488	3.4282	2.9762	2.4478	1.7166
9(−3)	4.1194	4.0969	4.0320	3.9313	3.7531	3.3478	2.9068	2.3870	1.6651
1(−2)	4.0163	3.9950	3.9334	3.8374	3.6669	3.2752	2.8443	2.3325	1.6193
2(−2)	3.3397	3.3250	3.2818	3.2133	3.0880	2.7829	2.4227	1.9714	1.3239
3(−2)	2.9472	2.9354	2.9007	2.8452	2.7423	2.4877	2.1680	1.7579	1.1579
4(−2)	2.6711	2.6611	2.6316	2.5842	2.4955	2.2691	1.9841	1.6056	1.0416
5(−2)	2.4590	2.4502	2.4243	2.3826	2.3040	2.1007	1.8401	1.4272	0.9540
6(−2)	2.2874	2.2795	2.2563	2.2188	2.1478	1.9626	1.7217	1.3905	0.8838
7(−2)	2.1436	2.1365	2.1154	2.0812	2.0164	1.8458	1.6213	1.3088	0.8255
8(−2)	2.0203	2.0138	1.9944	1.9630	1.9031	1.7448	1.5343	1.2381	0.7758
9(−2)	1.9126	1.9066	1.8886	1.8595	1.8039	1.6559	1.4577	1.1760	0.7327
1(−1)	1.8172	1.8116	1.7949	1.7677	1.7157	1.5768	1.3893	1.1207	0.6947
2(−1)	1.2193	1.2159	1.2059	1.1895	1.1579	1.0714	0.9497	0.7665	0.4603
3(−1)	0.9033	0.9010	0.8940	0.8825	0.8603	0.7986	0.7103	0.5739	0.3390
4(−1)	0.7006	0.6989	0.6936	0.6850	0.6683	0.6218	0.5543	0.4482	0.2619
5(−1)	0.5584	0.5570	0.5530	0.5463	0.5333	0.4969	0.4436	0.3591	0.2083
6(−1)	0.4533	0.4522	0.4490	0.4437	0.4333	0.4041	0.3613	0.2927	0.1688
7(−1)	0.3729	0.3720	0.3694	0.3651	0.3567	0.3330	0.2980	0.2415	0.1386
8(−1)	0.3099	0.3092	0.3070	0.3035	0.2966	0.2770	0.2481	0.2012	0.1151
9(−1)	0.2596	0.2590	0.2572	0.2543	0.2485	0.2323	0.2082	0.1690	963(−4)
1(0)	0.2189	0.2184	0.2169	0.2144	0.2097	0.1961	0.1758	0.1427	812(−4)
2(0)	488(−4)	487(−4)	484(−4)	479(−4)	468(−4)	439(−4)	395(−4)	322(−4)	180(−4)
3(0)	130(−4)	130(−4)	129(−4)	128(−4)	125(−4)	117(−4)	106(−4)	862(−5)	481(−5)
4(0)	377(−5)	376(−5)	374(−5)	370(−5)	362(−5)	340(−5)	307(−5)	250(−5)	139(−5)
5(0)	115(−5)	114(−5)	114(−5)	112(−5)	110(−5)	104(−5)	934(−6)	763(−6)	423(−6)
6(0)	359(−6)	359(−6)	356(−6)	353(−6)	345(−6)	325(−6)	298(−6)	293(−6)	133(−6)
7(0)	115(−6)	115(−6)	114(−6)	113(−6)	111(−6)	104(−6)	941(−7)	769(−7)	425(−7)
8(0)	376(−7)	375(−7)	373(−7)	369(−7)	362(−7)	340(−7)	307(−7)	251(−7)	139(−7)
9(0)	124(−7)	124(−7)	123(−7)	122(−7)	119(−7)	112(−7)	102(−7)	830(−8)	458(−8)
10(0)	415(−8)	414(−8)	411(−8)	407(−8)	399(−8)	375(−8)	339(−8)	277(−8)	153(−8)

注:括号中的数值表示 10 的乘方,它与前面的数值相乘。例如,488(−4)=0.0488。

$$H(u,\beta)=\int_u^{\infty}\frac{e^{-y}}{y}\operatorname{erfc}\left[\frac{\beta\sqrt{u}}{\sqrt{y(y-u)}}\right]dy$$

（据汉图什）

(0)			(1)			(2)		
1	2	5	1	2	5	1	2	5
5.3575	4.6721	3.7756	3.1110	2.4671	1.6710	1.1361	0.6879	0.2698
5.0141	4.3312	3.4412	2.7857	2.1568	1.3944	0.8995	0.5045	0.1685
4.8136	4.1327	3.2474	2.5984	1.9801	1.2409	0.7725	0.4113	0.1230
4.6716	3.9922	3.1109	2.4671	1.8571	1.1361	0.6879	0.3516	963(-4)
4.5617	3.8836	3.0055	2.3661	1.7633	1.0574	0.6256	0.3091	787(-4)
4.4719	3.7951	2.9199	2.2844	1.6877	0.9948	0.5770	0.2768	662(-4)
4.3962	3.7204	2.8478	2.2158	1.6246	0.9432	0.5375	0.2511	568(-4)
4.3306	3.6558	2.7856	2.1568	1.5706	0.8995	0.5045	0.2302	494(-4)
4.4728	3.5989	2.7309	2.1054	1.5234	0.8617	0.4763	0.2127	436(-4)
4.2212	3.5481	2.6822	2.0590	1.4816	0.8285	0.4519	0.1978	388(-4)
3.8827	3.2162	2.3660	1.7632	1.2170	0.6256	0.3091	0.1166	166(-4)
3.6858	3.0241	2.1850	1.5965	1.0716	0.5203	0.2402	818(-4)	929(-5)
3.5468	2.8889	2.0588	1.4815	0.9730	0.4518	0.1978	621(-4)	590(-5)
3.4394	2.7848	1.9622	1.3943	0.8994	0.4024	0.1685	494(-4)	405(-5)
3.3519	2.7002	1.8841	1.3244	0.8412	0.3645	0.1468	406(-4)	293(-5)
3.2781	2.6290	1.8199	1.2664	0.7934	0.3341	0.1300	342(-4)	220(-5)
3.2143	2.5677	1.7629	1.2169	0.7530	0.3090	0.1166	292(-4)	169(-5)
3.1583	2.5138	1.7139	1.1739	0.7182	0.2879	0.1056	253(-4)	133(-5)
3.1082	2.4658	1.6704	1.1359	0.6878	0.2698	963(-4)	222(-4)	107(-5)
2.7819	2.1549	1.3937	0.8992	0.5044	0.1684	494(-4)	842(-5)	206(-6)
2.5937	1.9778	1.2401	0.7721	0.4111	0.1229	315(-4)	434(-5)	674(-7)
2.4617	1.8545	1.1352	0.6875	0.3514	963(-4)	222(-4)	260(-5)	275(-7)
2.3601	1.7604	1.0564	0.6252	0.3089	787(-4)	166(-4)	169(-5)	129(-7)
2.2778	1.6846	0.9937	0.5762	0.2766	661(-4)	129(-4)	117(-5)	677(-8)
2.2087	1.6212	0.9420	0.5370	0.2510	767(-4)	103(-4)	834(-6)	383(-8)
2.1492	1.5670	0.8982	0.5040	0.2300	494(-4)	841(-5)	616(-6)	229(-8)
2.0971	1.5196	0.8603	0.4758	0.2125	436(-4)	699(-5)	466(-6)	142(-8)
2.0506	1.4776	0.8271	0.4513	0.1976	388(-4)	590(-5)	361(-6)	
1.7516	1.2116	0.6238	0.3084	0.1164	166(-4)	169(-5)	555(-7)	
1.5825	1.0652	0.5182	0.2394	816(-4)	927(-5)	713(-6)	149(-7)	
1.4656	0.9658	0.4496	0.1970	619(-4)	588(-5)	360(-6)	534(-8)	
1.3767	0.8915	0.4001	0.1677	493(-4)	403(-5)	205(-6)	228(-8)	
1.3054	0.8327	0.3620	0.1460	404(-4)	292(-5)	126(-6)	109(-8)	
1.2460	0.7843	0.3315	0.1292	340(-4)	219(-5)	821(-7)		
1.1953	0.7435	0.3064	0.1158	290(-4)	169(-5)	553(-7)		
1.1512	0.7083	0.2852	0.1047	252(-4)	133(-5)	384(-7)		
1.1122	0.6775	0.2670	955(-4)	221(-4)	106(-5)	274(-7)		
0.8677	0.4914	0.1658	487(-4)	831(-5)	203(-6)	226(-8)		
0.7353	0.3965	0.1197	308(-4)	426(-5)	662(-7)			
0.6467	0.3357	931(-4)	216(-4)	253(-5)	269(-7)			
0.5812	0.2923	755(-4)	160(-4)	164(-5)	126(-7)			
0.5298	0.2593	630(-4)	124(-4)	112(-5)	655(-8)			
0.4880	0.2332	536(-4)	982(-5)	799(-6)	368(-8)			
0.4530	0.2119	464(-4)	797(-5)	587(-6)	219(-8)			
0.4230	0.1941	406(-4)	658(-5)	442(-6)	135(-8)			
0.3970	0.1789	359(-4)	552(-5)	340(-6)				
0.2452	971(-4)	143(-4)	149(-5)	493(-7)				
0.1729	629(-4)	752(-5)	592(-6)	126(-7)				
0.1296	441(-4)	448(-5)	283(-6)	424(-8)				
0.1006	325(-4)	288(-5)	151(-6)	171(-8)				
799(-4)	247(-4)	195(-5)	873(-7)					
646(-4)	192(-4)	137(-5)	534(-7)					
529(-4)	152(-4)	986(-6)	340(-7)					
437(-4)	122(-4)	728(-6)	223(-7)					
365(-4)	993(-5)	547(-6)	151(-7)					
760(-5)	173(-5)	551(-7)						
196(-5)	406(-6)	911(-8)						
558(-6)	108(-6)	189(-8)						
167(-6)	309(-7)							
519(-7)	926(-8)							
165(-7)	286(-8)							
356(-8)								
176(-8)								

式中：$W(u\delta_2)$ 为无越流含水层井函数（见表5-1-1）

$$\delta_2 = 1 + \frac{\mu_e' + \mu_e''}{\mu_e} \tag{8-2-14}$$

（3）条件3：当 t 大于 $5\frac{M'^2}{a_z'}$ 和 $10\frac{M''^2}{a_z''}$ 时，其解为

$$s = \frac{Q}{4\pi T}W(u\delta_3, \frac{r}{B'}) \tag{8-2-15}$$

式中：$W(u\delta_3, \frac{r}{B'})$ 为第一类越流系统定流量井函数

$$\delta_3 = 1 + \frac{\mu_e' + \frac{\mu_e'}{3}}{\mu_e} \tag{8-2-16}$$

3. 介于长时间与短时间之间的过渡范围

对此期间，上述三种条件中的任何一个均不能给出其解，但在半对数坐标纸上，绘制 $\frac{s}{\frac{Q}{4\pi T}}$ 对 u 或 t 的曲线（u, t 在对数坐标轴上），过渡区的曲线可依据两端曲线作一光滑曲线而得到，利用此法可对过渡区进行近似计算。

（三）方程讨论

（1）当 $a_z' = a_z'' = \mu_e' = \mu_e'' = 0$ 时，方程（8-2-4）式、（8-2-10）式、（8-2-13）式和（8-2-15）式均转变为泰斯公式（注意：$\frac{2}{\pi}\int_0^\infty e^{-t^2}dt = 1$）。

如果取 $a_z'' = \mu_e' = \mu_e'' = 0$，则方程（8-2-10）式和（8-2-15）式转化为（8-1-5）式，即第二类越流系统的条件1和条件3变为第一类越流系统。

（2）图8-2-3是根据方程（8-2-4）式绘制的。它表示 $\frac{s}{\frac{Q}{4\pi T}}$ 与 u 和 $\beta = \left(\frac{r}{D}\right)$ 之间的关系。总

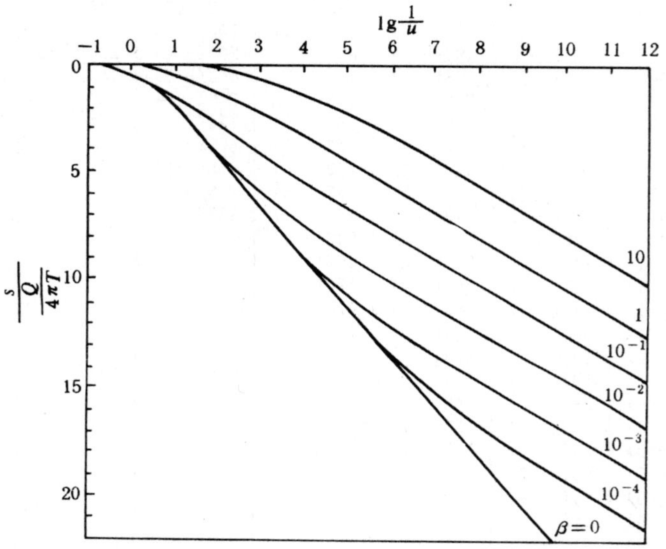

图 8-2-3　$\frac{s}{\frac{Q}{4\pi T}}$-$\lg\frac{1}{u}$ 关系曲线图

（据汉图什）

的说，s 随 $\beta=\frac{r}{D}$ 的增大而减小。它表明：①随 r 的增大 s 减小，这与过去所讨论的其他条件一致；② 随着越流补给系数 $1/B$ 的减小 s 增大，这与第一类越流系统的情况一样；③ 随着 μ_e' 和 μ_e'' 的增大，s 减小。这是因为弱含水层的 μ_e'、μ_e'' 大，意味着它可释放出较多的水，而主含水层可少释放水量，因此降深会小一些。

(3) 图8-2-4表示几种含水层系统井流降深随时间变化的特点。

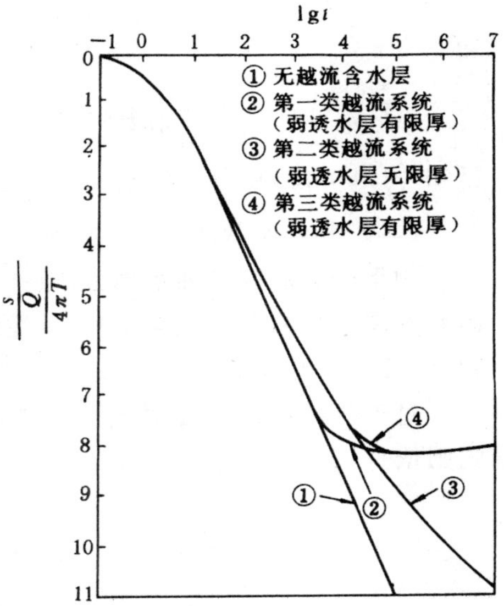

图8-2-4 几种含水层系统井流降深与时间的关系

（据汉图什）

二、井流试验确定越流系统的参数

(一) 短时间抽水

要求抽水时间 $t<\frac{M'^2}{10a_z'}$ 和 $\frac{M''^2}{10a_z''}$

这里采用的标准曲线对比法的原理同前，基本方程是 (8-2-4) 式至 (8-2-9) 式。下面仅简单地写出其步骤。

(1) 根据 (8-2-5) 式，即表8-2-1，在双对数坐标纸上作出 $H(u,\frac{r}{D})$-$\frac{1}{u}$ 的标准曲线（图8-2-5）。

(2) 在与标准曲线坐标同模数的透明双对数纸上将实测的 s-t 数据投上。

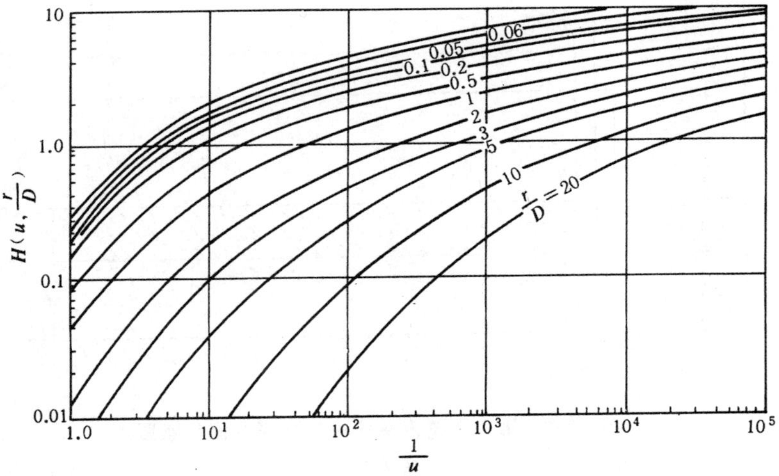

图8-2-5 第二类越流系统短期定流量抽水试验标准曲线图

（据汉图什）

(3) 在保持对应坐标轴平行的前提下，相对移动两坐标纸。在一组 $\frac{r}{D}$ 标准曲线中寻找最优拟合曲线并确定其吻合位置。记录被拟合标准曲线的 $\frac{r}{D}$ 值。任选一匹配点，记下对应的坐标值 $\frac{1}{u}$、H、t 和 s。

(4) 根据 (8-2-4) 式和 (8-2-7) 式分别计算

$$T = \frac{Q}{4\pi s} H \tag{8-2-17}$$

和

$$a = \frac{r^2}{4ut} \tag{8-2-18}$$

已知 $\frac{r}{D}$ 和 r 值，可计算参数 D 。

（二）长时间抽水

对于较长时间的抽水试验，条件1和条件3的井函数与第一类越流系统定流量井函数相同，因此其求参数的方法也与§8.1所述的一样，只是计算参数的公式从（8-2-10）至（8-2-12）式和（8-2-7）式出发。

对于条件2，其井函数与泰斯井函数相同，因此求参数方法也与泰斯井流一样，而计算公式则依据（8-2-13）式、（8-2-14）式和（8-2-7）式。

§8.3　第一类越流系统中的定降深井流

本节所要讨论的含水层系统与§8.1一样，只是井流的内边界条件改为定降深（图8-3-1）。

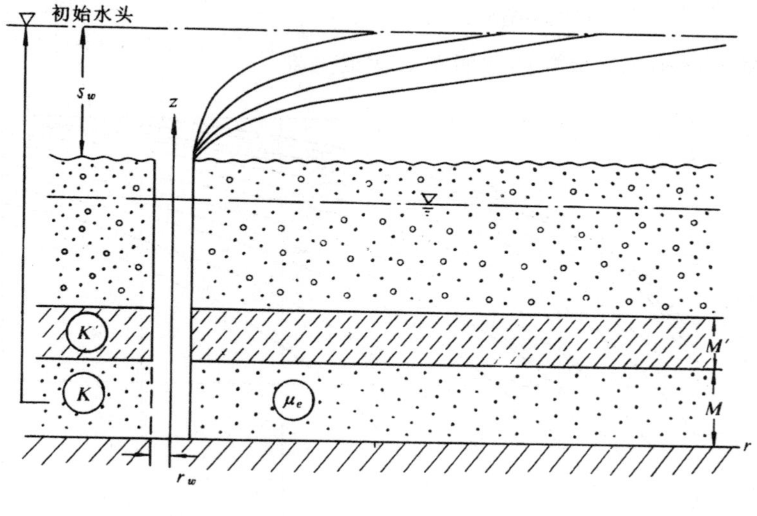

图8-3-1　第一类越流系统中定降深井流示意图

（据汉图什）

一、基本方程

该课题可描写为

$$\begin{cases} a\left(\dfrac{\partial^2 s}{\partial r^2} + \dfrac{1}{r}\dfrac{\partial s}{\partial r}\right) - \dfrac{K'}{M'\mu_e}s = \dfrac{\partial s}{\partial t} & (0 \leqslant r < \infty, t > 0) \quad (8\text{-}3\text{-}1) \\ s(r,0) = 0 & (0 \leqslant r < \infty) \quad (8\text{-}3\text{-}2) \\ s(\infty,t) = 0 & (t > 0) \quad (8\text{-}3\text{-}3) \\ s(r_w,t) = s_w(\text{常量}) & (t > 0) \quad (8\text{-}3\text{-}4) \end{cases}$$

由此问题的解得到的流量方程为

$$Q(t) = 2\pi T s_w G(\bar{t}, \frac{r_w}{B}) \tag{8-3-5}$$

式中：

$$G(\bar{t}, \frac{r_w}{B}) = \frac{r_w}{B} \frac{K_1\left(\frac{r_w}{B}\right)}{K_0\left(\frac{r_w}{B}\right)} + \frac{4}{\pi^2} e^{-\bar{t}(\frac{r_w}{B})^2} \int_0^\infty \frac{u \cdot e^{-\bar{t}u^2}}{J_0^2(u) + Y_0^2(u)} \cdot \frac{du}{u^2 + \left(\frac{r_w}{B}\right)^2} \tag{8-3-6}$$

$$\bar{t} = \frac{at}{r_w^2}（无因次时间） \tag{8-3-7}$$

$$B = \sqrt{\frac{TM'}{K'}} \tag{8-3-8}$$

K_0和K_1为虚宗量零阶和一阶第二类贝塞尔函数；J_0为零阶第一类贝塞尔函数；Y_0为零阶第二类贝塞尔函数。

$G(\bar{t}, \frac{r_w}{B})$ 可称为第一类越流系统定降深井流流量函数，它已制成函数表（见表8-3-1）供计算使用。

当 $t \to \infty$(即 $\bar{t} \to \infty$) 时，井孔流量变为最小值(或称稳定流量)，这时方程(8-3-5) 式变为

$$Q_{\min} = 2\pi T s_w \left(\frac{r_w}{B}\right) \frac{K_1\left(\frac{r_w}{B}\right)}{K_0\left(\frac{r_w}{B}\right)} \tag{8-3-9}$$

通常，条件 $\frac{r_w}{B} < 0.01$ 均能满足，这时

$$\left(\frac{r_w}{B}\right) \cdot K_1\left(\frac{r_w}{B}\right) \approx 1$$

于是上式简化为

$$Q_{\min} = \frac{2\pi T s_w}{K_0\left(\frac{r_w}{B}\right)} \approx \frac{2\pi T s_w}{-2.3\lg\left(\frac{0.89 r_w}{B}\right)} = 2.73 \frac{T s_w}{\lg\left(\frac{1.12B}{r_w}\right)} \tag{8-3-10}$$

或

$$s_w = \frac{Q_{\min}}{2\pi T} K_0\left(\frac{r_w}{B}\right) \approx 0.366 \frac{Q_{\min}}{T} \lg\left(\frac{1.12B}{r_w}\right) \tag{8-3-11}$$

此式与第一类越流系统定流量井流的最大降深 $s_{\max}$ 方程(8-1-7)式和(8-1-8)式对比看出，它们在形式上是相似的。

由上述定解问题解得的降深方程为

$$s = s_w z(\bar{t}, \bar{r}, \beta) \tag{8-3-12}$$

式中：

$$z(\bar{t}, \bar{r}, \beta) = \frac{K_0(\beta \bar{r})}{K_0(\beta)} + e^{-\bar{t}\beta^2} \cdot \frac{2}{\pi} \int_0^\infty \frac{[J_0(u\rho)Y_0(u) - Y_0(u\rho)J_0(u)]e^{-\bar{t}u^2}}{[J_0^2(u) + Y_0^2(u)](u^2 + \beta^2)} u\,du \tag{8-3-13}$$

$$\bar{t} = \frac{at}{r_w^2}（无因次时间）$$

$$\bar{r} = \frac{r}{r_w}$$

$$\beta = \frac{r_w}{B}（无因次径距）$$

$z(\bar{t}, \bar{r}, \beta)$ 可称为第一类越流系统定降深井流降深函数。该函数未制表。当 $t \to \infty$，s 达到最大值（也可称为稳定降深），其方程的形式为

$$s_{\max} = s_w \frac{K_0\left(\frac{r}{B}\right)}{K_0\left(\frac{r_w}{B}\right)} = \frac{Q_{\min}}{2\pi T} K_0\left(\frac{r}{B}\right) \tag{8-3-14}$$

当 $\frac{r}{B} < 0.05$ 时，上式简化为

$$s_{\max} \approx s_w \frac{\lg \frac{0.89r}{B}}{\lg \frac{0.89r_w}{B}} = -\frac{2.3Q_{\min}}{2\pi T} \lg\left(\frac{0.89r}{B}\right) \tag{8-3-15}$$

二、井流试验确定越流系统的参数

（一）不稳定抽（放）水试验

这里用的是标准曲线拟合法。原理同前，基本方程为（8-3-5）式至（8-3-7）式。步骤简述如下：

（1）根据方程（8-3-6）式，即表8-3-1，在双对数坐标纸上作一族 $G(\bar{t},\frac{r_w}{B})$-$\bar{t}$ 的标准曲线（图8-3-2）。

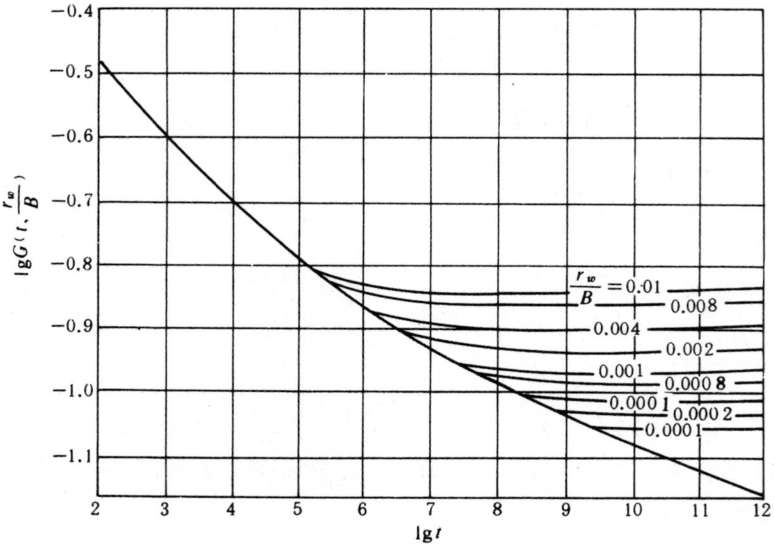

图8-3-2　第一类越流系统中定降深井流试验标准曲线图（据汉图什）

（2）在另一张与标准曲线同模数的透明双对数坐标纸上，投上实测数据 Q-t。

（3）在保持坐标轴彼此平行前提下，相对移动两坐标纸。在一组 $\frac{r_w}{B}$ 标准曲线中寻找最优拟合曲线并确定其拟合位置。任意选一匹配点（尽量取整数，便于计算），记下 $\frac{r_w}{B}$、$G(\bar{t},\frac{r_w}{B})$、$\bar{t}$ 和对应的 Q 及 t。

（4）根据（8-3-5）式计算 T，即

$$T = \frac{Q}{2\pi s_w G\left(\bar{t},\frac{r}{B}\right)} \tag{8-3-16}$$

根据（8-3-7）式计算 a，即

表 8-3-1　第一类越流系统定降深井流流量函数

$$G(\bar{t},\frac{r_w}{B})=\frac{r_w}{B}\frac{K_1(r_w/B)}{K_0(r_w/B)}+\frac{4}{\pi^2}e^{-\bar{t}(r_w/B)^2}\int_0^\infty\frac{u\cdot e^{-\bar{t}u^2}}{J_0^2(u)+Y_0^2(u)}\cdot\frac{du}{u^2+(r_w/B)^2}$$

（据汉图什）

$\bar{t}$ \ r_w/B	0	1×10^{-5}	2×10^{-5}	4×10^{-5}	6×10^{-5}	8×10^{-5}	10^{-4}	2×10^{-4}	4×10^{-4}	6×10^{-4}	8×10^{-4}	10^{-3}	2×10^{-3}	4×10^{-3}	6×10^{-3}	8×10^{-3}	10^{-2}
1×10^2	0.346																0.346
2	0.311												0.311	0.311	0.311	0.312	0.312
3	0.294												0.294	0.294	0.294	0.295	0.295
4	0.283												0.283	0.283	0.283	0.284	0.285
5	0.274												0.274	0.274	0.275	0.275	0.276
6	0.268												0.268	0.268	0.268	0.269	0.271
7	0.263												0.263	0.263	0.263	0.264	0.266
8	0.258												0.258	0.258	0.259	0.260	0.261
9	0.254												0.254	0.255	0.256	0.257	0.258
1×10^3	0.251												0.252	0.252	0.252	0.254	0.255
2	0.232												0.232	0.233	0.234	0.236	0.239
3	0.222												0.222	0.223	0.225	0.227	0.231
4	0.215												0.215	0.216	0.219	0.222	0.226
5	0.210												0.210	0.212	0.215	0.218	0.222
6	0.206												0.206	0.208	0.211	0.215	0.220
7	0.203												0.203	0.205	0.209	0.213	0.219
8	0.201												0.201	0.203	0.207	0.212	0.218
9	0.198												0.198	0.201	0.205	0.210	0.217
1×10^4	0.196											0.196	0.197	0.200	0.204	0.209	0.216
2	0.185											0.185	0.185	0.190	0.197	0.205	0.213
3	0.178											0.178	0.179	0.186	0.194	0.203	0.212
4	0.173											0.173	0.176	0.183	0.193	0.202	
5	0.170											0.170	0.173	0.181	0.192		
6	0.168											0.168	0.171	0.180	0.192		
7	0.166										0.166	0.167	0.170	0.179	0.191		
8	0.164										0.164	0.165	0.169	0.179			
9	0.163										0.163	0.164	0.168	0.179			
1×10^5	0.161								0.161	0.162	0.162	0.162	0.167	0.178			
2	0.152							0.152	0.153	0.153	0.154	0.155	0.163	0.177			
3	0.148							0.148	0.148	0.149	0.150	0.152	0.162				
4	0.145							0.145	0.145	0.146	0.147	0.150	0.162				
5	0.143							0.143	0.143	0.144	0.145	0.148	0.161				
6	0.141							0.141	0.142	0.143	0.144	0.147	0.160				
7	0.140							0.140	0.140	0.141	0.143	0.146	0.160				
8	0.138							0.138	0.139	0.141	0.143	0.145	0.160				
9	0.137							0.137	0.138	0.140	0.142	0.144	0.160				

续表 8-3-1

r_w/B \ $\bar{t}$	0	1×10^{-5}	2×10^{-5}	4×10^{-5}	6×10^{-5}	8×10^{-5}	10^{-4}	2×10^{-4}	4×10^{-4}	6×10^{-4}	8×10^{-4}	10^{-3}	2×10^{-3}	4×10^{-3}	6×10^{-3}	8×10^{-3}	10^{-2}
1×10^{6}	0.136						0.136	0.137	0.138	0.139	0.141	0.144	0.159				
2	0.130						0.130	0.131	0.133	0.135	0.139	0.143	0.159				
3	0.127						0.127	0.127	0.130	0.134	0.138	0.142	0.158				
4	0.124						0.124	0.125	0.129	0.134							
5	0.123						0.123	0.124	0.128	0.133							
6	0.121						0.121	0.123	0.128								
7	0.120						0.120	0.122	0.127								
8	0.119						0.119	0.121	0.127								
9	0.118						0.118	0.121	0.127								
1×10^{7}	0.118						0.118	0.120	0.127								
2	0.114						0.114	0.116	0.126								
3	0.111					0.111	0.112										
4	0.109				0.109	0.110	0.111										
5	0.108				0.108	0.109	0.110										
6	0.107			0.107	0.108	0.109	0.110										
7	0.106			0.106	0.107	0.108	0.109										
8	0.105			0.105	0.106	0.108	0.109										
9	0.104		0.104	0.105	0.106	0.107	0.108										
1×10^{8}	0.104		0.104	0.104	0.105	0.106	0.108										
2	0.100	0.100	0.101	0.102	0.103	0.105	0.107										
3	0.0982	0.0982	0.0986	0.100	0.103												
4	0.0968	0.0968	0.0974	0.0994	0.102												
5	0.0958	0.0958	0.0966	0.0989													
6	0.0950	0.0951	0.0959	0.0986													
7	0.0943	0.0944	0.0954	0.0984													
8	0.0937	0.0939	0.0949	0.0982													
9	0.0932	0.0934	0.0946	0.0981													
1×10^{9}	0.0927	0.0930	0.0943	0.0980													
2	0.0899	0.0906	0.0927	0.0977													
3	0.0883	0.0893	0.0920	0.0976													
4	0.0872	0.0885	0.0917														
5	0.0864	0.0880	0.0916														
6	0.0857	0.0876	0.0915														
7	0.0851	0.0873	0.0915														
8	0.0846	0.0870	0.0915														
9	0.0842	0.0869	0.0914														
1×10^{10}	0.0838	0.0867	0.0914														
2	0.0814	0.0862															
3	0.0801	0.0860															
4	0.0792																
5	0.0785																
6	0.0779																
7	0.0774																
8	0.0770																
9	0.0767																
10	0.0764	0.0860	0.0914	0.0976	0.102	0.105	0.107	0.116	0.126	0.133	0.138	0.142	0.158	0.177	0.191	0.202	0.212

$$a = \frac{\bar{t} r_w^2}{t} \tag{8-3-17}$$

另外，已知 $\frac{r_w}{B}$ 和 r_w 可确定 B 值 。

（二）稳定抽（放）水试验

1. 标准曲线拟合法

基本方程为（8-3-14）式，原理及方法均同前，步骤简述如下：

（1）作 $\lg K_0\left(\frac{r}{B}\right)$-$\lg\left(\frac{r}{B}\right)$ 标准曲线。

（2）作 $\lg s_{\max}$-$\lg r$ 实测曲线；

（3）曲线拟合，任选匹配点，记录对应坐标；

（4）计算：根据（8-3-14）式

$$T = \frac{Q_{\min}}{2\pi s_{\max}} K_0\left(\frac{r}{B}\right) \tag{8-3-18}$$

已知 $\frac{r}{B}$ 和 r,可确定 B 值。

依据（8-3-14）式，可计算有效半径 r_w

$$K_0\left(\frac{r_w}{B}\right) = \frac{s_w}{s_{\max}} K_0\left(\frac{r}{B}\right) \tag{8-3-19}$$

2. 直线图解法

当 $\frac{r}{B} < 0.05$ 时，最大降深 $s_{\max}$ 的分布由（8-3-15）式描写。此式表明，$s_{\max}$ 与 $\lg r$ 呈线性关系，即

$$s_{\max} = \underbrace{-0.366\frac{Q_{\min}}{T}}_{m}\left(\lg r - \lg \underbrace{\frac{B}{0.89}}_{r_0}\right) \tag{8-3-20}$$

于是，依据 $s_{\max}$-$\lg r$ 直线段的斜率 m 可计算 T，即

$$T = 0.366\frac{Q_{\max}}{-m} \tag{8-3-21}$$

根据直线与 $\lg r$ 轴交点的 r 值(r_0) 来计算 B 值，即

$$B = 0.89 r_0 \tag{8-3-22}$$

也可依（8-3-15）式计算有效半径 r_w ，即

$$\lg\left(\frac{0.89 r_w}{B}\right) = \frac{s_w}{s_{\max}} \lg\left(\frac{0.89 r}{B}\right)$$

或

$$\lg r_w = \frac{s_w}{s_{\max}} \lg r + \left(1 - \frac{s_w}{s_{\max}}\right)(0.0492 + \lg B) \tag{8-3-23}$$

§8.4　第二类越流系统中的定降深井流

对于这种渗流系统，目前只有对于长时间抽水情况才有解。

1. 对于一侧发生越流的条件1（图8-2-1）和 $t > 2\frac{M'^2}{a'}$ 的情况。

流量方程为

$$Q(t) = 2\pi T s_w G\left(\frac{\bar{t}}{\delta_1}, \frac{r_w}{B}\right) \tag{8-4-1}$$

式中：$G\left(\frac{\bar{t}}{\delta_1},\frac{r_w}{B}\right)$ 为第一类越流系统定降深井流流量函数（见表8-3-1）

$$\bar{t}=\frac{at}{r_w}$$

$$\delta_1=1+\frac{\mu'_e}{3\mu_e}$$

$$B=\sqrt{\frac{TM'}{K'}}$$

降深方程为

$$s=s_w z\left(\frac{\bar{t}}{\delta_1},\bar{r},\beta\right) \tag{8-4-2}$$

式中：$z\left(\frac{\bar{t}}{\delta_1},\bar{r},\beta\right)$ 为第一类越流系统定降深井流降深函数(未制函数表)；$\bar{r}=\frac{r}{r_w}$；$\beta=\frac{r_w}{B}$。

当 $t\rightarrow\infty$，渗流达到稳定状态，这时

$$s=s_w\frac{K_0\left(\frac{r}{B}\right)}{K_0\left(\frac{r_w}{B}\right)} \tag{8-4-3}$$

2. 对于一侧发生越流的条件2（图8-2-1）和 $t>2\frac{M'^2}{a'}$ 的情况。

流量方程为

$$Q(t)=2\pi T s_w G\left(\frac{\bar{t}}{\delta_2}\right) \tag{8-4-4}$$

式中：$\bar{t}=\frac{at}{r_w^2}$；$\delta_2=1+\frac{\mu'_e}{\mu_e}$；$G\left(\frac{\bar{t}}{\delta_2}\right)$ 为无越流含水层定降深井流流量函数（见表6-5-1）。

降深方程为

$$s=s_w A\left(\frac{\bar{t}}{\delta_2},\bar{r}\right) \tag{8-4-5}$$

式中：$\bar{t}=\frac{at}{r_w^w}$；$\delta_2=1+\frac{\mu'_e}{\mu_e}$；$\bar{r}=\frac{r}{r_w}$；$A\left(\frac{\bar{t}}{\delta_2},\bar{r}\right)$ 为无越流含水层中定降深井流降深函数（表5-5-2）。

复习思考题

1. 三类越流系统的区别何在？

2. 各类越流含水层中定流量抽水是否能形成稳定流？为何？

3. 各类越流含水层地下水微分方程中的越流强度 W 如何表示？越流系数、越流补给系数概念的区别。

4. 在第一类越流系统主含水层中抽水到达稳定前，抽水井的流量来源是哪些因素？达到稳定后抽水井的流量来源是哪些因素（从水均衡角度分析）？

5. 第一类越流系统主含水层被抽水时，稳定前、稳定后各断面的流量是否相等，为什么？

6. 与第一类越流系统井流的 s-lg$t$ 曲线具相似形的有哪些井流？试对比两井流条件的相似性和差异。

7. 在第一类越流系统中做定流量抽水试验求参，试验者将其误认为泰斯系统（即 $K'=0$），并在 s-lg$t$ 曲线拐点出现后终止抽水，将 s-lg$t$ 拐点处的斜率 m_i 误作为泰斯系统 s-lg$t$ 直线段的斜率，用以计算导水系数 T。试分析如此计算得到的 T 值，其误差的偏向？（建议读者先从概念着手，以检验自己掌握的情况）

第九章　均质各向异性含水层中的完整井流

§9.1　概　　述

渗透系数是渗流方向的函数，而与坐标无关的含水层称为均质各向异性含水层。我们先研究 x、y 平面问题，设直角坐标系的坐标轴 x、y 的定向与各向异性介质的主方向一致，记 x、y 方向的主渗透系数 K_{xx} 和 K_{yy}（假定 $K_{xx} > K_{yy}$），那么与 x 轴交角为 θ 射线方向的渗透系数 K_θ 如何确定呢？已知 θ 方向的渗透流速［图9-1-1（a）］可表达为

$$v_\theta = -K_\theta \frac{\partial H}{\partial s} \tag{9-1-1}$$

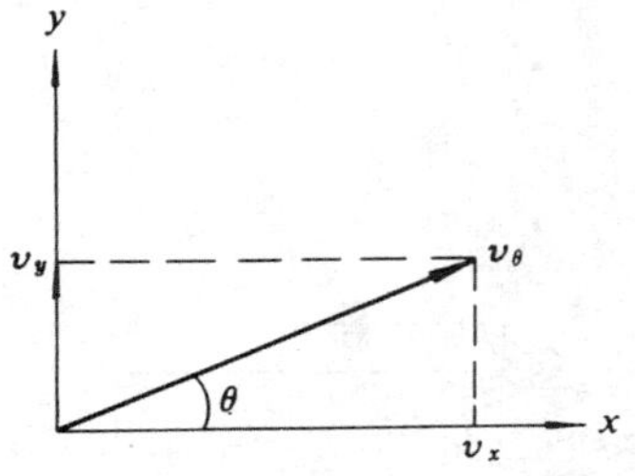

图9-1-1（a）任意方向的渗透流速 v_θ

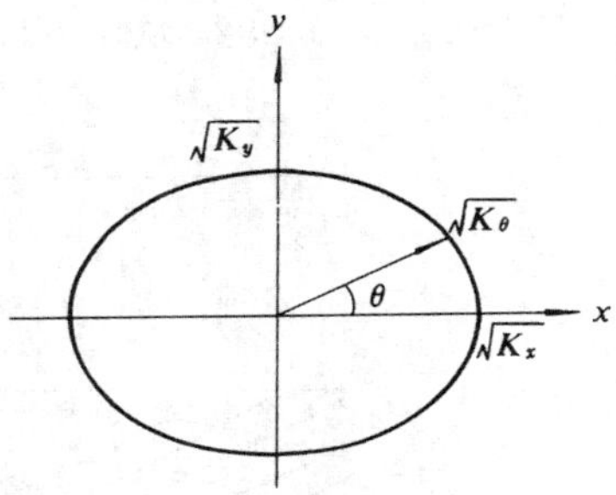

图9-1-1（b）渗透系数椭圆

式中：K_θ 为 θ 射线方向的渗透系数［图9-1-1（b）］；s 是具 θ 角射线的方向。可以预计，$K_{yy} \leqslant K_\theta \leqslant K_{xx}$。显然，$v_\theta$ 的两个分量

$$\begin{aligned} v_x &= -K_{xx}\frac{\partial H}{\partial x} = v_\theta \cos\theta \\ v_y &= -K_{yy}\frac{\partial H}{\partial y} = v_\theta \sin\theta \end{aligned} \tag{9-1-2}$$

考虑到 $H = H(x,y)$，故

$$\frac{\partial H}{\partial s} = \frac{\partial H}{\partial x}\frac{\mathrm{d}x}{\mathrm{d}s} + \frac{\partial H}{\partial y}\frac{\mathrm{d}y}{\mathrm{d}s} \tag{9-1-3}$$

将（9-1-1）式和（9-1-2）式代入（9-1-3）式，并注意到 $\frac{\mathrm{d}x}{\mathrm{d}s} = \cos\theta$ 和 $\frac{\mathrm{d}y}{\mathrm{d}s} = \sin\theta$，可以得

$$\frac{1}{K_\theta} = \frac{\cos^2\theta}{K_{xx}} + \frac{\sin^2\theta}{K_{yy}} \tag{9-1-4}$$

即

$$K_\theta = \frac{K_{xx}\sec^2\theta}{1 + \frac{K_{xx}}{K_{yy}}\mathrm{tg}^2\theta} \tag{9-1-5}$$

这就是二维问题方向渗透系数表达式。若将关系 $x = r\cos\theta$ 和 $y = r\sin\theta$ 代入上式，则得

$$\frac{r^2}{K_\theta} = \frac{x^2}{K_{xx}} + \frac{y^2}{K_{yy}} \tag{9-1-6}$$

这是一个分别以 $\sqrt{K_{xx}}$ 和 $\sqrt{K_{yy}}$ 为长、短轴的椭圆方程［图9-1-1 (b)］，称各向异性介质渗透系数椭圆。

上述二维问题很容易将其推广到三维问题，可得与（9-1-4）式和（9-1-6）式对应的方程为

$$\frac{1}{K_\theta} = \frac{1}{K_{xx}}\cos^2\theta_x + \frac{1}{K_{yy}}\cos^2\theta_y + \frac{1}{K_{zz}}\cos^2\theta_z \tag{9-1-7}$$

和

$$\frac{r^2}{K_\theta} = \frac{x^2}{K_{xx}} + \frac{y^2}{K_{yy}} + \frac{z^2}{K_{zz}} \tag{9-1-8}$$

式中：θ_x、θ_y 和 θ_z 是射线 s 方向分别与 x、y、z 轴的夹角；K_θ 是 s 射线方向的渗透系数。

与各向同性含水层不同，除了等势线的方向与主方向平行之外，各向异性含水层中的流线与等势线不正交；它有这样倾向，流线偏离等势线的法线方向而倾向各向异性主渗透系数为大值的主方向，图9-1-2表示某坝下的流网。坝基是由薄互层岩层构成的均质各向异性含水层，岩层倾向下游，倾角20°，因此沿层面方向（x 轴）和垂直层面方向（y 轴）构成两个主渗透方向。$K_{yy}:K_{xx} = 0.082$。从图9-1-2可以明显地看出各向异性介质中流网的特点。

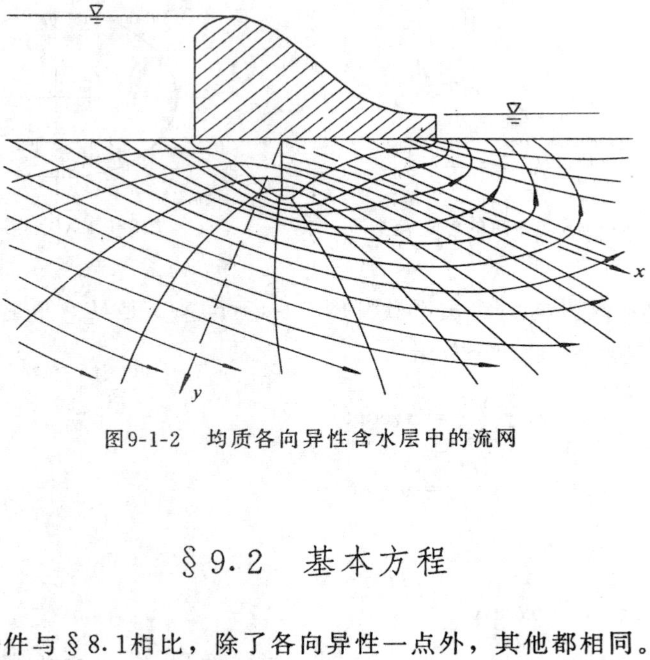

图9-1-2　均质各向异性含水层中的流网

§9.2　基本方程

这章所讨论的条件与§8.1相比，除了各向异性一点外，其他都相同。

一、微分方程和定解条件

为方便起见，对于均质各向异性介质中的渗流问题，通常均取直角坐标系统，而且使坐标轴与各向异性主方向一致。

这里所要讨论的是水平二维流问题，因此可以从第二章的方程（2-3-22）式出发，即

$$K_{xx}\frac{\partial^2 H}{\partial x^2} + K_{yy}\frac{\partial^2 H}{\partial y^2} + \varepsilon = \mu_s\frac{\partial H}{\partial t} \tag{9-2-1}$$

或（2-3-23）式

$$K_{xx}M\frac{\partial^2 s}{\partial x^2}+K_{yy}M\frac{\partial^2 s}{\partial y^2}+W=\mu_e\frac{\partial s}{\partial t} \tag{9-2-2}$$

其中的越流强度 W，与§8.1中一样可表示为

$$W=K'\frac{s}{M'} \tag{9-2-3}$$

代入上式，则微分方程可写为

$$\begin{cases}K_{xx}\dfrac{\partial^2 s}{\partial x^2}+K_{yy}\dfrac{\partial^2 s}{\partial y^2}-\dfrac{K'}{M'M}s=\mu_s\dfrac{\partial s}{\partial t} & (9\text{-}2\text{-}4)\\ \text{初始条件} & \\ s(x,y,0)=0 & (9\text{-}2\text{-}5)\\ \text{边界条件} & \\ s(\pm\infty,y,t)=s(x,\pm\infty,t)=0 & (9\text{-}2\text{-}6)\\ \lim\limits_{r\to 0}4\displaystyle\int_0^{\frac{\pi}{2}}T_\theta\frac{\partial s}{\partial r}r\mathrm{d}\theta=-Q(\text{常量}) & (9\text{-}2\text{-}7)\end{cases}$$

注意：这里 T_θ 和 $\frac{\partial s}{\partial r}$ 均是 θ 的函数，它们不能提到积分号之前。

二、均质各向异性介质中渗流问题的解法——坐标变换法

求解此定解问题之前，先考虑一个问题。渗流场中任意点的流速在 s 轴上的分量 v_x，依达西定律为

$$v_x=-K\frac{\partial H}{\partial x}$$

如将 x 坐标拉长 n 倍(n 可大于1或小于1,若 n 小于1则为压缩),同时 K 值也增大 n 倍，则 v_x 保持不变。如图9-2-1所示，当

$$\left.\begin{aligned}&l_2=nl_1\qquad(n<1)\\ \text{和}\qquad &K_2=nK_1\end{aligned}\right\} \tag{9-2-8}$$

则两含水层中对应点的 v_x 不变。我们说，这两种情况是等效的。求解图9-2-1(a)问题可转化为解图9-2-1(b)问题，解得结果再根据(9-2-8)式变换回去而得图9-2-1(a)问题的解，这种方法叫坐标变换法。

对于均质各向异性含水层，也可以同时改变其主渗透系数和坐标而保持渗流的等效性。如果将二维流的两个主渗透系数变为相等（一个变大，另一个变小），则均质各向异性问题变为均质各向同性问题，而只是坐标按一定比例关系改变罢了。

按照这个思路，将方程（9-2-4）式改写为

$$\sqrt{K_{xx}K_{yy}}\frac{1}{\sqrt{\dfrac{K_{yy}}{K_{xx}}}}\frac{\partial^2 s}{\partial x^2}+\sqrt{K_{xx}K_{yy}}\frac{1}{\sqrt{\dfrac{K_{xx}}{K_{yy}}}}\frac{\partial^2 s}{\partial y^2}-\frac{K'}{M'M}s=\mu_s\frac{\partial s}{\partial t} \tag{9-2-9}$$

因此令（坐标变换）

$$\left.\begin{aligned}\bar{x}&=\sqrt[4]{\frac{K_{yy}}{K_{xx}}}\cdot x=\frac{x}{n_x}\\ \bar{y}&=\sqrt[4]{\frac{K_{xx}}{K_{yy}}}\cdot y=\frac{y}{n_y}\end{aligned}\right\}$$

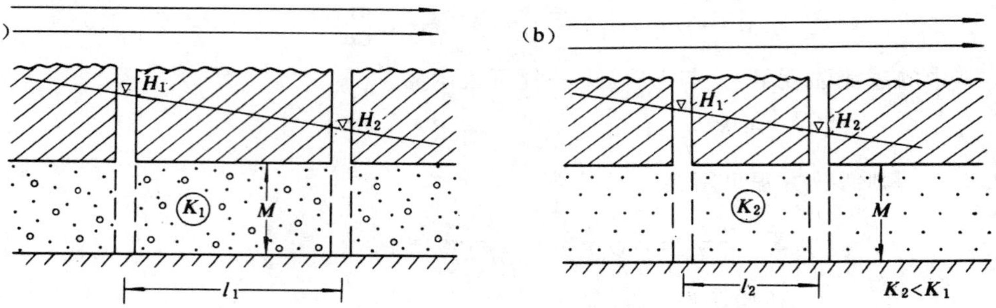

图9-2-1　渗流等效概念图

或

$$\left.\begin{aligned} x &= \sqrt[4]{\frac{K_{xx}}{K_{yy}}} \cdot \bar{x} = n_x \bar{x} \\ y &= \sqrt[4]{\frac{K_{yy}}{K_{xx}}} \cdot \bar{y} = n_y \bar{y} \end{aligned}\right\} \tag{9-2-10}$$

其中

$$\left.\begin{aligned} n_x &= \sqrt[4]{\frac{K_{xx}}{K_{yy}}} \\ n_y &= \sqrt[4]{\frac{K_{yy}}{K_{xx}}} \end{aligned}\right\} \tag{9-2-11}$$

由于 $s = f(x,y)$，而 $x = g(\bar{x})$，因此根据复合函数求导法则

$$\frac{\partial s}{\partial \bar{x}} = \frac{\partial s}{\partial x} \cdot \frac{\mathrm{d}x}{\mathrm{d}\bar{x}}$$

有

$$\frac{\partial s}{\partial \bar{x}} = \frac{\partial s}{\partial x} \cdot \sqrt[4]{\frac{K_{xx}}{K_{yy}}}$$

$$\frac{\partial^2 s}{\partial \bar{x}^2} = \frac{\partial}{\partial \bar{x}}\left(\frac{\partial s}{\partial x} \cdot \sqrt[4]{\frac{K_{xx}}{K_{yy}}}\right) = \sqrt[4]{\frac{K_{xx}}{K_{yy}}}\left[\frac{\partial}{\partial x}\left(\frac{\partial s}{\partial x}\right) \cdot \frac{\mathrm{d}x}{\mathrm{d}\bar{x}}\right]$$

$$= \sqrt[4]{\frac{K_{xx}}{K_{yy}}} \cdot \frac{\partial^2 s}{\partial x^2} \cdot \sqrt[4]{\frac{K_{xx}}{K_{yy}}} = \sqrt{\frac{K_{xx}}{K_{yy}}} \cdot \frac{\partial^2 s}{\partial x^2}$$

同理，有

$$\frac{\partial^2 s}{\partial \bar{y}^2} = \sqrt{\frac{K_{yy}}{K_{xx}}} \cdot \frac{\partial^2 s}{\partial y^2}$$

将所得的两关系式代入（9-2-9）式，并令

$$\left.\begin{aligned} \bar{K} &= \sqrt{K_{xx}K_{yy}} \\ \bar{T} &= \sqrt{T_{xx}T_{yy}} \end{aligned}\right\} \tag{9-2-12}$$

和

$$\bar{a} = \frac{\bar{K}M}{\mu_e} \tag{9-2-13}$$

即可得到变换坐标和相应改变渗透系数后的均质各向同性含水层中地下水运动的微分方程为

$$\bar{a}\left(\frac{\partial^2 s}{\partial \bar{x}^2}+\frac{\partial^2 s}{\partial \bar{y}^2}\right)-\frac{K'}{M'}\cdot\frac{s}{\mu_e}=\frac{\partial s}{\partial t} \tag{9-2-14}$$

微分方程作坐标变换，定解条件也应作相应的变换。

初始条件（9-2-5）式和边界条件（9-2-6）式变为

$$s(\bar{x},\bar{y},0)=0 \tag{9-2-15}$$

$$s(\pm\infty,\bar{x},t)=(\bar{x},\pm\infty,t)=0 \tag{9-2-16}$$

边界条件（9-2-7）式变换如下：先变换积分号内的 $T_\theta \mathrm{d}\theta$ 部分，考虑到方程（9-1-5）式，有

$$T_\theta \mathrm{d}\theta=\frac{T_{xx}}{1+\frac{T_{xx}}{T_{yy}}\mathrm{tg}^2\theta}\sec^2\theta\mathrm{d}\theta \tag{9-2-17}$$

而其中的 $\mathrm{tg}\theta$ 为

$$\mathrm{tg}\theta=\frac{y}{x}=\frac{\sqrt[4]{\frac{K_{yy}}{K_{xx}}}\bar{y}}{\sqrt[4]{\frac{K_{xx}}{K_{yy}}}\bar{x}}=\sqrt{\frac{K_{yy}}{K_{xx}}}\mathrm{tg}\bar{\theta}=\sqrt{\frac{T_{yy}}{T_{xx}}}\mathrm{tg}\bar{\theta}$$

对该式两端进行微分，有

$$\sec^2\theta\mathrm{d}\theta=\sqrt{\frac{T_{yy}}{T_{xx}}}\sec^2\bar{\theta}\mathrm{d}\bar{\theta}$$

将这两个关系式代入（9-2-17）式，得

$$\begin{aligned}T_\theta \mathrm{d}\theta&=\frac{T_{xx}}{1+\mathrm{tg}^2\bar{\theta}}\sqrt{\frac{T_{yy}}{T_{xx}}}\sec^2\bar{\theta}\mathrm{d}\bar{\theta}\\&=\sqrt{T_{xx}T_{yy}}\frac{\sec^2\bar{\theta}}{1+\mathrm{tg}^2\bar{\theta}}+\mathrm{d}\bar{\theta}\\&=\sqrt{T_{xx}T_{yy}}\mathrm{d}\bar{\theta}①=\bar{T}\mathrm{d}\bar{\theta}\end{aligned} \tag{9-2-18}$$

现在考虑方程（9-2-7）式中积分号内的 $\frac{\partial s}{\partial r}r$ 部分。r 应进行变换。与（9-2-10）式相似，令

$$\bar{r}=\frac{r}{n_r}$$

由

$$\left(\frac{r}{n_r}\right)^2=\bar{r}^2=\bar{x}^2+\bar{y}^2=\left(\frac{x}{n_x}\right)^2+\left(\frac{y}{n_y}\right)^2$$

得

$$n_r=\sqrt{\frac{x^2+y^2}{\left(\frac{x}{n_x}\right)^2+\left(\frac{y}{n_y}\right)^2}}$$

与前一样，根据复合函数求导法则，有

$$\frac{\partial s}{\partial r}=\frac{\partial s}{\partial \bar{r}}\cdot\frac{\mathrm{d}\bar{r}}{\mathrm{d}r}=\frac{\partial s}{\partial \bar{r}}\cdot\frac{1}{n_r}$$

于是

---

① 由于 $1=\cos^2\bar{\theta}+\sin^2\bar{\theta}$，$\frac{1}{\cos^2\bar{\theta}}=1+\mathrm{tg}^2\bar{\theta}$，故 $\frac{\sec^2\bar{\theta}}{1+\mathrm{tg}^2\bar{\theta}}=1$。

$$\frac{\partial s}{\partial r}\cdot r=\frac{\partial s}{\partial \bar{r}}\cdot\frac{1}{n_r}\cdot n_r\bar{r}=\frac{\partial s}{\partial \bar{r}}\bar{r}$$

将此式及（9-2-18）式代入方程（9-2-7）式，得

$$\lim_{\bar{r}\to 0}4\int_0^{\frac{\pi}{2}}\overline{T}\,\frac{\partial s}{\partial \bar{r}}r\mathrm{d}\bar{\theta}=\lim_{\bar{r}\to 0}2\pi\bar{r}\,\overline{T}\,\frac{\partial s}{\partial \bar{r}}=-Q(\text{常量}) \tag{9-2-19}$$

由此可见，经坐标变换后的方程（9-2-14）式、（9-2-15）式、（9-2-16）式和（9-2-19）式所支配的定解问题与第八章§8.1均质各向同性介质的对应问题完全一样。这样就可以直接采取后者的解（8-1-5）式，即

$$s(\bar{r},t)=\frac{Q}{4\pi\overline{T}}W(\bar{u},\frac{\bar{r}}{\overline{B}}) \tag{9-2-20}$$

式中：$\overline{T}=\sqrt{T_{xx}T_{yy}}$；$\bar{u}=\dfrac{\bar{r}^2}{4\bar{a}\,t}$；$\bar{a}=\dfrac{\sqrt{K_{xx}K_{yy}}M}{\mu_e}$；$\overline{B}=\left(\dfrac{\overline{T}M'}{K'}\right)^{1/2}=\left(\dfrac{\sqrt{T_{xx}T_{yy}}M'}{K'}\right)^{1/2}$。

下面对方程（9-2-20）式进行反坐标变换，使得均质各向同性介质中井流的解变回到均质各向异性介质中井流的解。

变换越流井函数的第一变量

$$\bar{u}=\frac{\bar{r}^2}{4\bar{a}t}=\frac{\bar{x}^2+\bar{y}^2}{4\dfrac{\sqrt{K_{xx}K_{yy}}M}{\mu_e}t}=\frac{\sqrt{\dfrac{K_{yy}}{K_{xx}}}x^2+\sqrt{\dfrac{K_{xx}}{K_{yy}}}y^2}{4\dfrac{\sqrt{K_{xx}K_{yy}}M}{\mu_e}t}$$

$$=\frac{\dfrac{x^2}{K_{xx}}+\dfrac{y^2}{K_{yy}}}{4\dfrac{M}{\mu_e}t}=\frac{\mu_e}{4t}\left(\frac{x^2}{T_{xx}}+\frac{y^2}{T_{yy}}\right) \tag{9-2-21}$$

方程（9-1-4）式两侧乘以$\dfrac{r^2}{M}$，并考虑到关系$x=r\cos\theta$和$y=r\sin\theta$，则有

$$\frac{r^2}{T_\theta}=\frac{x^2}{T_{xx}}+\frac{y^2}{T_{yy}} \tag{9-2-22}$$

将此代入方程（9-2-21）式，得

$$\bar{u}=\frac{r^2}{4a_\theta t} \tag{9-2-23}$$

式中：$a_\theta=\dfrac{T_\theta}{\mu_e}$。 (9-2-24)

变换越流井函数的第二个变量

$$\frac{\bar{r}}{\overline{B}}=\left(\frac{\bar{x}^2+\bar{y}^2}{\dfrac{\overline{T}M'}{K'}}\right)^{\frac{1}{2}}=\left(\frac{\sqrt{\dfrac{K_{yy}}{K_{xx}}}x^2+\sqrt{\dfrac{K_{xx}}{K_{yy}}}y^2}{\dfrac{\sqrt{K_{xx}K_{yy}}MM'}{K'}}\right)^{\frac{1}{2}}$$

$$=\left(\frac{\dfrac{x^2}{T_{xx}}+\dfrac{y^2}{T_{yy}}}{\dfrac{M'}{K'}}\right)^{\frac{1}{2}}$$

$$=\left(\frac{\dfrac{r^2}{T_\theta}}{\dfrac{M'}{K'}}\right)^{\frac{1}{2}}=\frac{r}{B_\theta} \tag{9-2-25}$$

式中：

$$B_\theta=\sqrt{\frac{T_\theta M'}{K'}} \tag{9-2-26}$$

将(9-2-23)式和(9-2-25)式代入方程(9-2-20)式，得

$$s\ (r,\ \theta,\ t)\ =\frac{Q}{4\pi\overline{T}}W\left(\frac{r^2}{4a_\theta t},\ \frac{r}{B_\theta}\right) \tag{9-2-27}$$

其中，$\overline{T}$、a_θ 和 B_θ 分别依(9-2-12)式、(9-2-24)式和(9-2-26)式确定。

方程(9-2-27)式就是均质各向异性第一类越流含水层中完整井流的公式。与均质各向同性含水层比较，不同的是：与 Q 一起构成系数的导水系数，用主渗透系数的几何平均值 $\overline{T}=\sqrt{T_{xx}T_{yy}}$ 表示；与 r 构成系数和 a 和 B，用方向压力传导系数 a_θ 和方向越流补给系数 $\frac{1}{B_\theta}$ 表示。

三、均质各向异性含水层中定流量井流等降深线的特点

为简单起见，只讨论无越流含水层。

这里仍然采用直角坐标系。因此，将(9-2-21)式代入方程(9-2-20)式，并考虑 $B\to\infty$，得

$$s\ (x,\ y,\ t)\ =\frac{Q}{4\pi\overline{T}}W\left[\frac{\mu_e}{4t}\left(\frac{x^2}{T_{xx}}+\frac{y^2}{T_{yy}}\right)\right] \tag{9-2-28}$$

那么任意时间 t 的等降深曲线为

$$\frac{x^2}{T_{xx}}+\frac{y^2}{T_{yy}}=\frac{4t}{\mu_e}W^{-1}\left(\frac{4\pi\overline{T}s}{Q}\right) \tag{9-2-29}$$

它与标准椭圆方程

$$\frac{x^2}{a^2}+\frac{y^2}{b^2}=1$$

比较，看出等降深曲线是一族椭圆曲线。其长半轴 a 和短半轴 b 分别是

$$a^2=\frac{4T_{xx}t}{\mu_e}W^{-1}\left(\frac{4\pi\overline{T}s}{Q}\right) \tag{9-2-30}$$

$$b^2=\frac{4T_{yy}t}{\mu_e}W^{-1}\left(\frac{4\pi\overline{T}s}{Q}\right) \tag{9-2-31}$$

图 9-2-2 表示在均质各向异性含水层中，在一等强度汇点(定流量井)作用下的等降深线的分布情况。

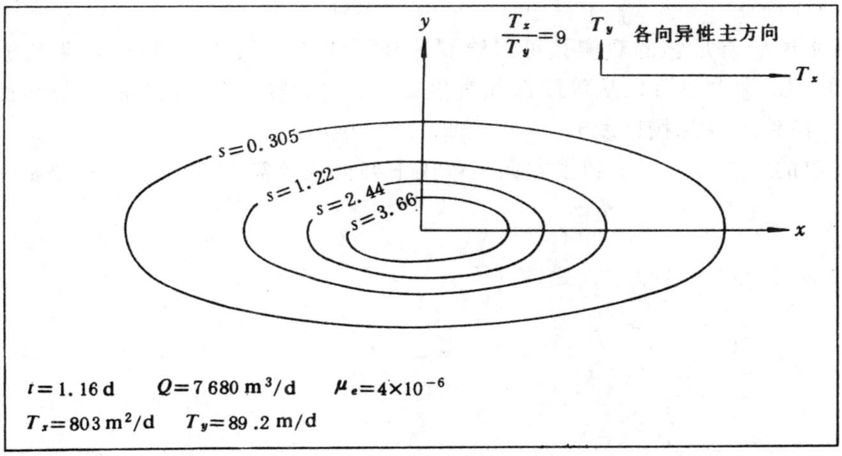

图 9-2-2　均质各向异性含水层在定流量抽水井作用下的等降深线图

根据方程(9-2-30)式和(9-2-31)式，可以获得等降深椭圆曲线的长、短半轴之比，即

$$\frac{a}{b}=\sqrt{\frac{K_{xx}}{K_{yy}}} \tag{9-2-32}$$

这是一重要关系，通过它利用野外实测的等降深曲线图，可以辨别和计算含水层各向异性的程度。

例如，我国河北省中关铁矿区进行过一次大型抽水试验，其等降深线呈椭圆形。长轴沿岩层走向，a 与 b 之比大约为 4 比 3，于是依上式可得

$$\frac{K_{xx}}{K_{yy}}=\frac{4^2}{3^2}=\frac{16}{9}=1.78$$

由此可见，此矿区如果不考虑各向异性问题，而将确定的 K_x 值或 K_y 值误为 $\overline{K}$ 值，则计算涌水量 Q 的误差可以达到

$$\frac{\overline{K}-K_{yy}}{\overline{K}}=\frac{\sqrt{16\times9}-9}{\sqrt{16\times9}}=25\%$$

或

$$\frac{K_{yy}-\overline{K}}{\overline{K}}=\frac{16-\sqrt{16\times9}}{\sqrt{16\times9}}=33\%$$

§9.3　井流试验

由前节的讨论可知，为计算各向异性含水层中井流的降深 s，必须预先确定含水层参数 T_{xx}、T_{yy}、μ_e 和各向异性的主方向（如是越流系统，还有参数$\frac{K'}{M'}$）。而 $\overline{T}$、T_θ 和 a_θ（越流系统还有 B_θ）等参数可由上述参数求得。本节讨论如何利用井流试验的数据确定上述各参数。

由方程(9-2-27)式可知，对于均质各向异性含水层，不同观测线(指以主井为中心的辐射线上的观测井组）的 $\overline{T}$ 值是相等的；对于同一观测线，a_θ（越流系统还有 B_θ）是不变的。正因为这一点，每一观测线均可利用第6章（对于越流系统为第8章）所介绍的井流试验数据分析法（可称为各向同性法），例如典型曲线法、直线法（越流系统的拐点法）等，来确定 $\overline{T}$ 和 a_θ（越流系统的 B_θ）。

一、具有等降深曲线资料的情况

如果抽水试验有足够的观测孔可以绘制等降深线图，那么除了根据观测数据计算 $\overline{T}$ 和 a_θ（越流系统的 B_θ）外，还可以从等降深线直接确定长、短轴（主方向）的方位和测量出 a、b 值（相对于某一条件等降深椭圆线）。

由已确定的 $\overline{T}$、a_θ、a、b 和主方向，可用下列公式计算 T_{xx}、T_{yy}、μ_e 和 T_θ（越流系统的 $\frac{K'}{M'}$）。

根据(9-2-32)式和(9-2-12)式，有

$$\frac{a}{b}=\frac{\overline{T}}{T_{yy}}=\frac{T_{xx}}{\overline{T}} \tag{9-3-1}$$

因而得

$$T_{xx}=\frac{a}{b}\overline{T} \tag{9-3-2}$$

$$T_{yy}=\frac{b}{a}\overline{T} \tag{9-3-3}$$

另由(9-2-30)式，有

$$\mu_e=\frac{4T_{xx}t}{a^2}W^{-1}\left(\frac{4\pi\overline{T}s}{Q}\right)$$

将(9-3-2)式代入上式，得

$$\mu_e=\frac{4\overline{T}t}{ab}W^{-1}\left(\frac{4\pi\overline{T}s}{Q}\right) \tag{9-3-4}$$

而

$$T_\theta=\mu_\theta a_\theta \tag{9-3-5}$$

μ_θ 与 T_θ 也可用下列公式计算。

将(9-3-2)式和(9-3-3)式代入(9-2-22)式，有

$$\frac{r^2}{T_\theta}=\frac{ab}{\overline{T}}\left(\frac{x^2}{a^2}+\frac{y^2}{b^2}\right)=\frac{ab}{\overline{T}}$$

得

$$T_\theta=\frac{r^2}{ab}\overline{T} \tag{9-3-6}$$

而

$$\mu_e=\frac{T_\theta}{a_\theta} \tag{9-3-7}$$

越流系数按下式计算

$$\frac{K'}{M'}=\frac{T_\theta}{B_\theta^2} \tag{9-3-8}$$

如前所述，如果实际条件满足定解问题的要求，则全部观测线所得的 $\overline{T}$ 值应当相等；同一观测线所得的 a_θ 值（越流系统还有 B_θ 值）应当不变；不同等降深线的长、短轴方向（主方向）应一致，且比值 $\frac{a}{b}$ 相同。实际工作中，如果所得结果相近而不等，说明该含水层条件及抽水要求基本满足假定条件，可取其平均值作为含水层参数。若计算结果相差很大，则反映实际条件与本章所要求的假定条件有重大差别(如果试验、测量没有错误的话)，那么需要重新认识水文地质条件。

二、缺乏等降深曲线资料的情况

如果没有足够多的观测孔可供绘制等降深曲线，那么为了确定均质各向异性含水层的基本参数，最少需布置几条观测线？如何计算？

依各向同性法，每一条观测线可解得两个参数 $\overline{T}$ 和 a_θ（越流系统还有一个参数 B_θ）。它们与基本参数间的关系是

$$\overline{T}=\sqrt{T_{xx}T_{yy}} \tag{9-3-9}$$

$$a_\theta=\frac{T_\theta}{\mu_e} \tag{9-3-10}$$

$$B_\theta^2=\frac{T_\theta}{\dfrac{K'}{M'}} \tag{9-3-11}$$

从这两(或三）式可见，均质各向异性含水层有 T_{xx}、T_{yy}、μ_e 和主方向（越流系统还有 $\frac{K'}{M'}$）四（或五）个基本参数（注意 T_θ 不是独立参数，它由 T_{xx}、T_{yy} 和 θ 角所决定），而一条观测线的观测数据只能确定两（或三）个参数 $\overline{T}$ 和 a_{θ_1}（或 B_{θ_1}），因此需要增加观测线。然而每增加一条观测线，获得的 $\overline{T}$ 值是相同的，不同的仅是 a_{θ_2}（注意：对于越流系统，由于 $B_{\theta_2}^2=B_{\theta_1}^2\frac{a_{\theta_2}}{a_{\theta_1}}$，所以 B_{θ_2} 在解方程组中不起作用）。因此，从理论上讲，四（或五）个未知数需要三条

观测线数据来求解（依各向同性法，一个观测孔或几个观测孔均可构成一条观测线）。显然，如果各向异性的主方向已知，则只需要两条观测线。

如图9-3-1所示，有三条观测线，已知一、二线之间的夹角为α，一、三线的夹角为β。设第一线与长轴主方向x之夹角为θ_1，则第二线与x轴的夹角$\theta_2=\theta_1+\alpha$，第三线与x轴的夹角$\theta_3=\theta_1+\beta$。

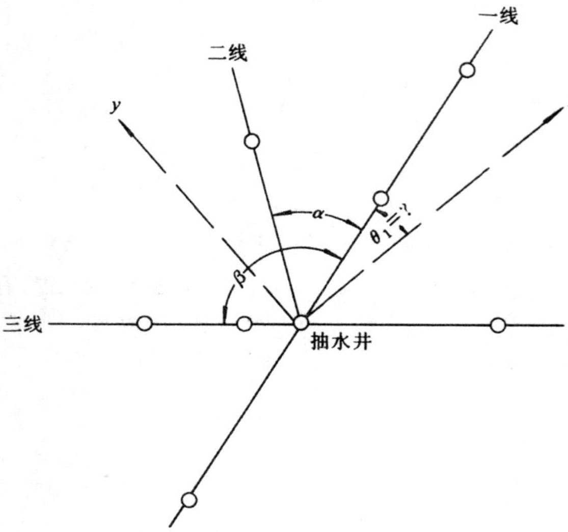

图 9-3-1　均质各向异性含水层抽水试验观测线的布置图

如果第一、二、三观测线按各向同性法计算所得的参数分别表示为［$\overline{T}$、a_{θ_1}、(B_{θ_1})］，［$\overline{T}$、a_{θ_2}、(B_{θ_2})］和［$\overline{T}$、a_{θ_3}、(B_{θ_3})］。

根据(9-1-4)式，各观测线的方向导水系数分别为

$$T_{\theta_1}=\frac{T_{xx}}{\cos^2\theta_1+\frac{T_{xx}}{T_{yy}}\sin^2\theta_1} \tag{9-3-12}$$

$$T_{\theta_2}=\frac{T_{xx}}{\cos^2\theta_2+\frac{T_{xx}}{T_{yy}}\sin^2\theta_2} \tag{9-3-13}$$

$$T_{\theta_3}=\frac{T_{xx}}{\cos^2\theta_3+\frac{T_{xx}}{T_{yy}}\sin^2\theta_3} \tag{9-3-14}$$

利用两式相除的关系，$\frac{(9\text{-}3\text{-}12)\text{式}}{(9\text{-}3\text{-}13)\text{式}}$为

$$\frac{\cos^2\theta_2+\frac{T_{xx}}{T_{yy}}\sin^2\theta_2}{\cos^2\theta_1+\frac{T_{xx}}{T_{yy}}\sin^2\theta_1}=\frac{T_{\theta_1}}{T_{\theta_2}}=\frac{a\theta_1}{a\theta_2} \tag{9-3-15}$$

而$\frac{(9\text{-}3\text{-}12)\text{式}}{(9\text{-}3\text{-}14)\text{式}}$为

$$\frac{\cos^2\theta_3+\frac{T_{xx}}{T_{yy}}\sin^2\theta_3}{\cos^2\theta_1+\frac{T_{xx}}{T_{yy}}\sin^2\theta_1}=\frac{T_{\theta_1}}{T_{\theta_3}}=\frac{a\theta_1}{a\theta_3} \tag{9-3-16}$$

（一）已知主方向

即θ_1、θ_2和θ_3已知，则可用两条观测线的数据确定均质各向异性含水层的参数。从(9-3-15)式看出，其中仅有一个未知数$\frac{T_{xx}}{T_{yy}}$，因此可从它直接解出，即

$$\frac{T_{xx}}{T_{yy}}=\frac{a_{\theta_2}\cos^2\theta_2-a_{\theta_1}\cos^2\theta_1}{a_{\theta_1}\sin^2\theta_1-a_{\theta_2}\sin^2\theta_2} \tag{9-3-17}$$

而前已得

$$\overline{T}=\sqrt{T_{xx}T_{yy}} \tag{9-3-18}$$

即 $$T_{yy}=\frac{\overline{T}^2}{T_{xx}} \tag{9-3-19}$$

代入上式，得

$$T_{xx}=\overline{T}\sqrt{\frac{a\theta_2\cos^2\theta_2-a\theta_1\cos^2\theta_1}{a\theta_1\sin^2\theta_1-a\theta_2\sin^2\theta_2}} \tag{9-3-20}$$

利用(9-3-7)式和(9-1-5)式，得

$$\mu_e=\frac{T_\theta}{a_\theta}=\frac{1}{a_\theta}\frac{T_{xx}\sec^2\theta}{1+\dfrac{T_{xx}}{T_{yy}}\mathrm{tg}^2\theta} \tag{9-3-21}$$

这样，在已知各向异性的主方向的情况下，两条观测线的数据可分别用各向同性法获得 $\overline{T}$、a_{θ_1} 和 a_{θ_2}（对于越流系统还有 B_{θ_1} 和 B_{θ_2}），于是剩余的参数 T_{xx}、T_{yy} 和 μ_e 可分别由(9-3-20)式、(9-3-19)式和(9-3-21)式计算得到。

对于越流系统，可依下式计算越流系数 $\frac{K'}{M'}$，即

$$\frac{K'}{M'}=\frac{T_\theta}{B_\theta^2}=\frac{1}{B_\theta^2}\frac{T_{xx}\sec^2\theta}{1+\dfrac{T_{xx}}{T_{yy}}\mathrm{tg}^2\theta} \tag{9-3-22}$$

（二）未知主方向

这种情况要利用三条观测线的数据来确定各向异性含水层的参数。

由方程(9-3-15)和(9-3-16)两式（注意，其中 $\theta_2=\theta_1+\alpha$, $\theta_3=\theta_1+\beta$），可解出其中的两个未知数 $\frac{T_{xx}}{T_{yy}}$ 和 θ_1，即

$$\mathrm{tg}2\theta_1=-2\frac{\left(\dfrac{a_{\theta_1}}{a_{\theta_3}}-1\right)\sin^2\alpha-\left(\dfrac{a_{\theta_1}}{a_{\theta_2}}-1\right)\sin^2\beta}{\left(\dfrac{a_{\theta_1}}{a_{\theta_3}}-1\right)\sin2\alpha-\left(\dfrac{a_{\theta_1}}{a_{\theta_2}}-1\right)\sin2\beta} \tag{9-3-23}$$

$$\frac{T_{xx}}{T_{yy}}=\frac{a_{\theta_2}\cos^2(\theta_1+\alpha)-a_{\theta_1}\cos^2\theta_1}{a_{\theta_1}\sin^2\theta_1-a_{\theta_2}\sin^2(\theta_1+\alpha)} \tag{9-3-24}$$

或

$$\frac{T_{xx}}{T_{yy}}=\frac{a_{\theta_3}\cos^2(\theta_1+\beta)-a_{\theta_1}\cos^2\theta_1}{a_{\theta_1}\sin^2\theta_1-a_{\theta_3}\sin^2(\theta_1+\beta)} \tag{9-3-25}$$

在 xy 平面上，从0及2π的范围内，方程（9-3-23）式对于$2\theta_1$有两个根。如果其中一个根为 δ，则另一个根是 $\pi+\delta$。从而 θ_1 有 $\frac{\delta}{2}$ 和 $\frac{\pi}{2}+\frac{\delta}{2}$ 两个值，若将这两个值分别代入（9-3-24）式，其结果将是一个 $\frac{T_{xx}}{T_{yy}}$ 大于1，另一个小于1。前面假定 x 轴沿各向异性长轴主方向，因而应选取使 $\frac{T_{xx}}{T_{yy}}>1$ 的那个解。

确定 θ_1 角后，参数 T_{xx}、T_{yy} 和 μ_e 可以分别依（9-3-20）式、（9-3-19）式和（9-3-21）式计算而得。越流系数 $\frac{K'}{M'}$ 依（9-3-22）式计算。

整理均质各向异性含水层抽水试验数据时，各观测线分别按各向同性法确定 $\overline{T}$ 和 a_θ (B_θ) 后，首先要检验一下关系 $\overline{T}_1=\overline{T}_2=\overline{T}_3$ ($\frac{a_{\theta_1}}{B_{\theta_1}^2}=\frac{a_{\theta_2}}{B_{\theta_2}^2}=\frac{a_{\theta_3}}{B_{\theta_3}^2}$) 是否基本满足。它是均质各向异性含水层所要求的。如果相差甚大，则说明实际条件不能满足本章所要求的假定。

前面所讨论的，不管已知或未知主方向，系指确定均质各向异性含水层参数所需最少的观测线的数目。然而实际工作中有时多于两条或三条观测线。这种情况，能够以二或三条观测线为一组，分别计算参数，最后取其平均值。

最后，说明一下观测线（或有效观测线）条数的算法。

观测线向主井方向的延长线，即 θ 与 $\pi+\theta$ 两条观测线只能算一条。对称于主方向的两条观测线，即 θ 和 $-\theta$ 或 θ 与 $\pi-\theta$，均只能起一条的作用。因为它们的方向导压系数 a_θ、方向导水系数 T_θ 和方向越流补给系数 $\frac{1}{B_\theta}$ 均是相等的。

补充一点，前文 §1.4 节第二部分中曾提到各向异性介质中流网的特征不同于各向同性介质，这里将进一步具体分析。

根据(9-2-10)式的坐标变换，将原各向异性系统的坐标 (x, y) 变换于各向同性系统的坐标 $(\bar{x}, \bar{y})$ 之后，可以获得正交的流网。然后将我们感兴趣的各条等水头线与流线通过(9-2-10)式反变换到原各向异性系统的坐标上，获得对应的等水头线，$H=f\left(\sqrt[4]{\frac{K_{xx}}{K_{yy}}}\bar{x},\ \sqrt[4]{\frac{K_{yy}}{K_{xx}}}\bar{y}\right)$ 和流线 $\psi=g\left(\sqrt[4]{\frac{K_{xx}}{K_{yy}}}\bar{x},\ \sqrt[4]{\frac{K_{yy}}{K_{xx}}}\bar{y}\right)$。前已证明，对于各向同性介质中呈圆形的等水头线，经坐标变换后，得到各向异性介质中的是椭圆形的等水头线。然而，对于各向同性介质中呈辐射状直线的流线，虽然经上述坐标变换后仍然是直线，但是除了沿 $\bar{x}$、$\bar{y}$ 轴的流线以外，其他流线与 x 轴的交角都缩小了（指第一象限，其他象限图形对称）。这就证明了，各向异性介质中，除了主方向以外，流线不与等水头线正交，且偏向主渗流系数为大值的主方向。

复习思考题

1. 各向异性含水介质中的流网与各向同性有何不同？你如何理解？

2. 经定流量抽水试验 t 时间之后，在井周形成如图 9-2-2 所示的等降深线，试证明：沿 y 轴和 x 轴的渗流速度 v_y 和 v_x，哪一个大？

*3. x，y 坐标系统下的微分方程(9-2-9)式其左端第三项表示单位面积、单位时间进出的越流量。现通过坐标变换，将其转变为 $\bar{x}$、$\bar{y}$ 坐标系下的微分方程(9-2-14)，其对应项是否还保持其“单位面积”？

第十章　承压非完整井流及源汇理论的应用

对于一些巨厚的含水层，生产井往往采取非完整井的形式，因此非完整井流的研究对生产是有相当重要意义的。

非完整井流与完整井流的根本区别在于渗流的三维性，即在非完整井流附近，渗流的垂直分流速不可忽视。正因为这个特点，含水层水平方向与垂直方向的各向异性（通常由互层的沉积层构成）对渗流的影响表现得极为突出（图 10-0-1）。

为了使分析更有普遍性，本章讨论的对象为各向异性第一类越流系统中的定流量非完整井流。

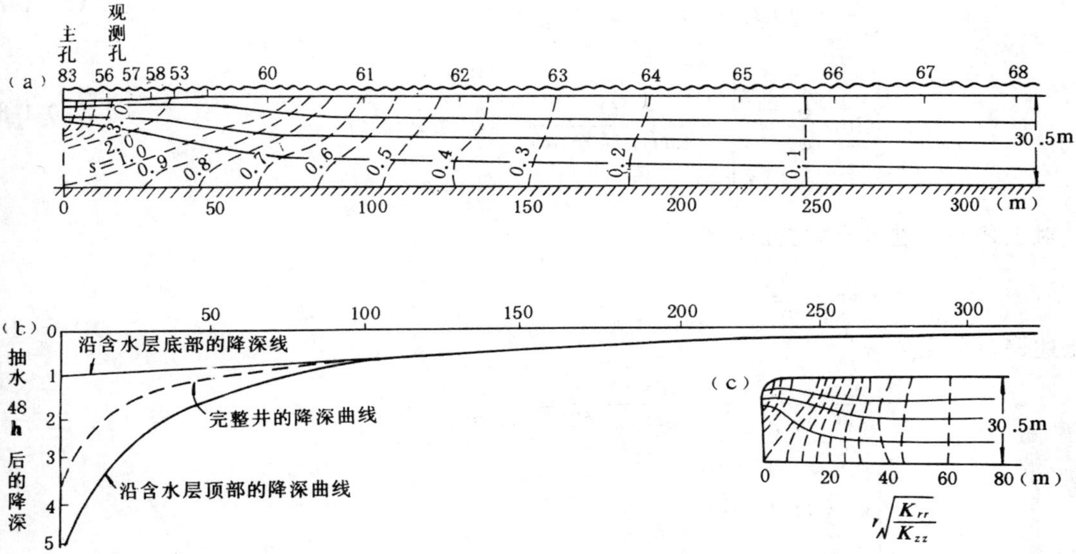

图 10-0-1　某地不完整井抽水试验资料

$h_0 = 30.5\text{m}; T = 208\text{m}^2/\text{d}; \frac{K_{rr}}{K_{zz}} = 16; \frac{l}{h_0} = 0.35; Q = 2\ 953\text{m}^3/\text{d}; t_p = 48\text{h}$

§10.1　基本方程

一、微分方程和定解条件

依条件，我们从方程（2-3-21）式出发。考虑到解题的困难，汉图什将越流量近似地平均分配到整个含水层的厚度上，即 $\varepsilon = (K's/M')/M$，得

$$K_{rr}\left(\frac{\partial^2 s}{\partial r^2}+\frac{1}{r}\frac{\partial s}{\partial r}\right)+K_{zz}\frac{\partial^2 s}{\partial z^2}-\frac{s}{M\dfrac{M'}{K'}}=\mu_s\frac{\partial s}{\partial t}$$

或

$$\frac{K_{rr}}{K_{zz}}\left(\frac{\partial^2 s}{\partial r^2}+\frac{1}{r}\frac{\partial s}{\partial r}\right)+\frac{\partial^2 s}{\partial z^2}-\frac{s}{B_z^2}=\frac{1}{a_z}\frac{\partial s}{\partial t} \tag{10-1-1}$$

式中：

$$B_z^2=\frac{K_z MM'}{K'} \tag{10-1-2}$$

$$a_z=\frac{K_{zz}}{\mu_s} \tag{10-1-3}$$

对于图 10-1-1 所示的渗流条件，其中抽水井的过滤器位于深度 d 与 l 之间，那么定解条件可写为

$$\begin{cases} s(r,z,0)=0 & (10\text{-}1\text{-}4)\\ s(\infty,z,t)=0 & (10\text{-}1\text{-}5)\\ \dfrac{\partial s}{\partial z}(r,0,t)=0 & (10\text{-}1\text{-}6)\\ \dfrac{\partial s}{\partial z}(r,M,t)=0 & (10\text{-}1\text{-}7)\\ \lim\limits_{r\to 0} r\dfrac{\partial s}{\partial r}=\begin{cases}0 & (0<z<d)\\ -\dfrac{Q}{2\pi K_{rr}(l-d)} & (d\leqslant z\leqslant l)\\ 0 & (l<z<M)\end{cases} & (10\text{-}1\text{-}8)\end{cases}$$

对上述问题进行坐标变换，令

$$r=\sqrt{\frac{K_{rr}}{K_{zz}}}\,\bar{r}$$

则上述课题可变为

$$\begin{cases} \dfrac{\partial^2 s}{\partial \bar{r}^2}+\dfrac{1}{\bar{r}}\dfrac{\partial s}{\partial \bar{r}}+\dfrac{\partial^2 s}{\partial z^2}-\dfrac{s}{B_z^2}=\dfrac{1}{a_z}\dfrac{\partial s}{\partial t}\\ s(\bar{r},z,0)=0\\ s(\infty,z,t)=0\\ \dfrac{\partial s}{\partial z}(\bar{r},0,t)=0\\ \dfrac{\partial s}{\partial z}(\bar{r},M,t)=0\\ \lim\limits_{\bar{r}\to 0}\bar{r}\dfrac{\partial s}{\partial \bar{r}}=\begin{cases}0 & (0<z<d)\\ -\dfrac{Q}{2\pi K_{rr}(l-d)} & (d\leqslant z\leqslant l)\\ 0 & (l<z<M)\end{cases}\end{cases}$$

二、降深方程

（一）测压计降深方程

测压计是指只有一小口与含水层连通的观测孔（见图 10-1-1 之②)，它的水位反映含水层中某点（r，z）的水头值。

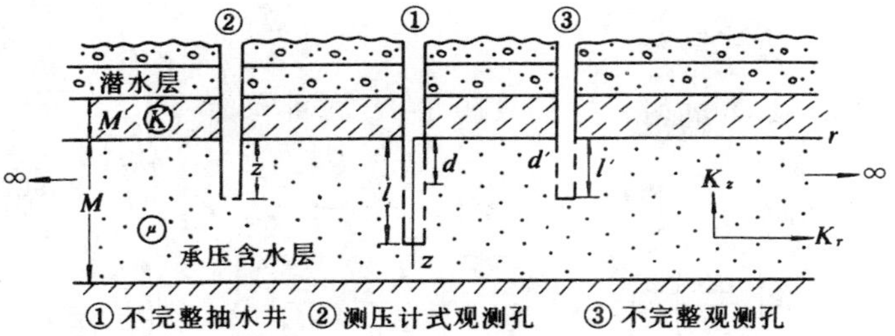

图 10-1-1 非完整井流示意图

此定解问题的解就是测压计的降深 s，即

$$s=\frac{Q}{4\pi K_{rr}M}\left\{W(u_r,\frac{r}{B_r})+\frac{2M}{\pi(l-d)}\sum_{n=1}^{\infty}\frac{1}{n}\left[\sin\left(\frac{n\pi l}{M}\right)-\sin\left(\frac{n\pi d}{M}\right)\right]\right.$$
$$\left.\times\cos\left(\frac{n\pi z}{M}\right)W\left[u_r,\sqrt{\left(\frac{r}{B_r}\right)^2+\frac{K_{zz}}{K_{rr}}\left(\frac{n\pi r}{M}\right)^2}\right]\right\} \tag{10-1-9}$$

式中：

$$u_r=\frac{r^2}{4a_rt} \tag{10-1-10}$$

$$a_r=\frac{K_{rr}M}{\mu_e} \tag{10-1-11}$$

$$B_r^2=\frac{K_{rr}MM'}{K'} \tag{10-1-12}$$

大括号中的两个 W 均为第一类越流系统定流量井函数（见表 8-1-1）。

（二）长时间抽水的降深方程

长时间抽水，是指 $t>\frac{M\mu_e}{2K_{zz}}$。

由§8.1第一类越流系统的分析已知：当 $t\to\infty$ 时，$s\to s_{\max}$（有限值），而不是无限制地下降。这时井函数 $W(u,\beta)=2K_0(\beta)$①。实用上，当 $u<\frac{\beta^2}{20}$②时，该等式就成立。

从（10-1-9）式来看，条件 $u<\frac{\beta^2}{20}$ 相当于

$$u_r<\frac{1}{20}\left[\left(\frac{r}{B_r}\right)^2+\frac{K_{zz}}{K_{rr}}\left(\frac{n\pi r}{M}\right)^2\right]\qquad n=1,2,\cdots$$

取 $n=1$（因为若 $n=1$ 此条件成立，则 $n>1$ 者均成立），并将（10-1-10）式和（10-1-11）式代入，得

$$\frac{r^2}{4\frac{K_{rr}M}{\mu_e}t}<\frac{1}{20}\left[\frac{r^2K'}{K_{rr}MM'}+\frac{K_{zz}\pi^2r^2}{K_{rr}M^2}\right]$$

即

$$\frac{\mu_e}{t}<\frac{1}{5}\left(\frac{K'}{M'}+\frac{K_{zz}\pi^2}{M}\right)$$

---

① 在§8.1中，$\beta=\frac{r}{B}$。

② 前苏联学者海因（А. П. Хеин）把此条件写为 $u<5\times10^{-5}$，这是不够全面的，例如当 $\beta=0.001$ 时，其误差达50%；$\beta=0.01$ 时，误差才降为6.3%。

通常，此不等式右端括号内的第一项远远小于第二项，因此可写为

$$t > \frac{5}{\pi^2}\frac{M\mu_e}{K_{zz}} \approx \frac{M\mu_e}{2K_{zz}} \tag{10-1-13}$$

当满足条件（10-1-13）式时，方程（10-1-9）式可写为

$$s = \frac{Q}{4\pi K_{rr}M}\left\{W(u_r,\frac{r}{B_r}) + \frac{2M}{\pi(l-d)}\sum_{n=1}^{\infty}\frac{1}{n}\left[\sin\left(\frac{n\pi l}{M}\right) - \sin\left(\frac{n\pi d}{M}\right)\right]\right.$$
$$\left.\times\cos\left(\frac{n\pi z}{M}\right)K_0\left[\sqrt{\left(\frac{r}{B_r}\right)^2 + \frac{K_{zz}}{K_{rr}}\left(\frac{n\pi r}{M}\right)^2}\right]\right\} \tag{10-1-14}$$

（三）稳定状态降深方程

当 $t\to\infty$，即 $u\to 0$ 时，井函数 $W(u,\beta) = 2K_0(\beta)$。因此上式可写为

$$s = \frac{Q}{4\pi K_{rr}M}\left\{K_0\left(\frac{r}{B_r}\right) + \frac{2M}{\pi(l-d)}\sum_{n=1}^{\infty}\frac{1}{n}\left[\sin\left(\frac{n\pi l}{M}\right) - \sin\left(\frac{n\pi d}{M}\right)\right]\right.$$
$$\left.\times\cos\left(\frac{n\pi z}{M}\right)K_0\left[\sqrt{\left(\frac{r}{B_r}\right)^2 + \frac{K_{zz}}{K_{rr}}\left(\frac{n\pi r}{M}\right)^2}\right]\right\} \tag{10-1-15}$$

（四）远离抽水井的降深方程

第一类越流系统定流量井函数 $W(u,\beta)$ 有这样的性质：$W(u,\beta)$ 随 β 的增大而减小；当 $\beta\to\infty$ 时，$W(u,\beta) = 0$；而当 $\beta = 4$ 时，$W(u,\gamma)$ 已很小。

对比方程（10-1-9）式右端大括号中的两个井函数 $W(u,\beta)$，通常 $\left(\frac{r}{B_r}\right)^2 \ll \frac{K_{zz}}{K_{rr}}\left(\frac{\pi r}{M}\right)^2$〔在本节二（二）中已用过此关系〕，也就是说，当

$$\sqrt{\left(\frac{r}{B_r}\right)^2 + \frac{K_{zz}}{K_{rr}}\left(\frac{n\pi r}{M}\right)^2} > 4 \qquad n = 1,2,3,\cdots$$

或

$$\sqrt{\frac{K_{zz}}{K_{rr}}\left(\frac{\pi r}{M}\right)^2} > 4$$

即大约在

$$r > 1.5M\sqrt{\frac{K_{rr}}{K_{zz}}} \tag{10-1-16}$$

处，方程（10-1-9）中的级数项可被忽略，因此降深方程可写为

$$s = \frac{Q}{4\pi K_{rr}M}W\left(u_r,\frac{r}{B_r}\right) \tag{10-1-17}$$

它与完整井流的公式一样。就水力意义来说，这是由于在 $r > 1.5M\sqrt{\frac{K_{rr}}{K_{zz}}}$ 处渗流已基本转化为水平二维流动。

（五）观测孔中的平均降深方程

汉图什和前苏联学者博切韦尔（Φ. M. Бочевер）分别认为：一个从 d' 至 l' 为过滤器的观测孔（图 10-1-1 之③）其水头降深可近似认为是过滤器每点降深（即测压计降深）的平均值。因此观测井中的降深可由（10-1-9）式对 z 从 d' 至 l' 积分之后再除以 $(l'-d')$ 而得，即

$$s = \frac{Q}{2\pi K_{rr}M}\left\{W\left(u_r,\frac{r}{B_r}\right) + \frac{2M}{\pi(l-d)}\sum_{n=1}^{\infty}\frac{1}{n}\left[\sin\left(\frac{n\pi l}{M}\right) - \sin\left(\frac{n\pi d}{M}\right)\right]\right.$$
$$\left.\times\frac{1}{(l'-d')}\int_{d'}^{l'}\cos\left(\frac{n\pi z}{M}\right)\mathrm{d}z\cdot W\left[u_r,\sqrt{\left(\frac{r}{B_r}\right)^2 + \frac{K_{zz}}{K_{rr}}\left(\frac{n\pi r}{M}\right)^2}\right]\right\}$$

由于

$$\int_{d'}^{l'}\cos\left(\frac{n\pi z}{M}\right)\mathrm{d}z=\frac{M}{n\pi}\int_{d'}^{l'}\cos\left(\frac{n\pi z}{M}\right)\mathrm{d}\left(\frac{n\pi z}{M}\right)$$

$$=\frac{M}{n\pi}\sin\left(\frac{n\pi z}{M}\right)\Bigg|_{d'}^{l'}=\frac{M}{n\pi}\left[\sin\left(\frac{n\pi l'}{M}\right)-\sin\left(\frac{n\pi d'}{M}\right)\right]$$

代入上式，得观测孔中的平均降深，即

$$s=\frac{Q}{4\pi K_{rr}M}\left\{W\left(u_r,\frac{r}{B_r}\right)+\frac{2M^2}{\pi^2(l-d)(l'-d')}\sum_{n=1}^{\infty}\frac{1}{n^2}\left[\sin\left(\frac{n\pi l}{M}\right)-\sin\left(\frac{n\pi d}{M}\right)\right]\right.$$
$$\left.\times\left[\sin\left(\frac{n\pi l'}{M}\right)-\sin\left(\frac{n\pi d'}{M}\right)\right]\times W\left[u_r,\sqrt{\left(\frac{r}{B_r}\right)^2+\frac{K_{zz}}{K_{rr}}\left(\frac{n\pi r}{M}\right)^2}\right]\right\} \qquad (10\text{-}1\text{-}18)$$

若观测孔是完整的，即 $d'=0$ 和 $l'=M$，则上式中

$$\sin\left(\frac{n\pi l'}{M}\right)=\sin\left(\frac{n\pi M}{M}\right)=0$$

和

$$\sin\left(\frac{n\pi d'}{M}\right)=\sin 0=0$$

故(10-1-18)式变为

$$s=\frac{Q}{4\pi K_{rr}M}W\left(u_r,\frac{r}{B_r}\right) \qquad (10\text{-}1\text{-}19)$$

于是得出结论：不管观测孔的位置如何，只要它是完整的，则其平均降深与抽水井是完整型的一样。

（六）抽水井中的降深

上面所得的降深方程是在地下水的渗透流速沿着汇线均匀分布的假定条件下导得的。这个假定不仅对于推导降深方程带来方便，而且以此假定为基础导得的降深公式用于离抽水井稍远处时也没有多大的误差。但是，如果将此降深方程直接用于抽水井或其附近，则可能出现较大的误差。

假如忽略井筒的水头损失，那么沿进水井壁应是等水头面；要使进水井壁为一等水头面，则沿此井壁的渗透流速不可能均匀分布。

许多研究者分析了这两种边界条件的解之间的关系。

马斯克特（M. Muskat）研究了两种不完整系数抽水井的稳定流动情况。对于进水井壁为等降深面的解，他采取的办法是把进水井壁划分成若干节，用凑试法调整各节的流量，直至找到进水井壁上等势为止。马斯克特研究后做出结论：如果在井筒处采取均匀渗透流速的分布，那么在$\frac{3}{4}l$处($d=0$)计算得的降深值大体相当于井壁上降深均匀分布条件下的降深值，其误差不超过0.5%。

前苏联学者鲍切维尔（Ф. М. Бочевер）建议用计算观测孔降深的同样方法处理抽水井的降深，即沿主井进水井壁将 s 对 z 积分，再除以滤水管的长度。

1975年，格林根坦（A. C. Gringanten）和小雷米（H. J. Ramey，Jr.）把马斯克特的方法用于不稳定井流。他们的结果是：在抽水后期，降深均匀分布井壁条件的解相当于渗透流速均匀分布条件下在$\frac{7}{10}l$处($d=0$)的降深值。

（七）无越流含水层中不完整井流的降深方程

对于无越流含水层，只要令前述降深方程中的 $B\to\infty$，从而大括号中的第一项越流井函

数改为泰斯井函数即可。

因此，对于测压计降深方程，根据（10-1-9）式可写为

$$s=\frac{Q}{4\pi T_{rr}}\left\{W(u_r)+\frac{2M}{\pi(l-d)}\sum_{n=1}^{\infty}\frac{1}{n}\left[\sin\left(\frac{n\pi l}{M}\right)-\sin\left(\frac{n\pi d}{M}\right)\right]\right.$$
$$\left.\times\cos\frac{n\pi z}{M}\cdot W\left(u_r,\frac{n\pi\bar{r}}{M}\right)\right\} \tag{10-1-20}$$

当抽水时间足够长，即 $t>\frac{M^2}{2a_z}$ 时，降深方程可写为

$$s=\frac{Q}{4\pi T_{rr}}[W(u_r)+\zeta_c] \tag{10-1-21}$$

其中

$$\zeta_c=\frac{4M}{\pi(l-d)}\sum_{n=1}^{\infty}\frac{1}{n}\left[\sin\left(\frac{n\pi l}{M}\right)-\sin\left(\frac{n\pi d}{M}\right)\right]\cos\left(\frac{n\pi z}{M}\right)K_0\left(\frac{n\pi\bar{r}}{M}\right) \tag{10-1-22}$$

或者，（10-1-21）式写成

$$s=\frac{Q}{4\pi T_{rr}}W(u_r)+\delta_s \tag{10-1-23}$$

其中

$$\delta_s=\frac{Q}{4\pi T_{rr}}\zeta_c \tag{10-1-24}$$

式中：ζ_c 为非完整性附加阻力系数；δ_s 为非完整性附加水头损失。

需要注意的是，ζ_c 和 δ_s 可以是正值，也可以是负值。即非完整井流中测压计的水头降深可能大于也可能小于对应完整井流的降深，这是不难理解的。

根据（10-1-18）式可以写出无越流含水层观测孔中的平均降深方程，即

$$s=\frac{Q}{4\pi T_r}\left\{W(u_r)+\frac{2M^2}{\pi^2(l-d)(l'-d')}\sum_{n=1}^{\infty}\frac{1}{n^2}\left[\sin\left(\frac{n\pi l}{M}\right)-\sin\left(\frac{n\pi d}{M}\right)\right]\right.$$
$$\left.\times\left[\sin\frac{n\pi l'}{M}-\sin\left(\frac{n\pi d'}{M}\right)\right]\cdot W\left(u_r,\frac{n\pi\bar{r}}{M}\right)\right\} \tag{10-1-25}$$

对于完整观测井或 $r>1.5M\sqrt{\frac{K_{rr}}{K_{zz}}}$ 的观测井，则为

$$s=\frac{Q}{4\pi T}W(u) \tag{10-1-26}$$

对于平底观测井，由（10-1-20）式，其中 $z=0$，得

$$s=\frac{Q}{4\pi T}\left\{W(u_r)+\frac{2M}{\pi(l-d)}\sum_{n=1}^{\infty}\frac{1}{n}\left[\sin\left(\frac{n\pi l}{M}\right)-\sin\left(\frac{n\pi d}{M}\right)\right]\cdot W\left(u_r,\frac{n\pi\bar{r}}{M}\right)\right\} \tag{10-1-27}$$

三、小结

（1）非完整井抽水，只要观测孔是完整的或观测孔至主井的距离 $r>1.5M\sqrt{\frac{K_{rr}}{K_{zz}}}$，那么观测孔中的水位降深均可用完整井流的公式计算。

（2）当 $t>\frac{M\mu_e}{2K_{zz}}$ 时，降深方程（10-1-14）式中的求和项与 t 无关，有关的只是 W 项。因此，这种条件下的 s-lg$t$ 曲线的斜率与完整井流大体相同。

（3）同一位置而不完整程度不同的两个观测孔，其降深不等；甚至远处观测孔的降深比近处的还大。这可从等势线的分布［如图 10-0-1（a）］来解释。

(4) 非完整井流 s-lg$t$ 曲线的类型与厚弱含水层的第二类越流系统井流很相似，有时与河流附近的井流或第一类越流系统的井流相似。因此，对于 s-lg$t$ 曲线的解释，必须建立在水文地质条件的基础上。

(5) 显然，若 s 相同，非完整井的 Q 小于完整井的 Q；若 Q 相同，非完整井的 s 大于完整井的 s。

(6) 各向异性的影响随着过滤器长度的增加而减小；当 $d=0, l=M$ 时，则各向异性不起作用。假如 K_{zz} 比 K_{rr} 小得多，各向异性可以成为非完整井流量明显减少的原因。如果 $K_{zz} \to 0$,则非完整井的 Q 等于 $M=l$ 的完整井的流量。

§10.2 源汇理论的应用

1884 年，凯尔文（L. Kelvin）在研究热传导的理论中，对均质各向同性无限介质中在一瞬时空间点源作用下温度的分布规律提出一个基本解。这个解成为研究地下水的井流和沟流，特别是地下水非完整井流的一个重要方法——源汇法——的基础。

源和汇本是热传导理论中的术语。就地下水动力学来说，空间点汇（源）可以理解为井径趋于零的球状抽（注）水井；平面点汇（源）则可视为井径趋于零的圆柱状抽（注）水井。对于不稳定井流来说，还有瞬时（作用）点汇（源）和连续（作用）点汇（源）之分。前者表示瞬时抽取（注入）一定体积的水的井孔，后者表示连续抽（注）水的井孔。

一、空间点汇

将凯尔文的解用于地下水不稳定井流，并推广到各向异性介质，那么在强度为 V_p 的瞬时空间点汇作用下，无限空间中水头降深的分布规律可以表示为①

$$s=\frac{V_p}{8\mu_s(\pi^3 a_r^2 a_z t^3)^{-\frac{1}{2}}}e^{-\frac{\bar{r}^2+(z-z')^2}{4a_z t}} \tag{10-2-1}$$

式中：s 为水头降深；V_p 为瞬时点汇的强度，即点汇瞬时抽取的水的体积；μ_s 为单位弹性给水度；$a_r=\frac{K_{rr}}{\mu_s}$ 为含水层水平方向的压力传导系数；$a_z=\frac{K_{zz}}{\mu_s}$ 为含水层垂直方向的压力传导系数；t 为从瞬时抽水起算的时间；$\bar{r}=\sqrt{\frac{K_{zz}}{K_{rr}}}r$ 为坐标变换后成为各向同性多孔介质中观测点的径向坐标；r、z 为观测点的坐标(图 10-2-1)；z' 为瞬时点汇在 z 轴上的位置(图 10-2-1)。

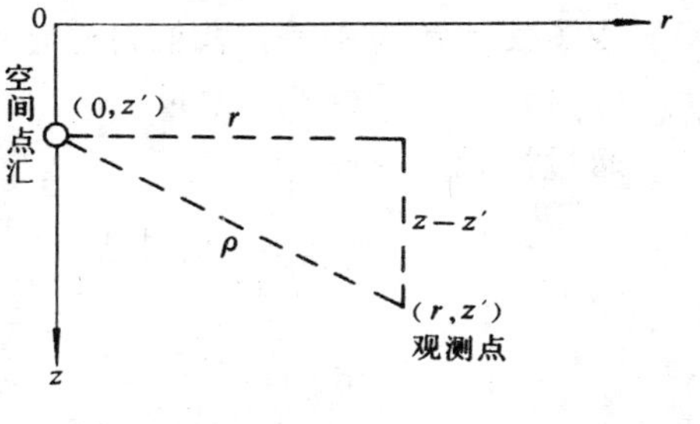

图 10-2-1 瞬时空间点汇及观测点的位置

此式表示：在无限均质各向异性的空间（含水层）中，在 $t=0$ 时刻时，在点 $(0, z')$ 处有一井径趋于零的球状井瞬时地抽取地下水体积 V_p 之后，在任意时间 (t) 任意位置(r, z)处的水头降深 s 的变化规律。

对于注水井，上式仍适用，只是其中的 s 和 V_p 均取负值而已。

瞬时空间点汇的降深方程对于地下水不稳定井流最简单的应用，是在半无限厚含水层中的顶面上有一个半球状井连续抽水（图 10-2-2）。通过反映，此问题变成为在无限空间中有一

① 解的过程可见陈崇希、李国敏（1996),《地下水溶质运移理论及水质模型》，中国地质大学出版社。

球状井连续抽水的课题。这就是空间连续点汇的问题。

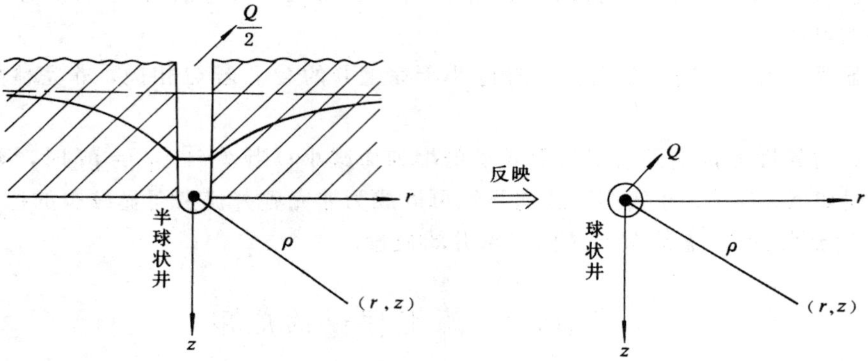

图 10-2-2 空间连续点汇

如何利用空间瞬时点汇问题的解引出空间连续点汇的解？

我们可以将连续点汇的作用视为一系列瞬时点汇作用的总和。每一瞬时点汇的抽取量为（图 10-2-3）

$$dV_p = Q(\tau)d\tau \tag{10-2-2}$$

空间上，在一连续强度为 Q 的点汇作用下，任意点的降深为 s。那么，在 τ 时刻，在瞬时强度为 $Qd\tau$ 的点汇作用下，该点则有 ds 的反应。利用方程（10-2-1）式，ds 可以写为（点汇位于原点，即 $r' = 0$，$z' = 0$）

$$ds = \frac{Q(\tau)d\tau}{8\mu_s[\pi^3 a_r^2 a_z(t-\tau)^3]^{\frac{1}{2}}} e^{-\frac{\bar{r}^2+z^2}{4a_z(t-\tau)}}$$

对 τ 从 0 至 t 积分，可以得到在连续任意点抽水 t 时间的降深，即

$$s = \int_0^t \frac{Q(\tau)}{8\mu_s[\pi^3 a_r^2 a_z(t-\tau)^3]^{\frac{1}{2}}} e^{-\frac{\bar{r}^2+z^2}{4a_z(t-\tau)}} d\tau$$

为了使问题简单些，我们讨论定流量抽水，即

$$Q(\tau) = 常量$$

通过换元，令

$$\upsilon = \left(\frac{\bar{r}^2 + z^2}{4a_z(t-\tau)}\right)^{\frac{1}{2}}$$

$$d\upsilon = \frac{(\bar{r}^2 + z^2)^{\frac{1}{2}}}{4a_z^{\frac{1}{2}}(t-\tau)^{\frac{3}{2}}} d\tau$$

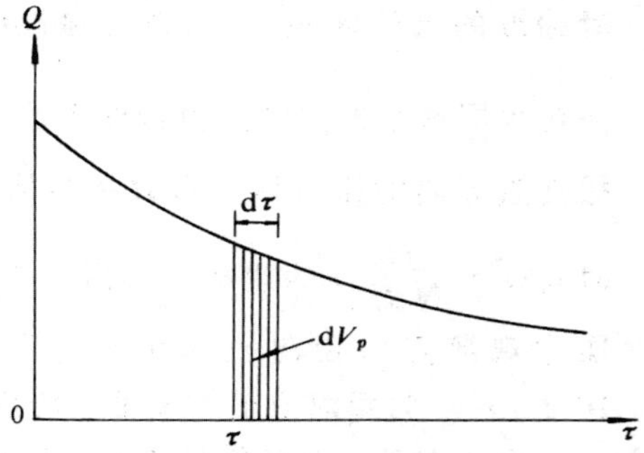

图 10-2-3 瞬时抽取量与连续抽水流量之间的关系

则上式变为

$$s = \frac{Q}{4\pi\mu_r a(\bar{r}^2 + z^2)^{\frac{1}{2}}} \cdot \frac{2}{\sqrt{\pi}} \int_{\sqrt{\frac{\bar{r}^2+z^2}{4a_z t}}}^{\infty} e^{-\upsilon^2} d\upsilon$$

$$= \frac{Q}{4\pi K_{rr} K_{zz}^{\frac{1}{2}} \left(\frac{r^2}{K} + \frac{z^2}{K_{zz}}\right)^{\frac{1}{2}}} \times \mathrm{erfc}\left[\sqrt{\frac{\mu_s\left(\frac{r^2}{K_{rr}} + \frac{z^2}{K_{zz}}\right)}{4t}}\right] \tag{10-2-3}$$

式中：$\mathrm{erfc}(x)=1-\mathrm{erf}(x)=\frac{2}{\sqrt{\pi}}\int_x^{\infty}e^{-t^2}dt$ 是余补误差函数；$\mathrm{erf}(x)=\frac{2}{\sqrt{\pi}}\int_0^{x}e^{-t^2}dt$ 是误差函数，已制成表①。

若含水层是均质各向同性的，即 $K_{rr}=K_{zz}=K$，则方程（10-2-3）式简化为

$$s=\frac{Q}{4\pi K\rho}\mathrm{erfc}\left(\frac{\rho}{2\sqrt{at}}\right) \tag{10-2-4}$$

式中：$\rho=\sqrt{r^2+z^2}$ 为观测点至空间点汇的距离；Q 为空间点汇的强度（球状井的流量）。当 $t\to\infty$ 时，上式成为②

$$s=\frac{Q}{4\pi K\rho} \tag{10-2-5}$$

对于半无限厚含水层中流量为 Q_s 的半球状井流，其对应的方程为

$$s=\frac{Q_s}{2\pi K\rho}\mathrm{erfc}\left(\frac{\rho}{2\sqrt{at}}\right) \tag{10-2-6}$$

$$s=\frac{Q_s}{2\pi K\rho} \tag{10-2-7}$$

二、平面点汇

（一）平面瞬时点汇

无数空间点汇连续排列组成空间线汇。空间中一无限长线汇作用的问题相当于平面上一点汇的作用，因为这种情况已转为二维流动。

假如空间上有一条无限长瞬时线汇，沿此线汇取 z 轴，如图 10-2-4 所示。设单位长度瞬时线汇的强度为 F，则单元线汇 dz'（可视为点汇）的强度为 Fdz'。任意点（r,z）在单元线汇 dz' 的作用下的微分降深，依方程（10-2-1）式为

$$ds=\frac{Fdz'}{8\mu_s(\pi^3a_r^2a_zt^3)^{\frac{1}{2}}}e^{-\frac{r^2+(z-z')^2}{4a_zt}}$$

在无限长瞬时线汇的作用下，此点的降深为

$$s=\int_{-\infty}^{+\infty}\frac{F}{8\mu_s(\pi^3a_r^2a_zt^3)^{\frac{1}{2}}}e^{-\frac{r^2}{4a_rt}}\cdot e^{\frac{(z-z')^2}{4a_zt}}dz'$$

换元，令

$$v=\frac{z-z'}{2\sqrt{a_zt}},\qquad dv=\frac{-dz'}{2\sqrt{a_zt}}$$

则

$$s=\frac{F}{4\mu_s\pi a_rt}e^{-\frac{r^2}{4a_rt}}\cdot\frac{1}{\sqrt{\pi}}\int_{-\infty}^{+\infty}e^{-v^2}dv ③$$

$$=\frac{F}{4\pi K_{rr}t}e^{-\frac{r^2}{4a_rt}} \tag{10-2-8}$$

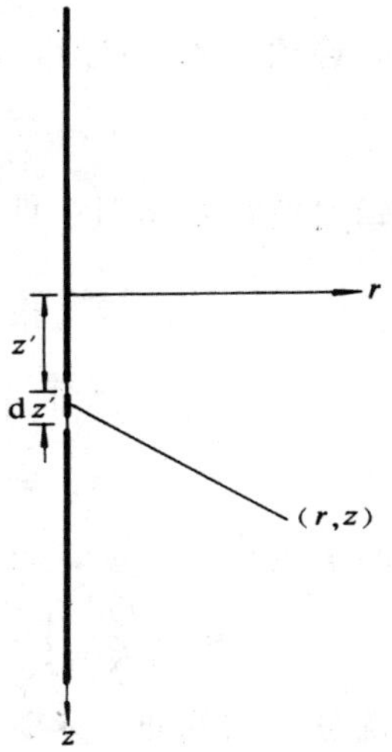

图 10-2-4　空间上一条无限长线汇的作用

---

① 见陈崇希（1983，1985），《地下水不稳定井流计算方法》，地质出版社，230～233 页。

② 这里用到关系

$$\mathrm{erf}(0)=\frac{2}{\sqrt{\pi}}\int_0^{\infty}e^{-t^2}dt=1。$$

③ 这里用到关系

$$\frac{1}{\sqrt{\pi}}\int_{-\infty}^{+\infty}e^{-v^2}dv=\frac{2}{\sqrt{\pi}}\int_0^{+\infty}e^{-v^2}dv=1。$$

正如前面所预料的，这种情况形成二维流动，降深 s 与 z、K_{zz} 和 a_z 等无关。尽管含水层是各向异性的，即 $K_{zz} \neq K_{rr}$，但是对于完整井二维流动来说，地下水的动态不显示其各向异性的特征。

F 是单位长度瞬时线汇的强度，对于贯穿整个含水层厚度 M 的线汇，其强度为

$$V_M = FM \qquad 或 \qquad F = \frac{V_M}{M} \tag{10-2-9}$$

于是，对于厚度为 M 的承压含水层，其平面瞬时点汇的降深方程为

$$s = \frac{V_M}{4\pi KMt} e^{-\frac{r^2}{4at}} \tag{10-2-10}$$

这里已将 K 和 a 的下标"r"去掉，因为这种情况只能是水平面 r 上的二维流动。

斯基比兹克（H. E. Skibitzke）提出的利用提水后的井中水位恢复数据来确定含水层的导水系数 T 的方法，就是以上式为基础的①。

（二）平面连续点汇

平面连续点汇相当于连续抽水的完整井。

与前面推导空间连续点汇的降深方程相似，平面瞬时点汇的强度 dV_M 与平面连续点汇的强度 Q 之间的关系为

$$dV_M = Q(\tau)d\tau \tag{10-2-11}$$

根据方程（10-2-10）式，得到平面连续点汇的微分降深为

$$ds = \frac{Q(\tau)}{4\pi KM(t-\tau)} e^{-\frac{r^2}{4a(t-\tau)}} d\tau$$

于是，连续抽水 t 时间，任意点的降深方程为

$$s = \frac{1}{4\pi KM}\int_0^t \frac{Q(\tau)}{T-\tau} e^{-\frac{r^2}{4a(t-\tau)}} d\tau \tag{10-2-12}$$

当定流量抽水时，即 Q = 常量，则有

$$s = \frac{Q}{4\pi KM}\int_0^t \frac{1}{t-\tau} e^{-\frac{r^2}{4a(t-\tau)}} d\tau \tag{10-2-12$'$}$$

令

$$u = \frac{r^2}{4a(t-\tau)}$$

$$du = \frac{r^2}{4a}\frac{1}{(t-\tau)^2}d\tau = u\frac{d\tau}{t-\tau}$$

将此两关系代入上式，得

$$s = \frac{Q}{4\pi KM}\int_{\frac{r^2}{4at}}^{\infty} \frac{e^{-u}}{u} du \tag{10-2-13}$$

此式就是人们熟知的泰斯公式。

三、空间线汇

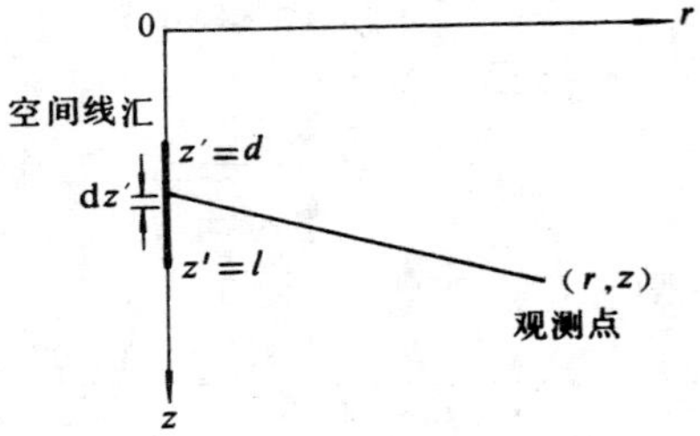

图 10-2-5 空间线汇

（一）空间瞬时线汇

设长为 $(l-d)$ 的瞬时线汇（图 10-2-5）的强度为 V_l，则微分线汇 dz' 的瞬时强度为

$$\frac{V_l}{l-d}dz'$$

利用方程（10-2-1）式可以写出在微分瞬时线汇 dz'（可视为瞬时点汇）的作用下，空间中任一

① 见张宏仁等编译（1975 年），《地下水非稳定流理论的发展和应用》，地质出版社，第 55 页。

点(r,z)处的微分降深，即

$$ds = \frac{V_l dz'}{8\mu_s(\pi^3 a_r^2 a_z t^3)^{\frac{1}{2}}(l-d)} e^{-\frac{\bar{r}^2+(z-z')^2}{4a_z t}}$$

沿线汇对z'积分，得

$$s = \frac{V_l}{8\mu_s \pi a_r t(l-d)} e^{-\frac{\bar{r}^2}{4a_z t}} \left[\frac{2}{\sqrt{\pi}} \int_d^l e^{-\frac{(z-z')^2}{4a_z t}} \frac{dz'}{2\sqrt{a_z t}}\right]$$

换元，令

$$v = \frac{z-z'}{2\sqrt{a_z t}}, \qquad dv = \frac{-dz'}{2\sqrt{a_z t}}$$

则上式成为

$$s = -\frac{V_l}{8\pi K_{rr} t(l-d)} e^{-\frac{\bar{r}^2}{4a_z t}} \left[\frac{2}{\sqrt{\pi}} \int_{\frac{z-d}{2\sqrt{a_z t}}}^{\frac{z-l}{2\sqrt{a_z t}}} e^{-v^2} dv\right]$$

$$= \frac{V_l}{8\pi K_{rr} t(l-d)} e^{-\frac{\bar{r}^2}{4a_z t}} \left[\mathrm{erf}\left(\frac{z-d}{2\sqrt{a_z t}}\right) - \mathrm{erf}\left(\frac{z-l}{2\sqrt{a_z t}}\right)\right] \tag{10-2-14}$$

（二）空间连续线汇

将瞬时线汇的强度与连续线汇的强度的关系

$$dV_l = Q(\tau) d\tau$$

代入上式，并对τ积分（假定为定流量抽水），得

$$s = \frac{Q}{8\pi K_{rr}(l-d)} \int_0^t e^{-\frac{\bar{r}^2}{4a_z(t-\tau)}} \left[\mathrm{erf}\left(\frac{z-d}{2\sqrt{a_z(t-\tau)}}\right) - \mathrm{erf}\left(\frac{z-l}{2\sqrt{a_z(t-\tau)}}\right)\right] \frac{d\tau}{t-\tau} \tag{10-2-15}$$

换元，令

$$y = \frac{\bar{r}^2}{4a_z(t-\tau)}, \qquad dy = y \frac{d\tau}{t-\tau}$$

又

$$\frac{z-d}{2\sqrt{a_z(t-\tau)}} = \sqrt{y} \frac{z-d}{\bar{r}}$$

和

$$\frac{z-l}{2\sqrt{a_z(t-\tau)}} = \sqrt{y} \frac{z-l}{\bar{r}}$$

上列各关系代入（10-2-15）式，得

$$s = \frac{Q}{8\pi K_{rr}(l-d)} \int_{u_r}^{\infty} \frac{e^{-y}}{y} \left[\mathrm{erf}\left(\frac{l-z}{\bar{r}} \sqrt{y}\right) - \mathrm{erf}\left(\frac{d-z}{\bar{r}} \sqrt{y}\right)\right] dy \tag{10-2-16}$$

其中

$$u_r = \frac{r^2}{4a_r t}$$

定义函数L为

$$L(u,\beta) = \int_u^{\infty} \frac{e^{-y}}{y} \mathrm{erf}(\beta \sqrt{y}) dy$$

则（10-2-16）式可写为

$$s = \frac{Q}{8\pi K_{rr}(l-d)} \left[L\left(u_r, \frac{l-z}{\bar{r}}\right) - L\left(u_r, \frac{d-z}{\bar{r}}\right)\right] \tag{10-2-17}$$

函数 L 已制成表①，供计算使用。

函数 L 有下列近似表示式：

若 $u < \frac{0.05}{\beta^2} < 0.01$，则

$$L(u,\beta) = 2(\sinh^{-1}\beta - \frac{2}{\sqrt{\pi}}\beta\sqrt{u}) \tag{10-2-18}$$

若 $u < \frac{0.05}{\beta^2}$，则

$$L(u,\beta) = 2\left[\sinh^{-1}\beta - \beta \mathrm{erf}(\sqrt{u})\right] \tag{10-2-19}$$

若 $u > \frac{5}{\beta^2}$，则

$$L(u,\beta) = W(u) \tag{10-2-20}$$

方程（10-2-17）式是非完整井流计算的基础。

四、半无限空间线汇

此问题相当于半无限厚含水层中的一个非完整井（图 10-2-6）。它可以通过反映法把半无限空间转变为无限空间问题，然后根据基本方程（10-2-17）式利用叠加原理而得解。

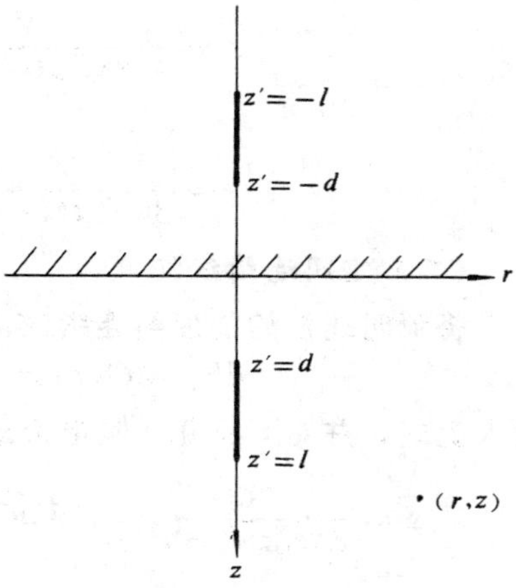

图 10-2-6　半无限空间中一线汇

即

$$\begin{aligned} s &= \frac{Q}{8\pi K_{rr}(l-d)}\left[L\left(u_r,\frac{l-z}{\bar{r}}\right) - L\left(u_r,\frac{d-z}{\bar{r}}\right) + L\left(u_r,\frac{-d-z}{\bar{r}}\right) - L\left(u_r,\frac{-l-z}{\bar{r}}\right)\right] \\ &= \frac{Q}{8\pi K_{rr}(l-d)}\left[L\left(u_r,\frac{l-z}{\bar{r}}\right) - L\left(u_r,\frac{d-z}{\bar{r}}\right) - L\left(u_r,\frac{d+z}{\bar{r}}\right) + L\left(u_r,\frac{l+z}{\bar{r}}\right)\right]^{②} \\ &= \frac{Q}{8\pi K_{rr}(l-d)}E\left(u_r,\frac{l}{\bar{r}},\frac{d}{\bar{r}},\frac{z}{\bar{r}}\right) \end{aligned} \tag{10-2-21}$$

其中，

$$\begin{aligned} E = &L\left(u_r,\frac{l-z}{\bar{r}}\right) - L\left(u_r,\frac{d-z}{\bar{r}}\right) \\ &- L\left(u_r,\frac{d+z}{\bar{r}}\right) + L\left(u_r,\frac{l+z}{\bar{r}}\right) \end{aligned} \tag{10-2-22}$$

下面提出几种特殊情况的降深方程。

1. $d = 0$ 和 $z = 0$ [图 10-2-7 (a)]

依（10-2-21）式，其降深方程简化为

$$s = \frac{Q}{4\pi K_{rr}l}L\left(u_r,\frac{l}{\bar{r}}\right) \tag{10-2-23}$$

---

① 见陈崇希（1983，1985），《地下水不稳定井流计算方法》，地质出版社，237～246。

② 由于

$$L(u,\beta) = \int_u^\infty \frac{e^{-y}}{y}\mathrm{erf}(\beta\sqrt{y})\mathrm{d}y$$

和 $\mathrm{erf}(-x) = -\mathrm{erf}(x)$

所以 $L(u,-\beta) = -L(u,\beta)$。

2. $d=0$ 和 $z=l$［图 10-2-7 (b)］

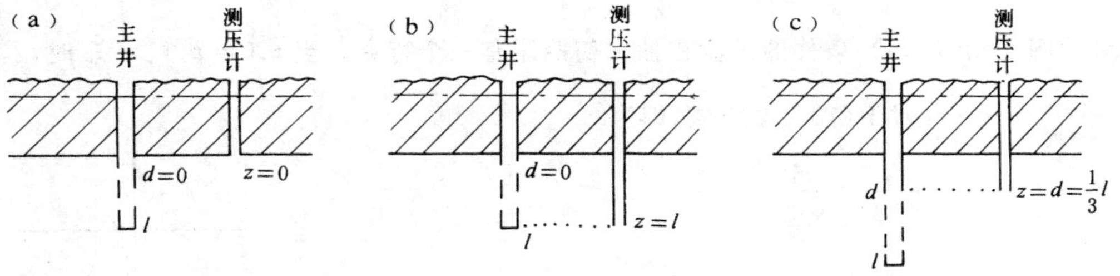

图 10-2-7　几种特殊情况

降深方程为

$$s=\frac{Q}{8\pi K_{rr}l}L\left(u_r,\frac{2l}{\bar{r}}\right) \tag{10-2-24}$$

3. $l=3d$ 和 $z=d$［图 10-2-7 (c)］

降深方程为

$$s=\frac{3Q}{16\pi K_{rr}l}L\left(u_r,\frac{4l}{3\bar{r}}\right) \tag{10-2-25}$$

这三种情况（其中第一种情况较常见）的降深方程具有较简单的形式，为了便于下面的讨论，将其写成同一形式，即

$$s=C\frac{Q}{K_{rr}l}L(u_r,\beta) \tag{10-2-26}$$

五、有限空间线汇

此课题相当于有限厚含水层中的非完整井流问题（图 10-2-8）。它可通过无限次反映，然后根据基本降深方程（10-2-17）式，利用叠加原理而得到解，即

$$\begin{aligned}s=\frac{Q}{8\pi K_{rr}(l-d)}\Bigg[&L\left(u_r,\frac{l+z}{\bar{r}}\right)+L\left(u_r,\frac{l-z}{\bar{r}}\right)\\&+f'\left(u_r,\frac{M}{\bar{r}},\frac{l}{\bar{r}},\frac{z}{\bar{r}}\right)-L\left(u_r,\frac{d+z}{\bar{r}}\right)\\&-L\left(u_r,\frac{d-z}{\bar{r}}\right)-f'\left(u_r,\frac{M}{\bar{r}},\frac{d}{\bar{r}},\frac{z}{\bar{r}}\right)\Bigg]\end{aligned} \tag{10-2-27}$$

其中，

$$\begin{aligned}f'\left(u_r,\frac{M}{\bar{r}},\frac{X}{\bar{r}},\frac{z}{\bar{r}}\right)=\sum_{n=1}^{\infty}\Bigg[&L\left(u_r,\frac{2nM+X+z}{\bar{r}}\right)-L\left(u_r,\frac{2nM-X-z}{\bar{r}}\right)\\&+L\left(u_r,\frac{2nM+X-z}{\bar{r}}\right)-L\left(u_r,\frac{2nM-X+z}{\bar{r}}\right)\Bigg]\end{aligned} \tag{10-2-28}$$

六、抽水早期测压计降深的特点

在第六章中曾提到，含水层都是有限的，当边界的作用尚未明显地影响观测孔的降深时，可以将含水层视为无限的。这对于剖面上的边界也一样，在抽水初期的某个时段内，允许忽略图 10-2-8 中第 3、5 号线汇及其以外的线汇的作用，而将其视为半无限厚含水层。这时精确的降深方程（10-2-27）式可略去其两个求和项 f' 而成为（10-2-21）式。

汉图什认为这个时段为

$$t<\frac{(2M-l-z)^2}{20a_z} \tag{10-2-29}$$

对于图 10-2-7 (a) 条件的井流在抽水初期还有一个特点。当 $\bar{u}_r(=\bar{u}_z)>\frac{5}{\beta^2}$ 时，其中 $\bar{u}_z=\frac{\bar{r}_2}{4a_zt}$，$\beta=\frac{l}{r}$（对于(10-2-23) 式，即当

$$\frac{\bar{r}_2}{4a_zt}>\frac{5}{\frac{l^2}{\bar{r}^2}}$$

或

$$t<\frac{l^2}{20a_z}$$

则可利用 (10-2-20) 式近似式将降深方程 (10-2-23) 改写为

$$s=\frac{Q}{4\pi K_{rr}l}W(u_r)$$

由此可见，在抽水早期，非完整井流的动态好像滤管底部 l 处是隔水层的完整井流一样。这个特点可用来确定含水层的参数。

另外，在抽水早期，当抽水井的 d 和 l 以及测压计的 z 值设置得恰当，而可近似应用(10-2-26) 式来描述降深的变化时，那么观测数据点在 s-$\lg t$ 坐标系上将会出现拐点。拐点的位置可以通过令 $\frac{\partial^2 s}{\partial(\lg t)^2}=0$ 来求得。

将 (10-2-26) 式写成

$$s=C\frac{Q}{K_{rr}l}\int_{u_r}^{\infty}\frac{e^{-y}}{y}\mathrm{erf}(\beta\sqrt{y})\mathrm{d}y \tag{10-2-30}$$

其中，

$$\mathrm{erf}(\beta\sqrt{y})=\frac{2}{\sqrt{\pi}}\int_0^{\beta\sqrt{y}}e^{u_r}\mathrm{d}u_r$$

$$u_r=\frac{r^2}{4a_rt}$$

于是

$$\frac{\partial s}{\partial(\lg t)}=2.3C\frac{Q}{K_{rr}l}e^{-u_r}\mathrm{erf}(\beta\sqrt{u_r})$$

$$\frac{\partial^2 s}{\partial(\lg t)^2}=2.3^2tC\frac{Q}{K_{rr}l}\frac{\partial}{\partial t}\left[e^{-u_r}\mathrm{erf}(\beta\sqrt{u_r})\right]$$

$$=(2.3)^2C\frac{Q}{K_{rr}l}e^{-u_r}u_r\left[-\frac{\beta}{\sqrt{\pi}}e^{-(\beta\sqrt{u_r})^2}u_r^{-\frac{1}{2}}+\mathrm{erf}(\beta\sqrt{u_r})\right]$$

令 $\frac{\partial^2 s}{\partial(\lg t)^2}=0$，求得拐点的位置 u_i

$$\frac{\beta^2}{\sqrt{\pi}}=\beta\sqrt{u_i}e^{(\beta\sqrt{u_i})^2}\mathrm{erf}\left(\beta\sqrt{u_i}\right)\triangleq f\left(\beta\sqrt{u_i}\right) \tag{10-2-31}$$

其中，

$$u_i=\frac{r^2}{4a_rt_i} \tag{10-2-32}$$

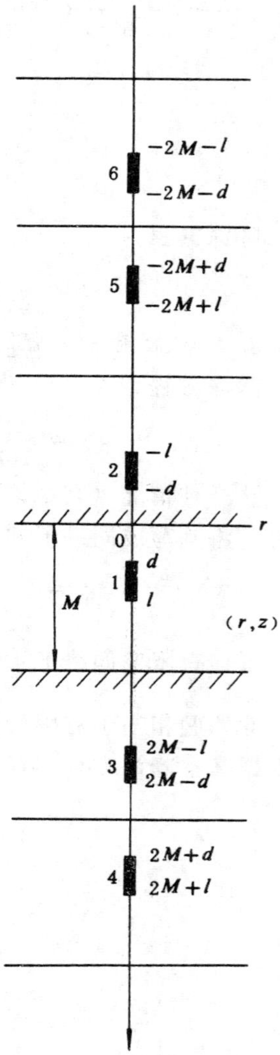

图 10-2-8　有限厚空间中一线汇的无限次反映

函数 $f(\beta\sqrt{u_i})$ 已制成表值①，供计算使用。

将求得的 u_i 值代入（10-2-26）式，得到拐点的降深 s_i，即

$$s_i = C\frac{Q}{K_{rr}l}L(u_i,\beta) \tag{10-2-33}$$

若将 u_i 值代入（10-2-30）式，则得拐点处曲线的斜率 m_i，即

$$m_i = 2.3C\frac{Q}{K_{rr}l}e^{-u_i}\mathrm{erf}(\beta\sqrt{u_i}) \tag{10-2-34}$$

§10.3 井流试验确定含水层参数

非完整井流井函数自变量的个数过多，因此难以制作一般通用的标准曲线供井流试验求参数之用。通常是根据非完整井流的某些特点来建立相应的计算含水层参数的方法。所以，掌握非完整井流动态的特征、规律就显得格外重要了。

下面介绍几种无越流含水层中非完整井流试验求参数的方法。

一、完整井流法

当观测孔是完整型的或者观测孔远离抽水井 $\left(r > 1.5M\sqrt{\frac{K_{rr}}{K_{zz}}}\right)$ 时，其降深公式与完整井流相同，因此第六章中介绍的有关确定含水层参数的方法，例如标准曲线对比法和直线图解法等，都可用于此处。

二、修正非完整性附加水头损失的直线图解法（用于各向同性含水层）

当 $t > \frac{M^2}{2a_z}$ 时，降深由（10-1-21）式表示。此方程右端括号第二项是不随时间变化的非完整性附加阻力系数 ζ_c，它可以按（10-1-22）式计算得，因此可以应用直线图解法求参数。

步骤简述如下：

（1）作 s-$\lg t$ 实测数据曲线，绘制最后的直线段并延长至 $\lg t$ 轴；

（2）测量此直线的斜率 m_l，并记下此直线与 $\lg t$ 轴的交点 t_0；

（3）计算导水系数 T，即

$$T = 0.183\frac{Q}{m_l}; \tag{10-3-1}$$

（4）按（10-1-22）式计算附加阻力系数 ζ_c；

（5）由（10-1-21）式，当 $u < 0.05$ 时

$$s = \frac{Q}{4\pi T}\left[\ln\frac{2.25at}{r^2} + \zeta_c\right]$$

与推导直线图解法求参数 a、μ_e 公式的方法相似，

得

$$a = 0.445\frac{r^2}{t_0}e^{-\zeta_c} \tag{10-3-2}$$

和

① 见陈崇希（1983，1985），《地下水不稳定井流计算方法》，地质出版社，230～233页。

$$\mu_e = \frac{2.25Tt_0 e^{\zeta_c}}{r^2} \tag{10-3-3}$$

三、拐点法（用于各向同性含水层）

假如在抽水早期所研究的测压计的降深可用（10-2-26）式近似表示，那么只要在 s-lg$t$ 实测曲线上出现明显的拐点，并且通过拐点对曲线能够作出足够精度的切线，即可以遵循下列步骤来确定含水层的参数。假如抽水时间较长，还可以用来确定含水层的厚度 M。

（1）绘制 s-lg$t$ 实测曲线；

（2）确定拐点，并通过拐点作曲线的切线，测量切线的斜率

$$m_i = \frac{\Delta s}{1\text{个时间对数周期}}$$

（3）根据井孔-含水层系统的几何尺寸确定（10-2-26）式中的 β 值［见图 10-2-7（a）、（b）和（c）］以及对应的（10-2-23）式、（10-2-24）式和（10-2-25）式；

（4）依照（10-2-31）式

$$f(\beta\sqrt{u_i}) = \frac{\beta^2}{\sqrt{\pi}}$$

计算出函数 $f(\beta\sqrt{u_i})$；

（5）已知 $f(\beta\sqrt{u_i})$ 值，利用 275 页脚注 ① 的表值，可查得对应的 $\beta\sqrt{u_i}$ 和 $\mathrm{erf}(\beta\sqrt{u_i})$ 值；

（6）已知 β 和 $\beta\sqrt{u_i}$ 值，计算 u_i，即

$$u_i = \left[\frac{\beta\sqrt{u_i}}{\beta}\right]^2$$

（7）根据井孔-含水层系统的几何尺寸，确定方程（10-2-26）中的 C 值，再依（10-2-34）式计算 K 值，即

$$K = 2.3C\frac{Q}{m_i l}e^{-u_i}\mathrm{erf}(\beta\sqrt{u_i})$$

（8）已知 u_i 和 β 值，根据（10-2-33）式，并利用 $L(u,\beta)$ 函数表（见 272 页脚注①）计算 s_i 值，即

$$s_i = C\frac{Q}{Kl}L(u_i,\beta)$$

（9）已知 s_i 值，在 s-lg$t$ 曲线上确定对应的 t_i 值，并依照（10-2-32）式计算参数 a 和 μ_i，即

$$a = \frac{r^2}{4u_i t_i}$$

和

$$\mu_s = \frac{4Ku_i t_i}{r^2}$$

（10）假如在 s-lg$t$ 曲线的后期已出现直线段，则测量其斜率 m_i。依照本节方法二中的（10-3-1）式计算参数 T，即

$$T = 0.183\frac{Q}{m_i}$$

（11）已知 K 和 T 值，可计算含水层厚度 M，即

$$M = \frac{T}{K}。$$

四、标准曲线对比法（用于各向同性含水层）

标准曲线对比法分为抽水早期和任意时间两种。前者以方程（10-2-21）式为基础，与此方程有关的函数有表值（见 292 页脚注①）可以查用。后者以方程（10-1-20）式为基础，由于有关函数的自变量过多，目前只有几种特殊情况的函数表可供使用。

下面分别简述两种方法的步骤。

（一）用于抽水早期

(1) 利用 $L(u,\beta)$ 函数表，根据（10-2-21）式，在双对数坐标纸上绘制测压计的 $\lg E\text{-}\lg \frac{1}{u}$ 标准曲线（对于一次确定的抽水试验，$\frac{l}{r}$、$\frac{d}{r}$ 和 $\frac{z}{r}$ 均是已知数，E 仅是 u 的函数）；

(2) 在同模数的透明双对数纸上，绘制 $\lg s\text{-}\lg t$ 实测数据曲线；

(3) 重叠两曲线，寻找最优拟合位置。匹配两曲线时要注意，抽水后期的观测数据可能要偏离标准曲线而落在该曲线之上（即有较大的 s 值），这是由于标准曲线是根据适用于抽水早期的（10-2-21）式而绘制成的。

(4) 任选取一配合点，并记录坐标值（$E,\frac{1}{u}$）和（s,t）；

(5) 分别根据（10-2-21）式和（10-1-10）式计算参数 K 和 a，即

$$K = \frac{Q}{8\pi(l-d)s}E \tag{10-3-4}$$

和

$$a = \frac{r^2}{4ut}。 \tag{10-3-5}$$

（二）用于非淹没式等长滤管的观测孔

这是一种 $d = d' = 0$ 和 $l = l'$ 的特殊情况（图 10-3-1）。

从（10-1-25）式可得出满足此条件的降深方程，即

$$s = \frac{Q}{4\pi T}\left\{W(u) + \frac{2M^2}{\pi^2 l^2}\sum_{n=1}^{\infty}\frac{1}{n^2}\sin^2\left(\frac{n\pi l}{M}\right)\cdot W\left(u,\frac{n\pi r}{M}\right)\right\} \triangleq \frac{Q}{4\pi T}W\left(u,\frac{r}{M},\frac{l}{M}\right) \tag{10-3-6}$$

$W\left(u,\frac{r}{M},\frac{l}{M}\right)$ 可称为非淹没式等长过滤器不完整井流的井函数。它依赖于 u、$\frac{r}{M}$ 和 $\frac{l}{M}$ 三个变量，在表 10-3-1 中给出这种井函数的数值。

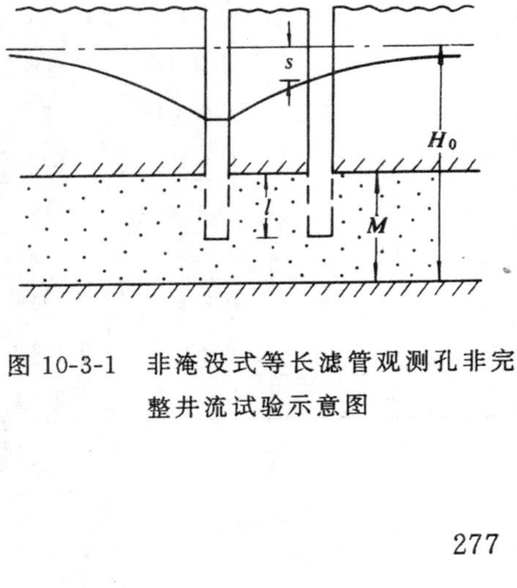

图 10-3-1 非淹没式等长滤管观测孔非完整井流试验示意图

根据井函数的表值，在双对数坐标纸上分别作出三张标准曲线图（图 10-3-2）。

实测的 $s\text{-}t$ 数据绘在另一张同模纸的透明双对数坐标纸上。

根据 l/M 选择标准曲线图（这里只有 $l/M = 0.25$，0.5 和 0.75 三种），再依据 r/M 值从曲线族中选出一条标准曲线与实测曲线拟合。记录匹配点的对应坐标。

表 10-3-1 $W(u, r/M, l/M)$函数表

（据 W.C. 沃尔顿）

$l/M=0.75$

u \ r/M	0.1	0.01	0.001
10^{-6}	13.876 7	15.258 0	16.763 7
10^{-5}	11.574 1	12.955 4	14.253 0
10^{-4}	9.271 6	10.647 8	11.399 5
10^{-3}	6.969 9	8.139 2	8.399 1
10^{-2}	4.671 2	5.296 7	5.363 5
10^{-1}	2.259 7	2.410 3	2.419 3
1	0.282 3	0.289 8	0.289 8
2	0.063 4	0.064 3	0.064 5
3	0.016 7	0.016 9	0.016 9

$l/M=0.50$

u \ r/M	0.5	0.2	0.1	0.05	0.01	0.001
10^{-6}	13.556 5	14.468 3	15.498 9	17.635 8	19.750 6	24.295 4
10^{-5}	11.263 9	12.166 3	13.196 3	15.333 2	17.449 8	21.150 6
10^{-4}	8.961 4	9.863 8	10.893 8	13.030 7	15.122 4	17.034 0
10^{-3}	6.659 7	7.562 1	8.592 1	10.699 4	11.981 2	12.584 5
10^{-2}	4.366 1	5.268 5	6.275 7	7.455 5	7.885 1	8.064 2
10^{-1}	2.151 1	2.882 2	3.262 0	3.530 5	3.605 0	3.630 4
1	0.338 4	0.398 6	0.418 5	0.431 9	0.434 9	0.435 3
2	0.080 8	0.091 0	0.094 2	0.096 4	0.096 6	0.096 8
3	0.022 3	0.024 7	0.025 2	0.025 4	0.025 4	0.025 5

$l/M=0.25$

u \ r/M	1.0	0.75	0.20	0.10	0.03	0.01	0.001
10^{-6}	13.338 5	13.936 7	16.212 3	18.984 5	25.170 7	31.417 6	44.971 8
10^{-5}	11.035 9	11.034 1	13.909 7	16.683 7	22.868 1	29.115 0	40.796 0
10^{-4}	8.633 4	9.331 6	11.607 2	14.379 4	20.565 6	26.966 6	33.533 8
10^{-3}	6.431 7	7.029 9	9.305 5	12.077 7	18.204 5	22.602 6	24.942 8
10^{-2}	4.138 1	4.736 3	7.011 9	9.738 2	13.847 1	15.368 4	15.970 2
10^{-1}	1.923 1	2.521 3	4.445 1	5.754 5	6.829 8	7.110 1	7.191 3
1	0.298 1	0.495 9	0.716 0	0.785 6	0.849 3	0.854 9	0.853 1
2	0.080 6	0.127 1	0.167 5	0.179 4	0.190 0	0.187 5	0.189 3
3	0.024 5	0.036 6	0.045 4	0.047 2	0.050 1	0.048 1	0.048 1

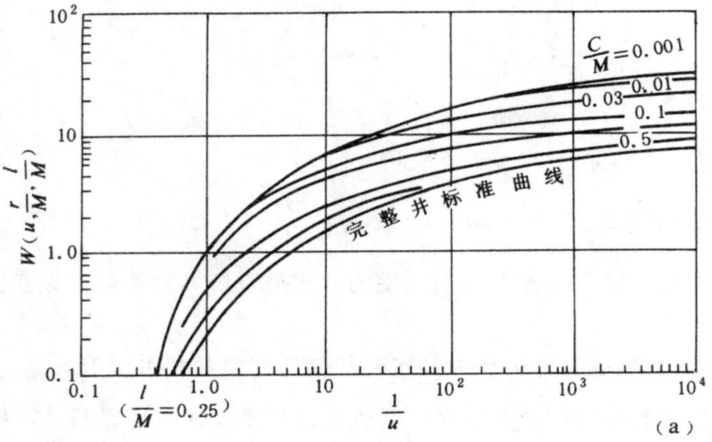

图 10-3-2(a) 非完整井流非淹没式等长滤管观测孔的标准曲线图($\frac{l}{M}=0.25$)

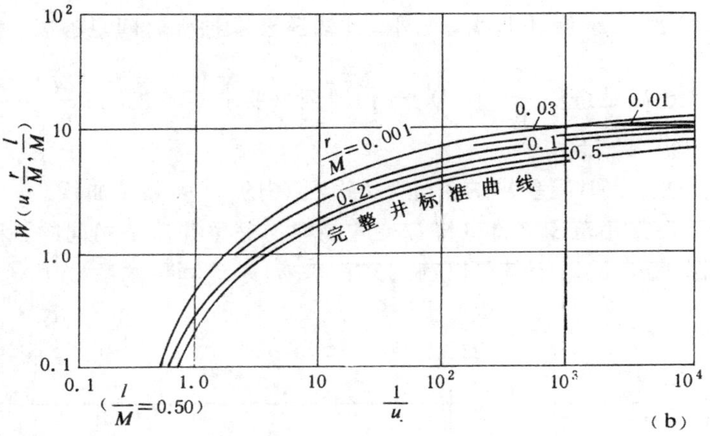

图 10-3-2(b) 非完整井流非淹没式等长滤管观测孔的标准曲线图($\frac{l}{M}=0.50$)

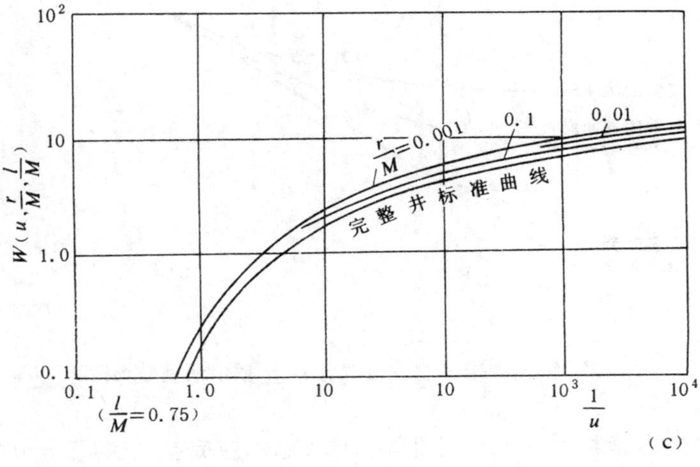

图 10-3-2(c) 非完整井流非淹没式等长滤管观测孔的标准曲线图($\frac{l}{M}=0.75$)

根据(10-3-6)式,可计算 T 值,即

$$T = \frac{Q}{4\pi s} W\left(u, \frac{r}{M}, \frac{l}{M}\right) \tag{10-3-7}$$

而 a 值可依下式计算

$$a = \frac{r^2}{4ut} \tag{10-3-8}$$

五、s-lg$r$ 曲线图解法

前面提出的几种方法只能用于各向同性的含水层系统，此法则可以用来确定各向异性含水层的有关参数。

此法的基本思想是:找出非完整井抽水与相应的完整井抽水所引起测压计降深的差值,根据此差值，确定相应的各向同性含水层中产生此降深处至主井的距离 $\bar{r}$，再依照 $\frac{\bar{r}}{r}$ 与 $\frac{K_{rr}}{K_{zz}}$ 之间的关系来确定后者。

此法要求有较多的测压计，使得能够作出延伸到非完整性作用范围之外 $\left(r > 1.5M\sqrt{\frac{K_{zz}}{K_{rr}}}\right)$ 的 s-lg$r$ 漏斗曲线。另外，此法还要求抽水时间足够长，使得非完整性作用范围之外的测压计也满足条件 $\frac{r^2}{4a_r t} < 0.05$，即至少要求 $t > 11.25\frac{M^2}{a_z}$。

此法求参数的步骤如下：

(1) 在满足上述抽水时间要求的条件下，作实测的 s-lg$r$ 漏斗曲线。

由于在不完整性作用范围之外的降深变化规律与完整井流是相同的,因此 $s-\lg r$ 曲线的外侧将是直线（图 10-3-3)。于是可以利用其斜率 m_r 来计算导水系数 T_r(见表 6-1-2)，即

$$T_r = -0.366\frac{Q}{m_r}$$

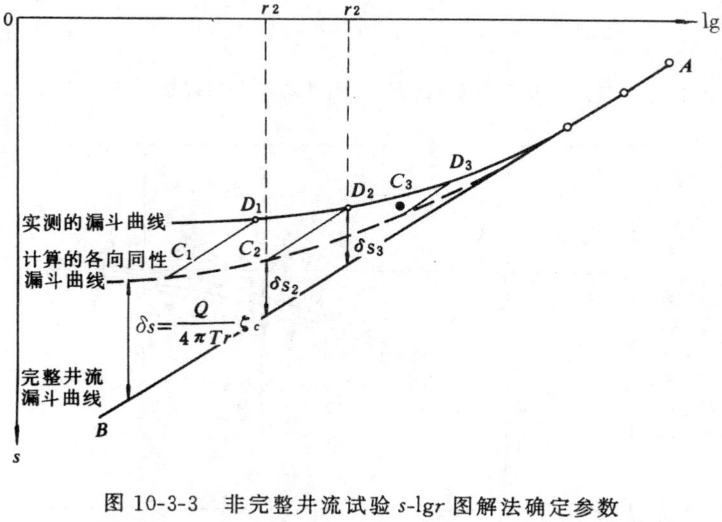

图 10-3-3　非完整井流试验 s-lg$r$ 图解法确定参数

(2) 将此直线向内延长到 B 点，则直线 AB 表示相应完整井流($\zeta_c = 0$) 所形成的 s-lg$r$ 漏斗曲线。

(3) 计算相应的各向同性条件下的 s-lg$r$ 漏斗曲线。

根据（10-1-24）式和（10-1-22）式，即

$$\delta_s = \frac{Q}{4\pi T_{rr}}\zeta_c$$

和 $$\zeta_c = \frac{4N}{\pi(l-d)}\sum_{n=1}^{\infty}\frac{1}{n}\left[\sin\left(\frac{n\pi l}{M}\right)-\sin\left(\frac{n\pi d}{M}\right)\right]\cos\frac{n\pi z}{M}\cdot K_0\left(\frac{n\pi\bar{r}}{M}\right)$$

$$\bar{r} = \sqrt{\frac{K_{zz}}{K_{rr}}}r$$

式中：ζ_c 为非完整性附加阻力系数；δ_s 为非完整性附加水头降深；$\bar{r}$ 为折算为各向同性含水层的径距。

对于一次确定的抽水试验，M、l、d 和 z 是已知的，于是每给定一个 $\bar{r}$ 值，就可以计算出对应的附加阻力系数 ζ_c 和 δ_s（注意，ζ_c 和 δ_s 可以是正值，也可以是负值）。这样，便能够以 AB 为基线作出相应于各向同性条件下的 s-lg$r$ 漏斗曲线（图 10-3-3）。

由此步骤可以看出，内侧各测压计最好具有相同的 z 值，否则对于每一个 z 值均要作一条理论的各向同性含水层的 s-lg$r$ 漏斗曲线。

（4）通过各实测点 D 作 DC 线平行 AB。DC 线与计算的各向同性条件的 s-lg$r$ 曲线交于 C 点，该点的对应距离为 $\bar{r}$。

（5）求比值 $\frac{K_{zz}}{K_{rr}}$

根据关系 $\bar{r} = \sqrt{\frac{K_{zz}}{K_{rr}}}r$，有

$$\frac{K_{zz}}{K_{rr}} = \left(\frac{\bar{r}}{r}\right)^2$$

（6）已知 T、M 和 $\frac{K_{zz}}{K_{rr}}$，可算出 K_{rr} 和 K_{zz}。

（7）按照本节方法二的步骤 5，可以确定参数 a 和 μ_e。

复习思考题

1. 从第 4 章至第 10 章讨论井流问题中，什么条件下要讨论 $K_{zz} \neq K_{rr}$ 或 $K_{zz} \neq K_{xx}(K_{yy})$ 的“剖面各向异性”介质，而另一些条件则无需讨论？为什么？

2. 什么条件要设置测压计式观测孔？为什么？

3. 本章建立微分方程时说：“汉图什越流量近似地平均分配到整个含水层的厚度上”。为什么说这是近似的？

*4. 汉图什和博切韦尔对非完整井流一般观测孔（非测压计式）中的水头降深，采用积分平均方法处理，严格地从理论上、机理上讲，合适吗？

第十一章　研究地下水运动的物理模拟方法

前面各章介绍的都是用解析方法来研究地下水的运动，这种方法局限于解决边界条件和含水层结构比较简单的岩层中地下水运动。对于边界比较复杂或含水层非均质结构复杂的岩层中地下水运动只能采用“模拟”方法解决。

模拟方法可以分为两大类，一是（广义）物理模拟，另一是数值模拟。前者又可分为缩尺模型模拟和（狭义）物理模拟。缩尺模型模拟是按照一定比例尺缩小而构成的实际模型，模拟系统与原型系统呈现相同的物理现象，如砂槽模型模拟的都是渗流现象。（狭义）物理模型模拟根据原型的渗流现象与模型的其他物理现象的相似性及其相同的规律性而制作成各种特殊的模型［如电解槽模型，电网络模型，窄缝槽模型（Hele Shaw），水力积分仪模型等］来研究渗流问题。数值模型模拟是由一组数学方程（包括水流控制方程及相应的定解条件）构成的数学模型，离散化后形成的一系列代数方程组，称之为数值模型。它必须通过程序由数字计算机运行实现其模拟过程。

本章仅仅从教学要求的角度出发分别介绍砂槽模型模拟及连续性电模拟两种。其余的物理模拟方法可以参考《多孔介质流体动力学》(Jacob Bear，1972）中的第十一章。至于数值模拟方法，将在后续课程《地下水运动问题数值方法》中做专门介绍。

§11.1　砂槽（渗流槽）模拟方法

砂槽模拟是将自然界中某种结构和边界条件下的渗流按照一定比例缩小制成模型来研究的一种实验室方法。通过对模型中各运动要素的观测，然后按同一比例放大而得到的自然界渗流的各个相应要素。

砂槽模拟的优点是：能够直接观测到液体在模型中再现出的流动现象和过程，能够研究由于渗流引起的机械潜蚀，同时还可以研究多种液体的渗流。当研究渗流机理以改进基本理论，或验证简化近似法的解析结果或数值结果时，常常采用砂槽模拟方法。但这种方法也存在着下列严重的缺点：模型制作比较复杂，某些运动要素测量比较困难，花时间多等。

一、砂槽结构

根据研究课题的不同和渗流边界的特点，砂槽形状可以是不相同的，通常有两种常用的形状：对于平面渗流，采用矩形渗流槽；而对于径向流，则采用圆形或扇形渗流槽。

砂槽由槽首、槽身、槽尾三部分组成。槽首和槽尾均有溢水设备，以控制上、下游的水位。槽身是模型的主体，一般装有经过筛分的砂土。一侧装透明玻璃以便直接观测渗流现象，另一侧装置一系列测压管（图 11-1-1）。

实验时，水由槽首（上游）供给，流经槽身，最后由槽尾（下游）流出。模型的渗流量由槽尾出口处用量筒、秒表测量。模型内的水头分布状况，可以从槽身中的测压管水位观测得到。有时，为了观测渗流的迹线和流线形状，可以用颜色水（如高锰酸钾）注入槽身以便直接观察。

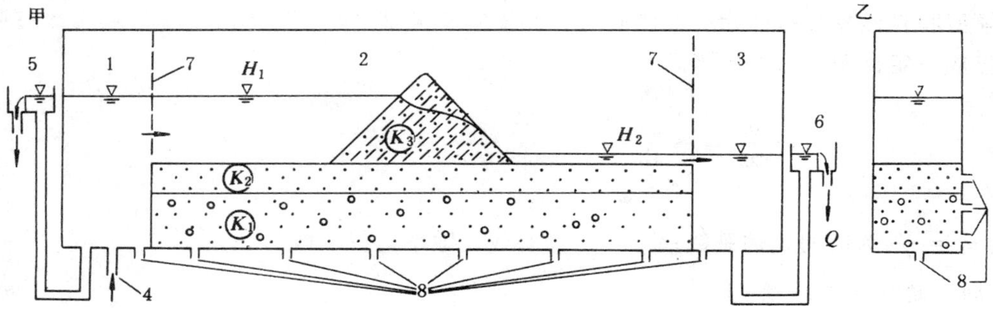

图 11-1-1 砂槽的结构图

1—槽首；2—槽身；3—槽尾；4—水源；5—槽首的溢水设备；6—槽尾的溢水设备；7—滤网；8—测压管接头

二、砂槽模拟的基本原理

砂槽模拟的最终目的是，把模型中所观测到的结果换算成自然界的实际水流所具有的相应的数值。为了达到这目的，必须建立模型的各物理量和自然界实际渗流各物理量之间的固定比例关系。

为了使模型和自然界的各物理量呈一定的比例关系，要求模型的设计、制作和模拟必须遵守下列四个条件。

（一）几何相似

模型和自然界渗流之间凡是具有长度因次的各物理量都应该成同一比例关系。若以 α_l 表示长度比例系数(α 表示比例系数,角码 l 表示长度因次)，则模型制作时，它的长度、宽度、含水层厚度、渗流长度及水头值，应满足下列关系：

$$\alpha_l = \frac{l_n}{l_m} = \frac{b_n}{b_m} = \frac{M_n}{M_m} = \frac{H_n}{H_m} \tag{11-1-1}$$

式中：l_n、b_n、M_n 分别为自然界渗流区的长度、宽度和厚度（角码 n 表示自然界渗流区）；l_m、b_m、M_m 分别为模型渗流区的长度、宽度和厚度（脚码 m 表示模型渗流区）；H_n、H_m 分别为自然界渗流区及模型渗流区的水头。

满足上述比例关系制作的模型，保证了它与自然界整个渗流区的几何相似。

对于非均质含水层，除了渗流区的几何形状应该相似外，各层（或透镜体）的几何形状也要相似，长度尺寸要满足（11-1-1）式。

（二）动力相似

模型和自然界渗流相应质点所作用的性质相同的力，应保持一定的比例。由于自然界绝大部分渗流为层流状态，惯性力远远小于粘滞力，所以模型制作时应满足：可忽略惯性力，使模型中渗流保持层流状态。这样，自然界渗流和模型渗流都服从线性定律。因此，应满足：

$$\alpha_v = \frac{v_n}{v_m} = \frac{-K_n \dfrac{\mathrm{d}H_n}{\mathrm{d}l_n}}{-K \dfrac{\mathrm{d}H_m}{\mathrm{d}l_m}} = \alpha_K \tag{11-1-2}$$

式中：$\alpha_v = \dfrac{v_n}{v_m}$ 为渗透速度比例系数；$\alpha_K = \dfrac{K_n}{K_m}$ 为渗透系数的比例系数。

（三）运动相似

模型和自然界渗流的相应液体质点的迹线应该相似，而且液体质点流过相应线段所需要时间应成一定比例，为此应满足

$$\alpha_v = \frac{v_n}{v_m} = \frac{n_n \frac{dl_n}{dt_n}}{n_m \frac{dl_m}{dt_m}} = \frac{\alpha_n \alpha_l}{\alpha_t} \tag{11-1-3}$$

式中：$\alpha_t = \frac{t_n}{t_m}$ 为时间比例系数；$\alpha_n = \frac{n_n}{n_m}$ 为有效孔隙率比例系数。

（四）边界条件一致

模型边界的性质和形状应和自然界完全一致。若为水头边界，则要求模型的起始时刻和整个实验过程中边界水头比例保持不变。假如自然界具有渗入补给（或蒸发消耗）的渗流，也应满足渗入量（或蒸发消耗）按一定比例，即

$$\alpha_\varepsilon = \alpha_k \tag{11-1-4}$$

其中，α_ε 为渗入强度比例系数。

模型的设计、制作和模拟都必须遵守上述四个条件。模型设计的程序一般是：首先根据自然渗流区大小及其他具有长度因次的物理量，选择出长度比例 α_l 确定渗流槽的大小。然后再根据勘探所得到的 K_n 及给水度 n_n，结合实验室已有备用砂土来确定渗透系数的比例系数 α_k 和有效孔隙率比例系数 α_n。

模型设计中，α_l、α_k、α_n 可以按照实际情况自行选择，而其他比例系数 α_n、α_ε、α_t 及 α_v、α_θ 都由上述三个基本比例系数导得

$$\alpha_h = \frac{H_n}{H_m} = \frac{l_n}{l_m} = \alpha_l \tag{11-1-5}$$

$$\alpha_\varepsilon = - \alpha_k \tag{11-1-6}$$

$$\alpha_t = \frac{\alpha_n \alpha_t}{\alpha_k} \tag{11-1-7}$$

$$\alpha_\theta = \frac{\theta_n}{\theta_m} = \frac{v_n A_n}{v_m A_m} = \alpha_v \frac{b_n M_n}{b_m M_m} = \alpha_k \alpha_l^2 \tag{11-1-8}$$

这样，自然界渗流所需要的水头和流量值可通过模型实验测定相应的值，再利用比例系数 α_l 和 α_θ 换算而得自然界实际的数值。

§11.2 连续型电模拟方法

电模拟按空间变量是否连续，分为连续型的和离散型的两种。在连续型模拟装置中，原型系统的每一空间点均被模拟，即任一空间点均可模拟出相应的运动要素。对于离散型的模拟装置，则只能在预先指定的某些空间点处确定运动要素。

连续型电模拟包括电解槽和导电纸等模拟，后者只用来研究二维渗流，前者则可模拟三维渗流。连续型电模拟通常用于地下水稳定流动的研究，因此它的应用受到一定的限制。

离散型电模拟（也称电网络模拟）又分为R型、R—R型和R—C型几种。R型用于模拟地下水稳定流动，后两者可用于不稳定流动。R—R型在时间上是离散的，R—C型在时间上是连续的。这两种电网络模拟，既可用于二维渗流，也可用于三维渗流；既可模拟稳定流，也可模拟不稳定流；而且对于非均质性、各向异性的处理也都比较简便。所以R—R型和R—C型电网络曾是解决生产实际问题的强有力的手段之一。它的缺点是，模拟无压流动的操作麻

烦。由于电网络模拟装置的制作工艺繁、难、造价昂贵，在微型计算机高速发展的当今，数值模拟方法以它的灵活方便等多种优点而被广泛采用，致使电网络模拟应用日趋减少。本教材为满足教学要求只介绍连续型电模型。

一、连续型电模拟基本原理

电模型与渗流原型是物理范畴完全不同的两个系统，那么，为什么能彼此模拟呢？这是因为当均匀不可压缩流体在不可变形的多孔介质中作层流运动时，它与电流通过导电介质的流动之间存在相似性。即：①两种系统的运动要素、参数之间存在一一对应关系，例如水头与电位，渗透流速与电流密度等（见表 11-2-1）；②对应的运动要素彼此以类似的公式建立起关系，例如直线渗透定律与欧姆定律（见表 11-2-1）。或者说，若两系统以同一形式的微分方程（这里都是拉普拉斯方程）控制，则说明它们之间具有相似性，存在彼此模拟的基础。

表 11-2-1　渗流场与电场特征对比表

渗　　流　　场	电　　场
水头 H	电位 U
渗流途径长度 s	电流途径度 s
水力梯（坡）度 $-\frac{\partial H}{\partial s}$	电位梯度 $-\frac{\partial H}{\partial s}$
渗透系数 K	导电率 C
渗透速度 v	电流密度 i
直线渗透定律 $v=-K\frac{\partial H}{\partial s}$	欧姆定律 $i=-C\frac{\partial U}{\partial s}$
渗流断面面积 A	电流断面面积 F
渗透流量 $Q=v\cdot A$	电流强度 $I=i\cdot F$
等水头面 $H=$ 常数	等电位面 $U=$ 常数
流线	电力线
流网	电力网
隔水边界 $\frac{\partial H}{\partial n}=0$	绝缘边界 $\frac{\partial H}{\partial n}=0$
定水头边界 $H=\text{const.}$	定电位边界 $U=\text{const.}$

二、电模型设计要求

前已叙及，均匀不可压缩流体通过不变形多孔介质流动（层流）的微分方程与电通过导电介质流动的微分方程，在形式上是相似的。为了能够从电模型上测得的物理量直接转化为被模拟渗流场上相应的物理量，电模型的设计必须遵守下列三个相似条件：

（1）电模型与渗流区（包括边界轮廓和非均质含水层的内部结构形状）应保持几何相似[图 11-2-1（a）和图 11-2-1（b）]。

（2）电模型和渗流区边界条件应保持一致[图 11-2-1（a）和图 11-2-1（b）]。导电边界和透水边界相对应，绝缘边界与隔水边界相对应。在圈定渗流区时，经常以流面或等水头面作为界限，流面具有隔水性质，可以用绝缘边界模拟；等水头面具有透水性质，可以用导电边界模拟。

若渗流区只有两个透水边界，则模拟透水边界时两导电边界上的电位可以任选，形成一固定的电位差就可进行试验。若渗流区多于两个透水边界（河间地块有一口井抽水，就存在

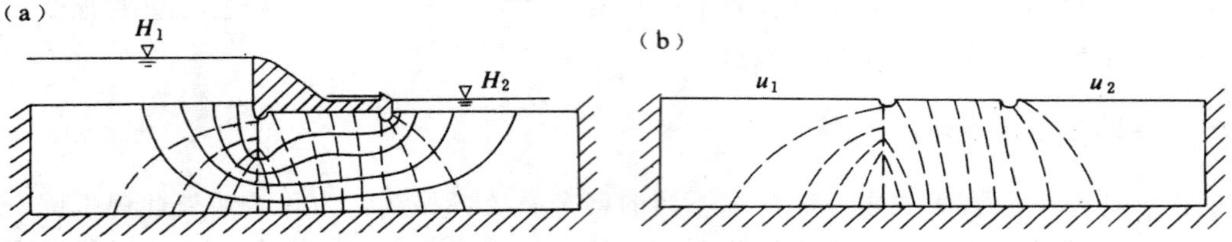

图 11-2-1　坝下渗流区的电模拟模型

三个透水边界），就要求导电边界上的电位分配与透水边界上的水头分布保持同一比例，即

$$\frac{U_1}{H_1}=\frac{U_2}{H_2}=\cdots=\frac{U_n}{H_n} \tag{11-2-1}$$

(3) 渗流区若为非均质含水层，电模型中导电介质也采取不同的导电系数 C，而且应满足导电系数 C 和渗透系数 K 之比等于常数，即

$$\frac{C_1}{K_1}=\frac{C_2}{K_2}=\cdots=\frac{C_n}{K_n} \tag{11-2-2}$$

或

$$\frac{1}{\rho_1 K_1}=\frac{1}{\rho_2 K_2}=\cdots=\frac{1}{\rho_n K_n} \tag{11-2-3}$$

式中：$\frac{1}{\rho_1},\frac{1}{\rho_2},\cdots,\frac{1}{\rho_n}$ 分别为模型第 $1,2,\cdots,n$ 层导电材料的导电系数；$K_1,K_2,\cdots,K_n$ 为所模拟的渗流区内相应各层的渗透系数。若渗流区为均质岩层，模型的导电介质可以任意选择。

三、模型的截取和合理简化

我们以坝下渗流为例来模拟，当坝体建在有限厚的透水层之上时（图 11-2-2），模型上、下游的透水边界的长度按 $l=(1.5\sim2)T$ 来截取；T 为透水层厚度。

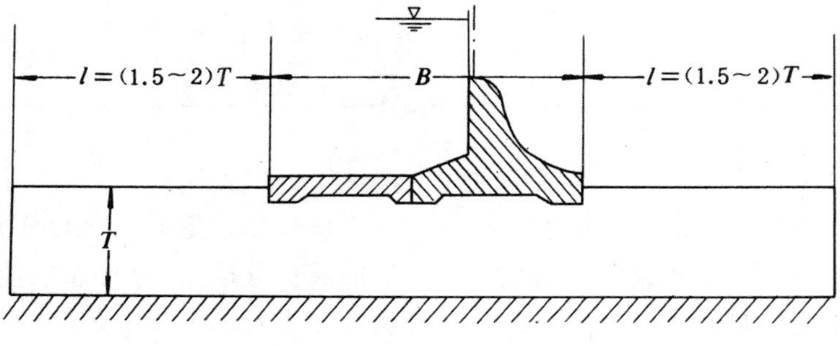

图 11-2-2　坝下有限含水层模型范围的截取

若坝体建在很厚的透水层之上时，由于深部的流线形状接近于半圆，一定深度之下，流速极小，渗流量不影响整体计算成果。所以，模型底部轮廓可取半圆形，圆心取在坝体底下轮廓的中心，半径 R 要满足下边的两关系式(图 11-2-3)：$R\geqslant1.5B$ 或 $R\geqslant3S$。B 为坝底的宽度，而 S 为坝下板桩的长度。

总之，在不同自然条件下的流场，在制作模型时，模型范围的截取和条件简化应遵守的原则是：既要使模型制作、试验操作简单易行，但又要保证试验成果能反映实际情况。

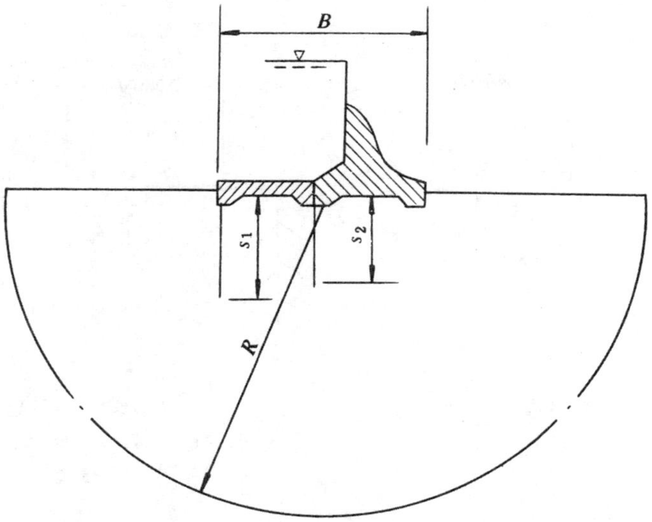

图 11-2-3　坝下无限含水层模型范围的截取

四、模型试验的材料选择

关于模型边界的材料：与渗流区等水头边界相对应的导电边界一般多采用紫铜板，厚度0.2～1.0mm，这种用来控制等电位边界的金属板称汇流板。与渗流区隔水边界相对应的绝缘边界，通常用玻璃板、油添过的木板、橡皮泥等制作。

模型的导电材料应满足：①导电性在试验所需的时间内保持不变或变化很小；②可以在足够大的范围内用人工方法改变材料的导电系数；③导电材料与汇流板间，以及非均质模型中不同导电材料之间应有良好的接触；④导电材料的导电性应该均匀，其加工、制作方便且经济。

常用导电材料有：导电液，最常用的是硫酸铜溶液和氯化钠液；胶体导电材料，有动物胶和植物胶如肉皮冻、洋芽等加入电解质（硫酸铜、精盐等）来调配；固体导电材料如锡箔、炭粉等。

五、电模型的装置及工作方法

用电模型研究渗流的主要任务是确定渗透流量和等水头线或流网。渗流区的等水头线是通过对电模型等电位线的测定而得到的。

测定连续电模型等电位线的分布，是利用惠斯登电桥装置来进行的，如图 11-2-4 所示。电路 AC 与 CB，AD 与 DB 为两串联电路；而电路 ACB 与 ADB 为并联电路。当电阻分布为

$$\frac{R_{AC}}{R_{CB}}=\frac{R_{AD}}{R_{DB}} \tag{11-2-4}$$

此时，C 点与 D 点的电位相等，连接 C、D 两点的电位计无电流通过。

用于测定电模型中等电位线的水电比拟仪（图 11-2-5）是根据惠斯登电桥原理装置的（图 11-2-4），电阻 R_{AC} 和 R_{CB} 构成电桥的两个臂，而测针所指的测点 D 又将模型分成两个电阻 R_{AD} 和 R_{DB} 构成电桥的另外两个臂。中间 C 和 D 点连接一个检流计，当无电流通过时，电阻分布应满足（11-2-4）式，此时 $U_C=U_D$。实验时，首先调整电阻 R_{AC} 和 R_{CB} 成一定比例，使 C 点得到

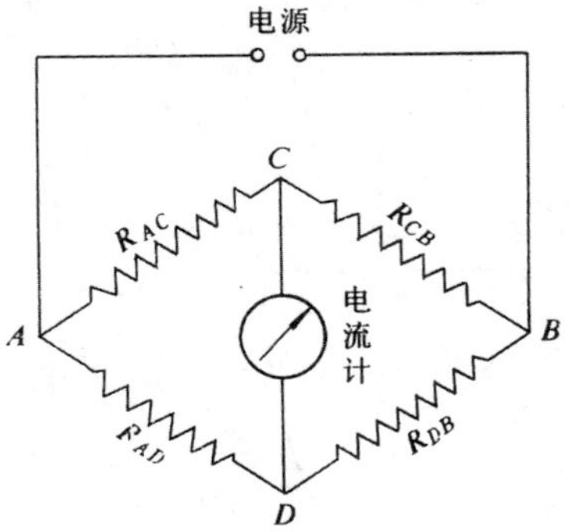

图 11-2-4 惠斯登电桥电路

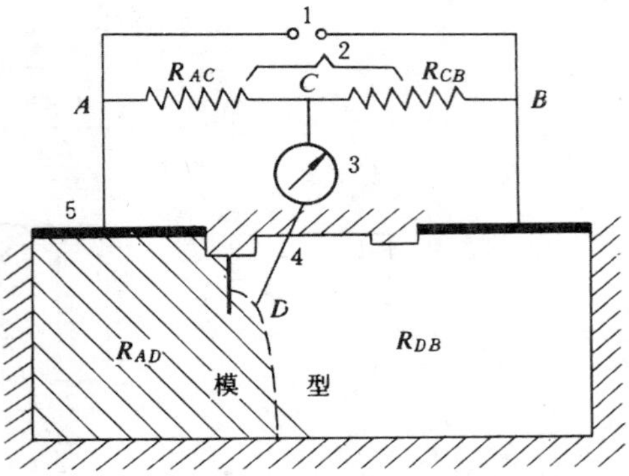

图 11-2-5 水电比拟仪的电路

1—电源；2—标准电位计；3—检流计

4—测针；5—汇流板

一定的电位 U_C，然后利用探针在模型中移动，当检流计中没有电流通过就得到一系列 U_C 等势点，将其连成等电位线。然后改变电阻 R_{AC} 和 R_{CB} 的比例，则得到不同的 U_C 值，重复上述步骤，可得到一系列等电位线。我们可根据欧姆定律：

$$I_1 = \frac{U_A - U_C}{R_{AC}} = \frac{U_C - U_B}{R_{CB}} \quad 或 \quad \frac{R_{CB}}{R_{AC}} = \frac{U_C - U_B}{U_A - U_C}$$

以及合比定律可得

$$\frac{R_{CB}}{R_{AC} + R_{CB}} = \frac{U_C - U_B}{(U_A - U_C) + (U_C - U_B)}$$

得到

$$U_C = U_B + \frac{R_{CB}}{R_{AB}}(U_A - U_B)$$

同理

$$U_D = U_B + \frac{R_{CB}}{R_{AB}}(U_A - U_B) \tag{11-2-5}$$

根据相似关系，电模型中的等电位线相当于渗流区的等水头线，其水头值可用（11-2-5）式改写成水头线方程

$$H_1 = H_2 + \frac{R_{CB}}{R_{AB}}(U_A - U_B) \tag{11-2-6}$$

式中：H_1 和 H_2 为渗流区上游和下游的水头值。

利用上述方法测得电模型的等电位线后，可以根据在各向同性介质中电力线与等电位线相正交的原理绘制出一系列电力线而构成了电力网，也就是渗流区的流网。有了流网就可计算任意点的水头值、水力坡度、渗透流速及渗透流量。

§11.3 流网计算渗流区的运动要素及渗流量

用各种模拟方法绘制成的流网，都可用来计算渗流区的运动要素及渗流量，现以坝下流网为例来计算（图 11-3-1）。

1. 水头值的确定

A 点在 0.2 水头线上，故它的水头值 H_A 为

$$H_A = H_2 + 0.2H$$

式中：$H = H_1 - H_2$。

2. 水力坡度的确定

B 点处于 $0.6H$ 和 $0.7H$ 两水头线之间，因此通过 B 点作流线至两相邻的水头线，量得的长度为 Δs，两相邻等水头线的水头差为 ΔH 为已知，则得

$$J_B = \frac{\Delta H}{\Delta s} \tag{11-3-1}$$

3. 渗透流速的确定

B 点的渗透流速 v_B 为

$$v_B = K\frac{\Delta H}{\Delta s} \tag{11-3-2}$$

式中：K 为渗透系数。

4. 渗流量的确定

在图 11-3-1 中取任一网格 i，该网格的平均渗流长度（中间流线）为 Δs_i，平均渗流断面的厚度（中间等水头线）为 ΔT_i，两相邻水头线的水头差为 ΔH_i，则该网格的单宽流量 q_i 为

$$q_i = K\frac{\Delta H_i}{\Delta s_i}\Delta T_i \tag{11-3-3}$$

而整个渗流区的单宽流量是沿等水头线方向各网格单宽流量之和，即

$$q = \sum_{i=1}^{M} q_i = K\sum_{i=1}^{M}\frac{\Delta H_i}{\Delta s_i}\Delta T_i \tag{11-3-4}$$

式中：M 为沿等水头线方向的网格数（图 11-3-1 中 $M = 5$）。

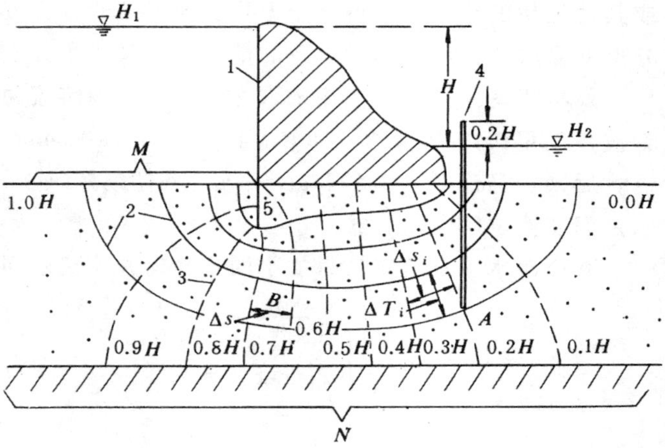

图 11-3-1　坝下流网图

1—坝体；2—流线；3—等水头线；4—测压管；5—板桩

绘制流网时，若使各等势线间的水头差均相等，即各网格的水头差都相等（一般都是这样绘制的），则上式为

$$q = K\Delta H\sum_{i=1}^{M}\frac{\Delta T_i}{\Delta s_i} \tag{11-3-5}$$

设沿流线的网格数为 N（图 11-3-1 中 $N = 10$），则

$$\Delta H = \frac{H_1 - H_2}{N} = \frac{H}{N} \tag{11-3-6}$$

并将流线画成曲线正方网格即 $\Delta s_i = \Delta T_i$。这样，渗流量计算可简化为

$$q = KH\frac{M}{N} \tag{11-3-7}$$

式中：H 为上下游水头差。

这样，只需通过计算网格即可求得渗流量。

附录 I　泰斯公式的博尔兹门变换解法

博尔兹门（L. Boltzmann）法是 1894 年提出的。此法的特点是引入一个二元函数

$$u = \frac{r^2}{4at}$$

或

$$\lambda = \frac{x}{\sqrt{t}}$$

或其他类似的形式，将偏微分方程变换成常微分方程，然后再解后者的方法。此法比经典的分离变量法要简明，而所涉及的数学知识又比积分变换法要简单些。

最早将博尔兹门变换用来求解地下水不稳定流动问题（解泰斯公式）的可能是前苏联学者波卢巴里诺娃-柯琴娜（Л. Я. Полубаринова-Кочина），她没有提及"博尔兹门变换"这个术语。后来，马修斯（C. S. Matthews）和拉塞尔（D. G. Russell）又比较详细地介绍了用博尔兹门变换求解泰斯公式。

泰斯含水层系统定流量抽水的不稳定井流定解问题可描述为

$$(\text{I})\begin{cases} a\left(\dfrac{\partial^2 H}{\partial r^2} + \dfrac{1}{r}\dfrac{\partial H}{\partial r}\right) = \dfrac{\partial H}{\partial t} & (0 \leqslant r < \infty, t > 0) & (\text{I-1}) \\ H(r,0) = H_0 & (0 \leqslant r < \infty) & (\text{I-2}) \\ H(\infty,t) = H_0 & (t > 0) & (\text{I-3}) \\ \lim\limits_{r\to 0} r\dfrac{\partial H}{\partial r} = \dfrac{Q}{2\pi T}(\text{常量}) & (t > 0) & (\text{I-4}) \end{cases}$$

式中：a 为含水层水头扩散系数或压力传导系数；H 为水头（为 r,t 的函数）；H_0 为初始水头；r 为任意点至抽水井的距离；t 为从抽水开始起算的时间；Q 为抽水井的流量；T 为含水层导水系数。

令

$$u = \frac{r^2}{4at}$$

则

$$\frac{\partial u}{\partial r} = \frac{2r}{4at} = \frac{r}{2at}$$

$$\frac{\partial u}{\partial t} = \frac{r^2}{4a}\left(\frac{-1}{t^2}\right) = -\frac{u}{t}$$

H 是 u 的函数，而 u 又是 r 和 t 的函数，依复合函数求导数法则，有

$$\frac{\partial H}{\partial r} = \frac{\mathrm{d}H}{\mathrm{d}u}\frac{\partial u}{\partial r} = \frac{\mathrm{d}H}{\mathrm{d}u}\frac{r}{2at}$$

或写为

$$r\frac{\partial H}{\partial r} = \frac{\mathrm{d}H}{\mathrm{d}u}\frac{r^2}{2at} = \frac{\mathrm{d}H}{\mathrm{d}u}2u \tag{I-5}$$

于是

$$\frac{\partial^2 H}{\partial r^2} = \frac{\partial}{\partial r}\left(\frac{\partial H}{\partial r}\right) = \frac{\partial}{\partial r}\left(\frac{\mathrm{d}H}{\mathrm{d}u}\frac{r}{2at}\right)$$

$$= \frac{dH}{du}\frac{1}{2at} + \frac{r}{2at}\frac{\partial}{\partial r}\left(\frac{dH}{du}\right)$$

$$= \frac{1}{2at}\frac{dH}{du} + \frac{r}{2at}\frac{d}{du}\left(\frac{dH}{du}\right)\frac{\partial u}{\partial r}$$

$$= \frac{1}{2at}\frac{dH}{du} + \left(\frac{r}{2at}\right)^2\frac{d^2H}{du^2}$$

和

$$\frac{\partial H}{\partial t} = \frac{dH}{du}\frac{\partial u}{\partial t} = \frac{dH}{du}\left(-\frac{u}{t}\right)$$

将上述三个关系代入（Ⅰ-1）式，得

$$a\left[\frac{1}{2at}\frac{dH}{du} + \left(\frac{r}{2at}\right)^2\frac{d^2H}{du^2} + \frac{1}{r}\frac{r}{2at}\frac{dH}{du}\right] = -\frac{u}{t}\frac{dH}{du}$$

这样，偏微分方程（Ⅰ-1）变为常微分方程

（Ⅰ）′

$$u\frac{d^2H}{du^2} + (1+u)\frac{dH}{du} = 0 \qquad (Ⅰ\text{-}6)$$

初始条件（Ⅰ-2）式和外边界条件（Ⅰ-3）式可合写为

$$H(u)\Big|_{u\to\infty} = H_0 \qquad (Ⅰ\text{-}7)$$

注意到（Ⅰ-5）式，内边界条件（Ⅰ-4）式可写为

$$\lim_{u\to 0} 2u\frac{dH}{du} = \frac{Q}{2\pi T}\text{（常量）} \qquad (Ⅰ\text{-}8)$$

这样，问题（Ⅰ）变为问题（Ⅰ）′。

下面解方程（Ⅰ-6）式：

令

$$H' = \frac{dH}{du}$$

则（Ⅰ-6）式可写为

$$u\frac{dH'}{du} + (1+u)H' = 0 \qquad (Ⅰ\text{-}9)$$

即

$$u\frac{dH'}{du} = -(1+u)H'$$

分离变量

$$\frac{dH'}{H'} = -\frac{du}{u} - du$$

积分

$$\ln H' = -\ln u - u + C$$

即

$$H' = \frac{dH}{du} = e^{-\ln u - u + c} = \frac{C_1}{u}e^{-u} \qquad (Ⅰ\text{-}10)$$

（其中 $C_1 = e^c$）

或

$$2u\frac{H}{du} = 2C_1 e^{-u}$$

根据边界条件（Ⅰ-8）式确定积分常数 C_1：

$$\frac{Q}{2\pi T} = \lim_{u\to 0} 2u\frac{dH}{du} = 2C_1$$

得

$$C_1 = \frac{Q}{4\pi T}$$

将所得 C_1 值代回到（Ⅰ-10）式，得

$$\frac{dH}{du} = \frac{Q}{4\pi T}\frac{e^{-u}}{u}$$

再一次分离变量

$$dH = \frac{Q}{4\pi T}\frac{e^{-u}}{u}du$$

积分，并注意条件（Ⅰ-7），得

$$\int_H^{H_0} dH = \frac{Q}{4\pi T}\int_u^{\infty}\frac{e^{-u}}{u}du$$

即得泰斯公式

$$s = H_0 - H = \frac{Q}{4\pi T}\int_u^{\infty}\frac{e^{-u}}{u}du \tag{Ⅰ-11}$$

指数积分函数在水文地质计算中可用井函数表示，即

$$W(u) = \int_u^{\infty}\frac{e^{-u}}{u}du$$

于是得泰斯公式的常用表达式

$$s = \frac{Q}{4\pi T}W(u) \tag{Ⅰ-12}$$

式中：$u = \frac{r^2}{4at}$。

附录Ⅱ　主要符号一览表

A　邻井扰动系数

$A(\bar{r},\bar{t}) = 1 - \dfrac{2}{\pi}\displaystyle\int_0^{\infty} \dfrac{J_0(u)Y_0(\bar{r}u) - Y_0(u)J_0(\bar{r}u)}{J_0^2(u) - Y_0^2(u)} \mathrm{e}^{-\bar{t}u^2} \dfrac{\mathrm{d}u}{u}$　（表 6-5-2）

A_c　圆形面井井函数

A_r　矩形面井井数

$a = \dfrac{K}{\mu_s}$ 水头扩散系数或压力传导系数　$[L^2T^{-1}]$

$a_d = \dfrac{Kh_m}{\mu_d}$　潜水水平二维流动的水位扩散（传导）系数

$a_e = \dfrac{KM}{\mu_e}$　承压水水平二维流动的水头扩散（传导）系数

$a_z = \dfrac{K_z}{\mu_s}$

$a' = \dfrac{K'}{\mu'_s}$

$a'' = \dfrac{K''}{\mu''_s}$

$B = \sqrt{\dfrac{TM'}{K'}}$　$\left(\dfrac{1}{B}\right.$　越流补给系数$\left.\right)$　$[L]$

$B_r = \sqrt{\dfrac{K_{rr}MM'}{K'}}$

$B_z = \sqrt{\dfrac{K_{zz}MM'}{K'}}$

$B' = \sqrt{\dfrac{TM'}{K'}}$

$B'' = \sqrt{\dfrac{TM''}{K''}}$

C　井损系数$[T^2L^{-5}]$

C_f　修正系数

$\dfrac{1}{D} = \dfrac{1}{4B'}\sqrt{\dfrac{\mu'}{\mu}} + \dfrac{1}{4B''}\sqrt{\dfrac{\mu''}{\mu}}$　$[L^{-1}]$

d　不完整主井滤管顶点的 z 坐标值　$[L]$

d'　不完整观测井滤管顶点的 z 坐标值　$[L]$

$\mathrm{e} = \dfrac{V_v}{V_s}$　岩土的孔隙比

$E_i(u) = -\displaystyle\int_u^{\infty} \dfrac{\mathrm{e}^{-x}}{x}\mathrm{d}x$　指数积分函数

$\mathrm{erf}(x) = \dfrac{2}{\sqrt{\pi}}\displaystyle\int_0^x \mathrm{e}^{-t^2}\mathrm{d}t$　误差函数

$\mathrm{erfc}(x) = 1 - \mathrm{erf}(x) = \frac{2}{\sqrt{\pi}}\int_x^{\infty} e^{-t^2} dt$　余补误差函数

F　单位长度瞬时空间线汇的强度　[L^2]

F_a　点井控制的含水层面积　[L^2]

G　重量　[G]

$G(\bar{t}) = \frac{4\bar{t}}{\pi}\int_0^{\infty} x e^{-\bar{t}x^2}\left\{\frac{\pi}{2} + \mathrm{tg}^{-1}\left[\frac{Y_0(x)}{J_0(x)}\right]\right\}dx$

$G\left(\bar{t}, \frac{r_w}{B}\right) = \frac{r_w}{B} \cdot \frac{K_1\left(\frac{r_w}{B}\right)}{K_0\left(\frac{r_w}{B}\right)} + \frac{4}{\pi^2} e^{\bar{t}\left(\frac{r_w}{B}\right)^2}\int_0^{\infty} \frac{u e^{-\bar{t}u^2}}{J_0^2(u) + Y_0^2(u)} \cdot \frac{du}{u^2 + \left(\frac{r_w}{B}\right)^2}$

H　水头[L]

H_0　初始水头

H_w　主井中水头

$H\left(u, \frac{r}{D}\right) = \int_u^{\infty} \frac{e^{-y}}{y} \mathrm{erfc}\left[\frac{\frac{r}{D}\sqrt{u}}{\sqrt{y(y-u)}}\right] dy$

h　无压含水层水位(厚度)—— 水平隔水底板条件　[L]

h_c　无压含水层开采区中心点处的水位

h_0　无压含水层初始水位

h_m　无压含水层平均厚度

h_s　无压抽水井井壁水位

h_w　无压抽水井井中水位

h_p　测压高度　[L]

$I_0(x)$　虚宗量零阶第一类贝塞尔函数

$I_1(x)$　虚宗量一阶第一类贝塞尔函数

i　曲线的拐点

$J_0(x)$　零阶第一类贝塞尔函数

$J_1(x)$　一阶第一类贝塞尔函数

$K_0(x)$　虚宗量零阶第二类贝塞尔函数

$K_1(x)$　虚宗量一阶第二类贝塞尔函数

K　渗透系数　[LT^{-1}]

K_{xx}　x 方向主渗透系数

K_{yy}　y 方向主渗透系数

K_{rr}　水平方向主渗透系数

K_{zz}　垂直方向主渗透系数

K_A　井周扰动带渗透系数

$L(u, \beta) = \int_0^{\infty} \frac{e^{-y}}{y} \mathrm{erf}(\beta\sqrt{y}) dy$

l　不完整主井滤管底部的 z 坐标值[L]

l'　不完整观测孔滤管底部的 z 坐标值[L]

$\lg x = 0.434 \ln x$　常用对数

$\ln x = 2.303\lg x$ 自然对数

M 承压含水层厚度 [L]

M' 下弱含水层厚度

M'' 上弱含水层厚度

m 曲线的斜率

m_i 曲线拐点处的斜率

n 有效空隙率

p 水压 [GL^{-2}]

p_s 骨架压力 [GL^{-2}]

Q 井孔流量 [L^3T^{-1}]

Q_A 面井流量

Q_{min} 最小流量(稳定流量)

Q_r r 断面的流量

Q_s 干扰井群的总流量

$q = \dfrac{r^2}{4B^2u} = \dfrac{at}{B^2}$

R 影响半径 [L]

R_0 圆形开采区半径(§6.2) [L]

承压流转为无压流的径向距离(§6.6) [L]

R_a 圆形含水层的半径 [L]

$R_k = \dfrac{K_z}{K_r}$ 各向异性含水层主渗透系数之比(各向异性度)

$R_\mu = \dfrac{\mu_e}{\mu_d}$ 给水度之比

r 研究点至主井中心的距离 〔L〕

r_A 井周扰动半径

r_c 套管半径

r_w 井孔有效半径

r'_w 井孔名义半径

$\bar{r}$ 折算为各向同性含水层的观测点径距(第10、11章)

$\bar{r} = \dfrac{r}{R_0}$ 无因次径距(§6.2)

$\dfrac{r}{r_w}$ 无因次径距(§6.5)

$\dfrac{r}{h_0}$ 无因次径距(§8.4)

s 水头降深或剩余降深 [L]

s_A 井周扰动效应附加降深

s_N 井周正常降深

s_i s-t 曲线拐点处的降深

s_{max} 最大降深(稳定降深)

s_w 主井中降深

s' 水头回升值 [L]

s_0 标准曲线对比法中的纵坐标平移值($\lg s_0$)或直线图解法中 s 坐标轴的截距

$T = KM$ 承压含水层导水系数 $[L^2T^{-1}]$

Kh 无压含水层导水系数 $[L^3T^{-1}]$

$T_{xx} = K_{xx}M$ x 方向主导水系数

$T_{yy} = K_{yy}M$ y 方向主导水系数

$T_\theta = K_\theta M$ θ 方向导水系数

t 抽水时间或水位恢复时间 [T]

t_i 曲线拐点处的时间

t_p 水位恢复试验中的抽水持续时间

$\bar{t} = \dfrac{at}{R_0^2}$ 无因次时间(§6.2)

$\dfrac{at}{r_w^2}$ 无因次时间(§6.5)

$\bar{t}_e = \dfrac{Tt}{\mu_e r^2}$ 关于 μ_e 的无因次时间

$\bar{t}_d = \dfrac{Tt}{\mu_d r^2}$ 关于 μ_d 的无因次时间

t_0 标准曲线对比法中的横坐标平移值($\lg t_0$)或直线图解法中直线零降深处的 t 值

$u = \dfrac{r^2}{4at}$

u_i 曲线拐点的 u 值

$u_r = \dfrac{r^2}{4a_r t}$

$\bar{u}_z = \dfrac{\bar{r}^2}{4a_z t}$

u 地下水孔隙平均流速或实际流速 $[LT^{-1}]$

$v = -K\dfrac{\partial H}{\partial l}$ 渗流速度$[LT^{-1}]$

$v_x = -K\dfrac{\partial H}{\partial x}$ 渗流速度 x 方向分量

$v_y = -K\dfrac{\partial H}{\partial y}$ 渗流速度 y 方向分量

$v_z = -K\dfrac{\partial H}{\partial z}$ 渗流速度 z 方向分量

V 体积 $[L^3]$

V_v 岩土空隙体积

V_d 重力给水体积

V_e 弹性释放体积

V_M 含水层厚度为 M 的平面瞬时点汇的强度

V_p 空间瞬时点汇的强度

V_s 岩土骨架体积

$W(u) = \int_u^\infty \dfrac{e^{-x}}{x}dx$ 无越流含水层井函数(泰斯井函数)

$W^{-1}(u)$ 无越流含水层井函数的反函数

$W\left(u,\frac{r}{B}\right)=\int_u^\infty \frac{1}{y}e^{-\left(y+\frac{r^2}{4B^2y}\right)}dy$ 第一类越流系统定流量井函数

$W_m(u)$ 多主井综合井函数

$Y_0(x)$ 零阶第二类贝塞尔函数

$y_1(x)$ 一阶第二类贝塞尔函数

z 坐标或水头的位置高度 [L]

$\bar{z}=\frac{z}{h_0}$ 无因次高度

α 岩土的体积弹性压缩系数 $[L^2G^{-1}]$

$$\alpha=\frac{r_w^2\mu_e}{r_c}$$

$$\alpha_i=\frac{Q_i}{Q_s}$$

$\frac{1}{\alpha}$ 滞后指数

$$\beta=\frac{Tt}{r_c^2}$$

β 水的体积弹性压缩系数 $[L^2G^{-1}]$

$\beta_i=\frac{Q_1-Q_{i-1}}{Q_1}$

γ 水的重率

$\delta_1=1+\frac{\mu'+\mu''}{3\mu}$

$\delta_2=1+\frac{\mu'+\mu''}{\mu}$

$\delta_3=1+\frac{\mu''+\frac{\mu'}{3}}{\mu}$

δ_s 不完整性附加降深

ε 三维流或剖面二维流源汇的强度 $[LT^{-1}]$

ζ_c 不完整性附加阻力系数

$\eta=\frac{\mu_e+\mu_d}{\mu_e}$

λ 主井至直线边界的距离 [L]

μ 给水度

μ_d 重力给水度

$\mu_e=M\gamma(n\beta+\alpha)$ 弹性给水度

μ' 上弱含水层弹性给水度

μ'' 下弱含水层弹性给水度

$\mu_s=\frac{\mu_e}{M}$ 比弹性给水度 $[L^{-1}]$

ρ 虚井至任意点的距离 [L]

$\rho=\frac{r}{h_0}$ 无因次径距

$\tau=\frac{Kt}{\mu_d h_0}$ 无因次时间

φ 势函数

主要参考文献

北京地质学院（陈崇希，胡佩清，林敏），1961，地下水动力学。北京：中国工业出版社。

陈雨孙，1976，试论"引用影响半径"。《勘察技术资料》，1976年第6期。

陈雨孙，1986，地下水运动与资源评价。北京：中国建筑工业出版社。

陈崇希，1978，评佩图什科夫和普洛特尼柯夫的"单位静储量法"——兼谈地下水资源评价中的若干问题。《水文地质工程地质》，第6辑。

陈崇希，1983、1985，地下水不稳定井流计算方法。北京：地质出版社。

陈崇希、陈明佑、陈爱光、区永和，1985，矿坑涌水量计算方法研究。武汉：武汉地质学院出版社。

陈崇希、唐仲华，1990、1994，地下水流动问题数值方法。武汉：中国地质大学出版社。

陈崇希、李国敏，1996，地下水溶质运移理论及模型。武汉：中国地质大学出版社。

陈崇希、林敏等，1998，地下水混合井流的理论及应用。武汉：中国地质大学出版社。

郭东屏主编（宋焱勋、钱会、冉兴龙），1994，地下水动力学。西安：陕西科学技术出版社。

李俊亭、王愈吉主编（徐文询、卫迦、王琼声、薛玥祯），1987，地下水动力学。北京：地质出版社。

山东省地质局第一地质队、武汉地质学院矿床水文地质计算科研组（陈崇希，吴修义），1979，边界附近地下水不稳定井流试验数据的分析方法，《综合治理和利用矿床大面积地下水经验汇编》。北京：煤炭工业出版社。

武汉水电学院农水系北方地下水科研组，1979，关于承压含水层地区地下水开发利用的几个问题，水文地质工程地质选辑，第十一辑，区域地下水资源评价问题。北京：地质出版社。

薛禹群、朱学愚，1979，地下水动力学。北京：地质出版社。

薛禹群主编（朱学愚、贾贵庭、滕绪金、刘金山），1986，地下水动力学原理。北京：地质出版社。

杨天行、傅泽周、刘金山、林学钰，1980，地下水向井的非稳定运动原理及计算方法。北京：地质出版社。

张宏仁等编译，1975，地下水非稳定流理论的发展和应用。北京：地质出版社。

张宏仁等编译，1992，地下水水力学的发展。北京：地质出版社。

张蔚榛主编（李文渊，沈荣开，叶自桐，张瑜芳，徐玉佩），1983，地下水非稳定流计算和地下水资源评价。北京：科学出版社。

张有龄，1958，河床地下水运动的供水理论分析。北京：科学出版社。

Boulton, N. S., 1954, The drawdown of the water table under nonsteady conditions near a pumped well in an unconfined formation, Inst. Civil Engineers Proc. 〔London〕, pt. 3, 564～579.

Boulton, N. S., 1963, Analysis of data from non-equilibrium pumping tests allowing for delayed yield from storage, Inst. Civil Engineers Proc. 〔London〕, Vol. 26, 469～482.

Chow, V. T., 1952, On the determination of transmissibility and storage coefficients from pumping data. Trans. Am. Geophys. Un., Vol. 33, 397～404.

Cooper, H. H., Jr., Bredehoeft, J. D., and Papadopulos, I. S., 1967, Response of a finite-diameter well to an instantaneous charge of water. Water Resour. Res., Vol. 3, №1, 263～269.

Dagan, G., 1967, A method of determining the permeability and effective porosity of unconfined anisotropic aquifers, Water Resour. Res., Vol. 3, №4, 1 059～1 071.

Ferris, J. G., 1950, Quantitative method for determining groundwater characteristics for drainage design, Agr. Eng., Vol. 31, №6, 285～291.

Ferris, J. G., Knowles, D. B., Brown, R. H., and Stallman, R. W., 1962, Theory of aquifer tests. A summary of lectures. U. S. Geol. Surv. Water Supply paper, 1 536—E

Gringarten, A. C., and Ramey, H. J., 1975, An approximate infinite conductivity solution for a partially penetrating line-source well, Soc. Pet. Eng. J., 140～148.

Hall, H. P., 1954, A historical review of investigations of seepage toward wells, J. Boston Soc. Civ. Eng.

Vol. 41, 251～311.

Hantush, M. S., 1956, Analysis of data from pumping tests in leaky aquifer. Trans. Am. Geophys. Un. Vol. 37, 702～714.

Hantush, M. S., 1959, Nonsteady flow to flowing wells in leaky aquifers. J. Geophys. Res. Vol. 64, №8, 1 043～1 052.

Hantush, M. S., 1960, Modification of the theory of leaky aquifers. J. Geophys. Res. Vol. 65, 3 713～3 725.

Hantush, M. S., 1961, Drawdown around a partially penetrating well. Proc. Am. Soc. Civil Engrs., Vol. 87, HY. 4, 83～98.

Hantush, M. S., 1961, Aquifer test on partially penetrating Wells. Proc. Am. Soc. Civil Engrs., Vol, 87, HY 5, 171～195.

Hantush, M. S., 1964, Hydraulics of well, in Chow, Ven. Te. ed., Adeances in hydroscience, Vol. 1, New York.

Hantush, M. S., 1966, Analysis of data from pumping tests in anisotropic aquifers. J. Geophys. Res., Vol. 71, 421～426.

Hantush M. S., 1966, Wells in homogeneous anisotropic aquifers, Water Resour. Res., Vol. 2, 273～279.

Hantush, M. S., and Thomas, R. G., 1966, A method for analyzing a drawdown test in anisotropic aquifers, Water Resour. Res., Vol. 2, 281～285.

Hantush, M. S., 1967, Flow to wells in aquifers separated by a semipervious layer, J. Geophys. Res., Vol. 72, №6, 1 709～1 720.

Hantush, M. S., 1967, Growth and decay of groundwater-mounds in response to uniform percolation, J. Geophys. Res., Vol. 3, №1, 227～234.

Jacob, C. E., 1947, Drawdown test to determine effective radius of artesian wells. Trans. Am. Soc. Civil Engrs., Vol. 112, 1 047～1 070.

Jacob, C. E., and Lohman, S. W., 1952, Nonsteady flow to a well of constant drawdown in extensive aquifers. Trans. Am. Geophys. Un. Vol. 33, 559～569.

J. 贝尔著，李竞生、陈崇希译，孙讷正校，1983，多孔介质流体动力学。北京：中国建筑工业出版社。

J. 贝尔著，许涓铭（车用太，梁定伟，李俊亭，张永良，陈明佑）译，1985，地下水水力学。北京：地质出版社。

Matthews, C. S., and Russell, D. G., 1967, Pressure Buildup and Flow Tests in Wells, Monograph series. Society of Petroleum Engineers of AIME, Dallas, Vol. 1.

Moench, A. F., and Prickett, T. A., 1972, Radial flow in an infinite aquifer undergoing conversion from artesian to water table conditions. Water Resour. Res., Vol. 8, №2, 494～499.

Muskat, M., 1937, The flow of homogeneous fluids through porous media. McGraw-Hill, New York.

Nahm, G. Y., 1980, Estimating transmissivity and well loss constant using multirate test data from a pumping well. Ground Water, Vol. 18. №3, 281～285.

Neuman, S. P., 1972, Theory of flow in unconfined aquifers considering delayed response of the water table. Water Resour. Res., Vol. 8, №4, 1 031～1 045.

Neuman, S. P., 1973, Supplementary comments on "Theory of flow in unconfined aquifers considering delayed response of the water table". Water Resour. Res., Vol. 9, №4, 1 102～1 103.

Neuman, S. P., 1975, Analysis of pumping test data from anisotropic unconfined aquifers considering delayed gravity response. Water Resour. Res., Vol. 11, №2, 329～342.

Prickett, T. A., 1965, Type-curve solution to aquifer tests under water-table conditions. Ground Water, Vol. 3, №3, 5～14.

R. A. 弗里泽，J. A. 彻里著，吴静云译，1987，地下水。北京：地震出版社。

Stallman，R. W.，1965，Effects of water table conditions on water level changes near pumping wells. Water Resour Res.，Vol. 1，№2，295～312.

Todd，D. K.，1959，Ground Water Hydrology. Wiley，New York.

Walton，W. C.，1970，Ground Water Resource Evaluation. McGraw-Hill，New York.

Week，E. P.，1969，Determining the ratio of horizontal to vertical permeability by aquifer test analysis. Water Resour. Res.，Vol5，№1，196～214.

Wenzel，L. K.，and Greenlee，A. L.，1943，A method for determining transmissibility and storage coefficients by tests of multiple well-systems. Trans. Am. Geophys. Un.，Vol. 25，547～564.

Бочевер Ф. М.，1963，Гидрогеологические расчеты крупных водзаборо в подземных вод и водопонизительных установок. Госстройиздат.

Бочевер Ф. М.，Веригин. Н. Н.，1961，Методическое пособие по расчетам эксплуатационных запасов подземных вод для водоснабжения. Госстройиздат.

Бочевер Ф. М.，Гармонов И. В.，Лобедев А. В.，Шестаков В. М.，1965，Основы гидрогеологических расчетов. издательство《недра》.

Бочевер Ф. М.，Язвин П. С.，1963，Неустановившееся напорно-безнапорное движение подземных вод к водзаборам.《Вопросы гидрогеологический расчетов водозаборов и дренажей》.

Шестаков，В. М.（1979），Динамика подземных вод，изд. Моск.

Г. Н. 卡明斯基，1955，地下水动力学原理。北京：地质出版社。

A. B. 雷科夫，1955，热传导理论。北京：高等教育出版社。

H. H. 列别捷夫，1957，特殊函数及其应用。北京：高等教育出版社。

П. Я. 波卢巴里诺娃-柯琴娜，1957，地下水运动原理。北京：地质出版社。

B. И. 阿拉文，C. H. 努美罗夫，1958，滤流理论。北京：高等教育出版社。

H. И. 普洛特尼科夫，M. B. 塞罗瓦特科，Д. И. 谢戈列夫，1964，金属矿床地下水。北京：中国工业出版社。